사진 & 일러스트로 보는 꿈의 자동차 기술 **Motor Fan** illustrated

Motor Fan

illustrated Vol. **40**

리튬이온배터리
항속거리 하이테크

GoldenBell

004 _{도해특집} 충방전
Lithium-ion battery cell analyze

Motor Fan *Special Edition*
illustrated
CONTENTS

056

도해특집 **항속거리 테크놀로지**

Method to stretch out a CRUISING RANGE

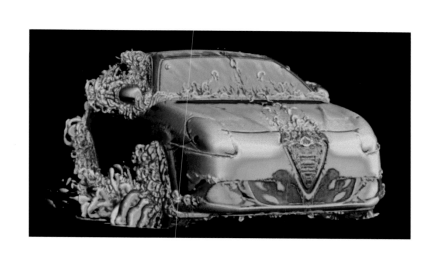

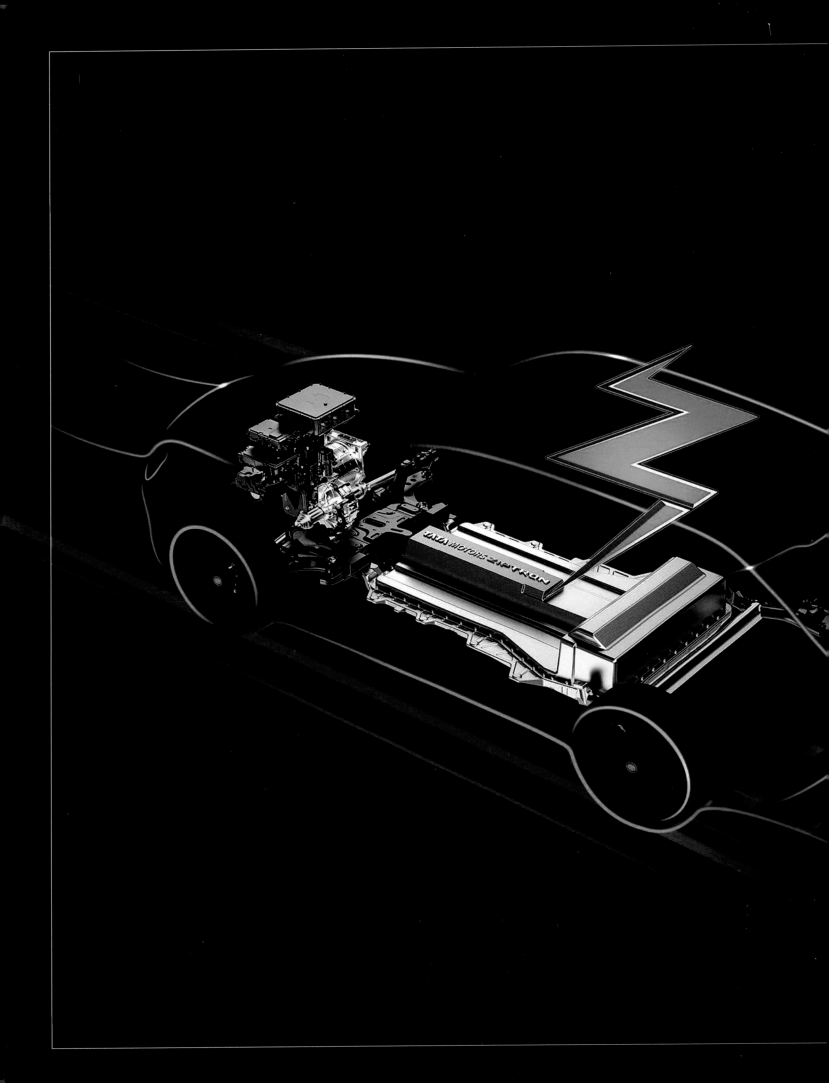

지 금 ,   여 기 서   어 떤   일 이   일 어 날 까 ?

충방전

도해특집   리튬이온 배터리
셀 분석
(Lithium-ion
battery cell
analyze)

전기자동차가 움직이고 있을 때, 당연한 말이지만 모터와 배터리도 작동하고 있다.

화학적으로 반응하고 있을 뿐만 아니라 온도변화나 팽창수축 등을 계속 되풀이 한다.

운전자가 요구하는 토크에 대한 순간적 방전 작업과 회생 때의 충전 작업, 가혹한
급가속 반복에 따른 열화 그리고 엄격한 상태에서의 급속충전.

이런 다양한 상황에 노출됨으로써 장기적으로는 배터리도 열화될 수밖에 없다.

그렇다면 이런 것들을 억제하기 위한 기술이나 판단기술로는 어떤 것들이 있을까.

전동차량의 성능을 크게 좌우하는 전지성능에 관해 다양한 시점에서 살펴보겠다.

FIGURE : Tata Motors

충·방전은 분명히 전지를 약화시킨다.
그러므로 「연명」과 「구제책」은 필수

물질의 화학반응으로 인해 발생하는 에너지를 이용하는 LIB(리튬이온 2차전지)는, 비유하자면 날 것과 같다.
충·방전을 반복하다보면 반드시 전지 내부구조가 열화되고, 마지막에는 소비한계를 넘긴다. 그렇다면 조금이라도 더 오래 사용하려면 어떻게 해야 할까.

본문 : 마키노 시게오   사진 : 만자와 고토미

새로운 상태

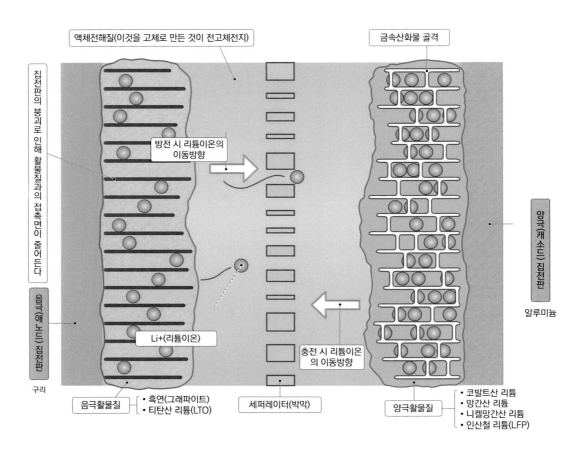

위 그림은 LIB(리튬이온 2차전지)가 제조된 이후의 상태를, 다음 페이지는 열화된 이후의 상태를 나타낸 것이다. 한 논문에서는 「LIB의 추정 내구연수는 최대 5~6년으로, BEV용 초기전지인 LIB가 폐기될 시점이 다가오고 있다」고 밝히고 있다.

필자가 과거에 LIB개발자들로부터 들었던 충·방전 회수 한계는 「잘해야 1500번 정도」였다. 매일같이 BEV를 충전하는 운전자라면 5년이 하나의 기준이 될 것이다. 논문

에서는 전지용량 열화에 대해 다음과 같은 기록도 있다.

「양극의 구조변화, 표면천이(遷移) 금속의 용해, 양극 고체 전해질층(SEI)의 증가나 분쇄 등, 개별적 사례가 서로 관련되어 있을 가능성이 있습니다. 또 음극의 분해, 음극 고체 전해질층의 증가, 전해질 분해로 인한 전해질 용량 저하 외에 열 폭주, 내부저항 증가, 가스발생 등 다양한 현상도 포함되죠. 그리고 용량 열화는 통상적으로 사용해

도 일어나고, 과전류나 과방전, 고온 및 빈번한 남용도 영향을 끼칩니다」

공장에서 출하될 때 차량용 LIB는 모두 검사를 받는다. 최대충전까지 충전했다가 완전 방전될 때까지 방전하는 식이다. 70kWh LIB의 경우, 이때 70kWh 전력이 사용된다. BEV가 제조될 때 CO_2(이산화탄소) 배출이 동급 클래스의 ICE(내연 엔진) 자동차보다 많다고 지적받는 원인 가운데 하나가 전지 검사에 있다. 그렇게 출하된 다음 일상적으

로 충·방전을 되풀이하면 LIB는 열화가 시작된다. 충전하지 않고 방치해 놓는 것만으로도 열화가 천천히 진행된다.

리튬이온이라고 하는 실체가 있는 물질이, 「선반과 선반 사이를 왕래」하는 것이 LIB에 있어서의 충전과 방전이다. 충전할 때는 양극 선반에 들어 있던 「+」리튬이온이 음극 쪽 선반으로 이동한다. 방전(사용)

할 때는 음극이 얻은 「+」리튬이온이 양극으로 돌아간다.

여기서 선반에 들어 있던 리튬이온 전체가 왕래하면 선반이 무너지기 쉽다. 그래서 일반적으로는 「최대로 충전하지 말고 85% 정도에서 충전을 멈추는 것이 좋다」, 「사용할 때는 잔량이 제로가 될 때까지 사용하지 말고 15% 정도 남겨두는 것이 좋다」고 알

려져 있다. 이것은 맞는 말이다. 잔량 0%와 100%를 반복하면 선반이 약해져 어딘가에서 무너지게 되고, 그러면 수용할 수 있는 리튬이온 수가 점점 줄어든다. 이것이 LIB의 용량 열화이다.

이 밖에 일러스트와 같이 다양한 열화가 있다. 일반적으로 양극 쪽 선반은 음극 쪽 선반보다 「세로방향 기둥」같은 골격을 세워

열화가 진행된 상태

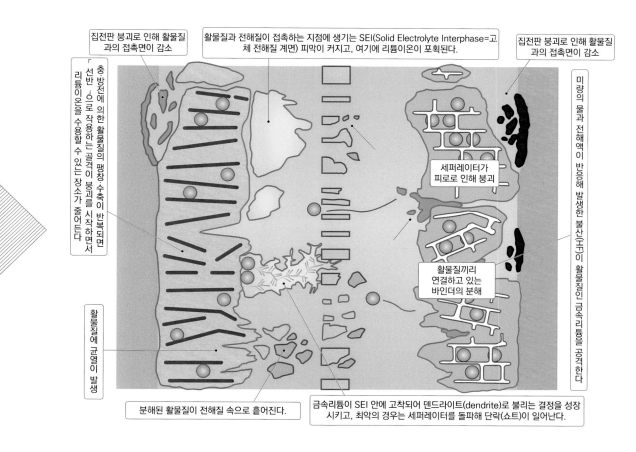

집전판 붕괴로 인해 활물질과의 접촉면이 감소

활물질과 전해질이 접촉하는 지점에 생기는 SEI(Solid Electrolyte Interphase=고체 전해질 계면) 피막이 커지고, 여기에 리튬이온이 포획된다.

집전판 붕괴로 인해 활물질과의 접촉면이 감소

「선반」으로 작용하는 골격이 붕괴를 시작하면서 충·방전에 의한 활물질의 팽창·수축이 반복되면 리튬이온을 수용할 수 있는 장소가 줄어든다

세퍼레이터가 피로로 인해 붕괴

활물질끼리 연결하고 있는 바인더의 분해

미량의 물과 전해액이 반응해 발생한 불산(HF)이 활물질인 금속리튬을 공격한다

활물질에 균열이 발생

분해된 활물질이 전해질 속으로 흩어진다.

금속리튬이 SEI 안에 고착되어 덴드라이트(dendrite)로 불리는 결정을 성장시키고, 최악의 경우는 세퍼레이터를 돌파해 단락(쇼트)이 일어난다.

튼튼히 만들지만, 선반은 붕괴된다. 동시에 집전판(集電板)에 밀착된 극재(極材)가 벗겨져 접촉면이 줄어들거나, 분해된 집전판이나 극재가 변질되어 전해질에 녹아버리는 경우도 있다. 또 리튬이온만 통과할 수 있는 박막(薄膜)인 세퍼레이터도 조금씩 붕괴되면서 전해질에 녹아내린다.

그 결과 오래 사용한 LIB는 일러스트처럼 너덜너덜해진다. 새 제품일 때는 고에너지 물체이지만 저장된 에너지는 점점 줄어든

다. 하지만 제대로 잘 사용하면 수명을 늘릴 수도 있다. 0%와 100%까지 사용하지 않는 「적당한 사용법」은 가장 유효한 방법이다. 동시에 전지내부의 온도를 너무 높이지 않고, 너무 낮추지도 않는 것이다. 급속충전이 전지열화를 가장 빠르게 한다고 이야기되는 원인은 온도상승에 있다.

또 BEV처럼 수많은 전지 셀을 모아서 사용하는 경우는 반드시 셀마다 열화 정도에 차이를 보인다. 그래서 사용 중인 BEV 전

지를 진단한 다음, 열화가 진행된 셀만 새 것으로 교환한다는 구제책은 유효한 방법이다. 나아가 더 이상 자동차를 움직일 힘이 없어진 열화 LIB가 제2의 제품수명을 가질 수 있도록 다른 용도로 재배치하는 수단도 구제책이다. 자원과 에너지를 투입하고 비용과 인력을 쏟아부어 제조한 LIB를 조금이라도 길게 사용해야 한다. 앞으로 맞이하게 될 LIB사회는 이런 주제와 진지하게 맞서야 하는 것이다.

충전구
[Charging Port]

전기자동차는 보통충전구와 급속충전구 2가지인 경우가 많다. 보통충전구는 가정 등에서 사용하는 단상교류 100V 또는 단상교류 200V를 그대로 이용해 충전하는 방법이고, 급속충전구는 삼상교류 200V를 전원으로 삼아 충전기 쪽에서 고압직류로 변환한 출력을 충전하는 방법이다. 어느 정도의 출력을 받아들일지는 차량 쪽이 요구하는 값에 따라 달라진다.

1

충전되는 단상교류를
고압화·정류화

차량충전기
[On-board charger]

보통충전할 때 이용하는 기기. 300V나 400V 같은 배터리에 충전하기 때문에 플러그 인된 삼상교류 100V나 200V를 승압하고, 나아가 교류로 정류하는 역할을 한다. 배터리로의 출력향상, 교류·직류 변환효율, 소음억제 등이 핵심 기술. 근래에는 차량용 12V계 부하의 강압을 담당하는 컨버터와 하나로 만든 제품이 많다.

2

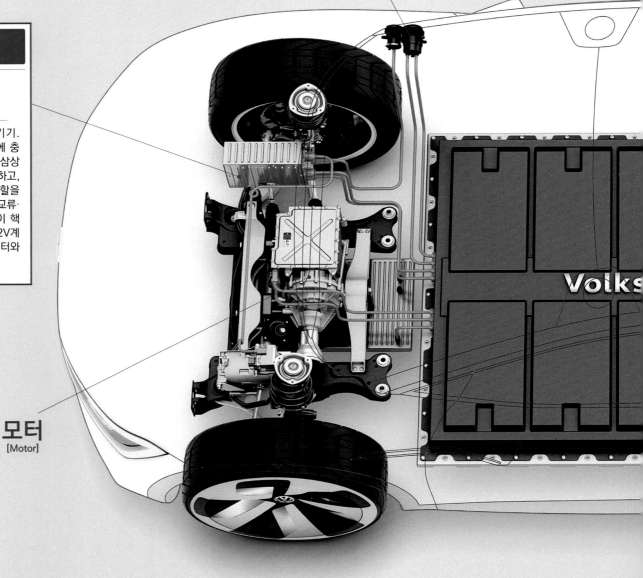

모터
[Motor]

복습
review

Illustration Feature : **Lithium-ion battery** cell analyze

전기자동차의 충·방전 구조

엔진 자동차의 연료탱크~엔진~변속기로 전달되는 출력 흐름을 전기자동차에 대입하면 각 장치는 어떤 역할을 하고 있을까.
모터에 도달하기까지는 상당히 짧다. 하지만 매우 중요한 출력 흐름이므로 그에 관해 정리해 보겠다.

본문 : MFi 사진 : 폭스바겐 / DANA / 토요타

배터리와 모터의 조종자

인버터
[Inverter]

배터리는 직류전류를, 모터는 삼상교류전류를 이용하기 때문에 우선 교류·직류 변환이 필요하다. 나아가 모터는 회전수가 항상 변화하기 때문에 이것을 연속적으로 바꾸는 제어가 필요. 주로 이 두 가지 기능을 담당하는 것이 인버터이다. 반도체의 고속 온/오프를 통해 전압과 주파수를 변화시키는 방식으로, 여기서의 손실 저감이 전비를 개선하는 핵심 요소이다.

3

모터
[Motor]

전동차의 핵심 장치이지만 해결해야 할 과제도 많다.

배터리
[Battery]

전기자동차의 에너지 원천. 연료탱크는 내보내기만 하지만 배터리는 회생 시 충전 입력도 담당한다는 점이 큰 차이. 리튬이온방식 2차전지가 대세임에도 구동용 배터리로서는 2022년 현재, 생각 외로 열화가 빠르다는 점이 지적받고 있다. 이후에 그 이유와 대책에 대해 자세히 살펴보겠다.

4

인버터

[Inverter]

주파수와 전압을 연속적으로 제어해 모터 회전수를 변화시킨다.

모터 회전수를 제어하기 위해서 인버터에서는 교류전류 주파수를 바꾼다. 전류의 단속(斷續)을 단중장(短中長)·중단·중장 식으로 반복함으로써 유사 파형을 만들어내는 것이다. 단속 속도가 빠를수록 파형은 깨끗해지지만, 그것을 담당하는 반도체 쪽은 열이나 내구성이 요구된다. 한편, 주파수를 낮추면 모터는 교류저항이 떨어져 큰 전류가 유입되면서 손상이 발생하는데, 그 때문에 전압을 변화시킬 필요가 있다. 이 양쪽을 만족시키는 것이 VVVF라고 하는 방식이다.

고속으로 회로를 단속해 구동용 배터리 전압을 12V로 낮춘다.

몇 백V의 구동용 배터리 전압을 강압해, 기존 12V계통 각종 전장품의 전원으로 삼도록 해주는 직류-교류 변환기기. 강압 구조는 인덕터(코일)를 갖춘 스위칭 회로로서, 고속으로 온/오프를 반복해 출력을 평균화하는 방식으로 강압한다.

스위칭 주파수를 높이면 작게 만들 수 있지만, 노이즈나 손실이 증가하기 때문에 대처가 필요하다. 위 사진은 인버터를 위에 장착한 PHEV용이다. 6개의 큰 단자는 인버터 쪽 교류출력단자로, 2세트 분량이다.

컨버터

[Converter]

평가시험·일본 카리트

배터리 내의 작동 기능 등을 진단·평가하는 입장에서 바라본 리튬이온 전지

LIB(리튬이온 2차전지)에서는 리튬이온이라는 미립자가 전하(電荷)를 옮기는 캐리어로서 활동한다.
하지만 오래 사용하거나 급속충전 등의 영향 때문에 캐리어 활동량은 서서히 줄어든다.
전지 안에서 일어나는 일을 전지평가 전문가로부터 들어 보았다.

본문 : 마키노 시게오 사진 : GM / 일본 카리트(Japan Carlit) / 볼보 카 코포레이션 / 만자와 고토미

일본 카리트의 전지시험 설비. 카리트는 가전·노트 컴퓨터용부터 차량용까지 다양한 LIB와 관련해 압축파괴, 낙하, 수몰, 가열, 외부단락, 과충전, 온도 사이클 등의 시험을 위탁받아서 대행한다.

일본 카리트(현재는 카리트 홀딩스 산하)는 사명으로도 내세운 「카리트(carlit)폭약」 제조부터 시작해 100년이 넘은(1918년 창업) 기업이다. 고체 로켓 추진제에도 사용되는 과염소산 암모늄을 일본에서 유일하게 제조하며, 자동차 분야에서는 반드시 차에 구비해야 하는 긴급보안염통(發炎筒) 제조로도 유명하다. 현재는 사업 가운데 하나로

전지위탁 평가시험을 한다. 전지의 충·방전 특성을 조사하거나, 안전성 평가를 위한 못을 박거나, 불로 가열하거나, 낙하시키는 등 다양한 시험방법을 동원한다.

전지시험 전문기업에 물어본 것은 전지 내부에서 벌어지는 「충·방전」모습이다. 충전기에서 BEV(Battery Electric Vehicle)로 플러그를 꽂아 LIB(리튬이온 2차전지)에

전기를 충전한다. 전지 내부모습은 보이지 않지만 분명히 충전은 진행된다. 그때 안에서는 어떤 일이 일어나고 있을까.

「LIB 내부에서는 리튬이온이 양극과 음극 사이를 이동합니다. 충전할 때는 양극이 갖고 있는 『+』 리튬이온이 음극으로 이동하죠. 반대로 방전할 때는 음극이 얻은 『+』 리튬이온이 양극으로 돌아갑니다. 양극에는

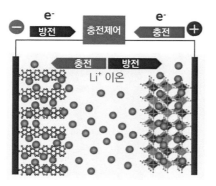

음극 활성물질 예

LiC_6	… 천연흑연
LiC_6	… 인조흑연
LiC_6	… 하드카본
Si	… 실리콘

충전제어

e⁻ 방전 / e⁻ 충전

충전 / 방전

Li^+ 이온

양극 활성물질 예

$LiCoO_2$	… 산화코발트
$LiMn_2O_4$	… 산화망간
$LiNiO_2$	… 산화니켈
$LiFePO_4$	… 올리빈산철

리튬이온이 「전하(電荷)」을 옮긴다.

반복적으로 충·방전할 수 있는 전지가 2차전지, 한 번만 사용하고 방전되면 끝인 전지를 1차전지라고 한다. 차량용 전지의 대표격인 LIB는 2차전지로서, 왼쪽그림처럼 Li(리튬)이온이 양극(cathode=캐소드)과 음극(anode=애노드) 사이를 왕래하면서 충·방전이 이루어진다. 왔다 갔다 하는 리튬이온 수가 줄어드는 것이 열화.

음극은 주로 「층상(層狀)」

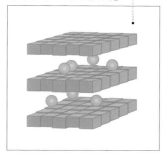

← 흑연계통 재료에서 많이 볼 수 있는 층상 구조 사례. 선반이 열려 있어서 Li이온이 쉽게 출입할 수 있지만, 계속 사용하면 선반과 선반 간격이 부풀어 오르거나 납작하게 찌그러진다. 그러면 Li이온의 출입이 어려워져 출력이 떨어진다.
→ 층상에는 없는 세로 「기둥」이 추가되면 선반은 튼튼해져서 찌그러지거나 부풀어지기 힘들다. 반면에 수용할 수 있는 Li이온 수가 줄어들거나, Li이온의 출입이 어려워진다. 올리빈 타입은 연근 같은 형상이고, 스피넬 타입은 몇 가지 패턴이 있다. 일러스트는 그 가운데 한 가지 예.

양극은 다양한 골격구조

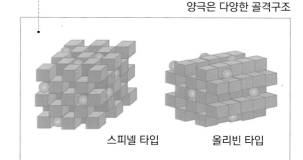

스피넬 타입　　　올리빈 타입

개발·시작품까지는 시간이 걸린다.

전지 개발현장에서는 다양한 검증이 펼쳐진다. 사진은 각 셀의 온도나 내부저항을 확인하는 모습. 1개(1장)의 셀, 셀을 모은 모듈, 모듈 여러 개를 모아놓은 팩, 이런 각각의 상태에서 온도변화나 내부저항 등 다양한 데이터를 수집한다. 전지 개발에 시간이 걸리는 것은 이 때문이다. 하지만 꼼꼼히 테스트를 해도 자동차를 어떻게 사용하느냐에 따라 전지성능과 전지수명에는 편차가 생긴다. 원인 규명을 위해서는 계속적인 평가가 필수이다.

리튬이온을 포함한 활성물질(Active Material)이 사용되는데, 활성물질은 주로 금속산화물로서 그 종류는 다양합니다(다음 페이지 상단그림 참조). 한편 음극에는 탄소계 재료가 사용되는 경우가 많습니다」

일본 카리트 카와베 유씨의 설명이다. 다음 페이지의 「음극 활성물질 예」「양극 활성물질 예」로 든 물질에는 모두 머리에 「Li」가 붙어 있다. Li는 리튬이다. 리튬 이온이 「전기를 띤 전하」역할의 전기 캐리어가 되어 이동함으로써 충전과 방전이 이루어진다. 그 양극과 음극에 대해 조금 더 자세한 설명을 부탁했다.

「양극과 음극은 리튬이온을 수용하는 선반과 같습니다. 선반의 요건은 리튬이온을 많이 받아들일 수 있어야 한다, 출입이 간단해야 한다는 겁니다. 그래서 선반을 제대로 확보하기 위해서 결정구조가 단단한 재료를 사용합니다. 필요한 전지 스펙이 용량(에너지 밀도=Wh)과 안전성이라면, 수용할 수 있는 리튬이온 수를 늘리면서 탄탄한 선반 구조의 설계가 돼야 하는 것이죠」

「단순히 리튬이온 수용량만으로 확보할 수 있는 것은 Ah(전류×시간)입니다. Wh

전지가 받는 재난

어떤 전지든 간에 열화한다. 열화 속도는 사용하는 조건에 따라 다르다. 혹사 당하면 그만큼 전지가 입는 재난은 빨라진다. 전지를 너무 혹독하게 사용하면 안 되겠지만, 그렇다고 제품을 애지중지할 수도 없는 노릇이다.

전지의 단위체적 당, 단위중량 당 출력×시간을 크게 하면 열이 폭주할 위험성이 있다. 트러블이 발생하면 내부에 저장된 대량의 에너지가 일거에 방출되면서 열 폭주가 발화의 원인으로도 이어진다.

저온환경에서의 사용, 빈번한 급속충전에 따른 전지 내 온도의 급격한 상승과 하강은 전지 입장에서 매우 가혹한 사용환경이다. 저온에서는 내부저항이 상승해 고유의 성능을 발휘하기 어렵다.

오랜 사용에 따른 열화는 생각지 않은 사고로 이어질 때도 있다. 특히 음극에 금속리튬이 석출되고 그것이 점점 커져서 세퍼레이터를 돌파해 내부에서 단락되는 트러블이 발생하면 화재로 이어지는 사례도 적지 않다.

같은 사양·규격의 전지로 모듈을 연결해도 전기가 잘 통하는 곳과 잘 통하지 않는 곳이 생긴다. 또 전지 팩 전체로 봤을 때는 온도 편차가 나타나기 쉽다. 가령 이런 것들의 영향이 부분적이고 불과 몇 개 셀의 열화로 그치더라도, 직렬+병렬 구성에서는 전지 전체의 성능 저하로 이어진다.

(전력×시간)에서 생각하면 W(파워=전압×전류)에서의 이야기가 되기 때문에, 되도록 구동전압을 높일 수 있는 재료를 선택하는 것이 좋죠. 리튬이온의 수용양과 고전압 양쪽을 원한다면 Ah는 떨어져도 Wh에서 균형을 잡을 수 있습니다」

양극 재료에서는 잘 알려진 삼원계(니켈, 망간, 코발트=NMC)가 일반적이다. 초기 LIB는 코발트만 사용했지만 이후에 니켈과 코발트가 추가되었다.

「코발트를 사용하는 타입 대부분은 리튬이온을 수용하는 선반이 층상(層狀)구조입니다. 삼원계도 층상구조이죠. 층 틈새로 리튬이온이 많이 들어가기 때문에 에너지 밀도(전지용량=Wh)는 확보하기 쉽지만, 리튬이온을 너무 많이 넣다 뺐다하면 층이 찌그러집니다. 망간 계 일부 재료는 층상이 아니라 스피넬(spinel)로 불리는 격자 같은 구조이기 때문에 잘 찌그러지지 않습니다. 음극은 대부분이 층상구조이지만, 티탄산 리튬이라는 격자형상의 극재를 사용하는 전지도 있습니다」

전지의 양극재로는 주로 층상, 스피넬 그리고 올리빈(olivine) 3가지 구조가 있다. 삼원계로 대표되는 「층상」구조는 이름에서 알 수 있듯이 층 형상의 선반이 겹쳐져 있다. 삼원계는 포함되는 금속 종류(니켈, 망간, 코발트)의 비율을 변경해 특성을 조종할 수 있다.

「결정구조 차이는 층상인지, 어느 정도 입체적인지 하는 것이죠. 스피넬과 올리빈은 격자를 짜는 방식이 다릅니다. 더 3차원적인 것은 스피넬인데, 가로세로로 기둥이 조합된 3차원 구조에 구멍이 뚫린 것 같다고 할까요. 올리빈은 격자라고 하기보다 1차원 상에 구멍이 뚫려 있는 연근같이 생겼습니다. 구멍이 가지런하게 깊숙히 이어져 있죠」

「사용하는 금속에 의해 어떤 결정구조의 물질이 되느냐, 그 결정구조 안에서 물질의 구성요소 전체가 어떤 에너지 균형을 갖고 극재를 구성할 수 있느냐에 따라 전기화학적으로 어느 정도의 전압에 반응하는지가 달라집니다. 더 높은 전압에서 반응할 수 있는 양극을 사용하는 것이 전지 전체의 구동전압은 높아지죠. 그것이 활성물질의 잠재

충돌안전 대책

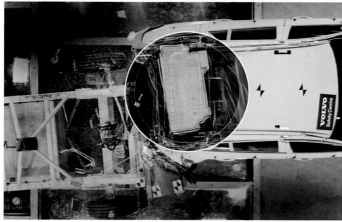

외부로부터 큰 충격을 받으면 전지 팩 내부에서의 배선 탈락이나 전지 자체가 손상되는 경우가 있다. 이 사진은 볼보 카즈에서 테스트하는 모습. 북미에는 후방충돌 요건이 있어서, 전지 팩 전체를 보호할 필요가 있다. 전지 파괴실험이 이루어지는 것은 이런 사고를 상정하기 때문이다.

꼼꼼한 시험평가가 중요

일본 카리트의 전지시험 장치. 위쪽 사진은 모듈 타입 시험장치. 아래는 마이너스 40℃~플러스 100℃에서 충·방전 사이클을 하는 장치. 이 외에도 장기간 보존시험이나 과잉 충·방전 시험, 압괴시험, 연소·내화시험 등, 다양한 시험항목이 있다. 전지 개발에는 이런 시험들이 필수이다.

력입니다」

「예를 들어 급속충전을 하기 쉬운 전지로 만들고 싶다면, 리튬이온 출입이 쉬운 결정 구조와 내부저항을 최대한 억제할 수 있는 재료, 설계, 결정구조 등을 선택해야 하는 것이죠」

그렇다면 기본적으로 리튬이온을 수용하는 선반은 입체적인 구조가 좋을까.

「현재 상태에서 결정구조라는 의미에서는, 일반적으로 음극에는 스피넬 타입의 티탄산 리튬이나 층상의 흑연계가 주류입니다. 또 음극에는 결정질(結晶質)이 아닌 재료를 사용하는 경우도 있죠. 향후에는 실리콘이나 금속리튬 등 재료조합과 관련된 여러 가지 가능성이 있기 때문에, 상정되는 선반 구조 종류도 많아질 걸로 봅니다」

현재 삼원계에서는 코발트를 줄이려는 움직임이 있다. 코발트가 너무 비쌀 뿐만 아니라, 최대 생산지역인 콩고공화국에서 아동 노동착취를 통해 산출되는 문제가 있기 때문이다.

「일반적으로 코발트를 줄이고 니켈을 늘리는 하이니켈 타입은 취급이 어렵다고 알려져 있습니다. 니켈과 망간을 메인으로 해서 결정구조에서 말하자면 스피넬 구조의 재료가 사용되는 사례도 있습니다. 전압이 높은 재료로 주목받고 있지만 역시나 취급은 어렵다고 봐야죠」

다음으로 온도에 있어서 LIB는 저온이나 고온도 안 좋다고 하는데, 실제로는 어떨까.

「전지 시험 때의 작동온도는 25℃ 정도인데, 여기서 위아래로 벗어나면 벗어날수록 원래의 성능을 100% 발휘하지 못합니다. 25℃에서 사용하는 것이 이상적이죠. 온도 환경이 낮을수록 전지 내부저항은 올라갑니다. 즉 리튬이온이 이동하기 어려워지는 겁니다. 예를 들어 BEV같으면, 가속이 나빠진다든가, 주행가능거리, 가동시간이 짧아지는 식의 폐해가 나타날 가능성이 있다는 겁니다. 한편으로 고온에서는 내부저항값이 낮아지기 때문에 저온 때같은 전지성능에 대한 영향이 생기기 어렵죠. 하지만 고온에서는 열화가 쉽게 진행된다는 문제가 있습니다」

전지의 열화는 「내부저항의 상승」이라고

말한다. 그리고 내부저항값이 높아지면 열이 쉽게 발생한다.

「예를 들면 전지의 열화는 연속사용 시간과 상관성이 있습니다. 장기간 사용하면 열화되는 것이죠. LIB의 열화를 크게 나눠보면 『일상적 충·방전을 통해 전기를 사용하는 데 따른 통전 상 열화』와 『단순한 시간적 열화』 두 가지입니다. 충·방전하지 않아도 전지는 열화됩니다」

「또 복수의 전지를 모듈화하면 균등하게 열화되지 않습니다. 셀마다 열화에 편차가 나타나죠. 이유는 여러 가지입니다. 아무리 뛰어난 전지제어 기능이 있더라도 셀 상태를 하나하나 파악하기는 힘들죠. 모든 전지를 같은 상태에서 관리하기는 힘들다는 겁니다. 전기가 잘 흐르는 셀, 사용하기 쉬운 셀, 반대로 사용하기 어려운 셀이 발생하죠. 나아가 연속사용으로 인해 축적된 열이 영향을 끼치는 열화도 있습니다. 예를 들면 발열하는 부재 근처에 설치된 전지는 열화가 조금 더 빨리 진행될 가능성이 높습니다」

「LIB가 많이 보급되고 있지만 내부에서 어느 정도 열화되는지, 어떤 상황에서 사용될 때 열화가 진행되는지를 완벽히 예측하기는 어렵습니다. 개발단계에서의 시뮬레이션과 실제 사용 환경과는 차이가 있어서 실제 제품을 통해 사례를 축적하는 것이 중요합니다」

그렇다면 열화가 잘 안 되는 제품을 만들 수는 있을까.

「간단한 문제는 아닙니다. 어느 쪽 성능을 높이려고 하면 다른 쪽이 영향을 받기 쉽기 때문이죠. 『용량』, 『출력특성』, 『안전성』, 『장수명』, 『급속충전 대응』이 5가지 항목만 갖고 평가해도, 이 가운데 어느 한 가지 성능만 높이면 다른 항목들이 일반 전지보다 쉽게 성능이 떨어집니다. 어떤 항목하고 어떤 항목이 서로 발목을 잡고 있는 관계인 것이죠. 예를 들면 안전성을 위해서 선반을 튼튼하게 하면 리튬을 수용할 수 있는 공간이 줄어들면서 용량이 감소하게 됩니다」

「양극재와 음극재, 전해질, 세퍼레이터 같은 재료 가운데 어떤 한 가지 종류를 바꾸기만 해도 균형이 달라집니다. 전지 조립공정까지 포함해서 전지를 만들어내려면 여러 가지 조건이 복수의 파라미터로 엮여 있는 상태에서 최적해법을 내놓아야 하겠죠. 이것은 비단 LIB만의 이야기가 아니라 앞으로 나올 모든 새로운 전지도 마찬가지입니다. 연구실 차원에서 재료를 바꾼다고 했을 때 이후의 양산까지 진행되는 과정에서 어떤 영향이 나타날지, 전지성능뿐만 아니라 제조단계까지 고려해야 할 사항도 많을 수밖에 없습니다. 어느 한 곳의 변경이 이후의 연속되는 공정에까지 영향을 끼친다는 것이죠. 때문에 개발까지는 시간이 걸릴 수밖에 요」

또 한 가지, 고체전해질을 사용하는 전고체전지에 대해 물어보았다. 액상 전해액과 고체 전해질을 비교하면 이미지 상으로는 액상 쪽이 리튬이온 이동이 쉬울 것 같다.

「그게 재미있는 대목인데, 고체전해질이라고 해서 이온이 이동하기 어려운 건 아닙니다. 이온의 이동도가 높은 고체전해질도 다수 발견되고 있습니다. 유황계통에서는 높은 이온 전도도(傳導度)를 보이는 것도 있죠. 고체전해질 속에서 리튬이온이 수영하는 것이 아니라 마치 슝슝 날아다니는 이미지라고 생각하면 될 겁니다」

전지 이야기는 들으면 들을수록 깊이가 있다. 일본 카리트에서는 개발단계에서 의뢰 받는 시험도 있다고 한다. 뉴스를 접하다보면 뭔가 새로운 전지가 연구실 차원에서 완성되면 상당히 빨리 제품화되는 것처럼 보도되지만, 실상은 그렇지 않다. 실험실을 나와서 제품으로 사용될 때까지의 여정은 험난하고 길기 때문이다.

PROFILE
일본 카리트 주식회사
생산본부 수탁시험부
전지시험소

가와베 유(川邊 裕)

**케이스 안에 존재하는
"빈 공간"의 의미**

리프의 배터리 팩(사진은 40kWh 제품). 8개의 래미네이트 타입 셀로 이루어진 모듈이 24개 들어가 있다. 셀 케이스와 모듈 사이를 비롯해 각 부위마다 간격이 있는데, 이것은 배선 이나 조립 시 공구가 지나가게 하기 위한 공간이다.

Lithium-ion battery cell analyze | **Part_02**

닛산의 셀·모듈·팩 구성

공랭식 배터리 팩에서 충·방전할 때의 셀 작동을 정밀하게 파악하는 기술

양산 BEV의 개척자인 닛산 리프는 등장 이후 일관되게 공랭식 배터리 팩이 장착되어 왔다.
이것은 BEV 보급이라는 임무를 띤 리프에게 있어서 성립을 뒷받침 해주는 핵심과도 같은 중요한 요소 가운데 하나이다.
공기를 매개로 방열에만 의존하는 제약 속에서 갈고 닦아온 매니지먼트 기술은, 수냉이 적용된 아리아에도 반영되고 있다.

본문 : 다카하시 잇페이　사진&수치 : 닛산

「모듈과 케이스 사이에 틈새가 남아 있는 것은 모듈의 탑재성을 확보하기 위해서입니다. 팩을 조립할 때 치구를 사용해 모듈을 들어 올리면서 로어 케이스에 탑재하는데, 틈새가 없으면 치구가 닿아서 조립이 안 됩니다. 양산 상황에 의한 것이죠」

닛산의 파워트레인·EV기술개발 본부에 소속된 마루야마 다카오씨와 마츠모토 게이스케 두 엔지니어의 설명을 듣고 바로 납득이 갔다. 리프의 배터리 팩이 공랭식이라는 것은 이미 널리 알려진 사실이다. 그런데 우리는 이 선입관 때문에 배터리 팩 내부, 특히 셀 케이스와 모듈 사이에 있는 틈새를 "공랭에 필요한 공기 통로일 것"이라고 오해하고

있었다. 설명을 듣고 보니 분명히 "공기 통로"라고 생각했던 그곳에 팬 등과 같은 공기를 순환시킬만한 장치들은 없다.

「공랭이라고 해도 케이스 안을 공기가 흐르는 건 아닙니다. 셀에서 발생된 열이 주변 공기나 케이스로 옮겨가고, 최종적으로 케이스 표면에서 방열되는 자연스러운 열 전

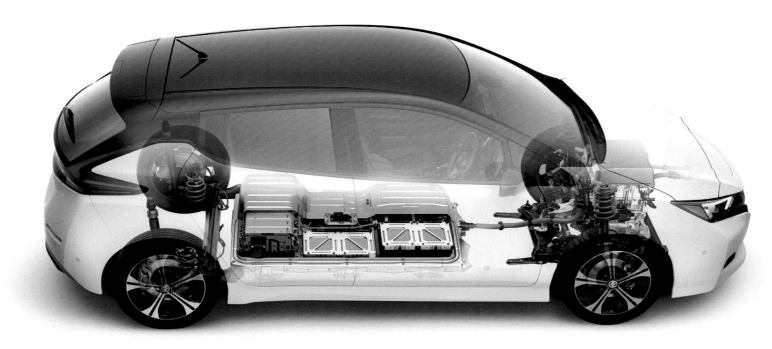

아리아에서는 배터리의 아키텍처를 일신

위 : 래미네이트 타입 셀을 바탕으로 구성된 리프의 배터리 팩과 탑재
상태 레이아웃. 전용 냉각장치가 없는 공랭방식이다.
우 : 리프보다 차체 크기가 커진 아리아에서는 배터리 팩 면적(풋 프린
트)이 크게 확대. 각형 셀과 수냉 시스템의 적용으로 인해 내부구조도
크게 바뀌었다.

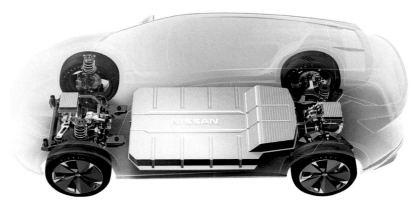

초대 리프의 배터리 팩과 래미네이트 타입 셀

2010년 데뷔의 초대 리프에 탑재되었던 총 전력량
23kWh 배터리 팩. 래미네이트 타입 셀을 2병렬·2
직렬로 4개를 1조로 묶은 모듈을 48개 직렬로 접속.
리프가 마이너체인지된 2015년에는 전극재나 BMS
를 통한 제어로 변경해, 구조는 그대로이면 총 전력
량이 30kWh까지 높아졌다.

달에만 의존하는 자연 공랭인 것이죠」

양산 상황을 생각하지 않고 배터리 하나
만 만들겠다고 한다면 이 "틈새"를 없애는
것이 가능하다는 것이다. 냉각만 생각했
을 때는 열원인 셀/모듈과 케이스가 가까운 쪽
이 유리하게 작용하는 측면도 있겠지만, 충
돌할 때의 안전성 확보나 셀/모듈 사이의 온
도분포 편중 억제까지 고려하면 결코 만만
치 않다.

애초부터 리프뿐만 아니라 BEV 성립에
필수적인 리튬이온 배터리에는 엄격한 온
도관리가 요구되는데, 이는 안전성은 물론
이고 배터리 수명에도 큰 영향을 끼치기 때
문이다. 특히 많은 셀/모듈로 이루어지는
BEV용 배터리 팩은 모든 셀/모듈이 동등한
성능을 유지할 필요가 있다. 정격전압 3.7V
인 리튬이온 셀(배터리)을 직렬로 연결해 몇
백 볼트나 되는 고전압을 끌어내는 배터리

팩 같은 경우는, 일부라 하더라도 셀 성능
이 떨어지면 그로 인해 파생되면서 전체적
인 성능저하로 이어진다. 리프는 직렬 수가
96, 그것을 2병렬(리프e⁺는 3병렬)로 해서
192개 셀을 이용한다. 이 모든 것들이 차량
수명이라는, 장기간에 걸친 성능유지 수준
에서 온도가 관리되고 있는 것이다. 틈새 운
운 이전에 자연공랭으로 성립되는 것 자체
가 불가사의할 정도이다.

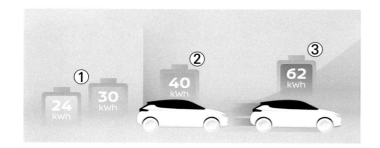

① 초대 리프	좌: 최고출력 80kW/최대토크 280Nm(전반기 타입) 우: 최고출력 80kW/최대토크 254Nm(중반기 타입 이후)
② 현재 리프	최고출력 110kW/최대토크 320Nm
③ 현재 리프e⁺	최고출력 160kW/최대토크 340Nm

용량이 확대되면서 배터리 출력도 향상

리프의 배터리 팩은 꾸준한 개량을 통해 초대보다 용량이 2배 이상 확대되었다. 용량이 확대되면서 전류의 상한값도 높아져 고출력을 달성하게 되었다. 이것은 리튬이온 셀의 진화를 바탕으로 내부저항이 작아져 발열이 억제된 결과이다.

현재 리프의 배터리 팩(40kWh)
총 셀 개수 : 192

현재 리프e⁺의 배터리 팩(62kWh)
총 셀 개수 : 288

모듈 제약을 없애 더 효율적으로 공간을 이용

제2세대 아키텍처가 이용되는 현재형 리프(표준 모델)의 배터리 팩(위). 양극재에 삼원계로 불리는 소재를 이용해 모듈을 종래의 4개에서 8개 구성으로 변경. 리프e⁺(우)에서는 배터리 팩의 상하방향 치수를 약간 확대. 또 모듈을 이용하지 않고 유니버설 스택이라고 불리는 방법을 적용해 셀 개수를 1.5배 늘려 3열화했다. 대용량화와 동시에 발열이 억제된다.

「당연히 부위에 따라 온도분포의 편중은 있지만, 온도가 가장 높아지는 부분이 위험한 상태(온도)가 되지 않도록 팩 안 각 부위에 설치된 온도센서로 모니터하면서 운용하고 있습니다. 요는 가장 심해지는 부분에 맞춰서 유연하게 다룹니다. 온도 센서가 많으면 많을수록 제어 측면에서는 안전하죠. 하지만 비용적인 문제는 물론이고 운용 관리를 담당하는 BMS(Battery Management System)의 마이크로컴퓨터에 걸리는 제어 부하가 커지기 때문에, 리프에서는 온도 센서 개수를 4개만 사용합니다. 개발할 때는 (배터리 팩 안에) 200개 이상의 온도 센서를 부착해 다양한 주행패턴에서 발생하는 충·방전 상태와 그에 따른 온도분포 변화를 파악하는 실험도 반복했습니다. 그를 통해 어느 부분의 온도를 낮추면(계측하면) 좋은지 핵심을 파악할 수 있었기 때문에 최소한의 센서 수 사용이 가능했던 겁니다」

충·방전부터 셀 온도 변화까지 배터리 팩 상태를 파악하면서 운전상태를 제어하는 BMS는, 퍼포먼스부터 수명까지 배터리 팩 성능을 좌우하는 핵심이라고 할 수 있는 존재이다. BEV의 인스트루먼트 패널에 표시되는 잔량표시는 이 BMS에 기초한 정보이지만, 사실 배터리 충전상태는 센서 등을 통해 직접 파악할 수도 있다. 기본적으로 전압

셀 온도감시용 서미스터(온도 센서)

리프e⁺의 유니버설 스택 기술

유니버설 스택은 셀 개수와 치수가 고정된 모듈을 이용하지 않고, 배치하는 각 부위에 맞춰서 임의 개수의 셀을 사용하는 방식이다. 셀 간 접속은 기판화된 배선에 탭(전극)을 레이저로 용접하는 방법을 사용함으로써, 터미널(단자) 공간을 생략하면서 저항을 최소한으로 억제한다.

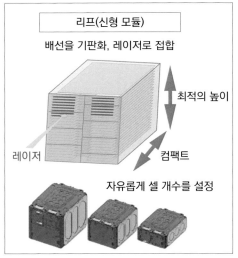

리프(신형 모듈)
배선을 기판화, 레이저로 접합
레이저
최적의 높이
컴팩트
자유롭게 셀 개수를 설정

배터리의 재활용을 촉진하기 위한 새로운 대처

닛산, JVC켄우드, 4R에너지 3사 공동으로 개발 중인 포터블 전원. BEV에서 다 사용한 뒤에도 충분한 성능이 남은 리프의 배터리 모듈을 재이용. 재활용하기 어렵다고 알려진 리튬이온 배터리를 더 오랫동안 적절히 활용함으로써 CO_2 감축을 지향한다. 사진 위쪽으로 셀 온도감시용 서미스터가 보인다.

과 온도 정보는 배터리에서 직접 얻을 수 있기 때문이다.

전류 파악도 가능은 하지만, 흐른 시간밖에 관측할 수 없는 전류를 셀마다 측정하는 것은 현실적이지 않기 때문에 BMS에서는 배터리 팩에서 인버터로 가는 출구 부근에서 전류를 계측한다. 이때 사용하는 센서는 클램프형 전류 센서 또는 관통형 전류 센서이다. 전기설비를 보수·점검할 때 등에 사용하는 계측기기와 똑같은 센서이다.

전류값을 파악하고 그것을 전압과 함께 시간 순으로 추적, 적분하면 배터리 팩에 출입하는 전력량을 파악할 수 있다. 인스트루먼트 패널의 배터리 잔량 표시도 이런 식으로 도출된다. 하지만 사실은 어디까지나 계산값이고 추정치이다. 물론 배터리 잔량, 바꿔 말하면 충전상태(SOC=State Of Charge)는 리튬이온 배터리에 있어서 수명, 나아가서는 안전성을 좌우하는 중요한 정보이다. 그래서 BMS에서는 충·방전 양이나 전압 그

리고 온도 같이 한정된 정보를 바탕으로 이들 변화 과정이나 상관관계를 파악하면서 SOC를 추정한다. 근거로 삼은 것은 정확한 센서 정보와 그것들을 종합적으로 판단하면서 정확한 추정값을 끌어내는 알고리즘이다. 그곳은 지금 각 메이커가 노하우를 겨루는 격전장이다.

2010년에 신세대 리튬이온 배터리를 탑재한 BEV로서 리프가 등장한 이후 전기자동차의 항속거리는 크게 늘어났고, 배터리

의 에너지 밀도도 향상되었다. 재료 등의 혁신에 따른 배터리 셀의 진화와 발맞춰오면서 그들 성능요소를 뒷받침해 온 요소가 BMS 기술이다. 리프가 등장했던 시기는 리튬이온 배터리가 차량에 탑재된 상태에서 어떤 거동을 보일지 이해되지 않는 부분이 많았던 데다가, 앞서 말한 전류 센서 등의 기술도 정확도 같은 측면에서 충분한 수준이 아니었다(전류 센서는 BEV 등의 전동차에 대한 수요로 인해 나중에 정확도가 크게 향상되었다). 닛산은 이 여명기 때부터 리프로 기술을 축적해 온 셈인데, 아직도 제일선에서 활약하는 리프에 공랭식을 이용할 수 있다는 점도 독자적인 노하우를 투입한 BMS 기술에 힘입은 바가 크다.

여기서 흥미로운 점은 닛산 아리아의 배터리 팩이다. 이 배터리 팩에는 새롭게 수냉 시스템이 적용되었기 때문이다. 배터리 셀은 리프가 전통적으로 사용했던 래미네이트 타입에서 견고한 외장(케이스)으로 둘러싸인 각형 셀로 바뀌었다. 지금까지 닛산에서는 "VDO2"로 불리는 규격 크기의 각형 셀을 e파워 등과 같은 하이브리드 용도로 적용했지만, 아리아에 적용한 셀은 그보다 약간 크다고 한다.

「리프와 비교하면 아리아 차체 크기가 더 크기 때문에 배터리 팩을 위해서 준비해야 할 면적도 커집니다. 래미네이트 타입에서 각형 셀로 바꾼 것은 배터리 팩이 커짐으로써 성능확보를 위한 개념과 접근방식이 바뀌었기 때문입니다. 리프 크기에서는 래미네이트 타입과 자연공랭의 조합이 최선이라고 판단했죠」

일반적으로 유연한 수지 패키지가 이용되는 래미네이트 타입과 견고한 외장으로 둘러싸인 각형 셀이나 원통형 셀을 비교하면, 셀 단독으로서의 에너지 밀도는 후자가 우세하다. BEV의 배터리 셀은 출력 밀도보다 에너지 밀도가 중시되기 때문에 이 부분만 보면 각형 셀이 적합하다고 할 수 있지만, 롤 형상으로 말은 전극 상태로 케이스에 넣는 각형 셀이나 원통형 셀은 충·방전에 따른 열이나 팽창 등에서 복잡한 거동을 나타내기 때문에, 기본적으로 더 엄격한 온도관리가 요구된다. 즉 수냉 시스템과의 조합이 기본인 것이다. 셀 개수가 적은 하이브리드용이라면 공랭도 성립하지만, BEV처럼 많은 셀이 매립되는 용도에서는 수냉이 필수이다.

리프는 래미네이트 타입 셀을 적용하기 때문에 자연공랭에 맞게 온도변화에 대응한다. 능동적 냉각시스템이 없는 만큼, 셀 개수를 늘려서 개개(셀)의 부담을 낮추는 형태로 수명과 성능의 균형을 확보했다. 그에 반해 배터리 팩 안의 공간을 수냉 시스템으로 할당하면서 각형 셀의 에너지 밀도로 용량을 확보하겠다는 것이 아리아의 접근방식. 배터리 팩 크기가 커지면 체적에 대한 표면적 비율이 작아지고, 자연공랭에서는 온도

편중도 쉽게 커진다는 점까지 고려한 결과일 것이다.

「리튬이온 배터리는 셀 온도에 있어서 25℃정도가 최적입니다. SOC가 낮을수록 전기는 잘 들어오지만 이 온도보다 내려가 SOC가 높아지면, 즉 전압이 높아지면 음극 쪽에 리튬 금속이 석출되기 시작하죠. 이것을 덴드라이트(dendrite)라고 하는데, 아주 위험한 물질입니다. 이 석출물이 커지면서 세퍼레이터를 돌파해 쇼트가 발생하기 때문이죠. 어떻게든 피해야 하는 현상이라, 회생까지 포함한 충전 제어에 있어서 가장 신경을 쓰는 부분입니다」

공랭과 수냉이라고 하면 냉각성능으로 눈길을 주기 쉽지만, 사실 리튬이온 배터리에서는 너무 낮은 온도도 금기이다. 물론 화학반응을 이용하는 배터리에서 저온이 불리하다는 사실은 말할 필요도 없지만, 그보다 심각한 것은 25℃보다 낮은 온도에서 충전하는 것이다. 수냉 같으면 PTC 히터 등을 통해 열을 능동적으로 전달할 수 있지만 공랭에서는 그렇지 못하다. 물론 리프의 패키지 팩은 BMS 제어를 통해 이런 조건에도 확실히 대응한다. 핵심은 오랜 경험에서 축적해 온 리튬이온 배터리의 거동에 대한 이해, 그리고 그것을 제품으로 완성하는 노하우이다.

레이스에서의 충·방전, 혼다

e:HEV 내구 레이스 사양의 열쇠를 쥔
배터리 팩의 열 관리

전동 파워트레인을 탑재한 차량으로 서킷을 달리면 어떤 일이 일어날까. 혼다가 참여하고 있는 내구 레이스 사양인 피트 e:HEV를 통해 파악된 것은
배터리의 충·방전 현상에 따른 열의 존재와 그에 대한 중요성이다.

본문 : 다카하시 잇페이 사진 : 다카하시 잇페이 / MFi / 혼다

"Joy내구" 사양의 피트 e:HEV

7시간 동안을 박스형 자동차로 경쟁하는 트윈링크 모테기의 내구 레이스 "Joy내구". 이 내구 레이스의 클래스1 카테고리에 참가하기 위해서 개발된 차량이 피트 e:HEV이다. 차량규정은 배기량 661~1800cc 엔진을 탑재하는 하이브리드 차를 베이스로, 개조범위를 JAF의 N2(특수 투어링카)규정에 맞추는 방식. 양산차에 대한 기술 피드백을 주요 목적으로 삼는 피트 e:HEV는 파워트레인을 굳이 바꾸지 않고 제어 소프트웨어를 변경한 정도이다. 처음 참가했던 2020년 11월의 "미니 Joy내구"(2시간 내구 레이스)에서 종합 11위를 달성.

모터팬 페스타 2022 때, 혼다 부스에 전시되었던 레이스 사양의 피트 e:HEV. 트윈링크 모테기에서 개최되는 내구 레이스 "Joy내구"에 참가할 목적으로 개발된 차량이다. 차 안에는 앞뒤로 종단하는 형태로 단열재로 감싸인 대형 배관이 설치되어 있었다.

「레이스에서는 방대한 양의 전기를 사용하기 때문에 배터리가 금방 열을 냅니다. 그래서 에어컨을 사용해 냉각시키죠」

개발을 담당했던 혼다의 오쿠야마 다카야(피트LPL)한테 물어봤을 때 돌아온 대답이다. 이 배관은 대시보드의 에어컨에서 후방의 배터리 팩까지 냉기를 유도하기 위한 것

이었다. 즉 공기조절용 에어컨을 배터리 냉각용 칠러(chiller, 냉매의 상태변화를 이용하는 냉각기기)로 이용하고 있는 것이다.

사실 이 피트는 노멀이 가진 잠재력을 최대한으로 끌어내기 위한 목표로 개량한 차이다. 그래서 엔진과 모터 둘 다 최고출력 향상을 계획하기는 했지만, 기본적으로 파워

트레인의 하드웨어 사양은 바꾸지 않았다. 출력향상은 주로 제어 소프트웨어를 변경한 정도로, 특히 모터 최고출력에 있어서는 동일한 파워트레인을 탑재하는 베젤 차량에 준하고 있다.

배터리(팩) 냉각을 강화한 배경에서 가장 중요했던 이유는, 대전류의 충·방전이 반복되는 서킷주행 특유의 운전조건이다. 역행에서는 물론이고 회생에 있어서도 모터를 작동할 때는 크든 작든 전류통로에서의 발열이 반드시 따라다닌다. 당연히 고출력을 발휘할 때의 대전류 하에서 커지는 이 발열이 모든 전동 파워트레인에서 문제이기는

하지만, 그 중에서도 엄격하고 까다로운 것이 배터리에서의 발열이다.

「48℃를 넘으면 배터리를 보호하기 위해서 안전 모드로 들어가 (입출력에)제한을 걸도록 제어합니다. 물론 일반적인 도로주행에서는 그다지 특별한 상황이 아니면 제어가 들어가지 않지만, 서킷 주행에서는 순식간에 제한이 걸리면서 늦어집니다. 에어컨을 통한 냉각이 그에 대한 대책인 셈이죠. 내구 레이스인 만큼 전비도 낮춰야 하므로 상황에 맞춰서 에어컨 운전상태를 제어하죠」(오카야마씨)

덧붙이자면 모터 출력향상과 직접 관련된

것은 PCU(승압기를 포함한 인버터 장치) 제어 소프트웨어의 변경과 그에 따른 전압향상(570V→600V)이다. 이 (레이스 사양) 피트에서는 전용 로직을 이용했다고 한다. 원래 피트에서 베젤로 넘어가는 단계에서도 크게 변경되는 등, 양산 자동차에서도 로직은 항상 진화한다. 같은 하드웨어라 하더라도 제어 소프트웨어에 따라 다양한 특성이나 퍼포먼스를 만들어내는, 모터의 특징을 나타내는 좋은 예라고 할 수 있다. 개발 과정에서 차세대 양산 자동차에도 피드백 될 만한 노하우도 많이 얻을 수 있어서, 일부는 시빅 e:HEV에 응용되기도 했다고 한다.

	시판 자동차	레이스 차량
차량중량	1,190kg	1,100kg
엔진최고출력	72kW/5,600~6,400rpm	78.8kW/6,000~6,400rpm
엔진최대출력	127Nm/4,500~5,000rpm	131Nm/4,500~5,000rpm
구동용모터 최고출력	80kW	96kW
구동용모터 최대토크	253Nm	253Nm
제너레이터 최고출력	72kW	78.8kW
시스템 최대전압	570V	600V
0-100km/h 가속시간	9.4초	7.6초
최고속도	175km/h	192km/h
(가속시간, 최고속도는 혼다 사내 측정치)		

엔진, 제너레이터 모두 "최대 출력"으로

오일캐치 탱크 등과 같이 서킷 주행에 필요한 장비를 추가한 것 말고는, 기본적으로 파워트레인은 양산차량 것을 그대로 사용. 단열재를 사용한 부분은 에어클리너 박스와 인덕션 파이프로서, 엔진룸 안의 열 영향을 최소한으로 낮추고 외부 공기를 엔진까지 유도하기 위한 것이다. 노멀에서는 제너레이터 능력에 맞추는 차원에서 일부러 엔진출력을 낮췄었다(5,600rpm 이상에서 스로틀을 좁혔다). 하지만 배터리의 냉각강화 등에 따라 제너레이터 성능을 제한했던 제어를 변경, 여기에 맞춰서 엔진의 족쇄가 없어진 결과 베젤의 78kW를 약간 웃도는 78.8kW를 발휘.

냉각을 강화해 지속적인 큰 출력의 충·방전에 대응

트렁크 공간에 탑재되는 배터리 팩. 내부에 들어가는 40개의 각형 리튬이온 셀(블루 에너지 제품의 EHW5형:3.6V/5.0Ah) 냉각은 원래 실내에서 유도된 공기를 이용하는 방식이지만, 내구 레이스 사양은 냉각용 공기를 받아들이는 덕트 부분을 공기조절용 에어컨 흡입구 하나에 파이프로 연결. 출력 제한을 크게 받는 안전모드 기준인 48℃가 넘지 않도록 강력하게 냉각한다.

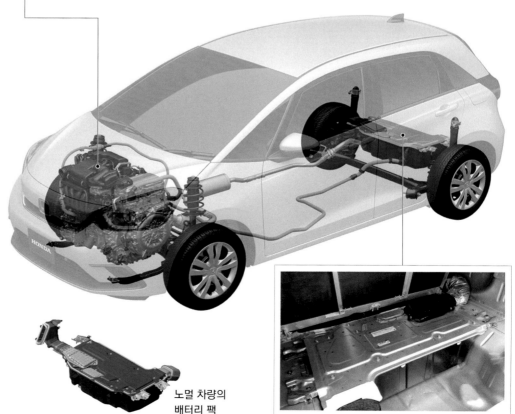

노멀 차량의 배터리 팩

중고 BEV의 배터리 진단과 평가·파브리카 커뮤니케이션즈, 마루베니 플랙스, 도시바

중고 BEV 대량유통시대에 대한 대비, 신속하고 정확한 배터리 진단이 필요

중고차 가치를 결정하는「사정(査正)」작업에서 과거의 경험과 데이터는 필수이다.
BEV에서는 차량용 전지가 어떤 상태이냐는 점이 가장 중요함에도 아직 데이터가 많이 부족한 상태이다.
여기서 기대되는 것이「정확한 열화 예측기술」의 확립이다.

본문 : 마키노 시게오 사진 : 도시바 / 파브리카 커뮤니케이션즈 / 마루베니 플랙스 / MFi

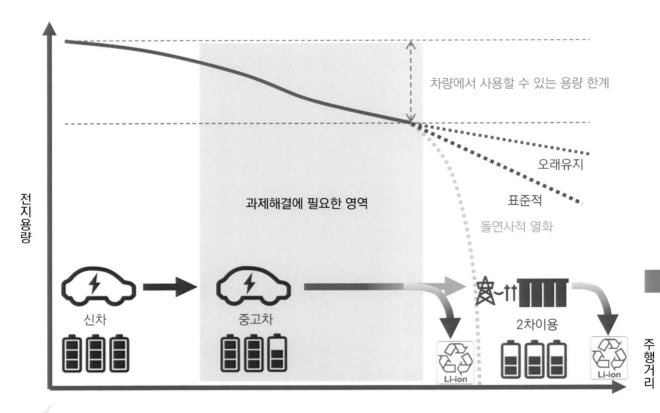

전지는 분명히 열화된다.

하지만 열화 방법은 전지마다, 차량마다 심지어 개별 운전자의 사용방법이나 사용하는 환경에 따라 큰 차이를 나타낸다. 열화 정도는 중고차의 상품가치도 좌우한다.

BEV(Battery Electric Vehicle)가 대량으로 보급되면 중고차 시장에도 BEV가 많이 유통된다. 일본에서는 2025년 이후에 이런 시대가 찾아올 것으로 예상된다. 여기서 문제는 BEV를 중고차로 어떻게 평가하느냐이다. 최대 문제는 차량용 구동전지에 대한 평가. ICE(내연엔진) 자동차는 과거 경험과 연식이나 주행거리에 따른 성능 데이터를 바탕으로 중고차로서의 잔존가치를 상당히 정확하게 판단할 수 있다. 하지만 BEV는 아직 데이터가 많이 부족한 상태이다.

이 문제와 관련해 파브리카 커뮤니케이션즈(Fabrica Communications, 이하 FC), 마루베니 플랙스(Marubeni Plax, 이하 MP), 도시바 3곳을 취재했다. FC는 중고차 사업을 지원하는 플랫포머이고, MP는 전지재료도 다루는 합성수지 트레이더, 도시바는 전지 제조업체. 3사는 도시바가 가진 전지 열화진단기술을 이용한 중고 BEV의 전지상태 진단기술에 관해 실증실험을 하는데 합의했다. 2022년 4월에 발표된 내용이다.

에너지(Energy)

솔라 메이커·풍력·수력 발전
가상 파워플랜트

시설(Facility)

공장/빌딩·맨션·수퍼·편의점/
역·병원·휴대전화기지국/주차장·
자전거 보관소

제품(Products)

엘리베이터·에스컬레이터/
가로등·신호·표시기·냉동기/
웨어러블 기기

공장(Factory)

산업용 로봇/제조장치/
크레인

이동기기(Mobility)

승용차·버스·트럭/철도/
개인 이동수단 영역 내
교통/선박·함선·항공

물류(Logistics)

자동창고/자동운반기/
하역기기

이미 전지는 모든 사회 전반에 침투해 있다.

전에는 LIB가 가전용 소형용량 전지뿐이었지만, 지금은
거기에 BEV용 대용량 전지가 등장했다. 고정용 LIB 수
요도 증가하고 있다. 사용과정에 있는 전지의 성능평가
는 이제 급선무이다.

중고BEV를 유통할 때 해결해야 한 전지 관련 과제

- ICE차와 달리 대수와 주행거리 모두 평가실적이 매우 적다.
- 전지는 전기모터와 같은 지위의 구동부이지만 정밀 전자기기
  장치이다.
- 중고차 시장에서는 다양한 메이커의 모든 차종이 유통된다.

과제를 해결하려면…

- 메이커나 차종에 의존하지 않는 적절한 전지측정을 단시간에
  간단히 할 수 있는 기술적 확립과 유통현장에 대한 기술제공
  이 필요.

전지상태를 정확하게 파악하는 방법은 분해이지만, 사용 중인 차에서
는 불가능하다. 분해나 파괴 없이 상태파악 방법을 확립하는 것이 3사
연합의 지향점이다. 어떤 종류의 전지라도 내부 상태를 판별하는 것이
목표이다(사진은 닛산차용 AESC제품 래미네이트 전지).

ICE차에서 말하는 엔진 성능을 BEV에서
는 「전기모터+구동용 전지」 성능으로 대체
할 수 있다. 구동용 전지가 새 차일 때의 출
력 밀도와 에너지 밀도를 계속 유지한다면
별 문제가 아니지만, 전지는 반드시 열화될
수밖에 없다. 그래서 중고차로 매입된 BEV
나 점검정비를 위해서 입고된 BEV 등의 전

지 상태를 단시간에 정확하게 또 싸게 측정
하는 방법을 확립하자는 것이 위 3사의 공통
된 목적인 것이다.

사용과정 중인 자동차 전지상태 진단은
자동차 메이커나 서플라이어를 중심으로
2021년에 국제적 컨소시엄인 MOBI(Mo-
bility Open Blockchain Initiative)가 만들

어져 대응하고 있다. 목적은 전지 선별을 통
한 중고차 가격의 유지, 차량용도로 사용하
지 못하게 된 전지의 재이용 및 원재료 재
활용 같은 BEV 공급자로서의 필요성이다.
한편 일본 3사의 대처 콘셉트는 BEV 중고
차 가치를 파악하는 것으로, 중고BEV의 유
통시장과 BEV 사용자, 중고BEV 구입 희망

현재의 중고차 유통 상태 | 이 차트는 야노 경제연구소의 「중고차 유통총람」과 일간 자동차신문의 기사 등을 바탕으로 필자가 작성한 것. 숫자는 주로 BEV를 제외한 유통대수.

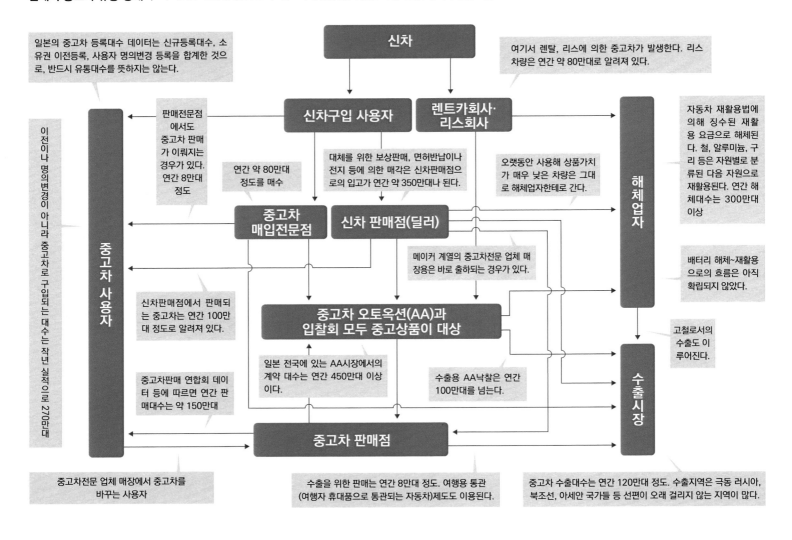

자에 대한 데이터 제시가 주요 목적이다. 사용자 시선을 기준으로 하고 있다는 점이 특징이다.

「전지를 진단해서 제대로 평가해야 합니다. 그런 작업이 어렵기는 하지만 해결하지 않으면 유통의 저해요소가 되겠죠. 문제는 과연 전지의 상태파악이 가능한가, 또 이것을 사업적으로 성립시킬 수 있는가 하는 점입니다. 먼저 이것들을 검증할 필요가 있겠죠. 전지 열화진단기술은 도시바가 갖고 있습니다. 또 중고차 판매업자와의 연계성은 중고차 업무지원 서비스인 『심포니』를 운영하는 FC가 갖고 있습니다. 이 양쪽을 당사가 조합해서 서비스 사업 모델을 구축하겠

다는 겁니다」

MP 측의 설명이다. 한편 실제로 싸게 또 짧은 시간에 정확한 전지상태를 파악하는 것이 정말로 가능할까. 도시바의 설명은 이렇다.

「전지에서 꺼낼 수 있는 데이터는 전압과 전류뿐입니다. 원래 상태의 전압에서 얼마나 줄었는지, 전류값은 얼마나 떨어졌는지만 알 수 있다는 겁니다. 당사는 전지를 개발하는 가운데 전지의 질적 향상을 위해서는 전지 안에서 어떤 일이 일어나고 있는지를 파악하는 것이 중요하다고 생각해 다양한 평가방법을 검토해 왔습니다. 최근에는 챠데모(CHAdeMO)를 사용해 충전하면서

전지정보를 파악하는 방법도 확인했습니다. 한편 학술적으로는 교류 임피던스 방법이라고 하는 측정방법이 확립되어 있는데요. 어떤 주파수를 설정한 다음, 주파수를 바꿔가면서 반응을 보면 전극, 전해질, 세퍼레이터의 열화 상태를 조사할 수 있습니다. 하지만 측정하는데 시간이 걸리는데다가 측정기기도 비쌉니다. 그래서 단시간에 싸고 정확하게 교류 임피던스 방법을 통한 측정이 가능한 연구를 진행 중입니다」

도시바에 따르면 단시간에 많은 주파수를 사용할 수 있도록 어느 파형을 전지에 넣고는 푸리에 해석을 통해 주파수 성분을 많이 얻는 방법이라고 한다. 챠데모의 전류 커넥

3사 연합의 과제해결~기회창조를 향한 조직

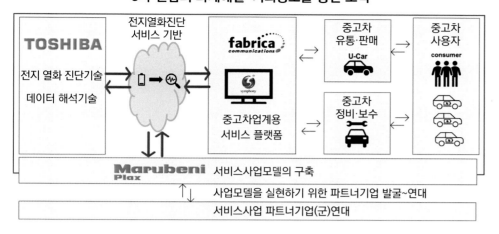

서비스사업모델의 구축
사업모델을 실현하기 위한 파트너기업 발굴~연대
서비스사업 파트너기업(군)연대

좌 : 전지평가에 대한 대처

3사의 역할은 명확히 분담되고 있다. 도시바는 전지의 측정·평가방법 개발, FC는 중고차 사용자까지 포함하는 평가방법을 전개한다. 사업으로서의 전체적 총괄은 MP가 맡고, 필요하다면 새로운 파트너도 찾는다고 한다.

아래 : 전지평가방법

아래 표는 주요 비파괴검사를 통한 전지 진단방법. 도시바는 몇 가지 방법을 조합하는 진단법을 고려하는 중이다. 다양한 전지에 대한 폭넓은 대응과 진단시간 단축, 비용절감 3가지가 포인트이다. 평가시스템의 실용화는 당분간 중고차 BEV시장을 지켜보면서 2025년 정도를 목표로 하고 있다.

명칭(가칭 포함)	전지사용 이력 DB구축	교류임피던스법	방전곡선해석법	충전곡선해석법
운용 주체	자동차 메이커	전지연구자	전지연구자	도시바
목적	차량용 전지의 열화파악	셀 연구	셀 연구	차량용 전지의 잔존성능 평가
측정원리	EV탑재 전지의 환경조건 및 충전이나 방전 등의 사용조건을 열화계측 데이터로 전제적으로 확보한 다음, 각 전지의 사용이력으로부터 열화상태를 평가.	주파수를 바꿔서 측정한 교류 임피던스 실수부와 허수부 그래프로부터 전지 각 부위의 저항을 구한 다음, 저항변화로부터 전지 열화를 평가.	방전곡선을 전압으로 미분하는 등의 방법으로 특징을 부여함으로써 각 활성물질의 용량변화를 추출.	충전 시 셀 전압변화(충전곡선)에 있어서, 개회로전압에 기초해 각 활성물질의 용량과 내부 저항값을 변수로 한 회귀계산을 통해 용량과 저항을 산출.
차량용 전지진단에 대한 적용성	빅데이터에 포함된 EV주행이력 정보에는 개인정보가 포함되어서 활용하기 어렵기 때문에, 공개를 전제로 한 전지평가지표에는 적합하지 않다.	전지 셀 재료별 정보에 기초해 열화성분을 해석해야 하기 때문에 현재는 연구용으로 한정되어 있다.	차량에서는 일정한 전류방전이 곤란하기 때문에, 소전류방전을 하는 전용 측정장치가 필요하다.	통상적 EV에서 충전기를 통한 정전류 충전(보통충전과 급속충전 모두 적용가능)으로, 그 장소에서 계측할 수 있다.
	▼ 전압 표준편차법 적용을 검토예정	▼ 단파형 임피던스법 적용을 검토예정	▽ 검토안건에서 제외	▼ 다른 방식의 타당성 검토용으로 활용예정

터를 사용해 챠데모 규격 내에서 파형을 추가함으로써, 충전하면서 데이터를 얻는 이 방법은 「실험에서는 성공했다」고 한다.

「문제는 진단에 사용하는 알고리즘입니다. 이것은 전지 타입에 따라 바뀌거든요. 알고리즘을 완성하면 기본 전지 데이터가 불명확해도 데이터의 시간적 변화를 알 수 있습니다. 또 데이터를 축적하면 다른 데이터와의 연결(linking)도 가능할 겁니다. 당사가 지향하는 점은 사용자 시선으로 봤을 때 『있으면 편리하겠다』고 생각되는 전지정보를 얻는 것입니다. 업자가 상품을 매입하는 중고차 오토옥션(AA)에서는 한 대마다 평가점수가 매겨집니다. 그와 마찬가지로 사

용 중인 BEV의 전지에 평가점수를 매기고 싶은 것이죠. 소비자 입장에서 이것은 유익한 정보일 테니까, 소비자가 원한다면 공급자는 제공해야 한다고 봅니다. 중고BEV에는 필수적인 방법이 될 것이라 당사는 확신합니다」

중고차 사업의 플랫포머로 활약 중인 FC(Fabrica Communications)는 이런 시스템의 개발에 대한 장점을 이렇게 설명한다.

「BEV가 중고차로 매물시장에 나온다는 것은 전지의 탑재 수명 전에 사용자가 바뀐다는 뜻이죠. 새로운 사용자가 적절한 전지 정보를 얻을 수 있다면 상당히 유익할 겁니다. 중고BEV에 대한 신뢰로도 이어져 유통

활성화에 기여할 거라고 봅니다. 다른 이야기입니다만, 자동차 판매점이나 매입전문점에서는 중고차 사정을 5~10분 정도에 평가하고 있습니다. 또 중고차AA 시장에서도 출품된 차량 전부를 같은 정도의 시간으로 검사/평가하고 있기 때문에 이 시간 내에 들어가는 측정방법이어야 하겠죠. 5분 정도의 짧은 시간에 측정할 수 있다면 자동차 정비 사업자나 딜러의 서비스 부문용으로도 전지 상태 진단서비스라고 하는 수요를 만들어낼 수 있을 겁니다」

자동차 검사등록정보 협회(자검협) 데이터에 따르면 2021년 3월말 시점에서의 일본 내 보유대수가 HEV 1,001만 4천대인데

반해 BEV는 불과 12만 4천대에 그치고 있다. 다만 앞으로는 BEV 보유증가가 예상되기 때문에 전지정보를 수집하는 체제구축이 급선무이다. 또 야노(矢野)경제연구소의 자료에 따르면, 중고차로 구입할 후보선정 대상으로는 인터넷의 중고차 검색 사이트 이용이 전체 세대 합계에서 52%나 된다. 20대부터 60대까지, 경향 상으로는 여성보다 남성의 인터넷 이용비율이 높지만, 전체 세대의 남녀합계에서는 중고차 검색 사이트 및 그 이외의 인터넷 사이트 이용자가 68%에 이른다. 인터넷을 검색했을 때 전지상태 평가가 기재되어 있으면 구입기준을 삼는데 유익할 것이다.

「앞으로 BEV는 메이커 수와 차종이 증가하면서 다양한 전지가 혼재될 가능성이 높습니다. 따라서 모든 전지를 평가하는 시스템이 필요한 것이죠. 이것은 사회적 과제이기도 합니다. 물론 사업인 이상 당사는 이익도 추구하지만, 중고차 유통에서의 과제를 해결하자는 시도라고 자리매김하고 있습니다」

「다만 기술력으로 밀고나가는 전개는 지양하려고 합니다. 먼저 사업적 검증을 정확히 해야 한다고 봅니다. BEV 중고차 발생이 늘어날 것으로 예상되는 2025년까지는 늦지 않도록 방법을 확립해 나가려고 합니다」

「유통 전체로 생각하면 중고차AA 운영회사는 장을 제공하는 업종이지 소비자는 아닙니다. 아마도 AA운영회사 입장에서는 전지를 측정하는데 있어서 직접적인 가치는 없겠죠. 당사로서는 실제로 자동차를 사용하는 소비자와 직접 연결된 장소에서 측정 서비스를 할 것으로 봅니다」

현시점에서의 목표와 인식을 3사는 이렇게 말했다. 우선은 전지상태 측정을 신속히, 싸게, 확실하게 할 수 있는 시스템 확립에 주력한다. 3사만으로의 솔루션이 부족할 때는 새로운 파트너도 찾겠다고 한다. 그리고 인상적인 것은 「현재 상태에서는 어디까지나 측정방법 확립이 목적이고, 전지의 재사용·재활용 사업은 생각하지 않는다. 우선은 전지상태를 측정할 수 있는지, 측정이 가능해서 소비자 눈높이의 서비스가 될 것인지, 사업화할 수 있는지를 검증하겠다」는 점이다.

작년에 EU(유럽연합)위원회에서는 BEV의 보상판매에 대해 ICE차와 차별되지 않도록 자동차 메이커를 유도하겠다는 안건이 의제가 되었다. 애초에 EU시장은 규제를 위한 BEV로 출발했던 이유로, 거기에 소비자의 자유의지는 없었다. 자동차 메이커는 CO_2배출 제로에 합산되기 때문에 개발자금 투자처로 가장 유효하고 CO_2 벌금을 회피하는 수단으로 BEV에 투자했을 뿐이다.

한편 일본은 xEV(어떤 방식이든 전동구동장치를 장착한 차량) 보유대수 1000만대를 넘었다. HEV는 중고차로서 활발히 유통되고 있다. 그렇다고 BEV라고 해서 연료소비 환산으로 제로는 아니다. 일본의 발전(發電)사정을 반영한 계수에서 「전비」가 「연비」로 환산된다. 이 LCA(Life Cycle Assessment)식 방법을 도입하는 나라는 일본뿐이다. 이런 사정이 배경에 있기 때문에 BEV 사용자의 전지상태에 대한 관심도가 아마도 유럽·미국·중국보다 높지 않은가 상상한다.

만약 단시간에 정확하고 싸게 전지상태를 측정하는 방법이 일본에서 만들어지면 해외시장에서도 통용될 것이다. 대부분의 사용자는 전지상태를 알고 싶어 한다. 그런 의미에서 이번에 취재한 3사의 시도는 매우 흥미롭다. 앞으로의 추이에 주목하고 싶은 이유이다.

곤도 사토시
(近藤 智司)

(주)파브리카 커뮤니케이션즈
이사역 부사장

마츠카와 유키히로
(松川 行宏)

마루베니 플랙스(주)
사장보좌

우치코가 스이이치
(內古閑 修一)

(주)도시바
전지사업부 엑스퍼트
박사(공학)

나가나와 가즈히코
(長繩 和彦)

(주)파브리카 커뮤니케이션즈
U-CAR솔루션사업본부 서비스기획부 부장

모리 케이이치로
(森 慶一郎)

마루베니 플랙스(주)
비즈니스트랜스 포메이션부 시니어어드바이저

전고체 배터리의 가능성과 과제·닛산

'게임 체인저'로서 기대가 높은 차세대 배터리 기술 개발

전고체전지에 관한 자동차 메이커 발표가 이어지고 있다. 2028년에 자사개발 전고체전지를
BEV에 탑재하겠다고 선언한 닛산자동차는 어떻게 준비하고 있을까.

본문 : 오가사와라 린코 사진&수치 : 닛산

전고체전지(ASSB) | 리튬이온 배터리

항속거리	충전시간	배터리 가격
2x 에너지 밀도	1/3	$75/kWh 2028

전고체전지의 장점

전고체전지가 EV에 가져다 줄 장점은 여러 가지이다. 기존처럼 온도 제한에 따른 충전을 억제할 필요가 없어지면서 사용자는 짧은 시간에 많이 충전했다고 느낄 수 있다. 장거리를 가기 위한 대용량 배터리 무게로 항속거리가 제한되는 딜레마도 해소된다. 왼쪽 일러스트 수치는 닛산의 개발목표치.

리튬공기 전지 등과 같이 미래의 전지로 불리는 전고체(全固體) 리튬이온전지. 차량용 양산 계획과 관련된 움직임이 근래 들어 더욱 활발해지고 있다. 하지만 자동차업계가 전고체전지에 주목하기 시작한 것은 결코 최근 일이 아니다.

2011년에 도쿄공업대학대학원 종합물리공학연구과의 간노 료지(菅野 了次)교수(당시) 등의 연구팀이 세계최고의 리튬이온 전도율을 나타내는 황화물계 고체 전해질을 발견했는데, 그 연구팀에는 토요타가 참여하고 있었다.

그 발견 때까지 고체 전해질은 액체 전해질보다 리튬이온 전도성이 낮다고 알려져 있었다. 리튬이온이 당구공처럼 부딪쳐가며 고속으로 이동하는, 액체 전해질에는 없는 현상을 확인함으로써 액체 전해질보다 높은 이온 전도성을 가졌다는 사실을 밝혀낸 것

이다. 리튬이온의 이동속도는 전지의 충·방전 성능을 결정한다. 닛산자동차의 나카구로 구니오(中畔 邦雄) 부사장도 「전고체전지에 대한 기대가 순식간에 올라갔던 것은 이 발표가 계기였다」고 말한다.

2011년이라고 하면 닛산자동차가 초대 리프를 발표한 다음 해로, BEV시장이 어떻게 흘러갈지는 누구도 몰랐다. 그 시점에서 리튬이온전지의 다음세대 전지를 검토할 필요가 있었던 것은 ICE차량 수준의 항속거리를 BEV에서 실현하기 위해서였다. 용량 확대는 물론이고 가연성 유기용매를 포함한 액체 전해질을 사용하는데 따른 발화 위험

성 대책, 출력 향상, 에너지 밀도 향상 등의 진화가 필요하다고 여겨졌다. 액체 계열 리튬이온전지에 진화할 여지가 없는 것은 아니다. 전해액을 개량하면 이온의 수송효율이 높아질 가능성도 있고, 온도에 강한 전해액 개발도 진행되고 있다. 하지만 전고체전지가 아니면 안 되는 몇몇 장점이 존재한다.

한 가지는 에너지 밀도의 향상이다. 액체 계열의 리튬이온전지는 양·음극재와 전해액으로 이루어진 셀을 패키지에 밀봉한 다음, 셀끼리 직렬 또는 병렬로 접속해 모듈로써 조립한다. 이에 반해 전고체전지는 양·음극재와 고체 전해질을 직접 중첩시킴으로써

종래의 셀에 상당하는 접속이 가능하다. 그때문에 구조적으로 에너지 밀도를 크게 높일 수 있다.

가격 측면에서도 전고체전지는 액체 계열 리튬이온전지보다 유리하다. 액체 전해질 같은 경우는 양·음극재와의 부수적 반응을 고려하면 재료 선택지에 제약이 따르지만, 고체 전해질은 그런 부수적 반응이 일어나지 않기 때문에 재료선택에 대한 폭이 넓다. 이로 인해 가격에서 큰 비율을 차지하는 양극재의 단가를 인하할 수 있다. 또 리튬이온 수납량이 더 많은 음극재를 선택하면 에너지 밀도 향상으로도 이어진다.

Chill-Out

Max-Out

Hang-Out

Surt-Out

닛산의 BEV 콘셉트카 「아리아」와 똑같은 CMF-EV플랫폼을 적용한 크로스오버 SUV 「Chill-Out」외에, 전고체전지 등을 탑재하는 차세대 플랫폼 콘셉트카 3종류를 발표한 상태이다. 경량화가 요구되는 오픈카「Max-Out」이나 차량 크기가 커서 전지용량도 커질 픽업트럭「Surf-Out」는 특히나 전고체전지의 장점이 두드러질 것으로 보인다.

고체 전해질이 액체 전해질보다 고온에 강하다는 이점도 있다. 운전 온도한계가 높고, 고온으로 인한 성능열화 영향도 적다. 100℃가까이 허용할 수 있기 때문에 전해액처럼 온도가 과도하게 올라가지 않도록 제어하면서 충전할 필요가 없기 때문에 짧은 시간에 충전이 가능하다. 냉각장치를 간략하게 만듦으로써 차량 가격도 낮출 수 있다.

나아가 전조체전지는 전해액 분해 등과 같은 부수적 반응이 없기 때문에 열화가 잘 안 되는 것으로 알려져 있다. 다만 액체 전해질이라면 문제가 되지 않았던 현상은 약점으로 작용한다. 토요타자동차가 시작품으로

만든 전조체전지를 오랫동안 실험하는 가운데 고체전해질과 음극재 사이에 간격이 생기는 것을 확인했는데, 이는 수명에 영향을 주는 것으로 파악하고 있다. 액체 전해질에서는 고체인 양극재와의 경계면이 안정적이지만, 고체끼리인 전해질과 양·음극재가 고밀도로 균일하게 접속되기는 힘들다.

이를 해결하려면 경계면을 안정시키기 위한 셀 구조나 고정압력 제어분만 아니라, 제조 프로세스나 재료 선정도 다시 봐야한다. 양·음극재나 전해질 재료는 상당히 많기 때문에 시뮬레이션이나 데이터베이스를 조합한 재료정보과학(Materials Informatics)

이 아니면 효율적 선정이 어려울 정도이다. 하나를 바꾸면 다른 재료와의 반응까지 달라지기 때문이다. 생산 편이성에도 영향을 끼친다. 전고체전지의 뛰어난 특징이 EV의 편리성이나 가격을 크게 낮출 수 있는 "게임 체인저"임은 사실이다. 하지만 그 게임에 참가하기까지는 몇 가지 장벽을 극복해야 한다.

닛산자동차가 2021년 11월에 발표한, 2030년도를 향한 장기 비전 「닛산 앰비션 2030」를 통해 전고체전지의 제품화 로드맵을 제시했다. 28년도에 독자적으로 개발한 전고체전지를 탑재한 BEV를 시장에 투입하

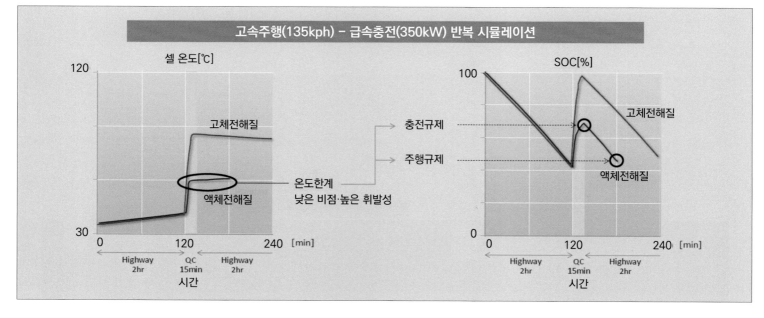

기 위해서, 24년도까지 요코하마공장에 파일럿 생산라인을 구축한다는 내용이다. 전고체전지 가격을 28년도까지 1kWh당 75달러에 맞추고, 이후에는 65달러까지 낮추겠다는 목표도 제시했다. 1kWh당 65달러 수준이면 BEV와 엔진자동차의 가격이 비슷해진다는 것이다.

22년 4월 8일에는 전고체전지의 개발상황과 관련해 미디어 설명회를 열고, 충전시간은 3분의 1로 단축하고 질량 에너지 밀도를 향상시켜 항속거리를 2배로 늘리겠다는 계획을 소개했다. 종합연구소(가나가와현 요코스카시)에 시작용 생산설비를 구축하고, 파일럿 라인에서 생산하는 전고체전지

의 재료나 설계, 제조 프로세서를 개발부문과 생산부문이 하나가 되어 검토하고 있다.

전고체전지가 성능을 발휘하려면 양·음극재나 고체전해질이 균일하게 분산되어 재료 사이가 안정된 경계면을 유지해야 한다. 이것은 재료의 선정, 셀 설계, 생산 프로세스 전체가 관여해야 실현된다. 재료 선정에 따라서는 목표한 성능에 미치지 못한다거나, 생산이 어려운 상황도 있을 수 있다. 개발과 생산 양쪽 부문에서 생산 프로세스에서 다루기 쉬운지 아닌지, 그 재료를 사용하기 위해서 생산 프로세스로 밀어 넣을 여지가 있는지 등을 논의해가면서 사양을 결정해 나간다.

전고체전지로 불리는 차세대전지 가운데는 액체 전해질을 굳힌 것이나, 전해질에 액체와 고체 양쪽을 사용하는 것 등도 포함되어 있다. 닛산이 개발하는 전지는 전부가 고체 재료로 구성되는 전고체전지이다. 고체전해질은 황화물계인 LGPS(리튬, 마그네슘, 인, 유황)를 사용할 방침이다.

한편으로 반고체전지는 전고체전지와 달리 높은 운전 온도한계나 낮은 발화 위험성 같은 장점이 상대적으로 약하다. 충전시간 3분의 1이라는 목표 하에서는 전고체전지여야 하는 것이 중요하다. 나카구로 부사장도 「반고체전지가 아니라 전고체전지로 28년에 제품화할 수 있다면 상당한 경쟁력을

에너지 밀도가 높은 것도 큰 장점

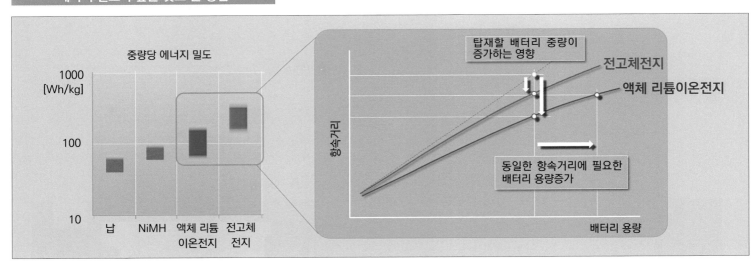

기술적 극복이 필요한 과제

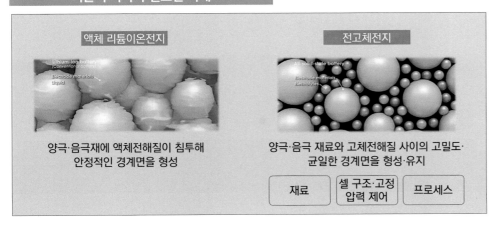

위 : 항속거리를 늘리기 위해서 대용량 배터리를 탑재하면 무거워진 자동차를 움직이기 위해서 더 많은 전력을 소비하게 되고, 결국 항속거리는 더 짧아진다. 질량 에너지 밀도가 높은 전고체전지를 사용하면 같은 배터리 용량으로 항속거리를 늘릴 수 있고, 같은 항속거리라면 배터리 용량을 줄일 수 있다. SUV나 픽업트럭 등에서 장점이 크다.

좌 : 전해질이 액체이든 고체이든 간에 양극재나 음극재, 전해질이 형성하는 경계면이 리튬이온전지의 충·방전 성능을 좌우한다. 액체 전해질이라면 양·음극재 사이에 침투해 안정된 경계면이 쉽게 형성된다. 재료가 전부 고체라면 균일한 경계면을 유지하는 것도 하나의 장애물로 작용한다.

닛산의 노하우를 활용한 안전설계·품질과 관련된 기술축적

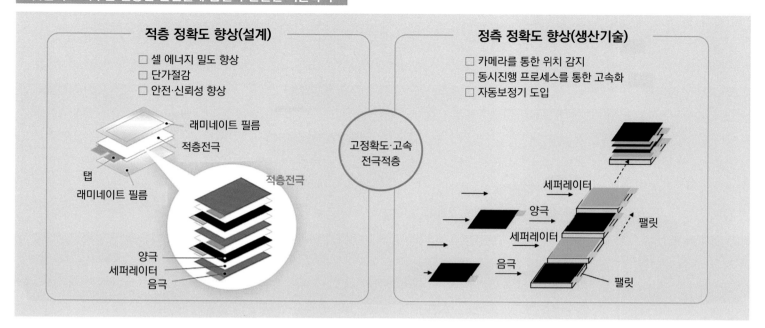

적층 정확도 향상(설계)
□ 셀 에너지 밀도 향상
□ 단가절감
□ 안전·신뢰성 향상

래미네이트 필름
적층전극
탭
래미네이트 필름
적층전극
양극
세퍼레이터
음극

고정확도·고속
전극적층

정측 정확도 향상(생산기술)
□ 카메라를 통한 위치 감지
□ 동시진행 프로세스를 통한 고속화
□ 자동보정기 도입

세퍼레이터
양극
세퍼레이터
음극
팰릿
팰릿

위 : 시작설비를 설치한 종합연구소에서 소장을 맡고 있는 닛산자동차 상무 도이 가즈히로. 나카구로 부사장과 함께 설명회에 출석해 실용화를 향한 과제나 해결을 위한 대응상태를 설명했다. 목표로 하는 성능과 생산 편이성 양쪽을 충족하는 재료의 선정, 품질과 리드타임 단축을 양립한 제조 프로세스 등, 양산을 위해 해결해야 할 과제가 적지 않다.

아래 : 충·방전 성능을 좌우하는 경계면을 유지하기 위해서 래미네이트 셀에 균등한 압력이 걸리는 상태에서 모듈화한다. 그런 면압(面壓) 제어나 모듈 설계는 「리프」등에 탑재해 온 액체 계열 리튬이온전지 모두 공통이기 때문에 지금까지의 노하우를 살릴 수 있다.

리튬이온전지의 셀 면압 관리기술을 적용

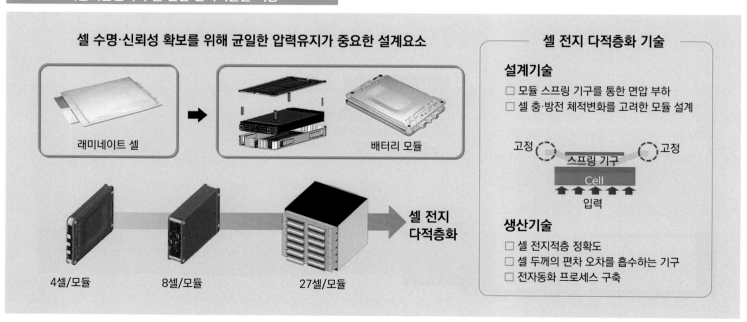

셀 수명·신뢰성 확보를 위해 균일한 압력유지가 중요한 설계요소

래미네이트 셀 → 배터리 모듈

4셀/모듈   8셀/모듈   27셀/모듈   →   셀 전지 다적층화

셀 전지 다적층화 기술

설계기술
□ 모듈 스프링 기구를 통한 면압 부하
□ 셀 충·방전 체적변화를 고려한 모듈 설계

고정 — 스프링 기구 — 고정
Cell
입력

생산기술
□ 셀 전지적층 정확도
□ 셀 두께의 편차 오차를 흡수하는 기구
□ 전자동화 프로세스 구축

가질 것」이라고 언급하고 있다.

토요타자동차가 과제로 삼은 전고체전지의 열화와 짧은 수명은 닛산으로서도 풀어야 할 과제이다. 닛산에서도 열화를 어떻게 막느냐에 중점을 두고 개발한다. 또 나사(NASA, 미국항공우주국)나 UC샌디에이고 같은 대학 파트너의 데이터베이스를 활용하면서 재료정보과학에서 재료를 검토한다.

UC샌디에이고하고는 충·방전을 반복하는 가운데 양극 경계면의 열화인자를 특정하는 작업을 진행한다. NASA와는 음극과 고체 전해질의 경계면 열화인자를 특정하는 작업을 협업 중이다. 닛산자동차의 도이 가즈히로(土井 三浩) 상무는 「아직 100% 해결은 못하고 있지만, 해결을 향한 요소는 축적해 왔다」고 말한다. 이 밖에도 재료화학이나 전지 내부, 고도의 반응 해석에서 일본 내외의 대학들과 협력하고 있다.

특정한 열화인자는 어떻게 전고체전지에 활용될까. 반복적으로 충·방전하는 가운데 양극 표면은 변질되고, 그러면 이온 전도성이 나빠져 충전성능이 떨어진다. 이온 전도를 방해하지 않고 변질을 낮추기 위한 양극 표면 코팅이 재료검색을 통해 실현된다. 음극과 고체 전해질, 세퍼레이터에서도 이온 전도를 방해하지 않고 단락의 원인인 리튬 석출을 막는 보호층을 형성해주는 재료를 검토 중이다.

열화되지 않도록 하는 연구 외에, 고체 전해질과 양극을 접합하기 위한 기술도 요구된다. 기존 타입의 바인더는 리튬이온의 출입이 방해를 받아 저항이 증가하는 문제가 있었다. 닛산은 미세한 망 틈새로 양극을 단단하게 하는 특수한 섬유형상(Fibril형상) 구조의 바인더를 적용한다. 양극구조를 유지하면서 높은 리튬이온 전도도를 갖게 할 수 있다고 한다.

바인더뿐만 아니라 양극에서도 리튬이온의 통과방식이 중요하다. 리튬이온이 다니는 길은 직선이 이상적이지만, 활성물질이 응집해서 통로를 방해하지 않도록 균일하게 혼합하는 일이 관건이다. 양극재 선정, 표면 코팅, 용매, 재료배분 같은 조건 외에, 재료를 혼합하는 온도나 속도 등을 포함해 균질해지도록 하는 사양을 결정한다. 개발 중인 정밀혼합 프로세스에서는 셀 저항을 종래의 10분의 1로 억제할 수 있다는 점을 확인했다.

전극 재료를 균일하게 혼합한 뒤에도 제조상 장벽이 있다. 얇게 한 양극이나 세퍼레이터, 음극을 몇 층이고 겹쳐서 셀을 만들지만, 적층하는 정도가 현재 매초 1~2장이라고 한다. 적층 정확도와 속도를 양립시키는 프로세스 확립이 과제이다. 또 고체 전해질을 마이크론 단위까지 얇게 하기까지는 분열이나 결여, 핀 홀이 생기는 등의 문제로 인해 쉽지가 않다. 현시점에서는 전고체전지 시작품 1개를 만드는데도 수율(收率)이 나쁜 상황이다.

전고체 리튬이온전지와 기존의 액체 계열 리튬이온전지는 다른 부분도 많지만, 기본적인 작동원리는 똑같다. 래미네이트 셀로서의 성능이나 안전, 품질을 높이는 프로세스, 높은 정확도와 고속의 전극 적층기술 등, 기존 액체 계열의 리튬이온전지에서 전고체전지로 노하우를 응용할 수 있는 부분 등, 선구적으로 BEV를 시장에 투입해 온 경험이 강점을 보이고 있다.

셀 고정도 마찬가지이다. 전고체전지를 구성하는 양극이나 고체 전해질, 세퍼레이터, 음극은 각각 균일한 압력으로 밀착되어야 할 필요가 있다. 압력이 균일하지 않을 때 높은 압력이 걸리는 부위는 저항이 작고 저압부위에서는 저항이 커져서, 저항이 작은 일부에 이온 통로가 집중되면 그 부위에서 리튬이온 석출과 단락이 발생한다. 엄격한 압력면압 제어도 액체 계열 리튬이온전지와 공통된 영역인 것이다.

액체 계열의 리튬이온전지보다 안전성이 높다는 점이 전고체전지의 특징이지만, 무조건 안전하다고는 할 수 없다. 황화물계 전해질이 수분과 반응해 황화수소가 발생하는 상황까지 감안해서 안전성도 검증한다. 안전실험 등을 통해 황화수소 등이 발생하지 않는다는 점을 확인하기는 했지만, 여러 가지 고장모드 상태에서의 안전성 검증도 진행 중이다. 재료 선택 여하에 따라서는 황화수소 발생량이 크게 달라진다는 사실도 확인되었다. 수분과 반응해 황화수소가 발생하면 동시에 표면이 코팅된 것 같은 상태가 되기 때문에 일정한 단계에서 황화수소 발생이 멈춘다는 사실은 알고 있었지만, 표면이 바뀌는 시간이 재료에 따라 달라지는 것이다. 또 래미네이트 셀 설계에 따라서도 황화수소 발생량이 달라진다. 재료나 셀 설계를 통해 황화수소 발생에 대한 안전성도 높일 수 있는 것이다.

도이 상무는 전고체전지의 실용화와 양산을 향한 과제와 관련해 「대학이나 연구기관이 연구 중인 이론이나 분석 없이는 해결하지 못한다」고 말했다. 셀 설계나 생산 프로세스가 중요한 사실은 몇 번이고 언급했지만, 전지로서의 성능을 크게 좌우하는 것은 재료이다. 그런데 선택지가 너무 많아서 사람의 상상을 초월하는 조합이 존재한다. 재료를 바꾸면 전기적 반응, 고체끼리 접촉했을 때의 역학적 반응이나 화학적 반응, 전기화학적 반응이 모두 달라진다. 그 가운데 최적의 조합을 찾아내야 하는 것이다. 대학이나 연구기관과의 협력을 바탕으로 재료정보과학을 활용해, 기존 방법으로는 5~20년이 필요했던 검증기간을 2~3년까지 단축하기 위해서 노력 중이다.

2028년 양산을 위한 시작 생산설비를 공개

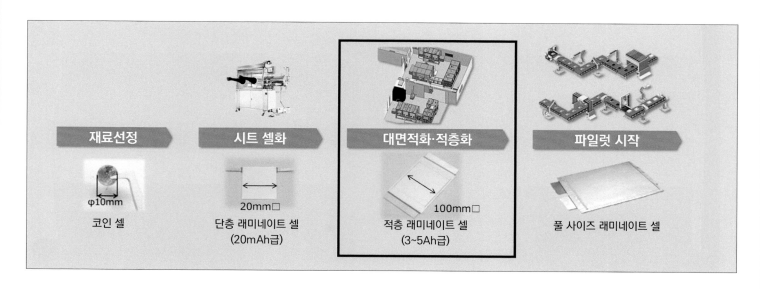

재료선정	시트 셀화	대면적화·적층화	파일럿 시작
φ10mm	20mm□	100mm□	
코인 셀	단층 래미네이트 셀 (20mAh급)	적층 래미네이트 셀 (3~5Ah급)	풀 사이즈 래미네이트 셀

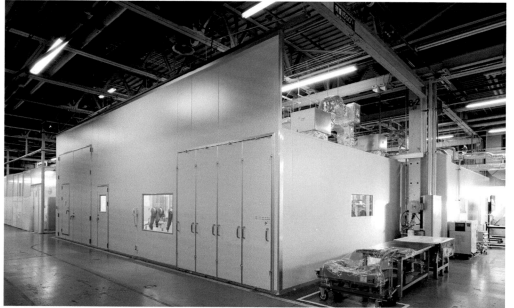

대형화·양산화를 위한 셀 시작설비를 미디어에 공개

닛산 종합연구소 내 적층 래미네이트 셀 시작품 제작실에 도입된 설비들. 앞으로 양산할 때 직접 만들지, 서플라이어에게 생산을 위탁할지는 현시점에서 미정이지만, 24년도까지 닛산의 요코하마 공장에 양산을 위한 파일럿 라인을 설치한다. 파일럿 라인에서 만들 양산 시작품의 전고체전지 사양을 이 시작설비로 검토한다.

이미 시작된 파워반도체의 새로운 단계

실리콘 카바이드의 충격

차세대 전동 파워트레인 기술로 주목받고 있는 SiC 파워반도체.
SiC는 다루기 어려운 소재이다. 또 차량구동용도에서는 혹독한 조건이 부과되기도 한다.
그래서 본격적인 양산까지는 아직도 갈 길이 멀지만, 사실 몇몇 메이커에서는 이미
양산까지 시작한 곳도 있다.
그 중 한 곳이 ROHM, SiC 파워반도체의 풀뿌리 같은 존재이다.

본문 : 다카하시 잇페이 사진 : 로옴(ROHM)

인버터 손실 내역

보디 다이오드 손실

트랜지스터 도통 손실

10%

17%

73%

스위칭 손실

모터 구동용 인버터의 파워반도체에서 발생하는 에너지 손실 내역을 나타낸 그래프. 이 중에서 대부분을 차지하는 스위칭 손실은 주로 전환하는 상태(온오프 중간상태)에서 발생. SiC 파워반도체(SiC MOSFET) 효과가 가장 잘 드러나는 부분이다.

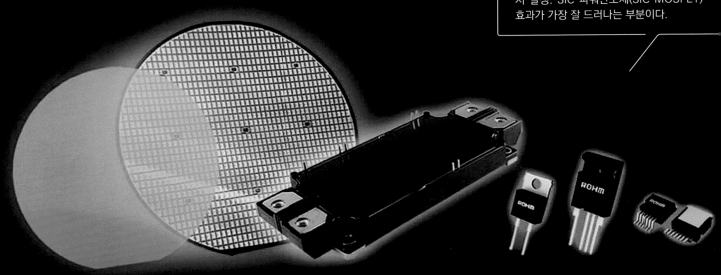

배터리에 저장된 전력만 사용해 달리는 EV. 이 EV의 향후를 좌우할 기술적 과제 가운데 하나가 전력을 이용할 때의 효율향상이다. 배터리 전력을 지금 이상으로 낭비 없이 이용할 수 있다면 항속거리가 늘어나는 것은 물론이고, 항속거리를 그대로 놔둔다면 배터리를 소형화하는 것도 가능해진다. 이 중에서 주행에 필요한 에너지 감축으로 이어지는 배터리의 소형화, 그에 따른 경량

화는 높은 효율을 바탕으로 "선순환"을 불러온다. 거기에 리튬이온 배터리의 에너지 밀도 그리고 단가인하 추세가 부진하고, 제조자원 확보라고 하는 문제까지 부각되고 있는 현시점에서 기대를 모으고 있는 것이 SiC 파워반도체이다.

파워반도체는 배터리에 저장된 직류 전기를 모터가 필요로 하는 교류로 변환하는 인버터에서 중요한 역할을 하는 주연급 전

자부품 가운데 하나이다. 파워반도체는 배터리에서 모터로 흐르는 전기가 반드시 통과하는 "관문(또는 게이트웨이)"이지만, 이런 전력변환에 이용되는 소자(반도체)에는 반드시 손실이 뒤따른다. 위의 원 그래프에서 볼 수 있듯이 손실은 주로 3종류로 분류된다. 하지만 어떤 손실이든 간에 최종적으로 열이 되는 결과는 공통이기 때문에, 간단히 표현하면 저항과 거의 동의어라고 생각

DC/DC컨버터

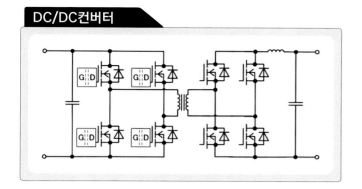

차량용 충전기

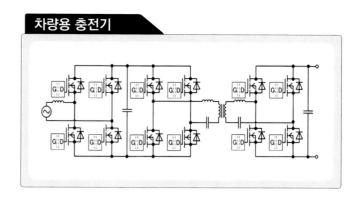

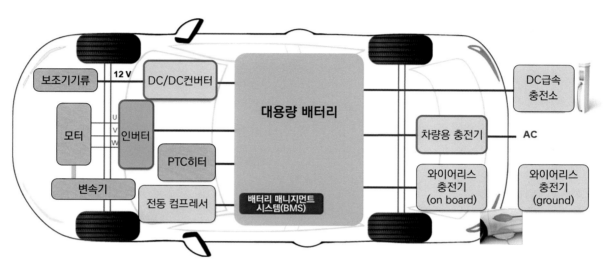

인버터

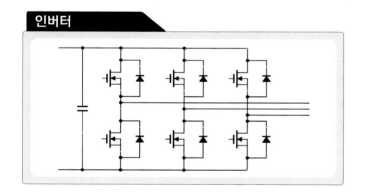

파워반도체의 주요 차량적용 부위

파워반도체가 적용되는 부위는 위 그림에서 굵은 선으로 나타낸 곳이다. 100~200V 의 가정용 교류전원을 직류로 정류 및 승압해 주행용 배터리로 유도하는 차량용 충전기, 주행용 배터리 전압을 보조기기용(등화용)의 12V 배터리로 강압해 공급하는 DC-DC컨버터, 주행용 배터리의 직류를 운전상태에 맞는 주파수 교류로 변환하는 인버터 3가지이다. 모두 다 고전압을 다루면서 전력변환이 이루어지는 부위이다. 지금까지 이용해 왔던 Si(실리콘)반도체 IGBT에서 SiC반도체인 MOSFET로 바꿈으로써 효율향상이나 보조기기들의 소형화 등과 같은 이점을 기대할 수 있다.

Si(실리콘)와 SiC(탄화규소)의 구조비교

Si의 10배나 되는 절연성을 가진 SiC반도체는 1/10 두께로 동등한 전압에 견딜 수 있는 절연성 확보가 가능하다. Si-IGBT이나 SiC-MOSFET 모두 전류는 상하방향으로 흐르기 때문에, 이 부분(드리프트 층으로 불린다)의 두께가 얇다는 것은 전기가 통할 때의 저항값이 작아진다는 것을 의미한다. 그 결과 저항값이 1/300밖에 되지 않을 정도로 극적인 하락을 기대할 수 있다고 한다.

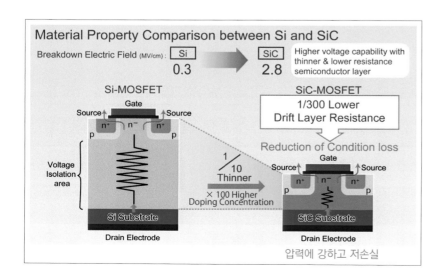

하면 된다.

애초에 근래의 자동차 파워트레인이 급속히 전동화된 배경에는 IGBT(Insulated Gate Bipolar Transistor, 절연 게이트형 양극성 트랜지스터)로 불리는 파워반도체의 활약이 있었다. 이 IGBT는 Si(실리콘) 기판 위에 형성되는 Si 파워반도체를 말한다. 그에 반해 차세대 EV의 파워트레인을 떠맡을 것으로 예상되는 SiC 파워반도체는 그 이름 그대로 SiC(Silicone Carbide, 탄화규소) 기판 위에 모스펫(MOSFET, Metal-Oxide Semiconductor Field-Effect Transistor, 금속산화막 반도체 전계효과 트랜지스터)로 불리는 구조를 형성한 것이다. 여기서 중요한 것은 SiC 파워반도체(정확하게는 SiC MOSFET)가 Si 파워반도체보다 전압 내구성과 손실측면에서 뛰어나다는 점이다.

그것도 큰 차이를 보일 정도로 뛰어나다.

EV나 HEV가 필요로 하는 수 백 볼트에도 견디면서 온오프 전환(스위칭) 작동이 가능하도록, 소재로서 높은 전압 내구성을 가진 SiC 파워반도체는 Si 파워반도체와 동등한 성능을 1/10 정도의 두께로 확보할 수 있다. 즉 전류가 통하는 거리도 1/10 정도면 된다는 의미이기 때문에, 거리에 비례하는 전기저항이 훨씬 줄어든다.

「당사의 최신 제4세대 SiC MOSFET에서는 "트렌치"로 불리는 게이트 구조를 만드는 기술을 진화시켜 단위 면적 당 온(ON) 저항에서 세계 최고값(저저항)을 실현했습니다. 또 스위칭 손실의 근원인 기생 정전 용량도 줄였습니다. 차세대 SiC MOSFET와 비교해 온(ON) 저항에서 40%, 스위칭 손실에서 50%의 성능향상을 이루었죠. 그

SiC의 재료특성과 도입하는 장점

왼쪽 아래 그림은 파워반도체에 이용되는 재료 특성을 레이더 차트로 비교한 것. 진한 황색선이 SiC로, 현재 재료적으로 가장 일반적인 Si를 모든 면에서 크게 앞선다. GaN(질화갈륨)과 비교해도 열전도율에서 2배나 뛰어난 특성을 갖고 있다는 사실을 알 수 있다. SiC의 뛰어난 전압 내구성(절연파괴 전해강도)을 살려 IGBT보다 간소한(PN결합 층이 하나 적다) MOSFET 구조를 이용하면 EV나 HEV가 이용하는 고전압·대전류에 대응하면서, 니(knee)전압으로 불리는 IGBT의 단점(0.8V 부근까지 전류가 올라가지 않는다)을 회피함으로써 시내주행에서 많이 사용하는 저전류 영역에서 큰 효율개선효과를 얻을 수 있다.

중에서도 스위칭 손실이 트랙션 인버터 용도에서 SiC MOSFET에서 발생되는 손실의 70%가 넘게 차지하기 때문에, 그에 대한 개선이 EV의 효율향상에 크게 기여합니다」(다메가이 리더)

스위칭 손실을 줄이는데 효과가 크다는 것이 응답성에 뛰어난 SiC MOSFET의 특성이다. 제어신호에 따른 전압 상승이 상당히 빠르기 때문에 로옴(ROHM)에서는 독자적 개량을 통해 더 고속화했다. 이미지 상으로 떠올리면, 전압이 상승할 때의 기울기를 "수직"에 가깝게 함으로써 손실로 작용하는 기울기 부분의 면적(전압변화의 적분값)을 억제한다. 고속으로 스위칭(온오프 작동)이 반복되는 인버터에서는 그 횟수만큼 스위칭 손실이 발생하므로, 약간의 손실만 있어도 무시할 수 없는 상태까지 누적되기 때문이다.

덧붙이자면 응답성이 뛰어나다는 것은 고주파 작동이 더 가능하다는 의미이기 때문에, 고주파화는 전압이나 전류가 그리는 파형을 부드럽게 하는 코일이나 콘덴서 등의 소형화로 이어진다. 사실 이 부품들의 크기는 인버터 장치 크기에도 크게 영향을 주기 때문에 인버터의 소형화도 가능하다. 또 소형화에 대해서는 SiC의 고온 내구성도 유리하게 작용한다. SiC 파워반도체는 Si 파워반

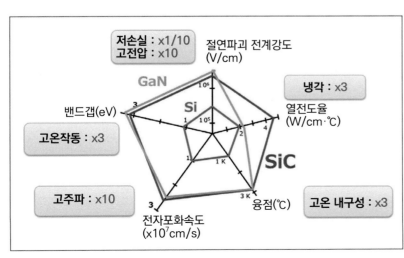

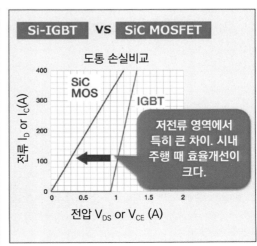

MOSFET을 형성할 때, 횡방향 확산에서 전류량에 대응하는 "플레너(planar) 구조"와 홈을 파서 대응하는 "트렌치(trench) 구조"로 나뉜다. 로옴은 SiC MOSFET에서 "트렌치 구조"를 취급하는 몇 안 되는 메이커로서, 제4세대에서는 이 구조를 더욱 진화시켜 세계 최고수준의 규격화 온저항(Ron-A : 단위면적당 온저항)을 실현. 스위칭 손실도 대략 반까지 줄였다.

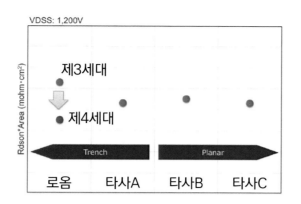

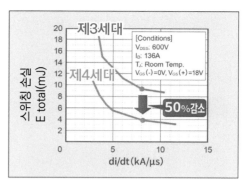

도체보다 100도를 넘는 온도에서도 안정적인 성능을 발휘하기 때문에(패키지나 배선이 견뎌내지 못하기 때문에 실제로는 175도 정도까지) 수온냉각을 공기냉각으로 바꾸거나 방열판을 소형화하면 냉각구조 간소화도 가능한 것이다.

「손실이 적고 고주파 작동까지 가능해지는 등 SiC MOSFET의 장점이 많기는 하지만, 한편으로 그런 장점들을 끌어내려면 SiC MOSFET이라고 하는 장치의 특성을 알고 제대로 사용할 필요가 있습니다. 예를 들면 파워 모듈 안에서 SiC MOSFET(칩)으로부터 본딩 와이어 같은 배선을 처리할 때도 인덕턴스 영향을 정리하는 등의 작업이 필요하다는 것이죠. 물론 그런 건 극히 사소한 것들이지만 그것이 영향을 끼칠수록 미세한 시간단위까지 유의할 필요가 있다는 겁니다」(다메가이씨)

로옴에서는 EV용으로 SiC MOSFET을 구동하기 위한 게이트 드라이버 IC(파워반도체가 다루는 몇 백 볼트 이상의 고전압이 제어용 회로로 흐르지 않도록 절연하면서 제어신호를 파워반도체에 보내는 중개역할)의 제공이나, SiC MOSFET(칩)을 사용한 모듈을 설계할 때 지원도 하고 있다.

로옴에서는 2012년에 SiC로 차량용 규격「AEC-Q101」에 대한 대응을 시작하고 나서 자동차용 충전기나 DC-DC컨버터를 주축으로 SiC MOSFET 실적을 축적해 왔다.

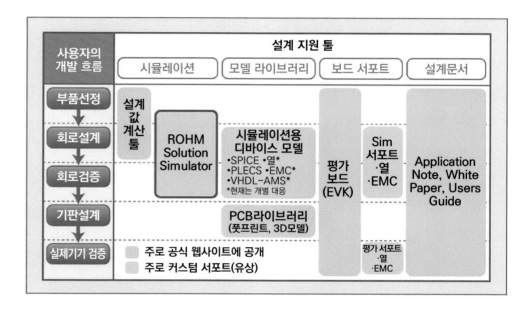

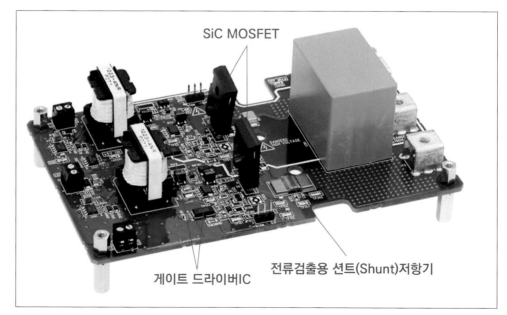

초고속 동작이 가능한 SiCMOSFET의 성능을 최대한 끌어내기 위해서는, 전자부품이나 기판에 있어서 미소한 전기적 거동 등의 특성을 고려한 설계가 필요하기 때문에 사용자는 개발 흐름 중에서 많은 설계 툴을 필요로 한다. 로옴에서는 SiCMOSFET의 디바이스 모델을 이용한 회로 시뮬레이터나 실제기기 검증용 평가 보드 등, 다양한 솔루션을 준비. 모듈을 설계할 때 서포트도 해준다.

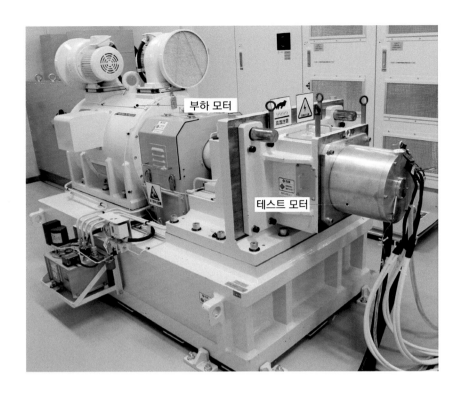

부하 모터

테스트 모터

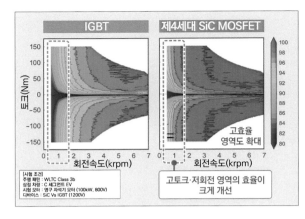

위 그림은 IGBT와 로옴의 제4세대 SiC MOSFET 각각을 트랙션 인버터 용도를 상정해 사용했을 때의 모터 효율분포를 비교한 것. 역행 쪽뿐만 아니라 회생 쪽도 나타내기 때문에 윤곽 부분은 모터 토크곡선을 아래쪽으로도 표시. SiC 쪽이 고효율을 나타내는 난색(暖色) 범위가 확실히 넓어서, 그것이 상용운전 영역에 해당하는 저회전·고토크 영역까지 넓어져 있음을 알 수 있다. 왼쪽 사진은 제4세대 SiC MOSFET을 트랙션 인버터용으로 성능평가할 때 이용한, 로옴 자사 내의 모터 벤치(모터를 통해 부하를 발생시킨다) 시설. 테스트 모터 끝에 파워반도체를 탑재하는 모듈을 접속한다.

왼쪽 바 그래프는 WLTC에 기초한 주행모드를 측정한 실험으로부터 얻은 전비(電費)로서, 굴절선이 IGBT에 대한 제4세대 SiC MOSFET 전비 개선율. 시내모드에서 가장 높은 개선율을 보이고, 전체를 끌어올리는 것을 알 수 있다. 또 전비에 기초해 동일한 항속거리를 확보할 때 필요한 배터리 가격을, 사용하는 파워 모듈 종류로 비교한 것이 우측 그래프이다. 로옴의 제4세대 SiC MOSFET을 탑재한 파워 모듈은 IGBT의 파워 모듈보다 55만원, 경쟁 타사 제품의 SiC보다 24만원 가격인하가 가능하다.

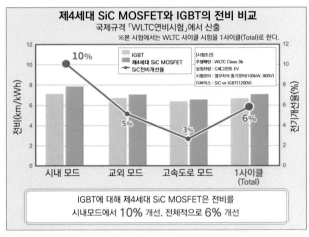

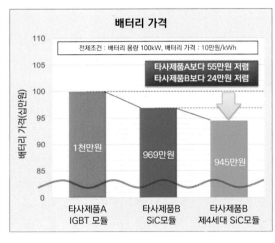

그런 가운데 제4세대 SiC MOSFET는 내구성과 신뢰성(단락 내량시간)을 손상시키지 않으면서도 손상을 더 줄임으로써, 자동차의 트랙션 인버터 용도에 대한 대응을 더 비중을 높여서 개발했다고 한다. 특성적으로도 폭넓은 운전영역에서 높은 효율을 발휘한다. 그 중에서도 주목할 점은 높은 토크·저회전 영역에서의 효율로서, 이것은 자동차의 시내주행에서 많이 사용되는 영역이다.

「제4세대 SiC MOSFET는 IGBT를 이용할 때와 달리 WLTC모드 주행에서 전체적으로 6%의 전비가 개선됩니다. 시내주행으로만 비교하면 10%나 효과를 얻을 수 있죠. 전비가 좋아지면 지금까지와 똑같은 항속거리를 더 작은 전지용량으로 달성할 수 있게 되는 겁니다. 전지 가격으로 환산하면 IGBT와 비교해 55만원(전지가격 : 10만원/kWh로 환산), 타사 제품의 SiC MOSFET와 비교해도 24만원을 줄일 수 있습니다」(다메가이씨)

로옴은 웨이퍼 생산부터 프로세스, 패키징까지 장악하고 있다. 칩, 패키지(dis-crete) 제품형태로 제4세대 SiC MOSFET 제공을 시작해 EV의 전력효율 개선에 대응하고 있다.

로옴 주식회사
시스템솔루션
엔지니어링본부
FAE1부 하이파워FAE과
전동파워트레인 그룹
그룹리더

다메가이 요이치(爲我 洋一)

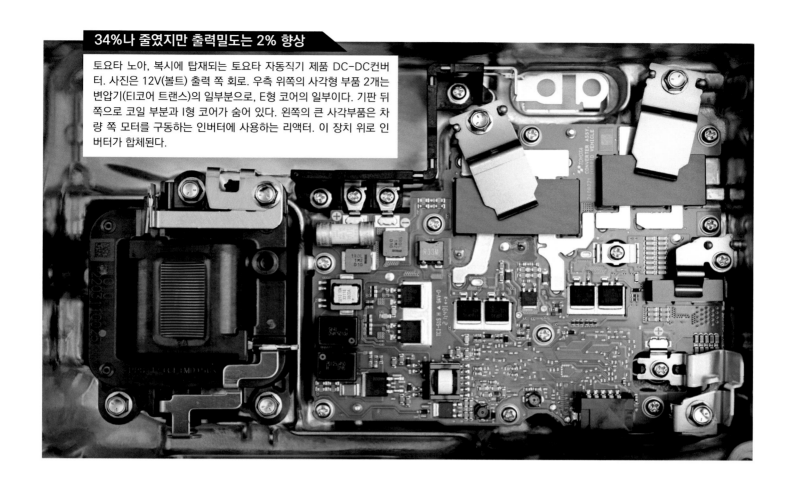

34%나 줄였지만 출력밀도는 2% 향상

토요타 노아, 복시에 탑재되는 토요타 자동직기 제품 DC-DC컨버터. 사진은 12V(볼트) 출력 쪽 회로. 우측 위쪽의 사각형 부품 2개는 변압기(티코어 트랜스)의 일부분으로, E형 코어의 일부이다. 기판 뒤쪽으로 코일 부분과 I형 코어가 숨어 있다. 왼쪽의 큰 사각부품은 차량 쪽 모터를 구동하는 인버터에 사용하는 리액터. 이 장치 위로 인버터가 합체된다.

Lithium-ion battery cell analyze | **Part_ 07**

DC-DC컨버터·토요타 자동직기

전력이 필요한 것은 모터만이 아니다.
고전압을 12볼트로 낮춰서 사용

토요타 자동직기는 차량용 충전기와 DC-DC컨버터를 결합시킨 소형경량 장치를 개발했다.
고전압 직류전원을 고효율에 저 소음으로 차량용 기기에 공급할 수 있게 12V로 강압한다.

본문&사진 : 마키노 시게오 사진 : 토요타자동직기

토요타 자동직기는 초대 프리우스용 DC-DC컨버터를 공급했다. 당시에도 HEV (Hybrid Electric Vehicle) 배터리 전압이 288V였기 때문에, 12V 전원으로 움직이는 차량용 기기들을 위해서는 DC-DC컨버터를 사용해 강압할 필요가 있었다. 이후 토요타 자동직기는 누계 1500만개의 DC-DC 컨버터를 토요타에 납품해 왔다.

새로운 개발품은 제5세대. BEV(Battery Electric Vehicle)용으로, 기존에는 차량용 충전기와 별도였던 DC-DC컨버터와 일체화해 체적에서 23%를, 무게에서 17%를 감축한 장치를 개발했다. HEV용에서는 종래에 차량 쪽 정션 박스 안에 있던 프리차지 기능을 DC-DC컨버터 안으로 집어넣고, 강압 기능은 그대로 사용해 PCU(Power Con-

trol Unit) 안의 콘덴서를 충전하는 방식으로 했다.

「노아, 복시용 제5세대 유닛은 12V로 강압한 전원의 출력 전류값을 현재의 프리우스용보다 50% 높여 150A(암페어)를 공급할 수 있습니다. 제4세대 유닛의 생산시점은 2015년이었는데, 7년이 지나는 동안 증가한 차량용 기기에 다 대응하지 못하게 되

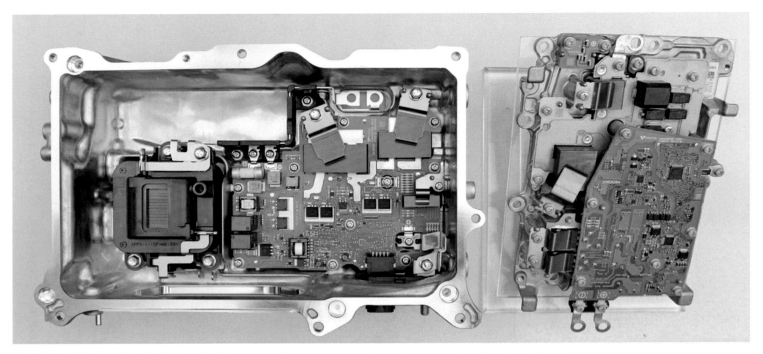

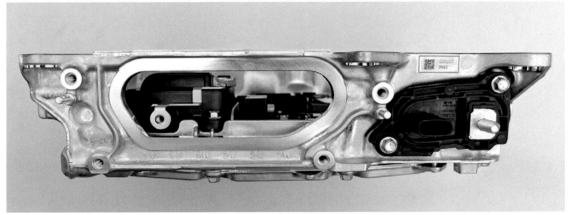

위쪽 사진에서 우측이 제4세대(현재 프리우스)이고, 좌측이 새로 개발한 제5세대. 프리차지 기능을 추가해 12V 출력이 50% 상승했지만 기판은 작아졌다. 왼쪽 사진은 제5세대를 옆(위쪽 사진에서 말하면 왼쪽)에서 본 모습으로, 케이스 안 왼쪽으로 리액터 일부가 보인다. 케이스 아래 면으로는 보강용 리브가 만들어져 있다.

었죠. 그래서 이번에 강압에서의 변환효율을 더 향상시켰습니다. 기존과 비교하면 약간 상승한 정도이지만, 전류값을 50% 높인 상태에서의 향상인데다가 차량의 소비전력 누적은 연비에 영향을 끼치죠. 게다가 차량은 오랫동안에 걸쳐서 사용되기 때문에 그 누적 차원의 효과를 결코 무시할 수 없습니다」

토요타 자동직기 개발팀의 설명이다. 이번 취재에 응해준 4명은 전원이 제4세대부터 참여해 오고 있다. 거기에 제4세대와 제5세대 사이에는 야리스 HEV용과 바이폴러형 니켈수소 전지를 탑재한 아쿠아용도 있

었다.

DC-DC컨버터는 말하자면 변전소이다. 차량용 전지의 고전압을 12V로 변압(강압)해 보조기기인 배터리와 카 내비게이션, 에어컨, ADAS, 정보통신 계통 장치 등에 공급한다. 개발팀이 설명했듯이 전력을 필요로 하는 차량용 기기는 점점 늘어나고 있다. 하지만 DC-DC컨버터 공간은 확대하지 못하기 때문에 점점 고밀도화가 요구되는 것이다.

「DC-DC컨버터에 요구되는 성능은 먼저 공간 절약입니다. 거기에 출력 향상이 요구되죠. 다만 출력이 커지면 노이즈 발생원이

되기도 합니다. 귀로 들리는 소리가 아니라 전파적 노이즈를 내기 때문에 노이즈를 낮추는 것도 필수입니다. 무시할 수가 없는 것이죠. 특히 주파수로 보면 AM부터 FM대역, UHF대까지 노이즈가 납니다. DC-DC컨버터는 상시 작동하는 기기이기 때문에 라디오가 잘 들리지 않거나 뒷좌석용 TV를 보기 힘든 상황이 있어서는 안 되죠. 그렇다고 소형화가 필수라고 해서 노이즈 대책을 위한 추가 부품을 사용할 수는 없고 회로 쪽 등에서 대응합니다」

150A를 공급하기 때문에 냉각은 필수이다. HEV이든 BEV이든지 간에 파워 일렉트

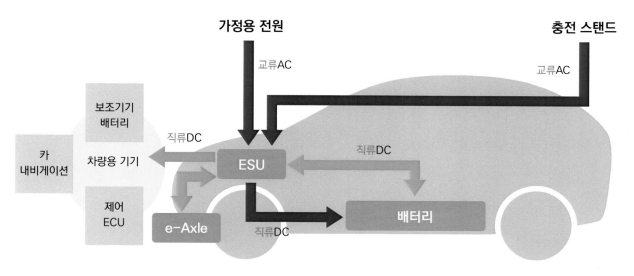

가정용 전원

교류AC

충전 스탠드

교류AC

보조기기
배터리

직류DC

카
내비게이션

차량용 기기

ESU

직류DC

제어
ECU

e-Axle

직류DC

배터리

bZ4X용 유닛

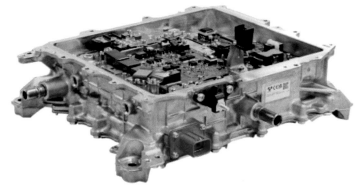

새로 개발한 DC-DC컨버터를 차량용 충전기와 일체화한 BEV용 유닛. 토요타 브랜드 BEV인 「bZ4X」에 탑재될 때는 덴소가 납품하는 ESU(Electricity Supply Unit)의 핵심부품이 된다. 일체화를 통해 기존제품보다 체적 23%, 무게 17% 감소. 위 사진에서는 수온냉각 기구인 냉각수용 파이프가 보인다.

로닉스 계통은 여하튼 열이 난다. DC-DC컨버터의 냉각온도는 60~70℃라고 한다. 앞 페이지 사진은 DC-DC컨버터 기판과 리액터(Reactor)로, 이런 회로 전체가 냉각된다.

아무 것도 없는 공간 부분에 대해 물었더니, 여기에는 인버터 부품이 들어간다고 한다. 12V 출력 기판의 왼쪽에 있는 리액터도 인버터용이다. 예전을 떠올리면 각 기능마다 케이스가 있어서 전체적으로 큰 체적을 차지했다. 그것이 기능의 일체화와 레이아웃 상의 절충을 통해 체적을 줄였다. 앞 페이지의 기판 위쪽에는 PCU가 겹치면서 2층 구조를 이룬다. PCU 콘덴서는 PCU 쪽에 수용되지만, 그 차지는 DC-DC컨버터 쪽으로 기능이 옮겨갔다.

한편 토요타의 BEV인 「bZ4X」에 탑재되는 DC-DC컨버터는 덴소가 개발한 ES-U(Electricity Supply Unit=전력공급 유닛)에 내장된다. ESU는 외부 또는 가정의

충전 스탠드에서 급전되는 교류전력을 직류로 바꿔 차량용 배터리와 보조기기, 전동구동계(e액슬) 분배에 공급하는 기능을 갖는다. 여기에 DC-DC컨버터를 넣어 공급하는 쪽 전압으로 변환한 상태에서 직접 공급한다(위 그림 참조). 일체화를 통해 소형·경량화와 부품 개수 절감을 겨냥했다.

과연 제6세대는 어떻게 바뀔까. 이에 대해 물었더니 인상적인 대답이 돌아왔다.

「이런 방향으로 요구가 들어올 것, 이라는

예측은 하죠. DC-DC컨버터를 더 소형화하고 출력 전류값은 더 높여달라는 요구에 응하려고 합니다. 당사가 기능 일체화를 제안하는 경우도 당연히 있을 겁니다」

전동차량은 어쨌든 전기 계통이 복잡하고 고전압 부분은 굵고 무거운 전선이 깔린다. 이런 핸디캡을 보완하려면 기능 통합이 유효하며, DC-DC컨버터도 그 대상 가운데 하나이다.

마세 도모유키
(間瀨 知行)

주식회사 도요타자동직기
일렉트로닉스사업부 기술부
전원시스템기술
제1실 실장

사카다 심페이
(迫田 愼平)

주식회사 도요타자동직기
일렉트로닉스사업부 기술부
전원시스템기술
제1실 그룹장

나카지마 나오시로
(中島 尙宏)

주식회사 도요타자동직기
일렉트로닉스사업부
사업기획부 영업기획실
제3그룹 그룹장

아마노 아야나리
(天野 郁成)

주식회사 도요타자동직기
일렉트로닉스사업부
전원시스템기술 제1실
사업기획부 영업기획실
제1그룹장

Lithium-ion battery cell analyze | **Part_08**

급속충전기: 신덴겐공업

급속충전기의 테크놀로지
전기자동차를 편리하게 하는 중요 시스템

엔진 자동차는 어떤 주유기에서 급유해도 차이가 없지만 EV의 급속충전은 그렇지 않다.
급속충전 편리성을 향상시키기 위해서 충전기 메이커마다 독자적 개량을 거듭하고 있다.
EV에 있어서 충전은 사활적인 문제. 빠르고 안전하게 배터리를 채우기 위한 기술을 알아보기 위해서 신덴겐(新電元)공업을 방문했다.

본문 : 오가사와라 린코   사진 : 신덴겐공업

출력 판단

출력 150kW 급속충전기에서 자신의 자동차가 150kW로 충전되는지 어떤지⋯. 이것은 커넥터를 연결해 보지 않으면 모른다. 충전기의 출력전압과 출력전류를 감안해 차량 쪽이 몇 암페어로 충전할지를 결정한 다음, 충전기 쪽으로 전류를 제어하도록 전달함으로써 실제 출력이 결정된다. 또 다른 자동차가 고출력으로 급속충전한 직후에 충전하려고 하면 냉각시간이 부족해 급속충전기가 최대출력을 발휘하기 어렵다.

급속충전을 할 때 충전기는 언뜻 보면 수동적인 입장이다. 사용자가 차량에 충전 커넥터를 끼우면 통신선을 매개로 충전기와 차량이 서로의 스펙에 대해 정보를 교환한다. 차량 쪽에서 충전기의 출력전압과 출력전류를 감안해 몇 암페어로 충전할지 결정한 다음, 충전기 쪽으로 전류를 제어하도록 전달하면 충전이 시작된다. 배터리 잔량이나 최대충전까지 남은 시간도 차량이 판정해서 충전기 쪽으로 알려준다. 챠데모 등과 같은 급속충전 규격에 기초해 차량 제조원이나 연식, 충전기와 관계없이 똑같이 이런 식으로 정보를 주고받는다.

모든 충전을 차량과 규격으로 제어하는 것처럼 보이지만 충전기 쪽에서는 차량이 결정한 전류값 안에서 최대한의 출력을 발휘할 수 있도록 기술이 집중되어 있다. 신덴겐(新電元)공업의 최대출력 150kW 급속충전기는 충전 중인 고출력을 유지할 수 있는 「파워 부스트 기능」이 특징이다. 차량이 결정한 충전전류에 맞춰서 350A일 때는 150kW로 15분, 300A는 130kW에서 25분, 250A는 100kW에서 30분, 이런 식으로 높은 출력에서의 충전이 일정시간 유지된다. 15분 또는 25분이 지난 다음에는 충전전류를 낮춰서 30분까지 충전한다.

급속충전 규격은 충전 때 발열한 커넥터

소켓과 케이블

충전 커넥터는 상당한 열이 발생하는 부위이다. 챠데모(CHAdeMO) 등과 같은 급속충전 규격은 안전을 위해서 커넥터나 충전 케이블이 일정 이하 온도가 되도록 요구하기 때문에 급속충전기는 냉각이 필수적이다. 신덴겐공업은 커넥터를 꽂으면 접속자에 의해 방열하는 독자적 냉각 주입구(Inlet)를 적용해 표준 주입구 대비 냉각시간을 40% 단축. 누군가 충전한 직후에 충전했을 때 출력이 떨어지는 상황을 피할 수 있다는 점은 환영할 만한 장점이다.

나 케이블로 인해 사용자가 다치는 일이 없게, 사람이 닿는 부분이 일정 이상의 온도가 되지 않도록 요구하고 있다. 그 기준을 충족하면서 고출력을 유지하는 것이 온도관리 기술이다.

대부분의 경우는 충전 케이블을 제조하는 기업과 충전기 메이커가 다른 회사이기 때문에, 충전 케이블 자체의 용량 향상이나 손실 절감이 케이블 메이커의 영역에 들어간다. 하지만 충전기 내부의 파워 유닛이나 충전 커넥터에도 효율적으로 냉각을 확장할 여지가 있다.

신덴겐공업은 전원 등 파워 일렉트로닉스를 만드는 반도체 메이커이다. 실장기술이나 회로설계, 방열설계와 관련된 강점을 살려서, 충전기에 내장되어 있는 파워 유닛으로부터 에너지 변환효율을 높인다.

「최대출력 150kW 급속충전기 같으면 파워 유닛으로서 연속해서 안정적으로 150kW를 발휘할 수 있습니다. 다양한 환경에서의 신뢰성이나 품질, 트러블로부터의 복구 용이성에도 힘 쏟고 있죠. 충전기 속을 보면 타사와는 구조가 크게 다르다는 점을 알 수 있을 겁니다」(이마이 교스케)

충전 커넥터를 끼우는 충전기 쪽 주입구에 독자적 냉각 기구를 적용한 것도 온도관리에 기여한다. 충전 커넥터와의 접촉자나 방열 기구를 사용해 고출력으로 충전한 다음, 충전 케이블이 냉각될 때까지의 시간을 표준 주입구와 비교하면 40%가 짧아졌다.

이로 인해 기존보다 적은 대기시간으로 다음 사람도 고출력 급속충전을 이용할 수 있다. 또 냉각되기를 기다리는 도중에 충전을 시작해도 최대 90kW에서의 급속충전이 가능하다.

이런 온도관리 기술을 액체냉각이 아니라 공기냉각 충전 케이블로 실현한 것도 특징이다. 케이블을 액체냉각으로 하려면 도입 가격이나 보수·유지비용 외에 공공 충전기로서의 사용자 편리성이 과제가 된다.

공기냉각 케이블에서 3단계 파워 부스트 기능이 실현된 배경에는 꾸준하게 평가를 누적한 결과에 힘입은 바 크다. 파워 부스트가 가능한 충전전류나 출력전력 스펙은 케이블 메이커로부터 제공된다. 그러나 다

좌 : 보조금을 이용해 2014년에 대량으로 설치되었던 EV, PHEV용 급속충전기. 2022년부터 일제히 교환 시기를 맞는다. 「2번째 사이클로 들어가기 때문에 단점을 보완한 급속충전기를 설치할 예정」이라고 신덴겐공업은 밝히고 있다.

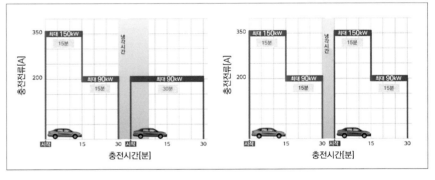

위 : 공공 충전기에서는 다음 사람이 바로 사용하는 것도 중요하다. 냉각시간을 단축함으로써 짧은 대기시간으로 다음 사람도 고출력 충전이 가능하다. 냉각완료를 기다리지 않고 충전할 경우라도 90kW를 발휘하도록 만들었다.

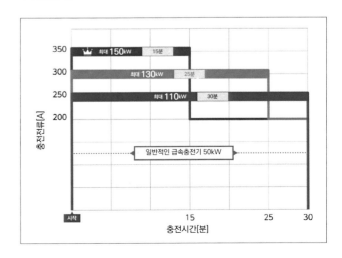

위 : 파워 부스트 기능을 나타낸 이미지. 최대 30분이라는 한정된 급속충전 시간 안에서 가능한 고출력을 유지하는 기능이다. 충전전류를 차량에서 결정하기 때문에 유감스럽게 사용자가 임의로 출력전력을 선택할 방법은 없다.

2대 동시 충전

1대의 급속충전기에 충전 커넥터 2개가 달린 타입도 설치한다. 1대째를 고출력으로 충전한 뒤 단계적으로 충전전력을 낮추었다가, 다른 1대의 충전전력을 서서히 끌어올려 2대를 동시에 충전한다. 최대 충전전력을 발휘할 수 있는 것은 1대 충전으로 한정되지만, 충전기 설치 사업자로서 충전기 1대로 여러 대를 동시에 충전하는 기능은 이점이다. 앞으로 EV나 PHEV가 보급되었을 때는 충전대기 정체에 대한 대책이 될 것이다. 위 그림은 60kW형 2커넥터 급속충전기.

양한 경우의 충전전류나 출력전력을 상정해 상황별로 온도평가와 냉각, 충전전류를 낮추는 방법 등을 계속 검증한 끝에 고출력을 최대한으로 유지하는 3단계 파워 부스트 기능을 실현한 것이다.

앞으로는 챠데모(CHAdeMO)가 책정한 고출력 규격「챠오지(ChaoJi)」에 대한 대응이나 고전압화, 고출력 변형모델 전개나 여러 대의 동시충전 등이 개발 과제이다. 그 파워 유닛 단위에서 개량이 필요해도「전원 회로설계부터 직접 만들기 때문에 유연하게 대응할 수 있다는 점이 경쟁 전류기 메이커한테는 없는 강점」(이마이씨)이라고 설명한다.

급속충전기는 편의점이나 상업시설 주차장 등에 설치하기 때문에 불특정 다수가 사용하는 공공설비 같은 측면도 있다. 신덴겐공업은 2011년부터 급속충전기를 보급하는 가운데 충전성능분만 아니라 공공 설비도 제작해왔다.

외관은 흰색 기조의 낮은 채도로 디자인한다. 도시의 거리나 녹색이 많은 장소에서도 잘 어울리도록 친근감을 주기 위해서이다. 또 화려한 컬러링 없이도 멀리서 충전기를 발견할 수 있도록 했다. 조작부위에는 일본어를 몰라도 사용방법을 알 수 있도록 그림문자를 적용했다.

편의점 주차장 같은 장소에서 부지 내 구석이 아니라 가게 앞에 설치하고 싶도록 디자인했다. 예를 들면 2대 동시충전이 가능한 출력 60kW 급속충전기는 높이나 폭이 적당하고 횡폭이 긴 특징적 외관을 하고 있다. 충전기 높이를 낮춰서 가게 앞을 지나가는 사람의 시야를 가리지 않도록 했으며, 폭을 억제해 사람들이 왕래하는 통로 공간을 확보할 수 있도록 했다.

횡폭을 길게 한 것은 조작 패널과 케이블을 2군데로 나누는 동시에, 2대분의 주차 공간에서 여유를 갖고 케이블을 움직일 수 있도록 하려는 목적이다. 나아가 휠체어에서도 충전기를 쉽게 이용할 수 있게 장벽 제거 대응이 진행되면서, 휠체어에 앉은 상태로

다가갈 수 있는 구조로 만들었다. 또 보수·유지 때 공간을 침범하지 않게 자동차 멈춤용 바리케이드를 충전기 가까이 설치할 수 있도록 했다.

보조금이나 자동차 메이커들의 투자를 통해 급속충전기는 전국적으로 설치되었지만, 미설치 지역에 대한 배치나 충전대기 정체를 해소하기 위한 확대 등 보급을 위해 추진해야 할 과제는 아직도 많다. 사업자 입장에서는 설치하기 쉽고, 동시에 사용자 편리성도 높일 수 있는 균형성이 더욱 중요해질 것 같다.

이마이 교스케
(今井 恭佑)

신덴겐공업 주식회사
영업총괄부
판매촉진과 전임

가미사카 겐스케
(神坂 賢輔)

신덴겐공업 주식회사
영업총괄부
판매촉진과장

급속충전기·보그워너

고성능이면서 저가
스케일 모델로
CO_2 감축을 도모

CO_2 배출량을 줄이기 위해서 전기자동차를 늘리고, 보급을 촉진하기 위해서 급속충전기를 저가로 실현. 이런 보그워너의 급속충전기 개발은 미국 DOE상 수상으로 이어졌다.
이 계획의 실현을 위해서 보그워너는 어떤 그림을 그리고 있을까.

본문 : 오가사와라 린코 사진 : 보그워너(BorgWarner)

━━ DOE상을 수상, 그리고 지금은 ━━

EV 인프라와 관련된 산학관 협업을 지원하는 DOE상에 보그워너 등이 참가한 프로젝트가 선정되었다. 409달러(약 54억 원)의 지원금을 받아 2022년 제1사분기부터 3년 동안의 프로젝트가 시작되었다.

2021년 11월, 미국 에너지부(DOE)는 자동차 배출가스 감축이나 EV 인프라와 관련된 민학관 협업 프로젝트에 총액 7100만달러(약 930억 원)을 투자한다고 발표했다. 공동주택의 충전소 설치 및 EV보급 장벽에 대한 지역주도의 실증실험, 급속충전기의 가격인하 등과 같이 충전 인프라를 보급·확대하는 활동을 지원하겠다는 것이다. 또 충분한 서비스를 받지 못하는 지역사회로 이익을 가져오는 등, 다양성이나 공평성에 공헌하겠다는 방침도 내세웠다.

투자대상으로 선정된 20건 가운데 3건은 급속충전기의 가격인하를 중심으로 하고 있다. 그 가운데 하나가 보그워너가 주도하는 프로젝트로서, 409만 달러(약 54억 원) 규모의 투자를 받는다. 프로젝트는 2022년 제1사분기부터 시작해 3년 동안에 걸쳐 진행된다. 보그워너 이외에 미시건주, 이트랜스에너지(eTransEnergy), 시티파이(Cityfi), 바튼 말로(Barton Marlow), 울프스피드(Wolfspeed), 미시건 주립대학 같은 파트너

IPERION-120
CHARGING STATION

BorgWarner

가 참가해 급속충전기기의 진화를 모색한다.

프로젝트에서는 전력밀도 향상과 에너지 손실 감축, 패키지 사이즈의 소형화, 신뢰성 향상 외에도, 20~30%의 가격 인하를 동시에 실현하는 것이 목표이다. 상태나 용도에 맞는 충전기를 준비해 EV 편리성을 향상해 나간다는 계획이다. 예를 들면 6~8시간 충전이 가능한 자택용도의 충전이나 더 짧게 충전하는 일반용도의 충전은 저출력으로 대응하고, 30분~2시간 정도 머무르는 상업시설 용도 등의 충전 및 가솔린 스탠드에 들리는 정도의 5~30분 충전은 고출력으로 대응하는 등, 충전출력에 확장성을 주면서도 충전기 종류를 다양화하는 것이다. 모듈 설계

를 활용해 출력을 낮춘 소규모 충전기도 공급할 계획이다.

여러 대의 EV가 동시에 충전할 수 있는 충전기도 공급한다. 1대를 충전할 때는 120kW, 2대는 60kW 식으로 충전출력을 분배한다. 10기의 충전 커넥터를 준비해 5대는 동시에 충전하고, 나머지 5대는 충전을 대기하는 형태이다. 이때를 대비해 최대 출력 350kW의 급속충전기도 개발 중이다. 기존보다 고전압 배터리를 탑재한 EV에 대응할 수 있도록 업그레이드할 수 있는 유연성을 적용할 계획이다. 중고 EV의 구동용 배터리를 재사용하는 소규모 전력망(Micro Grid)도 검토한다. 노화 등으로 인해 차량용

성능은 상실했더라도 재사용 전지로는 기능할 수 있다. 충전기와 재사용 전지를 조합해 EV를 그린 전력으로 충전할 수 있도록 한다는 구상이다.

미국의 CO_2 배출은 수송부문이 29%를 차지하고 있어서, 미국 에너지부도 자동차의 배출 감축이나 전동화를 적극적으로 지원한다. 또 바이든 정부는 2030년까지 신차 판매의 반을 배출가스 제로인 자동차로 교체하고, 나아가 2050년까지는 경제 전체적으로 배출가스 제로를 달성하겠다는 목표를 발표한 바 있다. 정부의 지원이나 민관학의 협업을 통해 EV를 편리하게 사용할 수 있는 환경이 어떻게 정비되어 나갈지 주목된다.

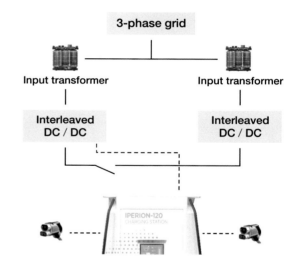

기계구성 2대를 동시에 충전할 수 있는 출력 120kW 충전기. 듀얼 인터리브(Dual Interleave) 정류기와 260kW의 파워 모듈로 구성되어 있어서 충전 수요에 맞춰 순간적으로 전환할 수가 있다. 견고한 설계로 만드는데 힘썼다.

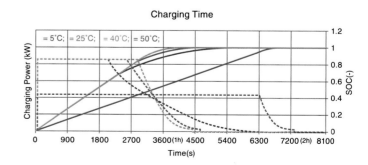

충전제어 배터리의 충전 사이클은 온도나 충전상태 등 다양한 요인으로 인해 바뀐다. 급속충전이 EV의 편리성을 향상시키는데 있어서 중요한 기술임에도 불구하고, 출력 120k~150kW의 고출력 급속충전은 아직 난이도가 높은 영역이라고 한다.

충전보다 더 근본적인 문제와
전지를 혹독하게 다루는 「급속충전」

일본은 과거 20년 동안 유럽과 미국 여러 나라보다 자동차 교통 분야에서 CO_2(이산화탄소) 배출을 대폭 줄여왔다.
하지만 그런 일본에서 「BEV보급이 진행 중인 유럽과 미국을 배워야 한다」는 목소리가 커져 왔다.
한편 구미에서의 BEV 개발은 충전시간 단축과 전지 증량이라는 본말이 뒤바뀐 방향으로 나아가고 있다.

본문 : 마키노 시게오 　사진 : BP / 자마(JAMA) / 환경성 / 국립환경연구소 / 경제산업성 / 국토교통성

⊙ 과거 20년 동안의 자동차 CO_2 배출량 국제비교

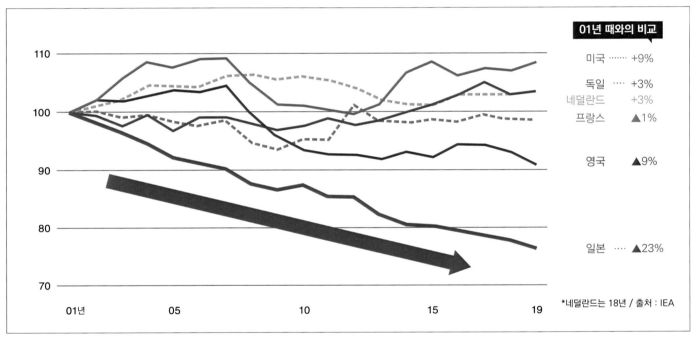

01년 때와의 비교	
미국 ……	+9%
독일 …	+3%
네덜란드	+3%
프랑스	▲1%
영국	▲9%
일본 …	▲23%

*네덜란드는 18년 / 출처 : IEA

2001년을 100으로 했을 때, 보유 자동차 전체의 CO_2 배출량이 어떻게 변해왔는지를 나타낸 그래프. 데이터는 IEA(국제 에너지 기구), 그래프는 JAMA(일본 자동차공업회)가 작성.
2020년과 21년은 세계적 코로나19의 대유행으로 비일상적인 경제활동을 보였지만, 그 전부터 미국과 독일은 증가 추세에 있었다.

「일본은 CO_2(이산화탄소) 감축에서 유럽에 뒤처져 있다」

「유럽은 BEV를 적극적으로 보급하고 있다. 일본은 HEV(Hybrid Electric Vehicle)에만 집착하고 있다」

「일본은 BEV 도입이 중국보다 뒤처져 있다. 그래서 CO_2 감축이 진행되지 않는다」

위 주장들은 과연 사실일까.

IEA(국제 에너지 기구) 데이터를 바탕으로 작성한 위 그래프를 보면, 일본은 자동차 부문의 CO_2 감축에 성공한 상태이다. 이유는 몇 가지가 있다. 주요 요인을 보면, 보유 1대당 연간 주행거리가 짧다는 점, 인구가 도시에 집중되어 있어서 대중교통을 많이 이용한다

는 점, 대부분의 고속도로가 최고속도 100km/h로 제한되어 있다는 점, 그리고 HEV가 보급되었다는 점 등이다. HEV 보유대수는 이미 1000만대가 넘는다.

EU(유럽연합)나 미국 모두 자동차 분야의 CO_2 감축 얘기가 나오면 「앞으로 노력할 것」이라고 말한다. 일본은 과거 20년 동안 이미 노력해 왔다. 시각을 달리하면 EU는 일본을 따라잡기 위해서 열심이다. 그들에게는 HEV에 관한 재산 축적이 없다. 때문에 BEV로 일거에 만회하는 방법 말고는 없어 보인다. 그래서 OEM(이 경우는 Original Equipment Manufacture=자동차 메이커라는 의미)에게 BEV=CO_2 제로라는 인센티브를 EU가 주는 것이다. 미국에서도

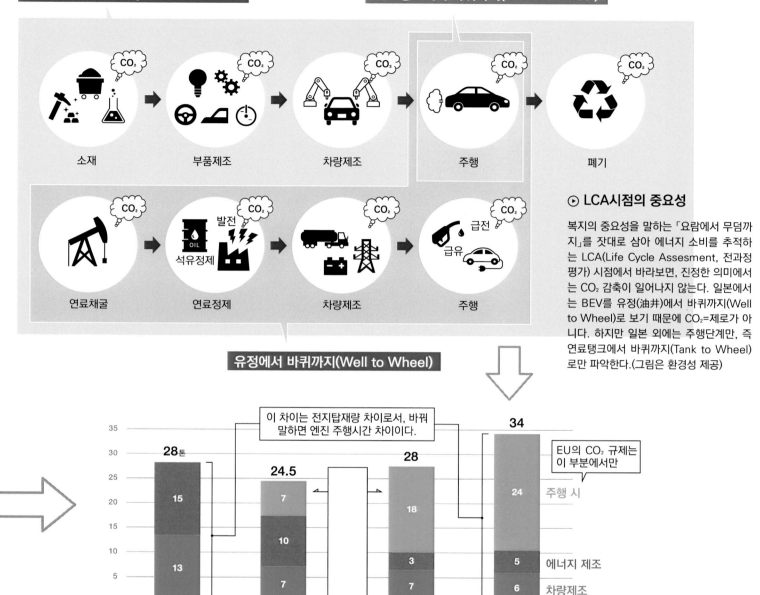

전과정 평가(Life-cycle Assesment)

연료탱크에서 바퀴까지(Tank to Wheel)

소재 → 부품제조 → 차량제조 → 주행 → 폐기

연료채굴 → 연료정제 (발전, 석유정제) → 차량제조 → 주행 (급전, 급유)

유정에서 바퀴까지(Well to Wheel)

⊙ **LCA시점의 중요성**

복지의 중요성을 말하는 「요람에서 무덤까지」를 잣대로 삼아 에너지 소비를 추적하는 LCA(Life Cycle Assesment, 전과정 평가) 시점에서 바라보면, 진정한 의미에서는 CO_2 감축이 일어나지 않는다. 일본에서는 BEV를 유정(油井)에서 바퀴까지(Well to Wheel)로 보기 때문에 CO_2=제로가 아니다. 하지만 일본 외에는 주행단계만, 즉 연료탱크에서 바퀴까지(Tank to Wheel)로만 파악한다.(그림은 환경성 제공)

이 차이는 전지탑재량 차이로서, 바꿔 말하면 엔진 주행시간 차이이다.

EU의 CO_2 규제는 이 부분에서만

- BEV: 28톤 (15, 13)
- PHEV: 24.5 (7, 10, 7)
- HEV: 28 (18, 3, 7)
- 가솔린: 34 (24, 5, 6)

주행 시 / 에너지 제조 / 차량제조

⊙ **LCA에서의 파워트레인 별 CO_2 배출량 비교**

IEA 데이터에 따른 비교. 각 파워트레인의 차량을 연간주행 거리 1.5만km로 10년 동안 사용한다는 전제로 계산. BEV는 전지용량 80kWh로 계산. PHEV는 전지용량 10.5kWh로 전력으로만 주행하는 것을 전체의 약 60%로 계산. 10년 동안 15만km 주행이라는 전제가 바뀌면 계산값도 달라진다. 물론 같은 차종을 사용해도 개별 운전자의 주행 스타일이나 사용 환경(기온·습도·고도·평균속도 등)에 따라서 「주행 시」숫자는 바뀐다. 이 그래프는 어디까지나 하나의 샘플이지만, LCA시점에서 보면 BEV가 뛰어나게 우수하다고 볼 근거가 없다.

캘리포니아주의 ZEV규제에 찬성하는 주에서는 BEV=CO_2 제로가 혜택이 아닐 수 없다.

한편 일본은 앞으로 BEV와 PHEV 보급을 지향하지만, HEV 역시도 현상은 유지할 계획이다. EU나 미국처럼 「ICE(내연엔진)를 탑재한 차는 언젠가는 판매금지」라고 언급하지 않는다. 연비 목표치(즉 CO_2배출 삭감목표치)는 설정하지만 도달방법은 자유이다. HEV가 됐든 BEV가 됐든 또는 FCEV(연료전지 전기자동차)가 됐든지 간에 상관없다. 또 탄소중립(Carbon Neutral)에 가까운 연료를 사용해도 된다. 「현재 상태에서 선택지를 좁히는 것은 바람직하지 않다」는 입장이기 때문이다.

⊙ 풍력발전

어떤 발전설비가 365일 24시간 가동했을 경우의 발전량을 100으로 치고, 실제 발전량이 어느 정도인지를 나타내는 지표를 가동률(설비이용률)이라고 한다. 일본의 경우 풍력으로 발전되는 전국평균은 13% 정도(경제산업성/NEDO데이터)이다. 해상에 설치하면 가동률 상승을 기대할 수도 있지만, 일본은 세계적인 태풍피해국이기도 하다.

⊙ 태양광 발전 패널의 폐해

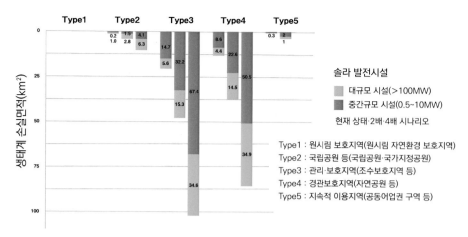

	Type1	Type2	Type3	Type4	Type5
	0.2 / 1.0	1.5 / 2.8	4.1 / 6.3	8.6 / 4.4	0.3 / 2 / 1
			14.7 / 5.6	22.6	
			32.2	14.5	
			15.3	50.5	
			67.4	34.9	
			34.6		

생태계 손실면적(km²)

솔라 발전시설
■ 대규모 시설(>100MW)
■ 중간규모 시설(0.5~10MW)
현재 상태·2배·4배 시나리오

Type1 : 원시림 보호지역(원시림 자연환경 보호지역)
Type2 : 국립공원 등(국립공원·국가지정공원)
Type3 : 관리·보호지역(조수보호지역 등)
Type4 : 경관보호지역(자연공원 등)
Type5 : 지속적 이용지역(공동어업권 구역 등)

일본에서는 노는 땅과 경작을 안 하는 땅을 태양전지 패널이 뒤덮고 있다. 한편에서는 재생에너지 부과금제도에 대한 허점이 노출되면서 새 전력 관련 기업의 도산도 증가 중이다. 전력은 「안정공급」이라는 측면이 가장 중시되어야 하는데….

2021년 3월에 국립환경 연구소는 「재생가능 에너지의 발전시설은 설치장소의 생물·생태계, 물 순환 등 자연환경에 영향을 끼쳐 자연자원의 손실을 초래할 우려가 있다. 특히 태양광 발전은 넓은 설치면적이 필요하기 때문에 자연환경에 상당한 악영향이 우려된다」는 보고서를 발표하면서 규제 필요성을 주장했다. 이 그래프는 태양광 발전이 현재의 2배·4배가 되었을 경우에 어떤 토지가 침식될지를 시뮬레이션한 것이다.

⊙ 천연가스가 세계적으로 부족

현재 BEV는 연료세가 제로이다. 다양한 발전 방식의 전력이 주입구를 통해 들어가지만, 최종적으로는 여기서도 전국평균의 발전구성을 보인다. 일반 전원계통에 접속되어 있는 이상 재생에너지 전력이 우선적으로 사용되는 일은 있을 수 없다. 전력은 선택이 안 된다.

러시아에서 오는 독일의 해저 파이프라인 노드스트림1·2뿐만 아니라, 폴란드를 경유하는 야말–유럽 가스관과 우크라이나를 경유하는 가스공급도 중단될 위기이다. 산업과 발전에 필수적인 가스가 멈춰버린다면….

과거 20년간, 일본의 OEM은 ICE와 관련해 많은 개선과 HEV 도입을 통해 CO_2 배출을 줄여 왔다. 목적은 「에너지 절약」이다. 그로 인한 감축실적은 상당한 편이다. 그래서 일본정부도 그런 공로를 인정해 ICE에 대한 선택지를 인정하고 있는 것이다. 조금씩 탄소중립으로 다가가면 된다. 과거 20년 동안 그래왔기 때문이다. 거기서도 모든 노력을 계속할 것이라고 보는 것이다.

이번 특집에서 「충·방전」을 앞세워 배터리(2차전지)라고 하는 에너지원을 검증했다. 현재 자동차 구동용 전지는 LIB(리튬이온 전지)가 주력이다. 그에 대한 개량은 날로 발전하고 있다. 하지만 새로운

구조, 새로운 재료의 전지가 연구실을 나와서 양산차에 적용될 때까지는 그에 상응하는 시간이 소요된다. 이 점은 취재에서도 확인할 수 있었다. 동시에 일본 미디어가 보도하는 정도만큼 EU 역내의 전원(電源)이 깨끗하지 않다는 것도 확인했다.

IEA 통계에 따르면 화력발전 비율(2019년 실적)은 독일이 44.66%이다. 2009년에 59.16%였기 때문에 10년이 지난 시점에서 14.50포인트, 비율로는 25%가 줄어든 수치이다. 영국은 43.31%, 원자력 발전 대국인 프랑스는 8.85%이다. 지열과 태양광, 태양열, 풍력, 바이오매스·폐기물 같은 재생에너지(가능에너지)

			일본		유럽		미국		중국	
		연도	현재	'30년 목표	현재	'30년 목표	현재	'30년 목표	현재	'30년 목표
에너지	전원MIX	재생가능에너지	19%	36~38%	30%	60%	18%	35%	27%	40%
		화력	75%	41%	37%	23% 정도	63%	49%	68%	–
	가격	재생에너지 태양광	158원(가정용: 210원)		68원		59원		56원	
		재생에너지 풍력	190원		69원		51원		52원	
		화력	123원		119원		77원		67원	
		재생에너지vs화력비교	재생에너지>화력		재생에너지<화력		재생에너지<화력		재생에너지<화력	

2011년 3월의 동일본대지진으로 원자력 발전소가 파괴된 이후, 일본은 화력발전에 주력하고 있다. 설치면적으로 따지면 일본의 태양광발전이 독일보다 적지는 않지만, 적설한랭지가 많은 일본은 지리적으로 불리하다. 또 풍력발전의 풍차에는 내진성이 요구된다. 한편 유럽과 미국, 중국에서는 원자력을 청정에너지로 자리매김하려는 경향이 강해지고 있다. 데이터는 IEA 및 자원 에너지청 제공.

차종	차기기준 가솔린차의 TIW 연비와 비교 가능한 수치	2020년도 기준
전기자동차	6,750÷전비(Wh/km)	9,140÷전비(Wh/km)
디젤자동차	경유연비(km/L)÷1.1	경유연비(km/L)÷1.1
LP가스자동차	LPG연비(km/L)÷0.74	LPG연비(km/L)÷0.78

일본은 유정에서 바퀴까지(Well to Wheel)로 BEV를 보기 때문에 전비가 연료로 환산된다. 현재의 계수는 9.140이지만 차세대 때는 6.750으로 바뀐다. 전원 구성에서 재생에너지가 늘어날 것이라는 판단 때문인데, 실제로도 그렇게 될지는 모르겠다.

발전비율은 독일이 39.99%, 영국 38.42%, 이탈리아 25.66%, EU 가맹국인 노르웨이는 수력이 메인이기 때문에 4.55%, 프랑스는 10.85%이다. 덧붙이자면 일본은 화력 71.01%, 재생에너지 14.54%이다.

유럽에서 화력비율이 2% 이하인 나라는 아일랜드(재생에너지 31.13%), 스위스(수력 55.48%), 스웨덴(원자력 38.87%), 노르웨이(수력 93.84%) 4개국이다. 재생에너지 발전이 부족할 때의 보완(buffer)으로 통상적으로는 천연가스 화력이 이용된다. 그러나 유럽은 송전망이 국경을 넘어서 깔려 있어서 타국에서 전기를 사는(買電) 식으로 대응하는 방법도 있기 때문에 일괄적으로 숫자만으로는 말할 수는 없지만, 일본이 압도적으로 화력에 의존한다는 주장은 이런 비교에서도 알 수 있다.

EU 전체의 전원 구성을 보면 재생에너지 발전비율이 35%로 가장 높다. 다음으로 원자력이 26%, 천연가스 화력 20%, 석탄화력 16%, 석유화력 2%, 기타 2% 순이다. 그런데 화력을 다 합치면 38%나 되어 재생에너지 비율보다 높다. 원자력 발전을 청정에너지로 인정해야 한다는 극단적인 주장이 힘을 받아온 배경에는 우크라이나에 침공한 러시아에 대한 제재 영향으로 러시아산 원유와 천연가스 수입이 단절되었다는 이유도 있지만 현지 기자들은 이렇게 말한다.

「언제 말을 꺼낼지 기회를 엿보고 있을 뿐이다. 원자력 발전이 없으면 BEV 보급은 절대로 안 된다. 많은 사람이 그렇게 생각한다」

이와 관련된 조사 데이터를 몇 가지 받았다. A4 영문으로 200페이지 정도를 읽어본 느낌은 BEV를 적극적으로 선택하는 이유는 보조금 및 우대정책 때문이라는 점이다. 예를 들면 독일에서는 구입보조금을 늘린 결과 여러 대의 자동차를 보유한 세대에서 그 가운데 1대를 BEV로 바꾼 경우가 많다든가, BEV 가운데 적어도 15% 정도는 지자체나 기업 등이 구입한 것이다. 유럽보다 먼저 BEV 보급을 유도해 온 중국에서도 BEV 판매대수의 적어도 30%가 일반 사용자 이외로 판매된 것이었다.

유럽 포드가 유럽 8개국에서 실시한 조사에 따르면, 「앞으로는 BEV시대가 올 것」이라고 응답한 사람이 전체의 37%, 「기후변동 억제를 위한 엄격한 조치가 조만간 필요하다」고 대답한 사람은 29%로 의외로 적었다. BEV에 대해서는 「장시간 운전하기는 부적합」 「필요할 때 확실히 충전할 수 있을지 불안」하다는 의견이 각각 30% 이상이었다. 어떤 의미에서 EU정부 주도의 BEV 강제도입에 대한 거부반응이라고도 해석된다. 현재의 EU는 「BEV 전체주의」 그 자체이다.

정치가 규제를 앞세워 BEV를 보급시키려고 한 결과, BEV 개발은 대량으로 전지를 사용한다거나 급속충전으로 혹독하게 다루는 방향으로 나아가고 있다. 그런 배경에는 포드 조사에서도 나타났던 장시간 운전의 부적합, 확실한 충전여부에 대한 불안감이라는 목소리가 깔려 있다. 결국 최근에는 설계제조 지원회사인 헥사곤(Hexagon Manufacturing Intelligence)이 BEV개발 방향은 본말이 전도되었다고 해석될 만한 보고서를 내기도 했다.

BEV의 상류에 있는 「발전(發電)」문제와 전지를 혹독하게 다루는 「급속충전」사용방법에 의문을 품는 엔지니어들의 목소리가 많음에도 불구하고, 전 세계 OEM들은 규제를 거스를 수 없는 현재 상태에서 유럽의 ACEA나 일본의 JAMA도 원자력 발전에 있어서만큼은 노 스탠스&노 코멘트이다.

그런데 예를 들어 일본에서 900kW 출력이 가능한 챠오지(ChaoJi)규격의 급속충전기가 보급되어 충전수요가 급격히 늘어난다면 어떻게 될까. 단기간에 전력수요가 급증하면 반드시 지역의 전원계통에 영향을 준다. 반면에 청명한 날씨 덕택에 태양광 발전이 남아도는 지역도 있다. 전력문제는 어렵다. 거기에 전지까지 끼어들면 앞의 평가시험 글과 같이 전지를 열화시키는 「혹독한 사용」문제로 바뀐다.

「독일에서는 BEV를 급속충전할 때 5분 이상 기다리지 않는 사람이 많다. 다른 나라도 그럴 것이다. 전에 조그만 마을에서 관공서와 우체국의 BEV가 저녁에 일제히 충전을 시작했더니 전력 쇼트가 일어난 적도 있다」

독일 저널리스트의 설명이다. 덧붙여 「일본은 HEV로 성공했다. 그 점을 더 주장해야 할 것이다. 당신 나라는 자학적이다」라고 까지 말했다. 그의 나라에서는 BEV보조금의 단계적 폐지가 결정될 것 같다고 한다. 러시아의 가스공급 정지에 대비해 발전 예산에 중점 배치하기 위해서이다. 원자력 발전을 연내에 중지한다는 결정도 바뀔지 모르겠다고 한다. 정치적 판단의 잽싸기는 전광석화 같다.

"전비(電費)" 개선을 위한 끊임없는 개발

전기 힘만으로 얼마나 달릴 수 있을까.

2022년 시점에서의 주행거리는 엔진차량과 비교해 아직 압도적으로 열세이다.

「항속거리」는 좋든 나쁘든 배터리 EV의 존재를 강하게 어필할 수 있는 지표이다.

이 항속거리를 늘리기 위해서는 어떻게 해야 할까.

속속 등장하는 전기자동차는 제각각 개선점들을 간직하고 있다. 전원성능을 높인다거나 구동장치 효율을 높이기도 하고, 차량을 가볍게 한다거나 소재를 바꾸기도 하고, 형상을 개선하는 등등의 노력을 기울이고 있는 것이다.

엔진을 사용했던 자동차도 EV에 못지않게 노력했던 이런 방식의 엔지니어링은 배터리 EV나 플러그 인 하이브리드 자동차에서 더 두드러지고 효과도 현저해졌다.

조용하고 매끄럽게 가속·감속 성능을 발휘하면서 에너지 회생도 실현하는 이 자동차들을 대상으로 지금 어떤 기술을 개발하고 있고 어떤 기술이 담겨져 있으며, 또 어떤 이득을 불러오고 있을까. 앞으로의 전동차에는 어떤 개발이 투입되고 비약을 기대할 수 있을까. 「항속거리」를 키워드로 이에 관해 살펴보겠다.

사진 : 렉서스

도해 특집

항속거리

Method to stretch out a

테크놀로지

CRUISING RANGE

4,500km의 사막횡단 운전
가솔린은 얼마나 필요할까?

항속거리는 「연료 1리터 당 주행거리 × 연료탑재량」으로 계산할 수 있다.
물론 연료 1리터당 주행거리는 도로조건이나 기온, 차량속도 등에 의해서 달라진다.
본문 : 마키노 시게오 사진 : 포드 / 구글 / JAMA / 마키노 시게오 / 국토교통성

주행저항이 항속거리를 좌우

자동차는 공기라는 벽을 뚫고 달린다. 보통은 의식하기 어렵지만 위 사진 같은 모드시험을 통해 시험차량의 앞에서부터 바람에 노출되게 해 공기저항을 재현한다. 타이어 아래에는 롤러가 있어서 여기에 차량무게에 해당하는 부하를 걸어 노면저항 효과를 준다. 공기와 노면. 이 두 가지 저항이 항속거리를 늘리는데 방해가 된다.

스페인에서 지브롤터 해협을 건너 아프리카 대륙의 모로코로 들어간다. 여기서부터 이집트의 카이로까지 약 4,500km의 육로를 달린다. 도중에는 사막이 있다. 급유하지 못하는 상황까지 고려해 연료를 자동차에 싣고 간다. 그렇다면 어느 정도를 실어야 할까.

「전비」를 「연비」로 변환하면

9140은 2019년 시점에서 일본 국내의 전기발전 사정을 고려한 숫자. 차세대 기준에서는 이것이 6750으로 바뀔 예정.

$$Fe_{EV} = \frac{9140}{EC}$$

Fe_{EV} : 변환 후의 전기자동차 연비량(km/ℓ)
9.14 : 가솔린 저위발열량 32.9(MJ/L)÷3.6(MJ/kWh)
EC : 교류전력량 소비율(전비)(Wh/km)

EC는 「전비」를 나타낸다. 예를 들면 6km/kWh인 BEV의 경우, 이것을 Wh/km(kWh의 1,000분의 1이 Wh)로 고치면 167Wh가 된다. 이 숫자를 2019년 시점에서의 일본 국내 발전방법(원자력, 천연가스 화력, 태양광 등) 기준인 평균 에너지 소비계수 9.14로 나눈다. 단 9.14는 kWh 단위이므로 1,000배를 해서 Wh로 고쳐야 9140이 된다. EC=167Wh/km인 경우, 연료소비로 환산하면 54.73km/ℓ 가 된다.

지브롤터에서 카이로까지

왼쪽 그림은 구글 지도를 인용한 것. 위성사진을 잘 보면 사막이라고 해서 완전히 사람이 없는 것이 아니라 여기저기 마을이나 주거지가 있다. 모로코 탠지어에서 출발해 국경 도시 우지다를 경유해 알제리로 들어간 다음 남쪽 도시인 엘우에드로 향한다. 거기서 다시 내륙으로 들어가 사막을 횡단하다가 리비아의 세바와 와단을 경유해 이집트 알렉산드리아로 향한다. 지도상에는 대략적으로 화살표로만 표시했지만 사막을 달리는 빠른 방법이 있을지 모르겠다.

타고 가는 자동차는 포드 브롱코 2022년 모델인 랩터. 3.0리터 가솔린 직접분사 트윈터보ICE(내연엔진)을 탑재해 오프로드 주파 성능을 향상시킨 사양이다. 브롱코에는 2.3리터와 2.7리터 에코부스트·터보ICE를 탑재한 모델도 있지만 엔진출력은 랩터 3.0리터가 압도적으로 강력하다. 하지만 그와 비례해 연료소비는 더 심하다.

자동차의 항속거리를 좌우하는 요소는 먼저 동력원인 ICE 또는 전기모터의 에너지 효율이다. 이것은 개별 원동기의 승부이다. 여기서 주의해야 할 것은 「배기량이 클수록 연비는 나쁘다」는 고정관념이다. 배기량을 구분해 세액·세율을 결정하는 배기량 세제가 있기 때문에 아무래도 「배기량이 큰 차는 덩치도 크고 연비가 나쁘기 때문에 세금을 많이 내는 것」이라고 생각하기 쉽지만, 근래에는 열효

율 향상이나 배출가스 성능향상으로 인해 배기량을 약간 크게 설정하는 추세이다.

또 하나, ICE 배기량을 줄이고 터보차저로 과급하는 다운사이징 과급으로 할 것인가 아니면 배기량에 여유가 있는 NA(자연흡기)로 할 것이냐는 선택지가 있다. 이것은 「어떤 주행방법을 취할 것인가」에 따라 대답이 달라진다. 유럽에서 2010년대에 크게 유행했던 다운사이징 과급은 당시 유럽의 연비·배출가스 측정모드였던 NEDC(New European Driving Cycle)에 최적화한 대응책이기도 했다. 측정모드가 NEDC에서 WLTC(World harmonized Light vehicle Test Cycle)로 바뀌면서 앞서 말한 「배기량에 여유가 있는 NA」가 각광을 받았듯이, 측정모드라고 하는 「패턴화된 주행방법」

WLTC의 4가지 모드

World-harmonized Light-vehicle Test Cycle=WLTC란 국제적으로 조율된 연비·배출가스 계측모드를 말한다. 최고속도 120km 이하 차량과 120km/h 이상 차량 양쪽의 계측방법이 약간 다르다. 저속(L)과 중속(M), 고속(H), 특별고속(EH) 4가지로 나누어서 계측하는 것이 특징으로, 각각 나라·지역의 교통사정에 맞춰서 L·M·H·EH 각 비율을 설정한다. 일본은 법정속도 외인 EH를 채택하지 않기 때문에 EH=0, L·M·H가 각각 0.33(단순합계)으로 계산한다.

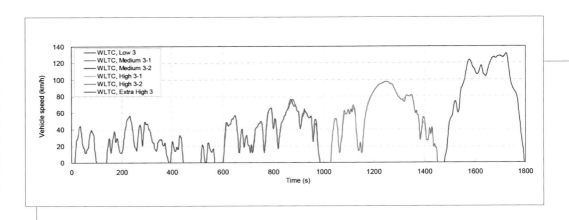

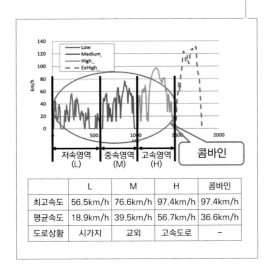

	L	M	H	콤바인
최고속도	56.5km/h	76.6km/h	97.4km/h	97.4km/h
평균속도	18.9km/h	39.5km/h	56.7km/h	36.6km/h
도로상황	시가지	교외	고속도로	-

우측 그래프는 일본에서 실제로 데이터를 파악해「속도와 연비」관계를 나타낸 것이다. WLTC를 사용하기 전인 JC08모드 시절의 데이터지만, 모델별 JC08모드 연비값을「1.0」으로 했을 때 속도 차이가 어떻게 영향을 끼치는지 나타내고 있다. 이 데이터는 WLTC를 논의할 때 ECE WP29(국제연합 유럽경제위원회·자동차 기준인증분과위)에 제출되었다. WLTC의 L·M·H에는 속도와 연비의 개념이 반영되어 있다.

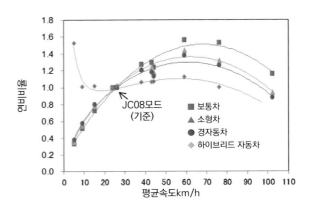

모드연비란 기온이나 습도 등의 계절요인이나 개인별 주행 스타일, 자동차 사용법 차이 같은 변동요인을 배제하고, 사용법을 고정한「표준」이라는 개념이다. WLTC는 사용법에 4가지(일본에서는 3가지만 적용) 종류가 있다. 위 그래프는 JC08을 기준으로 해서 속도에 따른 연비의 변동 폭을 비교한 것이지 연비의 좋고 나쁨을 비교한 것은 아니다.

의 내용이 바뀌면 연비 숫자도 바뀌는 것이다.

전기모터에서도 ICE와 비슷한 선택지가 있다. 대형 모터를 사용하면서 회전을 낮춰서 사용하느냐, 소형 모터를 고회전으로 사용하느냐 하는 것이다. 거기에 전기모터 같은 경우는 전지의 탑재용량뿐만 아니라 전지의 방전특성이 항속거리에 크게 영향을 끼치기 때문에 ICE와는 다른 인식이 필요하다.

항속거리를 좌우하는 요소는 더 있다. 영향이 큰 부분은 차량무게이다. 무거워지면 연비가 떨어져 같은 연료로 달릴 수 있는 거리가 짧아진다. 주행저항도 관계가 있다. 이것은 노면과 타이어 사이의 마찰 그리고 공기라는 벽에 의한 공기저항 두 가지로 구분되지만, 양쪽 모두「저항」이라는 측면에서는 동일하다. 또 기온이나 습도, 날씨에 따라서도 항속거리는 좌우된다.

운전조작 방법도 항속거리에 영향을 준다. 액셀러레이터 페달을 어떻게 밟느냐에 따른 가속도의 변화가 연비를 바꾸는 것이다. 어느 정도의 속도로 달리느냐에 따라서도 달라지고 또 에어컨이나 헤드라이트 등과 같은 전기장치의 사용법에 따라서도 달라진다. 차량에 탑재된 전기장비는 ICE차량에서는 ICE의 동력을 나누어 받아 전기를 만든다. BEV(Battery Electric Vehicle)는 탑재된 전지로부터 전력을 꺼내 쓴다. PHEV(Plug-in Hybrid Electric Vehicle)는 탑재된 전지와 전기발전ICE 양쪽에서 전력을 받는다. 무한정이 아니다.

흥미로운 이야기 하나. 세계에서 일본만 BEV의 전비(전력소비)를 가솔린으로 환산해서 연비(연료소비)로 나타내는 지표를 채택하고 있다. 앞 페이지에 나타낸 식이 그 계산식이다. 전기발전을 할 때도 CO_2(이산화탄소)는 배출된다. 모두 재생가능 에너지와 원자력 발전으로 바꾸면 전기발전이라는 기능운용단계에서의 CO_2 배출은 제로이지만(설비의 건설과 그 유지, 폐기는 별도), 일본은 그렇게 안 되기 때문에 이런 환산방식을 사용한다. BEV 카탈로그에는 이 식을 사용한 연료환산 연비가 표기된다. EU(유럽연합)는 BEV를 보급시키는 것이 목적이기 때문에 BEV는 무조건 CO_2 제로로 간주한다.

일본 카탈로그 표기에서는

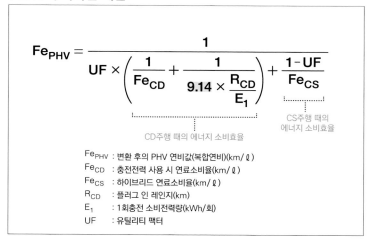

WLTC모드[※2]
연료소비율[※1]

20.4 km/ℓ

시내주행 모드[※2] : 15.2km/ℓ
시외주행 모드[※2] : 21.4km/ℓ
고속도로 모드[※2] : 23.2km/ℓ

[※1] : 연료소비율은 정해진 시험조건에서의 값이다. 고객의 사용환경(기상, 정체 등)이나
운전방법(급출발, 에어컨사용 등)에 따라서 연료소비율은 달라진다.
[※2] : WLTC모드 : 시내, 시외, 고속도로 각 주행모드를 평균적인 사용시간으로 배분해서
구성한 국제적인 주행모드.
시내주행 모드 : 신호나 정체 등의 영향을 받는 비교적 저속주행을 상정.
시외주행 모드 : 신호나 정체 등의 영향을 별로 받지 않는 주행을 상정.
고속도로 모드 : 고속도로 등에서의 주행을 상정.

카탈로그에 반드시 이런 표기가 있다. 시내주행 모드는 WLTC의 L, 시외주행 모드는 WLTC의 M, 고속도로 모드는 WLTC의 H모드이다. 이것을 참고로 자신의 이용 패턴에 맞는「가산점」을 주면 실제연비에 매우 유사한 데이터를 얻을 수 있다.

PHEV의 독특한 계산

$$Fe_{PHV} = \cfrac{1}{UF \times \left(\cfrac{1}{Fe_{CD}} + \cfrac{1}{9.14 \times \cfrac{R_{CD}}{E_1}} \right) + \cfrac{1-UF}{Fe_{CS}}}$$

CD주행 때의 에너지 소비효율

CS주행 때의
에너지 소비효율

Fe_{PHV} : 변환 후의 PHV 연비값(복합연비)(km/ℓ)
Fe_{CD} : 충전전력 사용 시 연료소비율(km/ℓ)
Fe_{CS} : 하이브리드 연료소비율(km/ℓ)
R_{CD} : 플러그 인 레인지(km)
E_1 : 1회충전 소비전력량(kWh/회)
UF : 유틸리티 팩터

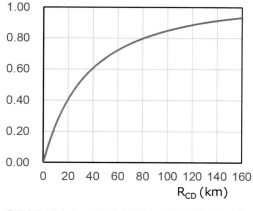

R_{CD} (km)

배터리에 저장된 전력으로 달리는 경우와 연료를 사용해 달리는 경우(발전까지 포함)를 합산할 때, 얼마만큼「전기로 주행했는지」에 대해 가산점을 주는 계수가 유틸리티 팩터이다. 위 그래프는 가로축이 전기주행 가능거리로서, 통계적으로「어느 정도 전력으로 달릴 수 있는지」의 비율을 가리킨다. 어디까지나 한 가지 기준에 불과하지만, 플러그 인 레인지 40km 경우에서는 하루평균 이동거리의 60%를 전기로 주행할 수 있다고 해석할 수 있다.

PHEV는 외부의 전원 콘센트로부터 전원을 충전해 배터리에 저장하고, 잔량이 있는 동안에는 BEV처럼 전기로만 주행할 수 있다. 그 충전한 전력까지 포함해서「연료 환산」하는 방법이 왼쪽 수식이다. 여기에서 앞서의 9.14라는 숫자가 사용된다. BEV에서는 Wh로 계산하기 때문에 9.14를 1,000배해서 9140로 했지만, 여기서는 kWh표기 그대로 9.14로 사용한다. 등장하는 숫자 가운데 플러그 인 레인지는「외부충전을 통해 전기로 달린 다음, 완전히 연료주행으로 전환될 때까지의 주행거리」로서, 여기서 사용되는 전력이 일회충전 소비전력이다. 9.14는 이 양쪽 숫자와 관련되어 있다. 또 하이브리드 연료소비율은「외부에서 충전하고 나서 전기주행한 후에 완전히 연료주행으로 바뀌고 난 다음의 연료소비율」을 가리킨다. 복합해 보이는 계산이지만 단순히 보면「연료+전력」의 전체소비를 가리키는 것이다.

이것은 자동차 메이커에 대한 EU정부의 장려책이다.

이야기를 처음으로 되돌리겠다. 사막횡단을 포함해 4,500km를 달리려면 브롱코 랩터에 얼마만큼의 연료가 필요할까. 지금까지 살펴보았듯이 항속거리를 좌우하는 요소는 많이 있다. 평균 15km/ℓ로 달린다고 했을 때는 300리터면 되지만, 7.5km/ℓ 라면 그 두 배인 600리터가 필요하다. 실제로 완전 똑같은 자동차라도 실제 주행 연비는 크게 달라진다. 가장 큰 원인은「차량속도」이다.

위 그림에서 전 세계 공통의 연비·배출가스 계측모드인 WLTC가 규정한「4가지 주행패턴」을 나타냈다. 왜 4개나 되느냐면 나라·지역에 따라 교통 환경이 다르고, 운전자마다 패턴에 운전습관도 다르기 때문이다. 이것을 4가지 패턴으로 단순화한 결과이다. 위 그래프의 L(Low)은「교통량이 많고 신호나 정체의 영향을 받는 시내주행」을 상정한 것이고, M(Medium)은「교통량이 적고 다른 자동차의 영향을 별로 받지 않는 시외에서의 주행을 상정」한 것이다. 또 H(High)는「고속도로에서의 주행」을 상정한 것이다.

이 3가지 패턴을 일본은 단순히 주행시간에 대비해「콤바인」이라고 하는 모드로 합산하고 있다. 이것이 일본의 WLTC이다. 일본은 EH(Extra High)를 채택하지 않는다. 알기 쉽게 설명하자면, L·M·H가 각각 3분의 1씩이고 EH는「제로」이다. 즉 EH는 측정하지 않기 때문에 연비·배출가스 성능에는 영향을 주지 않는다. L·M·H·EH 4가지 패턴을, 예를 들면 각각 4분의 1씩으로 해 좋고 L·M을 각 0.2, H를 0.4, EH를 0.1 식으로「가중치」를 바꿔도 된다. 전 세계 공통인 것은 주행방법(모드 내용)이고, 그 이외의 운용은 자유로운 것이 WLTC이다. 이런 개념은 배출가스·연비 모드로서는 획기적이다. 논의에 참가한 나라가 자국의 데이터를 갖고 온 다음, 최대공약수를 도출해낸 결과이다.

이 개념으로 사막횡단을 포함한 4,500km 주행을 생각해 보자. 지면이 단단해서 달리기 쉬운 비포장도로에서는 WLTC의 H 또는 EH를 사용할 수 있다. 연료를 절약하려면 속도를 80km/h 정도로 낮춰야 한다. 전체 구역 4분의 3을 3.0리터 트윈터보 ICE의 연료소

가솔린 충분한가… 앞으로 몇 km나 가야하지?

비율이 양호한 회전영역으로 달릴 수 있다면 가솔린 400리터만 사용해도 될지 모른다.

다만 80리터 연료 탱크 외에 320리터를 갖고 다니는 일은 그만큼 중량이 주행저항으로 작용하고 연료체적은 승차 공간을 점유한다. 드럼 캔 하나에 200리터이다. 브롱코 랩터라면 못 실을 이유는 없지만, 운전 초기에는 연료 무게만 해도 300kg을 넘는다. 이것은 연비에 영향을 주기에 충분하다. BEV 같은 경우는 전지 300kg이 드물지 않다. 오히려 보통에 속한다. 게다가 전기를 다 쓰더라도 무게 300kg은 300kg이다. 항속거리를 벌기 위해서 전지를 장착하면 추가된 전지가 전력소비를 가속시키는 모순이 BEV에는 운명적으로 따라붙을 수밖에 없는 구조이다.

그 해답은 앞 페이지 위에 게재한 계산식을 봐주기 바란다. 약간 복잡하기는 하지만 일본에서는 PHEV의 연비산출에 이 계산식을 사용하고 있다. EU는 훨씬 개략적이어서, 전력만 사용한 상태에서의 주행거리를 25km마다 나누어서 리덕션 팩터(할인계수)로 사용한다. 플러그인으로 75km를 달릴 수 있는 PHEV는 (25+75)÷25=4가 되어 베이스 사양의 CO_2 배출량을 「÷4」로 할 수 있다. 근래에 EU는 이 PHEV 우대를 철회하려고 하는데 목적은 당연히 BEV를 밀어주려는 것이다.

이야기를 되돌리겠다. 4,500km 달리는 동안 사용하기 위해서 출발지점에서 적재할 연료를 500리터로 하자. 4,500km÷500리터=9km/ℓ. 3.0 트윈터보 V6에 10단 AT나 되는 브롱코 랩터의 상세 스펙은 아직 발표되지 않았지만, 압축비 10.5의 직접분사 ICE이므로 미국의 콤바인드 모드에서 20마일/갤론 정도는 기대할 수 있다. 8.4km/ℓ 정도이다. 일정한 속도로 평지를 주행한다면 10km/ℓ는 나올 것이다.

500리터라면 자동차의 연료탱크를 가득 채우고 드럼 캔으로 2통을 싣는다 해도 약간 부족한 정도이다. 사막은 낮 동안의 기온이 높다. 그러면 흡기온도가 높기 때문에 행동에 있어서 주야간을 바꿔야 한다. 하지만 그것은 위험하다. 잘못해서 모래에 박히기라도 하면 도루아미타불이다. 연료를 가득 채운 80리터로 달릴 수 있는 거리는 기껏해야 800km. 연료를 싣지 않고 출발하면 중간에 5번의 급유가 필요하다. 질 나쁜 연료는 급유하고 싶지 않으니까 급유소를 고르게 될 것이다. 역시나 급유 1회분인 80리터 정도의 예비 탱크는 필요하다. 또 되도록 건조도로를 달리는 것이 바람직하다. 사막 모래의 노면저항은 큰 편이어서(필자는 실제로 경험한 적이 있다) 연비가 눈에 띄게 떨어진다.

요즘에 연비가 좋은 디젤세단은 연료를 가득 채우면 1,000km까지도 달린다. 일본 국내에서 사용한다면 그 정도로도 충분하다. 가솔린 자동차라면 토요타 THS II를 적용한 HEV 연비가 압도적으로 좋다. 일본에서 가솔린 승용차의 연간주행 km가 약간 늘어나고 있음에도 가솔린 소비량은 계속해서 감소추세이다. 이미 보유대수 30% 정도가 어떤 방식이든지 간에 전동구동 시스템이 적용된 덕분이다.

하지만 사막에서 운전한다면 전혀 이야기가 달라진다. BEV로는 도저히 무리이다. 오프로드 주파능력이 뛰어나고 가능하면 튼튼한 사다리 프레임의 자동차가 좋다. 그래서 브롱코 랩터를 고른 것이다. 하지만 4,500km 주행에 필요한 연료는 500리터. 이 정도로 충분하기를 빌 뿐이다.

CHAPTER 1

파워 유닛

→ CASE STUDY 1 | **배터리**

하이브리드이지만 큰 배터리

20kWh 크기나 되는 이유

미쓰비시자동차

하이브리드이기 때문에 기본적으로 전지는 작아도 문제가 없다. 하지만 모터주행의 이점을 끌어내고 싶다면 크기를 키워야 한다.
모든 소비자가 기대하는 정숙성과 편리성 그리고 경제성. 균형을 감안한 총 전력량은 어느 정도가 적당할까.

본문 : 안도 마코토 수치&사진 : 미쓰비시모터스

GNOW형 아웃랜더
PHEV의 배터리 모듈

단일 셀은 앤비전 AESC제품의 라미네이트 타입을 적용. NMC 정극을 가진 삼원계 리튬이온전지이다. 10셀을 묶어서 1모듈로 만든 것과 14셀을 1모듈로 만든 것을 각 4개씩 탑재해, 총 96셀로부터 350V의 총 전압을 얻는다. 각 셀 사이에는 금속제 열전도 판이 끼워져 있어서, 이것을 에어컨 냉매로 식히는 방식으로 셀을 냉각한다.

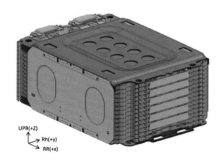 

는 플러그인 하이브리드 자동차(PHEV)가 현실적인 해법이 아닐까.

「PHEV도 일상적으로 EV로 탄다면 엔진과 가솔린을 그냥 싣고 다니는 꼴이 아닌가?」하고 반론할 수도 있겠지만, 가솔린 양은 조정할 수 있을 뿐만 아니라 가득 채운다 해도 리튬이온전지보다는 가볍다. 게다가 제조나 폐기로 인해 발생되는 환경부담도 엔진&변속기 쪽이 리튬이온전지보다 적다.

순수한 전기자동차(BEV)는 아무래도 최대로 충전했을 때의 주행 가능거리(항속거리)가 요구되기 쉽다. 하지만 예를 들면 테슬라 모델3처럼 배터리 용량 54kWh에서 EPA항속거리가 423km라 하더라도, 일상적으로 주행하는 거리가 편도 20km 정도인 출퇴근 용도라면 한 해에 몇 번이 될지도 모르는 장거리 주행 때문에 보통은 95% 수준의 전지를 불필요하게 사용하는 셈이 된다. 그렇게 생각하면 실제 능력상으로 50~60km를 안심하고 달릴 수 있는 양의 2차전지를 탑재하고, 장거리로 주행할 때는 내연기관을 사용해 달리

PHEV는 세계적으로 봤을 때도 첫 번째 주자는 미쓰비시 아웃랜더이다. 누적판매 대수에서도 세계 최고를 기록하고 있다. 초대 모델의 데뷔는 2012년 말. EV주행 가능거리는 60.2km로 시작했지만 2018년의 마이너 체인지를 거치면서 65.0km로 늘어났다. 모두 다 JC08모드이기 때문에 실제 주행능력을 70%로만 잡아도 45km 정도는 기대해도 된다.

심지어 2021년, 풀 모델 체인지된 신형은 EV주행 가능거리가 83~87km나 된다(차량 등급에 따라 차이가 있다). 이 모델은 WLTC 모드이기 때문에 실제 주행능력을 80%로 잡아도 66.4~69.6km는 된다. 겨울철 야간 등과 같이 혹독한 조건에서도 50km 정도는 기대할 수 있을 것 같다.

신형 모델의 이 수치는 세계 최초의 양산 PHEV 판매 이후 10년 동안 수집한 사용자 요구나 노하우 속에서 결정된 수치일 것이라 생각되기는 하지만, 아웃랜더 PHEV는 어떤 방법으로 EV항속거리를 늘려왔을까. PHEV로서의 최적수준은 어느 정도일까. 선두주자의

생각을 들어보았다.

「항속거리를 연장하는데 있어서는 먼저 배터리의 총 전력량을 늘리는 방식으로 대응하고 있습니다. 2018년의 마이너 체인지 때 셀 수는 80개 그대로 두고 셀 자체의 용량을 높여서, 총 전력량을 12.0kWh에서 13.6kWh로 늘렸었죠. 작년 풀 모델 체인지 때는 단일 셀 용량을 늘렸을 뿐만 아니라 셀 형상도 각형(角形)에서 라미네이트 타입으로 바꿔 공간효율을 높였습니다. 거기에 냉각방법을 공랭에서 냉매냉각으로 바꾸면서 냉각구조를 소형화해 전체적인 체적을 크게 하지 않고도 셀 수를 96개까지 늘렸습니다. 이를 통해 용량

[구형]

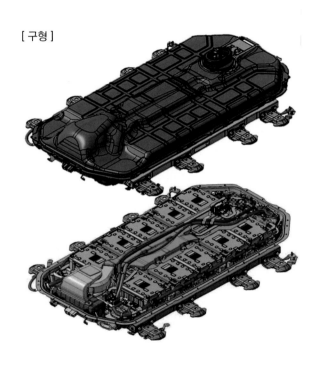

[신형]

	구형 아웃랜더 PHEV	신형 아웃랜더 PHEV
셀 수	80 직렬	96 직렬
총 전압	300V	350V
배터리 총 전력량	13.8kWh	20kWh
냉각방법	공랭	냉매냉각

배터리 팩 신형·구형

기존 모델은 각형(角形) 셀 10개를 1모듈로 묶어 8모듈을 탑재했지만, 신형은 10×4+14×4의 8모듈로 구성. 구형의 냉각방법은 에어컨을 통한 공랭이었기 때문에 팩 앞쪽 중앙에 HVAC가 탑재되어 있고 중앙으로 굵은 바람유도 덕트가 지나간다. 또 구형은 기존 보디에 배터리 케이스를 추후 장착하는 식이었지만, 신형은 보디와 케이스를 동시에 설계하기 때문에 케이스 프레임이 보디의 보강부자재로도 기능한다.

은 20.0kWh로 늘어났죠」

기존 타입의 배터리 냉각은 차량실내용 에어컨의 냉매를 배터리 케이스로 끌어들인 다음, HVAC로 식힌 공기를 전동 팬으로 순환시켰기 때문에 냉각풍 통로가 차지하는 체적이 커지기 십상이었다. 반면에 신형은 라미네이트 타입의 셀 사이에 열전도 판을 끼워 넣은 다음, 모듈 측면에 배치한 냉각기로 보낸 냉매로 열전도 판을 직접 식히는 방식으로 바꿨기 때문에 냉각풍 통로를 없앨 수 있었다. 그에 상응해 셀 수를 늘릴 수 있는 공간 확보가 가능했던 것이다.

총 전력량이 증가하면 항속거리는 그에 비례해 길어진다. 그렇다면 방전이나 냉각 쪽 관리를 개선하면 어떨까 하는 생각도 가능하지만, 방전은 요구 구동력에 맞춰서 내보내는 수밖에 없기 때문에 제어를 통해 개선할 여지가 없다. 또 냉각은 출력향상에는 효과가 있지만 항속거리를 직접 연장시키는 효과는 없다. 그렇다면 포인트는 차량으로서의 손실을 얼마나 줄이느냐는 점과 에너지 회생을 얼마나 낭비 없이 모으느냐로 귀착된다.

「전동차에 효과가 큰 것은 공력입니다. 가솔린 차량 같은 경우는 공기저항이 커지는 고속영역에서 엔진 부하가 커지지만, 열효율은 좋은 영역에 들어가기 때문에 이것들이 서로 상쇄되어 공력 효능이 두드러져 보이지 않기 쉽습니다. 하지만 모터의 경우는 속도가 높아짐에 따라 효율이 좋은 영역을 벗어나기 때문에 공력의 좋고 나쁨이 두드러지면서 전비에 반영이 되는 겁니다. 신형 아웃랜더는 기존 모델보다 몸집은 더 커졌지만 공기저항 계수를 약 6%나 줄였습니다」

대책방법은 이론대로 바닥아래의 정류와 보디 후방의 소용돌이 제어. 바닥아래는 거의 한 면 전체가 언더커버로 덮여있으며, 후방 주변은 루프&스포일러와 범퍼 형상 외에, 범퍼 코너와 D필러 후단을 쐐기형상으로 만들어 와류의 소용돌이를 억제한다.

한편으로 저속영역 비율이 높아지는 이유는 타이어의 구름저항 때문이다. 신형 아웃랜더는 20인치 타이어를 사용해 구름저항 측면에서는 불리해 보이지만, 타이어 기술의 발전에 따라 오히려 기존 모델보다 줄어들었다. 이렇게 주행저항을 낮추는 기술이 EV주행 가능거리를 늘리는 포인트이다. 그런데 이런 기술들은 전동차에만 한정된 것이 아니다.

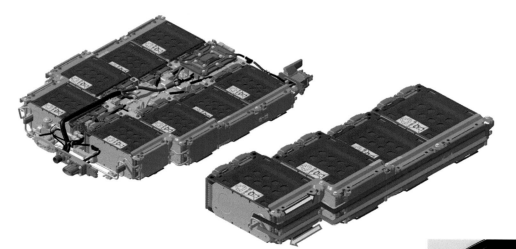

팩 냉각방법

배터리 능력을 낭비 없이 끌어내기 위해서는 냉각이 중요하다. 구형이 에어컨 냉기를 통한 공랭이었던데 반해, 신형은 셀 사이에 끼운 열전도 판 끝에 히트 싱크를 설치한 다음 이것을 에어컨 냉매로 직접 냉각하는 방식으로 변경. 이를 통해 냉각효율을 높이면서도 냉각시스템이 차지하는 체적을 줄임으로써 확보한 공간을 셀 수 확대에 충당했다.

	보통충전(교류200V)		급속충전	
	충전 소요시간	충전 전류값	충전 소요시간	충전 전류값
신형	약 7.5시간 (최대SOC 100%)	최대14.5A	약 38분 (최대SOC 80%)	최대 105A
구형	약 4.5시간 (최대SOC 100%)	최대14.5A	약 25분 (최대SOC 80%)	최대 60A

	상한 전류값 60A		상한 전류값 105A
급속충전시작 이후 30분 뒤의 SOC값	58%	약 1.2배	71%
SOC 80%까지 소요시간	51분	13분 단축	38분

충전 시 퍼포먼스

배터리 용량이 커지면 최대로 충전될 때까지의 시간이 길어지는 것은 어쩔 수 없다. 그래서 신형 아웃랜더는 급속충전 시 받는 전류를 60A에서 105A로 확대. 30분 충전시간 동안 약 71%까지 충전이 가능해졌다(충전기 출력이 50kW인 경우). 급속충전을 통해 상한 80%에 도달하려면 38분이 걸리지만 PHEV이기 때문에 71%만 충전해도 사용하는데는 지장이 없다.

회생협조 브레이크

전동차의 항속거리를 늘리려면 감속할 때 에너지 회생을 낭비 없이 확보하는 것도 중요하다. 구형은 유압 브레이크와의 협조는 하지 않고 요구 제동력에 상관없이 일정한 회생만 했지만, 신형은 전동 브레이크 부스터를 채택해 유압 브레이크와 협조하도록 했다. 브레이크 페달을 조작할 때는 항상 회생 브레이크를 선행시키고, 부족한 양은 유압 브레이크로 보충하도록 함으로써 마찰열로 버려지는 에너지를 줄인다. 정지 직전에 빠지는 느낌도 없어졌다.

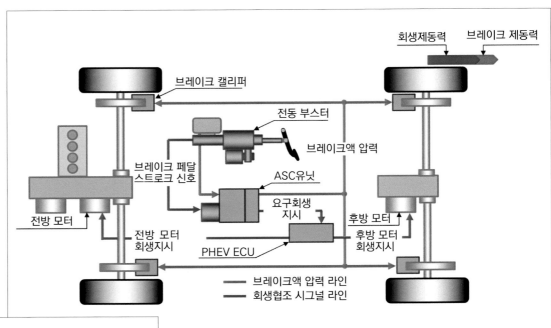

회생제동력 브레이크 제동력

브레이크 캘리퍼

전동 부스터

브레이크액 압력

브레이크 페달 스트로크 신호

ASC유닛

요구회생 지시

전방 모터

전방 모터 회생지시

PHEV ECU

후방 모터

후방 모터 회생지시

— 브레이크액 압력 라인
— 회생협조 시그널 라인

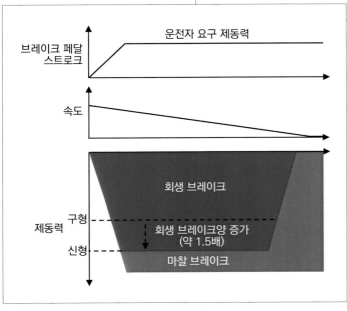

브레이크 페달 스트로크

운전자 요구 제동력

속도

제동력

회생 브레이크

구형

신형

회생 브레이크양 증가 (약 1.5배)

마찰 브레이크

전동 부스터

전동 브레이크 부스터는 보쉬제품의 "iBooster"를 적용. 오퍼레이션 로드가 이송나사로 되어 있어서 회생 브레이크와 협조를 바탕으로 한 치밀한 제어가 가능하다.

전동차이기 때문에 갖는 포인트는 제동할 때의 에너지 회생이다. 기존 모델은 유압 브레이크와 협조하지 않고 페달 스트로크에 맞춰서 일정한 회생량만 취했을 뿐이었다. 반면에 신형은 브레이크 부스터를 전동화해 회생제동과 유압 브레이크를 협조제어한다. 그를 통해 에너지 회생량을 크게 늘리고 있다.

이 차이는 이미지 그래프를 보면 한 눈에 알 수 있다. 기존 모델은 브레이크 페달을 밟기 시작하고 나서야 유압 브레이크가 작동했을 뿐만 아니라, 회생량 최대치도 시내주행의 완만한 제동을 커버할 수 있는 수준이었다. 게다가 속도가 떨어져 회생 브레이크를 늦추었을 때도 유압 브레이크액 압력이 일정했기 때문에 정지 직전에 "빠지는 느낌"이 있었다.

반면에 신형은 페달을 밟기 시작한 단계서부터 회생 브레이크보다 앞서 작동한다. 그 후에도 항상 회생 브레이크를 우선시함으로써 부족한 양을 유압 브레이크에 분담시키는 협조제어를 한다. 게다가 속도 저하에 맞춰서 회생제동 비율을 높임으로써 회생량을 최대화한다. 정지 직전까지는 회생 브레이크 저하에 맞춰서 유압 브레이크의 제동력을 강화해, 정지 때까지 일정한 감속G가 유지되도록 했다.

아웃랜더 PHEV의 EV주행 가능거리가 이런 개량을 바탕으로 83~87km까지 길어졌다면, 20kWh의 전지용량은 어떤 로직으로 결정되었을까.

「배터리 탑재량이 늘어날수록 LCA는 나빠지기 때문에 "일상생활을 커버할 수 있는 범위에서는 불필요한 전지를 싣지 않는다"는 것이 당사의 방침이었습니다. 기존 아웃랜더 PHEV를 대상으로 한 사용자 조사에 따르면 13.6kWh 전지용량으로도 일상생활의 약 80%를 커버할 수 있다는 결과도 얻었지만, 지역에 따라서는 『공기 조절을 사용했을 때 조금 더 달릴 수 있으면 좋겠다』는 요구가 있었습니다. 그런 요구에 호응하는 한편으로 신형 아웃랜더의 패키징에 탑재가 가능한 전지여야 하고, 또 고객이 납득할만한 가격을 유지해야 한다는 점 등을 고려해 20kWh 전지용량으로 결정하게 된 것이죠」

그렇다면 앞으로 모델 변경을 할 때 이 이상으로 전지용량을 늘려야 하는 상황에서의 대책은?

「BEV는 전력이 전부이기 때문에 『더 많이·더 빨리 대량으로』를 추구하는 것이야 어쩔 수 없겠지만, PHEV는 균형이 중요합니다. 앞으로의 시장 피드백이나 전지성능 향상 정도에 따라서 증감할 가능성은 있지만, 현재 상태에서는 20kWh에서 약 80km 정도가 적정 수준이라고 생각합니다」

하지만 전지용량이 적으면 충전횟수가 많아진다. 급속충전을 주로 했을 경우에 배터리 열화로 인해 항속거리가 짧아지는 일은 없을까.

「열화의 주요 원인은 "열"이기 때문에 보통충전보다 급속충전이 강한 것은 사실입니다. 하지만 전지를 선정할 때는 급속충전을 전제로 하는 것이며, 상정한 입력 비율과 빈도로 시험을 해서 문제가 없는지 확인하죠. 배터리 온도도 감시하기 때문에, 열화가 진행되는 온도로 올라갈 것 같으면 전류를 줄이는 식으로 제어합니다. 나고야에서 도쿄까지 급속충전하면서 매일 달려야 하는 식의 극단적인 사례라면 이야기가 다르지만, 하루에 1회 급속충전을 하는 정도라면 사용편리성이 달라질 만큼 용량이 떨어지는 일은 일어나지 않는다고 생각합니다」

용량저하는 서서히 발생하고, 또 용량이 떨어져도 엔진 시동이 걸리는 타이밍이 조금 빨라지는 정도이기 때문에 실용상 문제가 일어나는 일은 없다. 이것도 PHEV의 장점이다.

「이번에는 모터 출력도 높였기 때문에 액셀러레이터를 깊게 밟아도 엔진은 거의 걸리지 않습니다. 공기조절도 히트 펌프로 하기 때문에 히터의 열원을 확보하기 위해서 엔진 시동을 걸 필요도 없어졌죠. 그래서 대부분 운전자가 일상적으로는 EV로 사용할 수 있을 거라 생각합니다」

그래도 PHEV인 이상 장거리 운전을 할 때는 어떤 식으로든 엔진 시동이 걸릴 수밖에 없다.

「ICE 자동차를 PHEV로 바꾼 모델 같은 경우는 전기가 떨어지면 ICE를 타는 감각으로 돌아가는 경우도 적지 않지만, 우리는 그 낙차를 최대한 없애겠다는 생각입니다. 원래 전동차가 갖고 있던 조용하고 부드러운 주행을 계속할 수 있고, 충전 걱정할 일 없이 멀리까지 다닐 수 있다는 점이 PHEV의 가장 큰 매력이니까요」

HEV 주행에 들어가서도 엔진의 최고 효율점을 사용함으로써, 충전량을 확보하면서도 엔진을 중지시키고 달릴 수 있는 시간을 길게 한다는 뜻일까.

「당초에는 그렇게 생각하기도 했지만 엔진 효율이 높은 영역은 비교적 회전수가 높고 부하가 큰 영역에 있습니다. 그것을 속도가 낮을 때 사용하려고 하면 엔진 소음이 거슬리기 십상입니다. 더구나 멈춰 있을 때와 걸려 있을 때의 낙차가 크기 때문에 더 신경이 쓰이죠. 처음에는 『그래도 효율은 가장 좋으니까』하는 생각도 가졌지만, 사용자로부터 『엔진이 걸리면 맥이 빠진다』는 의견이 조금 들리면서 『효율이 높은 부분을 지향하면서도 소리는 두드러지지 않게 해야 한다』는 점도 생각해야 한다고 깨닫게 되었죠. 구형 모델의 마이너 체인지 때 엔진 배기량을 2.0리터에서 2.4리터로 높였던 것도 필요한 출력을 유지하면서 연비의 핵심을 저회전 쪽으로 돌리기 위해서였습니다. 그로 인해 저속영역에서는 엔진 가동이 두드러지지 않는 영역을 사용하고, 도로소음이나 풍절음이 높은 고속영역에서는 더 효율이 좋은 영역을 사용할 수 있게 되었죠」

항속거리라는 측면에서는 가솔린 탱크 용량을 45리터에서 56리터로 키운 것도 흥미로운 점이다. 카탈로그 연비 상으로 계산하면 가솔린만으로 약 900km의 거리를 달릴 수 있다. 이것을 리튬이온전지로 실현하려면 120kWh 이상의 전지가 필요할 것이다.

→ CASE STUDY **2** 　　　전자강판

규소를 함유한 「매우 특수」한 강재(鋼材)

전자강판이 xEV의 성능을 결정

—— 일본제철 ——

차량구동용 전기모터에는 무방향성 전자강판이 사용된다.
결정의 배열방식을 인위적으로 제어하는 기술이 이 불가사의한 강판을 만들어냈다.

본문 : 마키노 시게오　사진 : 구마가이 도시나오 / 세타니 마사히로 아카이브 / MFi

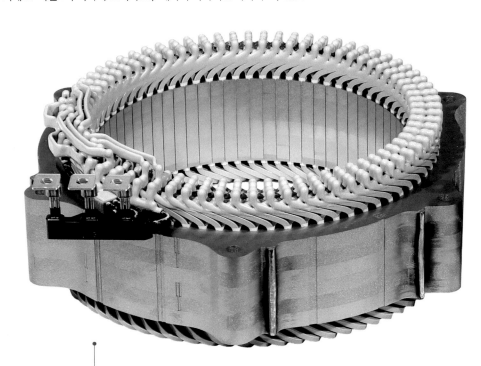

세그먼트 코일 스테이터

각진 구리선을 틈새 없이 촘촘히 박아 넣은 세그먼트 코일 스테이터는 얇은 전자강판을 겹쳐서 만든다. 측면에 줄무늬 모양이 있는 것은 전자강판의 펀칭(打拔)방향을 120도 위상으로 바꾼 것을 사용하기 때문이다. 이렇게 함으로써 적층할 때의 변형을 줄일 수 있다.

인서터 코일 스테이터

구리선을 묶어서 구멍에 박아 넣는 인서트 코일 방식의 스테이터. 모터로서의 구조는 세그먼트 코일 스테이터와 다르지 않다. 전자강판은 양쪽 면에 절연피막이 되어 있어서 철끼리 접촉하지 않는다. 접촉해서는 슬림화한 효과가 없어지기 때문이다.

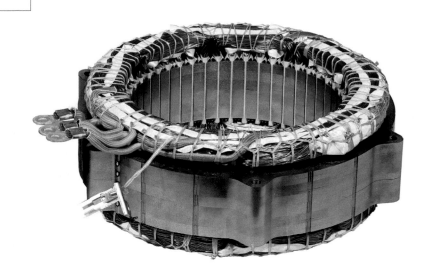

바깥쪽 스테이터와 안쪽에서 회전하는 로터 양쪽에 전자강판이 사용된다. 구멍난 부분에 구리선이 들어가고, 전류가 흐르면서 전자석이 된다. 자동차용 모터 대부분이 이런 이너 로터 타입이다.

연속주조로 두꺼운 평판을 만든다.

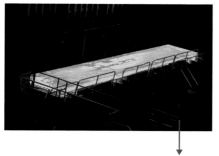

왼쪽 : 연속주조 방식으로 만들어진 철은 일정한 길이로 절단되며, 이 상태를 평판(slab)이라고 한다. 일단 식혀진 평판을 다시 뜨겁게 한 다음 롤러 사이를 왕복시켜 두께를 얇게 만든다. 이 공정은 보디용 박판을 제조할 때와 동일하다.

뜨거워진 상태에서 얇게 늘린다(열연).

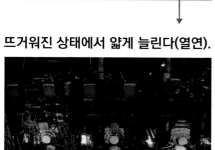

위 : 결정 방향을 정돈하는 제조법을 단순화한 그림. 결정면은 정돈되었지만 어떤 방향의 자화(磁化)든지 받아들일 수 있도록 결정 방향이 무작위로 되어 있다. 이 결정제어 기술은 신닛테츠(新日鐵) 시절부터 갖고 있던 오리지널 기술이다.

무방향성 전자강판의 제조공정

산세척 → 냉연 → 담금질 → 정제 →

제품들

아래 표는 일본제철의 무방향성 전자강판의 제원을 나타낸 것이다. 두께뿐만 아니라 특성 종류도 많다. 다만 차량용 모터 같은 경우는 이 기본 스펙을 더 미세조정하는 경우가 대부분이라고 한다. 즉 완전 특별주문이다.

> 표면에는 절연성, 밀착성, 내열성, 내식성, 내유성, 가공성이 뛰어난 매우 얇은 절연피막이 덮여 있다.

> 차량구동용 전기모터의 전자강판은 현재 두께 0.25~0.30mm가 메인 시장이다. 전자강판 가운데서는 가장 고가의 제품들이다.

> 철손은 자속밀도 1T(테슬라)일 때 400Hz에서의 수치. 두께가 늘어나면 철손은 증가하는 경향이 있다.

> 표면 평활도가 높기 때문에 적층했을 때 두께에 대한 강판 비율(점적률)이 높다. 다만 판 두께가 얇아지면 절연 피막 분량만큼 점적률(占積率)이 아주 약간 떨어진다.

종류/Type			밀도kg/dm³ Assumed Density	철손W/kg Iron Loss	자속밀도T Induction	점적률% Lamination factor
명칭 Product	기호 Grade	호칭두께 Thickness		W10/400	B50	
박판 하이엑스코어 THINNER GAUGE HIEXCORE	15HX1000	0.15	7.60	≦10.0	≧1.60	≧90.0
	20HX1200	0.20	7.60	≦12.0	≧1.61	≧93.0
	20HX1300		7.65	≦13.0	≧1.62	≧93.0
	25HX1400	0.25	7.65	≦14.0	≧1.62	≧94.0
	25HX1500		7.65	≦15.0	≧1.62	≧94.0
	27HX1500	0.27	7.65	≦15.0	≧1.62	≧94.5
	27HX1800		7.70	≦18.0	≧1.66	≧94.5
	30HX1600	0.30	7.65	≦16.0	≧1.62	≧94.5
	30HX1800		7.65	≦18.0	≧1.66	≧94.5

전 세계적으로 차량의 전동화(일렉트리피케이션)가 진행 중이다. BEV(배터리 전기자동차), HEV(하이브리드 자동차), PHEV(플러그인 하이브리드 자동차) 그리고 FCEV(연료전지 전기자동차). 이것들을 다 합해서 xEV(어떤 식이든 전동구동 시스템을 갖춘 차량)라고 표현한다. 이 xEV의 성능향상을 위한 기술개발 분야에서 각 메이커들이 각축을 벌이고 있다.

xEV에 사용되는 전기모터는 상당히 고성능이다. 소형고출력에 순발력이 뛰어나기 때문에, 운전자의 운전조작에 맞춰서 회전수가 매우 빨리 변화하는 가운데 높은 효율성의 운전이 가능하다. 전차나

가전제품, 고정방식 공업용 등의 모터는 급격하게 회전이 바뀌지는 않는다. 거의 일정한 회전으로 사용된다. 반면에 자동차의 파워유닛인 모터는 회전이 항상 바뀔 뿐만 아니라 자력도 바뀌는 특수한 조건 하에서 사용된다. 그런 모터의 성능을 좌우하는 것이 전자강판이다.

전자강판(Electrical Steel Sheet)이란 이름에서도 알 수 있듯이 「전기를 흘려서 강한 자력을 얻기 위한 강판」을 말한다. 일반적인 강판과는 비교가 되지 않을 만큼 강력한 자력을 얻을 수 있도록 성분과 제조방법이 개선된 소재이다.

전기제품에 사용되는 변압기(트랜스포머)나 변전소 변압기에는

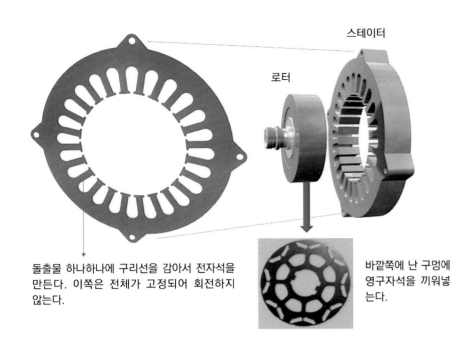

스테이터

로터

돌출물 하나하나에 구리선을 감아서 전자석을 만든다. 이쪽은 전체가 고정되어 회전하지 않는다.

바깥쪽에 난 구멍에 영구자석을 끼워넣는다.

자석 토크 사용법이 달라졌다.

바깥쪽이 스테이터가 되는 이너 로터 방식의 모터에서는 아래 그림처럼 스테이터 쪽 전자석의 극이 바뀌면서 로터 쪽 영구자석과의 사이에서 「흡인」과 「반발」이 일어나고, 그 힘으로 로터가 회전한다. 근래에는 자석 배치를 기존과 달리함으로써 자석 토크와 릴럭턴스 토크 양쪽을 유효하게 사용하게 되었다. 그 때문에 무방향성 전자강판의 성능이 더 중요해졌다.

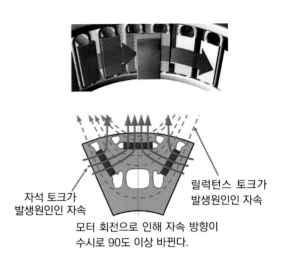

자석 토크가
발생원인인 자속

릴럭턴스 토크가
발생원인인 자속

모터 회전으로 인해 자속 방향이
수시로 90도 이상 바뀐다.

어느 특정한 방향으로 자화되기 쉽도록, 결정 방향을 갖춘 방향성 전자강판이 사용된다. 하지만 전기모터에는 어떤 방향으로든 자화되기 쉽게 결정이 배열된 무방향성 전자강판이 사용된다.

앞 페이지에 무방향성 전자강판의 제조과정을 간단히 소개했다. 일반적 전자강판은 규소(Si=실리콘)를 3% 정도 함유한 저탄소강(탄소성분 몇 십ppm)으로, 수많은 강판 종류 가운데서도 매우 특수하다. 강판의 특징 가운데 하나인 「신장」은 거의 없다. 일본제철에서 전자강판을 담당하는 오하타 요시후미 전자강판 기술실장은 이렇게 말한다.

「실리콘이 들어가면 항복(降伏)현상이 없어지기 때문에 YP(Yielding Point, 항복점)가 아니라 내구력(YS) 0.2%가 신장된 시점에서 측정값을 냅니다. 매우 특수한 강판인 것이죠. 전자강판 이외에는 사용할 수 없기 때문에 전자강판 전용으로만 제조하고 있고, 설비 일부도 전용입니다. 즉 처음부터 전자강판으로 제조하는 겁니다. 그래서 자동차 용도나 그 외에서도 대부분이 주문생산으로만 만들고 있습니다」

자동차의 모노코크 보디를 구성하는 고장력 강판에는 망간이나 니켈, 코발트, 몰리브덴, 티타늄 같은 원소를 목적에 맞춰서 극히 미량만 첨가하지만, 전자강판은 앞서 소개했듯이 실리콘과 일반적으로 역기전력을 방지하는 알루미늄과 망간이 2% 정도 비율로 첨가된다.

그렇다면 무방향성 전자강판이란 어떤 제품일까.

전기모터는 전기에너지를 기계에너지(회전력)로 바꾸는 기계이다. 근래의 자동차용 모터는 위 그림에서 볼 수 있듯이 영구자석이 각각 다른 방향을 향하고 있다. 이것은 자석이 가진 「흡인」과 「반발」 양쪽 힘을 유효하게 사용하기 위한 배치이다. 따라서 모터가 회전할 때는 자계 방향이 항상 바뀐다. 그렇기 때문에 여러 방향으로 자화가 잘 되는 성질이 요구된다. 이 성질을 갖춘 것이 무방향성 전자강판이다.

「xEV의 성능향상은 공간 절약, 저연비·저전비, 모든 주행영역에서의 고성능 그리고 항속거리를 늘리기 위한 에너지 절약 외에도 다양한 방향에서 요구되고 있습니다. 어떤 요구를 첫 번째로 둘지는 모터나 차량에 따라 다르죠. 전자강판에 요구되는 성능 측면에서는 저(低)철손화, 고(高)자속밀도화, 고(高)강도화 그리고 양호한 가공성 등이 있습니다. 이런 것들을 고차원적으로 균형 잡는 것이 우리의 기술개발이라 할 수 있겠죠. 철손을 줄이려면 Si를 많이 넣는 방법이 있는데, 이것은 동시에 기계강도도 높일 수 있습니다. 하지만 많이 넣으면 무르게 되는 문제가 있습니다. 전자강판 가공은 금형을 통한 펀칭가공이기 때문에 무르게 되면 파손되기도 쉽습니다. 이런 상태가 안 되도록 설계해야 하는 것이죠」

어떤 합금성분을 어느 정도 첨가하느냐는 내역은 요구하는 성능에 의해 결정된다. 그런 한편으로 물리현상이라는 벽이 있다고 한다.

「실리콘 3% 같은 경우는 포화자속 밀도가 2.03T(테슬라)입니다. 이것은 물리현상이라 현재 상태에서는 바꿀 수가 없습니다. 실

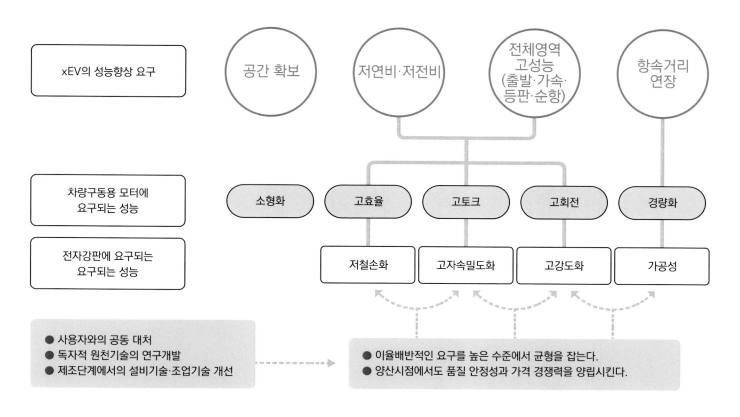

무방향성 전자강판에 요구되는 성능

차량용 모터는 자동차 메이커마다 또 차종마다 사양이 다르다. 그러나 요구되는 성능요구를 정리해보면 다음과 같다. 「어떤 모터로 할 것인가」에 따라 전자강판 스펙은 달라진다. 다만 저철손, 고자속밀도, 고강도, 양호한 가공성의 요구는 공통이다.

xEV의 성능향상 요구

공간 확보 / 저연비·저전비 / 전체영역 고성능 (출발·가속·등판·순항) / 항속거리 연장

차량구동용 모터에 요구되는 성능

소형화 / 고효율 / 고토크 / 고회전 / 경량화

전자강판에 요구되는 요구되는 성능

저철손화 / 고자속밀도화 / 고강도화 / 가공성

- ● 사용자와의 공동 대처
- ● 독자적 원천기술의 연구개발
- ● 제조단계에서의 설비기술·조업기술 개선

- ● 이율배반적인 요구를 높은 수준에서 균형을 잡는다.
- ● 양산시점에서도 품질 안정성과 가격 경쟁력을 양립시킨다.

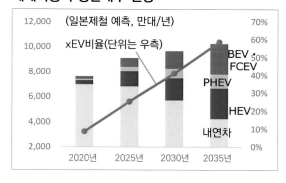

세계자동차 생산대수 전망

(일본제철 예측, 만대/년)
xEV비율(단위는 우측)
BEV
FCEV
PHEV
HEV
내연차

자동차용 전자강판 세계수요 전망

(일본제철 예측, 2020년을 1로 했을 경우의 지수)
상품
6.9 약 10배
5.1
최상품
0.7
0.3

리콘 비율을 낮추면 2.03T를 넘어설 수 있지만 그러면 저철손, 고자속밀도, 고강도, 양호한 가공성 같은 균형이 붕괴되죠. 그래서 어려운 겁니다」

한편으로 전자강판의 두께에 있어서는 경향이 있다. 지금은 슬림화이다.

「자동차용으로 잘 팔리는 상품은 0.35mm 미만이고, 메인 시장은 0.30~0.25mm입니다. 인장강도는 평균 520MPa 정도가 주류입니다. YS에서 400MPa 정도, 평균치로 490 정도이죠. 스펙은 메이커에 따라 제각각입니다」

전자강판은 얇으면 얇을수록 내부에 과전류가 흐르기 어렵기 때문에 성능이 좋아진다. 과전류나 자기 히스테리시스에 의해 전력이 열로 소비되는 「철손」이 줄어든다. 즉 과전류가 모터의 로터회전을 방해하는 것이다. 그러나 전자강판을 얇게 하면 적층했을 때 강성이 떨어지고, 적층한 두께 속의 철 비율인 점적률도 내려간다. 그래서 얇기와 강성의 균형이 중요하다. 보디 강판으로 말하면 고장력 강판 수준의 YS(내구력)값 400MPa 정도 소재가 사용되는 것은 그 때문이다.

약간 예전 이야기를 하자면, 1990년대 초에는 히스테리시스 손

실을 줄이기 위해서 탄소나 유황분 등과 같은 불순물을 제거하거나, 내부 변형을 줄이는 실리콘 첨가가 거의 한계에 도달했다고 이야기되었다. 첨가물이 많으면 자력이 약해지면서 변형은 줄일 수 있지만 자속밀도에는 좋은 영향을 불러오지 않는 이율배반적 요소를 돌파하지 못했기 때문이다.

그래서 당시의 신닛테츠는 결정구조를 바탕으로 한 개발에 나섰다. 예전에 필자가 신닛테츠 시절에 전자강판을 취재하러 갔을 때 다음과 같은 말을 들었다.

「철 분자에는 어느 방향으로 가장 쉽게 자화되는 성질이 있어서, 그 방향으로 결정을 배열해 강판을 제조하는 방법을 고안했습니다. 철 분자를 주사위에 비유한다면, 주사위의 『1』숫자가 있는 면만 위쪽을 향하게 하고 그 상태에서 원자가 배치되도록 하면 되는 겁니다. 그렇게 하면 성능이 뛰어난 방향성 전자강판이 되는 것이죠. 다만 회전하는 모터에서는 자화 방향이 항상 바뀌기 때문에 『1』이 있는 면을 위로 향하게 하고, 수직면에서는 숫자가 무작위적인 각도에서 임의의 각도로 배치된 철을 만들면 됩니다. 『1』이 있는 면만 위로 하고 수직면에 오는 『2』나 『3』숫자는 이쪽저쪽 방향을 향하고 있는 것이죠. 게다가 숫자는 완전히 무작위로 배치되는 구조가 가장 무방향성 전자강판에 적합합니다」

그 때문에 개발한 제조방법이 앞 페이지 위쪽에 소개한, 냉연하고 나서의 담금질(燒鈍)과 정제 같은 공정이다. 열연(열간압연)을 통해 두께 2~3mm까지 펼친 다음, 거기에 냉연(냉간압연)을 통해 제품으로 주문받은 두께까지 늘린다. 그 다음에 1주일 정도 1200℃ 상태로 유지하다가 2차 재결정시키는 방법을 확립했다. 현재 일본제철에서는 이 제조법을 더 발전시키는 연구가 진행 중이다.

「뛰어난 전자강판은 결정입자 지름이 큽니다. 이 부분이 통상적인 강판과 다른 점으로, 대개는 기계특성을 추구하기 때문에 입자지름을 작게 합니다. 하지만 전자강판에서 그렇게 하면 자화되는 기세가 나빠지죠. 완전히 똑같은 합금성분이라도 그렇게 됩니다. 그래서 전자강판에서는 입자지름을 크게 키우는 겁니다. 고온을 장시간 유지하는 것은 그 때문인데, 물건 측면에서는 강도를 내기가 어렵죠. 동시에 가열시간이 길기 때문에 제조비용도 많이 들어갑니다」

그렇기는 하지만 이 결정제어 기술이 일본제철의 강점이자 고성능의 원천이다. 한편 방향성 전자강판도 기술이 개선 중이다. 송전·변전에서의 손실을 줄이기 위해 변전소에서 사용되는 변압기에도 선진제품사용 제도가 적용되고 있기 때문이다.

「방향성 전자강판은, 예를 들어 BEV에 충전하는 상황을 감안하면 여기서의 효율 향상이 유정에서 바퀴까지(Well to Wheel) 과정에서 봤을 때의 손실을 줄일 수 있는 겁니다. 사용전력량은 앞으로 늘어나기 때문에 보내야 할 전기 양도 늘어납니다. 방향성 전자강판의 발전도 중요한데, 여기서 손실을 막는 일이 CO_2 감축으로도 이어지죠」

현재 방향성 전자강판 중에서 가장 두꺼운 제품이 0.35mm라고 한다. 경우에 따라서는 이 두께의 강판을 1m 이상 적층한다. 0.23~0.27mm가 최근의 주류로서, 예를 들면 0.25mm의 방향성 전자강판을 사용하면 4장을 써야 1mm가 된다. 코어 두께가 1m나 되는 변압기 같은 경우는 4,000장을 적층해야 하는 것이다. 그래서 성능향상이 「BEV의 항속거리를 늘리는 것과 똑같다」고 하는 것이다.

신닛테츠 시절의 무방향성 전자강판은 초대 토요타 프리우스에 사용되었다. 그로부터 25년. xEV는 완전히 승용차의 주류로 떠올랐다. 전자강판에 요구되는 성능요구는 점점 높아지고 있다. 차세대 제품은 어떤 모습일까 궁금하다.

일본제철주식회사
박판사업부
양철·전자강판영업부
전자강판기술실 실장

오하타 요시후미(大畑 喜史)

고온에 따른 근본적 자기 감소를 방지하는 한편,

어떻게 손실을 줄이면서 열을 빼앗을 것인가?

—————— 토요타자동차 ——————

연료의 열에너지를 운동에너지로 바꾸는 구조 외에도, 밸브 시스템 등과 같이 마찰저항이 많이 발생하는 내연기관에 냉각·윤활이 필수라는 사실은 누구나 쉽게 상상할 수 있을 것이다. 그런데 간소한 기구의 모터에도 냉각은 필수라는 이유는 무엇일까.

본문 : 엔도 마사카츠 사진&수치 : 토요타 / MFi

MG2:모터(전동기)
— 스테이터
— 로터

MG1:제너레이터(발전기)
— 스테이터
— 로터

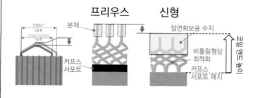

프리우스   신형

분체
절연확보용 수지

비틀림형상
최적화
커프스
서포트
커프스
서포트 폐지

토요타의 최신 제5세대 하이브리드 시스템

트랜스 액슬은 스테이터 코일의 권선공법을 전절(全節)감기에서 단절(短節)감기로 바꾸는 한편, 비틀림 형상을 변경해 커프스 서포트(cuffs support)를 폐지. 절연성을 확보하기 위한 분체(粉體)를 수지로 바꿈으로써 코일 엔드의 높이를 낮추었다. 거기에 기어 설계도 개량해 선대 노아·복시 제3세대 하이브리드 시스템과 달리 엔진 축과 타이어 축의 축간거리를 16mm 단축하면서 약 15%의 소형경량화에 성공했다.

만약 모터를 냉각·윤활하지 않으면 어떤 문제가 일어날까? 신형 노아·복시에 처음 적용된 제5세대 하이브리드 시스템의 모터 설계와 냉각성능을 담당했던 나가이 신고 주임은 다음과 같이 명쾌하게 대답해 주었다.

「모터 구성부품의 내열온도를 넘지 않도록 하는 것이 가장 중요합니다. 예를 들면 모터가 뜨거워져 자석이 내열온도를 넘어서면 되돌릴 수 없는 『근본적 감자(減磁)』라고 해

자석배치를 최적화해 출력밀도를 향상

로터 내부의 전자강판에 내장되는 자석 같은 경우 제3세대(위의 구형)에서는 직선상으로 2개가 배치되었지만, 제4세대에서는 역삼각형으로 3개를 내장해 출도밀도를 36% 향상시키면서 코일 엔드 높이를 28% 다운. 최신의 제5세대에서는 위 그림처럼 6개를 배치해 출력밀도를 38% 더 높이고, 코일 엔드 높이를 18% 낮추었다. 한편 자석 매수를 늘리면서 구멍도 많아져서 전자강판 체적이 감소되었기 때문에, 전자강판 자체를 개량해 필요한 강도를 확보했다.

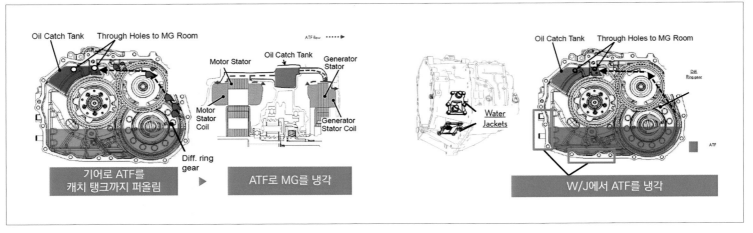

구형 하이브리드 시스템의 냉각방법

위 그림은 제3세대 하이브리드 시스템의 냉각 메커니즘을 나타낸 것이다. 기어에 의한 퍼올림 효과를 활용해 케이스 위쪽의 오일 캐치탱크에 AT액을 모았다가 위에서 모터로 살포. 뜨거워진 AT액은 저층의 워터재킷을 빠져나가면서 열 교환을 통해 냉각된다.

서, 자력이 떨어져 복구가 안 되기 때문에 원래의 토크가 나오지 않게 되는 것이죠」 그렇다면 모터 그리고 자석은 어떤 과정을 거쳐 열을 갖게 될까. 「전류를 계속 흘려주면 구리(銅)=코일은 온도가 상승해 갑니다. 전자강판에도 자속이 들어가면서 전체적으로 뜨거워집니다. 자석도 자속이 들어감으로써 발열을 하게 되고, 코일이나 전자강판으로부터도 열을 받아 온도가 상승합니다. 온도가 지나치게 올라가면 자력이 떨어져서 사용하지 못하기 때문에 그렇게 되지 않도록 식혀줄 필요가 있는 겁니다」

마찬가지로 제5세대 하이브리드 시스템의 모터 냉각설계를 담당했던 오카자키 쇼 주임은 다음처럼 지적한다.

「자석의 상한온도를 한 마디로 정의하는 것은 어려운데, 자계에 따라서도 온도 평가기준이 달라지기 때문입니다. 그래서 모터가 어떤 작동상태에서 사용되고 있는가에 따라서도 지켜야 하는 상한온도가 달라집니다. 그 점이 냉각설계를 하는데 있어서 어려운 부분이죠」

THS Ⅱ의 모터 온도관리는 실제 차에서는 어떻게 이루어지고 있을까. 「모터의 부하상태를 보면서 자석 온도가 한계온도를 넘지 않도록 부품을 보호하는 제어가 들어갑니다. 다시 말하면 자석이 과열될 것 같으면 토크를 줄이는 등의 방법으로 문제가 없는 운전 상태로 되돌려야 하는데, 그것은 모터의 사용영역을 좁힘으로써 동력성

PCU

오일쿨러

쿨런트는 전동 워터
펌프를 매개로 라디
에이터로 이동

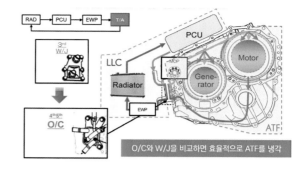

| RAD | → | PCU | → | EWP | → | T/A |

3rd
W/J

4th·5th
O/C

PCU

LLC

Motor

Gene-
rator

Radiator

EWP

ATF

O/C와 W/J을 비교하면 효율적으로 ATF를 냉각

신형 하이브리드 시스템의 냉각구성

제4세대 이후에는 새롭게 모터냉각용으로 오일쿨러를 장착.
모터 안을 순환하는 오일은 전용 라디에이터와 PCU를 통과한
냉각수에 의해 열이 교환되면서 냉각효율이 개선되었다.

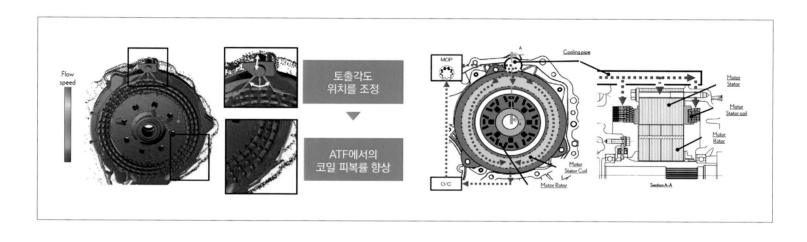

Flow
speed

토출각도
위치를 조정

▼

ATF에서의
코일 피복률 향상

MOP

Cooling pipe

A

Motor
Stator

Motor
Stator coil

Motor
Rotor

Motor
Stator Coil

Motor Rotor

O/C

Section A-A

손실을 줄이기 위한 코일 냉각방법

제4세대 이후 시스템에서는 모터 안의 오일이
기계식 오일펌프에 의해 강제적으로 압송된
다음, 모터 위쪽의 냉각 파이프(아래 사진의
붉은 원으로 표시된 부품)에서 적절한 각도·위
치로 토출된다. 모터 안 코일에 살포됨으로써
효율적으로 냉각되는 구조를 하고 있다.

로터와 자석의 냉각방법

샤프트 안에서 로터 코어로 오일을 통과시킴으로써 그 근처에 있는 자석을 냉각시키는 구조 현재 프리우스부터 사용되고 있는 제4세대 시스템에서 채택한 방식이다. 자석의 열 저항이 제3세대보다 33% 줄어들었다.

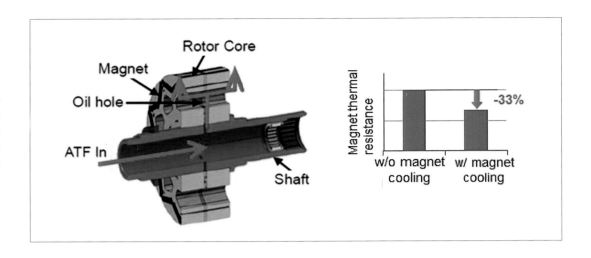

모터전용의 냉각용 오일을 새롭게 개발

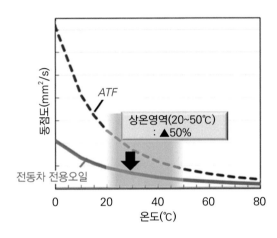

왼쪽 그래프는 신형 노아·복시 이후의 전동차들에 채택하기 위해서 처음으로 전동차 전용으로 개발된 오일의 점도특성 그래프이다. 기존에 이용해 왔던 AT액과 비교해 상온영역 이하의 동점도를 50% 이상 낮추는 한편으로, 첨가제 처방을 변경해 유막유지 성능을 높임으로써 유막 절단으로 인한 금속 접촉이나 눌러붙는 문제 등을 방지한다.

능을 떨어뜨리게 되죠. 그래서 그렇게 되지 않도록 냉각을 설계했습니다. 샤프트나 자석은 회전체여서 온도를 센서로 감지하기 어렵기 때문에 스테이터에 센서를 붙여 온도를 모니터링합니다」

부품을 보호하는 제어가 개입해 토크가 줄어들면 가속성능 저하를 불러온다. 게다가 그것이 모터 의존도가 높은 파워트레인이라면 더 쉽게 체감된다. 그렇게 되지 않도록 하기 위해서 냉각설계를 한다는 뜻으로, 그 속은 모터의 출력밀도 향상과 소형화에 맞춰서 세대를 거치면서 진화하고 있다.

제5세대 하이브리드 시스템의 모터설계를 지휘한, 모터유닛 개발부 기획계획실 5그룹의 시바타 료스케 그룹장은 모터 출력밀도 향상과 소형화에 대해 이렇게 설명한다.

「신형 노아·복시 하이브리드를 차량 전체로서 주행과 연비에 초점을 맞춰서 개발하는 가운데, 특히 모터는 파워업을 추진했습니다. 그래서 선대에 설정된 제3세대 시스템보다 최고출력이 16%가 향상되었죠. 제3세대부터 현재 프리우스 제4세대 그리고 제5세대로 바뀌는 과정에서 자석의 개수와 배치를 개량하면서 릴럭턴스 토크를 키워왔던 요소기술 덕분이죠. 또 스테이터 코일의 권선공법을 전절감기(pull pitch winding)에서 단절(fractional pitch winding)

감기로 바꾸면서 절연성을 확보하기 위해 수지재료나 공법을 개량함으로써 코일 엔드 높이를 낮추었습니다」

이런 진화과정에 있어서 모터를 윤활·냉각하는 메커니즘도 개량되었다. 제3세대에서는 기어를 통한 퍼올리기 방법으로 위쪽에 있는 오일 캐치탱크에 냉각용 AT액을 모았다가, 그것을 위에서 모터에 뿌려 냉각시켰다. 거기에 워터재킷과 모터 저층으로 물을 통과시켜고, 이 워터재킷으로 AT액이 빠져나가게 함으로써 열을 교환하는 식으로 냉각했다. 하지만 현재 프리우스부터 적용된 제3세대에서는 이 냉각시스템이 근본적으로 개량되었다.

새롭게 오일쿨러를 장착해 하이브리드 시스템 전용 라디에이터와 PCU를 지나갔던 냉각수와 모터 안을 순환하는 AT액 사이에서 더 효율적으로 열이 교환되는 냉각방식으로 바꾼 것이다. 순환 후의 액은 기계식 오일펌프에 의해 강제로 압송되어 모터 위쪽에 있는 냉각 파이프까지 올라간 다음, 거기서 떨어지면서 모터에 뿌려져 코일을 냉각한다.

그러나 무작정 많은 액을 떨어뜨려서는 오일펌프에서 토출될 때 손실이 커지는데다가, 회전체에 오일을 뿌리면서 발생하는 전단저항도 커지기 때문에 손실이 발생한다. 그래서 토출각도나 타이밍에 대한 해석을 바탕으로 조정해 최적의 부위에 뿌림으로써 코일 전체가 효율적으로 냉각되도록 개선했다.

또 제4세대 시스템 때는 자석을 AT액으로 냉각하는 구조도 추가했었다. 샤프트 안에서 로터 코어를 통하게 한 다음, 원심력을 사용해 가능한 넓은 범위에 AT액이 닿게 함으로써 로터 코어 바깥으로 들어온 자석도 동시에 냉각한 것이다. 이를 통해 자석의 열 저항을 33%나 줄였다고 한다. 이런 냉각구조들은 제5세대에도 그대로 이어졌다.

그리고 이번 제5세대 하이브리드 시스템부터 적용된 것이 전동차 전용으로 설정했을 뿐만 아니라 토요타 자체적으로 처음 개발한 오일이다. 이 모터에 이용되는 오일을 바꾼 것은 1997년에 초대 프리우스가 판매된 이후 처음 있는 변화이다.

「기존에는 일반적인 AT액을 같이 사용했지만, 전동차용 트랜스액슬에 쓰기에는 점도가 높아서 그것이 에너지 손실에도 영향을 주었습니다. 그래서 이번 전동화를 거치면서 전용 오일이 필요하다는 결론에 이르게 된 것이죠. 결과적으로 상온영역의 점도를 기존 AT액보다 약 1/2까지 낮춘 오일을 개발해 저연비에 기여하고 있습니다(시바타씨)」

그렇다면 어떻게 해서 전동차 전용으로 특화해 기존의 AT액보다 대폭 점도를 낮출 수 있었을까.

「AT나 CVT는 기어나 벨트가 맞물리기 때문에 확실한 윤활을 할 필요가 있지만, 그런 장치가 없는 THS Ⅱ에서 윤활이 너무 얇으면 기어가 눌러붙는 현상이 일어날 우려가 있습니다. 그래서 전동차 사용방법에 있어서 적절한 점도를 선정했을 뿐만 아니라 기어가 눌러붙는 현상이 일어나지 않는 범위에서 최적으로 설계한 것이죠」

단순히 점도를 낮추기만 해서는 유막 단절이 쉽게 일어나 금속끼리 직접 접촉이 늘어나면서 여러 가지 문제의 원인이 된다.

「기존 AT액과 비교해 베이스 오일의 재료 자체는 바뀌지 않았고 첨가제 처방을 바꾼 겁니다. 구체적으로는, 극압재(極壓材)인 P(인)계 첨가제로 피막을 형성하면서, Ca(칼슘)계 첨가제를 바꿔서 피막이 금속표면에 쉽게 부착되도록 했습니다. 또 유막을 형성하는 폴리머를 추가함으로써 끈적임 없는 오일이 조금이라도 금속표면에 잘 붙어 있도록 했죠」

그런데 아쉽게도 이런 새로운 전동차 전용 오일을 제4세대 이전 시스템에는 사용하지 못한다.

「모터나 동력분할 기구 쪽에서도 재료나 면(面)의 제조, 가공방법을 개량해 유막이 단절되지 않도록 만들었습니다. 특히 기어가 맞물리는 부분의 가장 필요한 부위에 오일을 효율적으로 공급할 수 있게 수지제품의 오일 가이드를 설치하는 등, 공급위치를 최적화했기

때문입니다」

반면에 앞으로 판매될 BEV를 포함해 이후의 전동차에는 이 전동차 전용 오일에 최적화된 유닛이 탑재된다.

그렇기는 하지만 모터의 냉각·윤활 시스템은 「다른 메이커를 포함해 내연기관처럼 모든 기술이 확립되어서 같은 방향을 향하고 있는 것은 아니다」(나가이씨)라고 한다.

「따라서 메이커 입장에서도 여러 가지 생각이 있을 것이므로, 다양한 측면에서 앞으로도 계속해서 모색해 나갈 거라 생각합니다」라며, 모터 개발의 최전선에 있는 엔지니어로서의 의견을 마지막으로 이야기해 주었다. 당분간 모터의 냉각·윤활 시스템 진화와 변화는 멈추지 않을 것 같다.

토요타자동차 주식회사
파워트레인 컴퍼니
모터유닛개발부 기획계획실
5그룹 유닛 주사

柴田 僚介(시바타 료스케)

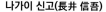

토요타자동차 주식회사
파워트레인 컴퍼니
모터유닛개발부 기획계획실
3그룹 주임

나가이 신고(長井 信吾)

토요타자동차 주식회사
파워트레인 컴퍼니
CN개발부 CN구동·EHV개발실
2그룹 주임

오카자키 쇼(岡崎 唱)

CHAPTER **2**

회생 브레이크

전·후륜의 압력을 독립적으로 조절하는 2채널화를 통해

에너지 회생효율을 극대화

—— 애드빅스 ——

회생협조 브레이크는 운전자가 요구하는 제동력에 대해서 최대한 회생 브레이크 비율을 높이도록 제어함으로써 항속거리를 연장시킬 수 있다.
하지만 거기에는 항상 제동성능과 감각이라는 요소가 따라다닌다.

본문 : 세라 고타   사진&수치 : 애드빅스

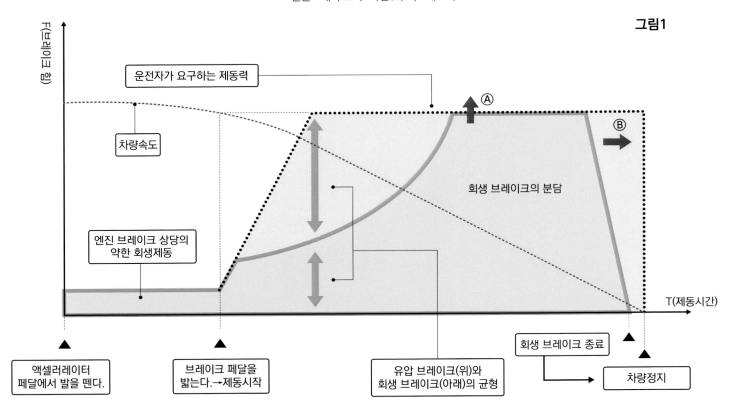

그림1

회생협조 브레이크 시스템의 브레이크 힘(세로 축)과 시간(가로 축)의 관계를 나타낸 그림. 파선의 요구 제동력에 대해, BEV 같은 경우는 항속거리를 늘리기 위해서 회생 브레이크의 분담(굵은 선 안)을 최대한 크게 하는 것이 좋다. 다만 요구제동력과 달리 실제 제동력이 물결치는 것처럼 변동한다거나 운전자에게 주는 페달 반력이 부자연스러워서는 안 되고, 압력조절 응답성이나 정확도 및 스트로크 시뮬레이터의 반영이 중요하다. 또한 효율이나 감각을 중시한 나머지 제동거리가 길어져서는 안 된다.

에너지 회생량을 늘리기 위한 포인트

회생협조 브레이크 시스템 구조(AHB-Rx)

애드빅스의 현재 제품 가운데 하나인 AHB-Rx. 토요타 프리우스 등에 탑재되는 AHB-R을 바탕으로 전·후륜 액 압력을 임의로 제어 할 수 있도록 전·후륜을 독립적으로 제어하는 것이 특징. 2019년에 미국용 토요타 하이랜더에서 처음 적용. 페달 움직임을 받아주는 입력 피스톤과 휠 실린더 쪽에 유압을 전달하는 출력 피스톤의 움직임 이 분리되어 있다.

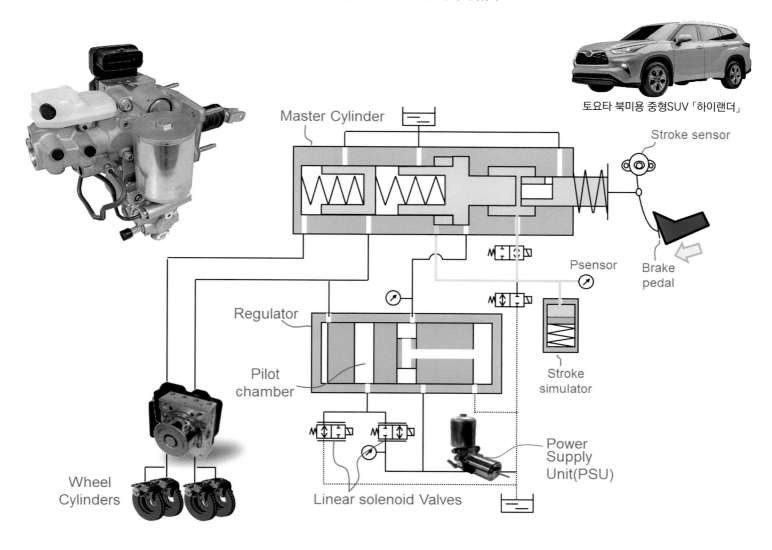

토요타 북미용 중형SUV 「하이랜더」

운전자가 요구하는 제동력에 대해 유압 브레이크와 회생 브레이크의 배분을 제어 하는 것이 회생협조 브레이크이다. 유압 브 레이크란 주로 브레이크 캘리퍼와 브레이크 패드, 브레이크 디스크로 구성된다. 운전자 의 브레이크 페달 조작에 맞춰서 유압을 발 생시켜 캘리퍼가 패드를 디스크 쪽으로 밀 어붙임으로써, 주행 중인 차량의 운동 에 너지가 열에너지로 바뀌어 대기 속으로 방 출되면서 속도가 느려지는 구조이다. 반면

에 하이브리드 자동차(HEV)나 전기자동차 (BEV)에서는 기존에 대기로 방출되었던 에 너지를 모터의 발전기능을 이용해 전기에너 지로 바꾼 다음 배터리에 저장했다가 다른 기회에 활용한다.

이런 구조를 이용하면 HEV는 연비가 향 상되고 BEV는 전비가 향상되어 항속거리 가 늘어난다. 항속거리를 늘리려면 감속할 때는 가능한 유압 브레이크에 부담을 주지 않고 회생 브레이크로 분담시켜야 한다. 위

그림은 회생협조 브레이크의 작동개념을 나 타낸 것이다. 액셀러레이터 페달에서 발을 떼어 운전자가 감속 의사를 나타내면, 엔진 브레이크 상당의 약한 회생제동이 작동하는 것이 일반적이다. 회생을 작동시키지 않는 타성주행(coasting)이 표준설정(default) 인 모델도 있고, 차량의 모드전환을 통해 감 속도의 강약을 조정한다거나 스티어링 밑의 패들로 조절하는 모델도 있다.

전비와 연비 향상을 위한 개발 로드맵

BEV의 전비, HEV의 연비향상으로 이어지는 제품개발 로드맵. 「신형」으로 표시된 것은 조만간 시장에 투입될 예정인 제품으로, 유압을 온 디맨드화(소형화, 고효율화, 고정밀도화를 위해)하고 있다는 점이 특징. 「보급형」과 「고기능」의 가장 큰 차이는 4륜 동시제어냐 전후독립 제어냐이다. 전후독립은 전비와 연비향상에 공헌할 수 있다.

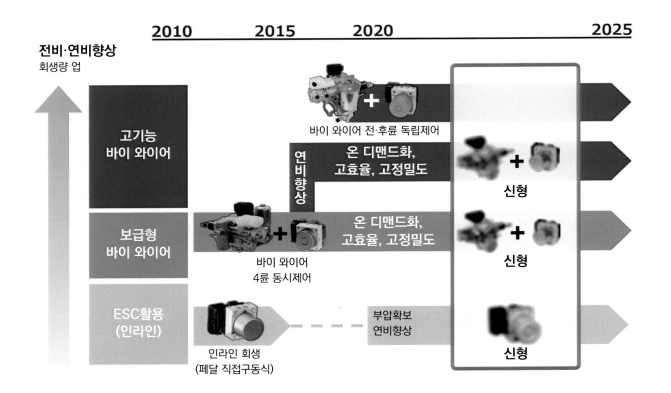

전비·연비향상
회생량 업

2010   2015   2020   2025

고기능 바이 와이어
바이 와이어 전·후륜 독립제어

연비향상
온 디맨드화, 고효율, 고정밀도
신형

보급형 바이 와이어
온 디맨드화, 고효율, 고정밀도
신형
바이 와이어 4륜 동시제어

ESC활용 (인라인)
인라인 회생 (페달 직접구동식)
부압확보 연비향상
신형

운전자가 브레이크 페달을 밟으면 시스템은 그 밟는 양(踏量) 등으로부터 요구 제동력을 산출한 다음, 유압 브레이크와 회생 브레이크 배분을 치밀하게 제어해 운전자가 요구하는 제동력을 발생시킨다. 그림1에서는 회생 브레이크의 분담 라인이 깨끗하게 그려져 있지만, 실제로는 상하방향으로 미세한 변동을 반복한다. 하지만 파선으로 나타낸 제동력은 변동시키지 않는다. 협조가 충분하지 않으면 제동력이 바뀌게 되는데, 이는 운전자가 위화감을 느낄 수 있기 때문이다. 회생협조 브레이크를 개발·제조하는 애드빅스의 이노우에 야스미씨는 그림1에 이어서 다음처럼 해설해 준다.

「그림1을 보면 유압 브레이크 쪽이 회생 브레이크에 종속되어 있는 것처럼 보이지만 그렇지 않습니다. 요구 제동력은 일단 유압 브레이크 쪽이 판정합니다. 요구 제동력과 관련해 그 때의 회생 쪽에서 얼마만큼이나 분담할 수 있는지를 묻게 되죠. 회생 쪽이 제로라고 대답하는 경우도 있습니다. 회생 브레이크가 분담하는 사다리꼴 형태를 결정하는 것은 사실 유압 브레이크 쪽인 겁니다」

야마모토 다카유키씨가 보충한다.

「회생 브레이크의 커브가 항상 안정적이지는 않습니다. 회생에 너무 의존하면 방금 전에 밟았던 브레이크와 지금 밟은 브레이크가 다른 느낌을 주죠. 가능하다면 처음부터 회생을 많이 넣고 싶지만, 어디서부터 회생을 넣을지는 자동차 메이커의 기본방침을 바탕으로 협력하면서 정해 나갑니다」

회생량 업, 즉 BEV 같으면 항속거리를 늘릴 수 있는 기술 가운데 하나가 전·후륜 독립제어이다. 애드빅스 제품에서는 AHB-Rx에서 채택하고 있다. 앞뒤를 일률적으로 압력조절하는 것이 아니라 앞뒤를 독립적으로 제어할 수 있다는 점이 특징이다. 전륜에서 역행(力行)과 회생을 하는 차량 같은 경우는 회생 브레이크가 전륜에만 작용한다. 전륜에서 회생 브레이크가 작동하고 있을 때 앞뒤로 똑같은 압력조절로 유압 브레이크를 작동시키면 앞쪽이 강해진다. 그렇게 강해지는 것을 감안해 제어해야 하기 때문에 회생효율에도 타협이 중요하다.

전·후륜 독립제어는 앞쪽과 뒤쪽을 개별적으로 압력조절할 수 있기 때문에, 앞쪽은 회생 브레이크가 작용하는 만큼 끌어와서 유압을 넣을 수 있기 때문에 회생 브레이크

차량 안정성·차량 자세향상에도 기여

아래 그림은 전방에 모터를 탑재한 차량이다. 4륜 동시제어인 경우는 후방에 필요한 압력을 가하면 전방에도 똑같은 정도로만 걸리기 때문에 전방의 회생을 타협할 필요가 있다. 전후독립으로 제어할 수 있으면 전방의 회생을 최적화할 수 있다(=회생량 업). 또한 후방 제동력을 높여서 리어 리프트를 줄이는 방법도 가능하다.

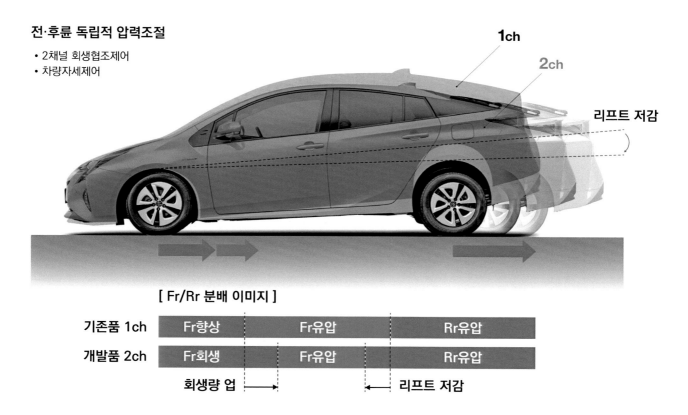

전·후륜 독립적 압력조절
- 2채널 회생협조제어
- 차량자세제어

1ch
2ch
리프트 저감

[Fr/Rr 분배 이미지]

기존품 1ch	Fr향상	Fr유압	Rr유압
개발품 2ch	Fr회생	Fr유압	Rr유압

회생량 업 →   ← 리프트 저감

를 생각대로 작동시킬 수 있다. 또 뒤쪽 제동력을 강화하도록 제어해 리어 리프트를 억제하는 등 차량자세를 제어하는데도 활용할 수 있을 뿐만 아니라, 눈길 등과 같이 마찰계수(µ)가 낮은 도로에서는 ABS 개입을 늦추는 것도 가능하다. 후륜에 모터를 탑재하는 모델에서는 전방의 유압 브레이크를 강하게 함으로써 회생효율을 높이는 한편, 차량자세를 안정화하는 사용법도 가능하다.

앞의 그림1에서 보면, 제동시작 직후의 산 같은 능선을 어떻게 급격히 높일지(Ⓐ)도 회생효율 향상에 있어서 중요하지만, 정지하기 거의 직전까지 어떻게 회생 브레이크로 버티게 하느냐(Ⓑ)도 회생효율 향상에 있어서는 중요하다. 「회생 브레이크의 적색라인을 어떻게 급하게 하느냐가 회생협조 브레

이크의 개발 역사입니다」라는 니시오 아키타카씨의 설명이다.

「예를 들면 고속으로 달리면서 제동했을 경우는 (에너지를 받아들이는) 배터리 허용량에 의해 이 라인이 결정되는 부분이 있습니다. 어떻게 순항 속도가 높은 영역부터 회생 브레이크를 분담시킬 수 있을지, 더불어서 응답 지체를 최대한 없애고 압력조절을 미세하게 해서 감각을 반영하느냐가 개발과제입니다. 정지 직전에는 회생 브레이크를 쓱하고 떨어트리는데 이때 운전자가 깨닫지 못하도록 유압을 보충하는 기술이 포인트입니다. 예전에는 완만했던 기울기가 점점 가팔라져, 진짜 정지 직전까지 회생할 수 있는 수준으로 진화하고 있습니다」

브레이크 감각의 반영도 진화를 거듭하고

있다. 회생협조 브레이크 시스템은 운전자의 페달 조작과 브레이크 유닛에 전달되는 유압이 직접 이어져 있지 않고 분리된 브레이크 바이 와이어이다. 페달 반력은 스트로크 시뮬레이터에서 만드는데, 전통적 브레이크보다 위화감을 느끼지 않도록 추구하고 있다.

회생협조 브레이크 시스템 개발은 효율을 높이는 것이 기본이기는 하지만, 그렇다고 효율 지상주의가 다는 아니다. 감각을 만족시키면서, 아니 감각을 향상시키면서 자세제어라고 하는 새로운 가치를 부여하는 방향으로 개발되고 있다.

CHAPTER 3

경량화

초고장력 강(鋼)이 드디어 인장강도 2.0GPa 세계로 진입

강을 사용해 알루미늄 수준의 「경량화」에 도전

——— 일본제철 ———

차량 무게를 대폭 줄일 수 있다면, 가령 파워트레인은 그대로여도 연비는 좋아진다.
하지만 재료를 바꾸는데 따른 경량화에는 단가상승이 수반되어 쉽게 진행되지 않는다.
그래서 일본제철은 「강(鋼)」을 사용한 NSafe-Auto Concept=NSAC를 제안하고 있다.

본문&묘사 : 마키노 시게오   사진 : 일본제철

NSAC에서 상정하는 강판강도

7세대 골프를 벤치마킹해 30%의 경량화를 달성하기 위해서는 각 부위마다 어느 정도의 강판강도가 필요한지 검증해 보았다. 단순한 시뮬레이션이 아니라 실제로 테스트 제품을 사용해 검토했다. 그것이 우측 그림이다. 최고는 인장강도에서 2.0GPa. 캐빈 주변과 전방 멤버 외에 아주 좁은 영역의 옵셋 충돌에 대한 대응부터 전륜 휠 아치 안에도 사용한다.

TS(Tensile Strength=인장강도)
[MPa]

270

590

2000

자동차 보디에 사용되는 박판에는 두께 차이나 인장강도 차이, 표면 코팅 차이, 제조방법 차이 등에 따라 몇 백 개나 되는 종류가 있다. 이 차이들은 그 강판을 「어떤 부위에」「어떻게」 사용하느냐에 따라서 선택기준이 다르지만, 전체적으로 「더 높은 강도」를 지향하고 있다는 점은 공통이다. 일본제철 측에 현재의 보디강판 경향과 개발 테마에 대해 물어보았다.

「최고가격대 BEV(배터리 전기자동차)에서는 알루미늄 소재를 많이 이용합니다. BEV는 전지 중량이 무겁기 때문에 동력성능이나 항속거리를 위해서 보디를 가볍게 할 필요가 있죠. 그래서 알루미늄을 선택하는 OEM(자동차 메이커)이 적지 않습니다. 당사는 철을 사용해 알루미늄과 비슷한 무게를 실현하고 있습니다」

자동차강판 상품기술실의 에지리 미츠루 실장은 이렇게 말한다. 일본제철은 2019년에 차세대 강판제품으로 만드는 자동차 기술 콘셉트 NSafe-Auto Concept(NSAC)을 내놓았다. 대폭의 경량화나 충돌안전성을 실현하는 차세대 자동차의 각 부품에 요구되는 성능을 갖추기 위해서 일본제철은,

⊙ 연속플랜지 형상

1장의 강판을 금형 성형해, 모든 단면에 연속 플랜지 형상을 갖게 함으로써 접합면을 확보하는 형상. 우측그림은 센터 터널과 뒷좌석 바닥면 크로스멤버(횡단소재)의 접합을 상정한 것이다. 우측 단면에도 플랜지 형상이 가능하다고 한다.

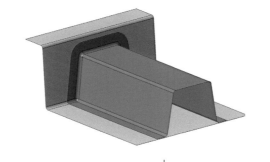

알루미늄의 비중은 철의 3분의 1이라 같은 구조를 만들 경우 가볍게 할 수 있다. 하지만 강도·강성을 확보하려면 두께가 필요하기 때문에, 투영면적 등으로 비교했을 경우의 경량화 효과는 약 30%로 알려져 있다. 일본제철은 이 30% 차이를 기술력으로 메꾸려고 한다. NSAC 프로젝트에서는 그를 위한 기술을 포괄적으로 개발했다.

지금은 A필러와 루프 사이드 실이 전면유리 상단에서의 굴절지점 없이 일체화되어 있다. 이 부자재에 A, B, C 나아가 D 필러까지 접합시킨다.

전방 사이드 멤버는 전면충돌 시 충돌에너지를 흡수해 계산한대로 찌그러지는 특성이 요구된다. 그런 형상은 차량실내 바닥면으로 연속해서 이어지는 형상으로, 굴곡부분 강도를 확보한 일체성형 요구가 강하다.

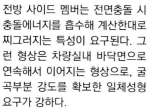
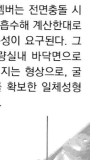
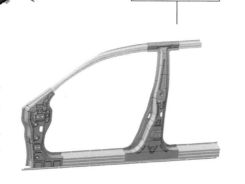

⊙ L자·T자 형상으로 강고하게 접합

루프 사이드 실과 사이드 실의 이너 부분은 따로 성형된다. 이것을 접합해 전체로서의 강도를 얻으려면 상대 쪽 형상과 친숙한 성형이 필수인데, 이것을 초고장력 강판으로도 실현한다. 이 바깥쪽에 접합되는 사이드 스트럭처 아우터는 TWB로 만들어진다.

⊙ 굴곡 프레임 형상

후방 사이드 멤버에도 전방 사이드 멤버와 똑같은 굴곡 형상을 적용. 기존에는 몇 가지 부품으로 나누어 성형한 것을 접합했다. 레이아웃 자율성을 높이기 위해서 후방 펜더 보디에 사용하는 부자재도 개발 중이다.

소재개발 및 소재성능을 최대한으로 끌어내기 위한 부품구성이나 구조의 가공기술을 개발해 왔다. 그리고 NSAC 시작 후에 등장한 세계적인 「2050년 탄소중립(Carbon Neutral)」목표가 NSAC 기술의 적용범위를 확대시켰다.

「철강 메이커로서 단순하게 강재(鋼材) 제공에 그치지 않고 솔루션 제안까지 하겠다는 것이 NSAC가 지향하는 방향입니다. 재료를 자유자재로 사용하는 기술과 구조를 제안하는 것이죠. 『재료개발』『구조·기능설계』『공법개발』『성능평가』 4가지를 축으로 대처한다는 것이 NSAC입니다」

앞으로의 자동차 보디 존재방식을 탐구하기 위해서 일본제철(신닛테츠 주금 시절)은 VW(폭스바겐)의 7세대 골프를 벤치마킹해, 차체강성과 충돌강도를 떨어뜨리지 않고도 30%를 가볍게 하는 재료개발과 구조를 설계했다. 그 당시에 필자는 그에 대한 개발내용을 취재한 적이 있었다. 에지리실장은 이렇게 말했다.

「그걸 검토하는 가운데, 충돌할 때의 탑승객 생존공간을 확보하면서 강판 게이지(두께)를 얇게 하려면 인장강도에서 2.0GPa

(→)후방 사이드 프레임 샘플. 차량실내 바닥면에서 후방 휠 아치 부분을 피해 후방 사이드 프레임까지 이어지는 부자재로, 2군데의 큰 굴곡이 있다. 이 형상을 980MPa급 소재로 실현했다. 부품 개수 감축과 경량화 양면에서 효과가 있다.

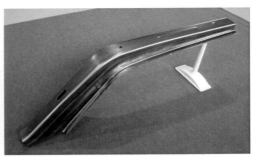

(←)전방 사이드 멤버를 1470MPa 소재로 성형한 샘플. 종래의 6대4 옵셋충돌에서 유럽에서는 더미 차량과 시험차량을 상대속도 100km/h로 충돌시키는 MPDB(Mobile Progressive Deformable Barrier) 시험으로 바뀌었다. 미국에서는 경사 15도의 옵셋충돌 시험이 의무화된다. 결국 이 부위에 대한 성능요구는 더욱 높아졌다.

(←)B필러는 경쟁이 심하다. 독일은 차압 강판을 만들고 있다. 일본제철은 여기에 리인포스(보강용 덧판)가 필요 없는 구조를 제안한다(구성은 다음 페이지 참조). 동시에 사이드 실 및 루프 사이드 레일과의 접합면적도 크게 한다.

독자적인 열간성형 금형기술

NSAC로 개발된 가공기술은 이미 시판차량에 적용 중이다. 기존에는 매우 어려웠던 일체화가 성형기술의 발전 덕분에 달성되었다. 일본은 유럽과 미국과 비교해 OME별 특별주문 강판이 많아서 다품종 소량생산 위주로 만들어 왔다. 이 부분에 대응하는 기술도 있다.

일본제철은 2013년 단계에서 유니프레스와의 공동개발을 통해 열간성형(hot stamping) 신기술을 완성해 놓은 상태였다. 이 공법은 서서히 숙성되다가 완성 수준에 도달한 것이다. 통상적인 열간성형에서는 금형과 모재(blank)의 접촉이 불충분한 부위에 공기 전단층이 만들어져 성형 후의 발열(拔熱)효율이 떨어진다. 신닛테츠(당시)는 이것을 개선했다. 금형에 냉각을 위한 분수로와 물을 빼기 위한 흡수로를 만들어 블랭크 표면의 비등전열(傳熱)과 흡수로 인한 강제 대류(對流)전열을 시킴으로써 효율적이고도 균일한 발열을 실현했다. 결과적으로 사용하는 열원의 감축에도 도움이 되었다.

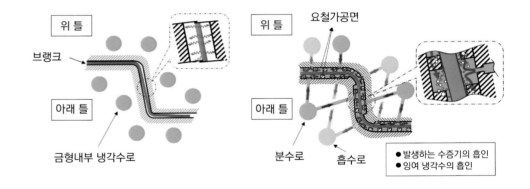

(기가 파스칼)의 소재가 필요하다는 결론에 이르렀습니다. 이것을 실현하려면 형성과 접합성 문제를 해결해야 한다, 또 강도가 높아져『지연 파괴(변형을 견디다가 나중에 한꺼번에 파괴되는 현상)』도 발생한다, 동시에 판 두께를 얇게 하면 차체강성이 떨어진다. 이런 점들을 재료적·구조적으로 보완하는 개발을 했던 것이죠」

C세그먼트(일본에서는 카롤라, 시빅 등)의 보급가격대에 위치하는 골프 보디는 알루미늄을 사용하지 않고 강재로 만들어진다. 필자는 골프7의 보디를 역공학(Reverse Engineering)하는 작업을 실제로 본 적이 있는데, 강성이 필요한 부분에는 두터운 연강을 사용하고 슬림화할 수 있는 부분은 얇게 한 정공법적인 보디이다. 이런 것을 더 가볍게 한다고 하니, 구조부터 바꾸지 않으면 안 되는 일 같다.

「골프7의 경량화 목표는 30%로 설정했죠. 왜 30%인가 하면, 알루미늄에 대한 대항 때문입니다. 당시에 하이엔드 BEV가 알루미늄 보디로 나오기 시작했는데, 전체를 알루미늄으로 만들 경우는 전면투영면적을 합쳐서 비교했을 때 강철 보디보다 30%가 가벼워지기 때문이죠. 거기서 우리는 알루미늄 제품과 같은 중량의 보디를 강판으로만 만들겠다고 생각했습니다. 비중으로 보면 알루미늄이 철의 3분의 1이지만, 알루미늄은 가격이 비쌉니다. 철이냐 알루미늄이냐를 갖고 고민하는 고객사에게 같은 무게임에도 저가라는 강재를 어필한다, 그를 위한 구조와 공법도 제안한다는 것이죠」

실제로 일본제철은 연구소 내의 프레스 설비를 사용해 골프7 보디의 부재를 시험제작한 다음 성능을 평가했다. 동시에 강재로 바꿨을 경우의 CO_2 평가를 LCA(Life Cycle Assessment) 시점에서 계산해 보았다.

「당시 골프7은 열간성형을 통한 1.5G 정도의 강판을 사용했습니다. 열간성형 같은 경우는 제조단계에서 종종 가열이 필요하기 때문에『CO_2가 발생』하는 것으로 알려져 있지만, 슬림화해도 강도가 높아지기 때

위 틀
브랭크
아래 틀
금형내부 냉각수로

위 틀
요철가공면
아래 틀
분수로
흡수로
● 발생하는 수증기의 흡인
● 잉여 냉각수의 흡인

NSafe-SV를 이용한 강성 가시화

자동차 개발로 나아가는 모델 베이스화에 대응해 차체강성이나 충돌 등의 평가·분석하는 툴도 개발했다. 우측그림은 그런 사례 가운데 하나로(VW 골프), 보디 강성을 부위별로 가시화한 것이다. 높은 정확도의 가시화가 가능하기 때문에 시작 공정수를 줄이는데 도움이 된다. 강판강도를 높이고 그 만큼의 두께를 깎아내면 분명히 보디 강성은 떨어지지만, 구조나 접합방법을 개량해 보완할 수 있다.

보강이 필요 없는 B필러

T자형상의 B필러를 보강 없이 성형하는 기술. 노란 부분과 파란 부분은 각각 강도가 다른 모재를 TWB(테일러 웰디드 블랭크)로 단면접합한다. 기존에는 판 두께가 같았지만, 신기술에서는 보강재 기능을 파란 아우터 부분에 줬을 뿐 아니라 알루미늄 도금 강판도 사용가능하다.

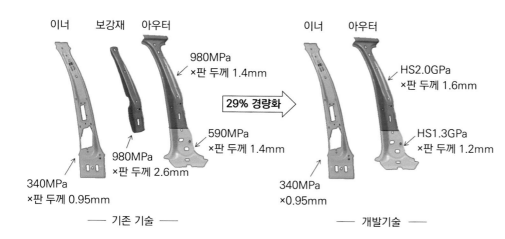

후방 댐퍼의 톱 마운트~후방 휠 아치

루프 끝부분 쪽 코너

판굴절 변형도
큰

작음

A필러와 루프 앞쪽 끝의 크로스멤버가 교차하는 부분

전방의 댐퍼 톱 마운트~스트럿 타워

이너　보강재　아우터
980MPa
×판 두께 1.4mm
590MPa
×판 두께 1.4mm
980MPa
×판 두께 2.6mm
340MPa
×판 두께 0.95mm

29% 경량화

이너　아우터
HS2.0GPa
×판 두께 1.6mm
HS1.3GPa
×판 두께 1.2mm
340MPa
×0.95mm

—— 기존 기술 ——　　—— 개발기술 ——

면 왜곡 발생영역의 가시화

위 보디와 마찬가지로 넓은 면적에서의「면 왜곡」도 가시화된다. 아래는 핸들 부분에서 오목한 면을 가진 보디 외판 예. 매우 두드러진 의장부분이라 금형설계나 프레스방법으로 미관을 확보해 왔다. 여기에도 가상 설계기술이 투입된다. 캐릭터 라인이 들어가지 않는 심플한 디자인을 구현하는데도 유용하다. 이것도 NSAC로 개발한 항목이다.

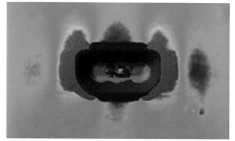

문에 경량화에 따른 연비저감 효과 쪽이 훨씬 크죠. 공정 차이로 인한 CO_2 배출량에 대해서도 벤치마킹하고 있습니다. 가격 산출과 LCA시점에서의 CO_2 삭감 양 측면을 강재를 사용하는 효과로 제안하고 있습니다」

구체적으로 보면, 탑승객 보호를 위해 찌그러져서는 안 되는 부위와 잘 찌그러져서 충돌 에너지를 흡수하는 부위로 나누어, 각각에 적합한 고장력 강판(High Tensile Steel)을 제안한다. 충격흡수 부위에는 1180MPa(1.18GPa) 이상, 캐빈 주변은 열간성형의 1780MPa 소재가 이미 실용화되어 있다. 하체~섀시 계통에는 980MPa 소재도 사용된다. 외판은 종래의 340MPa에

서 현재는 440MPa로 강도가 높아졌고, 다음은 590MPa가 목표이다.

「중요 안전부품을 포함한 섀시계통의 재료 치환에 있어서 OEM 각사가 저항감을 갖는 측면도 느끼기는 했지만, 현재는 780MPa, 일부는 이미 980MPa까지 와 있습니다. 강판 게이지를 낮추면 강성이 떨어지기 때문에 그 점은 구조와 세트로 제안하는 식으로 퍼포먼스를 떨어뜨리지 않도록 하고 있습니다. 강도만 요구하는 재료라면 얇게 해도 상관없지만, 강성이 필요한 부위는 강성을 떨어뜨리지 않는 방법까지 세트로 제안하고 있죠」

그렇다면 2.0GPa 소재 개발은 어디까지

와 있을까. 2.0G라는 강도는 전에는 생각도 하지 못했던 세계인데….

「개발은 거의 끝난 상태입니다. 모재에는 980MPa 정도를 사용하고, 여기에 열을 넣어 식히죠. GA(용융아연 도금 강판)에도 코

팅 없이 알루미늄 도금만으로 가능합니다. 이것과는 별도로 DP(Dual Phase강판=이종강판)도 1470MPa까지 제품화했습니다」

일본제철은 바로 얼마 전 알루미늄 도금 강판을 사용한 TWB(Tailor Welded Blank) 소재의 판매를 발표했다. 이종강판을 이어붙여 1장의 강판 소재 안에 다른 성능을 갖게 하는 방법으로서의 TWD는 이미 20년 이상의 역사를 갖고 있기는 하지만, 알루미늄 도금 강판을 사용하는 일은 어려웠다. 그것을 일본제철이 극복한 것이다.

「일본 내의 알루미늄 실리콘 도금 열간재료는 당사가 100% 공급원이라 기존에는 모재로만 팔았습니다. 이것을 TWB소재로도 판매합니다. 열간성형은 모재를 고온으로 가열하기 때문에 표면에 스케일(산화피막)이 발생합니다. 냉각시키면 이 스케일이 떨어지기 때문에 숏 블라스트(shot blast)로 스케일을 제거하는데, 알루미늄을 도금해 두면 그대로 사용할 수 있습니다. 다만 상대 쪽과 접합하는 끝 부분에서 녹은 알루미늄이 들어가면 연화하게 됩니다. 그러면 접합부가 약해지기 때문에 강한 충격을 받아 이 부분이 꺾이는 경우도 있죠. 알루미늄을 얼마나 혼입시키지 않고 접합하느냐가 독자적인 기술로서, 이 부분이 개발 포인트였죠. 그 이외는 가성(苛性)처리해 도장하는 부분

에서도 전혀 문제가 없습니다」

이 TWB 소재에서도 현재 강판강도를 2.0GPa까지 올리는 시작품과 실험을 하고 있다고 한다. 또 BEV 쪽에 전지 케이스를 철로 만드는 개발도 하고 있다.

「현재는 알루미늄 압출소재를 사용하는 경우가 많은데 소재 두께가 있어서 전지탑재 공간을 침범합니다. 철로 바꾸면 슬림화가 가능하기 때문에 전지 탑재량을 늘림으로써 항속거리가 길어지죠. 현재 생각하는 것은 최대 1470MPa의 냉각프레스이지만, 전지 케이스에 충돌강도를 부여할지 아니면 단순히 기기로서 사용할지에 따라 사용하는 소재와 설계가 달라집니다. 그냥 기기로 사용할 때의 구조 같은 경우는 더 유연한 소재로서, 직각 각도(정확한 각도)로 하면 전지 탑재량을 확보할 수 있습니다」

알루미늄 압출소재로 만든 전지 케이스는 들어올려보면 상상 이상으로 무겁다. 전지가 안 들어 있어도 무겁다. 필자는 7차종의 단일 전지 케이스를 취재해 보았는데 다 무거웠다. 알루미늄 주물을 사용해 슬림화하는 제안도 이루어지고 있지만, 일본제철은 철로만 만드는 방법을 제안하고 있다.

「BEV 보디에 대한 제안은 경량화와 안전성의 양립이기 때문에 고장력 강판을 사용하지 않을 수 없습니다. 기존에는 소재만 제

공했지만 OEM이 부품별로 요구하는 특성을 당사나름대로 공부해서 이 재료는 이런 가공법에, 이런 구조면 가능하다는 점을 검증한 상태에서 제안합니다. 초고장력 강판의 가공성이 상당히 개선되기는 했지만, 강도를 우선시하면 역시나 가공성이 떨어집니다. 그런 재료의 특성을 알고 있는 당사가 먼저 제안해야 한다고 생각합니다. CAE로 계산해 제안하는 수준이라면 누구도 할 수 있는 일이죠. 하지만 당사에서는 사내에서 프레스 성형을 통해 테스트 제품을 만들어 평가한 다음, 실제로 사내 충돌시험설비를 사용해 퍼포먼스를 확인한 상태에서 제안하고 있습니다」

알루미늄 대 고강도 강판. 이 둘의 경쟁이 새로운 차원으로 진입하고 있다.

일본제철 주식회사
박판사업부 자동차 강판영업부
자동차강판 상품기술실 실장

이노우에 야스미(井上 弥住)

→ CASE STUDY 2 　　　　　　　　**설계방법**

디지털 평가를 통한 계층 군집방법으로

기존 상식에 없는 설계혁신이 탄생

—————— 닛산자동차 ——————

보디 경량화는 BEV의 항속거리 연장에 있어서 핵심적 요소 가운데 하나이지만, 거기에는 충돌안전성 확보라는 큰 벽이 존재한다.
닛산에서는 이 문제를 더 최적으로 또 효율적으로 풀기 위해서 데이터 과학이라는 분야의 기술을 적극적으로 도입하고 있다.

본문&묘사 : 타카하시 이치헤이　사진 : 닛산자동차

New
X-TRAIL

자동차 개발 깊숙이까지 디지털이라는 파도가 밀려오는 가운데, 거기서 중심적인 역할을 하는 CAE(Computer Aided Engineering)의 존재가 크게 변신 중이다. 그런 배경 가운데 한 가지가 컴퓨터 성능이나 소프트웨어 기술 향상 같은 기술 발전에 따른 것이라는 사실은 두 말할 필요도 없다. 하지만 반면에 더 선명한 형태로 기술한계도 부각되어 왔다. CAE는 어디까지 엔지니어에 의한 설계 검토와 검증을 위한 툴이지,

적어도 직접적으로는 엔지니어가 가진 창조력을 확장할 만한 마법의 툴이라고는 할 수 없다.

CAE의 핵심은 컴퓨터 분석, 요는 시뮬레이션이다. 물론 실제기기의 시작(試作) 이전에 검토, 검증이 가능한 CAE를 이용함으로써 거기에 들어가는 시간과 수고를 크게 줄일 수 있다. 그만큼 더 많은 패턴 설계, 즉 발상을 시험해 볼 수는 있지만, 실제기기 실험 이상으로 정량화된 데이터 수집이 가능

한 CAE 결과의 해독은 역시나 인간인 엔지니어이다. 나아가 그 결과를 통해 설계를 개량하는 것도 엔지니어이다. 하물에 여기서 주제로 삼고 있는 보디설계로 말할 것 같으면 멤버 형상이나 배치방법은 무한대에 가깝다. 때문에 모든 가능성을 종합적으로 검토, 검증하는 일 등은 도저히 불가능하다. 근래에 설계 최적화라는 말을 자주 접하게 된다. 이것은 엔지니어의 발상과 설계에 기초한 것이지 진정한 최적의 솔루션이라고 단

보디구조에서 무게와 충돌안전성 관계를 파악해 최적의 솔루션을 도출

[기존 개발방법]

[클러스트을 통한 개발방법]

512종류의 CAE분석결과를 기계학습으로 분류

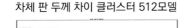

차체 판 두께 차이 클러스터 512모델

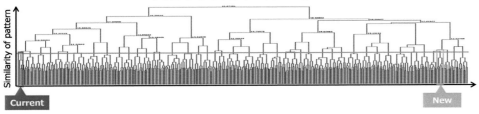

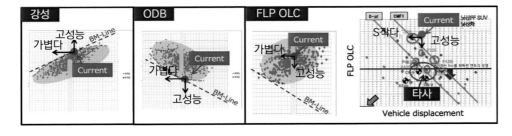

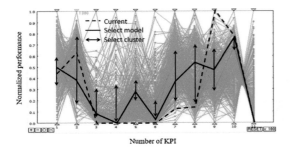

데이터 유사성을 찾아가는 통계적 방법

가장 위의 수형도는 구성부재의 판 두께나 멤버의 레이아웃 차이 등으로 이루어진, 512종류의 보디구조 수를 나타낸 것이다. 이것들을 CAE분석한 데이터로부터, 기계학습을 통한 클러스터링(클러스터 분석) 방법을 이용해 성능이나 성질의 유사성으로 분류한 뒤 점으로 나타낸 것이 가운데 그래프이다. 직감적으로 포착하기 어려운 보디구조와 성능이나 성질의 관계성으로부터 설계 지표가 될만한 경향을 찾아낸다. 그를 통해 트레이드오프에 빠지지 않고 전방위적인 성능향상을 실현.

※ ODB(Offset Deformable Barrier) : 옵셋 충돌 테스트 / OLC(Occupant Load Criterion) : 탑승객 보호 성능을 나타내는 지표 / BM(Bench Marking) : 벤치마킹

정하기는 힘들다.

이렇게 말하면 너무 주변적인 것에 몰두하는 것 아니냐는 말을 들을 지도 모르겠지만, 사실 근래에 이 최적의 솔루션에 대한 요구가 높아지고 있다. 환경규제와 충돌안전기준이 동시에 강화되는 가운데, 경량화에 요구되는 요건이 지금까지보다 더 강력해지고 있기 때문이다. 더 강화되는 충돌안전기준을 만족시킬만한 강도와 강성을 확보하면서 중량을 동등이상으로 낮추기 위해서는 더 최적화된 구조가 필요한 것이다.

그 중에서도 어려운 상황에 있는 것이 전기자동차(BEV)이다. 에너지밀도 향상과 가격인하 추세가 정체되고 있는 현재, 항속거리를 더 늘릴 수 있는 수단으로써 경량화가 주목받는 상황에서, 거대한 배터리를 지탱하면서도 충돌안전기준을 만족시키는 동시에 경량화를 도모하는 일이 결코 쉬운 작업이 아니기 때문이다.

그도 그럴 것이 지금보다 더 제대로 된 최적의 솔루션을 얻기 위해서는 CAE에서 검토·검증하는 케이스(샘플 수)를 늘려야 할뿐만 아니라, 충돌할 때의 거동까지 포함해서

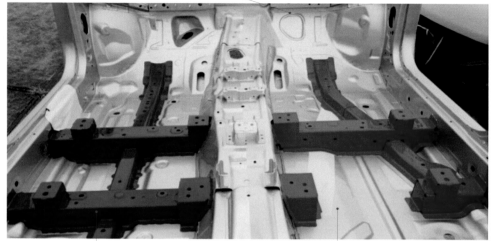

Current   New Design

약 20%(10.7kg)의 무게를 감축

주로 보디를 떠받치는 부자재 삭감이 요구되는 경량화와 부자재 강도가 크게 영향을 끼치는 탑승객 보호성능 두 가지는 일반적으로 트레이드오프 관계에 있다. 신형 엑스트레일에서는 충돌할 때의 변위량(변형량)과 그 추이 및 탑승객에게 걸리는 감속도에 착안해 보디를 구성하는 부자재(강판)를 슬림화. 이를 통해 충돌할 때 발생하는 변형을 분산시킴으로써 보디를 경량화하면서도 탑승객을 보호하는 성능향상에 성공. 핵심이었던 것은 굴절이나 파손 등 비선형 성질을 나타내는 현상 제어이다.

Current

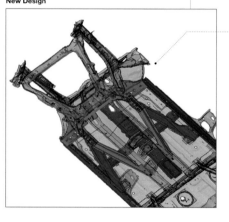

New Design

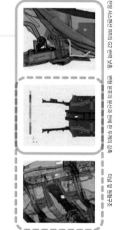

대폭적으로 바뀐 보디 골격

강화되는 CO_2 배출규제에 대응하기 위해서 더 많은 경량화와 새로운 단계로 나아간 충돌안전 기준에 대해 대응 신형 엑스트레일의 보디구조. 이 그림은 기존 모델과 비교한 것으로, 캐빈을 떠받치는 바닥 골격 레이아웃이 크게 바뀐 것을 알 수 있다. 그 중에서도 인상적인 것이 앞쪽을 향해 "역 Y자" 같이 생긴 좌우 시트 아래의 멤버(골격). 전방에서 들어오는 충격을 분산시키면서 흡수하겠다는 목적임을 알 수 있다.

보디구조를 CAE로 분석하려면 슈퍼컴퓨터같이 현재의 HPC(High Performance Computing) 환경을 이용한다 하더라도 그 나름의 시간이 걸리기 때문에 현실적이지 않다는 문제가 있다. CAE 이후를 내다보는 돌파구가 필요한 것이다.

닛산에서는 그를 위한 대책으로 데이터 과학이라고 하는 분야의 기술적 접목을 시

작한 상태이다. 이미 그 성과는 시판차량의 보디설계에 반영되고 있다. 그 첫 번째 적용대상이 일본 내에서도 차기 엑스트레일로 판매될 예정인 북미용 모델, 바로 로그이다.

로그를 개발하면서 512종류나 되는 보디설계를 CAE로 분석했다. 그 결과를 데이터 과학분야 방법 가운데 하나인 계층 군집(clustering)이라고 하는 기술로 분류하고

있다. 이 클러스터링은 기계학습을 통해 비슷한 특징이나 경향을 가진 것으로 분류하는 방법이다. 특히 충돌에서는 부자재의 굴절(buckling)이나 파손으로 인해 비선형 행동을 수반하는 경우도 있어서 인간이 가진 감각으로는 보디설계와 그 성능 사이의 상관관계를 끌어내기 어렵지만, 클러스터링을 이용하면 인간의 인상에서 오는 선입관 요소를 배제함으로써 모든 설계요소와 성능 관계를 정확하게 바라볼 수 있다.

덧붙이자면 기계학습이라고 하면 AI(인공지능)기술을 떠올릴지도 모르지만, 근래에 유행하는 딥 러닝(심층학습)이 아니라 if-then 로직과 학습 맵 등을 조합한 형태에 가깝다고 한다. 이것을 만들어내는(코딩하는) 것은 CAE와 관련된 엔지니어들이다. 보디를 구성하는 판 두께나 구조, 충돌성능(탑승객 보호성능) 그리고 중량 같은 요소가 형성하는 상관관계와 경향을 정량적 근거를 수반하는 형태로 얻을 수 있기 때문에, 주어진 조건(샘플 수) 속에서 확실하게 최적의 솔루션에 도달할 수 있다.

「제어조건 등에서는 가장 복잡한 클러스터링을 집어넣은 다음, 그쪽은 데이터 과학 전문 엔지니어가 만지지만, 거기서 만든 보디 사례는 CAE 엔지니어가 기계학습을 시킵니다. 역시나 분석에 필요한 현상 이해가 중요하기 때문이죠」(닛산자동차 주식회사 통합CAE·PLM부 부장 나토리 하타씨)

클러스터링의 좋은 점은 "왜 좋은지"와 "왜 나쁜지"에 대한 이유를 정량화된 데이터와 함께 파악할 수 있다는 것이라고 한다. 최종

CAE해석결과 분석

전방충돌 OBD의 신구비교

Current

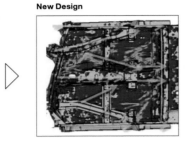
New Design

비틀림 강성과 보호성능의 양립

컬러풀하게 착색된 그림들은 CAE분석에 의한 것으로, 착색은 각 부분에 가해지는 응력을 나타낸다. 이 CAE분석을 다양한 패턴의 구조(512종류)로 클러스터링해 구조나 성능, 성질 등의 유사도를 분석한 결과, 어떤 부위나 형상이 어떤 성능과 성질에 기여하는지 드러났다. 클러스터링이 IT나 금융 등의 분야에서 먼저 발달해 온 데이터 과학기술이기는 하지만, CAE에서 얻은 막대한 데이터를 살린다는 의미에서도 매우 유익하다.

강성분석

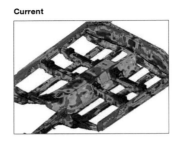
Current

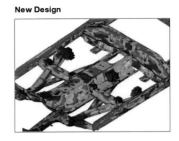
New Design

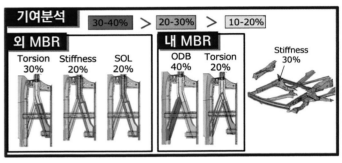
기여분석 30-40% > 20-30% > 10-20%
외 MBR Torsion 30% Stiffness 20% SOL 20%
내 MBR ODB 40% Torsion 20% Stiffness 30%

딥 러닝기술을 통해 디자인으로부터 공력을 예측

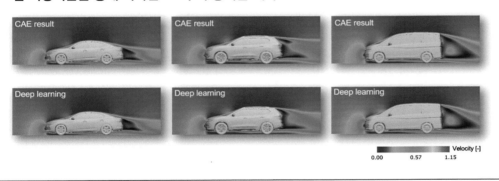
CAE result / Deep learning

Velocity [-] 0.00 0.57 1.15

CFD 해석결과와 보디형상 관계를 딥 러닝(Neural Network와 같은 뜻에서 기계학습의 일종)으로 학습해 CFD를 이용하지 않고도 공력특성을 높은 정확도로 예측하는 기술. 처리부하가 매우 가볍고 (CFD와 비교해) 계산시간도 상당히 빨리 끝나기 때문에 엔지니어의 번뜩이는 수준까지 더해져 더 폭넓은 가능성을 이끌어낼 수 있다.

적 선택은 엔지니어의 몫으로, 그것이 최적의 솔루션이라고 확신을 가질 수 있기 때문이다. 사실 512종류의 샘플을 분석해 얻을 수 있는 데이터는 상당히 막대한 양이라, 그것을 인간이 빠트리지 않고 판단하는 것 자체가 불가능에 가깝다.

샘플 수가 늘면 더 가능성이 넓어지는(더 "최적의" 솔루션에 가까워지는) 것 또한 분명한 사실이지만, 클러스터링 이전에 CAE에 소요되는 시간이 문제이기 때문에 현재 상황에서는 이번처럼 512종류의 사례가 현실적이라고 한다.

「CAE를 돌리다보면 아무래도 샘플 수에 한계가 있습니다. 그래서 AI기술을 이용해 대리 모델(surrogate model)을 유도하는 방법도 연구 중입니다. 보디의 CAE에서는 아직 어려운 점도 있지만, CFD에서는 이미 실용에 가까운 상황까지 와 있습니다」(나토리씨)

들어보면 이 대리 모델을 이용하는 방법에서는 물리현상을 해결사(solver)로 푸는 과정 없이 훨씬 간결한 계산처리로 분석 결과를 얻을 수 있다는 것이다. 특히 CFD(Computational Fluid Dynamics)에 있어서는 엔지니어의 번뜩이는 아이디어를 바로 거기서 시험해 보는, 아주 간편한 사용법이 가능하다고 한다. 구체적인 혜택 가운데 하나가 전비억제, 항속거리 연장으로 이어지는 공기저항 감축이다.

CHAPTER 4

공력 추구

⊙ CASE STUDY 1 ──── 풍동실험

체적 「64분의 1」모델로 쌓아나가는

C_D=0.001의 미세영역 공략

──── 혼다 ────

100% 크기 모델로 옮겨가기 직전의 디테일 확인. 아직 시뮬레이션에서는 대신할 수 없는 세계가 여기에 있다.

본문 : 마키노 시게오 사진 : 시노하라 고이치

미나가와 마사유키(皆川 眞之)
혼다기연공업 주식회사
사륜사업본부 제조센터
완성차량 개발총괄부
치프 엔지니어

연비의 강적 가운데 하나가 공기저항이다. 일반적으로 차량속도가 80km/h를 넘으면 「구름저항보다도 공기저항이 커지면서 풍절음이 엔진음보다 더 커진다」고 알려져 있다. 그 때문에 신형 모델을 개발할 때, 패키징 및 스타일링(조형 디자인)에 대한 세부요소를 적용하는 단계에서는 공력특성이 상세히 검토된다. 연비가 좋아지면 같은 양의 연료로도 항속거리가 길어지기 때문이다. 공력특성은 그 연비에 큰 영향을 끼친다.

혼다는 기종개발 초기단계에서 25% 크기(4분의 1)의 점토(clay) 모델로 공력성능을 계측하는 풍동설비를 사용한다. 100%(1분의 1) 모델로 나아가기 전단계이다.

「100% 쪽이 정밀도는 높지만 개발초기 단계에서 검토하기에는 25%가 적당합니다. 100%와 25% 모델을 풍동에서 같은 상태에서 계측해 보면, 절대치에서는 차이가 나지만 초기단계에서는 그 차이가 문제되지 않습니다. 25% 모델의 장점은 측정하면서 세부요소를 적용할 때 모델 개량을 짧은 시간에 할 수 있다는 점입니다. 전장이 4분의 1이니까 체적은 4×4×4 해서 64분의 1밖에 안 되거든요. 여기서 생기는 공기의 힘은 면적에 비례해 16분의 1 정도입니다. 덧붙이자면 여기서의 1mm는 실체차량의 4mm에 해당합니다」. 공력을 담당하는 미나가와 마사유키 치프 엔지니어의 설명이다.

취재 당일에는 2016년형 시빅과 신형 베젤의 25% 모델을

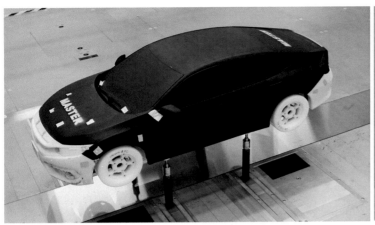

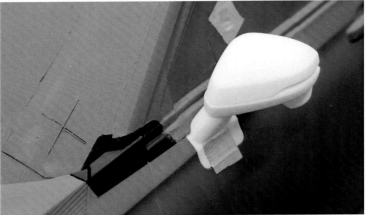

마스터(MASTER)라고 표시된 2016년형 시빅의 25% 모델. 세세한 부분까지 재현되어 있어서, 보디 전체의 형상을 파악할 수 있다는 점에서는 100% 모델보다 뛰어나다. 조망했을 때의 형상을 통해 필자는 몇 가지 발견한 것이 있었다. 과연 그렇군, 하는 느낌이었다.

A필러가 시작되는 펜더, 보닛, 유리가 조합되는 부분에 대해서, A필러 기점의 와류 발생상황을 보기 위해 별도의 부품으로 검토. 미러와 보디 틈새의 영향이나 법규요건까지 포함한 미러 형상도 25% 모델에서 검토된다.

전방 터널로부터 바람이 나온다. 지면의 영향을 볼 때는 25% 모델을 바닥으로 내리고, 벨트 기구를 사용해 바퀴도 회전시킨다. 25% 사이즈라고 해도 사실 세세한 부분까지 정교하게 만들어졌다. 모델 뒤로 보이는 것은 기류를 돌리는 터널.

준비해 놓았다가 실제로 계측 순서도 보여주었다. 이 25% 풍동은 아주 정확하다. 전방 터널에서 나오는 기류는 주류(主流)에 대한 난류도가 0.2% 정도밖에 안 되기 때문이다. 과거에 몇 번 봤던 실제차량 풍동과 똑같아서, 팬에서 발생되는 기류를 순환시켜 허니콤과 메시로 와류를 작게 하고, 마지막으로 축소시킨 다음에 난류를 정돈한 상태에서 유속을 끌어올린다. 그때의 최고유속은 200km/h.

「25% 모델에서의 140km/h는 100% 모델에서의 35km/h 수준이어서, 100% 모델에서의 140km/h 유동성(차체 주변의 공기

흐름)을 25% 모델에서 실현하기 위해서는 140×4=560km/h를 낼 수 있는 풍동이 필요합니다. 하지만 그것은 무리이기 때문에, CFD 결과를 합쳐가면서 개발 초기단계의 형상 최적화 효율을 높여가고 있습니다」

25% 모델을 잘 살펴보았더니 세세하게 수정한 흔적을 확인할 수 있었다. 점토를 덧붙이거나 깎는 식의, 노고의 흔적이다.

「C_D(공기저항계수)에는 설계 목표값이 있습니다. 연비와 직결되는, 절대로 달성해야 하는 목표이죠. 현장에서는 1카운트(C_D=0.001)에 일희일비할 정도입니다. 25% 모델에서는 0.2~0.5mm짜리 왁스 시트를 붙

여서 바람흐름을 검증하는데, 0.25mm 두께의 시트 같은 경우 100% 모델에서는 1mm의 형상변경에 불과합니다. 하지만 그 1mm 때문에 디자인 부문은 사활을 걸게 되죠. 그런 상황 속에서 1카운트를 확보해야 하는 겁니다. 이 풍동 재현성은 ±1.5카운트. 즉 C_D=0.0015. 25% 풍동의 1카운트는 시빅 수준의 차체에서 140km/h일 때 12~13그램의 저항을 줍니다. 불과 십 몇 그램, 그런 디테일한 싸움을 벌이는 것이죠」

이 25% 풍동으로 목표를 달성하면 그 모델을 3D로 계측해 데이터화한 다음, 디자인 결정회의에 물어본다. 승인을 받지 못하면 다시 하나부터 반복해야 하는, 그런 작업의 연속이다.

「보닛 후드나 보디 틈새 등, 부품과 부품 간격(parting line)은 이 축척(25%)에서는 재현하지 못합니다. 여기서 주로 하는 것은 외부형상 최적화이기 때문에 언더보디 형상도 재현하고는 있지만, 개구부가 뚫려 있지 않은 클레이 모델 같은 경우는 쿨링 드래그(냉각풍을 도입했을 때의 저항)를 별도로 생각해야 합니다」

시빅 25% 모델을 보았더니, 서스펜션의 스프링과 견인 훅까지도 재현되어 있었다. 미나가와씨는 「그것은 엔지니어로서의 긍지이죠」라는 대답이었다.

→ CASE STUDY 2 ───── **시뮬레이션**

CFD를 통한 분석으로 EV의 항속거리 확대에 공헌

분석 정확도의 핵심은 난류를 빠르고 정확하게 풀어내는 것

───── **앤시스** ─────

모든 것을 숫자로 다루는 컴퓨터에서 숫자로 풀리지 않는 것은 기본적으로 계산하지 못한다.
CFD분석이 이용하는 것은 숫자의 미해결 문제로도 유명한 나비어-스톡스 방정식.
불가능을 가능하게 한 것은 엔지니어들의 노력과 연구 덕분이었다.

본문 : 다카하시 잇페이 사진 : 앤시스

난류 상태까지 높은 정확도로 재현

공기 등과 같은 유체의 움직임을, 컴퓨터를 통한 수치계산으로 해석하는 기술이 CFD이다. 공력이라고 하면 가장 먼저 떠오르는 것이 보디 표면을 따라서 흐르는, 유선으로 표현되는 층류(層流)이다. 하지만 실제로는 많은 부위에서 박리나 그에 따른 난류가 발생한다. 그리고 CFD에 있어서 핵심이라고 할 수 있는 것이 이 무수한 와류로 구성되는 난류의 계산이다. 일반적으로 정확도와 시간은 트레이드오프 관계가 원칙으로 여겨져 왔지만, 앤시스에서는 다양한 독자기술을 적용해 정확도 향상과 계산시간 단축을 실현하고 있다.

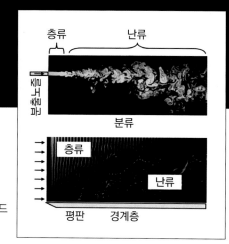

SRS
(Scale Resolved Simulation)
… 작은 크기의 와류를
모델화하는
난류모델의 총칭

─── LES(Large Eddy Simulation) … 각종 SRS의 바탕

─── SAS(Scale Adaptive Simulation) … RANS 하이브리드

─── DES(Detached Eddy Simulation) … 벽면 근방에서 RANS를 사용

─── SBES(Stress-Blended Eddy Simulation) … RAS-LES의 하이브리드

─── ELES(Embedded LES) … 영역별로 LES-RANS를 지정

[난류모델의 최적화]

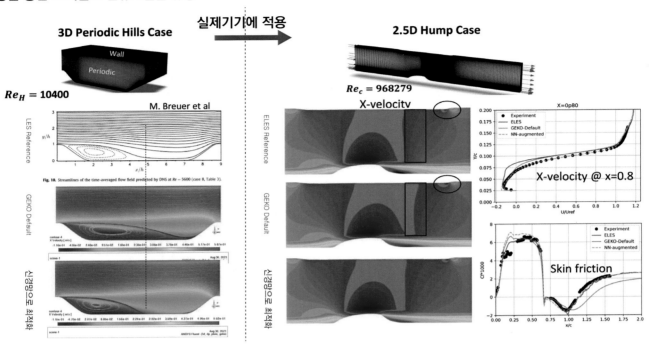

신경망을 통한 AI기술로 난류모델을 튜닝

3D Periodic Hills Case → 실제기기에 적용 → 2.5D Hump Case

$Re_H = 10400$

$Re_c = 968279$

X-velocity @ x=0.8

Skin friction

CFD에서 특히 어려운 것이 난류를 수반하는 흐름의 분석. 여기서는 나비어-스톡스 방정식에 모델을 조합한 LES나 RANS 등과 같은 난류 특화 모델이 사용된다. 일반적으로 모델에 대한 의존도가 낮고, 높은 정확도를 얻을 수 있는 LES에는 슈퍼컴퓨터 등과 같은 HPC가 필수이다. 현실적 계산 부하에 그치는 RANS는 분석 정확도를 확보하기 어렵고, 분석대상에 맞춰서 정수 튜닝이 필요하다는 문제가 따르기는 한다. Fluent에서 이용되는 GEKO모델은 LES 결과를 참조하면서 신경망의 AI기술로 학습하고 튜닝을 최적화하는 기능을 갖는다.

어느 때부터인가 컴퓨터로 무엇이든 시뮬레이션이 가능해졌다…. 이런 인식은 틀리지 않다. 하지만 시뮬레이션이 현실의 모든 것을 완전히 재현하느냐면 그렇지는 않다. 시뮬레이션이 컴퓨터상에 재현하는 것은 어디까지나 현실을 닮은 것이다. 인간이 컴퓨터기술로 만들어낸 시뮬레이션은 현실이 아니라 "지어낸 것일 뿐"이라는 식의 이야기가 아니라, 현재의 시뮬레이션이 현실세계에서 일어나는 현상을 지배하는 물리법칙 전부를 충실히 계산하고 있지 않다는 사실을 말하는 것이다.

물론 거기에는 시뮬레이션을 실현하기 위해서 소프트웨어를 실행시킬 수 있는(구현해 내는), 즉 하드웨어로서의 컴퓨터 성능도 크게 영향을 끼친다. 예를 들면 2020년 이후 전 세계를 크게 바꿔버린 신형 코로나바이러스 감염증이 확대되는 가운데, 인간의 호흡하는 공기와 거기에 포함된 입자가 어떻게 주위로 확산되는지를 슈퍼컴퓨터를 통해 시뮬레이션하던 뉴스가 아직도 생생하다. 이런 슈퍼컴퓨터로 대표되는 하이 퍼포먼스 컴퓨터(HPC)를 이용하면 확실히 시뮬레이션 정확도가 높아지면서 현실과 거의 차이 없이 재현해 낼 수가 있다. 그렇기 때문에 그 정도로 중요한 검증에 이용하는 것이겠지만, 사실 이 시뮬레이션에 사용된 후가쿠(富岳)라고 하는 세계최고의 성능(2021년 11월에 4분기 연속 세계랭킹 1위를 달성)을 가진 슈퍼컴퓨터만 하더라도 물리법칙 전부를 충실하게 계산해 내지는 못한다. 거기에는 가정이나 간략화 같은 요소가 많이 포함되어 있다.

이 후가쿠가 시뮬레이션한 인간의 호흡 행동을 담당하는 것은 공기라고 하는 유체이다. 그리고 그 시뮬레이션에 사용되는 것이 이 글의 테마인 CFD(Computational Fluid Dynamics : 계산유체역학)로 불리는 툴(소프트웨어)이다. 자동차 분야에서도 보디 공력을 비롯해 엔진 내부의 가스 유동 같은 현상을 분석하는 등, 폭넓게 이용되고 있다. 여기서 소개하는 화상 대부분은 그런 한 가지 사례, 바로 앤시스(ANSYS)의 플루언트(Fluent)라고 하는 시스템이다. CAE(Computer Aided Engineering)분

리프트에 영향을 미치는 부위의 감도를 가시화

Red: high sensitivity w.r.t. multiple objectives
Blue: low sensitivity w.r.t. multiple objectives

어조인트 솔버(Adjoint Solver)에 의해
표시되는 차량표면 전체의 양력감도

형상최적화를 통해 양력(lift)과 항력(drag)을 동시에 억제

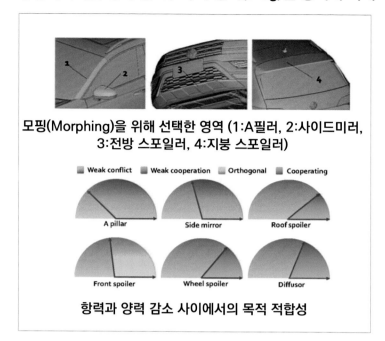

모핑(Morphing)을 위해 선택한 영역 (1:A필러, 2:사이드미러, 3:전방 스포일러, 4:지붕 스포일러)

■ Weak conflict ■ Weak cooperation ■ Orthogonal ■ Cooperating

A pillar　　Side mirror　　Roof spoiler

Front spoiler　　Wheel spoiler　　Diffusor

항력과 양력 감소 사이에서의 목적 적합성

플루언트(Fluent) CFD 결과에서 얻은, 보디 각 부분에 걸리는 압력 등의 정보를 바탕으로 수반분석(Adjoint법)이라고 하는 방법을 이용해 형상을 최적화하는 것이 어조인트 솔버(Adjoint Solver)이다. 리프트(양력)와 드래그(항력)의 이율배반적 관계를 피하는 동시에 억제를 가능(우측 위)하게 함으로써, 양력을 가시화하고 부위별로 감도에 맞는 색으로 나타낼 수 있다(우측 아래). 항력 감축을 통해 EV에 몇 %단위의 전비향상을 기대할 수 있다고 한다. 분석시간은 기존의 1/10 정도로, 작동이 매우 빠르다.

야에서 노포 같은 존재인 앤시스의 플루언트는 자동차업계에서도 가장 널리 사용되는 CFD 가운데 하나이다.

「CFD란 나비어-스톡스 방정식을 일반적인 지배방정식으로 삼아서, 질량보전 등과 같이 운동량 보존방식을 풀어가는 수학적 방법을 이용해 컴퓨터로 유체역학을 다루는 겁니다. 그러면 컴퓨터를 사용하면 신속히 계산할 수 있는 것이냐 하는, 그런 단순한 이야기는 아닙니다. 나비어-스톡스 방정식은 편미분 방정식으로 표현되는 복잡한 식이지만, 컴퓨터는 기본적으로 사칙연산밖에 못하죠. 편미분 방정식을 직접 풀 수는 없기 때문에 이산화(離散化)라고 하는 방법을 이용해 대수방정식으로 바꿔줍니다. 덧셈뺄셈 같이 간단한 계산으로 성립하게 할 필요가 있는 것이죠. 플루언트에서는 이 이산화에 유한체적법이라고 하는 방법을 이용합니다. 연속된 공간을 나누고, 나누어진 공

간 내를 대수방정식으로 계산하면서 인접한 공간과의 물리량 교환을 계산해 나가는 방식인데, 나누어진 수만큼 계산을 반복할 필요가 있죠. 세분화하면 (시뮬레이션의)정확도는 올라가지만, 그 만큼 시간이 걸립니다. 얼마나 이것을 효율적으로, 또 신속히 계산하느냐가 CFD기술의 핵심입니다」(기술부 오카다씨)

오카다씨가 설명하는 "공간을 나눈다"는 것은 "메시"라고 하는 방법으로, 그 존재 자체가 높은 정확도의 시뮬레이션에는 슈퍼컴퓨터가 필요하다는 방증이라고 생각할 수 있다. 계산 자체는 간단하지만, 그것이 천문학적 단위로 반복되는 경우에는 일반적인 PC의 경우 순식간에 비현실적 시간단위로까지 계산시간이 증가해 버린다.

요는 슈퍼컴퓨터 세계의 정점에 있는 후가쿠를 갖고서도 쉽지 않은 것이 CFD기술의 어려움이자 실정이라는 사실이다. 거기

에는 컴퓨터가 가진 연산능력의 한계 이전에, 나비어-스톡스 방정식에 해결되지 않은 부분이 존재한다는 것도 큰 영향을 끼치고 있다. 이 미해결 부분이 난류에 관련되었기 때문인데, 이 현상을 어떻게 다루느냐는 CFD를 손대는 소프트웨어 벤더들이 실력을 발휘하는 경쟁영역 가운데 한 곳이다.

「완벽한 난류 모델은 아직까지도 존재하지 않습니다. 대개 난류 모델은 복잡한 수식들로 성립되죠. 거기에는 몇 가지 계수가 있는데, 그 정수(계수)를 예측(시뮬레이션)하려고 하는 현상에 맞춰서 튜닝할 필요가 있습니다. 다만 그 정수는 하나를 바꾸면 다른 부분에도 영향을 끼치기 때문에 일반적으로 튜닝이 어렵다는 문제가 있었죠. 그래서 당사는 그 점에 착안해 독자적인 GEKO라는 모델을 준비했습니다」(오카다씨)

이 GEKO(Generalized k-omega)는 RANS(Reynolds Averaged Navier-

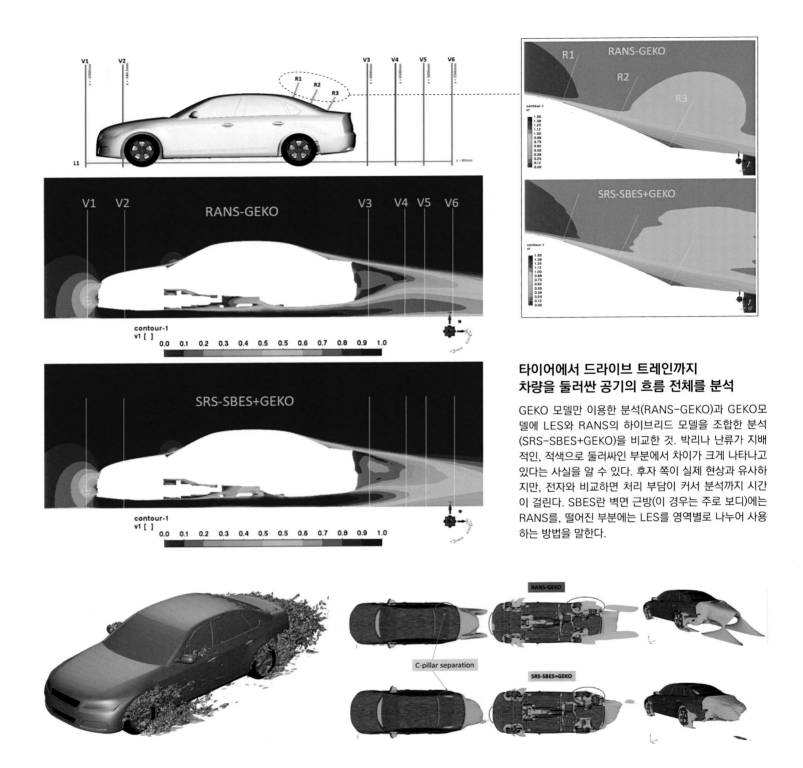

**타이어에서 드라이브 트레인까지
차량을 둘러싼 공기의 흐름 전체를 분석**

GEKO 모델만 이용한 분석(RANS-GEKO)과 GEKO모델에 LES와 RANS의 하이브리드 모델을 조합한 분석(SRS-SBES+GEKO)을 비교한 것. 박리나 난류가 지배적인, 적색으로 둘러싸인 부분에서 차이가 크게 나타나고 있다는 사실을 알 수 있다. 후자 쪽이 실제 현상과 유사하지만, 전자와 비교하면 처리 부담이 커서 분석까지 시간이 걸린다. SBES란 벽면 근방(이 경우는 주로 보디)에는 RANS를, 떨어진 부분에는 LES를 영역별로 나누어 사용하는 방법을 말한다.

Stokes equation : 레이놀즈 평균 나비어-스톡스 방정식)라고 하는 방법을 토대로 한 모델이다. 예를 들면 일반적인 모델의 튜닝에서 박리 부분을 조정하면 박리된 그 다음의 흐름에도 영향을 끼치면서 그것이 어려움으로 이어졌지만, 이것을 박리로만 나눠서 하는 형태로 바뀌면서 튜닝 이미지를 파악하기 쉬워졌다는 것이다. 게다가 최신 버전에서는 여기에 신경망을 이용한 AI기술을 조합해 RANS보다 계산부담은 크지만(요는 계산에 시간이 소요), 높은 정확도를 얻을 수 있는 LES(Large Eddy Simulation) 결과를 참조·학습함으로써 튜닝과 계산정확도를 향상시키는 기술을 도입하고 있다.

컴퓨터의 계산능력이나 현상의 미해결 문제 등을 극복해 가면서 이루어진 것이 CFD 기술이지만, 앤시스에서는 거기에 독자적 기술을 구사하면서 이들 문제를 해결해 나간다. 지향하는 바는 빠른 계산과 높은 정확도의 결과. 항속거리 확보에 혈안인 EV에서도 플루언트 시스템의 기술향상은 큰 역할을 하고 있다.

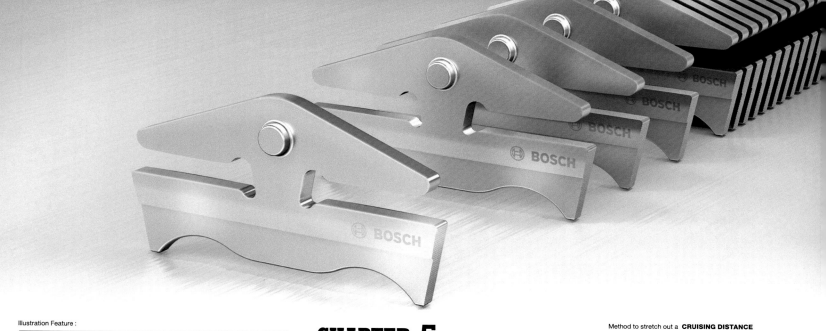

CHAPTER 5

변속기

> CASE STUDY 1 　　무단변속기/CVT

CVT가 모터를 구원

──── 보쉬 ────

모터는 만능일 거라는 오해가 만연한 요즘, 정통방식대로 효율을 더 추구하는 시도가 있다.
대상은 CVT로, 일본이 잘하는 분야이다. 제안한 곳은 보쉬. 상당히 이지적인 그 구조에 대해 살펴보겠다.

본문 : 안도 마코토　사진 : 보쉬

small — Time share — large

주행 시 사용빈도 분포

세로축에 모터 토크, 가로축에 회전수를 놓고 등효율(等效率)곡선을 겹쳐놓음으로써, WLTC모드로 주행할 때 어떤 영역을 어느 정도 빈도로 사용하는지를 나타낸 그래프. 녹색선이 효율 최대점을 연결한 것(E-Line). 색분포가 사용시간 길이를 나타낸 것으로, 적색에 가까울수록 길고, 청색에 가까울수록 짧다. 고정감속비 같은 경우, 고속영역을 커버하려면 모터회전수를 높이는 수밖에 없어서 속도상승에 따라 E-Line으로부터 멀어지는데 반해, CVT4EV는 E-Line 근방의 사용시간이 길다.

토크가 낮은 모터와의 비교

모터를 작게 만들면 효율이 어떻게 바뀌는지를 비교한 그래프. 왼쪽이 기준 모터이고, 오른쪽이 최대토크를 반으로 낮춘 모터. CVT4EV를 사용하면 최대감속비를 크게 할수 있기 때문에, 회전수를 높여서 고효율 영역을 사용하면서 필요한 출발토크를 얻을 수 있다. 그렇게 되면 모터 토크가 작아도 돼서 로터 지름을 줄이거나 단축이 가능하기 때문에, 가격이 비싼 네오딤 자석이나 전자강판 사용량이 내려가 단가인하가 가능하다.

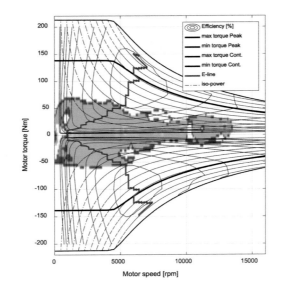
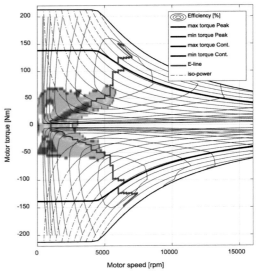

1-speed reducer　　　　**CVT4EV**
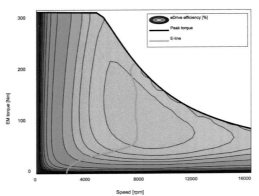
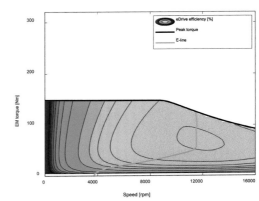

전기모터의 에너지 변환효율은 내연기관보다 훨씬 높아서, 양산 가솔린엔진의 최고치가 41% 전후인데 반해 전기모터는 95% 이상이나 된다.

그렇다고 전체 영역에서 95%를 넘는 것은 아니고, 저회전·고토크 영역일수록 동손(구리선 전기저항에 의한 손실)이 늘어나고, 고회전·저토크 영역일수록 철손(철심이 자계를 전환할 때 생기는 손실)이 늘어난다. 그 분포를 "토크-회전수 곡선"에 맵핑하면 내연기관의 등연비 곡선과 똑같은 "등효율 곡선"을 얻을 수 있다. 그렇다는 것은 내연기관과 마찬가지로 되도록 효율이 높은 영역에서 사용하면 전비(電費)가 좋아지고, 항속거리도 늘릴 수 있다는 의미이다. 거기에 필요한 것이 감속비 가변식 변속기이다.

하지만 현재, 시판 중인 대부분의 BEV에는 감속비 가변식 변속기는 달려 있지 않다. 이유를 살펴보면, 전기모터는 저회전일수록 토크가 높아서 감속해서 토크를 높이지 않아도 출발할 수 있을뿐만 아니라, 효율이 떨어진다 하더라도 80% 정도는 유지할 수 있고, 또 고회전 영역에서도 내연기관만큼 진동소음이 크기 때문에 필요성 자체가 낮기 때문이다.

그렇기는 하지만 변속기를 사용해 고효율 영역을 많이 사용할 수 있다면 BEV의 과제라 할 수 있는 항속거리를 늘릴 수 있을 것이다. 사실 몇몇 변속기 메이커는 BEV용 변속장치를 개발 중이기도 하고, 전시회 등에도 참가하고 있다.

특히 흥미로운 곳은 벨트방식 CVT를 바탕

으로 개발하고 있는 보쉬(BOSCH)이다. 이미 내연기관용 CVT를 양산한 실적이 있는 일본 메이커에서는 플래니터리 기어를 이용해 2단변속을 개발하고 있는데 반해, CVT 보급률이 낮은 유럽의 보쉬는 왜 CVT일까.

벨트방식 CVT는 ① 고무 밴드 느낌(Rubber Band Feeling)이 생긴다는 점, ② 변속비폭(Ratio Coverage)을 확대하려면 풀리 지름이 커져서 탑재성에 지장을 준다는 점, ③ 변속비폭을 확대할수록 감속 쪽과 증속 쪽에서 전달효율이 떨어진다는 결점 때문에 일본의 소형차 외에는 주류에서 밀려나 있다. 그런데 이런 결점들은 전기모터와 조합하면 무시할 수 있을 정도의 수준까지 줄일 수 있다.

먼저 고무 밴드 느낌을 보면, 이것이 생기

조합할 각종 변속기의 검토

전기모터는 가솔린엔진보다 허용최고 회전수가 2배 이상인 경우가 많지만, 그래도 고정감속비에서는 출발토크와 최고속도를 균형 잡기가 어려울 뿐만 아니라 고속영역에서는 전비도 크게 떨어진다. 그때가 변속기가 등장하는 시점이지만, 플래니터리 기어로는 변속비폭을 2 전후밖에 설정할 수 없다. 이상적 수치 3.5~4.0으로 하려면 4단이 필요하다.

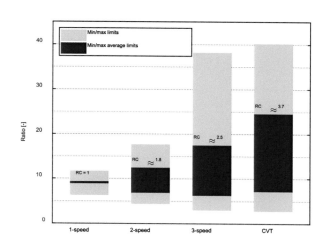

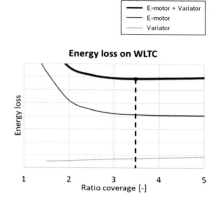

WLTC모드로 주행할 때의 에너지 손실(세로축)과 변속비폭(가로축)의 관련성을 나타낸 그래프. 가장 아래의 직선이 바리에이터(Variator)로 인한 손실로서, 변속기폭에 비례해 커진다. 가운데가 모터 손실로서, 변속비폭이 커질수록 E-Line의 추종빈도가 높아지기 때문에 점점 가까워지는 선을 그린다. 양쪽을 겹쳐보면 변속비폭 3.5 부근에서 에너지 손실 감소가 포화 상태가 되기 때문에, 그 이상 변속비폭을 확대해도 효율개선 효과는 얻을 수 없다는 사실을 나타내고 있다.

무단변속 : CVT4EV

보쉬가 개발 중인 CVT4EV. 사진 속 CVT는 단일 제품이 아니라 모터와 제어장치까지 포함된 것이다. 일단감속보다 커진다고는 하지만 트렁크룸 바닥 아래에 들어갈 만큼 작게 만들어졌다.

1단기어+2단감속 방식

폭스바겐 ID.3의 고정감속비 드라이브 트레인. 우측 안쪽으로 보이는 것이 1차 감속기구. 가운데 샤프트는 2단기여서, 왼쪽의 파이널 드라이브 기어에 전달할 때 다시 1단 감속된다.

플래니터리 기어 타입의 2단기어 방식

BluE Nexus의 플래니터리 기어 타입 2단변속기. 일반적인 AT처럼 부품들의 연결상태를 전환하는 클러치&브레이크 기구(우측 끝)가 필요하다. 그 왼쪽이 변속용 플래니터리 기어이고, 가운데 플래니터리 기어는 큰 감속비를 얻기 위해서 고정비로 사용한다.

는 요인은 파워 유닛의 회전수 상승에 따른 사운드 변화와 차속 변화가 비례하지 않기 때문이다. 하지만 전기모터는 기계적 소음이나 배기음도 생기지 않기 때문에 차속 변화와 비교할만한 요소가 존재하지 않는다. 엄밀하게 따지면 소음이나 진동이 제로인 것은 아니지만, 30km/h가 넘으면 도로소음이나 풍절음에 묻힌다. 때문에 이 점에 있어서는 문제가 되지 않는다.

다음으로 변속비폭. 가솔린엔진과 조합하면 6~7배가 요구되는데, 이것은 가솔린엔진의 출발토크가 가늘고 허용최고 회전수가 6500rpm 정도라는 점이 이유이다. 하지만 그것이 전기모터라면 출발토크는 증폭할 필요가 없는 만큼 굵고, 허용최고 회전수도 10000rpm을 초과한다. 대략적으로 가늠해 봐도 변속비폭은 가솔린엔진용 CVT의

반 정도면 충분할 것이다.

큰 변속비폭이 요구되지 않는다면 ③번째 결점인 전달효율 측면도 훨씬 부담이 줄어든다. 푸시벨트방식 CVT의 전달손실은 감속비 1에서 가장 적고, 거기서부터 양쪽으로 갈수록 가속도적으로 나빠진다. 즉, 변속비폭을 일정 이하로 낮추면 전달손실이 적은 영역에서 사용할 수 있는 것이다. 한편으로 변속비폭은 어느 정도 큰 편이 모터의 고효율 영역에 대한 추종성이 높기 때문에, 상반된 관계에 있는 양측에는 "손익 분기점"이 존재한다. 차량중량 1550kg 차체에 94kW 모터를 탑재한 차량으로 보쉬가 계산한 바에 따르면, WLTC모드 주행에서는 변속기폭이 약 3.5인 시점에서 효율향상 효과가 포화되는 것으로 판명. 그 결과로 인해 CVT4EV의 변속기폭은 3.5로 결정되었다.

「이것을 유단식(有段式)에서 실현하려면 2단으로는 부족합니다. 일반적으로 플래니터리 기어 방식의 2단 같은 경우는 변속비폭이 1.8정도니까 CVT4EV 수준을 확보하기 위해서는 4단이 필요하죠」

일본 모 회사는 2단에 스텝비 2.5인 BEV용 변속기를 제안하고 있지만, 이렇게 스텝비가 크면 변속 충격이 커지기 때문에 그것을 없애기 위해서는 치밀한 클러치제어가 필요하다. 이렇게 필요 충분한 변속비폭을 확보할 수 있고 변속 충격이 발생하지 않는다는 점에서도 CVT는 유단식 시스템보다 뛰어나다. 특히 운전기술 시스템과 협조제어를 할 경우, 효율을 떨어뜨리지 않고 구동력을 매끄럽게 제어할 수 있다는 점은 앞으로의 장점이 될 수도 있다.

그러나 역시나 가장 큰 장점은 모터의 고효

기어트레인

굵은 화살표가 모터로부터의 입력. 프라이머리 샤프트에 들어가기 전에 1차감속되어 벨트 속도를 늦춤으로써 효율을 개선한다. 세컨더리 샤프트는 플래니터리 기어 타입 파이널 드라이브의 선 기어에 직결되어 있어서, 캐리어에서 출력된다. 좌우 링 기어는 서로 역전이 가능하도록 등속 기어로 이어져 있어서 차동기능이 가능하다.

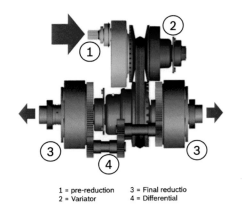

1 = pre-reduction
2 = Variator
3 = Final reductio
4 = Differential

바리에이터가 작을 뿐만 아니라 아웃풋 쪽의 토크 흐름도 독특하다. 최종감속과 차동을 담당하는 플래니터리 기어를 좌우에 따로따로 설정하고, 세컨더리 샤프트와 아웃풋 샤프트를 동일 축으로 삼아서 폭 방향으로 커지지 않게 레이아웃했다.

CVT4EV의 효과

자동차 크기 별로 본 CVT4EV의 성능향상 효과. 상단이 E/F, 중단이 D, 하단이 C세그먼트 차. 회색이 요구성능, 황색이 고정감속비 성능, 녹색이 CVT4EV 성능이다. CVT4EV는 0-100km/h 가속은 고정감속비와 비슷하지만 최고속도 성능은 훨씬 빠르다.

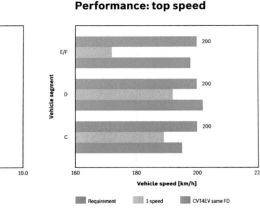

율 영역을 낭비 없이 사용할 수 있다는 점이다.

「세로축에 토크, 가로축에 모터 회전속도를 설정한 그래프에 등효율 곡선을 겹쳐놓으면 토크와 회전수에 맞는 효율 최대점을 잇는 선이 그려집니다. 우리는 그것을 "E-Line이라고 부르는데, 이것을 쫓아감으로써 항상 모터효율을 최대지점에서 사용할 수 있습니다. 실제 주행에서 요구되는 구동력이 항상 E-Line을 타지는 않지만, CVT라면 여기에 가까운 영역의 사용시간을 오래 가져갈 수 있어서, 약 4%의 효율개선 효과를 얻을 수 있죠」

그만큼 항속거리를 늘릴 수 있다는 의미로서, 그만큼을 배터리 탑재량 축소에 할당하면 경량화나 단가인하를 노릴 수도 있다. 어느 쪽을 선택할 지는 OEM 쪽에서 결정할 일이다.

또 하나, 회생량을 낭비 없이 얻을 수 있다는 장점도 있다. 앞서 언급한 그래프의 제4상한(가로축에서 아래)은 회생효율을 나타낸다. 변속비를 연속가변시킬 수 있는 CVT라면 회생 쪽 E-Line도 더 충실하게 추종할 수 있는 것이다.

또한 증·감속할 수 있다는 점은 모터의 소형화로도 이어진다. 일반적으로 전기모터는 가솔린엔진과 비교해 출력보다 강한 토크 특성을 갖기 때문에, 최고속도(최고출력)를 기준으로 모터 사양을 결정하면 차량에 비해 토크가 과잉되는 경향이 있다. 가령 혼다 e를 예로 들면, 최고출력 100kW 모터에서 최고속도 145km/h를 얻고 있는데 반해 최대 토크는 315Nm이나 된다. 약 1.5톤의 차량무게에는 확실히 과잉이다.

이런 것이 CVT로 증·감속할 수 있으면 작고 낮은 토크 모터를 사용해도 출발토크와 최고속도를 양립할 수 있다. 모터를 작게 할

수 있으면 패키징 효율의 향상이나 중량감축뿐만 아니라 고가의 희토류나 전자강판 사용량이 줄어들기 때문에 단가도 낮출 수 있다. 소형화가 가져오는 대가는 모터 크기가 클수록 크다.

다만 파워트레인 전체로 보면, CVT를 얹은 만큼을 모터 소형화로는 다 상쇄하기 힘들고 단가나 중량도 약간 증가한다. 그것이 효율개선 효과에 적합한지 아닌지에 대한 판단은 OEM에 맡길 수밖에 없지만, 보쉬는 EV보급이 진행되면서 요구성능이 다양화할수록 CVT 필요성은 높아질 것으로 예상하고 있다.

「예를 들면 4WD 픽업트럭 같이 악로에서는 높은 토크로 천천히 달려야 하고, 고속에서는 승용차 수준으로 달려야 하는 자동차 같은 경우, 변속기를 사용하지 않고 대응하려면 모터를 키울 수밖에 없습니다. 그런데 그렇게 저속·고토크로 달리면 발열 문제가 발생하죠. 또 상용차처럼 적재 차이가 큰 자동차도 모터로만 대응하기에는 한계가 있습니다. 또는 경트럭처럼 작은 모터로만 대응하고 싶지만 과적재나 고속주행까지 감안할 필요가 있을 때도 변속기 필요성이 부각됩니다. 그럴 때야말로 CVT의 우위성을 살릴 수 있지 않을까 생각합니다」

목표 판매시점은 2025년. 이미 제품으로는 완성단계에 있기 때문에, 요구만 있으면 언제라도 대응할 수 있는 상황이라고 한다.

「경량화」에 대한 도전이 다다를 곳은 어디일까?
비눗갑으로 비유되는 자동차의 미래

BMW는 알루미늄 섀시 위에 카본 소재의 캐빈을 얹었다.
테슬라는 리어보디의 바닥 부분에 거대한 알루미늄을 사용하기 시작했다.
일본 메이커들이 이런 기술적 모험을 하지 않는 이유는 무엇일까.

본문 : 마키노 시게오 사진 : 산요 트레이딩 / 테슬라 / 마키노 시게오

「현재의 BEV는 전지만 해도 1천만 원이 넘는데다가, 전지 무게는 200kg이나 됩니다. 무겁고 비싼 것을 사용하는 것도 그런데 거기에 열화까지 됩니다. 이것은 기술적으로 맞지 않죠」

OEM(자동차 메이커)의 연구개발 부문 최고책임자로부터 이런 이야기를 자주 듣는다. 그렇다고 BEV를 만들지 않을 수도 없다. 특히 유럽 시장은 필수이다. EU(유럽연합)에서는 BEV를 무조건적으로 CO_2(이산화탄소) 제로로 간주한다. 강력한 CO_2 배출규제 시장에서 BEV 1대를 팔면 ICE(내연엔진) 차 몇 대를 더 팔 수 있기 때문에 OEM으로서는 대처하기 쉬운 방법이다. 그래서 어느 정도 비용을 들일 수 있다. 그 비용은 주로 전지 무게를 보완하는데 사용된다.

가장 두드러진 것은 차체 경량화이다. 철강이 아니라 알루미늄, 경우에 따라서는 CFRP(탄소섬유 강화수지)도 사용한다. 지금은 아무리 ICE의 연비향상에 투자해도 CO_2 제로는 불가능하다. 유럽 OEM은 그렇다면 BEV를 만드는 편이 빠른 길이라고 생각한다. 특히 CFO(재무투자 담당)은 투자효율로 생각한다. BEV 판매대수가 ICE차의 20분의 1밖에 안 되도 CO_2 제로는 매력적이다. CO_2 페널티 지불을 감안하면 제조비용이 올라가도 수지가 맞는 것이다.

한편으로 HEV에 앞서 xEV(어떤 식으로든 전동동력을 가진 차량) 판매대수와 보급실적에서 EU를 능가하고 있는 일본에서는 BEV를 CO_2 제로로 계산하지 않는다. 일본은 W t

W(Well to Wheel=연료제조에서 주행단계까지)로 자동차를 파악한다. BEV에 대해서도 일본의 발전사정에 맞춰서 연료 환산연비로 표기한다. BEV를 제로로 간주하지 않기 때문에 BEV를 만들려는 분위기가 강하지 않다. W t W가 BEV보급을 저해하는 요인임은 부정할 수 없는 이유이다.

물론 어떤 것이 옳은 것이냐고 묻는다면 분명 W t W쪽이다. 그 이상으로 옳은 것은 에너지원까지 포함한 모든 관련물의 제조단계부터 최종적인 폐기단계까지 감안한 LCA(Life Cycle Assessment, 전과정평가)적 시점이다. 여기까지 들어가면 전지의 자원 재활용까지 거론되어야 하기 때문에 지금 상태에서 EU는 잠자코 있는 상황이다. 규제는 세워놨지만 운용까지는 아직 움직이지 않고 있는 것이다. 또 BEV를 산업재생의 중심에 높고 싶어 하는 EU정부의 의도와 달리 어떻게든지 전지 중량을 상쇄하려는 시도는 계속되어 왔다. 전형적인 사례가 BMW 「i3」의 CFRP 캐빈+알루미늄 섀시이다. 이것을 능가하는 사례는 아직까지 없다. 매우 실험적인 구조의 i3를 BMW에서는 「가능성을 엿보는 실험이기는 하지만 이 방식을 답습할 가능성은 낮다」고 2015년 단계에서 들은 바 있다.

2000년대 이후에 BMW는 보디골격 개혁을 위해서 몇 번의 혁신적인 시도를 진행하고 있다. 2003년에 판매한 E60형 5시리즈에서는 엔진구역을 알루미늄합금의 박판, 압출재, 주물로 만

들었다. 2009년의 F10형 5시리즈에서는 스트럿 타워의 알루미늄 주물만 남기고 강재로 돌아왔고, 2016년의 G30형 5시리즈는 전방과 후방의 사이드멤버와 스트럿 타워를 알루미늄 주물로 만들고 다른 모든 것은 철강구조를 채택했다.

3세대 연속으로 소재 개혁을 계속한 이유는 「탐구심」과 「노하우 축적」이다. G30형 구조에 대해 「좌우 사이드멤버를 알루미늄 주물로 연결하는 것은 생각해보지 않았냐」고 물었을 때, BMW 엔지니어는 「주행 중인 차량의 하중이동은 앞뒤보다 좌우 쪽이 압도적으로 클 뿐만 아니라 시간축도 짧다. 일체화하면 강성과 인성(靭性)의 균형이 어려워질 것」이라는 대답이 돌아왔다. 여러 가지를 생각한 결과 끝에 나온 G30이라고….

일본이 버블 호황을 누리던 시기, 일본에 있는 소재 메이커는 책상 위에서 자동차 보디의 「비눗갑 구상」을 검토한 적이 있었다. 보디 상부를 일체성형으로 만든 다음, 주행기능 부품을 전부 얹은 언더 보디와 상하를 합체시키는 방법이었다. 한편으로 금형 메이커에서는 형태를 바꿀 수 있는 금형을 생각하고 있었다. 가느다란 육각기둥을 깔아놓은 금형에 CAD 데이터를 넣으면 자동으로 요철이 만들어지는 금형이었다.

유감스럽게 양쪽 모두 검토하던 중에 버블이 붕괴되면서 계획 자체가 없어졌다. 하지만 그 후 비눗갑으로 비유되는 발상이 BMW의 i3로 등장한다. 또 금형이 아니라 압연 롤러 간격을 조

↑ 왼쪽사진은 70개 부품을 용접한 리어 휠 아치와 리어 플로어. 오른쪽은 거의 같은 구조를 알루미늄 주조로 만든, 단 2개의 대체품. 테슬라는 이런 식의 시작품은 만들지 못한다. 세계의 몇 안 되는 대형 알루미늄 주물 메이커들이 협력했다. 일본의 주물 메이커에도 이런 대물주조의 시작품의 뢰가 증가하고 있다. 복잡한 슬라이드 타입을 사용하지 않았음을 알 수 있다.

← 미국 SGL 오토모티브, 미쓰비시 레이온, BMW 3사가 공동으로 i3의 RTM(Resin Transfer Molding)방식의 CFRP를 만들어냈다. 알루미늄 주물 소재의 구조 및 보강재 대부분은 한쪽 방향 금형으로 생산되어 최대한 큰 부품으로 만들어진다. 접착제는 「삐져나올 정도라야 접착된 것」이라는 발상으로 충분히 사용한다. 일본풍의 「필요최소한만 사용하고 더 절약한다」는 생각과는 정반대.

↓ 최초 제품이었던 「로드스터」가 로터스 제품의 알루미늄 섀시였던 탓인지, 테슬라는 계속해서 알루미늄을 사용하고 있다. 이 모델은 양산용 가격대임에도 알루미늄을 이용한다. 강성은 단면적에 의존하기 때문에 같은 성능의 강철 보디보다 30% 정도 가볍다.

좌우 리어 휠 아치와 그것을 잇는 크로스멤버를 알루미늄 주물의 일체성형으로 만든다는 콘셉트의 CG. 현재는 2조각이다.

정해 강판 1장 안에 두께가 다른 부분을 만들어 주는 기술도 등장했다. 둘 다 독일제품이었다.

비눗갑 식 발상의 i3는 CFRP를 성형한 패널을 맞붙여서 캐빈을 구성한 다음, 거기에 수지나 알루미늄 부품을 주로 구조용 접착제로 붙였다. 접착제는 너무 많이 사용한다고 할 만큼 충분히 사용해 삐져나올 정도였다. 섀시 쪽 알루미늄 소재에는 복잡한 리브를 성형한 주물도 사용되었다. 충돌안전 규제를 충족하기 위한 강도는 거의 섀시 쪽이 부담하지만, 더 큰 차량과의 충돌이나 횡 전복 시 루프의 찌그러짐 및 보행자 보호 요건 등의 이유 때문에 BMW는 이 i3 구조를 만들어낸 것이다.

아마도 무거운 BEV가 도달할 곳은 비눗갑처럼 「가볍고 높은 강성」, 「강력한 충돌강도」같은 보디일 거라 생각한다. 상자 전체에서 강성을 담보하는 것이다. 충돌할 때의 생존공간은 면과 능선을 적절히 사용한 로드패스 개량으로 확보한다. 테슬라는 강인한 방법으로 공략하고 있다. 차량실내 부분의 바닥면에 배치하는 전지박스와 좌우 일체가 된 알루미늄 주물의 전방 섹션과 후방 바닥까지 3곳을, 3가지 대형 유닛으로 언더 보디를 구성하는 것이다.

이것이 실현되면 부품 레이아웃과 차폭방향

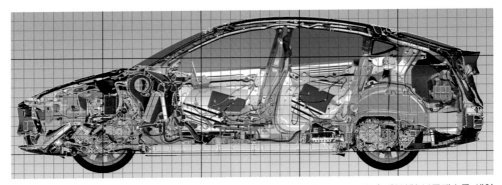

테슬라 모델의 구조. 전부 다 현물 부품의 스캔 데이터가 베이스이다(산요무역 제공). 확실히 부품개수를 세어보면 ICE차보다 훨씬 적다. BEV 가격이 전지나 제어시스템에 집중되어 있다는 사실은 이런 데이터를 통해서도 알 수 있다. 차체를 최대한 싸고, 적은 부품개수로 만들겠다는 발상의 토대가 여기에 있다.

치수가 거의 고정이 된다. 한 번 설계가 결정되면 변경의 여지가 거의 없다. 다만 부품개수는 훨씬 줄어든다. 어쩌면 여기서 새로운 금형기술이 탄생할 지도 모른다. 우려스러운 점은 인성이 없는 알루미늄 주철로 바닥을 만들었을 경우의 「승차감」이다. 또 한 가지는 이미 모 유럽 메이커의 스포츠카에서 문제가 됐던 알루미늄 주철 스트럿 타워의 피로파괴. 시판되지 않으면 모르는 부분이다.

근 몇 년 동안 전지 개량, 특히 전고체 전지에 대한 기대가 과도하게 선전되고 있다. 고체 전해질을 사용하는 것만으로 「에너지밀도 3배」 따위의 이야기를 누가 퍼뜨렸는지는 모르겠지만, 세

상은 슬슬 과도한 기대라는 점을 깨닫고 있다. 전지에만 의존하는 BEV의 항속거리를 늘리는 일은 생각 외로 어렵다. 역시나 전체를 가볍게 만들어야 하는 이유이다. 기존 ICE같으면 무게 1.3톤이면 될 C세그먼트 차량이 2톤이나 나가는 현실이 아무래도 정상이라고는 생각되지 않는다. 25톤급 트럭을 BEV로 만들어 6톤짜리 전지를 장착하는 것도 받아들이기 쉽지 않다.

버블붕괴 이후 30년 동안 지속적으로 「돈을 들이는 일은 금물」이라고 엔지니어들에게 말해온 일본기업이 비눗갑으로 비유되는 혁신적 돌파구를 만들어낼 수 있을지 궁금하다.

가벼움이 약점을 보완하는 700kg의 히로미츠 MINI
항속거리는 생활권 이상, 장거리 미만

2021년에 중국 BEV 시장에서 최대 판매실적을 거둔 완전해체 모델을 보았더니,
과감하고 좋은 설계라는 느낌과 과연 충돌 시에는 괜찮을까 하는 생각이 교차했다.

본문 : 마키노 시게오　사진 : 미즈카와 마사요시 / 마키노 시게오　협력 : 산요무역

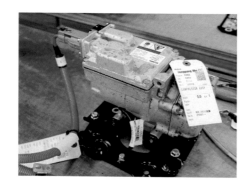

(←)에어컨 컴프레서는 소형 전동식. 소비전력은 명확하지 않다. 염가사양의 HGM에는 에어컨이 없다. BEV 같은 경우는 히터성능이 포인트여서, 친구인 중국 미디어 기자에 따르면 「춥지는 않다」고 한다.

(→)실내 스위치들. 이 마카롱 사양의 전용 컬러 스위치로, 왼쪽부터 에어컨 ON/OFF, 팬 속도, 송풍구 선택, 오디오 음량, USB포트, 주파수 디스플레이, 라디오 선택.

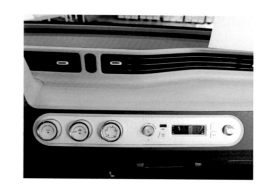

「어라?」

히로미츠 미니 EV(이하 HGM, Hong Guang Mini)의 액셀러레이터 페달을 밟아 차가 움직이기 시작했을 때의 느낌이었다. 2014년에 중국에서 이 모델의 이전 모델에 해당하는 「바오준(宝駿)E100」을 운전했을 때는, 출발할 때의 강력히 「뛰쳐나가는 느낌」이 마음에 걸렸다. 달리기 시작한 뒤에는 제동할 때의 피칭 거동에 입이 다물어졌던 기억도 있다. 처음의 강력하게 뛰쳐나가는 느낌은 중국시장의 기호라고 이야기들 하지만 약간 과도한 느낌이었다. 그 정도면 페달 컨트롤이 어려울 것 같기 때문이다. 제동할 때의 피칭은 여운만 남지 않았어도 이해할 수 있었지만 하나하나 뒷맛을 남겼다.

그런데 새로운 HGM의 고급사양 「마카롱」은 뛰쳐나가는 느낌이 거의 신경 쓰이지 않는 수준으로 바뀌었고, 피칭 거동도 온순하게 바뀌었다. 의도했던 후속 개량 탓인지, 부품의 사양변경 때문인지 아니면 타이어가 바뀌었는지, 어떤 식이든 자동차로서는 좋은 방향으로 발전했다.

HGM은 잘 판매되고 있다. 작년에 중국에서는 39만대 이상이 팔렸다(106페이지 참조). 모델 별 판매대수 1위는 둥펑닛산의 「실피」, 2위가 상하이대중기차의 「라비다」, 3위가 HGM이다. 대중=폭스, 기차=와겐이니까 상하이대중기차는 상하이VW을 말한다. 라비다는 중국전용 모델로서, 간소화된 골프 세단이다. 실피는 예전에 닛산이 중국에 진출했을 때 대대적으로 판매했던 서니(陽光)의 후속차량으로, C세그먼트이지만 스타일이나 완성도도 좋다. 필자도 뛰어난 품질에 놀랐을 정도이다.

이 상위 3대는 SUV가 매우 잘 팔리는 중국에서도 차명별 판매대수에서 SUV를 압도한다. 말 그대로 베스트3인 것이다. 그 3위에 완전 전동차인 HGM이 들어있다는 것이, 2021년 중국 자동차시장에서의 가장 큰 사건이라고 필자는 생각한다. 일본 미디어에서도 자주 거론되었다. 필자는 HGM을 「일반도로를 50km/h로 달리려면 용기가 필요하다」고 생각했다. 하지만 이 정도로 많이 판매되었다는 사실은 중국에서 자동차를 사는 사람들의 가치관이 다양화된 증거라고 이해한다.

일본 기업은 이 자동차를 시험용, 완전해체용으로 구입하고 있다. 요코하마세관의 통관실적을 조사했더니 이미 100대나 들어왔다. 하지만 번호(자동차 등록증표)는 한 대도 취득하지 않은 것 같다. ICE(내연엔진)

← 마카롱 로고는 아무리 봐도 기타 앰프의 명문 「마셜」이지만, 이런 배지를 제대로 디자인해서 만들어 넣었다. 필러와 보디의 도색구분도 멋지다. 필자가 중국취재를 시작했던 1990년대와는 천양지차이다.

(↑)보디는 비교적 잘 만들어졌다. 앞쪽에 엔진이 없다는 점은 충돌에서도 유리하고 조향감각도 가볍다. 강판 종류는 명확하지 않지만 이음매에는 위에서 실러(sealer)가 칠해져 있다. 사이드멤버에는 굴곡부위를 만들어 주었다.

← 펜더를 탈착한 상태. 볼트고정과 쿠션 겸용으로 생각되는 수지를 같이 사용. 앞쪽 댐퍼는 스커틀(scuttle) 직전에 위치한다. 스폿용접의 타점 개수는 일본의 경자동차에 익숙한 눈으로 보면 약간 부족해 보인다.

↓ 토 보드(toe board)에서 스커틀에 걸친 구조. 스티어링 행어는 전부 볼트고정. 전면충돌 시 탑승객을 보호하는 구조물은 무릎보다 낮은 위치에 있는 크로스멤버 풍의 강판뿐이다. SRS 에어백은 없다.

를 탑재하지 않기 때문에 배출가스 검사는 필요 없고, 따라서 병행수입 방식으로 들어오는 것으로 생각되는데, 그 점이 중국의 국가표준(Guo jia Biao zhun=GB로 약칭)이 안고 있는 벽으로 작용할지도 모르겠다.

일본의 도로운송차량 보안기준(국토교통성령이고 법률은 아니다)은 미국의 FMVSS(연방자동차 안전기준), 캐나다의 CMVSS 및 EU의 ECE 기준과 「대체 적용」이 이루어진다. 따라서 이들 인증을 취득한 승용차는 병행수입하는 절차도 그렇게 번잡하지 않다. 하지만 중국의 GB는 그런 신속처리 대상에서 예외이다.

근래에 중국제 상용 BEV를 병행수입하는

주행성능은 상당히 좋아졌다. 하지만 고속도로에는…

12인치 소형 타이어에 바닥은 낮다. 배터리는 뒷자리 밑에 들어간다. 무게중심이 낮아 피칭 모멘트도 온화해졌다. 아무 신경 안 쓰면 탈 수는 있다. 하지만 고속도로에는 올라타고 싶지 않다.

스펙
히로미츠MINI EV Macaron

치수 : 전장2920×전폭1493×전고1621mm
휠베이스 : 1940mm
트레드 : 앞뒤 모두 1290mm
최저지상고 : 125mm
최소회전반경 : 4.2m
항속거리 : 170km
차량중량 : 700kg
전동기 : 최대출력 20kW/최대토크 85Nm
구동방식 : 리어 미터 후륜구동
타이어 : 145/70R12
차량가격 : 43,600RMB(위안화)

소형 모터는 0.4mm 이하의 전자강판을 사용하는데, 절연재가 대충 도포된 느낌이었다. 한 쪽 면뿐이라 단락되지 않아서 문제없다는 것일까. 모터하우징을 배려한 것 같은 자석배치. 이것을 뒤축 직전에 가로로 배치해 모터출력 축을 90도 방향으로 전환하고, 짧은 샤프트로 디퍼렌셜 케이스에 넣은 다음에는 다시 한 번 90도 방향전환. 이 부분에서 동력전달 효율이 8%는 감소될 듯. 하지만 리지드 서스펜션을 통한 구동시스템은 타이어의 위치결정에 매우 적절하다. 경량화 등은 전혀 생각하지 않은 설계이지만, 이것은 이것대로 마음에 들었다.

사례에서 알 수 있듯이, 상용차 같은 경우는 수입절차가 간단하다. 그렇다고 아직 국토교통성의 형식지정을 취득한 차량은 없다. 이것은 실제로 확인한 팩트이다. 병행수입할 수 있다는 것과 형식지정과는 다른 이야기라는 점을 착각하는 업자가 많다. GB를 일본기준에 대체 적용하는 작업은 아직 이루어지지 않고 있는 것이다.

그런 한편으로, 중국시장에서는 이 HGM 같은 마이크로 BEV를 여성들이 구입하는 사례가 늘고 있다. 2018년에 「히로미츠50」으로 HGM이 판매했을 때, 젊은 커플이 이 차로 쇼핑하러 나가는 모습을 광고로 쓰면서 남성이 운전하는 모습을 내보냈다. 하지만 현재는 파생 사양으로 이 페이지에서 언급한 「마카롱」 외에, 「키위(奇遇)」 「루주」라고 하는 사양이 추가되면서 인터넷이나 CM에도 남성이 등장하지 않게 되었다.

키위에는 프랑스 패션브랜드인 엘르(ELLE)와의 협업을 통해 내장을 고급화한 사양의 모델도 있다. 판매가격은 무려 약 1800만원이나 한다. 통상적인 HGM의 2배가 넘는 가격이고, 가장 싼 기본사양만 하더라도 약 1400만원. 그래도 괜찮다고 생각되는 점은 없어 보이지 않는다는 것이다. 이미지 모델로 활동하는 가수 손첸의 이미지 기여도가 상당히 높다고 생각되는데, 관계자에게 뒷사정을 들어보니 키위는 시트로엥

C3가 모티브라고 한다. 예전 C3에도 엘르와의 협업 사양이 있었다. 이 사양은 일본의 모 TV방송국 아나운서나 여성 모델들이 선호했던 타입이었다.

중국 공안성에 따르면 중국의 운전면허증 보유자는 2020년 말 시점에서 4억 5600만 명으로, 2018년 말부터 2년 동안 약 11%, 4700만 명이 증가한 것으로 나타났다. 여성 비율은 2020년 말 시점에서 약 33%로, 1억 5000만 명을 돌파. 2014년에는

약 22%였기 때문에 6년 동안 여성비율이 10% 정도 증가한 셈이다. 증가추세는 남성보다 빠른 편이어서, 앞으로는 「연간 1000만 명 단위로 증가가 예상된다」고 오랜 지인인 중국 미디어 기자는 말한다.

완전해체된 상태의 HGM을 자세히 관찰했다. 전폭 1493mm는 15mm 정도만 좁아지면 일본의 경자동차 규격에 해당되는데, 보기에는 도어핸들보다 리어 펜더 쪽이 더 튀어나오게 보인다. 이 자동차는 RR(리

테슬라를 밀어내고 차종별 톱3에 들어갔다.

상하이공장 제품의 테슬라는 몇 번이나 가격이 내려가 접근하기 쉬운 가격대가 되었다. 중국정부는 BEV보조금을 메이커에 준다. 하지만 테슬라의 그 어떤 모델보다도 히로미츠MINI EV가 잘 팔렸다. 전국 자동차시장 정보연합의 이 데이터는 중국자동차공업협회 데이터와 달리 공장출하 대수가 아니라 판매대수(오차는 약간 있지만)이다. 이 정도만 팔리면 파생모델도 곧 나올 것이다.

SUV·크로스오버형				
순위	차종	메이커	판매대수	전년대비증감율
1위	실피	둥펑닛산	513,207	▲5.1%
2위	라비다	상하이VW	432,035	▲3.8%
3위	히로미츠MINI	상하이GM우링	395,451	250.7%
4위	카롤라	디이토요타	330,280	▲7.5%
5위	액셀	상하이GM우링	278,578	▲8.7%
6위	보라	디이VW	250,762	▲27.2%
7위	사기타	디이VW	234,219	▲24.9%
8위	레빈	광저우토요타	229,859	▲0.2%
9위	캠리	광저우토요타	217,724	17.5%
10위	디하오(帝豪)	지리자동차	209,158	▲9.7%
11위	어코드	광저우혼다	197,742	▲8.2%
12위	친(秦)	BYD	188,921	226.8%
13위	BMW5시리즈	화첸바오마	171,852	8.3%
14위	BMW3시리즈	화첸바오마	170,249	12.1%
15위	시빅	둥펑혼다	166,127	▲31.7%

세단형				
순위	차종	메이커	판매대수	전년대비증감율
1위	하발H6	창청자동차	352,857	▲3.2%
2위	CS75	창안자동차	274,742	4.8%
3위	CR-V	둥펑혼다	222,325	▲8.5%
4위	RAV4	디이토요타	203,410	17.3%
5위	송(宋)	BYD	201,682	12.7%
6위	보위에(博越)	지리자동차	191,512	▲9.0%
7위	XR-V	둥펑혼다	191,417	17.8%
8위	티구안	상하기VW	185,914	▲0.9%
9위	모델Y	테슬라	168,853	–
10위	베젤	광저우혼다	167,815	9.7%
11위	브리즈	광저우혼다	162,810	6.8%
12위	엑스트레일	둥펑닛산	161,152	2.2%
13위	BMW X3	화첸바오마	149,742	11.6%
14위	아우디 Q5	디이VW	139,909	▲6.2%
15위	CS55	창안자동차	136,985	26.7%

전국 자동차시장 정보연합 조사(단위:대)

어 모터·리어 드라이브)이다.

보디 제조는 그야말로 정통적이다. 중국의 충돌안전기준은 충족하고 있지만, 시험요령이 독특하기 때문에 그 점은 뭐라고 말하기 힘들 것 같다. 강판은 대부분이 연강(軟鋼)으로, 게이지(두께)가 꽤나 나간다. 12인치 정도 타이어는 충분히 장착할 수 있지만, 13인치를 장착하면 어울리지 않을 것 같은 인상이다. 스티어링은 칼럼 어시스트 EPS(전동 파워 스티어링)로, 조향감은 신경 쓰일 만큼 나쁘지 않다. 제어가 단순하기 때문일 것이다.

운전석과 조수석의 시트 바닥은 좁은 편이다. 몸집이 작은 여성이라면 딱 맞는 크기이다. 시트는 생각 외로 잘 만들어졌다. 이점은 예전 「바오준E100」과 비교가 안 될 정도이다. 다만 밀도가 낮은 우레탄은 30분만 달

리면 변형될 것같다. 필자가 운전자세를 잡은 시트상태로 놔두고 뒷자리로 이동해 봤더니 무릎이 완전히 운전석 등받이에 닿는다. 역까지 잠깐만 데려다 달라고 하는 정도면 모를까, 15분 이상은 힘들 것 같다. 그래도 짐을 놓을 수 있는 뒷자리가 있다는 점은 다행이다. 일본 경자동차 같이 세세한 수납공간이나 전동장비는 없지만 고급사양이라 에어컨은 달려 있다. 다만 전력소비는 걱정스럽다.

공식 항속거리는 170km. 하지만 그렇게 달리지 않아도 된다. 자동차 경험이 풍부한, 63세에 도쿄시내에 살고 있는 필자 본인의 솔직한 감상은 「좁은 생활권 안에서 사용할 만한 자동차」이다. 공식 170km에서 40%를 뺀다고 치면 약 100km. 3일에 한 번 충전하는 정도라면 전지의 열화도 방지할 수

있을 것이다. 1500번 충전이 가능하다고 치면 4500일. 보증은 할 수 없지만 스펙 상으로는 10년 이상 탈 수 있다는 계산이다.

중국 미디어 기자에게 물었더니, SGMW(상하이GM우링)은 이 차로 꽤나 이익을 내고 있다고 한다. 판매점 마진도 확보되고 있다는 것이다. 가장 값이 싼 LiB(리튬이온전지)를 싸게 조달할 수 있는 중국이라면 600만 원대로 팔려도 이상하지 않다. 그럼 일본에서 소화되려면 얼마가 적당할까?

필자는 BEV 보조금을 반대하는 입장이다. 특히 화력발전이 더 많은 현재의 일본 상황에서 BEV에 보조금을 주는 정책은 난센스이다. BEV를 탔을 때 반드시 CO_2배출을 줄일 수 있는 에너지 환경에서나 맞는 정책인 것이다. 많이들 착각하는 것이 새로운 전력 시스템에 의한 「환경 친화적 전력」이

(←)타이어는 링롱제품의 그린 맥스. 구름저항이 낮은 타이어로, 트레드 중앙부분이 약간 올라와 있지만 밖에서 눌러보면 부분별 반발력이 상당히 균일하다. 사이드 월은 부드럽지 않지만 트레드는 부드럽다.

(→)칼럼 타입 EPS. 정지 상태에서 돌리면 모터의 힝~거리는 소리가 나온다. 조향감각에 정밀하다는 느낌은 없지만, 이 차량중량 정도면 충분하다는 인상. 귀찮아서라도 불필요한 제어는 하지 않을 것이다. 중립 좌우의 유격감각도 적당하다.

다. 전 세계의 일반 전송망과 연결되어 있는 이상, 가정으로 들어오는 전력은 원자력부터 화력, 재생에너지까지 전부 섞여 있지 발전방법에 따라 전력공급이 구분되지는 않는다.

「보조금 없이 1천만 원?」

「꼭 사야 한다면 일본의 키높이 경차 왜건을 당연히 선택」

「부딪쳤을 때 어떻게 될지도 모르고…」

등등, 여러 가지를 감안하면 2명 승차 한정(뒷좌석에는 어린이 좌석을 고정하는 ISO-FIX장비가 없으며, 받혔을 때 시트가 어떻게 될지도 모른다)으로 고속도로를 달리는 일은 용기가 필요하다는 점에서는 1200만 원이 상한이다.

2018년에 중국 미디어의 지인들이 방일했을 때, 일본 경자동차에 타보게 했다. 일반도로가 아닌 다른 곳에서는 직접 운전도 해보았다. 그들은 「매우 좋은 자동차다」라고 칭찬했다. 그 친구들은 HGM도 타본 경험이 있기 때문에, 「일본 미니카 쪽이 압도적으로 좋다」고 말해주었다. 그들은 국영출판사의 자동차 기자들이라 운전훈련도 받은 바 있다.

일본 경자동차에 가솔린 30리터를 넣으면 대략 500km는 달릴 수 있다. 항속거리는 그렇게까지 필요 없지만, 가령 일본에서 판매되는 경BEV의 주행거리가 WLTC의 콤바인 모드에서 120km였다면 고객은 어떻게 느낄까. 아마도 「차량 가격에 따라서」가

아닐까. 또 「2인승이라면 곤란」하고 말하는 사람은 HGM은 선택하지 않을 것이다.

만약에 가솔린 소매가격이 리터 당 2천원으로 안정되면, BEV 차량가격에 대한 저항감이 조금은 완화될 것이다. 원유가격이 비싸져도 재무성은 어떤 일이 있어도 자동차 연료에서의 세수는 깎고 싶지 않을 것이라 생각한다. 때문에 연료세제는 현재 상태 그대로 유지되지 원칙세율로는 돌아가지 않는다. 앞으로 BEV가 보급되면 어떻게 나올까. 자동차에 충전하는 전력과 가정에서 사용하는 전력을 나누어서 과세할지, 계약한 전력회사에 과제할지. 이 부분은 아직 전혀 예상이 안 된다.

배터리 팩 안에는 사진처럼 각형 전지가 들어가 있다. 단자가 압착방식이라 한 번 분리하면 원래대로 되돌릴 수 없다. 이렇게 모양새를 보고 있자니, 구석구석까지 세세하게 만들지 않으면 끝내지 못하는 일본차의 설계가 「과도한가?」싶다는 기분도 든다. 생략할 부분은 생략하고, 단절한 부분은 단절해 「달리면 되는 거잖아」하고 만든 느낌이다.

전 세계 자동차는 무엇을 떠받치고 있을까.

서스펜션 워칭(SUSPENSION Watching)

토션 빔 액슬(Torsion Beam Axle)

볼륨1 테마 :

본문 : 안도 마코토
스토리 : 구나마사 하사오(오리지널 박스)
수치 : 폭스바겐 / 아우디 사진 : MFi

Volkswagen Golf ▶

폭스바겐 골프

FWD차의 표준, VW 골프는 여전히 일품일까

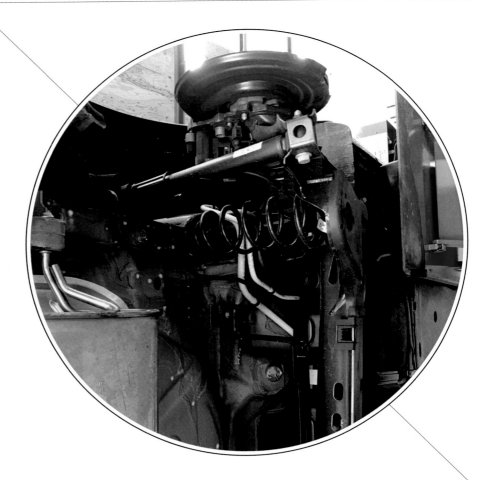

앞쪽 서스펜션부터 살펴보자. 스트럿으로 전달되는 입력을 무력화하기 위해서 아래쪽 스프링 시트를 윗쪽인 상태에서 기울게 했다. 최근에는 어퍼 시트에도 각도를 주거나, 스프링 끝부분을 개량해 무력화하는 힘을 더 강화한 것도 있다.

스트럿 케이스의 바깥쪽을 움푹 들어가게 한 것도 특징적이다. 매스 옵셋(킹 핀 축과 휠 중심의 거리)을 줄이려는 목적이다. 옵셋이 있으면 주행 중에 타이어가 조향 축을 중심으로 흔들리지만, 제로로 해주면 흔들림이 없어진다. 스트럿으로 제로로 하기는 어렵지만, 조금이라도 줄이겠다는 의지의 표현으로, 독일차 말고는 본 적이 없다.

로어 암의 뒤쪽 부시는 세로방향이다. 이 부시는 앞뒤 변형 양(compliance)을 확보하기 위해서 지름을 크게 하면 출곗지만, 축이 수평이면 상하로 커져서 엔진 탑재성이나 최저 지상고에 영향을 가진다. 이것을 세로방향으로 하면 지름을 확대할 여유가 생긴다.

재미있는 것은 스테빌라이저 링크를 장착한 위치이다. 이런 식의 배치라면 조향했을 때, 바깥 쪽 스테빌라이저를 당기는 방향으로 움직여 롤을 줄이는 방향으로 작용한다. 어디까지 의도했는지는 모르겠지만.

이어서 리어 서스펜션을 살펴보겠다. 오늘 차는 TBA0지만, 장착지점 위치는 생각했던 것보다 높지 않다(지상 높이 약 230mm). 롤 스티어(toe)가 안으로 향하도록 의식한 것으로 보인다.

부시는 좌우가 동일 축이다. 예전에는 팔(八)자 같이 각도를 줌으로써 휠이 전해졌을 때 토가 바깥으로 향하는 것을 완화하려는 목적이 있었지만, 스트로크했을 때 뒤틀리면서 승차감이 딱딱해지고, 힘이 들어갔어서는 그만큼 코너링 포스의 발생이 지체된다.

굼모의 부시는 외통(外筒)의 바깥쪽을 넓히고 안쪽을 좁힘으로써, 휠 방향으로는 되도록 움직이지 않도록 한 것으로 보인다. 여기서 횡 강성이 나오면 조향 시작부터 뒤쪽이 확 퍼지기 때문에 안심하고 틀어줄 수 있다. 반대로 여기가 흔들리면 한번 틀고 나서 상태를 보면서 더 틀어야하는, "2단 돌림"이 된다. 결론은 「TBA는 횡 강성이 중요」하다는 것이다.

VIEW 03
댐퍼(스트럿)

스트럿 서스펜션의 핵심 부품. 타이어와의 간섭을 피하기 위해서 엄격한 지점에 대해 전동 축을 옵셋시켜서 배치할 수밖에 없는 관계상, 차량중량이 스트럿을 굽힐시키는 방향으로 작용한다. 조향할 때는 상하 장착지는 급정 축으로 스프링별로 회전한다. 스트럿 셀을 스프링 넣어 매스 옵셋을 준 것(回)은 타이어 안쪽에 넣어 매스 옵셋을 줄이기 위해서이다.

VIEW 03
안티 롤 바 링크

안티 롤 바(스태빌라이저)로 스프링 하 부 움직임을 전달하는 부품. 기존에는 로어 링크에 장착되는 경우도 있었지만, 작동 효율을 높이기 위해서 현재는 스트럿에 직접 연결하는 방식이 주류. 입력 각도가 조향 감각에도 영향을 끼치게 되어있다.

스티어링 기어 박스

조향을 담당하는 부품이지만 링크 위치나 길이에 따라 토 변화특성에도 영향을 끼친다. FF차는 엑슬 센터보다 뒤쪽에 배치하는 방식이 주류이지만, 휠러 언더 스티어를 안 으려면 이 전방배치 방식이 유리하기 때문에 조향 감각을 중시하는 자동차는 전방배치 방식을 선호한다.

VIEW 02
너클

서스펜션 시스템에 허브를 연결하기 위한 부품. 메이커에 따라서는 "업 라이트"나 "하우징"으로도 부른다. 아래쪽으로 내려 오면서 생겨뭄은 프레임에서, 그 포인트를 어떻게 밖으로 빼내느냐가 매스 옵셋 축소의 관건이다.

VIEW 04
서브 프레임

로어 링크의 보디 쪽 장착지점을 형성. 반드시 독립된 프레임임으로 할 필요는 없지만, 강성확보나 생산성 측면에서 현재는 독립된 서브 프레임이 주류이다. 타이어의 휠러을 받쳐주기 때문에 높은 강성을 얼마나 확보하느냐가 관건이다.

FRONT
SUSPENSION | 맥퍼슨 스트럿

오늘날 전방 서스펜션의 주류로 자리한 맥퍼슨 스트럿은 미국 엔지니어 얼 맥퍼슨(Earle S. MacPherson)이 1940년대에 발명한 것이다. 더블 위시본 달린 댐퍼 셀을 하중지지 부자재로 사용함으로써 경량화와 단가인하를 실현했다. 악

점이라면 스트럿이 굽힘 방향으로 차량하중이 작용하기 때문에 로드 베어링이나 피스톤의 마찰은 실이 커진다는 것. 그것을 상쇄하기 위해서 스프링의 옵셋 배치나 감는 항수를 개량하고 있다.(그림은 아우디 A3)

VIEW 01
스프링

댐퍼와 동일 축 상에 코일 스프링을 배치하는 것이 일반적. 차량중량을 받쳐줄 뿐만 아니라 반력선 (反力線)을 기민 축 방향으로 향하게 함으로써, 스트럿에 작용하는 굽힘 힘을 상쇄하는 역할을 한다. 그래야는 스트럿로 때 반력선이 흔들리지 않게 하는 개량이 이루어지고 있다.

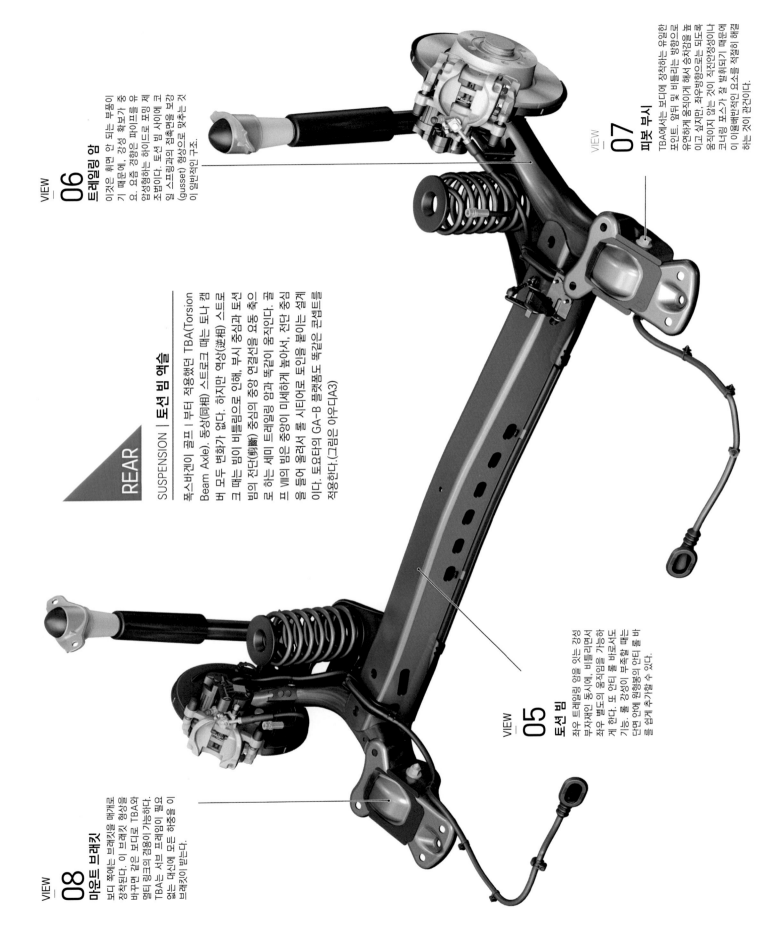

REAR

SUSPENSION | 토션 빔 액슬

폭스바겐이 골프 I 부터 적용했던 TBA(Torsion Beam Axle). 동상(同相) 스트로크 때는 토나 캠버 모두 변화가 없다. 하지만 역상(逆相) 스트로크 때는 빔이 비틀림으로 인해, 부시 중심과 토션 빔의 전단(剪斷) 중심의 중앙 연결선을 요동 축으로 하는 세미 트레일링 암과 똑같이 움직인다. 골프 베의 범은 중앙이 미세하게 높아서, 전단 중심을 들어 올려서 롤 시터(로 토인을 붙이는 설계이다. 토요타의 GA-B 플랫폼도 똑같은 콘셉트를 적용한다.(그림은 아우디A3)

VIEW 05
토션 빔

좌우 트레일링 암을 잇는 강성 부재로 좌우 동시에, 비틀리면서 좌우 별도의 움직임을 가능하게 한다. 또 안티 롤 부족할 때는 단면 안에 원형봉이 안티 롤 바를 쉽게 추가할 수 있다.

VIEW 06
트레일링 암

이것은 휠까는 안 되는 부품이기 때문에, 강성 확보가 중요. 요즘 경향은 파이프를 용접하는 하이드로 모빌 제조판이다. 토션 빔 사이에 구멍 스프링과의 접촉연을 보강하는 (gusset) 형상으로 맞추는 것이 일반적인 구조.

VIEW 07
피봇 부시

TBA에서는 보디에 장착하는 유일한 포인트. 앞뒤 및 비틀리는 방향으로 유연하게 움직이게 해서 승차감을 높이고 싶지만, 좌우방향으로는 되도록 움직이지 않는 것이 직진안정성이나 코너링 포스가 잘 발휘되기 때문에 이 이율배반적인 요소를 적절히 해결하는 것이 관건이다.

VIEW 08
마운트 브래킷

보디 쪽에는 브래킷을 매개로 장착된다. 이 브래킷 형상을 바꾸면 같은 보디로 TBA와 멀티 링크의 겸용이 가능하다. TBA는 서브 프레임이 필요 없는 대신에 모든 하중을 이 브래킷이 받는다.

FRONT SUSPENSION

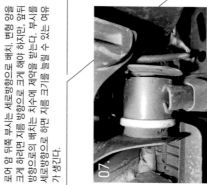

03. 스태빌라이저 링크와 마운트는 스트럿 케이스 안쪽으로 붙는다. 왼쪽과 오른쪽에서 체결방향을 반대로 해 부품 좌우를 공통화했다.

04. 로어 암 부쉬는 세로방향으로 배치. 변형 양을 크게 하려면 지름 방향으로 크게 해야 하지만, 앞뒤 방향으로의 배치는 지수에 제약을 받는다. 부시를 세로방향으로 하면 지름 크기를 늘릴 수 있는 여유가 생긴다.

02. 로어 볼 조인트의 밑은 널럼에 끼우는 타입. 매스 응색성 중임이 위해서 최대한 바깥쪽으로 옮겨 넣으려는 것이는 작은굼이 충분하다고 생각된다. 로어 암 각도는 공차에서 거의 수평이 되도록 설계.

앞쪽은 가로배치 엔진 자동차의 정석인 맥퍼슨 스트럿 방식을 적용. 굴곡이 이후 계속 유지해온 방식이지만, 마음순실 감속이나 단기인하 측면에서는 확실히 발전했다. 캐스터 각도를 7도 30분으로 크게 준 것도 특징이다.

01. 전방 서스펜션을 뒤쪽에서 본 모습. 로어 암은 약간 전진 각도가 있는 I타입이다. 프레스 성형의 1개째리 부품으로, 아래쪽으로 살어 넣었어도 공력 커버가 덮여 있다. 스프링 시트는 용접하지 않고 스트럿 쉘에 압입하는 방식으로 단가를 낮추는 설계로 되어 있다.

REAR SUSPENSION

07. 보디 쪽 장착 부시를 밑에서 본 모습. 왼쪽이 바깥쪽으로, 볼징(bulging)가공한 은색 와[통]이 보인다. 안쪽은 반대로 축 방향으로 좁아진다.

부시는 좌우 동일 축 상에 배치. 경사진 배치를 통해 토 아웃을 보강하는 구조는 굴모가 앞서 나갔지만, 단점을 지지 않아서 금두러도 움직이도 보인다.

06. 리어 서스펜션을 옆에서 본 모습. 댐퍼는 액슬보다 약간 뒤쪽에 있고, 레버비율은 1보다 크다. 트레일링 암 피버트 제품으로 암단에 달게 하는 형태로 하브 장착면을 향상 휠의력에 의해 가두는 방향으로 움직이지 않도록 설계했다.

05. 뒤쪽은 1.0리터 3기통 터보가 TBA이고, 고출력 엔진을 탑재하는 모델은 멀티링크 방식이다. 직접 타보면 TBA의 성능이 높다는 것을 알 수 있다. 멀티링크 방식이 굴모VII에서는 매끄럽지 못한 움직임을 보이지만 VIII에서는 대폭 개선되었다.

밑은 ㄷ자 단면의 아래로 둘린 구조. 단화 보이는 것은 수치 커버가 달려 있기 때문이다. 언터를 바는 없다. 댐퍼 브래킷은 패색형 구조. 단행을 띤 방식보다 지장성은 높이기 쉽지만 고도의 용접정확도가 요구된다.

POINT VIEW

Motor Fan
illustrated

Vol 1

친환경자동차

Vol 2

F1 머신
하이테크의 비밀

Vol 3

엔진 테크놀로지

Vol 4

하이브리드의 진화

Vol 5

트랜스미션
오늘과 내일

Vol 6

가솔린 · 디젤
엔진의 기술과 전략

Vol 7

튜닝 F1 머신
공력의 기술

Vol 8
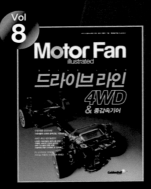
드라이브 라인
4WD & 종감속기어

Vol 9

자동차 디자인

Vol 10

조향 · 제동 쇽업소버

Vol 11

전기 자동차 기초 &
하이브리드 재정의

Vol 12

신소재 자동차 보디

Vol 13

타이어 테크놀로지

Vol 14

자동변속기 · CVT

Vol 15

디젤 엔진의 테크놀로지

도불의 연회

연회의 시말

塗仏の宴 宴の始末
京極夏彦

도불의 연회

京極 夏彦

연회

연회의 시말

上

교고쿠 나쓰히코 지음 | 김소연 옮김

손안의책

도불의 연회

연회의 시말 上

次例

혼돈은 이미 죽은 지 만 년,

홀로 태모(太模)를 안고 있다——.

塗仏の宴 ◎ 宴の始末

◎ 누리보토케

가잔인[花山院[1])이 그리신 그림은 전해지지 않으나, 미쓰시게의 백귀야행을 원조로 하여 모토노부[2]) 등이 그린 것도 있는데, 그 기괴한 것 중 이름이 있는 것은 정토회쌍륙(淨土繪双六) 등이 최초이다. 그 이름은 대략 아카구치[赤口], 누라리횬, 우귀(牛鬼), 야마히코[山彦], 오토론, 와이라, 우완, 메히토쓰보, 누케쿠비, 늣페라보, 누리호토케, 누레온나, 효스베, 쇼케라, 후라리비, 리운보, 사카가미, 미노케다치, 아후아후인데, 아무래도 이 이름들은 그 모습에 따라 지어진 것이 많은 듯하다. (후략)

―― 희유소람(嬉遊笑覽)·3권 (서화書畫)

---

1) 가잔 천황(968~1008)을 말함.
2) 가노 모토노부[狩野元信 1476?~1559]. 무로마치 시대의 화가로 가노 파의 시조인 가노 마사노부의 아들이다. 가노 파의 2대 당주이기도 하며, 가노 파의 화풍을 대성하여 근세에 가노 파가 번영을 누리게 되는 기초를 쌓았다.

1

세계가 —— 조금씩 일그러지기 시작했다.

물론 하늘은 하늘 그대로이고 땅은 땅 그대로지만, 창궁(蒼穹)은 아주 조금 흐려지고 벽해(碧海)는 아주 조금 탁해지고, 취층(翠層)은 아주 조금 번지기 시작했다.

아무도 —— 모를 것이다.

조금씩 —— 조금씩.

눈에 보이지 않을 만큼 조금씩.

천천히 잘못되어 간다.

이윽고 천하의 틀은 벗겨지고 바닥은 빠지고, 개인 —— 국가라는 낡은 통은 해체될 것이다.

그리고 세계는 진실한 모습을 되찾는다. 이것은 혼돈을 거쳐 태극에 이르는, 저항하기 어려운 순리다.

어쩔 수 없는 일이다.

본래 세계는 하나밖에 없는 것이니까.

세계가 사람의 수만큼 있는 듯한 무시무시한 이상(異相)이 통용되는 시대는 근본적으로 잘못되었다.

잘못은 고쳐야 한다는 것을 알라.

아니 ──.

가만히 있어도 고쳐지는 법이다.

먼 옛날의 대형 파충류가 지상에서 쫓겨났듯이.

그러니 ──.

소란 떨 것은 없다.

부추길 것도 없다.

부서지는 것은 부서질 것이다. 공연히 극적인 변혁을 요구하는 것은 어리석은 자가 하는 짓이다.

어차피 사람의 손만으로 세계가 움직이지는 않는다.

혁명이라는 두 글자가 역사서에는 많이 기록되어 있지만, 바뀌어야 해서 바뀐 것을 마치 사람의 손으로 바꾼 것처럼 착각하고 있을 뿐이다. 그냥 이러쿵저러쿵 떠들게 할 뿐이라면 차라리 움직이지 않는 편이 낫다. 천명을 바꿀 듯이 호언해 봐야, 세상이 바뀐 예는 없다. 세계는 그저 되어야 하는 대로 될 뿐이다.

막아도 흐름을 바꿔도, 물은 항상 높은 곳에서 낮은 곳으로 흐른다. 자연의 이치에 거슬러서 이루어지는 일은 없다.

이상(異相)은 자연이 도태될 운명에 있다.

그렇다면 부자연스러운 방향으로 아무리 힘을 주어도 결과는 소용없을 것이다.

반동이 일어나도록 힘을 쓰는 것은 현명한 방법이라고는 말할 수 없다. 중압을 가한 만큼, 반드시 같은 크기의 저항이 돌아온다.

억지로 추진하면 추진할수록, 바로잡으려는 힘도 똑같이 작용한다.

도불의연회

오른쪽으로 흔들리고 왼쪽으로 흔들리며 결국은 자리 잡아야 할 곳에 자리 잡을 뿐이다. 항상 반혁명을 내포한 혁명이란 거의 의미를 갖지 못하는 것이다.

공을 세우려고 안달이 나서 서둘러서는 안 된다.

화를 내는 것도 소용없다.

필요 없는 힘을 주어서는 안 된다.

우리가 사는 세계는 원래 기울어 있다.

그러니 아주 조금 밀기만 하면 된다.

굳이 크게 일그러뜨릴 필요는 없는 것이다.

기운 쪽으로, 조금만 밀면 된다.

이상(異相)의 예토(穢土)란 어디에선가 찌그러진 모양으로 되어 있는 법이다. 구조적으로 결함이 있는 것은 외적 작용을 미치지 않아도 자동으로 뭉개지는 법이다. 약간 기운 그 방향으로, 손끝으로 가볍게 밀어 주면 된다.

그거면 된다.

겨우 그것만으로도 예토는 조만간 일소되고, 정토(淨土)가 도래한다.

간단한 일이다.

천천히, 시간을 들여서——.

풀솜으로 목을 조르듯이.

서서히.

조금씩——조금씩.

눈에 보이지 않을 만큼 조금씩.

느릿느릿 잘못되고.

연회의 시말

그리고 가짜 세계는 무너진다.
알아차렸을 때는 이미 늦다. 막을 수는 없을 것이다.
춤추고 노래하라, 어리석은 이형(異形)의 세상 백성들이여.
정토의 도래를 축하하는 연회는,
── 참으로 즐거우리라.

도불의 연회

*

　하늘을——둥글다고 생각한 적은 없다.

　창틀 너머로 네모나게 뚫린 하얀 허공을 바라보면서, 무라카미 간이치는 그런 생각을 하고 있었다.

　왜 하늘은 둥근 거야——.

　그런 질문을 받은 것은 과연 몇 년 전의 일이었을까. 그것은 아마 간이치가 전쟁에 나갔다가 돌아온 지 얼마 안 되었을 때의 일일 것이다. 그렇다면 5년 전인가. 6년일까.

　——6년이나 지났나.

　음 하고 한 번 신음하고, 간이치는 똑바로 누워 천장을 올려다보았다. 검게 볕에 탄 그을린 천장 판자에는 나뭇결이나 마디, 먼지, 얼룩이 유기적인 무늬를 그리고 있다.

　간이치는 잠시 그 복잡한 그림을 넋을 잃고 바라보았다.

　——6년이라.

　벽으로 시선을 옮긴다. 지저분하다. 거무스름하다. 처음 빌렸을 무렵에는 이런 색이 아니었던 것 같기도 하다. 그러나 한편으로 처음부터 이랬던 것 같은 기분도 든다. 아무래도 기억이 확실치 않다. 어디가 어떻게 변했는지, 구체적인 것은 무엇 하나 알 수 없다. 어쨌든 천장의 무늬도 더러워진 벽도, 간이치의 눈에는 몹시 신선하게 비쳤다.

간이치는 시모다로 이사 온 지 15년, 가정을 꾸린 지 14년이 되었다. 이 집은 살림을 차렸을 때 빌린 것이다. 14년이면 짧은 시간은 아니다. 그런데도 간이치에게는, 이 집에서 느긋하게 지낸 기억이 없다. 가정을 꾸리고 한동안은 필사적으로 일했다. 그리고 병역에 6년을 빼앗겼다. 전쟁터에서 돌아오고 나서는 더욱 열심히 일했다.

전쟁이 끝난 후 간이치가 고른 직업은 경관이었다. 현재는 형사과에 배속되어 있다. 소위 말하는 형사다. 운 좋게, 지인의 추천을 얻어 시모다 서에 봉직하게 된 것은 복원(復員) 직후의 일로, 다시 말해서 간이치는 경찰관으로도 6년의 세월을 보냈다는 계산이 나온다.

그 6년 동안, 간이치가 낮 시간에 집에 있었던 적은 없다.

이곳에 있었다면 그때는 자고 있을 때고, 깨어 있다고 해도 벽이나 천장을 뚫어지라 쳐다볼 이유도 없다. 그러니 신선하게 보이는 것도 당연하고, 이 시간대의 자택 풍경도 간이치는 거의 알지 못하는 것이다.

가끔은 휴가를 받아라, 몸도 좀 생각해라, 조금은 가정을 돌아봐 달라고——6년에 걸쳐 아내는 집요하게 호소했다. 그러나 아무리 되풀이해서 애원해도, 간이치는 그런 쓴소리를 전혀 받아들이지 않고 일만 하면서 오늘까지 지내 왔다.

남들보다 훨씬 더 일을 좋아했던 것도 아니고 좋아서 가정을 무시하고 있었던 것도 아니다. 아내가 타이르고 아이가 조르고, 속으로는 납득도 하고 있었다. 조만간 어떻게든 되겠지, 언젠가는 어떻게 되겠지, 그렇게도 생각하고 있었지만 정신이 들어 보니 1년, 또 1년 시간은 지나 있었다.

그런데.

　　　　　　　　　　　도불의연회

그런 자신이 이렇게 집에 있는데.

집에는 아무도 없다.

다시 창을 본다. 창틀에 잘린 하늘은 네모졌다.

——왜——하늘은 둥근 거——야.

6년 전에 한순간 귀를 스쳤을 뿐인 말이다.

그런데——그 혀 짧은 발음으로 나온 짧은 물음을, 간이치는 억양
에서부터 말투까지 왠지 명료하게 기억하고 있었다. 앞뒤 상황은 전
혀 기억나지 않는데도. 6년 동안 나눈 수많은 말 중에서, 특별히 인상
적이었던 것도 아닐 텐데.

간이치는 몸을 뒤척였다.

그러나 그것은 줄곧 의식해 온 말은 아니다. 간이치는 갑자기 떠올
린 것이다. 무엇을 생각하는 것도 아니고 무엇을 보는 것도 아니고,
그저 창틀 밖에 하얗게 가라앉은 하늘을 올려다보다가 갑자기 마음속
에 되살아난 것이다. 간이치의, 연기로 검게 더러워진 폐와 폐 사이
언저리에서 술기운으로 마비된 머리 뒤쪽을 향해, 멀리서 들리는 무
적(霧笛)[3]처럼 희미하고도 맑은 음색으로, 그 그리운 목소리는 울렸다.

——하늘이 둥글게 보일 수 있을까?

6년 전, 간이치는 그 물음에 뭐라고 대답했을까.

기억을 더듬는다. 벽의 색깔과 똑같이, 먼 기억은 몹시 애매하다.
그러나 예측은 되었다.

하늘은 둥글지 않을 거라고——간이치는 난폭한 말투로 그렇게
대답했을 것이 틀림없다. 대답이 되지 않는다. 물음 자체가 무효화되
어 버리는, 인정머리 없는 대답이다.

---

3) 안개가 끼었을 때 선박 충돌과 같은 사고를 막기 위하여 등대나 배에서 울리는 고동.

연회의 시말

당연히 그다음 대화는 없었을 것이다. 그 후 끈질기게 질문을 당한 기억도, 그 이외의 대답을 한 기억도, 간이치에게는 전혀 없다.

간이치는 한숨을 쉬었다. 분명히 그런 대답을 들으면, 아무리 납득이 가지 않더라도 다시 물어볼 마음은 사라질 것이다. 그러면 묻지 말라고 강요하는 것이나 마찬가지다. 그런 무렵부터 이미, 자신은 아무것도 몰랐던 것이다. 사소한 것이기는 해도 엇갈림의 싹은 6년이나 전부터 이미 있었던 것이다.

——사소하지 않은 걸까.

사소하다고 생각하는 것은 어른의 사정이다. 나이도 차지 않은 어린아이에게는, 유감스럽게도 그것은 중대한 일이었을지도 모른다. 그렇게 되면 설령 간이치에게 악의가 없었다고 해도, 그 무뚝뚝한 말투가 부모 자식 사이에 얼마나 큰 고랑을 팠을지 알 수 없지 않은가. 간이치는 똑바로 누워 다시 천장의 얼룩을 보았다.

물론——간이치에게도 아이를 귀여워하는 마음은 충분히 있었다. 그러나 아무리 그런 마음이 있었다고 해도 붙임성 있게 행동할 수는 없었을 것이다. 아무리 사랑스럽다고 생각해도, 어차피 어린아이를 대하는 방법이 서툰 간이치는 알 리도 없었던 것이다. 그 얼마 전까지 간이치는 군인이었고, 죽이거나 죽임을 당하거나, 그런 것만을 진지하게 생각하고 있었으니까.

——6년.

그 후로 벌써 6년——아니, 겨우 6년이다.

겨우 6년밖에 지나지 않았다. 그런데.

——그 아이는.

그때, 이상한 소리가 울렸다.

도불의연회

그놈들이 내고 있는 것이다.

──징인가. 피리인가.

사나흘 전부터 기묘한 옷차림을 한 놈들이 동네를 배회하고 있다. 놈들은 네거리 모퉁이마다 서서 귀에 익숙지 않은 이국(異國)의 악기를 울린다. 그냥 울리기만 할 뿐이고, 탁발승처럼 공양을 요구하는 것은 아닌 모양이었다. 종교 활동인 것 같았다.

소리는 곧 그쳤다. 딱히 불법 행위는 아니다. 단속 대상이 될 만한 것도 아닐 것이다. 불쾌한 소리도 아니고, 소음이라고 할 정도의 것도 아니다. 흘려들으면 신경도 쓰이지 않을 정도의 소리다. 하지만──.

아무래도 차분하지 못한, 어딘가 허무한 기분이 든다. 낯선 놈들이 길가에서 기묘한 소리를 내고 있다는 오직 그것만으로 이 동네 자체가 미묘하게 일그러져 버린 것 같은, 그런 기분이 드는 것이다. 간이치는 몸을 일으켰다. 목 언저리가 아팠다.

아들에게──붙박여 받은 상처다.

목을 문지른다.

──다카유키.

간이치의 아들은 다카유키라고 한다. 전쟁이 시작될 무렵에 태어났을 테니, 올해로 아마 열두 살이 될 것이다. 허약하고, 입이 짧고, 평소에 벌레도 죽이지 못하는 다정한 아이로, 배짱이 없다, 기개가 없다고 꾸짖은 기억은 있지만 난폭한 짓을 하지 말라고 야단친 기억은 단 한 번도 없다. 물론 아들이 폭력을 휘두르는 모습을 간이치는 본 적이 없었다.

그것은──그것은 오직, 간이치가 아무것도 보지 않고, 아무것도 듣지 않고, 아무것도 모르고 있었다는, 오직 그것뿐이다.

일부러 세게 목을 누른다. 아프다. 더욱 누른다. 이 둔한 아픔과 이마의 멍이, 아버지로서의 스스로의 무능함을 무엇보다도 웅변적으로 말해 주고 있다.

크게 숨을 들이쉬었다.

"다카유키."

소리 내어 중얼거린다.

대답을 하는 사람은 없다.

집에는 아무도 없는 것이다. 왠지 아쉬운 듯하다. 그런 행위는 전혀 간이치답지 않다. 그러나 아무도 없기 때문에 더더욱 실컷 사내답지 못한 행동을 해 보고 싶었다. 간이치는 이대로 눈물을 흘리며 이불에 엎드려 보고 싶다는 생각마저 했다. 눈물 따위는 나오지 않았지만.

다시 그 이상한 소리가 울렸다.

어제 ──.

간이치는 다카유키에게 얻어맞았다. 그때, 온순한 줄 알았던 아들은 얼굴을 찡그리며 고함치고, 화내고, 아내는 아내대로 울부짖고 흐트러지고, 간이치는 그저 허둥거리고 있었다. 일격을 당한 그 순간, 간이치는 세상에는 돌이킬 수 없는 것이 있다는 사실을 알았다.

간이치는 힘센 경찰관이다. 허를 찔렸다고는 하지만, 잠자코 얻어맞을 이유도 없다. 그러나 그때 간이치는 빈틈투성이였다. 켕기는 데가 있었기 때문일 것이다.

다카유키가 들고 있던 것은 생일에 사 준 문진(文鎭)이었다. 그것을 확인한 순간, 간이치에게서 행패를 부리는 자식에 대한 모든 저항력은 사라졌다.

두 번째도 제대로 얻어맞았다.

도불의 연회

어리석게도 세 번째에 간이치는 기절했다.

그 후 대체 어떻게 되었는지, 그래서 간이치는 잘 모른다. 정신이 들었을 때 이미 아들의 모습은 없었고, 고개를 수그린 아내는 그저 고개를 수그릴 뿐 말을 해 주지 않아, 아들의 행방을 캐물을 수도 없었다.

그리고 간이치는 경관이 된 지 6년째에, 처음으로 일을 쉬었던 것이다.

무리할 수 없는 성격도 아니고, 걸을 수 없을 정도로 아픈 상처도 아니었으니 원래 같으면 쉴 필요는 없었지만——.

가고 싶지 않았다. 자신의 직장이 몹시 더러운 곳처럼 여겨져서 견딜 수가 없었다.

게다가 여기에서 태연하게 평소와 다름없는 행동을 취해 버린다면, 아무래도 가족에게, 아내와 아이에게 변명을 할 수 없을 것 같기도 했다. 변명을 해야 할 가족은 이미 망가져 버렸는데도. 아니, 오히려 그것이야말로 인정하고 싶지 않았을 뿐일까.

——어차피 변명이야.

요컨대 간이치는 억지로 비일상성을 연출해 현실에서 도피하고 싶었던 것이리라.

이 상황은 일상과는 다르다, 어찌 되었든 다르다고——열심히 자신에게 들려주기 위해, 간이치는 직무를 포기한다는, 가장 간이치답지 않은 행동을 선택한 것이라고 생각한다. 그것이 자신이야말로 피해자라는 암묵적인 주장이기도 했을 것이다.

뭔가 비겁하군——이라고 생각했다.

당연한 일인 것 같기도 했다.

소리는 그쳐 있었다.

——그러고 보니.

아내는 어디로 갔을까.

어디로 간다고 말하고 나갔을 것이다.

이불 위에서 책상다리를 하고 앉아, 한껏 등을 웅크리고 간이치는 집 안을 한 바퀴 둘러보았다.

눈에 익어야 마땅할, 낯선 풍경.

질리도록 보았다고 생각한, 미지의 풍경.

돌아보아야 할 가정이 없어지고 나서야 비로소, 간이치는 쉴 결심을 한 것이 된다. 막상 쉬게 되고 보니 가족 쪽이 없어져 버렸다.

——얄궂은 노릇이다.

정말, 정말 우습다.

간이치는 마치 벌레라도 씹는 듯한 기묘한 표정을 지으며——.

몇 번인가 웃었다.

——정말이지.

세상은 얄궂다고 생각한다.

오늘 새벽, 관할 내에서 사건이 발생했다.

살인사건이라고 한다. 그것도—— 엽기 사건인 모양이다.

간이치는 형사과에 배속되기 전에도 방범과에서 보안계를 1년 동안 담당했고, 파출소 근무도 2년 정도 했지만, 단 한 번도 살인사건과 마주친 적은 없었다. 그런데—— 하필이면.

누군지 모르겠지만, 간이치가 쉬기를 기다리기라도 했던 것처럼 사람을 죽일 필요는 없지 않으냐고, 소식을 들은 간이치는 진심으로 그렇게 생각했다.

도불의연회

―― 정말로.

이런 때에――.

운이 나쁘다고밖에 말할 수가 없다.

간이치는 이마에 손을 대고, 손가락을 얼굴에 미끄러뜨렸다.

후배의 보고에 따르면, 사건이 발각되기까지의 경위는 대략 다음과 같다.

어제 심야, 전라의 여성의 시체 같은 것을 짊어진 남자가 어슬렁거리고 있다는 신고가 렌다이지 온천의 주재소에 몇 통 연달아 들어왔다고 한다. 처음에 순경은 농담이나 잘못 본 것일 거라고 생각한 모양이다. 간이치가 순경이라도 당장은 믿지 않았을 것이다. 그러나 신고가 다섯 건을 넘은 시점에서, 순경도 생각을 바꾸지 않을 수 없게 되었다고 한다. 들어온 정보를 종합해 보면 알몸의 여자를 짊어진 남자는 아무래도 다카네 산중으로 들어간 것 같았다. 순경은 숙고 끝에 서에 연락을 넣었다. 그리고 새벽에 지방 소방단원 몇 명을 데리고 산중으로 갔고, 산꼭대기 근처에서 시체를 발견했다는 것이다.

시체는 밧줄에 묶여, 나뭇가지에 높이 매달려 있었다고 한다.

보통 일은 아닐 것이다.

사람을 죽이고 나무에 매단다는 행위는, 흉악하다기보다 오히려 부조리하지 않은가.

그런 행동에 이르는 사람의 심정을, 간이치는 전혀 이해할 수가 없다. 광인(狂人)의 짓이라고밖에 생각되지 않는다. 다른 사람은 헤아릴 수 없는 뿌리 깊은 사연이라도 있었던 것일까. 하지만 설령 그것이 원한이 골수에 사무칠 정도의 원수였다고 해도, 나무에 매단다고 어떻게 되는 것도 아닐 것이다. 그런다고 마음이 풀릴까.

연회의 시말

풀릴 것 같지는 않다.

그러나 이런 종류의 소위 엽기 사건은, 세상에서는 아무래도 끊이지 않고 일어나는 모양이다. 이야기만이라면 간이치도 자주 들었다. 그래도 그런 지어낸 이야기 같은 사건은, 간이치 주변에서는 역시 현실의 일일 수는 없었다. 일어나고 있다고 해도 그것은 다른 세상의 사건이다. 상관하고 싶지도 않고 상관할 일도 없을 거라고, 지금껏 그렇게 생각하고 있었다.

아무래도 현실감이 들지 않는다.

그렇다, 현실감이 없는 것이다. 길가에서는 이인(異人)이 귀에 익지 않은 소리를 울리고, 가장 사랑하는 아들은 아버지를 덮치고, 나무에는 시체가 매달린다——그런 현실은 거짓이다.

분명히 자신은 잘못된 것이라고 간이치는 생각했다.

간이치는 어디에선가 열어서는 안 되는 문을 열고 차원이 다른 세계에 발을 들여놓고 만 것이 아닐까. 그때까지 자신이 살고 있던 세계와 현재 자신이 있는 세계는, 모든 것이 다 똑 닮기는 했지만 어딘가가 미묘하게 어긋나 있다. 아무것도 달라지지 않았는데 전혀 다르다. 이 세계는 가짜다. 잘못되었다. 어디가 다른 건지 전혀 알 수 없지만, 어딘가가 일그러져 있다. 가족이 망가진 것도 그 일그러짐 때문인 것이 틀림없다. 자신은 어디에서 잘못한 것일까. 어디에서 다른 세계의 문을 연 것일까——.

——현실도피다.

그렇다. 그런 것은 망상이다. 아무리 일그러져 보여도, 아무리 잘못된 것처럼 느껴져도, 아무리 부조리해도, 아무리 괴로워도——.

——이것이 현실이다.

도불의 연회

간이치는 양손으로 뺨을 때렸다.

다행히 —— 용의자는 현장에서 현행범으로 체포되었다고 하니, 그렇다면 그렇게 귀찮은 사건은 아닐 것이다. 그러나 그렇게 생각하니 더욱, 간이치의 몸은 움직이지 않았다. 소식을 들었을 때도, 자신은 지금 그럴 때가 아니라고 —— 간이치는 그렇게 강하게 생각했다.

물론 생각만 했을 뿐이고 말한 것은 아니다. 아무리 심각해도 결국은 개인적인 사정이고, 그렇다면 공적인 일에 통용되지는 않는다. 간이치는 고작해야 아들에게 얻어맞았을 뿐이다. 간이치에게는 큰일이겠지만 세상에서는 흔히 있는 일 일지도 모르고, 어쨌든 살인사건 해결 쪽이 우선되어야 할 사항이기는 할 것이다.

그러니 언제까지나 이렇게 누워 있을 수는 없다. 아무리 가슴이 아파도, 아무리 목이 욱신거려도, 설령 가족이 뿔뿔이 흩어지게 되더라도 —— 간이치에게 울고 있을 시간은 없다.

내일부터는 직장에 복귀하기로 되어 있다.

간이치는 다시 창밖을 보았다.

창틀에 잘린 하늘은 여전히 네모졌다.

*

그렇다.

분명히——그때, 동네는 아주 조금 일그러지기 시작하고 있었다.

무라카미 간이치가 혼자 번민하고 있던 그 무렵——세계의 희미한 일그러짐은, 이미 감지할 수 없을 정도로 희미한 중압을 그 동네에 사는 한 사람 한 사람에게 가져오고 있었던 것이다.

물론 자각하고 있었던 사람은 아무도 없을 것이다.

그 자각 없는 중압은 사람들에게 자각 없는 불쾌감을 준 것이 틀림없다. 부조리한 불쾌감은 흐릿한 불안과 막연한 초조감을 생성했고, 이윽고 그것들은 이유 없는 짜증으로 그 모습을 바꾸었다.

그리고 일그러짐은 바람을 일으켰다.

차분하지 못한, 싫은 바람이다.

그 차분하지 못한 바람은 천천히 길을 지나 동네 전체를 돌고, 집들의 창문 틈으로 장지의 찢어진 틈새로 슬쩍 침입해, 목덜미를 간질이고 귓가에서 소용돌이를 치며 조용히, 매우 조용히 동네 전체를 휘저었다.

흐린 하늘에 흙먼지를 일으키고, 겁먹은 들개가 달려간다.

동네 외곽에서는 개 짖는 소리가 몇 번이나 들려온다.

짐승은 아는 것이다. 이 심상치 않은 기척을.

겉모습은 일상과 다를 바가 없다.

도불의연회

땀을 닦으면서 짐수레를 끄는 남자.

검은 판장담에 이불을 너는 주부.

평소와 다름없는 한적한 경관(景觀).

그러나——.

말없이 짐수레를 끄는 남자도, 열심히 이불을 말리는 여자도 어딘가 비장하고, 필사적으로 무언가를 지키려고 하는 것처럼 보이지는 않는가.

기분 탓은 아닐 것이다.

물론 우민(愚民)에게 그런 거창한 인식은 없겠지만.

저 인부는 짐수레를 끄는 것이 생업이다. 날이면 날마다 짐수레를 끌며 생계를 꾸려 가고 있을 것이 틀림없다. 부인이 이불을 말리는 것은 위생을 위해서라든가 축축해져 버렸기 때문이라든가 하는 것보다도, 어제도 그제도 말렸으니까——라는 것이 정답일 것이다. 맑은 날은 이불을 말리는 거라는 기호화된 일상에, 저 부인은 털끝만큼의 의문도 품고 있지 않은 것이다.

하지만——.

잘 생각해야 한다.

하늘은 하얗게 흐려지고, 햇빛이 비처드는 기색이라고는 전혀 없지 않은가. 비가 내리지 않는다는 것뿐이지, 이불을 말리기에 어울리는 날씨는 아니다.

거창한 짐수레의, 그 짐칸 위를 보라. 충분히 손으로 들 수 있을 만한 작은 짐이 실려 있을 뿐이지 않은가.

무엇 때문에 수레를 끄는 것일까.

무엇 때문에 이불을 말리는 것일까.

연회의 시말   27

그것은 그저 오늘이 어제와 다르지 않다는 것을 확인하기 위해서 이루어지는 것이다. 일상생활에서 반복하고 있는 행위를 똑같이 반복함으로써 일상성은 보증되는 것이라고 사람들은 착각하고 있다. 그것은 이미 일상성을 획득하기 위한 일종의 의례(儀禮)가 되고 말았다.

이것은 공허한 저항이다.

사람들은 모두, 물밀 듯이 밀려오는 비일상을 배제하려고 형해화(形骸化)된 행위를 반복하고 있다.

그러나 —— 이미 행위에서 의미는 사라지고, 인과관계는 역전되고, 본말은 전도되지 않았는가.

이미 —— 늦었다.

희미한 일그러짐은 조금씩, 그러나 확실하게 이 동네에 사는 사람들의 평온함을 좀먹고 있었던 것이다.

주민의 안녕을 수호해야 할 경찰도, 그 예외는 아니었다. 그날 —— 이 동네의 경찰서는 말할 수 없는 긴장과 평온한 소동에 뒤덮여 있었다.

하기야 표면적으로는 조용했다.

신중한 것인지 겁이 많은 것인지, 공공에 미칠 영향을 고려해서 아침 일찍 발생한 살인사건의 자세한 내용은 아직 공표하지 않았기 때문에, 평정을 가장하지 않을 수 없었을 것이다. 그러나 서장에서 사무원, 경관에 이르기까지 누구 한 사람 조용하고 편안한 사람은 없었다. 시즈오카 현 본부에서는 요란스럽게 수사원이 도착해, 벌써부터 불협화음을 연주했다.

연회의 멍청한 소동은 —— 이미 시작된 것이다.

도불의연회

소리를 내며 난폭하게 문이 열렸다.

직업상 행동이 조잡한 것은 어쩔 수 없는 일이라고 해도——그렇다고 해도 귀에 거슬리는 잡음이었다. 그때 큰방에 있던 초로의 형사는 왼손으로 위 언저리를 누르고 나서 담배 연기를 책상 위에 후우 내뿜고, 들어온 젊은 형사를 노려보았다.

"어떤가."

"큰일이네요."

"그런 건 알고 있어——."

그렇게 아무렇게나 말하며 노(老)형사는 담배를 비벼 끈다. 그 얼굴은 흙빛이고, 표정에도 전혀 생기가 느껴지지 않는다. 대조적으로 젊은 형사 쪽은 웃음을 띠고 있는 것처럼도 보였다.

"——아침 댓바람부터 여자가 알몸으로 나무에 매달려 있었지 않았나. 큰일이지, 정말."

이런 일은 처음이야——하고 노형사는 한숨을 쉬었다. 그 힘없는 말을 받아, 꼭 탐정소설 같지요——하고 젊은 형사는 말했다. 서로 엽기 사건을 다루는 것은 처음일 것이다. 그러나 이 반응 차이는 각자의 사명감이나 인생관에 기초한 것이 아니라 즉, 체력의 차이인 것 같았다.

젊은 형사는 팔을 깍지 끼면서 동시에 다리를 꼬았다.

"그보다 몸은 좀 괜찮으십니까, 아저씨. 아무래도 기후가 좋지 않으니까요."

걱정 말게, 열은 내렸네 —— 몹시 불쾌한 듯이, 노형사는 그렇게 말했다.

"—— 코감기야. 애초에 대단한 건 아닐세. 도대체가 그런 바보 같은 사건이 일어나 버려서야 누워 있을 수도 없지 않나. 열도 내려 버렸어."

"그야 뭐, 어찌 된 셈인지 최근에 결근하는 놈들이 많아서 아무래도 일손이 부족하니까 감사하긴 한데."

아저씨도 나이가 있으니 너무 무리하지 마세요 —— 하고 젊은 형사는 아무렇게나 말했다. 자네한테 그런 말을 듣다니 나도 다 됐나 —— 하고 노인은 밉살스럽게 대답한다.

"뭐 좋아. 상황을 자세히 가르쳐주게. 수사회의 보고는 일단 들었네만, 무슨 소린지 알 수가 있어야지. 잘 이해가 되지 않네. 취조도 그렇고 탐문도 그렇고, 아무래도 힘이 나지 않아서 원."

"아아 ——."

묘한 사건입니다 —— 젊은이는 의자를 당긴다.

"우선 당사자의 신원이 밝혀졌습니다. 살해된 사람은 오리사쿠 아카네, 28세 —— 아저씨도 아시지요, 그 방직기를 제작하는 오리사쿠 일족의 과부."

"아아 —— 보소[房総]의? 이보게, 그럼 그 피해자는 요전에 지바와 도쿄를 떠들썩하게 했던 그 연속 살인사건에 휘말려 일족 전원이 죽은, 그 오리사쿠 가의 생존자라는 건가? 그런가 ——."

"그래요, 맞습니다 ——."

도불의연회

하고 젊은 형사는 흥분한 듯이 대답했다.

"이제 정말로 일가가 전멸, 한 게 되려나요. 강 건너 불이 옮겨붙었다는 느낌입니다."

"전 사건과의 관련은."

"그건 우선 없을 겁니다."

젊은 형사는 담배를 물었다.

"그 사건의 범인은 체포되었으니까요. 송치도 끝났을 겁니다. 석방되었다거나 탈옥했다거나, 그런 이야기는 듣지 못했어요."

젊은 형사는 성냥을 그었다.

슈욱, 하고 작은 소리가 났다.

노형사는 코를 훌쩍인다. 인이 타는 향이 코를 스쳤기 때문일 것이다.

"하지만——너무 짧지 않나? 겨우 석 달이라고. 사람이 아무리 막살았다고 해도, 연속해서 그런 흉악한 사건——살인사건에 휘말릴 수는 없어. 아니, 평생에 한 번 있을까 말까 아닌가. 아니, 아니, 대개는 없네. 그런데 연달아——."

전쟁이라는 대살육 사건에는 국민 전체가 휘말렸지만요——하고 젊은 형사는 뺨을 경련시키며 말한다.

"뭐 불행한 집안이라는 뜻일까요. 모처럼 살아남았는데 말입니다. 어쨌든 초봄의 사건은 완전히 끝났습니다. 이번 사건은 별건이에요. 범인도 놈이 틀림없고."

"그랬으면 좋겠군——."

노형사는 내운 듯 얼굴을 찌푸렸다.

"——전 사건부터 다시 조사하는 건 질색이야."

연회의 시말

"그런 건 도쿄 경시청도 지바 본부도 시키지 않을 텐데요. 다시 말하지만 전 사건의 서류 송치는 끝났습니다. 용의자도 범행을 인정하는 진술을 하고 있어요. 어쨌든 현행범으로 체포된 것 같으니까요. 관계자도 거의 다 죽었으니 여한이 남지도 않을 거예요. 애초에 피해자는 가족을 잃은 분이니까요. 원망하는 마음은 있을지언정 원망을 살 이유는 없지 않습니까."

"하지만——그 미망인이 어째서 렌다이지 온천 같은 곳에 있었단 말인가. 탕치(湯治)⁴⁾인가?"

"글쎄요. 일행의 이야기로는 근교의 신사에 무언가를 봉납하러 왔다나 뭐라나."

"일행? 일행이 있나? 남자—— 인가?"

"남자입니다. 이름은—— 으음, 쓰무라, 쓰무라 신고로군요. 단고[丹後] 쪽에 있는 하타 제철의 이사 고문, 하타 류조의 제1비서라고 합니다."

"신원 확인은."

"확인했습니다. 고용주인 하타 씨 본인도 이쪽으로 오고 있다고요. 뭐, 거물입니다. 어떻게 취급해야 할까요?"

"귀찮게 되었구먼. 오리사쿠 아카네와 하타 류조는 뭔가 관계가 있나?"

"먼 인척 관계에 있다——고 하더군요. 가족이 없게 된 피해자의 부모 대신이라고 자칭하고 있는 모양이던데요. 저는 그런 이야기는 듣지 못했어요."

"자네가 듣지 못했다는 건 뭐야?"

---

4) 온천에서 목욕하며 병을 고치는 일.

도불의연회

"잡지 같은 데 이것저것 실려 있지 않습니까, 비극의 미망인 오리사쿠 아카네. 하지만 그런 거물과 친척이라는 이야기는 어느 기사에도 실려 있지 않았습니다. 자, 그건 그렇고 어떻게 할까요, 공식 발표는. 소란스러워질 겁니다. 안 그래도 엽기 사건이니까요."

으음——노형사는 머리를 끌어안았다. 싫어서 견딜 수 없다는 태도다.

"뭐——그런 건 서장이랑——시즈오카 본부에서 생각할 일이겠지. 우리는 해결만 하면 돼. 해결만 하면. 이보게, 그리고 보니——무라카미 녀석은 어떻게 되었나? 연락은 했나?"

아아——젊은 형사는 표정을 누그러뜨렸다.

"간 씨라면 내일부터 나올 거라고 합니다."

"호오. 연락했는데 오지 않는다?"

그 무라카미가 말이지——라고 말하며, 노형사는 의아한 얼굴을 한다.

"아저씨도 열이 나는 걸 참고 나온다고, 제가 말했는데 말이지요. 넘어져서 언덕에서 굴러떨어졌다고 하던데——어지간히 심하게 다쳤나 보지요. 평소의 그 사람이라면 이야기를 듣자마자 달려올 텐데."

"그렇지는——않겠지."

노형사는 얼굴을 찌푸렸다. 무슨 뜻입니까——라는 젊은이의 물음은 무시되었다.

"그보다 그 남자, 그——피의자는 자백했나?"

노형사는 눈을 내리뜨고 젊은 형사를 보았다.

젊은 형사는 담배를 물고 있던 입을 쑥 내밀었다.

연회의 시말

"자백이라면 처음부터 자백했습니다, 그놈은. 어쨌든 현장에 멍하니 서 있었으니까요."

"이보게, 그것만으로는."

"아니, 자백도 했어요. 현장에 달려간 경관에게, 내가 그랬다——고 지껄였으니까요."

"자백했다고?"

"네. 그래서 체포했지요."

"그런데 어째서 말썽이란 말인가?"

"으음——그걸 모르겠습니다."

"몰라? 뭘?"

젊은 형사는 어깨를 으쓱했다. 담뱃재가 떨어졌다.

"착란을 일으키고 있습니다. 무엇을 물어도 헛소리 같은 말을 줄줄이 늘어놓고, 우우니 아아니, 무슨 이야기를 하는 건지 전혀 모르겠다니까요——."

젊은이는 검지를 자신의 머리에 댔다.

"——이걸지도 몰라요."

"그럼."

"아아. 그놈은 정신과 감정이 필요할지도 모른다는 말입니다. 자키 씨는 아니라고 주장하면서 늘 그렇듯이 끈덕지게 쥐어짜고 있지만요. 반드시 자백시키고 말겠다고, 핏대가 아주 단단히 서 있더라고요."

"오자키한테 맡기면 안 돼. 우리는 민주 경찰일세. 특고가 아니라고. 그 녀석은 인권이라는 것에 전혀 이해가 없어. 시즈오카 본부의 견해는?"

도불의 연회

"보류입니다."

"교활하군."

"교활합니다. 하지만 제가 보기에는——."

젊은 형사는 다시 관자놀이를 손가락으로 찔렀다.

"하지만—— 그렇다면—— 변태성 살인인가?"

"그야 변태지요——."

그렇게 말하면서 알루마이트 재떨이를 들고, 젊은 형사는 손가락이 탈 정도로 짧아진 담배를 비벼 껐다.

"심야에 온천에 잠입해서 목욕 중인 알몸의 여자를 목 졸라 죽인 시점에서, 이미 변태잖아요."

"그건 그렇지만—— 숨은 동기가 있을지도 모르지 않나. 원한이라거나, 이해관계가 있다거나. 용의주도하게 짜인 계획적인 범행일지도 몰라. 미친 척하는 것일 수도 있지."

아닙니다, 아닙니다—— 젊은이는 힘없이 손을 젓고, 의자를 끌어다 걸터앉았다.

"행동에 일관성이 너무 없거든요. 그건 그냥 미치광이의 짓입니다. 과실이든 계획적 범행이든, 설령 무엇이라고 해도 말이지요, 사람을 죽여 놓고 자수할 마음이 없다면 도망치지 않습니까? 보통은."

"도망친 게 아닌가?"

"도망친 게 아닙니다. 매달아 놓고 보고 있었어요. 그놈, 도망치기는커녕 현장에서 시체를 짊어지고 산을 올라갔다니까요. 몸집이 작다고는 해도 시체는 무겁습니다. 정말 하체가 튼튼한 변태 놈이지 뭡니까. 애초에 아무리 밤이라도 알몸의 여자를 짊어지고 거리를 돌아다니면 눈에 띄잖아요? 보통 그러나요?"

연회의 시말

"안 그러지."

노형사는 무뚝뚝하게 대답한다.

"그래요. 안 그러지요. 범행을 목격한 사람은 없었던 것 같으니 냉큼 도망치면 될 일입니다. 그런데 말입니다. 이제 목격자 속출입니다. 신고는 모두 일곱 통. 탐문을 해 보면 증언자는 더 나오겠지요. 그리고 그런 위험을 무릅쓰고 말이지요, 예를 들어 시체를 숨기려고 했다거나 버리러 갔다거나, 뭔가 조치를 한 거냐 하면 그것도 아니란 말입니다. 놈은 숨기기는커녕 정정당당하게 —— 이상한 말이지만, 어쨌든 봐 달라는 듯이 나무에 매달았어요. 게다가 멀리서도 엄청나게 눈에 띄는 커다란 나무를 골랐고요. 엄청나게 높은 나무입니다. 이건 상당한 수고입니다. 아니나 다를까, 수색하러 들어간 소방단은 금방 발견했어요. 이런 상식을 벗어난 범죄가 있습니까? 대체 무슨 의미가 있는 겁니까?"

"의미가 있다면 —— 탐정소설이로군."

"의미 같은 건 없어요. 달려간 순경의 이야기로는, 놈은 경관의 모습을 보고도 달아나려는 기색도 없이, 그저 멍하니 넋을 놓고 시체를 바라보고 있었다고 합니다. 그래서 체포된 거니까요."

"그렇군."

"그렇습니다. 무의미합니다. 전혀 의미가 없어요. 도대체가 경관이 뭘 하고 있느냐고 물어도요, 놈은 실실 웃고 있었대요. 그리고 엄하게 캐물을 것까지도 없이 현장에서 냉큼 자백해 버렸어요."

"그걸 모르겠네. 당장 불었단 말인가?"

"그때는 순순히 불었다고 합니다."

"잘못했습니다, 하면서 양손을 내밀던가?"

도불의 연회

"아니, 이건 대체 누가 한 거냐고, 경관——렌다이지 파출소의
순경이지요. 이 사람이 물었어요. 당연히 묻겠지요. 범인이라고는
생각하지 않았을 테니까요. 그랬더니, 잘 모르겠지만 아마 내가 그랬
을 거다, 라고 대답했다고 합니다."

"그래? 그렇게 선뜻 자백했나? 하지만——그럼 이미 해결된 게
아닌가? 이제 와서 뭘 조사하는 거야? 현행범이지 않나."

글쎄요——젊은 형사는 오른쪽 눈 밑을 문질렀다.

"그러니까——아마, 니까요. 아마 내가 그랬을 거다."

"아마? 아마라는 건 뭔가."

"글쎄요."

"글쎄라니, 이보게."

젊은 형사는 이마에 주름을 짓고, 손가락으로 긁적였다.

"놈은, 잘 모르겠다고 말했어요. 모르겠지만, 아마 내가 그랬을
거다, 그리고, 저지른 나는 도망쳤다——고, 지껄였다고 합니다."

"뭐야——그건?"

모르겠습니다——젊은 형사는 어깨를 이완시키고 고개를 몇 번
좌우로 흔들었다.

"그건 당최 무슨 소리인지."

젊은이는 얼굴을 일그러뜨렸다.

"——그래요, 지성이라고는 조금도 없으니까요. 아직 30대일 텐
데, 뭐랄까, 벌써 망령이 났다고 할까요. 나사가 풀렸다고 할까, 원숭
이와 대화하는 것 같았습니다. 죽은 고등어 같은 눈을 하고 있고,
혀도 제대로 돌아가지 않고."

"약이라도 한 건 아닌가?"

"그런 훌륭한 놈이 아닙니다."

"마약중독이 대체 어디가 훌륭한가?"

"이러니저러니 해도 그놈들은 원해서 망가진 거잖아요. 돈도 들였고요. 하지만 필로폰도 아편도 그렇게 멍청이가 되지는 않습니다. 아저씨도 만나 보면 아실 겁니다. 상대하고 있는 이쪽이 바보가 될 것 같은 상태거든요. 자키 씨가 초조해하는 것도, 이번만은 알 것 같다니까요."

혐오의 표정을 여실히 띠는 젊은이를 보고, 노인은 떨떠름한 표정을 짓는다.

"그렇게 —— 심한가? 신원은? 부랑자나 뭐 그런 건가? 떠돌이 인부인가?"

"소설가 —— 라고 지껄이고 있는데요. 아직 확인은 되지 않았습니다. 주소는 도쿄 나카노인 것 같아서 일단 전과가 없는지 도쿄 경시청에 조회 중입니다. 어쨌든 이름을 말하는 게 고작이라서요. 그 외에는 놋페라보니 사라진 마을이니, 당최 무슨 소리인지 ——."

"놋페라보?"

"이런 얼굴의 요괴 —— 말입니다. 웃기는 소리지요."

"이름은 말할 수 있다는 거지? 이름은."

"세키구치 다쓰미 —— 라고 말하고 있습니다. 자칭이지만요."

"세키구치? 못 들어본 이름이군. 하기야 소설이라고는 읽은 적이 없지만. 소설가는 이토 세이[5]나 시가 나오야[6] 정도밖에 모르네."

---

5) 伊藤整(1905~1969). 홋카이도 출신의 평론가·소설가. 제임스 조이스 등에 의한 신심리주의 문학을 주장, 전후에는 사소설적 문학 전통과 정신의 이론화·방법화를 목표로 하였다. 저서로 '소설의 방법', '일본 문단사', 소설 '나루미 센키치', '변용' 등이 있다.

6) 志賀直哉(1883~1971). 미야기 현 출신의 소설가. 미야노코지 사네아쓰 등과 함께 잡지 '시라카바[白樺]'를 창간하였다. 강인한 개성에 의한 간결한 문체로 산문 표현의 하나의

도불의연회

우선 처넣어 두었으니 뒷일은 잘 부탁드립니다, 아저씨——라고 말하고, 젊은 형사는 일어섰다.

"뭐야, 뭔가 다른 사건인가?"

노형사가 묻자, 저거요——하며 젊은 형사는 천장을 가리켰다.

노형사는 위를 한 번 보고, 그러고 나서 젊은이의 얼굴에 시선을 던졌다. 손끝은 천장을 향하고 있지만, 시선은 벽 너머——건물 바깥——큰길을 향하고 있는 것 같다.

"뿌우뿌우 쾅쾅 소리가 나지 않습니까. 시끄럽지는 않지만—— 저 제등 행렬 단속에 합류할 겁니다. 이렇게 바쁠 때는 짜증이 나요 ——응. 아니지. 놈들 쪽이 먼저였으니까, 이렇게 시끄러울 때 사람을 죽이다니——라고 말하는 게 정확하려나."

창 쪽으로 얼굴을 향하며 젊은 형사는 한숨을 내쉬었다.

혀를 찬다.

노형사는 건조한 뺨의 근육을 굳힌다.

"그런 걸——군이 자네가 갈 필요는 없잖나. 교통과에나."

"그게 아니에요. 탐문입니다."

"무슨?"

"왜 그러세요, 이 사건 말입니다. 놈들은 지난 며칠 내내 이 주변에 모이거나 돌아다니거나 했으니까요. 렌다이지 쪽에도 있었던 모양이고, 뭔가 봤을지도 모르잖아요."

"봤다——고?"

노형사는 팔짱을 꼈다.

"저놈들——누군가?"

도달점을 보여 주었으며 문화훈장을 수상하였다. 작품으로 '화해', '암야행로' 등이 있다.

"성선도라고 하는 모양입니다."

"생선[7] —— 그건 뭐야?"

신흥종교입니다 —— 젊은이는 내뱉듯이 말했다.

"수상해요. 본거지는 야마나시인가 그렇다는데, 북부에서 시즈오카로 침공해 와서, 마침내 이 시모다까지 공격해 들어왔대요."

"뭘 믿는 종교인가? 그리스도인가 법화종인가?"

"그게 뭡니까?"

"있잖나. 본존이라든가, 그."

"글쎄요."

전혀 모르겠습니다, 라고 말하며 젊은이는 발을 내디딘다.

그리고 한순간 문득 이쪽을 보았다.

나는 가볍게 미소를 짓고 자리에서 일어섰다.

그리고 젊은 형사를 추월해 목례를 한 번 하고 방을 나섰다.

"아저씨 방금 그 사람은 ——."

방금 그 남자는 누구였느냐고, 등 뒤에서 목소리가 났다.

---

7) 성선도의 성선(成仙)과 생선(生鮮)의 일본 발음은 'せいせん'으로 서로 같다.

도불의 연회

＊

　그러고 보니──한동안 하늘을 보지 않았다.

　공허하게 흐려진 아내의 눈을 더욱 공허한 눈으로 바라보면서, 무라카미 간이치는 그런 생각을 하고 있었다.

　당신은 왜 그래요──.

　그것은 복원한 후로 6년 동안, 몇 번이나 되풀이해서 들어 온 말이다.

　그런데도──그게 무슨 뜻인지 간이치는 잘 알 수가 없었다.

　처음에는 간이치도 아마 그 말의 뜻을 집요하게 물었을 것이다. 납득했는지 어떤지는 기억나지 않는다. 그러나 그 무렵에는 그나마 아내의 진의를 알려는 노력은 있었다고 생각한다.

　하지만 되풀이될 때마다, 같은 말이 조금씩 의미를 달리하고 있다는 것을 간이치는 알았다.

　말을 하는 사람의 진의는 하는 말과는 다른 곳에 있고, 그것은 말 자체에서는 알아낼 수 없는 거라는 사실을, 꽤 긴 시간을 들여서 간이치는 학습했다.

　그리고 진의를 알아내지 못한 채 말은 되풀이되고, 이윽고 단순한 형식이 되고, 마침내는 의미를 잃었다. 슬프지도 않고 화도 나지 않게 되었다. 그것이 몹시도 허무해서, 간이치는 빛을 잃은 말에서 귀를 닫았다.

연회의 시말　　　　　　　　　　　　　　　　　　　　　41

정신이 들어 보니 아내의 말은 간이치에게는 전혀 닿지 않게 되어 있었다.

듣고 있는 거예요 —— 라고 아내는 물었다.

간이치는 그 물음에는 대답하지 않고, 그저 목을 문질렀다.

"그 아이는 ——."

아내는 —— 미요코는 울음 섞인 목소리로 말한다.

"—— 그 아이는 우리 아이라고 —— 당신이 말했잖아요. 말했죠?"

당연하다고 짧게 대답한다.

"내가 —— 잘못하기라도 했다고 말하고 싶은 거야?"

"그런 말은 하지 않았어요."

"그렇다면 ——."

"이제 되돌아갈 수는 없다고 말했던 사람도 당신이에요. 긍정적으로 생각할 수밖에 없다고 말했던 사람도 당신이에요. 그래서 나는 긍정적으로 ——."

"바보 같으니."

"뭐가 —— 바보인가요."

"그야, 당신 ——."

간이치는 아내에게서 얼굴을 돌리고, 밥상 위의 담배에 손을 뻗었다. 뭔가 틀렸다. 무언가가 잘못되었다.

"—— 어떻게 된다고 그래? 이건 부모 자식의 문제잖아. 우리 부부와 다카유키의 문제 아닌가? 남이, 그것도 그런 수상한 놈들이 대체 뭘 할 수 있어? 우리끼리 해결할 수밖에 없는 거야."

"어떻게 해결한다는 거죠?"

"그걸 ——."

도불의연회

── 해결할 수 있을까.

"그걸 생각하는 게 ──."

── 이제 돌이킬 수는 없는 것이다.

"── 부모의 역할이잖아."

간이치는 가슴속과 정반대되는 거짓말을 늘어놓았다.

도움도 되지 않는 단정한 말을 늘어놓음으로써 짓무른 가슴속이 치유되는 듯한, 그런 착각을 하고 있었던 것이다.

과연 입에서 나오는 말과 진짜 마음이라는 것은 이렇게나 동떨어져 있다는 것을, 그때 간이치는 납득했다.

부모의 역할이라고 생각하니까 더더욱 ── 하고 아내는 그 거짓된 말을 진심으로 받아들여 대꾸한다. 그렇지 않다고 간이치는 속으로 생각하지만, 해 버린 말은 이제 자신의 의지와는 무관하게, 멋대로 의미를 만들어내 간다.

"── 그래서 나는 ── 고민한 끝에."

"고 ── 고민한 끝에 종교야?"

간이치는 손가락에 끼운 담배를 방바닥에 내던졌다.

"웃기지도 않는군. 대체 그게 뭐야. 뭔지 모르겠지만 멋대로 묘한 놈들한테 상담이나 하고. 그런 놈들은 모두 사기꾼이야. 속임수일 게 뻔하잖아. 당신은 그런 것도 모르나!"

몰라요, 몰라요 ── 미요코는 몇 번이나 고개를 가로저었다.

머리카락이 흐트러져 무시무시한 형상이 된다.

"── 몰라요. 당신은 알아요? 알겠죠, 그렇게 잘난 척하니까. 해결할 수 있다면 해 주세요. 자, 지금 당장 그 아이를 돌려줘요. 그 착했던 다카유키를 여기로 돌려보내 줘요. 자 빨리. 빨리!"

"그——그만하지 못해!"

——시간을.

시간을 되돌려 다시 시작할 수 있다면.

——사흘.

——그래, 사흘이면 된다.

그거면 일상으로 돌아갈 수 있으니까——.

못해요, 그래요, 못하겠지요——미요코는, 어딘가 비웃는 듯한 말투로 그렇게 말했다.

몹시 신경에 거슬리는 말투였다. 그 말의 가시는 사정없이 간이치의 가슴을 꿰뚫었다.

자신의 무능함은 간이치 자신이 누구보다도 잘 알고 있다.

——남에게 들을 것까지도 없다.

"뭐예요. 아무것도 못하잖아요. 그래서 나는."

"다——당신이야말로 뭘 할 수 있어? 나한테만 그런."

"못해요. 아무것도, 아무것도 못하니까, 그래서 나는 지푸라기라도 붙잡는 마음으로——."

"바보 같으니. 그렇다고 그런 놈들한테——아무리 그래도 제정신으로 할 짓이 아니잖아!"

제정신이 아니라며, 간이치는 힘껏 밥상을 내리친다.

미요코는 말없이, 원망스러운 얼굴로 노려보았다.

"뭐——뭐야."

——잘못되었다. 이런 것은 잘못되었다.

미요코는 잠시 침묵을 지키더니, 그래요——하고 작은 목소리로 말했다. 그리고 갑자기 격앙했다.

　　　　　　　　　　　도불의연회

"——네. 제정신이 아니에요. 제정신이 아니고말고요. 그런 일이 있었는데 어떻게 제정신일 수가 있겠어요? 나는 당신처럼 똑똑하지 않으니까요. 바보니까요. 어쩔 수 없잖아요. 대체 뭐예요. 어떻게 그렇게 냉정할 수가 있어요? 당신은 왜 그래요?"

"시——시끄러워!"

——그렇지 않다. 그렇지 않을 것이다.

"보세요. 금방 그렇게 고함을 치지. 고함치면 어떻게든 될 거라고 생각하는 거예요. 그럼 어째서 어제 그 아이한테 고함치지 않았나요? 한심해. 어째서 껴안고 말려 주지 않았어요? 뭐예요, 뭐예요!"

그 아이는 나갔어요——미요코는 주먹으로 방바닥을 친다. 몇 번이나 친다.

"나까지 떠밀고——그 다정했던 아이가."

——그건 내.

"내——내 탓이 아니야. 나는——."

"보세요. 뭐예요. 이번에는 책임 회피? 기가 막히네. 뭐가 우리끼리 해결할 문제라는 거예요. 농담 말아요."

"다, 닥쳐. 닥치지 못해!"

"하아, 일이 바쁘신가요? 당신은 높으신 형사님이니까요, 시시한 가정일 따위가 귀찮게 구는 건 싫으시겠죠. 뭐예요. 때리게요? 폭력인가요!"

"이게!"

간이치는 미요코의 왼쪽 뺨을 때렸다. 제대로 맞지 않았기 때문에 다시 한 번 팔을 쳐들었다. 아내는 얼굴을 돌리고 손을 쳐들었다. 뿌리치듯이 손을 휘두른다.

——아니다, 아니다.

이런 짓을 하고 싶은 게 아니다.

미요코는 발버둥을 치며 낑낑거리는 소리를 냈다.

간이치는 오로지 아내의 뺨에 손바닥을 명중시키고자 몇 번인가 팔을 휘둘렀지만, 이성을 잃은 자신이 얼마나 우스꽝스러운지 깨닫고 말아 급격하게 정신이 들었다. 두근두근 동맥이 파도치며, 심장박동의 상승을 알리고 있었다.

눈이 따끔거린다.

들고 있던 팔을 천천히 내린다.

겁먹은 미요코는 작은 동물을 생각나게 하는 동작으로 펄쩍 뛰듯이 거리를 벌리더니, 방구석에 웅크리고 어린아이처럼 엉엉 울었다. 아내의 모습이 이중 삼중으로 흐려졌다. 그 흔들리던 모습이 하나로 합쳐질 때까지, 간이치는 움직일 수가 없었다.

——아니다.

아니다.

간이치는 닿을 리도 없는 손을 아내를 향해 뻗는다.

"미안해. 잘못했어——."

——나는 왜 사과하고 있을까?

"내, 내가 잘못했어. 어떤 경우에도 폭력은——."

——뭐가 나쁜가. 잘못되긴 뭐가 잘못됐다고.

——폭언을 퍼부으며 도발한 건 그쪽이잖아.

——피해자는 이쪽이야. 난 아무것도 잘못한 거 없어.

아니다.

"어떤 때라도——폭력은——안 되는 거였어."

도불의 연회

간이치는 억누르지 못하고 치밀어 오르는 것을 억지로 눌러 진정시켰다. 이것은 아마, 아내와는 상관없는 감정이다. 그저 아내의 언동이 단서가 되어 분출된 것에 지나지 않는다.

그것은 갈 곳 없는 분노――아니, 정체불명의 초조함――초조함이라기보다 불안일까――그런 것이다.

간이치가 피해자인 것처럼 아내 또한 피해자이고, 아들도 피해자다. 이 경우, 분노나 불안을 부딪쳐야 할 가해자는 존재하지 않는다.

――아내도 같은 기분인 것이다.

"요――용서해 줘."

간이치는 머리를 숙였다.

흥분한 아내는 한동안 흐느껴 울고 있었지만, 이윽고 한층 더 원망스러운 눈으로 간이치를 노려보았다.

사죄하는 마음이 전해지지 않는다.

한껏 겸허해져서 주장을 멈추고 양보했지만, 그래도 간이치의 사죄의 뜻은 그런 경박한 말로는 조금도 전해지지 않았던 모양이다.

그대로 긴 침묵이 흘렀다.

말이 많은 것이 관계 수복에 기여하지 않는 것은 명백하고, 그렇다고 해서 젊은 시절이라면 모를까 둘 다 풋내 나는 어린아이도 아니니 설령 이제 와서 가까이 다가가 어깨를 안아도 수습되지는 않을 것이다. 그렇다면 침묵으로 전하는 것밖에 방법은 없다.

그러나――그 정적은 정지한 시간이 단순히 장황하게 연장되고 있을 뿐이고, 거의 무의미한 것이었다.

주장하는 것은 간단하지만, 주장을 받아들이게 하는 것은 간단한 일이 아니다.

연회의 시말 47

마찬가지로 좋아하게 되는 것은 간단하지만 좋아하게 만드는 것은 간단한 일이 아닌 것이다.

　부부에게도 부모 자식에게도, 사람과 사람의 관계를 양호하게 유지하는 데 필요한 것은 고매한 주의주장도 숭고한 자애의 정신도 아니다.

　필요한 것은 정신이 아득해질 정도로 기복 없는 반복——일상성이라는 이름의 긴 경험적 시간이다. 되풀이하고 또 되풀이해서 그저 일상을 쌓아 올리는 것밖에는, 성의나 호의를 전할 방법은 없다.

　그러나.

　가령 폭력은 한순간에 악의를 전할 수 있다.

　그것은 쌓아 올려 온 것을 순식간에 파괴하고 만다. 그리고 그 쌓아 올려진 일상은 한 번 파괴되어 버리면 끝이다. 수복은 간단하게는 이루어지지 않는다. 원래대로 수복하려면 다시 장황하고 긴 시간이 걸리는 것이다.

　——그런데.

　그 시간마저 멈추고 말았다.

　간이치는 그저 위아래로 숨을 쉬는 아내의 등을 바라보았다.

　멈춘 시간을 아무리 보내도 그것은 아무 소용이 없다.

　경과 없는 경과 안에서는 체계였던 사고조차 뜻대로 되지 않는 모양이다. 자신이 절박한 상황에 놓여 있다는 인식은 분명히 있는데도 불구하고——간이치의 의식은 무관한 방향으로 종횡무진 날아가, 일관성 없는 이미지를 만들며 확산과 수렴을 되풀이했다.

　이윽고——간이치의 쇠약해진 눈은 아내의 작은 등에 뒤죽박죽이 된 과거의 정경을 환시하고 있었다.

도불의 연회

어린 아들이 울기도 하고 웃기도 한다.

불안하게 기어서 간이치에게 다가온다.

―― 다카유키.

출정 전의 기억이다.

아내는 부엌일을 하고 있다.

아버지 ―― 아버지란다 ――.

마중을 나온 사람들. 울고 있는 아내. 낯선 아이.

복원했을 때, 다카유키는 이미 여섯 살이 되어 있었다. 지저분한 까까머리의 아이는 약간 불신이 담긴 눈으로 간이치를 바라보았다. 간이치의 어휘에는 할 수 있는 말이 없었다.

다카유키는 간이치의 친아들이 아니다.

미요코는 가정을 꾸리고 나서 곧 임신했지만 그 아이는 유산되고 말았다.

과로가 원인이었다.

가난하고 어두운 시대였기 때문에, 슬프다기보다 간이치는 오히려 허무했던 기억이 있다. 그것은 적어도 절망은 아니었다. 가족이 늘고 삶도 마음도 새로워진다 ―― 그런, 소위 말하는 희망은 끊기고 말았 지만, 반면에 이제 아무것도 달라지지 않을 거라는 일종의 안도감을 그때의 간이치는 느꼈던 것이다.

이런 시대에, 또는 이런 자신이 제대로 아이를 키울 수 있을까.

그런 불안은 태어난 아이를 귀여워하는 마음과 같은 크기만큼, 그 무렵 간이치의 마음 한 귀퉁이를 점령하고 있었다. 유산된 아이는 가엾고 불쌍했지만, 설령 무사히 태어났다고 해도 건강하게 키울 자 신은 간이치에게는 없었다.

연회의 시말

자신감이라든가. 안심이라든가.

당시의 간이치가 그런 건전한 정신을 갖지 못했던 것은 사실이다. 언제 소집 영장이 올지 알 수 없었다. 그 무렵 간이치는 매일 그저 전전긍긍하고 있었다.

어쨌든 행복의 꿈에 잠기는 일은 애초에 불가능했던 것이다.

이대로 당신이 군대에 가게 되면 나는 혼자가 되는 거라며, 미요코는 울었다.

젖먹이를 안고 후방에서 살아가기는 힘들다, 그러니 오히려 다행이라고 간이치는 위로했다.

오히려 다행이라니. 입이 찢어져도 해서는 안 될 말이다.

―― 위로가 안 된다.

바보라고 생각한다. 정직하다고 다 좋은 것은 아니다. 물론 아내도 그저 희망만을 가슴에 품고 출산에 임한 것은 아닐 것이다. 그렇다면 희망과 등을 맞대고 있는 불안은 역시 유산과 함께 떠나갔을 테니, 그때는 간이치와 그리 다르지 않은 기분이었을 거라고 ―― 그건 그렇게 생각한다. 그래도, 아니, 그렇기 때문에 더더욱 그런 말은 하지 말아야 했을 것이다.

그때 간이치는 설령 거짓이라 해도 절망을 가장해야 했었다. 슬펐던 것은 사실이었고, 말이란 어차피 불성실한 것이니까 ――.

하지만 간이치는 아무것도 몰랐다. 자신에게 악의는 전혀 없으니 솔직하게 말하면 성의는 통할 거라고 ―― 완고하게 믿고 있었던 것이다.

당신은 왜 그래요 ――.

침상 위의 아내는 간이치의 말에 깊이 상처를 입었다.

도불의연회

출정하면 당신은 돌아오지 않는다고요 ──.

이제 아이는 생기지 않아요 ──.

아내는 울면서 그렇게 호소했다. 그 말은 나더러 죽으라는 뜻이냐 ── 고, 간이치는 고함쳤다. 이기적인 말만 한다, 전쟁에 가는 건 나다, 죽는 것도 나다, 내가 제일 무섭다고, 간이치는 마구 고함쳤던 것이다.

간이치도 아내의 말에 상처를 입었다.

그 무렵부터 두 사람 사이는 하나도 진보하지 않았다.

그때도 간이치는 고함친 후에 심한 자기혐오에 빠졌다.

악의로 받아들이니 화가 난다. 말에 상처 입는 것은 말을 한 상대방의 탓이 아니라 대개 말을 받아들이는 자신 때문이다. 아내의 말도 전쟁 같은 데 보내고 싶지 않다는 마음에서 나온 발언이었다는 것은, 냉정하게 생각하면 분명한 것이었다. 죽어도 된다고 생각한다면 그렇게 말하지는 않을 것이다.

그리고 ── 간이치는 양자를 들일 결심을 했다.

── 다카유키.

다카유키의 친부모가 어떤 사람인지, 그것은 간이치도 모른다.

알선해 준 사람은 피치 못할 사정이 있어서 키울 수 없게 되었다고 했지만, 어떤 사정인지는 묻지 않았다. 아내에게 상의하니 어떤 사정이든 아이에게 죄는 없다, 그 아이는 분명히 하늘이 내려 주신 거라며 무조건 기뻐했다.

양자 입적 절차는 쉽게 끝나지는 않았지만, 아이는 곧바로 데려왔다.

아내는 남의 아이를 기쁜 듯이 안았다.

연회의 시말

간이치에게도 곧 부모와 자식 간의 정은 생겼지만, 그것을 기다리고 있었다는 듯이 빨간 종이가 도착했다.

이상한 심경이었다.

작은 깃발을 흔드는 사람들의 전송을 받으면서, 이것으로 됐다, 이것으로 된 거라고 간이치는 몇 번이나 자신에게 들려주었다.

—— 처음부터 잘못되어 있었던 것일까.

잘 될 리도 없는 것이다.

자신들은 처음부터 가짜 가족이었다. 모든 게 가짜다.

—— 그렇지 않아.

간이치는 몹시 하늘이 보고 싶어졌다.

도불의 연회

*

소리를 내며 난폭하게 문이 닫혔다.

물론 들어온 형사가 고의로 그런 것은 명백했다.

이마에 혈관이 튀어나와 있다. 입술이 말라서 갈라졌다. 눈초리와 눈시울이 충혈되어 붉게 물들어 있다. 흥분과 피로. 초조함. 그 형사의 감정적 긴장이 정점에 달해 있는 것은 한눈에 알 수 있었다.

형사는 흥분으로 몸이 떨리기라도 하는 듯 코로 숨을 내쉬고, 탁상에 내던져져 있던 서류를 들여다보더니 신경질적으로 검지로 책상을 두드렸다.

"뭐야——."

뭐야, 뭐야—— 형사는 어느 모로 보나 짜증을 참지 못하겠다는 태도로 의자를 끌어당기고, 서류를 움켜쥐며 난폭하게 앉았다.

"조시가야 연속 영아 유괴 살인—— 이라고?"

그렇게 말한 것을 끝으로 형사는 입을 다물고, 서류에 적혀 있는 글씨를 묵묵히 쫓았다.

입 끝이 서서히 내려간다. 다시 책상을 손가락으로 두드린다. 몇 번이나, 몇 번이나 두드린다.

"오자키——."

쉰 목소리가 났다. 그 부름에 형사—— 오자키——는 깜짝 놀라며 약간 과장된 동작으로 돌아보았다.

조금 전에 난폭하게 닫혔던 문이 어느새 열려 있고, 거기에 늙은 형사가 한 명 서 있었다.

"아저씨 ── 감기는 괜찮으세요?"

노형사는 대답하지 않고 오자키 옆으로 다가왔다.

"늦게까지 수고가 많군. 과장님은?"

"퇴근하셨습니다. 아니 ── 본부 사람들이랑 술자리에 가셨겠죠."

"그런 것까지 접대하나?"

하지요 ── 오자키는 멍하니 의자를 돌렸다.

"시즈오카 현 본부에서 오신 렌다이지 나체 여자 살해 사건 수사본부장인 경부님은, 서장님의 동기니까요."

"하지만 아직 해결도 되기 전부터."

켁 ── 오자키는 욕을 퍼부었다.

"서류를 송치할 수 없다뿐이지, 범인은 이미 확보했으니까요. 높으신 분들은 완전히 안심하고 있습니다. 게다가 높으신 분들이 줄줄이 와도, 할 일은 별로 없고요. 그렇다면 있어 봐야 현장 분위기만 안 좋아질 뿐이잖아요."

"윤활유 대신 술이라도 먹이자 ── 는, 뭐 이런 건가. 그 사람이 생각할 만한 일이기는 하군. 뭐, 생각해 보면 그 정도밖에는 도움이 안 되니까."

쓰레기입니다, 쓰레기 ── 오자키는 이를 드러내고 코에 주름을 지으며, 내뱉듯이 그렇게 말했다.

"빌어먹을 쓰레기입니다, 전부 다 ──."

"왜 그렇게 거칠어졌나?"

도불의연회

노형사는 옆자리에서 의자를 끌어다, 등받이를 앞으로 돌리고 올라타듯이 앉았다. 이쪽은 동작 하나하나가 성의가 없어서, 어느 모로 보나 피곤해 보인다.

"무슨 일 있었나?"

"무슨 일이라니 아저씨, 사건──."

그게 아닐세──노인은 말을 가로막고, 오자키를 향해 손가락을 내밀었다.

담배를 달라는 것인가 보다.

"──자네의 개인적인 일 말일세."

오자키는 가슴주머니에서 담배를 빼 노인에게 건네면서, 어떻게 그런 걸──하고 말했다.

"숨겨 봐야 소용없어."

"역시 자백 받기의 달인 아리마 와타루──라고 말하고 싶지만, 어차피 단서가 있겠지요. 뭐──분명히 무슨 일이 있었다고 하면 있었어요. 그저께부터 마누라랑 장인어른이──아아, 하지만 그런 개인적인 일은 일하고는 상관없어요."

"옆에서 보기에는 그런 것 같지 않은데. 뭐──솔직히 말하면 단서는 없네. 나도 그렇다는 것뿐이야."

"아저씨가? 무슨 일이십니까. 감기에 걸린 게 아니었어요?"

그거야말로 상관없네──노인──아리마는 한숨이라도 쉬듯이 그렇게 말했다.

"뭐, 최근에는 왠지 주위가 소란스러운 것 같아서 말이야. 차분해지지가 않아. 그렇지. 지난 전쟁이 시작되기 전에도 지금처럼 딱 이랬던 것 같네."

연회의 시말

"그게 뭡니까? 전쟁이라도 시작될 거라는 건가요? 점쟁이도 아니고, 아저씨답지 않네요. 뭐, 지금의 일본은 볼품이라고는 없지요. 전쟁을 할 만한 총알도 돈도 군대도 없어요. 보안대 같은 건 어차피 도움도 안 되잖아요? 그건 기우예요."

"그런 말을 하고 싶은 게 아닐세."

그렇게 심드렁하게 말하고, 아리마는 시선을 오자키에게서 떼어 어딘가 먼 곳으로 보냈다.

그리고 아리마는 그제야, 줄곧 만지작거리고만 있던 담배를 입에 물었다.

"그런 것보다―― 어떤가, 그, 용의자. 오타의 이야기로는 상당히 ―― 번거로운 남자라고 하던데."

"번거롭다―― 번거롭지요. 빌어먹게 짜증이 나요."

오자키는 자신의 담배에 불을 붙이고 나서, 불씨를 아리마에게 내밀었다. 노인은 미간을 찌푸리며 담배를 빨아들인다.

"미쳤다면서."

"미쳤다고요? 그야 미쳤지요. 살인자니까요. 살인자는 모두 미쳤어요. 정상적인 인간이 사람을 죽이겠습니까? 안 죽여요."

더러운 것이라도 본 것처럼 얼굴을 찌푸리고, 오자키는 그렇게 내뱉었다.

아리마는 약간 몸을 물린다. 냉정하게 듣자면 지금의 이 말은 명확한 문제 발언일 것이다.

"뭐, 뭐야, 자네―― 자네야말로 괜찮나?"

"괜찮냐고요?"

괜찮지 않습니다―― 하며 오자키는 돌변한다.

도불의연회

"나는요, 아저씨. 그 빌어먹을 저능한 놈과 마주 보고 만 하루를 있었어요. 그 녀석, 무엇을 물어도 이리저리 둘러대면서 임시변통 같은 대답만 한다니까요. 정중하게 나가면 영문을 알 수 없는 말을 지껄여요. 엄하게 추궁하면 금세 사과하고요. 움찔움찔 쭈뼛쭈뼛하기나 하고, 신념도 주장도 없어요. 사람을 죽여 놓고 잘못했다는 생각도 하지 않아요. 아니, 아무것도 생각하지 않아요. 그런 놈한테 살해된 피해자는 불행할 겁니다. 그럴 바에는 당나귀한테 물려 죽는 편이 그나마 나아요. 생각만 해도 구역질이 나는군요. 형사가 아니었다면 때려죽였을 겁니다. 그런 멍청한 놈은."

이보게, 이보게 오자키, 그래서야 쓰나──하며 아리마는 힘없이 웃는다.

"──자네 지금, 사람을 죽이는 놈은 모두 미쳤다고 말하지 않았나. 그렇다면 그 녀석을 때려죽이고 싶다고 생각하는 자네도 미친 게 되네."

아리마가 농담 같은 말투로 말한다. 눈은 웃고 있지 않다.

오자키는 잠시 뜸을 들이더니, 완전히 끄지 못해서 연기를 내고 있던 담배를 히스테릭하게 비벼 끄고는,

"농담이 아니에요."

하고 말했다.

"그런 놈을 인간으로 생각해서는 안 됩니다. 살인죄라는 건 말이지요, 인간을 죽였을 때만 성립하는 겁니다. 그 세키구치인가 하는 빌어먹을 놈은 인간이라는 훌륭한 것이 아니에요. 원숭이 이하입니다. 원숭이를 죽였다고 해서 죄가 되지는 않잖아요."

"이보게."

"게다가 그 원숭이는, 원숭이인 주제에 인간에게 위해를 가한 겁니다. 그런 짐승은 퇴치해야 하잖아요. 개도 사람을 물면 처분되지 않습니까."

"이보게, 꽤 과민해졌군. 하지만 아무리 나쁜 놈이라도 사람은 사람일세. 인간으로 생각할 수 없다면 우리는 체포할 수도 없으니까. 우리는 사람을 상대하는 직업일세. 정말 원숭이라면 붙잡는 것도 죽이는 것도 보건소의 일이야. 게다가 작금에는 짐승을 죽여도 차가운 눈총을 받게 된다네. 입장을 생각하고 말해."

오자키는 다시 담배에 불을 붙이며 대답했다

"입장 따윈 아무래도 상관없습니다. 아마 저는 미친 거겠지요."

"머리를 식히게."

"식지가 않네요. 저는 원래, 확실하지 않은 놈은 싫어합니다. 오른쪽이지 하면 네 오른쪽입니다, 하고 대답하고, 거짓말이야 왼쪽이지 하고 강하게 말하면 왼쪽입니다, 라고 해요. 바보 취급하는 거죠. 하루 종일 쭈뼛쭈뼛 겁먹고 있고——그러면서도 죄를 뉘우치는 기색은 없어요. 요컨대 놈은 자신에 대한 생각밖에 머리에 없는 거예요. 위축되어 움츠러들어 있으면, 누군가가 동정해서 불쌍하다며 손을 내밀어 줄 거라고 생각하고 있는 게 틀림없어요. 누가 동정할 줄 알고. 그런 살인자에게."

"결정적인 증거는 없지 않나."

"자백했어요."

"착란을 일으키고 있다면서."

"그놈이 범인입니다. 만일 자백하지 않았어도 시체 유기 현장에 있었으니까요."

도불의연회

"하지만 상황 증거만으로는 사건의 결정적인 증거는 되지 못하네."

"그러니까 심문하고 있는 겁니다."

"고문——은 아니겠지——."

노형사는 목에 손을 대고 얼굴 전체에 주름을 지었다.

"——그렇군. 현장을 잡았고 자백도 받았는데, 어째서 확인하는 것 이상의 탐문이 필요한 건지 의아하게 생각하고 있었네만——자네가 그러는 것을 보니 어쩔 수 없나. 제대로 된 진술을 받을 수 있는 상태가 아닌 게지. 이보게, 오자키——."

"왜요."

"너무 나가지 말게."

"무슨 뜻입니까?"

"그러니까, 불지 않는다면——아니, 통하지 않는다면 그렇게 압박하지 말란 말일세. 일단 물러나게. 그리고 주위에 맡겨. 진범이라면 반드시 뭔가 나올 테니까. 그래서는 억지로 불게 하려고 해도 안 되네. 고함쳐도 때려도 소용없어. 오타 녀석은——좀 모자란 거 아니냐는 말까지 하더군."

"잠깐만요. 사회적 책임능력이 없다——는 뜻입니까? 흥. 저는 그렇게는 생각하지 않습니다. 생각하고 싶지도 않아요. 저는 그런 거 인정하지 않습니다. 사람 하나를 죽였는데 죄를 묻지도 못한다는 건 무법입니다."

"그렇지만."

"아니——그 남자는 비겁할 뿐입니다."

"비겁? 착란은 위장이라는 건가?"

"위장은 아니겠지요. 그럴 능력도 없어요. 진짜이긴 하지요. 하지만 책임능력이 없는 건 아니에요. 정신에 이상을 일으킨 게 아니라, 그냥 성격이 썩었을 뿐이라고요. 그런 놈까지 무죄 방면할 수는 없습니다."

"방면하는 건 우리가 할 일이 아닐세. 기소냐 불기소냐는 검찰에 송치한 후의 이야기야. 기소된다고 해도, 판단은 사직 당국이 맡게 되니까."

"그렇다고 해도 조서를 만드는 건 우리 일이잖아요. 우리부터 우선 피의자가 책임능력이 없다는 예측하에 수사해 버리면, 그건 그대로 검찰에 올라가는 거잖습니까. 그런 건 질색이에요. 놈은 장애인이 아니라고요. 그렇지, 아저씨, 이걸 보십시오. 도쿄 경시청에서 온 세키구치에 대한 보고서입니다. 아침 일찍 조회했는데, 지금 돌아와 보니 와 있었어요. 이상하게 빨리 오긴 했는데——이걸 읽으면 아저씨도 납득할 겁니다. 아시겠습니까——."

오자키는 서류를 가리켰다.

"피의자는 세키구치 다츠미——이건 본명이었습니다. 나카노에 거주하는 소설가——이것도, 아무래도 사실인 모양이에요."

"전과라도 있었나?"

"더 나쁩니다. 놈은 말이지요——작년 여름의 '조시가야 연속 영아 유괴 살인사건'의 참고인이에요."

"참고인? 그건 어떤 사건인가?"

"작년 여름의 사건입니다. 태어난 아기가 차례차례 납치되어 살해된——모양이더군요. 그다지 공표되지는 않았어요. 세키구치는 그 사건의 관계자 중 한 명입니다."

도불의 연회

"범인은 아니지?"

"글쎄요. 병사, 사고사, 자살로 관계자가 모조리 죽어서, 진상은 밝혀지지 않은 모양입니다. 세키구치에 대한 사정청취 내용을 보아도, 이번과 똑같이 무슨 말을 하는 건지 영문을 알 수가 없어요. 시체가 태어났다느니 우부메가 어쨌다느니――이건 이 녀석의 수법입니다."

"우부메? 요괴 말인가? 그러고 보니 이번에도 놋페라보가 어쨌다는 둥――."

맞아요, 맞아――오자키는 눈을 가늘게 떴다.

"니라야마의 산중에 놋페라보가 있었다고 했어요. 죽이고 싶어지지요? 바보예요. 하지만 놀랍게도 이 보고서에 따르면, 세키구치는 그 '무사시노 연속 토막 살인사건'의 관계자이기도 하다는군요."

"무사시노? 그 소녀를 차례차례 납치해서――."

"맞아요. 일본 범죄사에서도 보기 드문 잔학한 엽기 살인사건입니다. 제가 들은 대로라면 그야말로 최악의 사건이지요. 이것도 범인인 듯한 인물이 죽어 버렸어요. 하지만 그 범인인 듯한 인물은, 놀랍게도 세키구치와 옛날에 아는 사이였다고 합니다. 게다가 세키구치는 사건 직전에 피해자 중 한 명과 접촉까지 했어요."

오자키는 아무래도 자신의 말에 자극을 받아, 조용히 흥분하기 시작한 모양이다. 눈빛이 달라졌다.

"세키구치는 형사가 아니라 소설가입니다. 이건 이상하잖아요. 게다가 그것만이 아니에요. 놈은 연말의 '즈시 만 사람 머리 투기 사건' 때의 피해자와도 함께 밥을 먹었어요. 살해되기 직전에――말입니다. 이건 우연일까요?"

"즈시? 아아, 그 황금 해골 사건 말인가. 그건 해결되었지 않았나. 범인이 체포되었다고 신문에서 읽었네만."

"현재 공판 중입니다. 뭐, 그 건에 대해서 말하자면 세키구치가 범인이 아닌 건 확실하겠지만요."

"그렇다고 해도 보기 드문 일이다, 라는 이야기인가?"

"드물다는 정도로 간단한 게 아닙니다. 뭐, 세키구치는 어디까지나 참고인이고, 항상 용의자 권내에는 없었지요. 앞의 두 사건도 그렇습니다만. 하지만——다음은 달라요."

"또 있나? 즈시 만 사건은 겨우 반년 전의 일이 아니었나? 아직 그렇게 시간이 흐르지도 않았는데."

"있습니다, 올해 들어서도. 놈은 그 '하코네 산 연속 승려 살해 사건'의 중요 참고인, 아니, 한때는 용의자였던 남자입니다."

"하코네? 그건 미해결이지."

"일단 범인은 죽었다고 공표되었습니다만. 어떨지."

"어떨지, 라니. 자네, 설마 그 남자가 하코네 사건의 진범이었다고 말하려는 건 아니겠지? 그런——."

노인은 당혹을 숨기지 못하는 기색으로, 차분하지 못하게 일어서더니 의자를 돌려 바로 앉았다.

"——그런 성가신."

"그 네 건은 전부 도쿄 경시청과 가나가와 본부의 관할이니까요. 관할 외의 일은 아무래도 상관없습니다."

"그래. 전부 같은 관할 내에서 일어난 사건이겠지. 만일 정말 그 녀석이 수상하다면 놈들도 놓치지 않을 걸세. 어쨌거나 천하의 도쿄 경시청 아닌가."

도불의연회

"그러니까 옛날 일은 아무래도 상관없습니다. 하지만 이 사건에 관해서는 우리 관할이에요. 그러니까 놓치지 않겠다, 저는 이런 말입니다. 놈은 분명히 바보지만, 평범한 바보가 아니거든요. 사회적 책임 능력이 없는 인간이 그렇게 세상을 뒤흔드는 엽기 사건에 연달아 관여할까요? 어떻습니까?"

"어떻습니까, 라니――뭐 현실적이지는 않구먼."

현실입니다――오자키는 담배 연기를 내뿜으면서 그렇게 말했다.

"현실이었습니다. 여기에 그렇게 적혀 있어요."

오자키는 보고서를 손끝으로 몇 번이나 두드렸다.

"뭐――그게 사실이라면 책임능력이 있고 없고의 문제와는 상관없이 비상식적이기는 하겠지. 자네가 말한 대로 그 녀석이 형사라든가, 아니면 탐정이라든가――적어도 사건기자라면 그나마 이해가 가네만."

"친구 중에는 탐정도 형사도 사건기자도 있는 모양이더군요. 그게 더 수상하지만."

"엽기 사건이라."

아리마는 팔짱을 꼈다.

"피해자 쪽도――그런 과거가 있지?"

"네――피해자 쪽은 눈알 살인마――교살마인가? 그 웃기는 연속 엽기 사건의 피해자 가족의 생존자입니다. 그것도 마음에 안 들어요. 재벌인지 뭔지 모르겠지만, 우리 서민들이 모르는 곳에서 아무래도 뭔가가 이어져 있는 것 같다고요."

"이어져 있다고?"

"지금 꼽은 세키구치와 관련된 네 사건과 피해자가 관련된 사건은, 관계자가 일부 중복되어 있습니다. 이러면 보통 난리가 나죠. 그런데 표면적으로는 소란스럽지 않아요. 뭔가 기만이 있는 거예요."

"기만——이라."

파헤치고 말겠습니다——오자키는 분개한다.

"어쨌든 이 평온한 일상을 휘저어 놓는 놈은 용서할 수 없습니다, 저는. 책임 능력이 있든 없든 살인자는 싫습니다!"

죽여 버리겠어——라고 다시 말하고, 오자키는 손에 든 서류로 책상을 내리쳤다.

아리마는 슬픈 듯한 눈으로 분노하는 후배를 바라보고, 약하게 몇 번인가 고개를 가로저었다. 그리고,

"진정하게. 마음은——알겠네만."

하고 중얼거리듯이 말했다.

"내가 아까 말한 불길한 예감이라는 건 그런 걸세. 아무래도 최근에 주위가 소란스럽단 말이야. 뭐가 어떻게 변한 것도 아니지만, 왠지 배 속을 누가 안쪽에서 간질이는 것 같은——그런 느낌일세. 동네가 술렁거리고 있어. 그런 생각은 들지 않나?"

글쎄요——오자키는 무뚝뚝하게 말한다.

"그렇다면 그건 그 살인자 녀석 때문이겠지요. 그 녀석을 자백시키면 모든 건——."

그대로 어미는 애매해졌다. 그렇게 된 후에 모든 것이 어떻게 될지, 일개 형사로서는 알 리도 없는 것이다. 피의자는 쓸데없는 산 제물에 지나지 않는다. 버리는 말 한 마리가 어떻게 되든, 아무런 변화도 없을 것이다.

도불의연회

나는 형사들을 훔쳐보는 것을 그만두고, 커다란 의자에 몸을 가라
앉히며 더러운 창으로 일그러진 거리를 바라보았다.

*

언제부터 하늘을 보지 않았을까.

늦은 저녁 식사 준비를 하는 아내의 등을 보면서, 간이치는 그런 생각을 하고 있었다.

숨 막힌다.

하늘을 보고 싶었다.

여전히 집 안의 시간은 얼어붙어 있었다.

아내와 간이치 사이에는 팽팽하게 긴장된 딱딱한 공기가 가로누워 있고, 발치에는 앙금 같은 불유쾌한 공기가 질퍽질퍽하게 고여 있다. 견딜 수가 없다.

사태는 전혀 진전되지 않았다.

그런데도 간이치의 눈에 비치는 것은 완전히 눈에 익은 일상의 풍경이다. 나전구의 둔한 빛. 통통 도마가 울리는 소리. 냄비에서 피어오르는 김.

풍경만은 평소와 다르지 않다.

울고 있던 아내는 시계가 울리자마자 깜짝 상자의 인형처럼 벌떡 일어서서 부엌으로 향했다. 설마 식칼이라도 꺼내 좋지 못한 일을 하려는 건 아닌가, 하고 간이치는 한순간 긴장했지만, 그럴 리도 없어서 아내는 말없이, 마치 의식처럼 저녁 식사 준비를 시작했다.

통통, 하고 일상의 소리가 울렸다.

　　　　　　　　　　　　　　　　도불의연회

왠지 몹시 우스꽝스러운 기분이 들었다.

만일 여기에서 장지문을 열고 다카유키가 얼굴을 내밀며 그대로 밥상에 앉는다면 그것은 바로 며칠 전까지의 평화로운 정경이다. 어이, 하고 가볍게 말을 걸면 아내는 웃는 얼굴로 돌아보지 않을까.

그렇게 생각될 정도로——.

풍경만은 평소와 다르지 않았다.

물론 말을 걸 수 있을 리도 없었다. 간이치는 그저 평소와 다름없는 다른 세계의 정경을 바라보며, 방심하면 여기저기로 날아가는 차분하지 못한 의식을 가혹한 현실에 붙들어 두느라 안간힘을 쓰고 있었다.

통통, 하고 일상의 소리가 울렸다.

먼 옛날부터 들리던 소리였다.

아무것도 달라지지 않았는데, 완전히 달라지고 말았다.

——아니.

어쩌면——이것이 진실한 세계의 모습일 것이다.

지금까지 간이치는 오직 세계의 실상을 보지 않으려고 하며 살아왔을 뿐인지도 모른다. 부부라고 해도 어차피 타인, 하물며 다카유키는 남의 아이. 아무리 정이 생겨도, 고비 때마다 위화감을 느끼지 않았다고 하면 그것은 거짓말일 것이다. 분명히 귀엽다고 생각한다. 아직 귀여워하는 마음도 충분히 있다.

하지만 설령 남의 집 아이라도 귀엽다고 느끼는 일은 있고, 사회적인 체면을 중시한다면 양육 의무는 내버려둘 수 없으니 귀여워하는 것도 당연하다는, 그냥 그뿐인 마음이 아니었을까. 결국, 급한 대로 긁어모은 가족이 잘 될 리도 없을 것이다.

연회의 시말

그때.

왜 ——.

간이치의 귓속에 갑자기 어떤 말이 되살아났다.

왜 형은 늘 그래 ——.

어떻게 그렇게 으스댈 수가 있는 거야 ——.

왜 형은 말없이 참기만 해 ——.

—— 헤이키치.

간이치의 마음속에 울려 퍼진 것은 아내의 목소리도 아들의 목소리도 아니었다. 그것은 먼 옛날에 생이별한 동생 —— 헤이키치의 목소리였다.

형은 왜 그래 ——.

왜, 왜, 왜 —— 동생은 걸핏하면 간이치에게 그렇게 물었다. 몇 번이나, 몇 번이나 물었다. 동생이 몇 번을 물어도 간이치는 동생의 진의를 파악할 수 없었다.

—— 그런가.

별것 아니다.

아내가 종종 내뱉은 말은 간이치에게는 처음부터 귀에 익은 말이었던 것이다.

—— 그렇다 —— 똑같다.

피로 연결되어 있고 없고는 문제가 아니다.

—— 똑같은 거였어.

간이치의 의식은 먼 과거로 날아갔다.

무라카미 간이치는 기슈(紀州)[8] 구마노에서 태어났다.

---

8) 현재의 와카야마 현 대부분과 미에 현 일부를 포함하는 옛 지명.

도불의연회

육 남매 중 둘째로, 형은 간이치가 태어나기 전에 어린 나이로 죽어서 간이치는 사실상의 장남이었다. 본래 차남인 간이치가 마치 장남 같은 이름인 것도, 전부 거기에서 유래한다. 바로 아래는 여동생이고 그 아래가 헤이키치였다. 헤이키치와는 여섯 살 차이였는데, 그 밑으로도 남동생과 여동생이 하나씩 있었다.

간이치네 집은 겸업농가로, 가난했다. 일가족 일곱 명이 메마른 밭에 매달리다시피 하며 살고 있었다. 활로를 찾아내기 위해 종이 뜨는 일 등도 하고 있었지만, 좀처럼 잘 되지는 않았다. 장남으로 취급되었던 간이치는 자신의 처지에 아무런 의문도 갖지 않고, 그저 시키는 대로 일했다. 특별히 재미있는 일도 없고, 특별히 슬픈 일도 없고, 매일 매일 그저 괭이를 휘두르며 흙투성이가 되어 일했다.

집은 가난했지만 오래된 집안으로, 성(姓)은 다르지만 마을 한 모퉁이는 전부 친척—일족 전체가 차지하고 있었다. 간이치네 집은 그중에서도 본가로 취급되고 있었고, 다시 말해 간이치는 본가의 적자라는 위치였던 것이다.

그러나 오래된 집안이라고 해도 소작농은 소작농, 몇 년이 이어지든 대단한 가문은 아니다. 그래서 간이치는 평소 혈통이 어떻다느니 후사가 어떻다느니 하며 까다롭게 교육을 받을 만한 신분은 결코 아니었다. 다만 그런 사소한 처지의 차이는 오히려 무언의 압력이 될 수 있는 법이라, 꽤 어릴 때부터 간이치 안에 그런 자각 같은 것이 싹트고 있었던 것은 분명했다.

언젠가는 호주가 된다——그것은 바꾸려고 하면 바꿀 수 있는 종류의, 선택의 여지가 있는 장래가 아니었고, 다시 말해서 불평불만의 대상이 될 만한 사항도 아니었다.

연회의 시말

가업은 대대로 농업이고, 간이치는 태어날 때부터 백성이다. 간이치에게 그것은 태어나면서부터 정해져 있는 사실이었다.

그러나 동생 헤이키치는 그런 간이치와는 크게 달랐다. 왜 자신은 좋아하지도 않는 농사일을 해야 하는 거냐고, 헤이키치는 종종 간이치에게 물었던 것이다. 그 어려운 질문에 대해서 간이치는, 그건 우리 집이 농가이기 때문이라고——역시 난폭하게 대답했던 것 같다.

이것도——대답이 못 된다.

그때 헤이키치는 가업의 세습이 강요되는 이유를 간이치에게 물은 것이다. 이것은 어떻게 들어도 그렇다. 지금의 간이치라면 그렇게 묻는 기분도 이해하지만, 당시의 간이치는 질문의 취지조차 전혀 이해하지 못했다.

결국 간이치는 가업을 물려받아야 하는 것은 왜인가——라는 물음에, 물려받는 건 가업이기 때문이다——라고 대답한 것이 된다. 바보 같은 대답이다.

헤이키치는 같은 질문을 아버지에게도 했다가 호되게 야단맞았다.

아버지와 동생의 충돌은 몇 번이나 있었고, 그때마다 간이치는 어른이 되라는 둥 유치한 소리 하지 말라는 둥 하며 혈기왕성한 동생을 달랬——아니——힐책했다.

그러던 어느 날——.

겨울이었는지 봄이었는지——제일 위의 여동생이 열여덟의 나이로 시집을 가고 간이치에게도 혼담이 들어온, 그런 무렵의 일이다. 아마 간이치는 스무 살, 헤이키치는 열네 살이었을 거라고 생각한다. 헤이키치는 늘 그렇듯이 아버지와 다투고, 큰 싸움 끝에 집을 뛰쳐나가 그대로 모습을 감추었다.

도불의연회

그리고 그것을 끝으로 두 번 다시 돌아오지 않았다.

벌써 15년 전의 일이다.

――그렇다.

15년이나 지났다.

동생의 가출을 계기로, 집안은 점점 잘 굴러가지 않게 되었다. 역시 말은 효력을 잃고, 마치 지금의 간이치와 미요코처럼 아버지와 어머니 사이의 공기는 삐걱거리고, 그리고 가족의 시간은 얼어붙었다. 아버지는 간이치를, 간이치는 아버지를 거부했다. 밑의 동생들의 얼굴에서는 표정이 사라지고, 집안의 모든 것은 가짜처럼 공허해졌다.

――똑같다.

똑같은 것은 동생의 말만이 아니었다. 가족이 망가지는 방법이 똑같던 것이다.

헤이키치가 모습을 감추고 아버지는 거칠어졌다.

틈만 나면 멍청이, 도움도 안 되는 놈, 반편이라고 동생을 욕하고, 그다음에는 나가라고 되풀이하고, 게다가 때리기까지 했었는데, 그 도움도 안 되는 놈이 막상 없어져 버리자 마치 손바닥을 뒤집은 듯 아버지는 망가지고 말았다.

물론 동생의 행방도 걱정되었다. 간이치도 책임을 느끼지 않는 것은 아니었다. 그러나 그것보다도 간이치는 그런 아버지의 일종의 모순된 태도에 심하게 흔들렸던 것이다.

그때까지 간이치는 아버지를 따라, 아버지가 대하듯 동생을 접해왔다. 그런 간이치의 입장은 어떻게 된단 말인가. 견딜 수 없게 된 간이치가 머뭇머뭇 묻자, 아버지는 격노했다. 그리고 헤이키치가 집을 나간 것은 어머니 때문이고, 간이치 때문이라고 말했다.

연회의 시말

감싸 주어야 할 어머니와 상담에 응해 주어야 할 형이 충분히 마음을 헤아려 주지 않았기 때문에 헤이키치는 집을 나간 거라고——그렇게 말했던 것이다.

그런 논리가 있을까. 있다 해도 통하는 것일까.

그렇게 대꾸했다. 아버지는 간이치를 때렸다.

그것으로 망가졌다.

그때까지 간이치는 아버지에게 반항한 적도, 반항할 의지를 가진 적조차도 없었다. 하지만 아무리 공순한 태도를 보여도 그 진의가 아버지에게 통하고 있었다는 보장은 없다.

아무래도 아버지는 오른쪽이라고 말하면 오른쪽으로 가는 간이치를 부화뇌동하는 연약한 존재라고 생각하고, 말썽쟁이 헤이키치를 든든하게 생각하고 있었던 모양이었다.

간이치는 그렇게 여겨지고 있을 거라고는 한 번도 생각해 본 적이 없었다. 자신은 모범적인 아들이라고 생각하고 있었다.

마찬가지로 간이치가 어떻게 생각하든, 헤이키치에게 간이치는 으스대고 썩어빠진 싫은 형이었을 거라고도 생각했다.

과연 말은 이치에 의해 세워지는 것이다. 따라서 말로 통하지 않는 이치는 없을 것이다. 그러나 반면, 말로 통하는 마음이란 무엇 하나 없는 것이다.

한 달 후——간이치는 가족을 버리고 집을 나왔다.

아버지를 밉다고 생각한 적도 어머니를 멀리하고 싶다고 생각한 적도 없다. 헤이키치를 경멸한 적도 없다. 어린 동생들에게는 귀여워하는 것 이외의 마음을 가진 적도 없다. 그래도 잘못 스치고 어긋나면서, 결과적으로 가족은 뿔뿔이 흩어졌다.

도불의연회

그 후 15년 동안, 간이치는 집에 돌아가지 않았다.

여동생이 시집간 집으로 사는 곳을 알리는 편지는 보냈지만, 한 번도 연락이 없다.

잊고 있었다.

그때도 똑같았던 것이다.

이 상실감—— 체념과 초조와 회한, 자학과 의존과 혼란, 그것들을 삼키는 기묘한 정적——.

—— 전부 똑같다.

따라서 피로 이어져 있다거나 사랑한다거나, 그런 것은 상관없다.

만일 다카유키가 간이치의 친아들이었다고 해도 결과는 똑같았을 것이다. 가령 아이가 태어나자마자 전쟁터에 나가 6년 동안이나 살육으로 세월을 보내고, 그리고 돌아와서 유유히 성장한 자기 아이를 보고 거기에서 위화감을 품지 않는다면, 그편이 정상이 아닌 듯한 기분이 든다. 친아들이었다면 오오, 귀엽다 많이 컸구나, 하고 솔직하게 안아 줄 수 있었을까. 공백의 시간을 순식간에 메울 수 있었을까. 그런 일은 있을 수 없을 것 같다는 생각이 든다.

그렇다면.

그때의 위화감은 다카유키가 양자였기 때문에 느낀 것이 아니라는 뜻이 되지는 않을까. 어쨌든 공백의 시간을 메울 수는 없는 거라고 생각한다. 피로 이어져 있으니 멀리 떨어져 있어도 정은 생긴다거나, 정이 있으니 반드시 마음이 통한다거나 하는 것은 전부 환상이다.

—— 전부 가짜야.

간이치는 생각한다.

자신은 실수로 다른 세계의 문을 연 것이 아니다.

줄곧, 잘못된 세계를 보며 살아온 것이다.

만일 어디에선가 잘못되었다면 그것은 분명히 15년 전, 구마노의 집을 나왔을 때일 것이다.

태어나서 20년 동안 아무것도 보지 않고 그냥 살다가 그 기만이 소리를 내며 무너지고——그래도 실상을 보지 않고 고향을 버리고 도망쳐 나와서——낯선 땅에서 가정을 꾸리고——그 후로 간이치는 가족이라는 이름의 미지근한 환영을 보고 있었던 것이다. 아니, 환영을 보기 위한 이유만으로, 간이치는 고향을 버린 것이리라.

——이게. 현실이다.

그 후 15년——.

그리고 간이치는 떠올린다.

그렇다, 간이치는 15년 동안 하늘을 보지 않았다.

싫은, 매우 싫은, 절망적인 결론이다.

하지만.

——그래도 이게 현실이야.

간이치는 의식을 과거에서 현재로 끌어당겼다.

정신이 들어 보니 그 이상한 음색이 바로 가까이에서 들리고 있었다. 의식해서 들으면 아무래도 마음이 차분해지지 않는, 불안한 소리였다. 지금까지 흘려들을 수 있었던 것이 거짓말 같다.

저녁상은 차려져 있었다.

아내는 밥통을 안고 늘 앉는 곳에 앉아, 눈을 내리깔다시피 하며 간이치를 보았다. 간이치는 결심을 하고 아내의 맞은편, 역시 늘 간이치가 앉는 자리에 앉았다.

미요코는 아래를 향한 채 공기에 밥을 펐다.

도불의연회

그리고 그대로 잠시 굳어 있더니, 그러고 나서 알아들을 수 없을 정도의 작은 목소리로, 미안해요 —— 하고 말했다.

간이치는 대답하지 않았다.

미요코는 밥공기를 내민다. 말없이 받아든다.

"—— 내가 —— 말이 지나쳤어요."

"이제 —— 됐어."

들어도 소용없다. 아니, 들으면 또 흔들린다.

정에 얽매이면 얽매일수록 괴로워진다. 그렇다면 오히려 잔혹한 욕을 실컷 듣는 편이 낫다.

"당신은 잘못하지 않았다고 저는 생각해요. 하지만 —— 당신 외에는 ——."

"그만해 ——."

말로는 아무것도 보충할 수 없다. 말을 하려면 간이치가 말의 유효성을 믿고 있을 때 해야 했다.

"여보 ——."

아내는 비장한 얼굴을 했다.

간이치는 안다. 아내는 당혹과 숙고를 되풀이한 끝에, 다시 가족이라는 미지근한 샘에 몸을 담그는 길을 선택했을 것이다. 아니, 그 길을 선택하지 않을 수 없었던 것이다.

가족이라는 샘 ——.

그곳은 언제나 미지근하고, 어딘가 탁하다.

다만 샘 바깥의 환경은 사람에게 너무나도 가혹하다. 예를 들어 작열하는 사막에 계속해서 몸을 드러내는 것은 누구에게나 괴로운 일일 것이다. 극한의 빙하도 그것은 마찬가지다.

알몸의 인간은 약하고, 세상은 인정사정없는 법이다. 따라서 누구나 그것——샘을 찾는 것이다. 뜨겁지도 않고 차갑지도 않고, 편안하고, 기복이 없고, 예정조화에 지배되는 일상이라는 낙원에 사로잡히는 것이다. 그리고 그 샘은 발견하는 것도 들어가는 것도 실로 간단하다. 가령 간이치가 지금, 알겠어, 다시 시작하자고 한마디 하면, 그 방은 편안한 액체로 곧 채워질 것이다.

하지만 그 안녕은, 실은 환영이다. 가족이라는 샘은 신기루 같은 것이다. 따라서 샘물에 잠겨 있다고 생각해도 실은 뜨거운 모래에 파묻혀 있을 뿐이고, 서리와 눈에 덮여 있을 뿐이다. 분명히 있어야 할 데미지를 느끼게 하지 않는 환영이야말로 가족이라는 샘의 정체다. 모든 것이 기분 탓이다.

환각이기 때문에 바라기만 해도 손에 들어오는 것이다.

다만. 깨달으면 끝이다. 샘 따위는 없는 것이 아닐까 하고 한 번 의심해 버리면, 눈앞에 있는 것은 타는 듯한 모래나 얼어붙은 서리가 되고 만다.

15년 동안 뜨거운 모래 속에서 감미로운 꿈을 꾸고, 그것이 신기루라는 것을 안 지금——간이치에게는 다시 그 환상의 샘에 몸을 담글 만한 기력이 없었다.

간이치는 잔혹한 말을 한다.

"이제——소용없어. 연극은 그만두자고. 임시변통의 그럴듯한 말로 적당히 얼버무리는 건 무의미해. 전부 당신 말이 맞아. 나는 무능하고 무신경하고 무자비한 남자야. 그리고 당신도 무력하지. 가족은, 원래대로는 돌아가지 않아."

"그런——."

도불의연회

"다카유키는——아마 돌아오지 않을 거야."

간이치는 자신에게 타이르듯이 느리게 말했다.

"——가족 흉내는."

이제 끝이라고 간이치는 말했다.

다시 이상한 소리가 났다. 한층 더 가깝다.

미요코는 바깥에 신경을 쓴다. 그리고 조용히 대답했다.

"——알겠어요. 하지만——그럼 이대로——라고 할 수도 없잖아요? 우리는 그렇다 치더라도——다카유키는——."

"아아."

그렇다——이대로는 안 될 것이다.

생각해 보면 간이치는 아들이 만 하루 동안 행방불명이 되었는데 찾으려고도 하지 않았던 것이 된다. 그것은 확실히 이상하다.

미요코는 다시 이상한 소리에 귀를 기울인다.

귀에 거슬리는 음색이다. 간이치는——왠지 불안에 쫓긴다.

"한시라도 빨리 수색원을——내지. 그러면 내일부터라도."

"금방 찾아——주실 거예요."

미요코는 얼굴을 들고 간이치의 눈을 바라보았다.

"그리고——원래대로 해 주실 거예요."

"저게——저 소리가——그——?"

"네."

미요코는 어딘가 엄숙하게 대답했다.

"다시 한 번——."

다시 한 번 꿈을 꾸고 싶어요, 나는.

아내는 하늘이라도 보듯이 얼굴을 들었다.

*

소리를 내며 난폭하게 형사들이 달려갔다.

당황할 필요는 없을 텐데, 거리의 차분하지 못한 공기가 그렇게 만드는 것인지, 아니면 그들의 습성이 그렇게 만드는 것인지, 당황하는 게 역할이라고 생각하기라도 하는 것인지.

렌다이지 나체 여자 살해 사건 수사본부라고 붓글씨로 검게 적혀 있는 장지 종이가, 어깨가 지나가며 일으킨 바람에 몇 번인가 펄럭이고 이윽고 원래대로 축 늘어진다.

맹장들이 거칠게 나간 후의 한산한 큰 방 안에서는, 마치 작전 때 뒤에 남으라는 명령을 받은 상이군인처럼 풀이 죽은 아리마 형사의 모습을 확인할 수 있다.

어차피 자신은 시대에 뒤떨어지고 도움이 되지 않는 노병이라는 일종의 자학적인 주장이, 그 늙어 빠진 등에서 배어 나오는 것 같다. 노형사는 칠판에 붙어 있는 자료를 한 장씩 떼고 나서 분필로 쓴 글씨를 칠판지우개로 꼼꼼하게 지웠다.

잘 지워지지 않는 것 같았다. 아리마는 잠시 칠판지우개를 노려보고, 그러고 나서 몇 번인가 두드려 쌓인 가루를 섬세하게 털었다.

어느새 나타난 오자키가 성큼성큼 그 등 뒤로 걸어와, 종이 뭉치로 노형사의 등을 툭 친다. 아무래도 칠판에서 떨어져 있는 방구석에서 자료를 정리하고 있었던 모양이다.

도불의연회

"아저씨——."

아리마는 돌아본다.

오자키는 강단에 엉덩이를 대고 얕게 기대었다.

"왜 그러나, 오자키. 빨리 취조해. 자네 담당이잖나."

"괜찮습니다. 우선은 본부장님이 직접 만나보신다고 하니까."

"그럼 더 가야지. 높으신 분은 모르잖나."

사양하겠습니다, 하고 오자키는 말했다.

"안 그래도 바보 같은 설명을 하는 건 귀찮으니까요. 과장님한테
맡겨 두고 나중에 가겠습니다. 그보다 간 씨는——오늘도 쉬는 겁니
까?"

"어제 오타가 한 이야기로는 오늘부터 나오겠다고 말했다고 하던
데. 안 온 모양이군. 지각인가?"

좋을 때 다쳤네요——오자키는 자료로 여기저기를 때린다.

뭐야, 뭐가 좋을 때인가, 하고 아리마는 묻는다.

오자키는 다시 한 번 강단을 내리쳤다.

"헷. 아까 그건 뭡니까? 뭐가 신중한 대처예요? 유괴 사건도 아닌
데 어째서 보도 관제를 까는 겁니까? 그렇게 대단한가요, 부자는?"

대단하지——하고 노인은 말하며 하얗게 더러워진 칠판을 다시
한 번 닦았다.

"이 나라에는 왕이 없잖나. 무사도 없어졌지. 단 한 분 계시던 현인
신(現人神)[9]께서도 인간 선언을 해 버렸으니까. 신까지 없어지고 말았
네. 정치하는 놈들이 어떤 놈들인지, 서민은 대개 알고 있어. 권력자
도 신앙의 대상도 없으니 의지할 수 있는 건 돈뿐일세. 인간이라는

---

9) 사람의 모습으로 이 세상에 나타난 신이라는 뜻으로, 천황을 높여 부르던 말이다.

건 의지할 수 있는 걸 떠받드는 법이지 않나. 이 나라가 민주주의인지 아닌지는 아무래도 의심스럽지만, 배금주의인 것은 틀림없네. 자본가가 제일 높은 거야."

켁—— 오자키는 자료를 둥글게 말았다.

"그렇다고 경찰이, 어째서 그런 벼락부자 놈들의 안색을 살펴야 합니까? 하타 제철인지 시바타 제사(製絲)인지 모르겠지만, 아무리 돈이 많다고 해도 민간인이 수사에 참견한다는 건 무법이에요. 용납될 일이 아니잖습니까. 빌어먹게 짜증나네."

"그렇지 않네. 아까 설명을 듣지 않았나. 그들은 정보 제공자야. 하타 류조 씨는 피해자의 먼 친척이고, 피해자와는 토지 매각이나 재단법인 설립 등 사업상의 관련도 적잖이 있었네. 시바타 유지 씨는 피해자의 집과는 선선대부터 밀접한 관련이 있었고, 식구가 모두 죽은 오리사쿠 방직기계는 현재 시바타 제사의 임원이 경영하고 있네. 잡지 같은 데서 난리였다시피, 시바타 씨 본인도 피해자와는 친밀한 사이일세. 두 사람 모두 피해자의 개인정보를 풍부하게 갖고 있었던 셈이니 말일세. 민간인이라면 수사에 협력하는 게 당연하지 않나. 수사본부장은 그런 통상의 수사로는 파악하기 어려운 정보에 배려를 하라——고 말했을 뿐일세."

그런 건 안색을 살핀다고 하는 겁니다—— 오자키는 뒤꿈치로 강단을 찬다.

"누구한테 배려하라는 겁니까? 그 재벌의 높으신 분한테? 통상의 수사로는 파악하기 어려운 정보라고 하지만, 범인은 붙잡혔습니다. 그 멍청이를 쥐어짜면 될 일이잖아요. 자백하게 하고, 얼른 신문 발표든 기자회견이든 하면 돼요."

도불의연회

"그러니까 그 범인——아니, 피의자의 인권에 배려하라는 이야기일세. 높으신 분들이 한 증언을 고려하면, 그 세키구치인가 하는 소설가가 진범이 아닐 가능성이 있을지도 모르는 셈이지 않나."

"범인입니다."

"잠깐만. 뭐, 실행범이라고 해도 말일세. 그 세키구치의 배후 관계를 알아볼 필요는 발생한 것이 되지 않나? 적어도 그 남자에게는 오리사쿠 아카네를 죽일 동기가 없어."

"그래서 어쨌다는 겁니까? 그것도 그 바보 녀석을 쥐어짜면 단번에 알 수 있는 일이잖아요. 토지에 얽힌 이권 착취라고요? 기업 내 파벌의 투쟁이요? 원한은 아닌지 알아보라고요? 치정이니 이해관계니——시시해요."

오자키는 거칠어져 있다.

"애초에 동기 같은 건 없습니다. 죽이고 싶으니까 죽인 거예요. 잘 모르겠지만 죽여 버렸습니다, 라는 게 진상입니다. 그 녀석은 그런 놈이에요."

살인자 놈——오자키는 다시 한 번 강단을 걷어찼다.

단정하지 말게——그렇게 말하며 노형사는 칠판지우개를 칠판 가장자리에 놓았다.

"만일, 만일에 말일세. 이것이——그래, 의뢰 살인이었다면 어떤가? 세키구치가 제삼자로부터 보수를 받고——."

오늘은 꽤나 상층부의 편을 드시네요——오자키는 분노한 듯한 시선을 노형사에게 보냈다. 아리마는 무표정하게 흥 하고 코웃음을 쳤다.

아마.

이 노구의 형사가 체제를 전면적으로 지지하는 심적 구조를 갖고 있을 리는 없다. 악인이 아닌 것은 틀림없다고 해도 남들보다 배로 선량한 편도 아닐 테고, 그것은 다만 쇠약해진 육체는 특히나 신중함을 좋아한다──는 것뿐일 것이다.

"만일 그렇다면, 우리의 서툰 예측 때문에 거대한 악을 놓치게 될 수도 있는 셈이고."

아리마가 발언을 마치기도 전에, 오자키는 거대한 악──하고 바보 취급하듯이 말했다.

"그런, 그림으로 그린 것 같은 대악당이 있을 리 없잖아요."

"그럴──까?"

"뭘 악이라고 하는 겁니까? 정의라는 것의 위장된 껍질은 이미 먼 옛날에 벗겨져 버렸어요. 악귀 짐승인 미국과 영국은 착한 주둔군이, 친구인 독일은 악마의 앞잡이가 되었죠. 그것도 세상이 뒤집히면 또 바뀌는 거예요. 아저씨가 아까 말했잖아요. 이 나라는 배금주의라고. 배금주의인 세상에는 빈부의 차이는 있어도 선악의 구별은 없어요. 정의도 악도 없다고요!"

오자키의 노기등등한 태도에 아리마는 약간 어이없는 얼굴을 한다.

상궤(常軌)를 벗어났다.

"이보게, 오자키──."

그건 말이 지나치잖나──라고 말하고 싶었을 것이다. 노인의 쇠약해진 육체는 과격한 논조도 받아들이지 못하는 것이다.

"어쨌든 제 기준은 딱 하나입니다. 살인자는 용서할 수 없다. 그리고 그 녀석은 그 살인자예요."

살인자 놈——.

살인자 놈——.

오자키는 메아리처럼 연호한다.

아리마는 슬픈 듯한 얼굴을 했다.

"그러니까——아직 모르잖나."

"압니다. 그 녀석은요."

그 녀석은 그저 빈둥거리며 피하고 있을 뿐이에요, 그 자식, 그 살인자 원숭이 자식——되풀이하는 오자키의 시야에 이미 노인은 들어오지 않는 것 같다. 독백 같은, 주문 같은 말을 갑자기 끝맺고, 오자키는 아리마를 보았다.

"뭐——. 이런 곳에서 아저씨랑 다투고 있어 봐야 소용없지요. 오후에는 증거가 산더미처럼 쌓이고 증언자가 문전성시를 이룰 겁니다. 그러면——이제 그 비겁한 놈도 끝이에요. 아저씨도 납득할 겁니다."

하고 말하자마자 강단을 떠나 아리마에게 등을 돌렸다.

오자키는 괴로운 듯이 기지개를 켜고 빙글 고개를 돌리더니, 돌리는 김에 아리마를 곁눈질로 쳐다보며, 아저씨 오늘은 이제 뭘 하실 겁니까——하고 신음하듯이 물었다.

아리마는 등을 웅크리고, 창틀을 향해 대답했다.

"파트너가 오지 않아서 말일세. 외근도 나갈 수 없어. 전화나 지켜야지. 비공개 수사니 신고도 없겠지만——."

오자키는 끝까지 듣지도 않고, 간 씨는 어떻게 된 걸까——하고 말하면서 이쪽을 향해 걷기 시작하더니, 문 부근에서 돌아보지도 않고 왼손을 들고는, 그럼 이만——하고 한마디 하고 방에서 나갔다.

그리고 그대로 곁눈질도 하지 않고 복도 맞은편으로 사라졌다. 아마 취조실로 갔을 것이다. 얼핏 보면 무언가에 집중하고 있는 것처럼 보이기도 하지만, 사실 주의력은 산만했다. 전혀 ── 눈에 들어오지 않는다.

노인은 그동안 내내, 창밖을 보고 있었다.

오자키가 떠나고 나서 10분 이상, 아리마는 그러고 있었다.

10분이 지나자 겨우, 노인은 강단 옆의 접이식 의자에 걸터앉았다.

그러고 나서 큰 한숨을 쉬었다.

그때.

복도가 소란스러워졌다.

놔, 놔 하고 굵직한 목소리가 울렸다.

이윽고 두 명의 여성 경관에게 어깨를 붙잡힌 30대 남자가 날뛰면서 질질 끌리다시피 복도 안쪽에서 나타나, 다리를 버둥거리며 반대쪽으로 사라졌다. 그 뒤에서 이마가 벗겨진 초로의 덩치 큰 남자가 삐걱삐걱 바닥 판자를 울리며 나타났다.

아리마는 얼굴을 들고, 조금 큰 목소리로 말했다.

"니시노 씨. 뭐야? 주정뱅이인가?"

초로의 남자는 걸음을 멈추고 수사본부인 큰 방에 얼굴만 밀어 넣고는 말했다.

"눈치채셨다시피 술주정뱅이입니다, 와타루 씨. 하룻밤 재우고 돌려보내는 참인데요. 아무래도 술이 덜 깬 모양이네요."

"그거 부럽기 짝이 없군. 나도 유치장에 들어가도 깨지 않을 정도로 ── 술을 퍼마시고 싶네."

아리마는 진지한 얼굴로 그렇게 말했다.

도불의연회

니시노라고 불린 남자는 한 번 기지개를 켜듯이 복도 맞은편의 모습을 살피고 나서, 바쁜 모양이군요 —— 라고 말하며 방으로 들어갔다.

"보아하니 거물급 죄인이 체포되었다는 얘기도 듣지 못했는데요. 삼엄하군요. 계(係) 하나가 전부 나섰잖습니까. 어수선하네요, 아무래도. 게다가 —— 서 내에도 낯선 얼굴이 꽤 있는 것 같은데?"

시즈오카 본부에서 몇 명 와 있으니까 —— 라고 말하며, 아리마는 니시노에게 의자를 권했다.

"정말 어수선하군."

"그 점만은 —— 피차일반이네요."

니시노는 의자에 앉았다.

"요즘 아무래도 선도할 아이들의 수가 많습니다. 그리고 이웃끼리의 싸움이니 부부싸움이니, 시시한 일로 신고해 오는 사람이 많아서요. 일손이 부족해요. 대부분은 개도 안 물어갈 종류의 하찮은 일이니까 내버려두면 될 것 같기도 한데, 신고가 들어오면 그럴 수도 없으니까요."

그렇겠군 —— 아리마는 고개를 저었다.

"그렇지, 그 시끄러운 종교 단속도 자네네 과에서 하나?"

"그건 교통과입니다. 별로 나쁜 짓은 안 해요. 통행에 방해가 될 뿐일 테니까요. 수가 많지만, 많이 모여도 세 명 정도겠지요. 뭐 노상 연예인이 가득 몰려온 것과 비슷할 겁니다. 그게 —— 왜요?"

"아니 ——."

아리마는 주름진 양손의 손가락을 깍지 끼어 무릎 위에 올려놓았다. 니시노가 말한다.

"그건요, 와타루 씨, 불로장생의 종교라고 합니다. 뭐, 이런 나이가 되어서 오래 살고 싶다고도 생각하지 않지만요. 인생의 좋은 시기를 힘든 시대에 보낸 우리들로서는, 아직 미련은 있으니까요. 유행할지도 모르지요."

"그런 말 말게, 니시노 씨. 항간에 만연하는 음사사교(淫祠邪敎)가 세상에 오래 살아남은 예는 없다네——."

유행하는 건 쓸모없는 것, 농락이나 당하고 쪽쪽 빨아 먹히는 게 고작이겠지 —— 아리마는 약간 뺨을 경련시키며 담담하게 그렇게 말했다.

"오래 살기는커녕 명이 줄어들 걸세."

그건 그렇다며, 니시노는 크게 웃었다.

"수상한 것일수록 사람의 눈을 끄니까요. 전쟁이 끝난 후에는 그야말로 우후죽순처럼 새로운 종교가 많이 생겼지요. 이즈는 어떨지 몰라도 쓰루가 쪽에는 많은 것 같더군요. 그건 전쟁 전과 같은 탄압이 없어졌기 때문일까요? 종교법인 법도 생겼고, 그래서 만들기 쉬워진 건지 어려워진 건지 —— 아, 그렇지. 아까 그 주정뱅이 ——."

"그 부러운 주정뱅이?"

그 남자도 이상야릇한 말을 하더군요 ——하고, 니시노는 약간 기쁜 듯이 말했다.

"그 사람, 어제 대낮부터 술을 잔뜩 마시고 도로에서 자고 있기에 끌고 온 건데요. 엄청나게 기분이 좋더라고요. 그게, 그렇게 기분이 좋은 이유가 말입니다."

"뭔가?"

"악령을 쫓아낸 기념이라던데요."

도불의연회

"악령?"

악령이라는 건 이건가, 하며 아리마는 양손을 가슴 앞에 늘어뜨렸다.

"그건 유령이잖아요. 음——같은 건가, 악령도."

휘잉 두두두둥 하면서 무서운 모습으로 나온다면 똑같은 거 아니냐고 아리마는 말했다.

"죽은 사람이잖나."

"죽은 사람——이겠지요. 뭐, 영(靈)이라고 하니까 죽은 거겠지요. 그 녀석, 자칭 의학박사라고 큰소리를 치고 있는데, 그 의사 선생이 작년 여름부터 줄곧 그 죽은 사람의 영에 씌어서 곤란해하고 있었다고 하더군요. 그래서 이제 슬슬 정신적으로 지치고, 직업도 잃고 집도 잃고 우에노 부근에서 부랑자 생활을 하고 있었나 봐요. 그런데 이달 초에, 어쩌고라는 심령술을 쓰는 아이가 찾아와서."

"아이?"

"아이라고 합니다. 그 아이가, 불쌍하니까 네 악령을 떼어 주겠다고 하더래요."

"악령을?"

"악령을. 놈은 지푸라기라도 잡고 싶은 상황이었기 때문에, 그 아이가 시키는 대로 했다고 하는군요. 뭐, 떼어낸 건 뭘 한 건지 모르겠지만요."

"아이가 하는 말을 진지하게 받아들인 건가?"

"진지하게 받아들였나 보지요. 그랬더니 어제——그 악령이 깨끗이 사라졌어요."

흐음——하고, 아리마는 건성으로 대답했다.

"뭐, 정어리 대가리도 믿으면 존귀해진다고 하니까. 뭐든 믿을 수 있다면 효험도 있을지도 모르지. 하지만 니시노 씨, 그 남자, 그걸 어째서 또 시모다 같은 시골구석에서 축하한 건가? 나는 그쪽이 납득이 안 가네만."

글쎄요 —— 니시노는 고개를 갸웃거린다.

"돈도 한 푼 없고 묵을 곳도 없는 사람이 어떻게 이런 곳까지 온 건지 —— 걸어서 온 것도 아닐 텐데, 여기까지 올 기찻삯이 있다면 무전취식이나 하지 말고 우에노에서 축배를 드는 정도는 할 수 있었을 텐데. 아무래도 뒤죽박죽이군. 애초에 여기가 시모다라는 인식은 없는 게 아닌가?"

"미쳤 —— 어요."

미쳤습니다 —— 니시노는 팔짱을 낀다.

"뭐, 들떠 있다고 하는 게 옳을까요. 이 바쁜 때에 폐도 이만저만이 아니지요. 잡아 오지 말고 술값을 대신 지급해 주고 표를 사 주어서 우에노로 돌려보내 주고 싶었을 정도입니다. 그렇다고 해도 —— 어째서 우리는 이렇게 바쁜 겁니까? 언제부터일까요, 이런 바보 같은 소동이 시작된 건? 아무래도 진정이 안 돼요."

니시노는 투덜투덜 불평을 하면서 일어서더니, 대머리를 한 번 때리고 나서, 와타루 씨도 무리하지 마십시오, 요즘 얼빠진 놈들이 많으니까 —— 라고 말했다.

마침 그때, 니시노 계장님 —— 하고 부르는 목소리가 났다.

엇 큰일이네 —— 하고 니시노는 아리마에게 손을 들어 보이더니, 술술 헤엄치듯이 문까지 와서는, 잠깐 실례 좀 —— 하고 목례를 하고, 소리를 내며 복도 안쪽으로 사라졌다.

도불의 연회

노형사는 아무 말도 하지 않고 다시 창밖을 보았다.

네모나게 일그러진 하얀 하늘을 보았다.

그리고 등을 돌린 채 말했다.

"당신 —— 시즈오카 본부 사람이오?"

나를 향해 말하고 있다.

나는 한 발짝 앞으로 나가 미닫이문에 손을 대며, 그 비슷한 겁니다 —— 라고 대답했다.

노인은 천천히 돌아본다.

"소개는 —— 받지 못했는데."

"관리직이 아니니까요."

"그렇게는 보이지 않는데. 말단은 아니겠지."

"관할이 다릅니다."

"전직 —— 군인인가?"

"이 나라의 성인 남자는 대부분 전직 군인입니다."

그야 그렇지 —— 노인은 힘없이 말하고, 다시 저쪽을 향했다.

그리고 말했다.

"싫군."

*

하늘은 길고 땅은 오래되어 ──.

그, 눈썹이 거의 없는 야윈 남자는 고음역과 저음역 모두에 탄력이 있는 독특한 목소리로 말하기 시작했다.

"천지가 능히 길고 또한 오래될 수 있는 것은, 그 스스로가 살지 않음으로써 능히 오래 사는 것이다 ── 라고 노자(老子)에 나와 있습니다. 천지가 유구한 것은 자신을 위해서 살지 않기 때문, 다시 말해서 내가, 내가라는 아집이 없기 때문이라는 것입니다. 무위무심(無爲無心)이야말로 길고 오래된 유일무이한 길입니다 ──."

간이치는 그 잘 움직이는 얇은 입술을 불신이 가득 담긴 눈빛으로 바라보고 있다. 미요코는 다다미의 눈을 세듯이 아래를 보고 있다.

"── 우리 성선도는, 그 유일무이한 길 ── 도(道)를 추구하는 사람들. 희한한 사신(邪神)을 모시며 부조리한 신앙을 강요하는 음사사교 부류와는 근본적으로 다릅니다. 도란 기의 운동을 말하는 것, 기란 만물의 근원. 신도 부처도 영도 사람도, 모든 것은 기가 나타나는 방식 중 하나에 지나지 않습니다. 우리는 신앙하는 것이 아니라 진실한 형태로 그저 존재하려고 할 뿐. 그러기 위해서 위대한 진인 조(曹)방사님 밑에서 올바른 존재 방식을 얻기 위해 밤낮으로 수행을 계속하고, 또한 그 존재 방식을 넓혀 나가고 있습니다. 저는 단키(童鬼), 오사카베(刑部)라고 합니다."

도불의연회

"서론은 —— 그만하면 됐습니다."

간이치가 초조함을 섞어 그렇게 말하자, 그 남자 —— 오사카베는, 그렇습니까, 실례가 많았습니다 —— 하고 정중하게 대답하고, 둥근 가슴장식 앞에서 합장을 했다.

"제가 보아하니, 무라카미 님께서는 우리 성선도를 소위 말하는 종교라고 생각하시는 것 같아서 —— 제가 쓸데없는 설명을 드렸습니까."

"당신들이 종교든 그렇지 않든 ——."

—— 종교. 뭘까 그것은.

간이치는 애초에 종교의 정의 따위는 모른다. 알려고 한 적도 없다. 따라서 인생에 있어서 신앙이 무엇인지는 생각한 적도 없다. 그래도 그런 것이 사람을 구한다고는 간이치는 생각할 수 없다.

간이치는 생각한다. 신심은 어둠 속에서 광명으로 사람을 이끄는 것이 아니라, 단순히 사람을 맹목으로 만들 뿐인 것이 아닐까. 눈을 감아 버리면 어둠 속에 있으나 빛 속에 있으나 마찬가지가 아닌가. 그러니 —— 아니, 그런 것은 아무래도 상관없는 일이다. 간이치와는 상관없다.

"—— 그런 건 어느 쪽이든 상관없습니다. 우리는 그저 ——."

"아드님이 계시는 곳을 알고 싶으신 거지요."

오사카베는 무표정하게 간이치의 말을 가로막는다.

아시지요, 어제 아신다고 말씀하셨지요 —— 미요코가 얼굴을 들고 빠른 말투로 말하는 것을 간이치는 말린다. 약점을 보이는 것은 질색이다.

"하지만 이 사람들은, 어제 분명히 그렇게 말했어요, 그러니까."

연회의 시말

미요코는 간이치를 향해 호소한다. 아시는 거지요, 그렇지요, 오사카베 씨——미요코는 오사카베에게 캐묻는다.

"압니다."

오사카베가 단정적으로 말했다.

아내는 움직임을 딱 멈추고, 그 시선을 이상한 방문자의 핏기 없는 얼굴로 향했다.

"그것 보세요, 네, 여보, 다카유키는——."

"기다려 봐. 오사카베 씨라고 했나요. 정말로 아들이 있는 곳을 안단 말씀이십니까."

"전부——손에 잡힐 듯이."

——어떻게 아는 걸까.

잠깐.

"그렇습니까——집사람한테서 들으셨을 테지만 저는 형사라는, 아무래도 이해력이 좋지 못한 직업에 종사하고 있는 사람이라——."

말씀하시지 않아도 전부 다 알고 있습니다——하고 오사카베는 점잔을 빼며 말한다. 그렇다면 이야기는 빠르겠다는 생각에 간이치는 말을 꺼냈다.

"집사람의 이야기로는——당신들은 우리 가정의——그, 가정 내의 다툼을 매우 자세히 알고 계셨던 모양이던데요. 아니, 그뿐만 아니라 아들 다카유키가 우리 부부의 친아들이 아니라는 것까지."

"알고 있습니다. 어제, 길에서 아드님을 찾고 계시던 사모님을 뵙고, 그 얼굴상(相)에서 심상치 않은 기를 느꼈거든요——아무래도 그냥 지나칠 수가 없어서, 실례인 줄 알면서도 말을 걸었던——것입니다."

도불의 연회

"뭐——그때 집사람의 태도가 심상치 않았다는 것은 상상이 가고, 안색도 인상도 보통은 아니었겠지요. 하지만 오사카베 씨. 그것을 보다 못해 말을 걸어 주신 건 감사하지만——당신은 어떻게 제가 아들에게 맞은 것이나 아들이 양자라는 것을 알고 계시는지요. 14년 전에 아들을 주선해 준 은인도 5년 전에 돌아가시고, 이제 그 일을 아는 건 우리 부부밖에 없을 텐데요——."

"아드님도 알아 버리셨겠지요."

오사카베는 냉담한 말투로 그렇게 말했다.

"네——그렇습니다——맞아요."

간이치는 정좌하고 있던 다리를 무너뜨린다.

다카유키가 모든 것을 알았다. 그것이 붕괴의 시작이었다.

내 진짜 아버지는 당신이 아니야——.

나를 낳은 것도 당신이 아니야——.

나는 도둑의 자식이지——.

그저께——.

다카유키는 간이치조차 모르는 자기 친부모의 정보를 어디에선가 듣고 왔다.

방종하고 닳고 닳은 떠돌이 매춘부. 게다가 절도 상습범. 오다가다 만난 남자의 아이를 배고, 산달에 검거되어 옥중에서 출산, 낳은 것은 좋지만 키울 마음은 전혀 없었던 최악의 어머니——.

다카유키가 이야기한 인물상은 친어머니로 생각할 수 있는 최악의 것이었을 것이다.

진짜야, 진짜 그래?——하고 다카유키는 울면서 간이치에게 그렇게 물었다.

간이치는 놀랐다. 분명히 다카유키를 주선해 준 인물은 경찰 관계자였다. 그러나 그것은 아내조차 모르는 사실이다. 모르는 편이 좋다고 미요코도 말했고, 간이치도 그렇게 생각했기 때문에 간이치는 주선자에 대해서 태생은 물론이고 이름조차도 숨겼다. 뿐만 아니라 다카유키 친부모의 태생에 대한 정보는 간이치 자신도 전혀 갖고 있지 않았다. 아내와 마찬가지로, 그것을 알아서 좋을 것은 하나도 없다고 판단했기 때문이다.

모르니 캐물어도 대답할 수가 없다. 그러나 친아들이 아닌 것은 사실이고, 그것을 숨겨 온 것 또한 사실이었다.

횡설수설하게 되었다.

무익한 입씨름이 오갔다. 하나부터 열까지 제대로 대답할 수가 없었다. 전부 거짓말이라고 시치미를 뗄 수도 없었다. 속이고 있었다는 양심의 가책은 꿰매어도 꿰매어도 터지고, 그래서 간이치의 가족이 14년을 들여쌓아 올려 온 돌탑이 무너지게 된 것이다.

——그렇다.

이제 되돌아갈 수는 없다.

그럴 수 없게 되고 말았다.

"저는 말입니다, 의심하고 있는 겁니다, 오사카베 씨——."

그렇게 말하며 간이치는 어깨에 힘을 준다.

그렇다——간이치는 어제저녁, 아내의 이야기를 자세히 듣고 어떤 의심을 품게 되었다.

그래서 간이치는 이 수상쩍은 남자를 집에 불러들인 것이다.

"아들은 대체 어디의 누구에게 들은 걸까요. 자신의 내력을——."

다카유키는 언제 어디에서, 누구에게 그 정보를 얻은 것일까.

도불의연회

그것은 중요한 안건이다. 누군가가 가르쳐주지 않으면 알 수 없는 일이다.

어쨌거나 비밀이 탄로 나고 말았다는 것만으로 몹시 허둥거리고 있던 간이치는, 어제저녁까지 그 점을 생각하지 못했다.

"그걸 모르겠어요. 지금 말한 대로, 그건 아무도 모르는 일입니다. 그런데 ── 집사람의 이야기로는, 당신들은 아무것도 설명하지 않았는데 전부 꿰뚫어보고 있었다고 ──."

당신 무슨 말을 하는 거예요 ── 미요코는 당황한다.

아내는 오직 아들이 어디 있는지 알고 싶은 것이다. 하지만.

간이치는 오사카베를 노려보았다.

"보시다시피 ── 집사람은 그걸로 완전히 당신들의 영능력 ── 인지 뭔지 모르겠지만 ── 을 믿고 말았습니다. 무리도 아니지요. 타인인 당신이 알고 있는 것 자체가 애초에 이상한 일이니까. 어떻게 알았는지 ── 그건 모릅니다. 하지만 어쨌든, 당신들이 우리 가족의 비밀을 알고 있었던 것만은 사실이에요. 그리고 누군가가 다카유키에게 그 비밀을 가르쳐준 것도 ── 사실이고."

설마 ── 오사카베는 약간 눈을 떴다.

"무라카미 님은 우리가 두 분의 아드님께 못된 말을 속삭였다고 ── 그렇게 생각하시는 겁니까?"

"의심하는 게 직업이라서요. 게다가 정보를 제공한 것만이 아닐지도 모르지요. 만일 당신들이 정보원이라면, 좋지 못한 못된 꾀를 알려주어 가출하게 만드는 것도 가능하니까요. 숨길 ── 아니, 납치할 수도 있지요. 그렇다면 가출한 다카유키의 행방을 안다는 것도 이해가 가고."

이런, 이런 뜻밖이군요 —— 오사카베는 그렇게 말하더니 가슴에 늘어뜨린 손거울 같은 둥근 장식을 만졌다. 햇빛이 툇마루에 반사되어 간이치의 홍채를 태웠다.

눈을 돌린다. 오사카베가 말한다.

"우리는 아드님과는 만난 적도 없습니다. 그런 발칙한 일은 ——."

"그렇다면 ——."

어째서 아들이 있는 곳을 당신들이 아는 거요 —— 하고 간이치는 거칠어진 목소리로 말했다.

오사카베는 미소를 지었다.

"천지뇌풍산천수화(天地雷風山川水火), 이 세상에서 일어나는 일은 대개 팔괘의 상으로 알 수 있습니다."

그리고 낭랑하게 말하기 시작했다.

"팔괘는 사상(四象)에서 생겨나고, 사상은 양의(兩儀)에서 생겨나며, 양의는 태극에서 생겨난 것. 태극이란 하나인 근원, 즉 기(氣). 다시 말해서 세상 모든 사물의 현재는, 기의 움직임을 봄으로써 손에 잡힐 듯이 알 수 있는 것입니다. 그건 과거와 미래도 마찬가지 ——."

"점술입니까!"

간이치는 가시 돋친 말투로 연설을 방해했다.

초조해진다. 견딜 수 없이 초조하다.

"바보 같군요. 미안하지만, 점 같은 걸 믿을 마음은 없습니다. 근거가 없어요. 아니, 기니 뭐니 하셔도, 그런 —— 묘한 근거를 아무리 설명하셔도 모르겠습니다. 알고 싶지도 않아요."

"여보 ——."

미요코가 소매를 움켜쥐었다.

도불의 연회

"점이든 주술이든 상관없잖아요. 지금 우리는 다카유키의 행방만 알면——."

"당신은 입 다물고 있어."

"여보——."

"잘 들어, 미요코. 이런 상황에서 다카유키만 돌아온들 대체 어떻게 하자는 거야? 또 똑같은 일을 되풀이할 뿐이잖아. 다카유키는 알아 버렸어. 그러니까 우리는 이제 평범한 부모와 자식으로는 돌아갈 수 없어. 응어리는 평생 사라지지 않아. 그걸 꾸미고, 그래도 부모 자식 놀이, 부부 놀이라는 소꿉장난을 계속하겠다는 거야?"

"그런 건——하지만."

"어쩔 수 없어. 어제 말한 대로, 세상에는 돌이킬 수 없는 일이 있는 거야."

"그럼 다카유키는——그 아이는."

"물론 다카유키는 찾을 거야. 찾아내서 앞으로의 일을 서로 이야기할 필요는 있겠지. 가족은 원래대로 돌아가지 못해도 호적상으로는 우리가 부모야. 다카유키는 아직 미성년이니까. 교육의 의무는 있어. 하지만 찾는 건 종교가 아니라 경찰이 할 일이야. 당장에라도 수색원을 내겠어."

"하지만 그럼 어째서 이런——."

"그러니까 누가 다카유키에게 가르쳐주었느냐——라고. 그놈 때문에, 그놈이 다카유키에게 하지 않아도 될 말을 하는 바람에——."

편안한 샘물은 뜨거운 모래로 바뀐 것이다. 아니——처음부터 뜨거운 모래에 파묻혀 있었다는 것을 간이치는 깨닫고 말았다. 깨닫게 되고 만 것이다.

"그건 우리가 아닙니다."

오사카베는 냉정한 목소리로 말했다.

"그럼 누가——누가 이야기했다는 거요!"

"알고 싶으시다면——우리는 알 방법을 갖고 있습니다. 원하신다면 후치[扶乩] 등."

"점 얘기는 이제 됐어요."

간이치는 내뱉듯이 말한다. 오사카베는 얇은 입술을 희미하게 구부렸다.

"그리고——."

"그리고 뭐요."

"무라카미 님. 당신은——한 가지 착각을 하고 계십니다."

"착각?"

"네——."

오사카베가 몹시 명료하게 대답한 순간, 그 이상한 소리가 문밖에서 울렸다.

"——세상에는 돌이킬 수 없는 일은 없습니다, 무라카미 님. 당신이 하기에 따라서 세계는 당신의 생각대로 그 모습을 바꾸죠. 당신은 세계의 일부분에 지나지 않지만, 당신에게 세계라는 것은 당신 자신——자신이 전부."

"무슨——시시한."

"시시하지는 않습니다."

"아니, 시시해요. 그야 그렇겠지요. 사물은 생각하기에 달려 있고, 마음은 먹기에 달려 있소. 어떤 상황에서도 신경 쓰지 않으면 괴롭지 않고, 그러면 불행은 없지. 하지만——."

도불의 연회

"하지만 무엇인지요. 말씀하시는 대로 마음은 먹기에 달려 있습니다. 마음먹기에 따라서 모든 것은 바뀝니다. 현재도 미래도——그리고 과거도."

"바, 바보 같은——지나가 버린 일은 바꿀 수 없소. 말주변을 부려 제멋대로 늘어놓고, 타인의 인생에 끼어들지 말아 주시오. 우리는, 우리 가족은——."

"가령——."

오사카베는 일어섰다.

"——당신밖에 모르는 과거의 사실이 있었다고 합시다. 그것을, 만일 당신이 잊어버렸다면——그건 과연 사실이라고 말할 수 있을까요?"

"사실은——사실이지요."

"아뇨, 그렇지 않습니다——."

오사카베는 엄하게 말했다.

"——아무도 모르는 사실 따위는 사실이 아닙니다. 과거란 망령 같은 것. 현재의 당신을 형태 짓고 있는 것은 현재의 당신의 기(氣). 현재의 당신의 기의 흐름이, 과거라는 환상을 마치 현실인 것처럼 당신 안에 나타나게 하는 것에 지나지 않습니다."

"그런 건 넓두리요! 어떤 때에도 사실은 사실이오. 굽힐 수 있는 게 아니에요. 물이 들어 있는 잔이 깨지면 물은 흘러나오지요. 흘러나온 건 잔이 깨진 게 사실이기 때문일 테지. 아무도 잔이 깨진 걸 몰라도, 깨지면 물은 역시 흘러나오고, 몰랐다고 해서 잔이 원래대로 되는 일은 없소. 지나가 버린 일은 돌이킬 수 없어!"

——그렇다. 이제 되돌아갈 수는 없다.

깨진 그릇 조각을 모으고 이어 붙여서 원래대로 만들어 봐야, 그런 것은 쓸 수 있는 물건이 될 리가 없다. 금에서는 물이 흘러나오고, 계속해서 흘러나와서——.

어차피 얄팍하게 갖다 붙이는 것은 쓸데없는 저항이다.

그런 것은 산산이 부서지는 편이 낫다.

——그런 것은.

오사카베는 턱을 들었다.

"과연 그럴까요? 그 경우, 원래 잔이 있었던 것조차 아무도 모른다면 어떨까요. 그러면 깨지든 깨지지 않든 상관없지요. 새어 나온 물은 곧 마를 테고요. 마른 후에는 깨진 잔이 있을 뿐. 그 경우, 그 잔에 물이 들어 있었는지 아닌지는 아무도 모르지 않겠습니까. 원래 깨져 있었는지도 모르고, 원래 깨져 있었다면 물이 가득 차 있었을 리도 없어요. 잔이 깨지고 물이 새어 나왔다는 사실이 사실인 이유는, 거기에서 효력을 잃지요. 다만 깨진 잔이 거기에 있다는 사실만이 유효해지지 않겠습니까. 게다가 아무도 모르는 사이에 파편이 치워져 버렸다면, 이미 그때 거기에서 무슨 일이 일어났는지조차 아무도 알 수 없어요. 그때는 아무 일도 일어나지 않았다는 것이 사실이 되고 말겠지요."

"궤——궤변이오."

오사카베는 동요하지 않는다. 말만이 날아온다.

"궤변이 아니라 이게 진리입니다. 시간을 거슬러 올라가는 건 아무도 할 수 없는 일입니다. 그러니까 무언가에 기록되어 있거나, 누군가가 기억하고 있지 않은 한, 과거는 없는 거나 마찬가지예요. 하물며 개인의 과거는 다른 사람으로서는 알 수도 없지요. 옛날로 되돌아가

도불의 연회

서 확인하는 것은 결코 불가능한 일이니까요. 기록——그리고 기억. 과거를 보증하는 것은 그 정도입니다. 기록은 바꾸어 쓸 수 있는 것, 기억은 엷어져 가는 것. 그러니 어디에도 기록되지 않고 아무도 기억하지 못한다면, 과거는 사라져서 없어지고 마는 것입니다. 본래 과거라는 것은 지나가 버린 단계에서 이미 없는 것이지요. 실체를 갖지 않는 환상에 사로잡혀, 현재를 놓치고 앞으로 가야 할 길을 그르치는 건 어리석은 일이에요."

"하지만——."

잊을 수 없다. 한 번 알아 버리면, 이제는.

"무라카미 님. 가족이라는 미지근한 물에 잠기는 게 꿈이라면, 거기에서 나와 한풍열파(寒風熱波)를 받는 것 또한 꿈. 꿈과 현실은 등가(等價)입니다. 꿈도 현실도 모두 기가 나타나는 방식 중 하나. 사실과 허구의 구별은 없는 것입니다. 그렇다면 과거의 포로가 되어 가라앉는 건—— 어떨까요."

하지만—— 간이치는 대꾸할 말을 잃었다.

초조는 불안으로 바뀌고, 그 불안은 바깥에서 침입해 오는 저 이상한 소리에 휘저어져 서서히 부풀었다.

"하지만, 그러면——."

"그러니까——."

오사카베는 한층 더 큰 목소리로 말했다.

다시 소리가 간이치의 가슴을 곧바로 친다.

"돌아오신 아드님이 모든 것을 잊고 있었다면 어떨까요? 그래도 당신들은 같은 일이 반복될 거라고 하실 겁니까?"

"이—— 잊는다고? 그런 편리한—— 아, 아니."

정말로 그럴 수 있다면 ——.

다시 이전처럼, 샘물의 꿈에 잠길 수 있을까.

—— 안 된다.

그건 안 된다. 분명히 ——.

오사카베는 눈을 가늘게 뜬다. 꿰뚫어보고 있다.

"과연 —— 설령 그렇다 해도, 아드님이 언제 알게 되고 언제 알게 될지, 비밀이 탄로 나는 날이 오지 않을지, 안절부절못할 거라는 말씀이신가요. 그렇다면 —— 계속 숨기는 게 꺼려지신다면, 당신도 사모님도 ——."

오사카베는 천천히 간이치의 눈을 본다.

"—— 차라리 그 일을 잊어버리면 어떨까요."

"잊 —— 어버린다?"

—— 그런 —— 그건.

그것은 너무나도 감미로운 환상이다.

"두 분이 잊으신다면 —— 이 세상에서 그 일을 아는 사람은 한 명도 없게 되지 않습니까?"

"우, 웃기지 마. 그런 일이 가능한가? 게다가, 설령 우리가 잊어버려도 누군가가 이번처럼 ——."

"걱정하지 마십시오. 설령 —— 중상모략을 하고 다니는 괘씸한 자가 나타나 아드님께 일러바칠 기회가 있다고 해도, 그 경우 두 분은 가슴을 펴고 아니라고 말할 수 있습니다. 꺼림칙함을 느낄 일도 없어요. 어쨌든 두 분 다 모르는 일이니까요 ——."

—— 그것은.

그것은 그렇다.

　　　　　　　　　　　　　　도불의연회

이번에도 끝까지 거짓말을 할 수 있었다면 이런 결과는 없었을 것이다.

"그렇게 되면 무섭지는 않아요."

"무섭지 않다?"

"무섭지 않지요. 왜냐하면, 그런 터무니없는 말은 웃기는 얘기니까요. 어쨌든 두 분은 거짓말을 하지 않았어요. 아시겠습니까. 그때는, 그게 진실이 되어 버리는 겁니다."

"그——."

간이치는——고함쳤다.

"——그런 일이 가능할 리 없어!"

"가능합니다, 우리한테는."

오사카베는 단언했다.

간이치의 머릿속이 둔하게 욱신거렸다.

그리고 마음은——.

크게 흔들렸다.

*

소리도 내지 않고 조용히 문이 열렸다.

문 뒤편에 초연한 그림자가 보였다.

방 안에는 몇 명의 형사들이 나무 책상을 에워싸고 있다. 천천히 돌아본 아리마는 들어온 남자를 보고 미간을 찌푸리며, 몹시 슬픈 듯한 얼굴을 했다. 오타가 일어선다. 그러나 제일 먼저 입을 연 사람은 오자키였다.

"간 씨, 어떻게 된 거야."

남자는 무라카미 간이치였다. 무라카미가 초췌한 것은 일목요연했다. 목에는 고약이 붙어 있다. 눈은 쑥 들어가고, 피부는 건조하고, 아무렇게나 자란 듬성듬성한 수염이 얼굴에 그늘을 드리우고 있다. 무라카미 간이치는 말없이 아리마 앞까지 와서 머리를 숙이며 말했다.

"폐를 끼쳐 죄송합니다."

"다친 데는──나았나?"

"예──뭐."

"일할 수 있나?"

"일할 겁니다."

"그래? 그럼 일 좀 해 주게. 사정은 알고 있나? 과장님이랑 서장님한테는."

　　　　　　　　　　　　　도불의연회

"방금 인사를 하고 왔습니다. 사건의 개요는 오타한테 들었습니다. 과장님이 —— 다음 지시는 아리마 씨한테 들으라고 ——."

음 —— 하고 말한 것을 끝으로 아리마는 입을 시옷자로 다물며 침묵했다.

그리고 크게 숨을 들이쉬더니, 일단 앉게 —— 하고 말했다. 무라카미는 나무로 만들어진 낡은 의자를 잡아당겼다.

이로써 관리직을 제외한 시모다 서 형사과 1계의 전원이 자리에 앉은 것이 된다. 아리마는 무라카미를 향해 말했다.

"오늘 아침 수사회의에서는 오늘의 대략적인 할당은 정해졌네만, 아무래도 본부 놈들은 움직이지 않을 모양이더군. 뭐 이런 경우, 본부와 우리가 짝이 되는 게 통례지만 아무래도 이번에는 ——."

"재벌이 참견해 와서 겁을 먹은 거야 ——."

오자키가 악의가 담긴 말투로 말했다.

무라카미는 아무 말도 하지 않고 의아한 얼굴을 했다.

"뭐 복잡한 사정은 차차 알게 되겠지만, 이번에는 특례 형태로 진행할 걸세. 수사본부장은 그쪽이지만 말이야. 그리고 어제까지의 수사 진척 상황 말인데, 무라카미도 왔고 하니 다시 한 번 정리해서 다시 살펴보지 않겠나? 각각의 보고서를 알아서 보는 것만으로는 정리가 안 되니까 —— 오타, 각자의 담당 부분은 보충 설명하도록."

아리마가 말하고 나자, 오타가 다시 일어서서 앞으로 나섰다.

"예 —— 피해자의 개인정보에 대해서는, 어제 제공된 것 이외에 판명된, 소위 새로운 사실은 없으니 생략하겠습니다 ——아, 무라카미 씨한테는 나중에 자료를 드릴 테니 그쪽을 봐 주십시오. 으음 —— 일단 범행 당일 피해자의 행동에 한해서 말씀드리면, 피해자와 행동

연회의 시말

을 함께하고 있던 쓰무라 신고의 증언은 대강 확인이 되었습니다. 피해자는 유명인이라서 변장을 해도 꽤 눈에 띄지요."

"변장하고 있었나?"

"보도된 피해자의 사진은 전부 기모노 차림이지만, 범행 당일에는 양장이었습니다. 머리 모양도 달랐어요. 진의는 알 수 없지만 남의 눈을 피하고 있었던 것으로 생각해도 된다고 —— 저는 생각합니다. 피해자는 범행 당일 새벽에 숙박하던 호텔을 떠나 오후에 시모다에 도착했고, 시모다후지에 올라갔다가 그 후 렌다이지 온천으로 향했어요. 이동은 전부 자가용차. 쓰무라 씨는 말하자면 운전수입니다. 창문을 검게 칠한 고급 자가용차이니 이목을 끌지요. 요소요소에서 목격되었습니다. 18시 15분에 숙소에 들어가 곧 저녁을 먹고, 그 후 숙소의 종업원과 한 시간 정도 이야기를 나누고, 21시 50분에 노천온천으로 향했습니다. 23시가 넘어도 돌아오지 않아서 이상하게 생각한 쓰무라 씨가 종업원에게 부탁해 상황을 보러 가 달라고 했더니——."

"욕의만 남기고 사라졌다."

그래요 —— 오타는 고개를 끄덕인다.

"알몸인 채로 사라져 버렸어요. 쓰무라 씨는 우선 고용주인 하타 류조 씨에게 연락하고, 그 후 경찰에 신고했습니다."

잠깐 기다리게 —— 하고 아리마는 말을 막았다.

"지금 알았는데 —— 신고했단 말이지?"

"네. 수색원이 나와 있습니다. 뭐 아무리 생각해도 없어진 여자는 전라인 셈이고, 탈의실에는 속옷까지 남아 있었다고 하니까요 —— 무슨 일은 있었을 거라고 생각했겠지요."

도불의연회

"그래? 하지만 피해자를 짊어지고 걷고 있는 피의자를 본 목격자도, 곧장 신고를 했지 않았나? 순경은 그 두 건을 곧장 연결 지어 생각하지 않았나? 한쪽은 여자가 알몸으로 실종, 한쪽은 알몸의 여자를 짊어진 남자일세."

"하지만——상식적으로 알몸으로 실종될 거라고는 생각하지 않잖아요. 유괴라고 해도 알몸의 여자를 짊어지고 가지는 않습니다. 설마 살해되었다고는 생각하지 않았을 테니까요. 그래서 쓰무라 씨도 단순히 목욕 중에 모습을 감추었다고 신고한 모양입니다. 한편 전후로 알몸의 여자를 짊어진 남자가 걸어가고 있다는 엉뚱한 신고도 들어왔지만, 이것도, 금세 살인사건이라고는 생각하지 않잖아요. 그렇다기보다, 우선 그대로 받아들일 수 있는 신고 내용도 아니고요."

"비상식적이에요. 이건 순경을 탓할 수만은 없습니다."

오자키의 말에 아리마는 고개를 끄덕이고, 그럼 시타야마——하고 턱짓을 해 다른 형사를 가리켰다. 그 말을 받아, 거무스름한 얼굴을 한 우락부락한 형사가 발언했다.

"으음, 사법 해부 결과가 나왔습니다. 검안 조서에 따르면, 안면 및 복부에 압박흔이 있는 것 외에는 눈에 띄는 외상은 없습니다. 자잘한 찰과상은 있는 모양이지만, 뭐 일상적으로 생기는 거고요. 사인(死因)은 경부 압박에 의한 질식. 교살이지요."

오타가 고개를 갸웃거린다.

"하지만——잘 생각해 보면 그건 피해자가 알몸으로 제대로 저항도 하지 않았다는 뜻이군요. 그럼——."

"아니, 하지 않은 게 아니라 할 수 없었던 거지. 뒤에서 꼼짝 못하게 붙들듯이, 이렇게——."

시타야마가 몸짓을 덧붙인다.

"——꾀악, 졸려서 말이야, 이러면 저항이고 뭐고 못하잖아. 고작 해야 바둥바둥하는 정도지. 알몸이고. 그리고 흉기는 굵은 밧줄. 이건 시체 유기 현장에서 압수되었습니다. 그렇다고 할까, 이 밧줄은 시체를 나무에 매달 때도 사용되었습니다."

밧줄——이라—— 하고 아리마가 말했다.

"네, 밧줄이요. 꽤 긴, 튼튼한 밧줄이지요. 어쨌든 시체를 매달아서 끌어올렸으니까요. 전체 길이는요, 으음, 재 보았는데——뭐 자료에도 적혀 있으니까요. 그 밧줄 끝 쪽을, 이렇게, 적당한 길이로 들고, 살해할 때도 흉기로 사용했을 거라고 생각됩니다."

"증명할 수 있나?"

"이 밧줄은 많은 양의 수분을 머금고 있는데, 이게 아무래도 살해 현장으로 여겨지고 있는 노천온천의 온천물인가 봅니다."

"성분 분석도 했나?"

"아니, 탕화(湯花)가 결정을 이루고 있어요. 그리고 냄새지요. 저는 렌다이지의 온천에서 아이의 첫 목욕을 시켰으니까요."

"그랬지."

"그러니까요. 게다가 현장의 바위 온천탕에서는 흉기인 밧줄을 꼰 짚과 같은 짚 부스러기가 다량으로 발견되었어요. 피해자가 버둥거렸을 때 욕탕에 떨어진 거겠지요. 다만 현장에 그 이외의 유류품은 없었고, 피의자가 남긴 듯한 흔적도 나오지 않았어요."

"사망 추정 시각은——."

"22시 20분에서 23시 사이. 위(胃)의 내용물로 판단한 겁니다. 식사 시간을 특정할 수 있었으니까요. 이건 검시 결과와 거의 일치하니

도불의연회

다. 더 좁혀졌지요. 저는 이상. 나머지는——목격 증언이 많이 들어 왔다던데——그렇지, 오타?"

"오늘 아침까지 목격 정보가 모두 33건 들어왔습니다. 대량이지요. 그중, 피해자의 시체를 짊어지고 이동 중인 피의자를 목격했다는 게 25건. 모두 렌다이지 근교에 사는——뭐 당연하지만, 주민들에게서 들어온 겁니다——맞지?"

"성선도가 섞여 있네."

셔츠 가슴의 단추를 두 개 푼 형사가 말했다.

무라카미가 한순간 그 남자를 본다.

오타가 오오, 하고 말했다.

"성선도의 신자가 하나, 둘, 셋——다섯 명이군요. 길가에 서서 그 묘한 악기를 울리고 있었던 거로군요. 그곳을 알몸의 여자를 짊어진 원숭이가——뭐, 그건 좋습니다. 이동 경로는 이 온천에서 이렇게——."

오타는 칠판에 붙어 있는 지도를 손가락으로 가리켰다.

"——여기에서 이렇게. 여기에서 이렇게. 여기를 지나 이 길을 통해서 산으로. 목격자의 분포도 정확하게 그 길을 따라 있고, 각각의 목격 증언의 시간적 경과도, 거의 도보로 이동한 속도와 일치합니다. 그러니까 증언의 신뢰성은 높은 셈입니다."

"길을 가면서 내내 목격당한 셈인가."

"당연합니다. 그런 건 가장행렬 같은 거니까요. 게다가 짊어지고 있는 건 알몸의 미인이니까 말입니다. 액자 쇼[10]지요."

---

10) 초기 스트립쇼 중 하나. 전쟁 후 처음으로 스트립쇼가 열린 것은 1947년으로, 도쿄 신주쿠의 데이토[帝都] 극장의 '명화(名畵) 앨범'이었다. 여성 모델이 움직이는 것은 당시의 규제에 저촉되는 일이었기 때문에 액자 속에서 반라 또는 상반신을 벗은 여성이 명

당연히 보겠지——하는 목소리가 난다.

아리마가 힘없이 노려본다.

오타는 머리를 긁적인다.

"역산하면, 살해 시각은 22시에서 23시 사이 정도가 되려나요. 이건 아까의 사망 추정 시각과도 정합성을 갖는 거지요. 참고로 시체의 상황으로 판단할 때, 피의자가 피해자를 어깨에 짊어지고 운반한 것도 틀림없는 것 같습니다. 왼쪽 어깨입니다. 이렇게, 다리랄까, 엉덩이 쪽을 앞으로 해서 짊어진 모양입니다. 수레 같은 건 사용하지 않았고, 업지도 않았어요. 이것도 목격 증언을 뒷받침하고 있습니다. 해부 소견 참조, 라고——."

오타는 서류를 가리킨다.

"흉기의 출처도 명확해졌습니다. 이건 렌다이지 변두리에서 농사를 짓는 마쓰무라 히로이치 씨 댁의 헛간에서 도난당한 겁니다."

"밧줄을 훔친 건가? 용케 알았군."

신고가 있었으니까요, 하고 야마시타가 말했다.

"그리고 정중하게도, 훔칠 때 피의자는 얼굴을 목격당했어요."

"또 목격당했나?"

"그런 녀석인 겁니다."

오자키가 발언한다.

"처음부터 숨길 마음은 없었던 거예요. 멍청한 놈입니다. 하지만 이건 바보가 그냥 바보로 끝나지 않는, 질 나쁜 바보예요. 자신의 무능함을 핑계 삼아, 죄가 되지 않을 거라고 생각하고 있어요. 바보를 내걸고."

화의 포즈를 취해 보이는 것이었는데, 이런 수법의 스트립을 액자 쇼라고 불렀다.

도불의연회

"그렇게 바보, 바보 하지 말게. 그 피의자 말인데."

아리마가 몹시 얼굴을 찌푸리며 오자키를 가로막고, 재빨리 오타에게 화제를 돌렸다.

"이걸 —— 보십시오. 이건 시즈오카 본부에서 제공된 건데, 피의자 세키구치 다츠미의 저서입니다. 으음 —— 현 —— 기 —— 아, '현기증'인가요. 도쿄 경시청을 거쳐 발행처인 희담사에 비공식적으로 연락을 취해서, 저자의 사진을 입수했습니다. 아, 이건데요 —— 본인이 틀림없는 것 같군요. 또 만약을 위해 이 사진을 목격자 전원에게 보여 주었더니, 전원이 틀림없이 이 남자라고 입을 모아 증언했습니다."

"얼굴도 —— 기억되었나?"

"그야 뭐, 명료하게 기억되었지요. 본 사람 전원이 기억하고 있었습니다."

"기억하기 쉬운 얼굴인가?"

"글쎄요, 그렇게 특징적인 것도 아닌 것 같은데요, 이 원숭이 얼굴은 ——."

오타가 사진을 들여다본다.

순간 그 자리는 조용해졌다.

"그러니까 이제 ——."

오타가 가느다란 목소리로 말한다.

"이제 —— 되지 않았습니까? 더 이상 뭐가 필요합니까? 어째서 본부는 송치를 망설이는 겁니까?"

동기일세 —— 하고 아리마가 말했다.

"동기를 전혀 알 수가 없어."

"동기는 —— 있을까요?"

"글쎄. 하지만 피해자는 엄청나게 사연이 있는 미망인이니까. 유명인이고, 배후에는 거물이 붙어 있네. 그러니 동기는 없습니다, 변태성 살인입니다, 로는 통하지 않아. 본부도, 그냥 무차별 살인이었다고 하면 발표할 때 폼이 안 나잖나. 피의자 세키구치 다츠미와 피해자 오리사쿠 아카네에게는 아무런 접점도 ——."

접점은 있습니다 —— 이번에는 오자키가 탁한 목소리로 아리마의 말을 가로막았다.

"그 원숭이는 —— 피해자 가족과 공사 모두 친밀했던 시바타 재벌이 얽혀 있는 '무사시노 연속 토막 살인사건'에 관련되어 있습니다. 게다가 이 사건은 피해자 가족이 휘말린 '눈알 살인마 · 교살마 연속 엽기 살인사건'과 관계자가 일부 중복되어 있고, 그 중복된 관계자는 모조리 피의자의 지인이에요."

"우연 —— 인 건 아닐까?"

우연이겠지요 —— 하고 오자키는 즉시 대답했다.

"오, 자키 씨 견해를 바꾼 건가? 자네 그건 전부 연관된 사건이다, 전부 세키구치가 범인이다, 이번에도 계획 범행이다 —— 라면서 씩씩거렸잖나."

시타야마 형사가 묻자 오자키는 작게 웃었다.

"물론 —— 계획적 범행입니다. 다만 그 세키구치라는 남자에게는 대사건을 연속해서 일으킬 만한 배짱은 없어요. 머리도 나쁘고 인간적인 매력도 없고요. 그놈이 깃발을 흔들어도 구더기 정도밖에 모이지 않을 겁니다. 그러니까 전의 사건은 놈이 우연히 휘말린 거겠지요. 우연이에요. 하지만 그 우연이 바로 접점입니다. 놈은 틀림없이 생전

도불의 연회

의 피해자를 알고 있었을 거예요. 그러니까 이건 적어도 즉흥적인 무차별적 범행은 아니에요. 계획성을 가진 범행입니다. 다만 일반적인 동기는 없어요."

"없다니 오자키——."

"저는 벌써 만 이틀을 그 쓰레기 같은 놈과 마주 보고 이야기했습니다. 그 녀석은 보통 인간 같은 동기를 갖고 있지 않아요. 원숭이 이하라고요."

"무슨 소린가?"

"그러니까 그 원숭이는 우연히 알게 된 피해자에게 눈독을 들이고, 줄곧 따라다니고 있었을 겁니다. 변태지요. 게다가 묘하게 머리가 좋은 변태예요. 자신은 바보이니 사건이 일어나도 항상 용의자 권외다, 자신은 그냥 있어도 안전하다는 것을——과거의 사건으로 놈은 학습했어요. 그래서 그 빌어먹을 놈은 집요하게 피해자를 쫓아다니다가 결국 시모다까지 쫓아왔고, 그리고 정욕을 이기지 못해 살해한 게 틀림없어요."

"매단 이유는?"

"간단합니다. 죽인 후에 실컷 바보 같은 짓을 한 것도, 그렇게 하면 미쳤다고 여겨져서 살 수 있을 거라고 생각했기 때문이에요."

어떻게 생각하나——아리마는 무라카미에게 의견을 구했다.

무라카미는 침통한 표정을 무너뜨리지 않고 조용히 말했다.

"글쎄요——목격 증언이 있는 이상 피의자가 시체 유기에 관여한 건 틀림없겠지만, 그것 이외에는——동기라면 역시 자백이."

자백에 기대해도 소용없네——하고 오자키가 외친다.

"사실이라고는 한 마디도 하지 않는다고!"

"위증——만 한단 말인가?"

"아니. 지금 설명한 대로, 그 녀석은 바보일세. 거짓말 같은 건 하지 않아도 자신의 말이 타인에게 통하지 않는다는 것을 잘 알고 있어. 이야기해도 이야기해도 전혀 통하지 않는 천연의 묵비일세. 망상과 현실을 구분하지 못하니 감당할 수가 없어. 알겠나, 간 씨, 놈은 무계획이라는 계획을 세운 거야. 무모함이라는 계략, 무능이라는 능력, 무지라는 지혜——이건 그런 무작위의 작위로 성립하는 용렬한 범죄일세. 뭐가 놋페라보야, 그 빌어먹을 놈!"

그래, 그 놋페라보 말인데——하고 아리마가 말했다.

"놈이 놋페라보를 본 건 니라야마——라고, 그저께 자네가 말하지 않았나?"

"니라야마든 어디든, 놋페라보는 없습니다. 시시한 소리예요."

"그야 그런 건 인도에도 티베트에도 없겠지만——다만 놈이 니라야마를 거쳐서 시모다로 들어왔다면, 이야기는 조금 달라지잖나."

"달라지지 않습니다."

오자키는 내뱉듯이 말하고, 희미하게 떨리는 한숨을 토해냈다.

아리마가 손을 쳐든다.

"하지만 오자키. 피해자는 창문을 검게 칠한 자가용차를 타고 일직선으로 시모다로 들어왔네. 자네가 말하는 것처럼 피의자가 피해자를 미행하고 있었다면, 피의자도 곧장 시모다로 들어왔을 텐데. 만일 놈이 니라야마를 우회해서 왔다면, 피해자를 미행하고 있었던 게 아니라는 뜻이 되지 않나? 시모다에 들어오기까지의 종적도 파악해야 할 걸세. 놈은 누군가에게 무언가 의뢰를 받고 이즈에 왔다——고 진술했지?"

도불의연회

"그렇게 말하고 있을 뿐입니다."

"어떻게 말하고 있나?"

"실없는 소리입니다."

"괜찮으니 말하게. 놋페라보에 대해서도, 자네는 보고서에도 쓰지 않았고 수사회의에서도 말하지 않았지 않은가. 직접 취조하고 있는 건 자네이니, 자네 외에 우리가 모르는 게 있으면 곤란해."

회의에서 보고할 수 있을 만한 내용이 아니라고요——하고 오자키는 난폭하게 말했다.

"보고서에 놋페라보라고 씁니까, 아저씨? 그런 걸 썼다간 이번에는 제가 정신감정을 받는 꼴이 될 겁니다. 그건 사양이에요."

"어쨌든 전부 말하게. 지금 여기에는 본부 사람들도 높으신 분들도 없어. 불평이든 투덜거림이든 뭐든 들을 테니."

오자키는 고개를 숙이고 가라앉은 소리로 말했다.

"놈은——아는 사람의 아는 사람인지한테 부탁을 받고, 사라진 마을을 탐색하러 왔다고 합니다."

"사라진 마을이라니."

"모릅니다, 그런 건. 놈의 이야기에 따르면 니라야마의 산속 마을이 연기처럼 사라져 버렸다나요. 그래서 놈은 시즈오카, 미시마, 누마즈를 조사하며 돌아다녔다고 해요. 그렇게 말하고 있을 뿐입니다. 관청이나 우편국을 찾아갔다고 하지만, 거짓말일 게 분명해요. 그냥 재미로 듣는다고 해도, 아는 사람의 아는 사람에게 부탁을 받았을 뿐인데 어째서 그런 일을 하겠습니까? 하면 하는 대로 바보지요. 그놈, 니라야마에서는 주재소까지 찾아갔다는군요."

"니라야마의——주재소에?"

니라야마라——하고 아리마가 음울한 목소리로 되풀이했다.

"——그 주재소에 확인은?"

"예. 일단 본부에서 조회는 해 달라고 했는데——그렇지, 오타."

하아——하고 오타가 맥빠진 목소리로 말했다.

"그게. 전혀 무슨 소리인지 알 수가 없습니다."

"당연하지!"

오자키는 다리를 꼬며 다그치듯이, 놈의 진술은 전부 허튼소리입니다——하고 단정적으로 말했다.

"피의자는 찾아오지 않았다고 하던가?"

"주재소의 후치——으음 후치와키인가 하는 순경은, 묘한 남자가 찾아왔다는 것만은 증언한 모양이지만, 이 피의자의 사진을 보여 주었더니 아무래도 얼굴이 다른 것 같다고 말했나 봅니다."

"물어봐야 소용없습니다. 그 바보는 순경과 이상한 남자와 셋이서 사라진 마을까지 갔다고 지껄이고 있어요. 그랬더니 주민이 모두 다른 사람들이었고, 그건 미야기 사람들이라고 하더군요. 미야기라니 무슨 소립니까?"

"뭔지 모르겠지만 제대로 확인하지 않으면 안 되네. 이건 어쩔 수 없군——."

아리마는 힘이 쭉 빠진 시선으로 일동을 둘러보고, 마지막으로 무라카미에게 무기력한 얼굴을 향했다.

"——어떤가, 무라카미. 이런 상황일세."

무라카미는 초췌한 얼굴을 들지도 않고 물었다.

"피의자는——착란을 일으키고 있군요."

"미친 거야, 그게 본바탕이지."

즉시 오자키는 으르렁거렸다.

무라카미는 그 말을 무시하고, 아리마를 향해 이렇게 말했다.

"우선 종적과——그 외에는 역시 동기겠네요. 종적 확인은 반드시 필요할 겁니다. 피의자와 피해자가 시모다에서 만난 건 우연인지 필연인지——."

"필연일세."

오자키가 또 단정했다. 그러나 몇 사람이 이의를 제기했다.

"역시 진술은 확인하는 편이 좋아. 거짓말이라는 걸 알게 되면 후련해지겠지. 자기 씨도 한시라도 빨리 속 시원해지고 싶지 않나. 견딜 수 없어, 이 권태감은——."

"그럼 어떻게 움직일까요?"

글쎄——아리마는 의욕 없는 목소리로 말한다.

"——이즈 내는 괜찮지만, 쓰루가는 움직이기 어렵겠지."

"현장 지휘는 와타루 씨가 맡고 있잖아요."

"하지만 분명히 미시마에 누마즈에 시즈오카라면 우리가 움직이기 어렵지. 관할 외는 본부의 수사원에게 부탁할까요?"

"부탁한다고 할까——애초에 전체적인 지휘는 그쪽이 하는 건데 말이지."

"시즈오카 본부는 무슨 일을——?"

무라카미가 물었다. 오타가 대답한다.

"하타 제철, 시바타 제사의 동향을 살핀다, 도쿄에 수사원을 파견해 도쿄 경시청과 수사 협력 태세를 굳힌다, 국가 경찰 가나가와 현 본부에 정보 제공을 요청한다, 공식 발표 내용을 검토한다——등등."

뭐랄까, 하고 시타야마가 말했다.

"그게 수사 맞나, 싶은 느낌이네만."

"수사회의에서 정해진 할당은 말이지요, 그쪽이 머리, 우리가 다리, 그것뿐. 다리가 향하는 방향은 다리가 결정한다고 합니다, 무라카미 씨. 하지만 다리 쪽에서 머리에 부탁은 할 수 없어요──그런 거겠죠, 아저씨."

아리마는 이마에 깊은 주름을 지었다.

"아저씨, 차라리 과장님이나 서장님한테 사전 공작을 좀 해 달라고 하면 어떻습니까?"

무라카미가 말한다. 시타야마가 그 말을 받는다.

"맞습니다. 그걸 위해 연일 접대하고 있는 셈이고. 그거, 그냥 술만 먹이고 있는 건 아니겠죠."

뭐 그렇다네, 하고 아리마는 대답한다.

"그럼. 서장님은 그렇다 치더라도 과장님은 우리들 다리의 동료잖아요. 게다가 더 이상 목격 정보는 필요 없습니다. 범행 자체의 목격자라도 있으면 모르겠지만, 지금은 종적 쪽이 더 중요해요."

알았네──아리마는 그렇게 말했다.

"시즈오카, 누마즈, 미시마──이건 본부에 맡기지. 내가 교섭하겠네. 시타야마와 도가사키는 다시 한 번 현장 주변을 철저하게 뒤져 봐. 오타와 다케이는 범행 당일 피해자의 종적을 조사하게. 오자키는 본부 놈들과 함께 계속해서 피의자를 취조하고. 무라카미는──."

아리마는 거기에서 한순간 숨을 삼켰다. 그리고,

"──나와 니라야마에 가세."

하고 말했다.

도불의연회

"니라야마——라고요?"

무라카미는 억양 없는 목소리로 반복했다.

형사들이 귀찮다는 듯이 일어선다.

나는 살짝 열어 두었던 수면실의 문을 조용히——닫았다.

*

차창으로 보이는 흐린 하늘은 역시 네모나게 잘려져 있었다.

간이치는 거의 아무것도 생각하지 않고 있다.

맞은편 자리에는 지친 노형사가 지친 자세로 앉아 있다. 지친 얼굴
도 충혈된 눈도, 사는 게 귀찮다는 듯이 모두 이완되어 있고, 그 긴장
감 없는 뺨 맞은편으로 산이나 숲이나 강, 딱히 좋을 것도 없는 지루한
풍경이 차례차례 그 모습을 드러내고는 지나쳐 간다.

반복되는 시간.

——얼어붙는 것보다는 낫나.

자신은 무엇을 하고 있는 것일까.

그렇게 생각하지 않는 것은 아니다.

이런 곳에서, 이런 일을 하고 있을 때가 아니지 않을까 하는, 그런
생각도 한다.

결국, 아내는 성선도 남자와 함께 집을 나갔다. 간이치는 어떤가
하면, 흔들릴 만큼 흔들리고 마지막에는 아무래도 상관없어져 버렸
는데도 ——그래도 그 오사카베인가 하는 남자에게 인생을 맡길 결
심을 할 수가 없었다.

——기개가 없는 걸까.

형사이기 때문일까.

그 남자의 말처럼, 정말 과거를 백지로 돌릴 수 있다면.

도불의연회

그것은 분명히 고혹적이고 달콤한 유혹이기는 할 것이다. 간이치는 코앞에 꿀이 흐르는 듯한, 그런 달콤한 꿈을 꿀 뻔했던 것이다. 눈앞에 따끈따끈하고 기분 좋은 일상의 풍경이 신기루처럼 나타나기도 했다.

──하지만.

과거라는 배를 없앨 수 있다면. 과거의 뱃머리인 현재는, 대체 어떻게 되어 버린다는 것일까. 과거가 사라진다는 것은 현재도 사라진다는 뜻이 아닐까. 배가 가라앉고 뱃머리만 아무 일도 없었다는 듯이 떠 있다니, 그런 바보 같은 일은 있을 수 없다. 떠 있다면 거짓이다. 그런 허구의 과거 위에 올라탄 자신은 무엇일까.

그것은 정말로 자신의 인생일까.

그렇게 생각한 것이다.

간이치는, 그리고 그것을 거부했다.

오사카베는 아마 비웃었을 것이다. 그 양서류 같은 눈이나 얇은 입술은, 분명히 일그러져 있었다. 그리고 어딘가 악기 같은 기분 나쁜 목소리로, 행복이란 무엇인지 ── 모르시는 것 같군요, 라고 그 남자는 그렇게 말했다.

원인이 있어서 결과가 있지요 ──.

과(果)는 인(因)이 되고, 또 다음 과(果)를 낳아요 ──.

이 세상은 모두 인과의 율(律)에 지배되고 있습니다 ──.

우리는 모두, 이 과(果)로서의 현재를 보내고 있습니다 ──.

다시 말해, 미래를 바꾼다는 것은 인(因)인 현재를 바꾸는 것 ──.

그리고 이 현재를 바꾼다는 건, 즉 인(因)인 과거를 바꾸는 것 ──.

행복이란 미래에 기다리는 것이 아닙니다 ──.

연회의 시말

또한, 일찍이 과거에 있었던 것도 아니에요——.

손이 닿지 않는 것은 어차피 그림의 떡이지요——.

지금 여기에 없는 게, 무슨 행복이겠습니까——.

현재의 행복을 저해하는 화근을 끊으려면——.

거슬러 올라가서 과거를 바꾸는 수밖에——.

——과거를.

——바꾼다.

간이치는 왠지 가슴이 조여드는 듯한, 형용하기 어려운 기분에 쫓긴다.

"그림의——떡이라."

중얼거린다.

노인——아리마가 매우 완만하게, 감으려던 주름진 눈꺼풀을 떴다.

"무라카미."

간이치는, 네에 하고 맥빠진 목소리로 말한다.

왜 그러나, 하고 노인은 더욱 맥빠진 질문을 했다.

"왜 그러냐니——별로요."

"아아. 뭐 쓸데없는 참견이네만. 자네, 오늘 아침에 경라총무에 갔었지? 수색원——냈나?"

"네?"

"——아들이지?"

"아——네, 저어."

이야기하고 싶지 않나——하고 아리마는 말했다.

이야기하고 싶지는 않았다.

아리마는 다시 눈꺼풀을 내렸다.

"다카유키 군——이었나."

"하——."

"아니, 자네 아들 말일세——."

많이 컸겠군, 하고 아리마는 말했다.

"——내가 봤을 때는 요만한, 코흘리개 꼬맹이였는데. 아니, 자네
가 경관이 되었을 때 만났지. 자네는 복원한 지 얼마 안 되었을 때라
이렇게 비쩍 말라서는, 아들도 마치 결식아동 같았네. 나는 말린 고구
마를 주었네. 고구마."

"그랬——습니까."

"그래. 내 경우는 아들이 돌아오지 않았으니까. 매일 복원 소식을
듣고 있었지. 결국 소용없었지만. 그런 때이니 보니, 야마베 녀석이
잘 부탁한다고 해서 말이야. 만년 순사부장이 뭘 할 수 있는 것도
아니고, 적어도 고구마라도——라는 생각에."

"아아——."

야마베라는 사람은 간이치의 은인이다.

15년 전.

갈 곳도 없이 집을 나온 간이치에게, 살 곳과 직장을 알아봐 준
사람이 야마베였다.

간이치가 아무런 망설임도 없이 낯선 시모다를 제2의 고향으로
정한 이유는 오로지 야마베의 친절이 뼈에 사무쳤기 때문이고, 야마
베가 간이치의 신천지로 시모다를 정한 이유는 시모다가 야마베의
고향이었기 때문이다.

간이치는 무지하고 세상 물정을 몰랐다.

연회의 시말

기차도 제대로 타 본 적이 없었다. 그러나 그래도 집을 나와 독립하겠다는 간이치의 마음을 헤아리고, 야마베는 수배나 절차를 모두 대행해 주었다.

그것만이 아니다. 역시 사정이 있어서 고향을 버리고 혼자 길거리를 헤매고 있던 미요코를 간이치에게 주선해 준 사람도 야마베다. 미요코가 유산을 하고 부부가 망가질 뻔했을 때, 다카유키를 데려와 준 사람도 야마베였다. 후방에 있던 처자식을 지켜 준 사람도, 복원 후의 간이치의 신원 인수인이 되어 준 사람도 경찰관으로 추천해 준 사람도, 전부 야마베였다. 지금의 간이치는 야마베 다다쓰구라는 남자 없이는 있을 수 없었던 것이다.

──그런데.

지금은 이제.

야마베는 5년 전에 죽었다.

1948년 초봄의 일이다.

간이치는 다시 가슴에 작은 아픔을 느꼈다.

"야마베──씨."

간이치는 작게 말했다.

"야마베는 말일세, 그 녀석은 내 죽마고우일세. 나 같은 놈과 달리 우수한 친구였지만──가족 운은 없었지. 부모님은 일찍 돌아가셨고 독신이었고, 형제도 없었네. 그 탓일까. 자네들 부부에 대해서 줄곧 신경을 쓰고 있었네. 몇 번이나 내게 물었지. 성실하게 순경 일을 하고 있느냐──고."

"그렇──습니까."

"그렇게 맥없이 죽을 줄이야──."

도불의연회

아리마는 그렇게 말하더니, 양손으로 얼굴을 덮고 그대로 쓸어내렸다.

"──그 녀석이 죽고 나서 나는 왠지, 자네를 맡게 된 것 같은 기분이 들어서 말일세. 경라에서 방범으로 불렀네. 자네는 기대대로 일해 주었고, 곧 형사과로 왔지."

"감사하고 있습니다."

바보 같은 소리 말게 ── 하고 아리마는 말한다.

"자네를 1계로 추천한 건 니시노 씨일세. 다시 말해서 이건 자네의 실력이야. 나는 야마베의 무덤 앞에서 알렸네."

"무덤 ── 이라고요?"

간이치는 야마베의 무덤이 있는 곳을 모른다.

"아저씨, 저는 ──."

기다리게 ── 아리마는 눈을 떴다.

"──말하고 싶지 않지? 그럼 말하지 말게. 나는 별로 부모 대신인 척하는 건 아니야. 나는 타인일세."

"그게 ── 아니라."

간이치는 갑자기 ── 불안해졌다.

── 뭘까, 이 불안은.

간이치는 반쯤 썩어 가고 있던 뇌세포를 활성화시킨다. 간이치는 내내, 매우 중요한 것을 잊고 있었다. 내내, 내내 잊고 있었다. 몇 년이나, 몇 년이나 생각하지 않고 지냈다. 그것은 ── 불안의 이유는.

── 그런가.

그것은.

그것은 은인 야마베의 —— 태생이다.

간이치는 야마베의 태생을 확실하게는 모른다. 생전의 야마베에게 물은 적도, 한 번도 없다. 물을 수 있는 입장도 아니었고, 굳이 물을 필요도 없었던 일이기는 하지만 ——.

다만 시모다 서에 추천해 주었을 때 딱 한 번, 경찰 관련 일을 하고 있다고만 들은 기억이 있다. 그래서 경찰에는 말발이 선다네, 하고 야마베는 말했다. 그래서 줄곧 그렇게 생각해 왔다. 그래서. 그래서. 그래서.

간이치는 야마베의 주소도 모른다. 도쿄에 살고 있는 것 같다는 것은 어렴풋이 알았지만, 그것도 확인한 것은 아니다. 시모다 출신이고, 아리마와는 오랫동안 알고 지낸 사이라는 말은 들었지만, 그것도 새삼 물은 적은 없다. 가족이 없다는 것도 어렴풋이 느끼고는 있었지만, 그것도 지금 처음으로 알았다. 그것도 그것도.

—— 그러고 보니.

죽었을 때도, 그저 통지가 왔을 뿐이었다.

엽서가 한 장.

그것도 죽고 나서 반년이나 후에.

그렇게 신세를 졌는데, 간이치는 장례식에도 가지 않았고 부의금도 건네지 않았다. 간이치는 야마베의 영전에 향 한 자루도 바치지 않은 것이다. 다만 —— 그것은 아리마도 마찬가지였는지, 엽서가 왔을 뿐이다, 놀랐다 —— 고 말했던 것 같다.

"아저씨 ——."

뭐라고 말하면 좋을지 간이치는 알 수 없었다. 아리마는 불가사의한 표정으로 간이치를 마주 보았다.

도불의연회

"왜 그러나."

"아니——그."

불안은 불쑥 커졌다.

"야마베 씨는——어떤 사람이었습니까."

간신히 그렇게만 물었다.

아리마는 재미없는 차창의 풍경에 시선을 던지며 한 번 크게 숨을 내쉬고,

"그는——무서운 친구일세."

하고 말했다.

"무섭——다고요?"

무섭지——아리마는 그리운 듯한 눈을 했다.

"머리가 좋았어. 나 같은 놈하고는 달랐네. 도중까지는 함께였는데. 씨가 좋은 건지 됨됨이가 다른 건지, 나 같은 경우는 실컷 임기를 다하고, 작년에 겨우 경부보가 되었네. 끝이 빤하지. 그 녀석은 젊을 때부터 내무성에서——."

"내무성?"

뭐야, 왜 그러나——하고, 아리마는 의아한 얼굴을 했다.

아니, 아무것도——하고 간이치는 얼버무린다.

——내무성. 내무성이라고?

왜 내무성의 관리가 기슈의 농부의 가출을 지원한 것일까? 왜 결혼이나 취직이나, 심지어 양자까지 주선해 주어야 하는 것일까?

——그런 것보다.

간이치의 불안은 더욱 비대해지고, 완전히 비대해진 순간 한기로 바뀌어 등을 타고 올라왔다.

연회의 시말

—— 나는.

나는 언제 어디에서 야마베와 알게 되었을까?

전혀 기억나지 않았다.

—— 나는.

야마베에 대해서 아무것도 모른다.

그러고 보니 —— 야마베는 어떤 얼굴이었을까. 똑똑히 기억하고 있을 텐데, 떠올리려고 하면 흐릿해지고 만다. 떠올리려고 떠올리려고 필사적이 되면 될수록, 떠오른 얼굴은 다른 남자의 얼굴인 것 같은 기분이 든다.

—— 나는 정말로 야마베를 알고 있는 걸까.

환각이 아닐까. 그렇다면 그 환각이 모두 준비해 준 간이치의 인생이란, 과연 대체 무엇이었을까?

—— 내 인생은.

낯선 남자가 만들고 있었던 것일까.

왜 그러나, 무라카미 —— 하고 아리마가 말했다.

"아저씨 —— 저, 저는."

아리마는 슬픈 듯한 얼굴을 하고 저쪽을 향하더니 아마 목소리는 내지 않고, 미안했네, 라고 말했다. 주름투성이의 입술은 분명히 그렇게 움직였다.

덜컹, 덜컹하고 열차가 나아가는 소리가 몇 번이나 몇 번이나 되풀이해서 귀를 떨리게 했다. 짧은 터널을 지나자 다시 지루한 풍경이 창을 점령했다.

"무라카미."

아리마가 말한다.

도불의 연회

"자네는 어떻게 생각하나. 이 사건."

"어떻게──라니."

"솔직히 말하면 나는 아무래도 상관없네. 분명 오자키의 말이 옳을 거라고 생각해. 다만, 오늘은 왠지 시모다에서 나오고 싶었네."

"나오고 싶다고요?"

"그래."

아리마는 수건으로 얼굴을 닦았다.

"진정이 되지 않아, 그 동네는. 태어나고 자란 동네인데 말일세. 이렇게 차분하지 못한 동네였나 싶네. 내 생각에는──그 성선도 때문이 아닐까."

"성──선도요?"

"신경 쓰이지 않나, 그 소리."

그렇게 말하더니 아리마는 배라도 아픈 듯 눈썹꼬리를 늘어뜨리고 입을 시옷자로 다물었다.

"신경 쓰입니다."

신경 쓴다면──말이지만.

"왠지 동네가, 삐걱삐걱 삐걱거리는 듯한 기분이 든다네, 나는. 내가 싫은 인간이라는 걸 떠올리게 하는 듯한, 싫은──소리야."

싫은 소리.

미요코는 그 소리를 따라가 버렸다.

그것은 먼 옛날의 일 같고, 그러면서도 조금 전의 일인 것 같기도 하고, 현실감이 부족한, 그러면서도 매우 현실적인 일이었다.

나는 믿어요──.

다카유키와 살겠어요──.

당신이 싫다고 한다면——.

——나는 당신도 잊겠어요, 라.

그런 걸 간단히,

가능합니다, 우리한테는——.

가능한 것일까.

그렇다면 미요코의 과거에서 간이치라는 존재는 깨끗이 지워지고 마는 것일까.

그때는.

그것이 사실이 되고 말겠지요——.

그 오사카베에 의해 아내의 역사에서 간이치의 기억은 말소되는 것이다. 그리고 아내의 역사는 다카유키와 단둘뿐인 달콤한 추억으로, 찰랑찰랑하게 채워질 것이다.

간이치는 눈을 감는다.

분명히 진실은 사람의 수만큼 있을 것이다. 그렇다면 그때 아내에게는 그것이 진실이 되는 것이다.

하지만 간이치의 진실은 다르다. 간이치에게 있어서는 설령 부서져 버렸다고 해도 영원히 아내는 아내 그대로고, 아들은 아들 그대로다. 간이치에게는 그것이 진실이다.

마치——혼자 남겨지고 만 것 같다.

가족이란 혈연자라는 의미도 애정을 가진 자들이라는 의미도 아니다. 끝없는 일상을 반복한다는 끝없이 지루한 행위로 쌓아지는 것은, 그것은 공통의 진실이다. 가족이란 어쩌면 진실이라는 환상을 공유하는 자들이라는 뜻이 아닐까.

——싫다.

도불의연회

환상도 가짜도 거짓도 착각도.

간이치라는 인간은, 그 빈틈투성이의 누덕누덕 기운 과거의 축적
으로 만들어져 있으니까.

나는 옛날에 ── 하고 아리마가 말했다.

"── 꽤 옛날에, 나는 지금부터 가게 될 니라야마 마을의 순경으
로 있었던 적이 있네. 전쟁 전의 일이지."

"그렇 ── 습니까. 그래서인가요?"

"그래. 왠지 그리워져서 말일세. 그 무렵. 그래. 그 무렵의 일일
세. 줄곧 끊겨 있었던 소꿉동무 야마베와의 교제가 재개된 건. 당시
경찰은 내무성 관할이었지. 뭐 녀석은 관료. 나는 보잘것없는 순경이
었네만 ──."

"몇 년 전의 일입니까?"

"글쎄. 15년쯤 전의 ──."

"15년 ── 이요?"

간이치가 야마베와 처음 알게 되었을 무렵이다. 어떻게 알게 되었
는지는 전혀 모르겠지만.

그래 15년일세, 먼 옛날이지 ── 하고, 늙은 형사는 그렇게 중얼
거렸다. 그렇다. 먼 옛날이다.

── 아무래도 상관없는 일이야.

어떻든, 간이치는 변하지 않는다.

변할까 보냐고 간이치는 생각한다. 과거는 덧없고 미래는 보이지
않고, 그래도 지금은 현재임이 틀림없다.

현재 이외의 지금은 있을 수 없다. 그것은 말로도 개념으로도 모순
되어 있다.

따라서 설령 과거를 바꿀 수 있다고 해도, 한 번도 체험하지 않은 과거는 설령 주어진다고 해도 믿을 수 없다고 간이치는 생각한다. 아무리 수상해도 아무리 애매해도, 경험적 과거를 신용하지 않고 어떻게 살란 말인가——.

덜컹, 덜컹하고 열차가 나아가는 소리가 몇 번이나 몇 번이나 되풀이해서 귀를 떨리게 했다. 이 반복이야말로 간이치라는 존재를 간이치로 만드는 것이리라. 지루한 풍경이야말로 세계의 모든 것이다. 아무것도 바뀌지 않아도, 열차는 확실하게 나아가고 있지 않은가.

그리고 잠시, 간이치는 무심해져서 창밖을 흘러가는 산이며 숲을 바라보았다. 신록은 더욱더 그 깊이를 더하며, 곧 여름이 도래할 것을 자랑스럽게 알리고 있다.

——철교다.

"무라카미——."

갑자기 아리마가 몸을 숙이고 간이치에게 얼굴을 가까이했다.

"왜, 왜요."

"이——이 차량은 이상하지 않나?"

"이상하다——니, 뭐가——말입니까?"

이상해——아리마는 눈을 부릅뜨고 눈알만 움직여 주위를 둘러보았다. 그리고 한층 더 작은 목소리로,

"너무 조용하지 않나——."

하고 말했다.

덜컹, 덜컹.

덜컹, 덜컹.

덜컹, 덜컹, 덜컹.

도불의 연회

—— 조용하다.

간이치는 느리게 차량 안을 둘러보았다.

결코 혼잡한 것은 아니다. 그러나 텅텅 비어 있는 것도 아니다. 시야에 들어오는 것만 해도 꽤 많은 사람이 타고는 있지만, 승객들은 적당한 간격으로 흩어져 있다.

하지만——.

물건 소리 하나 이야기 소리 하나 나지 않는다. 이야기를 하고 있었던 사람은 간이치 일행뿐인 것 같다. 간이치는 숨을 죽이고 대각선 맞은편에 있는 좌석을 보았다.

앉아 있는 사람은 작은 노파였다. 더러운 수건을 뒤집어쓰고, 들일을 할 때 입는 작업복을 입고, 목장갑을 끼고 있다. 몸집만큼이나 되는 커다란 보자기가 좌석 옆에 놓여 있다. 꾸러미에서는 흙이 묻은 채소가 튀어나와 있다.

흔히 보는 광경이다.

아무것도 수상한 점은 없다.

간이치는 고개를 돌려 바로 옆의 박스석을 본다.

앉아 있는 사람은 둥근 안경을 쓴 사무원 같은 남성이었다. 셔츠에 밀짚모자. 손에는 부채를 들고 있다. 이쪽도 수상한 점은——.

번쩍 빛났다.

차창으로 비쳐들었다가 사라지는 햇빛을 반사해, 남자의 가슴 부근이 반짝반짝 빛났다.

둥근, 손거울 같은 것이다.

—— 저것은.

간이치는 다시 노파를 보았다.

연회의 시말

노파의 가슴에도.

―― 오사카베와 똑같다.

간이치는 엉덩이를 든다.

저 노인도. 저 여자도 저 학생도 저 부인도.

저 남자도 저 사람도 저 녀석도 저 녀석도 저 녀석도.

"아저씨 ――!"

이 차량은. 이 차량에 타고 있는 사람들은 ――.

간이치는 재빨리 몸을 앞으로 숙이고 아리마의 귓가에 속삭였다.

"이 차량은 모, 모두, 성선도의 ――."

"성선도?"

"타고 있는 사람들은 전원 성선도의 신자입니다."

"뭐라고?"

아리마가 발돋움을 한다. 그리고 노인은 멈추었다.

왜 그러세요, 아저씨 ―― 간이치는 작은 목소리로 묻는다. 왠지 심장박동이 격렬해진다. 심장박동 수가 급격하게 올라간다. 가슴이 아프다. 공허한 기분이 든다. 아내가, 가족이 그리워진다. 쓸쓸하다. 견딜 수 없다. 이런 곳에 있는 것은 싫다. 매우 ―― 싫다.

"저건 ―― 분명 시즈오카 본부의 ――."

아리마가 말했다. 간이치는 돌아본다.

옆 차량, 통로 한가운데에 남자가 서 있었다.

"저 사람이 ―― 시즈오카 본부의?"

"아니 ―― 그런지 아닌지."

"보고 오겠습니다."

가만히 있을 수 없다. 간이치는 자리에서 일어선다.

도불의 연회

잠깐 무라카미——하고 아리마가 손을 뻗어 말린다. 멈추지 않는다. 이제——싫다.

통로를 잔걸음으로 빠져나간다.

이 녀석도——이 녀석도 이 녀석도.

이놈들은 모두, 그 불쾌한 오사카베에게 과거를 빼앗긴 빈껍데기다. 분명히 그런 것이 틀림없다.

아무도 움직이지 않는다. 모두 그저 앞을 보고 앉아 있다.

간이치만이 움직이고 있다.

문을 연다. 연결 부분을 넘는다. 다시 한 번 문을 연다. 왜 시즈오카 본부의 남자가 여기에 있는 거냐——.

간이치는 숨을 삼켰다.

남자의 모습은 없었다. 하지만.

그 대신——.

옆 차량에 타고 있던 사람들은——전원 외국인이었다.

손에 손에 이국의 악기를 들고 있다.

검은 쓰개에 노란 외국의 옷.

가슴에는 둥근 손거울 같은 장식.

"아——."

그때.

그, 마음을 안쪽에서부터 쥐어뜯는 듯한 불쾌한, 그리고 이상하게 맑은 소리가 차량 안에 울려 퍼졌다.

"너, 너희들——."

소리는 곧 그쳤다.

——시모다에서——철수시키는 건가?

연회의 시말

"겨, 경찰이다."

간이치는 수첩을 쳐들었다.

누구 한 사람 보는 사람은 없다.

덜컹, 덜컹, 덜컹, 덜컹.

"지, 직무 질문을——."

다시 그 소리가 울렸다.

"조용히. 여기에서 악기를 울려서는——."

소리는 그치지 않았다.

"조용히 해! 그 소리를 멈춰!"

반짝반짝. 반짝반짝.

둥근 장식이 명멸한다.

그만해 그만해 그만해.

"와아앗!"

간이치는 외국인들 사이를, 마음을 흐트러뜨리는 소리의 홍수 속을 달렸다. 아무리 달려도 소리도 빛도 사라지지 않았다.

——맨 뒤까지

달려가, 난간으로 나가야 한다.

그러면 소리는 하늘로—— 하늘로 빠져나갈 것이다.

문에 몸을 부딪친다.

그리고 문의 유리창 너머로,

간이치는 이 세상의 것이 아닌 것을 보았다.

난간에는——본 적도 없는 외국의 복장을 한 남자가 등을 돌리고 서 있었다. 남자의 머리는 이상하게 크고 게다가 금색으로 빛나고 있다.

도불의 연회

──금색──가면?

가면을 쓰고 있는 것일까.

남자가 돌아보았다.

거대한 귀. 뾰족한 코. 뭉개진 턱. 그리고──.

크게 뜨인 커다란 두 눈에서는,

안구가 튀어나와 있었다.

간이치는 비명을 질렀다.

무라카미, 무라카미 하고 멀리서 아리마가 부르고 있다.

"연회의 준비는 끝났습니다──."

오사카베의 목소리가 났다.

塗仏の宴 ◎ 宴の始末

2

　기바 슈타로 순사부장이 근무지인 도쿄 경시청 수사1과 1계의 형사실에 정시에 출근한 것은, 아마 그날이 마지막이었을 것이다.

　그날——기바는 매우 불쾌한 얼굴을 하고 있었다고, 아오키 분조는 기억하고 있다. 하기야 기바라는 남자는 평소에도 이해하기 어려운 남자이고, 기분이 좋은지 나쁜지 옆에서 보아서는 잘 알 수 없으니 실제로 어땠는지는 모른다.

　기바는 작은 입을 굳게 다물고, 곧은 눈썹 아래의 가느다란 눈을 더욱 가늘게 뜨고, 두툼한 어깨를 굳히고 형사실에 들어왔다. 무엇을 생각하고 있는지 전혀 알 수 없다. 인사도 했는지 안 했는지, 했다고 해도 작은 목소리라 아무도 알아들을 수 없었을 것이다.

　보통 사람이라면 이런 무뚝뚝한 태도는 기분이 나쁜 거라는—— 아니, 엄청나게 화가 나 있다는 직설적인 의사표시가 틀림없을 것이다.

　그러나 기바에 한해서 말하자면 그렇게 간단하게, 보통 수단으로 판단할 수 있는 것이 아니다.

　예를 들어——.

연회의 시말　　　　　　　　　　　　　　　　　　　139

기바가 콧노래를 부르며 기분 좋게 들떠 있다고 하자. 그렇다고 해서 그럴 때의 기바가 정말 들떠 있느냐 하면, 반드시 그렇지는 않다. 아무리 즐거워 보인다고 해도, 그것은 그렇게 보일 뿐이고 실은 초조해하고 있을 때도 있다. 따라서 뭔가 좋은 일이라도 있었습니까 선배님, 하고 가볍게 입을 놀리면 혼쭐이 난다. 그러다가 혼나는 경우는 의외로 많다.

반대로 침울하고 거칠어져 있는 것 같을 때도, 불평이라도 좀 들어줄까 하고 가볍게 말을 걸어서는 안 된다. 쓸데없는 참견을 하는 것은 좋으나, 그럴 때면 기바는 의욕이 넘치는 경우도 있다. 동정해 봐야 바보가 될 뿐이다.

그렇게 말하면 몹시 사귀기 어려운 남자처럼 들리지만, 실제로는 그렇지도 않다.

기바는 남을 잘 돌봐 주고 성실하고 고지식하고, 특별히 표정이 많지 않은 것도 아니고 남들보다 훨씬 까다롭지도 않다. 약간 심술꾸러기에 요령은 나쁘지만, 자신의 생각을 굽히지 않는 고집쟁이나 부화뇌동하는 기회주의자보다는 훨씬 사귀기 쉽다. 다만 기바의 경우는, 아무래도 보통 사람의 감각으로는 읽어낼 수 없는 반응을 할 때가 있다는 것뿐이다.

예를 들어 작년——기바는 경시청 형사로서는 통상 생각할 수 없는 일탈 행동을 취했다. 게으름을 피웠다거나 부정행위를 저질렀다거나 하는 평범한 불상사를 일으킨 것은 아니다. 기바는 관할 외의 사건에 휘말렸고, 당국의 한심함에 실망해 개인적으로 사건을 해결하려고 동분서주했다. 그 결과, 기바는 복무교정 위반으로 훈고를 받은 데다 한 달 동안 근신 처분을 받았다.

　　　　　　　　　　　　　　도불의연회

동기는 공분이나 의분이고, 그 경우 통상은 그런 일은 당하지 않는다. 하지만 기바라는 남자의 정의나 신념은 어찌 된 셈인지 일탈한 행동으로 나타나는 모양이다.

왜 그런 행동을 취한 건지 표면만 보고 있어서는 전혀 알 수가 없다. 자세히 들어 보면 조금은 알 수 있다. 결코 터무니없는 짓은 아니지만, 전혀 다음을 읽을 수가 없다.

기바는 그런 남자다.

그 근신 중에, 아오키는 바나나를 선물로 들고 기바를 위문했다. 전시 중 남방에서 먹었던 바나나의 맛을 잊을 수 없다고 기바가 말하곤 했던 것을 기억하고 있었기에 큰돈을 털어 산 것인데, 무리했는데도 불구하고 기바는 전혀 좋아하지 않았다. 나중에 물어보니 덜 익어서 먹을 수가 없다, 그건 썩기 직전의 것이 좋다고 야단을 맞았다. 그 후, 선물 받은 바나나 중 검어진 것을 일부러 골라서 갖다 주었더니, 썩었지 않았느냐고 또 야단을 맞았다.

이처럼 읽을 수 없는 남자인 것이다.

따라서 그날도, 어쩌면 별반 다른 분위기는 아니었을지도 모른다.

그날은 왠지 수사 1과 과장 오시마 다케마사가 일찍부터 형사실에 와 있었다. 기바는 그 모습을 확인하자마자 곧장 오시마 앞으로 걸어갔다.

뭐야 살벌하군, 하고 오시마는 기바를 보지도 않고 말했다. 실로 버티고 선다는 느낌으로 과장 바로 앞에 선 기바는, 어제의 이야기인데요, 하고 생각 외로 상식적인 말로 말문을 열었다. 그대로 말없이 덤벼들 것 같은 기세였기 때문에, 보고 있던 사람은 대개 헛물을 켰을 것이다.

"어제 —— 뭐지?"

"그러니까 —— 세타가야의 한약방 말입니다."

"한약방 —— 아아, 그. 그게 왜?"

"과장님 ——."

기바는 엉덩이 주머니에서 부채를 꺼냈다.

"—— 사람이 한 명 사라졌습니다."

"응? 도시마의 여공 —— 이었나?"

수색원은 안 나오지 않았나 —— 하고 오시마는 역시 탁상의 서류를 보면서 건성으로 대답했다.

"가족이 없습니다. 그런 걸 대체 어디 사는 누가 내겠습니까."

"고용주라든가 ——."

"그렇게 기특한 고용주가 어디 있다고요."

있네, 있어 —— 그제야 오시마는 얼굴을 향했다.

"애초에 영세기업에 있어서 노동력은 귀중하잖나. 여공이라고 해도 없어지면 곤란하지 않을까?"

"저임금으로 부려먹는 것뿐입니다. 그런 거야 대신할 사람은 얼마든지 있잖아요. 실종된 사람은 한창때도 지난 여자입니다. 어린 꼬마라도 고용하는 편이 ——."

오시마는 다시 서류를 보고 있다.

"과장님, 어쨌든 그."

"기바."

오시마는 서류를 옆에 놓고, 자세를 바로 하며 기바를 보았다.

"우리는 말이지, 신문사가 아닐세. 자네는 뭔가?"

"형사입니다."

도불의 연회

"아니야. 사법경찰원 도쿄 경시청 순사부장일세. 알겠나, 기바. 근처를 어슬렁거리면서 일거리를 주워 오는 게 아니란 말일세. 꼴사납게. 우리는 조직으로 움직이는 거야. 자네는 단순한 톱니바퀴일세. 톱니바퀴는 그냥 돌고 있으면 되는 거야."

"돌라고요?"

"뭐야, 그 불만스러운 얼굴은. 불만이 있나? 톱니바퀴로는 역부족이라고 말하고 싶나? 멍청한 놈, 톱니바퀴를 우습게 보지 말라고. 톱니바퀴가 하나 빠지기만 해도 전차도 멈추고 전투기도 떨어지네. 자랑은 아니지만 나도 톱니바퀴야. 자네보다 조금 좋은 톱니바퀴일 뿐일세. 알겠나, 자네는 자네 자리에서 그냥 빙글빙글 돌고 있으면 되네. 그러면 조직은 정상적으로 움직여. 조직이 정상적으로 움직이면 자네 따위의 머리를 쓸 여지는 없지. 톱니바퀴가 근처에 떨어져 있으면, 움직일 것도 움직이지 않는단 말일세."

"그런 건 —— 알고 있습니다."

"모르고 있어."

모르고 있잖나 —— 하고 약간 뒤집어진 목소리를 내며, 오시마는 턱을 당기고 몸을 쓰러뜨려 의자째 뒤로 뺐다.

"그 한약방인가 하는 건 산겐자야에 있는 거지? 실종된 여종이 숙식하고 있던 공장은 히가시나가사키고? 그럼 설령 뭔가 범죄행위가 있었다고 해도, 그건 도시마의 세타가야 놈들이 할 일이 아닌가."

"관할서가 움직이지 않으니까 제가 이렇게."

"움직이지 않는 건 사건성이 없기 때문일세."

"하지만 메구로 서는 본건의 관계자를 한 명 검거했습니다. 그 녀석이 증거를 갖고 있었어요."

연회의 시말

"그럼 조만간 움직이겠지. 믿게."

"증거품을 입수하고 나서 벌써 두 달 이상 움직이지 않습니다. 그 사이에 관계자를 검거한 형사는 퇴직해 버렸고, 관련된 여자는 없어져 버렸다고요."

"상황을 보고 있는 건지도 모르지 않나. 내정하고 있다거나 증거를 모으고 있다거나 —— 수사는 착실하게 진행되는 거라는 건 자네도 잘 알잖아. 게다가 자네의 이야기로는 그 한약방은 고작해야 효과 없는 약을 터무니없는 가격으로 팔아넘길 뿐이라면서. 사기겠지. 그런 서투른 사기꾼이 어째서 여자를 유괴하겠나?"

"그건 —— 그러니까 수법이."

탕, 하고 오시마는 양손으로 책상을 내리쳤다.

"끈질기군, 기바. 이보게, 나를 만만하게 보지 말게. 나는 자네에게 이야기를 듣고 제대로 조회를 했어. 메구로 서에."

"조회?"

"그래. 지금 보고 있던 이게 오늘 아침에 도착한 자료일세. 분명히 그 한약방 —— 조잔보 약국인가? 그곳에 대한 불평이나 피해 신고는 들어와 있네. 하지만 이건 기각이야."

"기각 —— 이라니요?"

"걸려드는 쪽이 잘못일세. 손님의 칠 할은 감사하고 있어. 약은 듣는 놈한테는 듣네. 듣지 않은 놈이 돈을 돌려달라고 아우성치고 있을 뿐이야. 그런 걸 일일이 문제 삼을 수 있겠나? 의사도 돌팔이는 많아. 환자를 고치지 못한 의사가 전부 사기죄 살인죄가 된다면, 전국에 있는 의사의 절반은 투옥해야 할 걸세. 교도소는 그렇게 많지 않고, 그러면 의사 부족으로 감기도 못 걸리게 될 거란 말이야."

도불의연회

"하지만——그건, 교묘한."

"이보게, 메구로 서는 자고 있는 게 아닐세. 입회수사도 했네. 딱히 위법행위는 하지 않았다더군. 대마라도 나오면 모르겠네만. 뭐 경고는 한 모양이지만, 처벌 대상이 될 만한 영업 내용은 아니었다고 하네. 자네가 걱정하지 않아도 관할서는 분명히 깨어 있네."

기바는 움직이지 않고, 그저 부채를 만지작거리다가 결국 다시 엉덩이 주머니에 넣었다.

그리고 한동안 잠자코 있다가 이렇게 물었다.

"메구로 서의 이와카와는——왜 그만둔 겁니까?"

"이와카와? 이와카와 경부보는 일신상의 사정에 따른 자주 퇴관——이라고 하네. 메구로 서 경무과장의 말투로 보아, 본가라도 물려받게 된 것 같던데."

"이와카와한테 수사 협조하고 있던 꼬마는."

"듣지 못했네."

그것이 마지막 말이라는 듯이 오시마는 서류를 서랍에 집어넣고, 큰 소리로 차를 달라고 말했다. 기바는 목례를 한 번 하고 우향우해서 성큼성큼 상사 앞을 떠나더니 말없이 자기 자리에 앉았다.

콧방울이 부풀어 있다. 미간에도 코 위에도 주름이 가 있다. 아오키는 말을 걸려다 말았다. 기바는 분명히 매우 무서운 얼굴을 하고 있지만, 그래도 화가 난 거라고 할 수는 없다. 납득만 하면 기바는 원한을 품는 남자는 아니다. 어디까지나 납득만 하면——이지만.

아오키가 말을 걸기로 결심했을 때, 동료 기노시타 구니하루가 선배님 안녕하십니까, 하고 말하면서 시기적절하게 기바에게 갓 끓인 차를 내밀었다.

여전히 기바는 부루퉁했다. 말도 하지 않는다.

기노시타는 통통한 외모에서는 상상도 할 수 없을 정도의 소심한 남자로, 그 소심함 때문에 수사과 내의 원활하고도 윤활한 인간관계 형성에 몹시 집착하는——다시 말해서 금세 비위를 맞추는 남자다.

기노시타는 다시 한 번 안녕하십니까, 하고 말했다.

"안녕하시긴 뭘 안녕하셔. 맥 빠진 인사 하지 마, 멍청아. 네놈이 무슨 차 담당이냐."

기바는 밉살스러운 말을 하면서 찻잔을 움켜쥐더니, 뜨겁잖아, 멍청한 놈, 하고 말했다.

기분은——나쁜 것 같았다.

기노시타는 너구리 같은 얼굴을 아오키 쪽으로 향하며 인중을 늘였다. 기바는 아랫입술을 내밀고 잠시 찻잔의 무늬를 바라보고 있었지만 이윽고 기노시타에게 얼굴을 향하며, 나가토 아저씨는——하고 물었다. 기노시타는 즉시 신경통입니다, 하고 대답했다. 나가토는 1과에서도 제일 오래된 고참으로 기바의 파트너이기도 하다. 기바는 왠지 가부키 배우가 감정의 고조를 나타내는 듯한 얼굴을 하고 탁한 목소리로 말했다.

"흥. 고장이 났군, 그 영감."

기노시타는 한심한 웃음을 띠며, 나가토 씨는 아직 건강합니다, 하고 말했다.

"뭐가 건강해. 신경통이 있는 사람이 1과 1계 일을 할 수 있겠나? 형사부 따위 그만두고 방범으로나 옮겨서 비둘기 단속이나 하고, 비둘기[11]한테 설교나 늘어놓는 게 어울리지."

---

11) 창부를 지칭하는 일본 경찰관들의 은어.

도불의 연회

기바는 병결 중인 노형사에 대한 욕설을 조금 쓸쓸한 듯이 늘어놓고 나서, 오시마의 자리 쪽으로 한 번 흘끗 보고는 어이 —— 하고 아오키를 불렀다.

"왜 그러십니까."

"잠깐 와 봐."

기바는 작은 목소리로 그렇게 말하고 스윽 자리에서 일어나 복도로 나갔다.

아오키는 오시마에게 신경을 쓰면서 몹시 꺼림칙한 기분으로 살금살금 뒤를 따랐다.

복도로 나가자마자 아오키는 팔을 붙잡혀 벽에 밀어붙여 졌다. 기바는 아오키의 왼쪽 귀 옆에 오른손을 짚고 얼굴을 오른쪽 귀에 가까이하며, 벽을 향해 이야기하듯이 말했다.

"자네 이와카와 기억나지."

"이 —— 이와카와라니, 그 이케부쿠로 서의."

"그래. 그 이와카와 말이야. 아니꼽고 출세밖에 생각하지 않고 상사 비위 맞추는 걸 좋아하고 무능하고 금세 으스대는 시시한 놈, 이와카와. 자네도 몇 번인가 공을 빼앗긴 적이 있었잖아. 그 왜, 그 장물 브로커 살해 때도 자네 ——."

"알고 있습니다. 하지만 —— 그럼 아까 얘기하신."

그래 —— 기바는 그렇게 말하며 아오키에게서 떨어졌다.

"듣고 있었다면 얘기는 빠르겠군. 놈은 그 후, 메구로 서로 소속이 바뀌었네. 그런데 말이야, 아오키. 그 녀석의 —— 본가 가업이 뭔지 기억나나?"

"가업 —— 이라니."

"내 기억으로는——그래, 부잣집 도련님인가 뭐 그런 거 아니었나?"

아오키와 기바는 본청에 배속되기 이전에 함께 이케부쿠로 서에 있었다. 이와카와 신지는 그 무렵의 동료다.

"그 사람 아마 무역상의 아들일 겁니다. 다만——그렇지, 아버지라는 사람은 꽤 옛날에 돌아가셨고, 회사 자체도 이제 없다고——."

"그렇군. 뭐, 그 나이에 가업을 물려받는다는 게 아무래도 이상하고, 사업에 재능이 있다고도 생각되지 않으니까 묘하다고는 생각했지만——회사는 물려받을 수 없는 거지?"

기바는 팔짱을 낀다. 눈을 가늘게 뜬다.

이와카와는 형사 경력은 아오키보다도 짧지만, 교통과 근무가 길어서 아오키의 기억으로는 기바보다도 나이가 위였던 것 같다. 그렇게 되면 지금은 벌써 마흔에 가깝다.

"이와카와 씨——어떻게 된 겁니까?"

들었잖아——기바는 갑자기 무뚝뚝해진다.

"그만뒀네. 그 출세를 그렇게 좋아하는 빨판상어 녀석이 말이야. 불혹을 눈앞에 두고 경찰을 그만두다니, 대체 어쩔 셈일까. 그런 엉터리를 고용하는 바보는 어디를 찾아봐도 없을 텐데."

"그야 그렇습니다만. 그래서——그 이와카와 씨가 뭘 어떻게 했다는 겁니까?"

기바는 그 물음에는 대답하지 않았다. 대신 무서운 얼굴을 아오키에게 향하더니, 왠지 이렇게 물었다.

"자네는 젊으니까 어떻게 생각하는지 모르겠지만, 그렇지, 오래 살고 싶다고는 생각하나? 아니, 죽는 건——무섭나?"

도불의 연회

"죽다니 ─── 그야 싫지요. 전 특공대의 생존자입니다. 구사일생으로 건진 목숨이니까요. 하지만 선배님, 왜 그런 걸 물으십니까?"

"나도 ─── 죽는 건 무서우니까."

"예?"

"최전선에서도 그런 건 한 번도 생각한 적이 없었네. 하지만 생각해 보면 말이야, 그렇지, 기분 좋게 자고 있다가 잠에서 끌려 나와 버린 것 같은 ───."

그렇게 말하며, 기바는 수줍음을 감추듯이 위를 향해 거의 알아들을 수 없을 정도의 작은 목소리로,

무섭네 ─── 하고 말했다.

"예?"

무섭다 ─── 분명히 그렇게 들렸다. 아오키는 귀를 의심한다. 기바에게 무서운 것이 있을 리가 없다. 아오키는 눈을 크게 뜬다. 기바는 천장을 노려본 채,

"자네 ─── 아마 부모님은 건재하시지."

하고 다시 갑자기 물었다.

"예? 부모님이요? 예, 뭐."

"고향이 도호쿠 쪽이었나?"

"센다이 근처인데요 ─── 그게 왜요?"

아니 아무것도 아닐세, 하고 무뚝뚝하게 대답하고 기바는 맞은편을 향했다. 그리고, 네놈은 어린애니까 무리하지 말고 가끔은 집에 내려가 ─── 하고 말했다.

선배님 ─── 아오키는 기바의 넓은 등을 향해 불렀다.

"대체 무슨 일이 ─── 일어나고 있는 겁니까!"

연회의 시말

기바는 뭔가 사건을 주운 게 틀림없다.

알기 어려운 남자는 슬쩍 돌아보며, 네놈하고는 상관없어, 애송이 —— 하고 말했다.

"새삼스럽게 무슨—— 섭섭하네요."

"네놈이 미숙할 뿐이야."

"선배님."

"이제 방으로 돌아가. 네놈은 예의 바른 지방공무원이잖아. 이러다 오시마 경부 각하의 벼락이 떨어지겠다."

기바는 그렇게 말하고 아오키에게 등을 돌려 걷기 시작했다.

—— 또.

아오키의 경험으로 판단하건대, 기바는 각오를 한 것이 틀림없었다. 처분을 각오하고 독자적으로 수사를 개시하려는 것이리라. 아오키에게 필요 이상으로 매정한 말을 내뱉는 것도 자신의 폭주에 타인을 끌어들이는 게 싫어서다. 실제로 과거에 몇 번이나 아오키가 피해를 입은 것은 사실이었다. 그리고 그럴 때의 기바는 늘, 혼자서 뒤집어쓸 각오만은 되어 있었다.

"기바 선배님——."

아오키는 기바를 불렀다.

분명히——.

많은 사람에게 가담하지 않고 고고한 길을 걷는 기바의 스타일은 얼핏 보면 멋있다. 그러나 역시 그것은 바보 같은 방식일 뿐이다.

과거의 예를 분석해 보면, 이럴 때의 기바는 그렇게 빗나간 행동을 하고 있는 것은 아니다. 기바는 항상 진상에 육박해 있다. 아마 형사로서의 기바의 후각이나 눈은 확실할 것이다.

도불의연회

그래도 기바가 핵심에 도달하지 못하는 것은 기바가 단독 행동을 취하기 때문이다. 과거의 예를 보아도 조직적으로 수사가 이루어졌다면 사태가 크게 달라졌을 가능성도 있다.

무엇보다도 —— 만일 일개 개인이 정답을 손에 넣었다면, 그리고 전체가 향하고 있는 방향이 잘못되었다는 확신이 있다면 —— 그 개인은 어떻게 해서라도 조직을 설득해야 할 것이다. 옳고 그른 것을 구별하지 못할 정도로 경찰 조직은 어리석지 않고, 정당한 절차를 밟고도 움직이지 않는 조직은 없다. 기바는 그런 것은 믿지 않는다고 하겠지만, 아오키는 그렇게 믿고 있다. 그렇기 때문에 기바는 아오키를 미숙하다고 평하는 것이겠지만, 하지만 아오키의 생각에는 옳은 행동을 취하고 처분을 받고 마는 기바 쪽이 바보다.

"언제가 되면 믿어 주실 겁니까!"

아오키가 작은 목소리로 외치자 기바는 걸음을 멈추었다.

"무슨 소릴 하는 거야, 네놈——."

"어떻게 하실 생각입니까."

"어떻게, 라니?"

"어떻게, 라니요 —— 수사하시려는 거잖아요."

무슨 소릴 하는 거야, 네놈은 —— 하고 높은 목소리로 말하고 기바는 매우 이해할 수 없는, 기바치고는 보기 드문 표정을 보였다.

"하지만 선배님 —— 그 한약방이라든가."

"아아, 조잔보? 그야, 아까 과장님이 말하지 않았나. 듣고 있었잖아. 메구로 서에서 수사했는데 결백했다면 결백한 거겠지. 내가 단속이 있었던 걸 몰랐을 뿐이야."

"이와카와 씨는——."

"이와카와? 이와카와는 그 조잔보를 검거하려고 했네. 그곳은 장수 강습회 같은 수상쩍은 일을 하고 있었거든. 이와카와는 그걸 노리고 있었던 모양이지만——그 녀석의 짐작이 틀렸다는 거지."

"그——여공은요?"

집요하군——하고 기바는 말했다.

"그 여공, 그 여자는 조잔보에 걸려들었네. 지난주에 모습을 감추었는데——뭐, 나는 그 여자랑 좀 인연이 있어서 말이야. 조잔보가 무관하다면——."

란 동자일까——하고 말하며 기바는 고개를 갸웃거렸다.

"란——그게 뭡니까?"

"모르나? 영감(靈感)이 있다나 하는 꼬맹이."

모릅니다——하고 아오키가 말하자 기바는 웃었다.

"그래? 몰라도 당연하네. 이봐, 걱정하지 않아도 예전 같은 짓은 안 할 거야. 딱히 죽은 사람이 나온 것도 아니잖아. 뭐, 과장님이 아무것도 아니라고 한다면 분명히 그럴 테지."

"그럴 테지, 라니——."

지나치게 순순하다——아오키는 그렇게 생각했다.

"오늘은 사건 담당도 아니고. 아무래도 힘이 안 나니까. 난 자료실에서 신문이라도 읽어야겠어. 자네는 방으로 돌아가——."

기바는 그렇게 말하고 발길을 돌렸다.

아오키가 기바를 본 것은 그것이 마지막이다.

도불의연회

＊

그렇군요, 그럼——하고 말하더니, 가와라자키 마쓰조는 수첩을 탁 덮었다.

"기바 형사가 실종된 건 정확하게 일주일 전의 금요일, 5월 29일, 이라는 뜻이 되는 셈이군요."

"실종——은 아닙니다."

새삼 그렇게 말하는 것을 들으니 아오키는 아무래도 당혹을 숨길 수가 없다. 기바가 사라져 버린 것은 사실이지만, 실종이라는 말이 갖는 어감은 아무래도 이 현실에는 어울리지 않는다.

잠시 생각한 끝에 아오키는 이렇게 대답했다.

"그날 중에 휴가원을 냈습니다. 그건 수리된 모양이니까요. 그러니까 행방은 알 수 없지만, 좀 긴 휴가입니다."

"휴가요? 본청에서는 그렇게 갑자기 휴가를 낼 수 있습니까?"

가와라자키는 감탄하며 짧게 깎은 머리를 긁적였다.

신분을 모르면 도저히 건전한 직업으로는 보이지 않을 것이다.

얼핏 보면 불량배 같기도 하고 스님 같기도 한 이 남자는 메구로서 형사과 수사2계의 형사다.

그가 보여준 수첩에는 분명히 눈앞에 있는 남자의 사진이 붙어 있고, 간인(間印)도 찍혀 있었다. 틀림없이 경찰관이다.

아오키는 쓴웃음을 지었다.

연회의 시말 153

"아니——그렇지는 않아요. 그쪽과 똑같습니다. 사건 중에는 휴일도 없고, 사건이 없는 날은 사건을 기다리지요. 휴가 같은 건 받을 수 없습니다. 휴가를 받아도 우울해질 뿐이잖아요. 언제 불려 나갈지 알 수 없고. 쉬는 날도 연락을 기다리면서 대기하느라 외출도 할 수 없어요. 가와라자키 씨는——기숙사입니까?"

"저는 독신 숙소에 있습니다."

"저는 작년에 나왔어요. 기바 씨는 원래 하숙이지만, 근신을 받았던 기간을 제외하면 개근으로 나왔습니다."

"그런데——어째서 또?"

"그게 말이지요, 선배님은 저랑 헤어진 후, 아무래도 건강관리부에 간 모양이에요."

"네에. 몸이라도 안 좋았던 걸까요."

"몸——안 좋았겠지요——."

아오키는 이 위화감을 어떻게 표현해야 좋을지 몰랐기 때문에, 한껏 얼굴을 일그러뜨렸다.

물론, 기바도 인간이니 몸이 안 좋을 때도 있을 것이다. 그러나 예를 들어 기바는 통상 같으면 졸도해 버릴 것 같은 타격을 받아도 참고 만다.

기력으로 버티는 것과는 다르다. 노력하는 것이 아니라 참을 수 있는 것이리라. 아오키는 잘 표현할 수 없지만, 기바가 병결이라는 상황은 거북이 이족보행을 하는 것과 같은 것으로, 있을 것 같지만 절대로 있을 수 없는 일이고, 있으면 웃고 말 것 같은 일이다.

"아무래도——믿기 어렵지만, 빈혈인지 뭔지를 일으킨 모양이에요. 그래서 보안실 선생님이 진찰해 보니, 상당히 망가져 있었어요."

도불의연회

"망가졌다니."

"분명히 망가졌을 겁니다. 사생활이 엉망진창이니까요. 고지식한 사람이지만 무관심하거든요. 시시한 일에 돈을 쓰니까 가난하고. 하숙이라고 해도 식사가 포함되어 있는 건 아니니까요. 먹는 둥 마는 둥입니다. 그리고 일을 할 때면 무리를 하지요. 죽을 만큼 무모한 짓을 하고, 술은 떡이 되도록 마시고요."

으음, 남의 얘기가 아니군요. 저도 간이 나쁩니다 —— 라고 말하며 가와라자키는 팔짱을 꼈다.

"기바 씨는 자기 간에 고소당하면 틀림없이 유죄입니다. 그래서 이건 안 되겠다 싶어, 경무님이 총무과에 연락하고 총무과에서 과장님한테 돌려주었어요. 저는 그날 오전 중에 퇴근해서 몰랐지만, 관리관의 이야기로는 오후에 과장님이 본인과 이야기해서 휴가를 받게 되었지요. 과장님한테는 직접 물어보지 않았지만, 자네 좀 쉬라고 말했다나요."

"다정한 과장님이군요."

"다정하 —— 지는 않습니다."

귀찮은 존재를 내쫓고 싶은 것이 본심일 것이다.

"본래 같으면 진단서 같은 게 필요하겠지만, 뭐, 그런 점은 그쪽과 마찬가지입니다. 근무 상황도 출근부에 쓰기만 하면 되잖아요. 상사가 생각하기 나름입니다. 실제로 휴식은 필요하다고 저도 생각하고 있었지만요. 뭐, 과장님은 이삼일 지나면 나올 거라고 우습게 보고 있었어요. 어차피 그 바보는 일을 하는 것 정도밖에 할 줄 아는 게 없다면서 —— 뭐 선배님을 아는 사람이라면 누구나 그렇게 생각하겠지요. 그런데."

"그런데?"

"아사쿠사에 있는 국제 마켓의 가택 수색이 결정되고, 원래 우리는 상관없지만, 이번에는 한 번쯤 혈기 왕성한 놈을 투입하자는 이야기가 나왔어요. 그리고 혈기가 왕성한 거로 치자면 기바라고요. 사흘이나 누워 있었으니 좀이 쑤실 거라며, 인근 파출소에서 하숙집으로 연락을 넣었더니."

"── 없었다?"

"없었어요. 돌아오지 않았다고 합니다. 그, 휴가 첫날부터 ──."

"본청에서 곧장 사라졌다고요?"

"아니, 퇴청해서 일단 본가에 들른 모양입니다. 기바 씨의 본가는 고이시카와에 있는데요, 그쪽에 얼굴을 내밀었나 봐요. 하지만 거기에서 자지는 않고, 밤에는 돌아갔다고 해요."

"으음── 그럼, 어떻게 생각하면 될까요 ──."

가와라자키는 이번에는 귀 부근을 긁적였다. 아직 20대인 모양이지만, 몸짓도 그렇고 복장도 그렇고 도저히 그 나이로는 보이지 않는다. 짧게 깎은 머리에 피부는 가무잡잡하고, 콧수염까지 길렀다. 한편 아오키는 가와라자키보다 나이는 위가 된다는 계산이지만, 종종 학생으로 오해를 받는 태도와 용모이니 아무리 보아도 관록에서 진다.

"기바 형사는 대체 ──."

"지금까지의 ──."

아오키의 경험으로 판단한다면, 기바는 묘한 사건에 머리를 들이밀고 고민하다가 분개가 극에 달해 단독으로 무모한 행동을 하고 있다 ── 고 할까.

하지만.

헤어졌을 때의 기바는 평소의 기바와는 조금 달랐다. 어디가 다른지는 알 수 없지만.

"음──아마 이야기에 나온 실종된 여공인가를 찾고 있다거나, 구출하러 갔다거나──하지만."

아오키는 거기에서 말을 멈추고 입을 다물었다.

"하지만?"

가와라자키가 묻는다. 아오키는 대답하지 못한다.

어딘가 딱 들어맞지 않는다. 그것은──.

"──사건의 규모인가."

상대가 작다. 기바가 안달할 정도의 적은 아닌 것이다. 사건이 무슨──하고 가와라자키는 또 물었다.

"그래요──상대는 고작해야 동네 약국이잖아요. 게다가 사기와 실종. 며칠이나 걸릴 상대가 아니에요. 그 사람의 체력이라면 하루거리 일이지요. 영장이고 뭐고 없어요. 고함치며 쳐들어가서 날뛰고 여자를 되찾고, 시말서를 쓰면 끝입니다. 일을 쉴 것까지도 없어요."

"나, 난폭하군요."

"난폭합니다. 게다가 무모하고 거칠어요. 몸을 돌보지 않습니다. 다만 그 사람은 지금까지도 몇 번이나 폭주했지만, 폭주하는 조건은 상대가 크다는 겁니다."

"크다."

"그렇습니다. 제 생각에, 그 사람은 당해낼 리가 없는 강적을 만나면 이상하게 감정적으로 내몰리는 게 아닐까요. 그때마다 심한 일을 당하지만──패전 때의 군부 같은 데가 있어요. 결코 좋은 일이라고는 생각하지 않지만요. 돈키호테입니다."

그게 뭡니까——하며 가와라자키는 눈썹을 시옷자로 늘어뜨렸다.

익살꾼이지요, 하고 아오키는 대답했다. 기바를 업신여길 생각은 없지만, 이 말은 어떻게 들어도 중상(中傷)일 것이다. 하지만 사실은 사실이다.

가와라자키는 으음, 하고 신음했다.

"실은 말이지요, 아오키 씨. 이렇게 근무시간도 아닌데 불러 세운 건 말입니다——그."

더듬거리며 그렇게 말하더니, 가와라자키는 수건을 꺼내 땀을 닦고 넥타이를 느슨하게 했다.

스이도바시에 있는 지저분한 요릿집의 룸 자리다.

요리는 거의 먹어치웠고, 무참한 모습의 상을 사이에 두고 남자끼리 마주 앉아 있다——는 구도다.

"저는 틀림없이, 기바 씨가 메구로 서의 관할 내에서 뭔가 좋지 못한 일을 저질렀을 거라고, 저는 그렇게 생각했는데요. 가와라자키 씨——."

기바라면 그럴 수 있고, 그럴 때 아오키를 불러들일 가능성은 꽤 높다. 불상사를 일으켜도 경관이라는 신분이 알려지면 큰 범죄가 아닌 한 대개 적당히 봐 준다. 먼저 상사에게 알려져 버리면 처분은 틀림없지만, 원만하게 끝내는 방법도 있기는 있다. 그러나 아무래도 짐작이 틀린 모양이다.

가와라자키는 다시 한 번 땀을 닦았다.

"아니, 기바 씨라는 분의 이야기를 듣고 생각한 건데요, 저는 부끄럽기 이를 데 없습니다. 남의 일이 아니에요."

도불의연회

실은 말이지요 ── 하고 가와라자키는 다시 한 번 우물거리더니 결국 넥타이를 풀어 버리고 한 잔 걸치는 시늉을 하며, 장소를 바꿀까요, 하고 말했다.

아오키는 술을 못하니 봐 주십시오 ── 하고 거짓말을 해서 그 권유를 사양했다.

사실 아오키는 술을 좋아한다. 다만 몹시 약하다. 금세 인사불성이 되고 기억이 날아간다. 외모로만 판단할 수는 없지만, 가와라자키는 술을 많이 마실 것 같은 분위기의 남자다. 어떤 나쁜 곳에 끌려갈지 알 수 없다.

가와라자키는 그렇습니까 ── 하고 말하고 나서, 그럼 실례하겠다며 종업원을 불러 냉주를 주문했다.

"실은 말이지요, 아오키 씨. 뭐 저도 말씀 안 드려서 죄송하지만 실은 그, 저는 말씀하신 이와카와 ── 지난달에 퇴관했지만, 이와카와 경부보의 부하였습니다."

"그 ── 이와카와 씨의?"

"저는 형사로 채용된 지 아직 일 년 남짓밖에 안 되었지만 줄곧 이와카와 씨 밑에 있었고, 그, 조잔보에 관련된 사건도 맡고 있었습니다."

"예에."

의외의 전개였다.

"조잔보는 말이지요 ── 기바 씨가 말씀하신 대로, 교묘한 말로 회원을 모집해 악랄한 수법으로 값비싼 생약을 판매하고 있었습니다. 그건 사실입니다. 결국, 고발은 할 수 없었지만요."

"악랄한 수법이라니요?"

옛날에 유행했던 최면술 같은 거겠지요 —— 하고 가와라자키는
말했다.

"최면술 —— 이라고요?"

"네. 저는 배운 게 없고 잘은 모르겠지만, 환자에게 암시를 거는
겁니다. 세뇌 —— 라는 걸까요. 그런 짓을 하고 있었어요."

"세뇌? 하지만 약국이잖아요? 약을 파는 데 암시를 걸고 자시고
할 것도 없을 텐데요. 배라도 아프게 만듭니까?"

아프지도 않은 배를 아프다고 느끼게 해서 돈복약[12]이라도 팔아넘
기는 것일까 —— 왠지 꾀까다로울 뿐이고 사기라고 부르기에도 주제
넘다. 강매 쪽이 효율적이다. 기바가 물 사건이 아니다.

트릭이 작군요 —— 하고 말하자 가와라자키는 고개를 가로저었
다.

"그렇지 않습니다. 조잔보는 말씀하시는 대로 한방 처방 약국인데,
이건 나쁜 곳도 고쳐 주지만 지금보다 좋게 만드는 약을 파는 겁니다.
장수한다거나, 젊어진다거나. 회춘제라든가, 건강한 사람도 먹고 싶
어질 만한 약입니다. 다만 값이 비싸서 경원시하는 것을, 암시를 걸어
서 사지 않을 수 없는 상태로 만드는 거지요. 어떤 암시인지 저는
이해할 수 없지만, 악랄합니다. 제가 대충 원가를 계산해 봤는데 상당
히 많은 돈을 벌 수는 있겠더군요. 아무리 효과가 좋은 약이라도 팔리
지 않으면 쓰레기입니다. 그냥 메밀가루도 팔리면 묘약이 되고요."

그럼 대규모이기는 하군요 —— 하고 아오키가 말하자 가와라자키
는 그렇지요, 라고 말하며 까까머리를 문질렀다. 그때 종업원이 술을
가져왔다. 까까머리 형사는 받자마자 맛있다는 듯이 입을 댔다.

---

12) 몇 번에 걸쳐 나눠 복용하는 약이 아닌 한 번만 복용하는 약.

도불의연회

"죄송합니다. 아무래도 긴장이 되어서요."

"상관없습니다만——그래서 검거는 못 한 겁니까?"

"네. 그 무렵 이와카와 씨는 상승세라 검거율도 높아서, 일단 영장은 받을 수 있었습니다. 불평은 적잖이 들어오고 있었으니까요. 하지만 파는 방식은 어떻든, 약 자체는 독도 마약도 아닙니다. 비쌀 뿐이지 정상적인 약이었습니다. 그리고 이 경우 말이지요, 사는 쪽은 암시에 걸려 있다는 의식은 없는 겁니다. 그러니까 사는 거고, 사고 있는 동안에는 불평도 나오지 않는다는 구조입니다."

"——교묘하군요."

교묘하다고 할까, 그게 요점일 것이다.

암시가 걸려 있는 동안에는, 걸려 있는 사람은 자신의 자유의사로 행동하고 있다고 굳게 믿고 있는 셈이 된다. 즉 그동안 전혀 불평은 나오지 않는다. 암시가 풀리고 나자, 그때야 비로소 자신이 남이 하라는 대로 하고 있었다는 것을 깨닫는 셈이지만, 암시라고 하는 걸 보면 명백하게 이렇게 하라 저렇게 하라고 명령하는 것은 아닐 테고, 그 단계에서 그때까지의 행동이 자유의사가 아니었다고 증명하기는 어렵다.

아오키가 그렇게 말하자 가와라자키는 눈을 가늘게 뜨고, 이번에는 약간 구식인 양복을 벗어 옆에 놓았다.

"바로 그렇습니다. 증명은 할 수 없어요. 예를 들어 너 이걸 사라고 다그쳤다면 협박입니다. 사지 않으면 죽이겠다고 위협했다거나 말이지요. 그리고 이 약을 먹지 않으면 곧 죽습니다, 라고 말한 것도, 이건 완곡한 협박이 되고요."

"뭐 협박이겠지요."

"하지만 그런 건 전혀 없습니다. 놈들은 그런 말은 한 마디도 하지 않았어요. 그리고 약은 실제로 어느 정도 효과가 있고, 성분도 수상한 건 아니고요. 다시 말해서 암시를 증명하지 못하는 한 불법인 부분은 하나도 없어요. 그래서 수색은 했지만, 적발은 하지 못했습니다."

어려울 것이다.

가와라자키는 분한 듯이 상 위의 생선뼈를 바라보며, 싸우기 전의 난봉꾼처럼 손가락의 관절을 꺾었다.

"하지만—— 하지만 말이지요, 당시 저는 화가 치밀어서요. 포기할 수가 없었습니다."

"무슨 말씀이신지?"

"그러니까—— 한 번 수색해서 아무것도 나오지 않는다고, 그것으로, 네 끝—— 이라는 건 납득할 수 없었습니다, 저는. 아무것도 나오지 않으리라는 건 처음부터 어느 정도 예측할 수 있었던 일이니까요. 요컨대 수색을 하면 흔들 수는 있다고, 저는 그렇게 생각하고 있었어요. 만일 흔들어서 떨어지지 않더라도 암시의 수법만 증명할 수 있으면 입건할 수 있을 거라고 생각하고 있었지요. 전 물러나지 않을 생각이었습니다. 그런데."

"그런데?"

"이와카와 씨가 수사를 선뜻 접어 버렸습니다."

"그런 일은—— 그때까지는?"

"이와카와 씨는 끈질긴 사람이기는 했습니다. 그렇다고 할까, 실수할 것 같은 사건에는 적극적으로 관여하지 않았습니다. 위험할 것 같은 사건은 멀리했지요. 그 사람은 공명심이 엄청나게 높은 사람이었으니까요—— 아, 아시지요?"

도불의연회

예, 뭐——하고 아오키는 적당히 대답한다. 실제로 이와카와는 멀리하고 싶어지는, 다루기 어려운 동료이기는 했다.

기바에 비하면 훨씬 상식인이었지만.

"그때도 물론 이와카와 씨는 자신만만했습니다. 확신이 있었던 거겠지요. 수사에 들어가기 전부터 이것으로 총감상을 받게 될 거라고 했어요."

"총감상이요? 어째서 또."

심령입니다, 심령——하고 가와라자키는 내뱉듯이 대답했다.

"그 무렵의 이와카와 씨는 란 동자라는 심령 소년의 계시를 받아 움직이고 있었거든요——."

그러고 보니 기바도 그 이름을 말했었다.

"설마, 점으로 수사 방침을 정하고 있었다거나."

"아, 메구로 서의 명예를 걸고 말씀드리는데, 수사원이 심령에 의지해서 수사하고 있었던 건 아닙니다. 이와카와 씨가 개인적으로 상담하고, 의견을 듣고, 방침으로 채용하고 있었을 뿐. 바람직한 일이라고는 도저히 생각되지 않지만, 몇 번인가 수사에 협력한 적이 있었는데 모두 적중했기 때문에 상층부에서는 눈을 감아 주고 있었던 모양입니다. 저는 심령 같은 건 믿지 않지만——다만 잘 맞아요."

"맞습니까?"

"맞기는 맞았지요. 저는 말을 나눈 적도 없지만요. 그 란 동자 소년이 조잔보는 사기라는 걸 간파했거든요. 그래서 이와카와 씨는 기를 쓴 거고요. 하지만 그건 어디까지나 계기이지——뭐, 란 동자는 지금은 별로 상관이 없습니다. 제가 유죄라고 생각한 건 어디까지나 우리의 수사 결과입니다."

가와라자키는 변명이라도 하듯이 말했다.

아오키는 아무래도 마음에 걸리는 것을 느낀다. 그 심령 소년은 정말로 상관없는 것일까.

그렇다 ──.

기바는 분명히, 조잔보가 무관하다면 란 동자인가 ── 라고 말했었다. 하다면, 이란 무슨 뜻일까. 아오키에게는, 조잔보가 무죄라면 란 동자가 범인이다 ── 라는 말투로 들렸는데 ──.

"그 란 동자라는 사람 ── 소년입니까. 그 소년은 그 후에 ──."

"그게 말이지요 ── 연락처는 이와카와 씨밖에 몰랐던 것 같고, 이와카와 씨가 퇴관한 후에는 소식불통입니다."

"예에."

"그렇습니다. 이와카와 씨는 갑자기 퇴관해 버렸어요. 어떻게든 놈들의 꼬리를 잡아서 수사를 재개하려고 이것저것 궁리하고 있던 차에 ── 말입니다."

"그렇다고 하더군요. 이와카와 씨의 퇴관 이유는?"

"불명입니다. 우리한테도 전혀 상의가 없었습니다. 하기야 저는 수사 2계에서도 별로 이와카와 씨의 호감을 받고 있지는 않은 편이었지만 ──."

"그렇 ── 습니까."

아오키는 생각한다.

기바는 ── 자신을 어떻게 생각하고 있었을까.

아오키는 기바가 자신을 싫어한다고 느낀 적은 없다. 그러나 생각해 보면 4년 이상에 걸친 기바와의 교제 속에서, 칭찬을 받은 기억 또한 아오키에게는 없다.

도불의 연회

풋내 난다, 꼬맹이도 아니고 학생 같은 소리 하지 마라, 그걸로 통한다면 곤란할 사람 아무도 없다며, 뒤집어쓴 것은 항상 욕설이고 그것은 이치에 맞는 비판인 경우도, 때로 그렇지 않을 때도 있었다.

아오키는 기바가 내뱉는 온갖 욕지거리를, 반드시는 아니더라도 대개 호의적으로 받아들여 왔다. 그러나 어쩌면 그것은 아오키의 지레짐작이고, 기바는 진심으로 아오키의 미숙한 부분을 싫어하고 있었는지도 모른다.

기바가 없어져 보고 나서야 비로소 아오키는 그렇게 생각했다.

사람과 사람의 관계는 대개 오해로 이루어져 있을 것이다. 설령 혐오에서 입을 뚫고 나온 말이라도, 친절한 마음으로 해 준 고언이라고 받아들이면 모나지는 않는다.

그 반대도 있을 것이다.

가와라자키는 약간 가학적인 웃음을 띠었다. 그리고, 저는 그냥 남자이고 싶었을 뿐인데요 —— 하고 갑작스러운 서두를 꺼내고 나서, 이렇게 말했다.

"저는 그, 아무래도 서툴러서요 —— 자주 오해를 받습니다. 이와카와 씨는 저를 우익 사상의 소유자라고 단정 짓고 있어서, 몇 번이나 설교를 들었습니다."

"우익이요?"

"분명히 저는 일본이 져서 분하다고는 말했습니다. 하지만 그 —— 저는 결코 국수주의자도 전쟁찬미자도 아닌데 말이지요 ——."

아오키로서는 잘 알 수 없었다. 아오키는 흔히 말하는 특공대 출신이지만 그 용맹한 과거에도 집착하지 않고, 져서 다행이라고 생각했던 쪽이다.

연회의 시말

"아——실례했습니다. 그, 저는 아무래도 고집을 피우는 버릇이 있어서요. 어떤 때에도 나쁜 놈은 나쁘다고, 그렇게 생각하면 저도 모르게 과격한 말을 하고 맙니다. 그래서 뭐, 조잔보 건도 아무래도 물러날 수 없다고 주장했던 겁니다. 증명할 수 없을 뿐이지, 생각하기에 따라서는 어설픈 사기꾼보다 훨씬 악질이지 않습니까."

"그건——그렇습니다만."

"조잔보 건에 집착했던 건 다름 아닌 이와카와 씨였습니다. 처음에는 저는 지시대로 움직이기만 했지요. 도중부터——관계자를 한 명 체포했을 때부터인데요, 아무래도 참을 수 없게 되었어요."

"참을 수 없다니요."

"용서할 수 없다고——생각했어요. 딱히 정의로운 척하는 건 아니지만요. 폭력으로 사람을 마음대로 하는 건, 물론 용서할 수 없습니다. 하지만 때려도 걷어차도 몸은 아프지만, 마음은 그렇게 쉽게 망가지지 않아요. 놈들은 직접 마음을 침식해 오는 셈이니까요."

"마음——이라고요?"

아오키는 팔짱을 꼈다.

마음이란 무엇인지, 잘 알 수 없었기 때문이다.

가와라자키가 말하는 마음이란 아마 의지를 말하는 것이리라.

의지란 개인의 생각, 개인의 기분이라는 것일까. 분명히 그것이 세뇌라면, 개인이 개인으로 존재하는 존엄은 크게 빼앗겼다고 말할 수밖에 없다. 그러나 빼앗기기 이전에, 과연 거기에 개인은 있는 것일까. 사수해야 할 존엄은 있는 것일까.

아오키는 명확한 해답을 갖고 있지 않다.

그래서 아무런 대답도 하지 않았다.

도불의연회

가와라자키는 말을 이었다.

"그래서 ── 뭐 여러 가지 일이 있었지만, 이와카와 씨가 강판하면서 조잔보에 대한 추궁은 완전히 종결되었습니다. 원래 상층부는 소극적이었으니 무리도 아니지만 ── 저는 납득이 가지 않아요. 어쨌든 이쪽에는 불충분하기는 하지만 비장의 패도 있었습니다."

그렇다 ── 아오키는 기바의 말을 떠올린다.

"그러고 보니 메구로 서는 관계자를 체포했을 때 증거를 입수했다고 ── 기바 씨도 말했던 것 같은데요."

"아, 그 증거라는 건 서류인데요, 그것만으로는 증거 능력은 전혀 없습니다. 그걸 뒷받침하는 증언이 필요했던 겁니다. 암시가 풀려 있고, 게다가 서류의 내용에 맞는 피해를 입은 증인이요. 이게 어려워요. 그리고 유일하게 증인이 될 수 있는 인물이 ── 그 여공이었습니다."

"실종되었다는?"

"유괴였습니다."

"유 ── 유괴?"

아오키의 목소리에 두세 명의 손님이 돌아보았다.

두 형사는 슬금슬금 얼굴을 가렸다.

아오키는 가와라자키의 코앞에 얼굴을 들이대고, 거의 들리지 않을 정도의 작은 목소리로 빠르게 속삭였다.

"유괴라니 ── 정말 납치된 겁니까?"

가와라자키는 가늘게 몇 번인가 끄덕였다.

"약방에?"

이번에는 가와라자키는 고개를 가로저었다.

"증언하면 곤란하다는 게 —— 아닌가요?"

아닙니다 —— 가와라자키는 술잔을 놓고, 편하게 앉았던 다리를 접어 자세를 바로 했다. 그리고 양손을 무릎에 놓고 몸을 앞으로 숙였다.

"아오키 씨."

"왜, 왜 그러십니까."

"아까 아오키 씨는 사건이 작다고 말씀하셨지만, 이 사건은 작지는 않습니다. 전혀 작지 않아요. 너무 커서 전체가 보이지 않을 뿐이라고 —— 저는 생각하고 있습니다."

"무슨 —— 뜻입니까?"

"그건 말이지요 ——."

가와라자키는 지금부터 전투에 임할 무장 같은 기세로 술잔을 비웠다. 그러고 나서 온순한 얼굴로, 아오키 씨 —— 하고 공손한 목소리로 불렀다.

"지금부터 하는 이야기는 함구해 주시기 바랍니다."

"하, 함구라고요 ——."

케케묵은 말이다. 우선 아오키는 승낙했다.

가와라자키는 머리를 숙였다.

"그럼 —— 아오키 씨를 남자라고 믿고 말씀드리겠습니다."

"남자?"

"예. 저는 신께 맹세코 비합법적인 행위는 하지 않았지만, 적어도 지금부터 말씀드릴 일이 서 내에 탄로 나면, 제가 복무규정 무시로 처분을 받을 건 틀림없습니다. 초지(初志)를 관철한 탓에 처분을 받는 건 상관없지만, 뜻을 이루지 못하고 길이 끊기는 건 ——."

도불의연회

"처분——이라고요?"

아오키는 쓴웃음을 지었다. 아무래도 아오키는 이런 부류의 남자와 인연이 있는 모양이다. 가와라자키는 콧수염을 쓰다듬었다.

"관계자를 체포하고 증거 서류를 입수한 게 3월 22일입니다. 증인인 여공과 접촉한 것도 그날이었습니다. 정보를 모아 내부에서 검토하고, 수색영장을 받은 게 대략 일주일 후인 3월 30일. 입회수사는 그다음 날입니다. 그리고 수사 중단이 결정된 게 4월 2일. 이와카와 씨는 그 열흘 후에는 그만뒀어요. 그래서 저는 우선 증인의 신변이 걱정되었습니다. 협조를 부탁했는데도 불구하고 큰 진전도 없이 흐지부지 끝나서 내팽개친 셈이니까, 예를 들어 보복을 당할 가능성은 높지요. 이건 우리에게도 책임이 있다고 생각했습니다. 다만 표면적으로는 수사 중단이라서, 저는 개인적으로——."

"감시하고 있었다——는 겁니까?"

그런 부분은——마치 기바 같다. 분명히 성질도 뜻도 크게 다르겠지만, 표면적인 행동 패턴은 흡사한 것 같다. 아오키가 기바의 방식을 비판했을 때 가와라자키가 자기 일인 듯한 발언을 한 것은, 자신도 같은 인종이라고 생각했기 때문일 것이다.

"여공——이랄까, 미쓰키 하루코 씨라는 이름의 여성인데요."

가와라자키는 거기에서 주위에 신경을 썼다.

"예, 저는 수사가 중단된 후, 근무시간 틈틈이 그녀와 몇 번 접촉했습니다. 공장에 있는 동안에는 별일은 없을 거라고 생각했지만, 외출할 때는 위험하다고 생각했어요. 그녀가 일주일에 한두 번 외출한다고 해서 신경을 쓰고 있었더니, 아니나 다를까——딱 이주 전일까요, 갑자기 모습을 감추었어요——."

연회의 시말   169

기바가 사라지기 일주일 전의 일이다.

"저는 필사적이었어요. 우선 조잔보에 가서 분위기를 살폈지만, 아무래도 별다른 기색은 없었어요. 그냥 쳐들어가 봐야 수색 때랑 똑같을 테니까요. 그래서 공장으로 돌아가 철저하게 탐문을 했지요. 그래서 알게 된 건데, 그녀는 아무래도 일주일에 한 번 외출해서—— 기바 씨와 만나고 있었던 모양이에요."

"기바—— 씨와?"

믿을 수 없는 일이었다.

기바가 얼마나 딱딱한지는 청 내에서도 유명하다.

증인 여성과 밀회—— 라고 해도 순순히 믿을 사람은 없을 것이다. 딱딱하다고 하면 듣기에는 좋지만, 요컨대 뜬소문이 전혀 없을 뿐이고, 욕이다. 입이 걸쭉한 사람은 호걸의 여성공포증이라고 야유하기도 하지만, 그것은 아닐 것이다.

분명히 서른다섯이나 되어서 여자가 하나도 없으니 무슨 말을 들어도 어쩔 수 없겠지만, 적어도 기바는 여자를 싫어하지는 않고 전혀 인기가 없는 것도 아니다. 아오키와 달리 유곽의 여자들에게는 몹시 평판이 좋다.

결국 기바는 단순히 순정적인 것이리라. 놀 수는 있지만, 진심이 되면 수줍어한다—— 아오키는 그렇게 보고 있다. 이렇게 되면 어느쪽이 풋내 나는 건지 알 수 없다. 그런 기바가.

—— 여자와?

"설마, 가와라자키 씨, 기, 기바 씨를 의심하고."

아오키는 큰 소리를 낼 뻔하다가 당황하며 삼켰다.

"당치도 않아요——."

도불의연회

가와라자키는 손을 저으며 과장되게 부정했다.

"──저는 기바 씨를 모르지만, 기바 씨의 행동을 이해할 수 있다는 기분이 듭니다. 아마 이번 실종도, 저와 같은 동기로 취하신 행동이 아닐까 하고──."

"그럴──까요."

기바를 모르는 가와라자키가 기바를 믿고, 기바를 잘 아는 아오키는 약간 의심을 품고 있다. 어딘가가 미묘하게 어긋나 있다.

그것은──.

여자가 다니고 있다는 것일까.

그런 경우는 기바가 만나러 갈 것이다.

아오키가 그 점에 관해서 물으려고 했을 때, 이미 가와라자키는 이야기를 진행하고 있었다.

"다행히 목격자가 있었습니다. 그 비슷한 여성이 몇 명의 남자에게 에워싸여 걷고 있었다, 고 하더군요."

"몇 명이라면──조직적인 범행입니까?"

"아무리 여성이라고 해도 사람 한 명을 유괴하기는 힘드니까요. 시대물 활동사진도 아닌데 급소를 쳐서 짊어지고 납치한다는 것도 무리가 있고요. 그렇다면 얌전히 따라와라──라는 것일 거라고, 이렇게 생각하고."

"그렇군요──그건 그렇겠네요. 그래서."

"네. 결론부터 말하자면, 유괴한 건 조잔보 일당이 아니라 한류기도회라는 놈들이었습니다."

"한류? 그 건드리지도 않고 사람을 날려 보낸다나 하는, 으음──신바시에 도장이 있는?"

그 한류입니다──하고 가와라자키는 한층 더 몸을 굽히며 박력 있는 목소리로 말했다.

"──아십니까."

"예, 뭐 대략은."

그거라면 아오키도 알고 있다.

아마 중국 고무술을 가르친다는 간판을 내건, 소위 말하는 무술 도장이다.

다만 한류기도희는 유도 같은 일반 무술과 달리 무언가 미지의 힘을 몸에서 발사해서 직접 건드리지 않고 상대를 쓰러뜨린다고 거리 낌 없이 공언한다──당장은 믿기 힘든 기술을 사용하는 유파라고 한다.

다시 말해서 완전히 황당무계한 유파지만 그만큼 화제성은 있는 것으로 보이고, 최근에는 그 이름이 들리는 일도 많다. 아오키도 어제 자세한 취재 기사를 읽은 참이다.

하기야──아오키가 그 기사를 읽은 이유는 그 기사를 쓴 사람이 아는 사람이고, 게다가 아오키가 싫지 않게 생각하고 있는 묘령의 여성이었기 때문──이지만.

"하지만──가와라자키 씨. 목격자가 있었다고 해도, 어떻게 그렇게 바로 알았습니까?"

"잡지입니다. 저는 평소에 잡지 같은 건 좀처럼 읽지 않지만, 고무술에 흥미가 있어서 우연히──."

"혹시 '희담월보'── 입니까?"

그 잡지다.

"읽으셨습니까? 아오키 씨 ── 무도는?"

도불의연회

가와라자키가 천천히 진지한 얼굴로 물었기 때문에 아오키는 망설이다가, 경관으로서의 소양 정도로 —— 라고 대답했다. 기사를 쓴 여성에게는 흥미가 있지만, 그런 야만적인 놈들 자체에 아오키는 전혀 흥미가 없다.

"탐문으로 얻은 범인의 풍채가 아무래도 낯익어서, 그런데 사진 —— 사진이 나와 있었잖습니까, 그 잡지에."

"실려 있었지요. 연습장의 풍경이."

"검은 권법복을 입고 있었잖아요. 유도복과는 다른 얇은. 그겁니다. 증언에 따르면 대여섯 명 중 두 명이 그걸 입고 있었어요. 확인도 받았지요."

"특징적인 복장 —— 이로군요."

그렇다면 틀림은 없을 것이다. 꽤 특수한 디자인의 복장이다.

"틀림없을 거란 말씀이시죠."

"틀림없다 —— 고 할까요."

가와라자키는 거기에서 뺨을 오므리고 아랫배라도 살살 아픈 것 같은 기묘한 표정이 되었다. 그리고 작은 목소리로, 진실이었습니다, 하고 말했다.

"예?"

"진실이었습니다. 저는 —— 일주일 전에 단신으로 기도회에 숨어들어가, 연금되어 있던 미쓰키 하루코 씨를 무사히 —— 되찾았습니다."

"예에?"

아오키는 상당히 진심으로 놀랐다.

사실이라면 기바와 막상막하의 폭주 형사다.

"그녀는—— 현재 제가 개인적으로 보호하고 있습니다. 이건 공무로 한 일은 아닙니다. 기도회를 납치 감금으로 고발하는 건 가능하지만 어차피 도마뱀 꼬리를 자르듯 도망칠 게 뻔하고, 게다가 이 사건은 좀 더—— 속이 깊어요."

잠깐만요—— 아오키는 당혹스러워한다.

"그, 기도회가—— 왜 그 여성을?"

이 경우, 무술가가 어째서 관련되는 건지 이해하기가 힘들다. 이 사건은 약방의 판매 확장 사기사건이 아니었던가. 중국 고무술 도장과 한방 처방 약국의 공통점으로 꼽을 수 있는 것이라면, 생각나는 거라고는 고작해야 중국이라는 두 글자뿐이다.

가와라자키는, 문제는 그겁니다—— 하고 말했다.

"문제요?"

"문제지요. 그녀는—— 미쓰키 하루코 씨는 단순한 사기 피해자가 아니었습니다. 조잔보 사건도 우선 그녀가 있었기 때문에 계획된 거라고, 저는 생각합니다."

"의미를—— 모르겠습니다."

"그러니까 이런 겁니다. 미쓰키 씨가 많은 피해자 중 한 명인 게 아니라 하루코 씨를 속이기 위해 그 외 많은 피해자가 준비되었다는, 그런 뜻입니다."

"약을 팔기 위한 사기가 아니라는 겁니까?"

"뭐 팔리지 않는 것보다는 팔리는 편이 좋겠지만, 그건 부산물이라고 저는 생각하고 있습니다. 진짜 목적은 따로 있어요. 그건 기도회도 마찬가지입니다."

"그 단체도 단순한 무술 도장이 아니라고요?"

도불의연회

"단순한 무술가가 부녀자를 유괴하겠습니까? 하지 않습니다. 조잔보도, 한류기도회도, 미쓰키 하루코 씨를, 아니, 그녀가 소유하고 있는 토지를 원하고 있는 겁니다."

"토지?"

그렇습니다 —— 하고 가와라자키는 말했다.

"아까 사건이 크다고 말씀드린 건 바로 그 부분에서 유래하는 건데요. 저도 물론 전모를 파악하고 있는 건 아니지만 —— 그렇다면 얼마나 깊은 건지 알 수 없는, 바닥을 알 수 없는 사건입니다, 이건."

"토지라니 —— 아니, 정말로 잘 모르겠군요."

뭔가 터무니없는 일이 일어나고 있습니다, 하고 가와라자키는 말했다.

"미쓰키 하루코 씨는 현재 쇠약해져 있기도 하고, 동요하고 있기도 합니다. 다만 끊임없이 경시청의 기바 씨를 걱정하고 있지요. 그러니까 어쩌면 기바 씨는 무엇인가를 알고 있는 게 아닐까 하고, 그래서 저는 ——."

"저한테 오셨군요?"

기바는 —— 어디에 있는 것일까.

아오키는 갑자기 바닥을 알 수 없는 허망함을 느꼈다.

*

기바 슈타로가 본가인 고이시카와의 기바 석재점을 찾아간 것은, 아마 그날이 마지막이었을 것이다.

그날, 슈타로는 담담했다. 슈타로라는 남자는 항상 담담한 남자지만 그날은 평소보다도 더 기복 없는 태도였다고, 야스다 사쿠지는 생각했다고 한다.

슈타로는 평소처럼 가게 쪽을 통해서 말없이 들어온 모양이었다. 본가를 찾아올 때, 슈타로는 우선 작업장으로 직행해 만들다 만 묘석을 두드리거나, 몸을 구부려 바라보거나 하는 일을 실컷 한 후, 직인들과 잡담을 하는 것이 통례라고 한다.

결코 다녀왔습니다, 라는 말은 하지 않는다. 직인과 이야기하는 모습을 가족들이 발견하는 게 보통이다.

그날은 야스다가 발견했다.

야스다는 슈타로의 누이동생의 배우자다. 다시 말해서 야스다는 슈타로의 매제가 된다.

슈타로는 좀처럼 본가에 오지 않는다.

집을 나간 지 1년 반 가까이 지났지만, 그동안 서너 번밖에 얼굴을 보이지 않았다. 그것도 명절이나 정월에 돌아오는 것이 아니다. 슈타로는 아마도, 마음이 내킬 때 아무런 예고도 없이 본가로 돌아오는 것이다.

도불의 연회

그런데도 슈타로는 그때마다 마치 잠깐 목욕탕에라도 다녀온 것처럼 행동한다. 몇 개월 만에 돌아오든, 오랜만이라거나 잘 지냈느냐거나 하는, 공백을 메우는 종류의 말은 하지 않는다. 그렇다고 해서 농담을 하지도 않고, 허물없는 친근한 태도도 결코 아니다. 항상 담담하다. 야스다는 슈타로가 겉치레 말을 하는 것을 한 번도 들은 적이 없다.

따라서 야스다에게 슈타로는 결코 대하기 편한 처남은 아니었다.

비꼬는 말을 들은 적도 없고 괴롭힘을 당한 적도 없지만, 그래도 다른 사람보다 훨씬 신경을 쓰게 된다. 신경 쓰고 만다.

신경 쓰게 하기는 싫으니까, 야스다가 신경 쓰기를 바라지 않아서 ——그래서 처남은 그다지 본가에 돌아오지 않는 걸까 하고, 야스다는 그렇게 생각할 때도 있다.

그러면 더욱 신경이 쓰이고 만다.

야스다는——아내는 물론이고 장인이나 장모나, 그리고 슈타로에 대해서 형용하기 어려운 죄책감 같은 것을 갖고 있다. 평소에 의식하는 일은 없지만 슈타로를 보면 생각난다. 처남의 얼굴을 볼 때마다 아무래도 차분하지 못한 기분이 드는 것이다.

야스다 사쿠지가 슈타로의 누이동생 유리코와 결혼한 것은 3년 전의 일이다. 다만——동거는 하고 있지만 야스다는 데릴사위도 아니고, 석재점 일을 하고 있는 것도 아니다. 야스다는 관청에서 출납계를 맡고 있다.

유리코와는 맞선으로 만나서 결혼했다.

상사로부터 혼담 이야기를 들었을 때, 야스다는 쾌히 승낙하고 기뻐했던 것을 기억하고 있다.

천애 고아였던 야스다는 진작부터 가정을 꾸리고 싶다고 바라고 있었던 것이다.

다만 자세한 사정을 안 후, 야스다는 이 혼담은 아마 안 될 거라고 생각했다.

듣자 하니 그쪽에는 가업이 있고, 외아들은 경찰관인데 가업을 물려받을 마음은 전혀 없다고 한다. 그렇다면 데릴사위로 들어가 일을 물려받는 것이 조건일 거라고——야스다는 멋대로 판단했다. 야스다 쪽에서 거절할 이유는 전혀 없었지만, 전직할 의지만은 전혀 없었기 때문에 조건이 맞지 않는다고 판단한 것이다. 다만 상사의 체면도 있고 해서, 야스다는 반쯤 체념하고 맞선에 나갔다.

그러나 그것은 야스다의 오해였다.

나는 아직 현역이니까——하고 장인은 말했다.

당사자끼리 좋다고 생각한다면 무엇 하나 조건은 붙이지 않겠노라고 장인은 야스다에게 약속했다. 월급쟁이가 돌가게 일을 할 수는 없을 테고, 자신도 당분간 일을 그만둘 생각은 없다, 그러니 데릴사위는 물론이고 가업을 물려받을 필요도 전혀 없다고, 자그마한 몸집의 석공은 웃으면서 말했던 것이다. 그렇다면 장해는 아무것도 없었다. 혼담은 무사히 진행되고, 그리고 살 집이 있는데 셋집에서 사는 것은 경제적이지 않다는, 오직 그 이유만으로 야스다는 처가 식구들과 동거를 결정했다.

그 무렵, 슈타로는 아직 집에 있었다.

처음으로 처남을 보았을 때, 야스다는 솔직히 말해서 무섭다고 생각했다. 박력 있는 용모도 물론 무서웠지만, 망망하니 종잡을 데 없는 부분이 더 무서웠다.

도불의연회

처음 만났을 때도 슈타로는 입에 발린 말도 하지 않고 그저 무뚝뚝하게 자기 이름을 말하고는 한 마디, 잘해 주게——라고 말했다. 기분이 좋은 것인지 나쁜 것인지, 전혀 알 수 없었다.

동거 생활이 시작되고 나서도 야스다는 처남과 말을 나누는 일은 좀처럼 없었다. 경찰관과 일반인의 생활 시간대는 크게 어긋나 있었고, 게다가 슈타로는 쉬는 날에도 외출하지 않고 방에 틀어박혀 있었다. 야스다는 나중에 알았지만, 형사는 언제 호출이 들어올지 알 수 없으므로 휴일에도 자택에서 대기하고 있어야 한다고 한다. 같은 지방공무원이라도 꽤 다르다, 경찰관이라는 건 힘든 일이구나, 하고 야스다는 솔직하게 그렇게 생각했다. 그리고 아무래도 이해하기 어려운 이 처남과 언젠가는 속을 터놓고 이야기해 보고 싶다고, 야스다는 몇 번이나 생각했다. 결국 그 생각은 아직도 이루어지지 않았다.

다만 야스다는 딱 한 번 슈타로의 기쁜 듯한 얼굴을 본 적이 있다. 그때 슈타로는 잡지를 읽고 있었다. 힐끗 들여다보니 처남은 얼굴을 들고 아무리 봐도 기쁜 듯이, 이건 미국인의 만화일세——하고 말했다. 다색 인쇄라 예쁘지만 역시 버터 냄새가 나지, 하고 우락부락한 형사는 즐거운 듯이 혼잣말을 했던 것이다.

야스다는 이해할 수 없었다.

일 년쯤 지나, 슈타로는 집을 나가겠다는 말을 꺼냈다.

관할서에서 본청으로 배속이 바뀐다는 사전 통보가 있었기 때문이라고 본인은 말했지만, 야스다는 그것은 핑계라고 생각하고 있다. 틀림없이 매제인 자신이 거북했던 걸 거라고, 내심 야스다는 확신하고 있다.

유리코에게 아이가 생긴 것도 관련되어 있을지도 모른다.

연회의 시말

이런 준엄한 처남이 있으면 지내기 힘들 테지——라고, 슈타로는 집을 나갈 때 말했다. 이 집은 자네들의 집일세——라고도 했다. 모두 호의에서 나온 발언일 것이다.

하지만 야스다는 불편한 기분이 들었던 것을 기억하고 있다.

재작년 말에 슈타로는 집을 나갔다.

이상하게도 장인도 장모도, 슈타로의 행동에 대해서는 일절 의견을 말하지 않는 것 같았다. 아무리 뭐라 해도 슈타로는 외아들이고, 보통 같으면 경관 따위는 그만두고 가업을 물려받으라거나, 빨리 장가를 가라거나, 뭔가 쓴소리를 해도 당연할 거라고 생각하는데, 그런 일은 일절 없었다. 또 그때까지 슈타로는 이미 서른이 넘었음에도 불구하고 집에는 한 푼의 돈도 가져오지 않은 모양이고, 그 대신인지 뭔지 아들이 독립할 때 집에서 원조가 이루어진 기미도 전혀 없었다.

야스다의 눈에는, 그것은 일반적인 부모와 자식의 관계와는 조금 다르게 비쳤다. 그러나 거기에 단절은 없고, 그런 것은 그들에게 지극히 자연스러운 일인 것 같았다. 아내인 유리코도, 특별히 오빠나 부모가 특이한 사람이라고 생각하는 구석도 없었다.

가족이란 그런 것인 걸까 하고, 야스다는 생각했다.

그리고——완전히 잊었을 무렵에——당연한 듯한 얼굴로——슈타로는 집에 오게 되었다.

그날도 그랬다.

관청에서 돌아온 야스다는 매우 지쳐 있었다.

큰길은 이미 어두웠지만 작업장의 나전구는 아직 켜져 있었다. 급한 일이 있다고 직인 우두머리가 말했던 것을 떠올리고, 야스다는 불쑥 들여다보았다.

도불의연회

거기에 슈타로의 모습이 있었다.

커다란 등을 웅크리고, 슈타로는 담배를 피우고 있는 것 같았다. 나전구가 비추는 매우 불그스레한 공간에, 역시 불그스레한 연기가 흔들흔들 흔들리고 있었다.

슈타로 옆에는 고참 석공의 모습이 있었다.

야스다는 당혹스러워져서 말을 걸지 못하고 굳어 있었다.

피곤했기 때문이다.

도메 씨——슈타로의 목소리가 들렸다.

"화강암이라는 건 말이야——."

왜 화강암이라고 하는 거지——하고 슈타로는 물었다.

담배를 물고 수건을 비틀어 이마에 동여맨 노석공은 오소리 같은 얼굴을 물컹하게 일그러뜨렸다. 웃은 것이다.

"슈 공(公), 자네 돌가게 아들인 주제에 그런 것도 모르나? 이건 말이지, 셋쓰[摂津][13] 지방의 미카게무라[御影村] 마을이 산지 아닌가.[14] 그런 건 누구나 알고 있네."

헤에 그래요? 하고 슈타로는 순순히 고개를 끄덕였다.

"——그렇군, 화강암을 캔 마을의 이름인가. 그럼 이 네부카와이시[根府川石][15]는 네부카와 마을인가?"

"당연하지. 이건 사가미[相模][16]의 네부카와 마을에서 나는 걸세. 나치구로[那智黒][17]는 기슈 나치, 치치부아오[秩父青][18]는 부슈[武州][19] 치

---

13) 현재의 오사카 부, 효고 현 일부를 가리키는 옛 지명.
14) 일본어로 화강암은 '미카게이시[御影石]'라고 한다.
15) 가나가와 현 오다와라 시 네부카와에서 산출되는 판상절리(板狀節理)의 휘석안산암. 판판한 돌, 비석 등에 이용한다.
16) 현재의 가나가와 현을 가리키는 옛 지명.
17) 와카야마 현 나치 지방에서 산출되던 검은색의 특히 경질의 점판암(粘板岩). 시금석·

치부지. 나니까 망정이지, 그런 걸 이제 와서 형님한테 물어본다면 자네 얻어맞을 거야, 이 사람아."

석공은 난폭한 말투로 그렇게 말했다.

슈타로는 웃으며, 그렇겠지요, 하고 대답했다.

그래—— 하고 석공은 앵무새처럼 따라 했다.

"형님이면 그나마 낫네만. 선대 주인이 자네를 보았다면 한심해서 할복했을지도 몰라."

"멍청하긴, 우리는 대대로 본토박이 상인이잖소. 왜 배를 가른단 말이야? 목이라도 매단다면 이해가 가지만. 이 영감 되는 대로 말하는 것 좀 보게."

"선대 주인은 그런 어르신이었어, 이 얼간아."

위세가 좋네—— 하고 슈타로는 말했다.

그러고 나서 옆에 쌓여 있는 돌을 보았다.

가만히 쓰다듬는다.

"이것도——셋쓰에서 온 건가?"

석공은 눈길도 주지 않고 대답했다.

"그건 이즈에서 온 걸세. 진짜가 아니야."

슈타로는 말없이 돌을 바라보았다.

석공은 딱딱 돌을 조각하기 시작했다.

"이즈——라."

그건 물러—— 하고 석공은 말하고, 깡깡 끌을 휘둘렀다.

바둑돌·벼룻돌로 사용하며, 해변의 작은 돌은 정원을 까는 자갈로 이용했다.

18) 치치부 지방에서 산출되는 녹색의 벗겨지기 쉬운 녹색편암(綠色片岩). 정원의 돌이나 비석 등으로 사용된다.

19) 현재의 도쿄 도, 사이타마 현, 가나가와 현 일부를 가리키는 옛 지명.

도불의연회

야스다는 봉당으로 내려가 두 사람에게 다가갔다.

딱딱, 돌이 부서지는 소리가 울린다.

"형님 ──."

야스다가 말을 걸자 슈타로는 불쑥 돌아보고, 오오 야스다 씨, 하고 말하더니 딱히 인사도 하지 않고, 아버지는 ── 하고 물었다.

"아마 ── 주무실 겁니다."

"안 좋으신가?"

"예 ── 좋아졌다, 나빠졌다 하세요."

"그래?"

슈타로는 다시 이즈 화강암을 보았다.

"어머니는 어때?"

"저어 ── 그게."

"알고 있네. 또 그 ── 점인지 ── 주술인지 하는 거겠지. 그건 병이야."

"알고 계셨습니까 ──."

야스다는 슈타로 옆에 걸터앉았다.

"── 저어, 형님."

"그렇게 부르지 말게. 간지러우니까. 나이도 그렇게 차이 나지 않잖아. 자네는 동생의 남편이지 내 동생이 아니야. 나 같은 형이 있어 봐야 하나도 이득 볼 건 없다고."

"하지만 ──."

"슈타로라고 부르게."

야스다는 입을 다물었다. 그렇게 말해 주어도 그렇게 부를 수는 없다.

"동생이 말이야. 지난주에 편지를 보냈더군. 나도 신경은 쓰고 있었지만, 이래저래 바빠서. 올 수가 없었네. 아무래도 그 사람이 —— 폐를 끼치고 있다더군."

"폐라고 할까 ——."

"아직 돌아오지 않았나? 그렇다면 불편한 건 아닌가?"

"이 집은 사람이 많고, 도우미도 유모도 있으니 저는 별로 곤란할 일은 —— 다만 아버님이."

슈타로는 담배를 버리고 발로 비벼 끄더니, 그건 내버려 두면 돼 —— 라고 말했다.

"죽을 때는 죽겠지. 살려면 살 테고."

"하, 하지만."

"그건 그렇고 아버지는 쓰러지고, 할망구는 완전히 고삐가 풀리고, 마누라도 집을 비웠으니, 자네도 엎친 데 덮친 격이로군 ——."

미안하네, 하고 슈타로는 말했다.

장인인 기바 도쿠타로가 작업장에서 쓰러진 것은 석 달 전의 일이다.

뇌출혈이었다.

다행히 증상이 가볍고 처치도 빨랐기에 목숨은 건졌지만, 오른쪽 반신에 가벼운 마비가 남았다. 생활을 할 수 없을 정도의 장애는 아니었지만 석공 일은 전혀 할 수 없게 되고 말았다. 출퇴근하는 직인이 세 명 정도 있어서 가게를 닫을 정도는 아니었지만, 도쿠타로의 초조함과 울적함은 보통이 아니었다.

야스다는 아무것도 할 수 없었다.

도쿠타로는 날이 갈수록 쇠약해졌다.

도불의연회

자신의 몸이 자신의 생각대로 되지 않는다는 고통은 다른 사람으로서는 헤아릴 수 없다. 게다가——장인 자신은 아무 말도 하지 않았지만——후계자가 없는 것에 대한 초조함도 있었을 것이다.

그래도——야스다는 아무것도 할 수 없었다.

가족이 없었던 야스다는 지난 3년 동안 장인의 사람 됨됨이를 접하면서 마치 친아버지 같은 애정을 갖게 되었다. 그래서 괴로웠다.

장인의 고뇌는 아플 만큼 알 수 있었다. 가슴이 아팠다.

"제가——."

가업을 물려받으면 좋겠지만——하고 야스다는 말했다.

"——그렇게 하면."

초조함의 절반은 줄어들지도 모른다.

웃기지 말라고 슈타로는 말했다.

"——자네가 돌가게를 하려면 처음부터 다 배워야 하잖나. 할 거라면——우선 내가 해야지."

"형님——."

슈타로는 흉포한 얼굴로 야스다를 노려보았다.

"착각하지 말게. 나는 돌가게를 할 마음은 없어. 나는 관헌, 자네는 돈 계산이 직업일세. 그런 희멀건 팔로 무슨 돌을 다룬다고. 돌가게는 아버지 대에서 끝일세."

석공이 끌을 치던 손을 멈추었다.

슈타로는 석공을 본다.

"불만이오? 도메 씨."

"불만은 아니야. 자네가 불효막심하고 천벌 받을 놈이라는 건 꼬맹이 때부터 잘 알고 있었지."

연회의 시말

석공은 다시 돌을 새기기 시작했다.

들었나——슈타로는 네모난 턱을 문질렀다.

"자네가 걱정할 것 없어. 아버지도 잘 알고 있네. 대를 이어 달라고 말하지도 않잖아."

"그건——뭐, 하지만 저는 가족으로서——."

가족이라고 인정받기 위해서도.

슈타로는 다시 야스다를 노려보았다.

너 같은 건 가족이 아니라고 말하는 듯한 기분이 들어서, 야스다는 눈을 피하고 아래를 향했다.

"자네는 어엿한 가족일세. 이 집에 있잖나. 나는 이제 아니지만. 그보다 곤란한 건 그 할망구야. 어떻게 지내고 있나. 이번에는 무엇에 빠졌지?"

"예? 아아, 처음에는——풍수였습니다."

"풍수? 그게 뭐야."

"그——중국의 방위점 같은 게 아닌지——."

"이번에는 중국인가——."

기바 슈타로는 내뱉듯이 그렇게 말하고 돌을 손바닥으로 세게 때렸다.

철썩, 하고 소리가 울렸다.

장모 사키는 매우 신심이 깊다. 그것은 야스다도 결혼 전부터 들어서 알고 있었다. 그러나 그녀는 무언가 하나의 대상을 오랜 세월에 걸쳐 신앙하는 것은 아니었다. 장모는 소위 말하는 길흉을 따지는 미신에서부터 항간에 유행하는 속신(俗信) 미신류까지, 어쨌든 잘 믿는 사람이었던 것이다.

도불의 연회

눈이 아프다고 하면 눈병에 효험이 있는 신사를 찾아내고, 어깨가 결린다고 하면 어깨 결림을 막아 주는 신사에 참배를 간다. 찻잎 줄기가 곧추 떴다고 하면 기뻐하고[20], 신발 끈이 끊어졌다고 하면 소금을 뿌린다. 그것은 나쁜 일이 아니다. 다만 심해지면 곤란해지기도 한다.

이번이 그랬다.

배우자의 불의의 재난에, 장모는 당황했다. 간병이니 뭐니에 쫓기던 무렵에는 그나마 괜찮았지만, 증상이 안정되고 나서가 큰일이었다. 이런 병고가 덮쳐온 데에는 뭔가 이유가 있을 거라고, 그녀는 그렇게 생각한 모양이었다.

우선 장모는 가상(家相)[21]을 의심했다. 거듭되는 불행은 집을 지은 방식에 문제가 있는 거라며, 전문 역술인이나 점쟁이를 불러들여서는 계속해서 가상을 보게 했다.

점쟁이들이 늘어놓는 그럴듯한 말은 모두 제각각이어서 저쪽을 믿으면 이쪽이 의심스러워, 어디를 어떻게 바꿔야 할지 혼란스럽기 그지없었다. 하기야 야스다가 보기에는 어느 것이나 똑같이 믿을 수 없었지만.

창문을 막아도 꽃을 장식해도 장인은 전혀 나아지지 않았고, 기운 가운(家運)도 원래대로 돌아오지는 않았지만, 장모는 포기하지 않았다. 믿는 것을 멈추는 것이 아니라 믿을 수 있는 것을 찾아다닌 것이다. 그리고 그 장모가 최종적으로 믿을 만하다고 판단한 것이 풍수라는 낯선 이름의 점이었다.

---

20) 엽차를 찻잔에 부을 때 찻잎 줄기가 세로로 곧추 뜨면 일반적으로 좋은 일의 징조라고 여겨진다.
21) 집의 위치나 방향, 구조 따위를 보고 집안의 길흉을 판단하는 일로 음양오행설에 근거를 둔다.

"다이토 풍수학원[太斗風水塾]이라는 게 있는데요 ——."

"잠깐만."

슈타로는 수첩을 꺼내 적었다.

"다이토 —— 뭐라고? 한자는 어떻게 쓰나."

"클 태에 한 말 두 말 할 때의 말 두. 바람 풍에 물 수에 글방 숙입니다. 나구모 세이요[南雲正陽]인가 하는 남자가 주재자인데, 평소에는 주로 기업 등의 경영 컨설턴트 같은 일을 하는 모양이지만 큰 회사의 일 같은 것도 하고 있고, 그렇다면 신용할 수 있지 않겠느냐고 —— 어머님은 그렇게 말씀하시더군요."

"컨서 —— 경영 지도를 점을 쳐서 한다고?"

"네. 어머님이 필사적이었기 때문에 저도 연락처를 조사해야 했습니다. 그때 여러 가지 이야기를 들었는데, 예를 들어 시세라는 게 있잖아요."

"쌀 시세 같은 거 말인가?"

"그렇습니다. 예를 들어 그런 건 날씨라든가, 매매 동향이라든가, 그런 것을 예측하는 게 중요하잖아요. 주로 그것을 점치는 모양이더군요. 그리고 사옥의 입지나 건축 방법이라든가, 거래처의 운세라든가 ——."

"그런 걸 믿으면서까지 장사를 하나? 세상도 말세로군."

슈타로는 석공에게 동의를 구했지만, 석공은 코웃음을 쳤을 뿐이었다.

"거기에 —— 속은 건가? 큰돈을 뜯겼나?"

"아닙니다."

아니라고 —— 하고, 슈타로는 의외라는 듯이 말했다.

도불의연회

"다이토 풍수학원은 상대해 주지 않았습니다. 문전박대를 당했어요. 우습게 보인 거겠지요."

"그래? 그럼——."

"예——."

장모의 마음은 편해지지 않았다. 풍수사 대신 기도사니 영매사니 행자니 하는 사람들이 날마다 집을 찾아와, 병마를 조복한다는 둥 병을 쾌유시킨다는 둥, 조상의 업보라는 둥 창의대(彰義隊)[22]의 저주라는 둥, 제각각 좋을 대로 늘어놓고는 푼돈을 뜯어갔다. 무엇을 해도 병세는 좋아졌다 나빠졌다 하고, 사태는 전혀 달라지지 않았다. 그리고 그것들은 당연히 가계를 압박하기 시작했다.

아내는 이제 그만하라고, 그만하라고 끊임없이 부탁한 모양이지만, 병상에 누워 있는 장인의 몸을 걱정하는 장모의 심중을 헤아리고도 있었고, 그걸로 정말 어떻게든 된다면 하는 마음 또한 있기는 있어서 결국 그만두게 할 수는 없었다. 그리고——.

"어머님이—— 마지막으로 간 건——그 가센코 오토메입니다."

"가, 가센코? 그——쇼와의 달기(妲己)[23] 말인가?"

"예—— 뭐——."

가센코 오토메는 항간을 떠들썩하게 만들고 있는 여자 점쟁이다. 그 점은 과거에 한 번도 빗나간 적이 없고, 뿐만 아니라 꿰뚫어본 미래의 재앙을 없애고, 미래를 자유롭게 바꾸는 신통력까지 갖고 있다——고 전해지고 있다.

---

22) 1868년 에도 막부의 정이대장군(征夷大將軍)이었던 도쿠가와 요시노부[德川慶喜]의 경호 등을 목적으로 시부사와 세이이치로[渋沢成一郎], 아마노 하치로[天野八郎] 등에 의해 결성된 부대. 막부에서 에도 시중 단속 임무를 받아 에도의 치안 유지 등의 일을 하였으나, 우에노 전쟁 때 메이지 신정부군에 패하여 해산했다.
23) 은나라 주왕의 총비로 매우 잔인하고 악독하였던 것으로 유명.

얼굴도 나이도, 출신이나 주소는 물론이고 연락 방법조차 아무도 모른다고 한다. 결코 남의 앞에 모습을 나타내지 않고, 따라서 사회의 바깥 무대에 서는 일은 없지만 각계에 주는 영향력은 매우 크며, 정재계의 거물까지도 그녀의 신탁을 들으러 간다 —— 고 수상한 풍문이 여기저기에서 그럴싸하게 들려왔다. 슈타로가 말한 쇼와의 달기라는 별명도 거기에서 유래한다. 가센코야말로 색향(色香)으로 나라를 좌지우지한 달기의 재래(再來)다 —— 라는 것이다.

다만 이것도 저것도 어디까지나 소문에 지나지 않는다. 소위 말하는 일종의 도시 전설이고, 그런 여자는 실존하지 않는다고 하는 사람까지 있다. 가센코 오토메는 존재조차 의심스러운, 환상의 점쟁이다.

그건 어디 있는지도 알 수 없잖나 —— 하고 슈타로는 말했다.

"혈안이 되어 찾아봐도 어디에 있는지 알 수 없다면서. 뭔지 모르겠지만, 말은 실컷 지독하게 하는 주제에 꽤 점을 보고 싶어 하는 바보가 많단 말이야, 세상에는. 게다가 —— 설령 찾아내더라도, 그야말로 어째서 이런 지저분하고 가난한 돌가게 할망구의 이야기를 들어주겠나? 상대도 안 해 줄 거라고. 그건 그 풍수 어쩌고 하는 것보다 훨씬 더 거물을 노리는, 고급 사기꾼 아닌가?"

사기꾼 —— 슈타로는 그렇게 단정하고 있는 것 같았다. 야스다도 그것은 그럴 거라고 생각한다. 야스다는 점에 전혀 흥미가 없다. 처남의 발언이 형사라는 직업 때문인지, 아니면 슈타로가 원래 그런 성격인지는 알 수 없었지만 어쨌든 처남은 야스다와 같은 견해를 갖고 있는 것 같았다.

사기꾼이군요, 역시 —— 하고 야스다는 물었다.

슈타로는 담뱃갑을 만지작거리면서 왜 그러나, 하고 말했다.

도불의연회

"마치 걸려든 것 같은 말투로군."

"걸려들었 —— 겠지요. 사기라면."

뭐야, 찾아낸 것 같은 말투잖아 —— 하고 슈타로는 말했다. 그러고 나서 작은 눈을 부릅떴다.

"찾아낸 —— 건가?"

찾아냈다.

사방팔방으로 손을 써도 아무런 단서도 없었지만, 그래도 장모는 포기하지 않았다. 소문에 가센코를 알고 있는 듯한 남자를 알고 있다는 남자를 알게 된 것은, 장인이 쓰러지고 나서 두 달 반 후 —— 즉 보름 전의 일이다.

"아는 사람의 아는 사람이라니, 왠지."

"그렇 —— 습니다. 백만 엔을 내면 소개해 주는 사람한테 ——."

"소개해 준다 —— 라. 그건 진짜 사기일세. 최근에 있더군. 가센코 사기. 진짜가 얼굴도 나이도 알 수 없다는 걸 이용해서, 내가 가센코입니다, 어머나 나도 —— 라는 식이야. 담당이 달라서 자세히는 모르지만, 붙잡힌 자칭 가센코는 적게는 열일곱 많게는 쉰다섯 살이라고 하더군."

"하아 ——."

"돈 —— 어떻게 했나 ——."

낼 수 있을 리가 없지 —— 하고 슈타로는 말했다.

낼 수 있을 리가 없었다. 직인에게 지불할 공임도 밀려 있었던 것이다. 그러나 장모는 진지했다. 장인이 원래대로 돌아온다면 백만 엔은 싼 거라며, 빚까지 내서 착수금의 절반을 지불하고 말았던 것이다. 야스다도, 그리고 유리코도 곤혹스럽기 짝이 없었다.

"그렇군, 알았네. 그것을 —— 말한 건가."

"유리코가 —— 뭔가 —— 편지인가요?"

"어? 아아. 어머니가 성가신 것에 걸려들어 큰돈을 사기당했다는 둥 —— 이제 참을 수 없다는 둥. 그래서 돈을 만들기 위해서 뭔가에 들어간다는 둥, 그래서 집을 비운다는 둥 —— 무슨 소린지 원."

"네."

"동생은 어디로 갔나?"

"연수 —— 입니다."

연수라니 —— 슈타로는 큰 소리로 말했다.

"무슨 연수? 점을 좋아하는 할망구를 갱생시키는 연수라도 있나? 있다면 나도 들어가고 싶군. 친구 중에 갱생시키고 싶은 바보가 많아서 말이야."

"그게 아닙니다."

야스다는 석공의 등을 보았다. 목덜미에 축축하게 땀이 배어 있었다.

"유리코가 간 건 경영자 육성 연수입니다."

"겨 —— 경영? 무슨?"

"그러니까 기바 석재점의."

"여기? 어째서? 여기는 옛날 그대로의 돌가게라고. 그런 가게의 경영이라니 무슨 소리인가?"

"유한회사로 만들 계획을 하고 있습니다. 종래의 주먹구구식으로는 아무래도 잘 안 되어서 ——."

이 돌가게가 회사라고? 들었소, 도메 씨 —— 하고 슈타로는 석공을 불렀다.

도불의연회

석공은 돌아보지 않고, 아무 대답도 하지 않았다. 그러나 슈타로는 계속해서 말을 이었다.

"들려요? 도메 씨, 당신이 사원이라는데."

"시끄럽구먼, 슈 공. 나간 사람은 참견하지 마."

석공은 불쾌한 말투로 슈타로에게 그렇게 말했다. 이 늙은 직인은 돌가게를 회사 형태로 만드는 것에 대해서 크게 저항을 느끼고 있었을 텐데——.

슈타로는 한 번 흐음, 하고 신음하더니, 그래서 누가 경영자인가 —— 하고 물었다.

"우선 유리코가—— 유리코는 지금 이곳의 회계 사무 같은 일을 하고 있는데요."

"호오. 그 녀석은 옛날에 산술을 무엇보다도 못하던 꼬마였는데. 나는 그래도 주판은 할 줄 알았지만, 그 녀석은 이해를 잘 못해서—— 라고 해도 20년도 더 전의 일이니까 하긴."

슈타로는 불을 붙이지 않은 담배를 물었다.

야스다는 고개를 숙이고 무릎을 껴안았다.

"처음에는 제가—— 할 생각도 했지만, 저는 직장을 그만둘 수 없었어요. 제가 퇴직해 버리면 유일하게 안정된 수입원이 끊기고 만다고, 아버님도 어머님도 반대하시고—— 그래서 유리코가."

"그래서—— 연수인가."

"네. 이제 이러지도 저러지도 못하게 되어서. 도메 씨는 벌써—— 수고비를 두 달이나 받지 못하시고."

"신경 쓸 것 없네——."

석공은 말했다.

"──나는 어릴 때부터 선대 주인께 크게 신세를 졌어. 밥만 먹을 수 있으면 불만도 없고, 힘들 때 돕지 않으면 언제 은혜를 갚겠나. 공짜로 일하는 정도는 아무것도 아니야."

영감님은 고리타분하시군──하고 슈타로가 말한다.

자네만큼 고풍스럽지는 않아──하고 석공은 대답했다.

닥쳐요, 직인──하고 다시 슈타로는 말했다.

"하지만 야스다 씨, 장사가 궤도에 올라서 회사로 만들었다는 얘기는 가끔 들었지만, 경제적으로 어려워져서 회사로 만든다는 얘기는 못 들었는데."

그것은 분명히 그렇다.

그러나──.

"회사를 세운 지 한 달 만에 자산이 두 배가 되는 창업가용 강습회라는──사전 선전으로."

켁, 시시하군──하고 슈타로는 말했다.

"잘 생각해 봐. 자네가 한 달 만에 자산이 두 배가 되는 방법을 알고 있다면 누군가한테 가르쳐 주겠나? 나는 안 가르쳐 줄 거야. 한 달 만에 두 배. 두 달이면 네 배. 석 달이면 여덟 배가 된다고. 눈 깜짝할 사이에 백만장자가 되겠군."

"그건 그렇──습니다만."

"강습이라는 건 거기서 자는 건가?"

"예. 20일 동안 합숙입니다."

"합숙이라. 어디에서?"

"시즈오카입니다. 이즈 반도 위쪽의──."

"이즈라──."

도불의연회

슈타로는 돌을 보았다.

이즈 화강암이다.

"그 강습—— 강사는 누군가?"

"예? 아아, 아마—— 길의 가르침 수신회라는 단체의, 이와타 선생인가 하는 분이 강사인데."

"길의 가르침? 종교 관련 아닌가?"

"종교와는 상관없다, 고 생각하는데요."

그래?—— 슈타로는 팔짱을 꼈다.

미간에 종횡으로 주름이 새겨진다.

화가 난 것인지, 무언가를 깊이 생각하고 있는 것인지, 그 속내는 전혀 알 수 없다. 입에 문 담배에는 아직 불을 붙이지 않았다.

석공이 느릿느릿 몸을 돌려 그 얼굴을 보았다.

"슈——."

슈타로는 가느다란 눈으로 석공을 노려본다.

"—— 역시 곤란했나. 유리는 괜찮을까?"

석공은 진지한 얼굴을 하고 있다. 야스다에게는 한 마디도 하지 않았지만, 아마 걱정하고 있었을 것이다.

음, 이라고만 슈타로는 말했다.

그때 야스다는 소외감을 느꼈다.

그것은 슈타로를 만날 때마다 느끼는, 그 죄책감과 서로 이웃하고 있는 감정이었을 것이다.

기바 석재점의 존망이 위급할 때에, 야스다는 야스다 나름대로 열심히 애쓰고 있었다. 가능한 노력은 했다고 생각했다. 하지만 그것은 어차피 남의 일이어서 할 수 있었던 노력이었던 것 같은 기분도 든다.

연회의 시말

왜냐하면. 그것은 앞집 화재에 양동이로 물을 뿌리는 듯한 노력이기 때문이다. 불 속에 뛰어드는 무모함을 결코 동반하지 않는, 상식적인 노력이기 때문이다. 성의를 갖고 노력한 것은 사실이지만 아무 도움이 되지 않는 것도 사실이고, 도움이 되지 않는데도 감사는 받는다. 감사를 받는 것은 당사자가 아니기 때문이고. 불이 난 집의 사람이었다면 그것으로는 끝나지 않을 것이다.

　어차피 야스다는 타인인 것이다.

　그러나 반대로 생각하면, 아무리 친절한 마음에서 나온 행위라 하더라도 타인이 화재 현장에 뛰어든다면 그것은 역시 폐가 되는 법이다. 그랬다가 죽어도 아무런 책임도 질 수 없으니까.

　그래서 ── 야스다는 포기했다.

　체념을 동반한 성의와 배려라는 이름의 도피.

　그것이 죄책감의 정체다.

　"경솔했던 걸까요."

　야스다는 가능한 한 어두운 목소리로 말했다.

　"── 설마 그 강습도 ── 사기라거나."

　사기겠지, 그것도 ── 슈타로는 선뜻 말한다.

　"── 보통은 사기일세. 설령 범죄성이 없더라도, 사기적 행위이기는 할 거야. 이봐, 벌써 엄청 비싼 강습료를 뜯긴 건 아니겠지. 어떤가?"

　"하아 ── 그게 돈은 후불이라서."

　"후불?"

　"예. 보통 사기는 선불이잖아요. 그래서 그 말을 ── 믿어 버리고."

　　　　　　　　　　　　　　　도불의연회

선행 투자가 전혀 없었기에 더더욱 수강을 결정한 것이다. 더는 한 푼의 여유도 없었다.

어떤 구조로 되어 있는 건가——하고 슈타로는 물었다.

"예. 우선 강습을 받고, 회사를 세울 자금도 융자해 줍니다. 잘 되면 강습료를 포함한 빚을 매달 변제해 나간다는——."

"잘 되면, 이라니. 잘 안 되면 어떻게 하나? 강습료는 공짜가 되고, 빌린 돈도 갚지 않아도 된다는 건가?"

"반드시 잘 될 거라던데요."

슈타로는 물고 있던 담배를 다시 입에서 떼고, 잘 될 리가 없지 ——하고 말했다.

"뭘 가르치는 것치고 20일은 길지만 말일세. 그게 핵심이야. 초보자가 겨우 20일 공부한다고 해서 뭘 알 수 있는 것도 아닐 테지. 바보는 똑똑해지지 않네. 똑똑해진 기분으로 만들어서 돌려보내는 거겠지만, 어차피 잘 되지 않아서 그쪽의 빚쟁이가 고함치며 쳐들어오고, 땅과 가재도구를 전부 빼앗기고 끝날 거라고."

형사의 말인 만큼 설득력은 있었다. 야스다는 뭔가 돌이킬 수 없는 짓을 하고 만 것 같아서 안절부절못하는 기분이 되었다.

슈타로는 담배를 피우지 않은 채 버렸다.

"정말이지, 바보 같은 일에 걸려든 건 자신이었군. 그러고도 용케 어머니를 나쁘게 말할 수 있다니. 왜 우리 가족은 이렇게 하나같이 멍텅구리인 거야——이건 핏줄인가? 도메 씨."

석공은 떫은 목소리로, 자네가 제일 바보잖아, 라고 말했다. 슈타로는 그 말이 맞다며 웃었다.

"야스다 씨."

"네."

"나는."

거기에서 말을 멈추고 슈타로는 일어섰다.

"형님—— 저는 어떻게 하면."

"걱정 말게. 집이 없어져도 직업을 잃어도, 어떤 일을 당해도 살아
있으면 어떻게든 되는 거야."

"살아 있으면."

그래—— 하고 말하며 슈타로는 문을 향해 걷기 시작했다. 형님
들렸다 가지 않으십니까, 하고 야스다가 말을 걸자 슈타로는 돌아보
지 않고,

"정신 바짝 차리게, 야스다 씨. 의지할 수 있는 건 당신뿐이야.
바보 가족들을 지켜 주게——."

라고 말한 후, 석공을 향해, 어이 도메 씨, 오래 사슈—— 하고
말을 맺었다. 석공이 닥치라고 말했을 때, 이미 슈타로는 문을 열고
칠흑 같은 밤으로 걸음을 내디디고 있었다.

그럼 이만.

야스다가 처남 슈타로를 본 것은 그것이 마지막이었다.

도불의연회

＊

과연 그럼 —— 하고 말하며, 가와라자키 마쓰조는 콧수염을 쓰다
듬었다.

"—— 본가에서도 특별히 평소와 다른 분위기는 아니었다, 이렇게
되는 걸까요. 본가에 돌아갔는데 편찮으신 아버님의 얼굴도 보지 않
고 간다는 건 보통의 태도로 생각되지 않는데요."

하지만 매제분이 그게 보통이라고 하시니까 —— 하고 아오키는
대답했다.

"—— 그 사람의 개인적인 이야기는 들은 적이 없었으니까요 ——
하지만 왠지 기바 씨답습니다. 어디가 어떻다고는 말할 수 없지만."

기바가 병상에 있는 늙은 아버지의 손을 잡고, 잘 지내십니까, 라고
말하고 있는 그림은 생각만 해도 배꼽이 빠질 것 같다.

"하지만 —— 이건 쓸데없는 말이지만, 지금 하신 이야기에 나온
길의 가르침 수신회라는 건 위험합니다. 제 기억으로는 회장인 이와
타라는 사람은 출신을 알 수 없는 남자로, 일설에 따르면 전쟁 전에는
국가 전복을 꾀하는 무정부주의 활동가였다고도 하고, 공산권의 스
파이였다고도 합니다. 최근에는 중소기업의 경영자를 봉으로 삼아서
좋지 못한 짓을 되풀이하고 있어요. 어쨌든 나쁜 소문이 끊이지 않는
남자입니다. 작년 봄에는 분노한 전 회원에게 얻어맞아 다치기까지
했지요."

연회의 시말

"아아——왠지 기억나네요. 긴시초인지 아사쿠사바시인지——
그 사건인가. 그럼 선배님의 동생분은."

큰일입니다, 하고 말하며 가와라자키는 몸을 내민다.

"주의를 드리는 게 좋을 것 같군요. 이제 와서는 늦었을지도 모르
겠습니다만——."

"그래요——기바 씨도 가족의 일인데 눈치채지 못한 건가? 그
사람은 그런 사건은 특기일 것 같은데——."

아니. 눈치는 채고 있었다.

야스다의 이야기에 따르면, 기바는 그것을 사기라고 단정한 모양
이었다. 이와타에 대해서는 몰랐다고 해도, 기바 특유의 후각으로
감지했을 것이다. 그런데도.

——살아 있으면, 이라.

살아 있으면 어떻게든 되는 거야——.

그런, 기바답지 않은 서정적인 조언밖에, 기바는 매제에게 하지
않았다. 사기라고 딱 잘라 말해 놓고 구체적으로 어떻게 하라는 지시
도 내리지 않았다. 가족이 피해자가 되려는 판인데——말이다.

죽는 건 무섭나——.

——무슨 일이 있었던 것일까.

아오키 씨, 아오키 순사님, 하고 가와라자키의 목소리가 났다.

"아아——죄송합니다, 가와라자키 씨."

"그냥 마쓰라고 부르십시오. 메구로 서에서도 다들 저를 마쓰라고
부릅니다. 마쓰조의 마쓰지요."

그렇게 말해 주어도 당장은 부를 수 없다. 아오키는 기바의 매제의
마음을 알 것 같다.

도불의연회

기바를 슈타로라고 이름으로 마구 부를 수 있는 사람은, 아마 기바의 부모뿐일 것이다.

"그럼——마쓰 씨. 그건 알겠습니다. 저도 야스다 씨한테 잘 타일러 두겠습니다. 이야기가 복잡해지기 전에 손을 쓰면, 어쩌면 그 이와타인가 하는 놈의 고발로도 이어질지도 모르지요. 뭐, 정말로 이와타가 반사회적인 범죄행위를 하고 있다면——말입니다만."

그게 좋을 것 같습니다, 하고 가와라자키는 말했다.

"그건 그렇고——아오키 씨. 기바 씨가 뭔가 조잔보에 관련된 정보를 파악해서 독자적으로 활동하고 있는 건 아닐까 하는 제 추측은——역시 빗나간 걸까요?"

"음. 글쎄요. 제 감으로는, 선배님은 분명히 뭔가 사건과 관련되어 있을 듯한——그런 느낌이기는 한데. 아무래도 좀——분위기가."

"이상합니까?"

"이상하네요. 그러니까 아닐지도 몰라요."

"하숙집 쪽은 어땠습니까?"

"아아, 고가네이의——."

어젯밤. 요릿집에서 가와라자키는, 뭔가 터무니없는 일이 일어나고 있다——고 아오키에게 말했다. 잘 설명할 수는 없고 윗사람을 설득시키는 것은 도저히 불가능하지만, 그래도 틀림없이 터무니없는 음모가 수면 아래에서 착착 진행되고 있다고, 뜨겁게 말했다.

그리고 기바는 틀림없이 무언가를 알고 있다고 가와라자키는 말한다. 열쇠를 쥐고 있는 미쓰키 하루코는 아직 많은 말을 하지 않은 모양이지만 기바와는 여러 번 접촉했고, 결과적으로 기바는 행방을 감추고 말았기 때문인가 보다.

솔직히 말해서 그런 현실에서 동떨어진 허풍 같은 이야기는 아오키가 좋아하는 것이 아니었고, 따라서 대뜸 믿을 수도 없었지만, 그래도 묘하게 걸리는 것은 있었다. 실제로 기바의 동향도 신경은 쓰였다.

무엇보다 차분해질 수가 없었다. 장마 전인데도, 아오키는 마치 섣달 그믐날 아침 같은 들뜬 기분이었던 것이다. 아오키는 그것도 모두 기바의 실종이 원인인 것 같다는 생각이 들었다.

그래서 아오키는 가와라자키의 협조 요청을 받아들였다. 딱히 복무교정을 위반할 생각은 없다. 계속 결근하고 있는 선배 형사의 자택을 찾아가 상황을 살피는 것뿐이라면 그것은 경찰관으로서 상식적인 범위 내의 행동이고, 일탈 행동에 해당하지는 않을 거라는, 그런 판단도 있었다.

그리고 아오키는 오늘 아침에 기바의 본가에 가고, 그러고 나서 야스다의 직장에 들러 이야기를 듣고, 마지막으로 고가네이에 있는 하숙집을 찾아갔던 것이다.

본가를 찾아간 것은 처음이었지만 하숙집 쪽은 몇 번이나 간 적이 있었다.

방문을 알리는 버저를 울려도 응답은 없었다. 집에 있는 경우에는 기바가 나오도록 되어 있다. 집주인인 노부인은 다리가 불편해서 마음대로 움직일 수 없다고 한다. 잠시 기다리자 노파가 왼쪽 다리를 끌며 나타났다.

아오키가 찾아온 뜻을 말하자, 노파는 잠깐 기다려 달라고 말하더니 버저를 다시 한 번 울렸다. 기바가 빌려 살고 있는 곳은 2층으로, 그녀는 2층에 올라갈 수 없기에 있는지 없는지도 확인할 수 없는 것이다.

도불의연회

없는 것 같네요──하고 노파는 말했다.

없다는 것은 알고 있었기 때문에, 아오키는 곧장 방에 들여보내 주지 않겠느냐고 부탁했다. 아오키는 면식이 있고, 경관이라는 신분도 알고 있어서인지 노파는 망설임 없이 아오키를 2층으로 올려 보냈다.

"아오키 씨, 주인이 없는데 무단으로 방에 들어가신 겁니까? 영장도 없이? 혼자서?"

가와라자키는 조금 놀란 것 같았다.

"아니, 긴급이니까요. 물론 집주인한테 입회해 달라고 하고 싶은 마음은 굴뚝같았지만, 아주머니는 계단을 못 오른단 말입니다. 그래서 밑에서 기다려 달라고 했어요. 가령, 가령 말이지요. 기바 씨가 방에서 죽어 있어도 아주머니는 모르는 거니까──."

"죽어요? 살인."

"어지간한 일로는 죽지 않습니다, 그 사람은. 대전차포라도 준비하지 않으면 죽이는 건 무리예요. 하지만 왜, 만에 하나라는 것도 있잖아요. 아사(餓死)라든가. 죽지 않아도 영양실조로 움직이지 못한다거나."

무섭다──.

아오키는 사실을 말하자면, 희미한 의심을 품고 있었다. 헤어질 때의 기바의 태도와 말이 묘하게 신경 쓰였기 때문이다.

그래서 안은 어땠습니까, 하고 가와라자키는 다부진 표정을 지으며 묻는다. 만일 뭔가 있었다면 아오키가 지금 이렇게 느긋하게 있을 리는 없으니, 결론은 말하지 않아도 알 텐데.

"깨끗했습니다. 굳이 말하자면 지나치게 깨끗했어요."

"평소에는 더럽습니까?"

"더럽지는 않습니다. 하지만, 저도 그렇지만 혼자 사는 남자의 방은——아시잖아요."

"예에. 제 방도 삭막합니다."

"홀아비살림에 구더기가 끓는다——고 하나요. 하지만 선배님의 경우는 좀 달라서요. 그 사람은 어제도 말했지만, 상스러운 것치고 꼼꼼합니다. 취사는 귀찮다고 말하고는 했지만, 옷을 수선하거나 청소를 하는 일은 부지런히 해내거든요. 정리 정돈은 특기입니다."

"그럼 마누라가 필요 없겠네요."

필요해요, 필요해——하고 아오키는 손을 흔든다.

"마누라는 꼭 필요해요. 그 사람의 아내는 힘들겠지만요. 기바 씨네 하숙집은 얼핏 보면 깨끗합니다, 항상. 하지만 자세히 보면 음식물 쓰레기가 들어 있는 양동이가 방치되어 있거나, 담배꽁초가 종이봉투에 몇 개나 담겨 있기도 해요. 쓰레기도 분류해서 늘어놓고요. 그러니까 버리지를 못하는 겁니다."

"버리지 못한다."

"버리지 못합니다. 영화 전단이나 광고지나, 신문 스크랩이나, 그런 이상한 걸 놔둬요. 스크랩북에 붙이거나 묶어서 깔끔하게 하기는 하지만 왜 필요한 건지 알 수가 없어요. 기차역 도시락의 포장지라든가 말입니다. 그런 걸 귤상자 같은 데 넣어서 벽장에 두기도 하고요. 놔둘 가치가 있는 것과 그렇지 않은 것의 구별이 되지 않아요. 그리고 버리게 되면 전부 다 버려 버리고요. 한 번은 수첩을 버릴 뻔했다니까요."

"경찰수첩을?"

도불의연회

아오키는 고개를 끄덕였다. 사실이다.

"그러니까, 벌써 모습을 감춘 지 일주일이에요. 만일 한 번도 집에 오지 않았다면, 예를 들어 이상한 냄새를 풍기는 뭔가가 있어도."

"이상하지는 않다는 거군요."

"이상하지는 않지요. 이 계절이니까 본인이 죽어 있어도 그건 상당히 ——."

금세 그런 이야기로 빠진다.

아무래도 아오키는 잠재적으로 기바의 죽음을 시야에 넣고 있는 것 같다. 아오키가 무의식 영역에서 기바의 죽음을 바라고 있는 것도 아닐 텐데. 아니 —— 그런 일은 결코 없다.

오래 사슈 ——.

죽는 건 무서우니까 ——.

—— 의미심장한 말을 했기 때문이다.

그래서, 지나치게 깨끗했다는 건 —— 하고 가와라자키가 물었다.

"아아. 그게 말이지요, 먼지 하나 없어요. 아주머니의 이야기로는 일주일 꼬박 돌아오지 않았다고 합니다. 수사가 절정에 이르면 우리도 집에 못 가잖아요. 기바 씨의 경우, 일주일이나 열흘 정도 집에 안 가는 건 드문 일이 아니에요. 그래서 신경 쓰지 않았다더군요. 그럴 때는 뭐 나름대로 어지럽혀져 있고, 먹다 만 밥이 썩어 있기도 한 모양인데."

"아무것도?"

"아무것도. 그것만이 아니에요. 밥상에 하얀 장식천이 깔려 있고 —— 뭐라고 합니까 그거, 테이블클로스인가? 그리고 그 위에 세련된 작은 꽃병이."

"꽃—— 이라고요?"

꽃입니다, 하고 아오키는 조용히 말한다.

가와라자키는 모를 것이다. 기바의 방에 꽃이 장식되어 있다는 우스운 위화감. 비유를 하자면 계급장 대신 꽃 자수가 되어 있는 군복 같은 것이다.

"시들어 가고 있었지만요. 저는 꽃의 종류는 전혀 모르니까 무슨 꽃인지는 모릅니다. 어쨌든 선배님이 한 짓은 아니에요. 저는 미쓰키 씨가 한 건가 생각했는데——."

미쓰키 하루코는 일주일에 한 번 외출해서 기바를 만나곤 했던 모양이라고, 어제 가와라자키는 말했다. 어디에서 만났는지는 확실하지 않지만, 만일 그녀가 기바의 하숙집을 찾아왔다면 누추한 방을 보다 못해 꽃이라도 한 송이 장식했을 가능성은 있다.

하지만——.

"그녀가 유괴된 건 2주 전이지요?"

"2주 전입니다. 5월 22일."

"그렇지요. 그리고 그녀는 매주 기바 씨와 만나고 있었어요. 그러니까 유괴된 날도 기바 씨와 만나는 날이었던 거지요? 어제 하신 이야기에서는 알 수 없었지만, 기도회가 그녀를 유괴한 건 그녀가 외출했다가 돌아온 후—— 입니까?"

"아뇨. 나갈 때입니다. 기숙사를 나서자마자."

"그럼 미쓰키 씨가 선배님과 만난 건 3주 전이라는 뜻이 돼요. 3주 정도면 시들지 않습니까? 자른 꽃이면."

"예에. 저도 지금까지 꽃집에 들른 적은 없습니다. 그러니까—— 단언은 할 수 없지만, 매일 물을 갈아 주면 품종에 따라서는."

"그렇게 오래가지는 않겠지요. 2주라면 혹시나 갈지도 모른다고도 생각했지만——게다가 선배님이 꽃병의 물을 갈 거라고는 생각할 수 없습니다."

"그럼——무슨."

"물어봤습니다. 아주머니에게."

아오키는 노파를 도와 방까지 데려다주고, 선물로 들고 온 간장 센베를 건네며 이것저것 물었던 것이다. 이야기 상대에 굶주려 있었는지, 노파는 수다스럽게 이야기했다. 물론 대부분은 잡담이나 불평이나 신상 이야기였지만, 아오키는 열심히 들어 주었다.

정보는 공짜가 아니다, 대가도 아무것도 없이 적극적으로 협조하는 사람은 없다, 공짜로 제공되는 정보는 믿을 수 없다고 생각해라, 그냥 묻고 다니면서 필요한 정보만 편리하게 손에 넣을 수 있을 리는 없다——전부 기바가 가르쳐준 것이다.

노파는 더듬더듬 한 시간 이상이나 이야기했다. 이야기의 내용은 여러 방면에 걸쳐 있었지만, 기바에 대해서 얻을 수 있었던 정보는 적었다. 그러나 그것은 아오키에게 몇 가지 귀중한 시사를 주었다.

우선——기바에게 여성이 찾아오곤 했다는 것.

방문이 시작된 때는 3월 말인지 4월 초쯤부터이고, 기바가 있든 없든 일주일에 한두 번은 오고는 했던 것 같다는 것.

기바는 처음에는 여자를 문 앞에서 쫓아내곤 했던 모양이지만, 이윽고 2층에 올려 보내게 되었던 것 같다는 것.

마지막으로 그 여자가 온 것은 5월 말경——기바가 실종되기 직전——이고, 그때는 남자를 한 명 데려왔었다는 것.

그리고 실종되던 날 아침, 기바는 노파에게 이렇게 말했다고 한다.

요전에 아버지가 쓰러져서 ──.

본가가 어수선하다는군 ──.

어머니도 동생도 바보라서 말이오 ──.

싫다니까, 정말 ──.

노파는, 그거 큰일이네, 당장 집에 가 봐야겠어 ── 라고, 기바에게 말했다고 한다. 기바가 본청에서 본가로 직행한 것은, 어쩌면 그 말을 들었기 때문일지도 모른다. 마지막에 노파는, 기바 씨가 없으니 이야기할 상대가 없어서 역시 외롭구면 ── 하고 말을 맺었다.

아오키는 복잡한 심경이 되었다. 그리고 또 오겠습니다, 하고 반쯤 진심으로 말하고 그 자리에서 물러났던 것이다.

가와라자키는 수염을 쓰다듬었다.

"그 여성 ── 하루코 씨가 아닐까요?"

"아닐 겁니다. 저는 처음에 줄곧 미쓰키 씨일 거라고 생각하고 듣고 있었는데, 아무래도 이거, 아니란 말이지요."

아닌가요 ── 하고 가와라자키는 말했다.

"일주일에 한두 번 ── 찾아왔었다고요?"

그게 말이지요 ── 아오키는 앞을 향한 채 대답한다.

"집주인 아주머니는, 누군가 사람이 왔을 때 반드시 나가 보는 건 아닙니다. 기바 씨가 있을 때는 현관 앞에는 나가지 않으니까, 예를 들어 그럴 때 자고 있거나 하면 방문자가 있었던 것도 모르는 겁니다. 그러니까 아마 일주일에 한두 번이라는 건 일주일에 두 번은 오곤 했다고 생각하는 게 정답이겠지요. 아니면 사흘 간격이라든가. 정기적으로 온 겁니다. 미쓰키 씨는 그렇게 자주 공장을 빠져나올 수 없겠지요?"

도불의연회

"빠져나올 수 없습니다. 공장은 교대제로 쉴 새 없이 가동하고 있어요. 그녀는 금요일이 반휴일이고, 토요일이 휴일입니다. 그래서 금요일 오후에."

"기바 씨한테 가곤 했다고요?"

"네. 이건 동료 여공이 증언했어요. 기바 씨는 한 번 그녀가 일하는 공장을 찾아갔고, 자신은 형사라고 공장 사람들한테 신분을 밝혔던 모양이더군요. 하루코 씨는 외출할 때, 주위에는 그 형사님을 만난다고 말하고는 했어요. 그래서 경찰에 증인으로 불려가고 있는 거라고, 모두 생각하고 있었던 모양이에요."

"그렇군요——그 시점에서 메구로 서가 수사를 중단한 걸, 공장 사람들은 몰랐던 거예요. 하지만 만일 그게 진실이라면 기바 씨는 미쓰키 씨와——밖에서 만나고 있었던 게 될까요?"

그렇게 될 것이다.

"하루코 씨 같은 여성이 찾아온 눈치는 없습니까?"

"하숙집에 오는 건 늘 똑같은 여자인 것 같았다고, 아주머니는 말했습니다. 그 여성이 오는 건 대개 밤 여덟 시 경이고, 게다가 금요일에만 오는 것도 아니었고, 무엇보다 그녀가 유괴된 후에도 모습을 나타낸 셈이고요——."

"남자——일까요?"

"남자입니다."

아오키는 멈춰 서서 팔짱을 낀다.

"남자——라, 뭘까요."

약간 뒤에서 걷고 있던 가와라자키는 앞으로 돌아와서 아오키의 얼굴을 들여다보았다.

"뭐—— 제 변변치 못한 상상력으로 추리해 보아도 그런 상황이라는 건—— 글쎄요. 예를 들어 기바 씨의 애인이 부모를 데려왔다거나."

"아니에요, 아니에요. 절대 아니에요."

"그럼 늙은 여자의 전 정부가, 새 남자가 사는 곳을 찾아내서 쳐들어왔다거나."

"더 아니에요. 만일 그게 정답이라면 저는 형사를 그만두고 시골로 돌아가겠습니다. 왜냐하면, 저는 사람을 보는 눈이 전혀 없다는 게 되는 셈이고—— 선배님은 그런 사람이."

아오키는 생각한다.

그럴지도 모른다고, 문득 생각했기 때문이다.

아오키는 기바의 겨우 한 측면밖에 모른다. 표면을 더듬어 보았을 뿐, 기바라는 남자의 본질에 대해서 아오키는 아무것도 모르는 것이나 마찬가지다.

—— 아니.

아니다. 그렇지 않다.

—— 그런 얘기가 아니야.

대부분 착각이다. 하지만 아오키는 그렇게 생각하기로 했다. 그것은 다시 말해서, 가와라자키의 허풍에 넘어간다는 뜻이기도 하다. 그 여성과 기바 씨는, 그, 어떤 분위기였을까요, 하고 가와라자키는 곤란한 듯한 표정으로 물었다.

"—— 그 집주인은 그, 뭔가 대화를 들었다거나."

"아주머니는 귀가 좀 어둡습니다. 2층의 이야기까지는 들리지 않아요. 하지만."

"하지만?"

"처음으로 그 여성을 보았을 때, 아주머니는 가도즈케[門付け]24)가 아닐까 생각했다고 해요. 가도즈케라는 건 옛날 말이지만, 그래서 그게 대체 무슨 뜻인지——."

가와라자키는 까까머리를 오른손으로 문질렀다.

"가——가도즈케라면——그 도리오이[鳥追い]25)인지 신나이나가시[新內流し]26)인지가 문 앞에서 노래를 부른다거나, 낭인이 시를 읊는 다거나 하는."

"그렇다기보다 스님 아닐까요? 지금은 에도 시대도 아니니까요. 탁발승."

"하지만 여성이잖아요?"

"예——."

왜 그렇게 생각했느냐고 묻자, 그냥 왠지 그런 느낌이었어요—— 하고 노파는 대답했다. 아오키는 더 이상 물을 수 없었다. 대체 어떤 조건이 그녀 안에서 방문자와 가도즈케를 연결 지은 것인지, 아오키에게는 더듬어 갈 길조차 없었다.

"그보다 가와라자키——아니 마쓰 씨. 당신 쪽은 어떻습니까? 뭔가 알아냈습니까?"

"저는 한류기도회에 대해서 조사했습니다. 물론 항간에 알려져 있는 표면의 얼굴이 아니라, 이면의 얼굴 말입니다."

---

24) 남의 집 문앞에 서서 음곡을 연주하는 등 예능을 보여 주고 금품을 받는 사람.

25) 에도 시대, 새해에 깨끗한 의복과 짚으로 엮은 모자를 쓰고 샤미센을 연주하며 도리오이우타(새 쫓는 노래)를 부르면서 남의 집 문 앞에서 동냥하던 여자. 도리오이는 새 쫓기라는 뜻으로, 원래는 농촌 행사의 하나이다.

26) 조루리의 일종인 신나이부시[新內節]를 이야기하며 마을을 떠돌아다니는 것. 또는 그 사람.

"앞뒤가 다릅니까──."

아오키가 그렇게 묻자 가와라자키는, 뭐 다르지요── 하고 대답했다.

"── 허식과 본질이라고 할까요. 아니면 가면과 민낯이라고 할까요. 기도회의 경우, 미지의 힘을 발휘하는 무술 단련장이라는 게 가면이겠지만요."

"가면을 벗으면 뭡니까?"

"아무래도 정치결사인 것 같아요."

"정치요?"

"우익인지 좌익인지 전혀 모르겠습니다만. 배후에 무엇이 버티고 있는지도 알 수 없어요. 뭐, 좌익은 아닐 거라는 정도의 예측은 가능하지만──."

"왜 그렇게 생각하십니까?"

"네. 제자의 대부분은 일반 시민이지만, 사범을 제외한 간부 놈들은 대부분이 전직 폭력배입니다. 블랙마켓, 즉 암시장이 속속 적발되어 세력권이 없어지는 등, 폭력배도 통폐합이 활발하잖아요. 생존자들이 큰일이지요. 그러니까 이건 새로운 장사이기도 해요. 그리고 폭력배는── 뭐, 사람에 따라서는 다를지도 모르지만, 제 생각으로는 좌익 사상과는 친하지는 않지 않습니까. 하지만 반전이라는 것도 있으니까요."

── 반전이라.

"간부의 신원을 용케 알아냈군요."

아오키가 그렇게 말하자, 뱀의 길은 뱀이 아는 겁니다, 하고 가와라자키는 대답했다.

도불의연회

"뭐, '희담월보' 덕분이기도 합니다. 기사 속에서 기자의 질의에 응답하던 사범 대리 이와이라는 남자, 그자는 우리 메구로 서 4계가 이전에 상해죄로 체포한 적이 있는 남자라서요. 터무니없는 무뢰한이에요. 그런데 아무래도 기록이 불투명하다 했더니, 이 녀석이 일으킨 게 아무래도 단순한 상해 사건이 아니라 공안이 얽혀 있는 사건이었나 봅니다. 담당자한테 캐물어 보니 이와이 녀석이 얽혀 있는 이상은 평범한 도장일 리가 없다, 반드시 배후에 뭔가 있을 거라고——."

"그래서 정치결사라고 하신 거군요. 으음, 그럴까요? 그런 것치고는 사범 대리가——무뢰한이라고요?"

아오키는 기사를 쓴 여성 기자——추젠지 아츠코를 떠올리고 있다. 기사를 쓴 사람이 그녀이니, 당연히 취재를 한 사람도 그녀일 것이다. 그렇다면 그녀는 그 무뢰한과 직접 만났다는 뜻이 된다.

아오키 안에 불안이 갑자기 얼굴을 내민다.

그녀는, 추젠지 아츠코는 괜찮았을까. 기사가 무사히 게재된 이상, 물론 괜찮았겠지만——.

——한동안 얼굴을 보지 못했다.

떨어져 있다는 것은, 설령 어떤 때라도 매우 불안한 일이다. 결국이 감정은 그녀의 몸을 걱정하고 있다기보다도 그 사범 대리인지 뭔지에 대해서 아오키가 질투하고 있다는 뜻일 것이다.

가와라자키는 말을 이었다.

"한편 사범인 한 대인(韓大人)이라는 남자의 출신은, 이게 전혀 알 수가 없어요. 조사해도 조사해도 아무것도 나오지 않더군요. 전과도 없고, 서 내에서 알고 있는 사람도 없어요."

"일본인입니까?"

일본인의 이름은 아닐 것이다.

"일본인입니다. 한 대인은 스스로 일본인이라고 공언하고 있는 모양이에요. 한류라는 건 한(韓)이라는 글자는 붙어 있지만 한국과는 무관하고, 이 한 대인이 일으킨 유파라는 뜻이라고 합니다. 뭐, 허세 가득한 예명 같은 거겠지요."

"허세, 라고요."

아무래도 아오키는 납득이 가지 않는다.

이유는 잘 알 수 없다. 그저 질투의 마음을 버리지 못하고 있었을 뿐인지도 모른다.

"하지만──그렇지, 기도회라는 건 중국 고무술이잖아요. 중국이니까 어차피 멋대로 이름을 댈 거라면 진 대인(陳大人)이라든가 금대인(金大人)이라든가, 송(宋)이라든가 류(劉)라든가 하는 쪽이 그럴듯하지 않습니까?"

그건 그렇군요, 하고 가와라자키는 몇 번인가 고개를 갸웃거렸다.

그리고는, 어째서 한일까요──하고 말했다.

그것보다도──.

"그것보다도 마쓰 씨, 그 미쓰키 씨는 아직 아무것도?"

"아? 아아, 네──그녀가 무엇인가 말해 준다면 이야기가 빠를 텐데, 저도 공무가 있어서 그녀와는 어젯밤에 한 번, 잠깐 동안 면회했을 뿐이라서요. 아직도 땅을 도둑맞게 되었다는 말밖에 하지 않습니다──."

"저는──."

깊이 캐물을 생각은 없지만──하고 아오키는 미리 양해를 구하고 나서, 천천히 물었다.

도불의연회

"——미쓰키 씨는 지금 어디에 계십니까?"

그것에 대해서 가와라자키는 입이 무거운 것 같았다.

난처한 듯이 오른손을 폈다 오므렸다 하면서 망설이고 있다. 아오키는 보다 못해, 신용하지 못하시겠다면 가르쳐주지 않으셔도 괜찮습니다만——하고 말했다.

가와라자키는 약간 치켜 올라간 듯한 눈을 크게 떴다.

"아니——당치도 않아요. 저는 아오키 씨를 신뢰하고 있습니다. 하지만——더 이상 아오키 씨를 끌어들여 버리는 건 아무래도 미안한 마음이 들어서요, 어쨌든 벌써."

확실히——거기까지 들어 버리면 아오키도 같은 죄가 된다. 관할은 다르지만 명확한 복무규정 위반자를 확인하고 나면 사법경찰관으로서 보고할 의무가 생긴다. 그러나 그런 말이나 하고 있을 수는 없을 것 같다는 기분이었다. 기바 때는 언제나 그렇다.

아오키가 그런 생각을 하고 있자니, 가와라자키는 무언가를 떨쳐 버린 듯이 이렇게 말했다.

"저는 혼잣말을 하는 게 버릇입니다. 지금부터 혼잣말을 할 테니 신경 쓰지 마십시오."

그리고 등을 폈다.

"저는 메구로 서에 형사로 초청되기 전까지는 오토와 쪽의 파출소에서 근무하고 있었습니다. 그때 신세를 졌던 어떤 분이 있습니다. 흥행사라고 할까, 장돌뱅이들의 우두머리 같은 일을 하고 있는, 뭐 절반은 깡패 같은 분인데요, 그런 만큼 의협심이 두텁고 말은 험하지만 어지간한 경관보다 훨씬 신뢰할 수 있는 인물입니다. 그분 댁에, 되찾아 온 보물을 맡겨 두었습니다. 혼잣말 끝."

특이한 혼잣말도 다 있다.

아오키는 쓴웃음을 지었다. 가와라자키는 크게 입을 벌리고, 그 후 펴고 있던 등을 웅크리며 후우 하고 숨을 내쉬었다.

아오키는 소리 내어 웃었다.

"뭔가 들린 것 같지만——잘 모르겠군요. 뭐 안심해도 되겠지요?"

"젊은 사람들이 많이 있으니까요——다만 유사시에는 당장 경찰에 신고하라고 말해 두었습니다. 그렇게 되면 제 행동은 탄로 나고 말겠지만, 민간인에게 폐를 끼치면서까지 처분을 면할 생각은 없습니다."

"마쓰 씨는 현명한 것 같습니다. 그래서 그녀의 상태는 안정되어 있습니까? 뭐 이것도 누구에게 묻고 있는 게 아니라 제 혼잣말입니다만."

지금으로서는 괜찮은 모양입니다——하고 가와라자키는 말했다.

"기바 씨가 실종된 건——그녀에게는?"

"말하지 않았습니다. 그녀는 아무래도 기바 씨를——."

거기에서 가와라자키는 눈을 가늘게 뜨고 얼굴을 위로 향했다.

아오키도 위를 본다.

눈에 익은 거리 풍경일 텐데, 어딘가 외국처럼 보인다. 부흥과 개발이 날마다 진행되고 있다. 뻥 뚫린 암흑을 여기저기에 남긴 채, 거리는 겉모습만 칠해서 다른 얼굴이 되어 간다. 깨끗해졌네요, 하고 가와라자키는 말했다.

"이 근처에는 암시장밖에 없었는데."

"시장은 철거되었지만요. 어둠은 남아 있지요."

도불의연회

아오키는 그렇게 말했다.

이케부쿠로 역 앞이다.

"그——기바 씨의 단골 가게라는 건."

"좀 멀어요. 저도 두세 번 기바 씨가 데려가 주어서 가 본 적이 있지요. 기바 씨는 이케부쿠로 시절부터 단골이었던 모양인데, 저한테는 본청에 근무하게 되고 나서 가르쳐 주더군요. 요염한 여주인이 혼자서 하고 있는 작은 가게입니다."

"호오."

좋을 것 같군요, 하고 가와라자키는 말한다.

"기바 씨는 만날 때마다 메주니 호박이니 하지만요. 저는 미인이라고 생각해요. 오준 씨라고 하지요."

"오준——씨라고요?"

가와라자키는 의아한 듯한 목소리를 냈다.

"그 여성은——다케미야 준코라는 사람입니까?"

"글쎄요, 본명은 모르겠는데요. 준코라고 부르는 사람도 있었던 것 같지만——그게 왜요?"

"아니——하루코 씨는, 그 다케미야 준코라는 인물을 통해서 기바 씨와 알게 된 모양입니다."

"오준 씨가? 하지만."

있을 수 없는 이야기는 아니다.

"기도회에서 구출했을 때, 하루코 씨는 기바 씨가, 기바 씨가, 하고 되풀이해서 말하고 있었습니다. 그게 누구냐고 물었더니, 준코 씨가 소개해 준 도쿄 경시청의 형사라고 하더군요. 준코가 누구냐고 물었더니, 다케미야 준코 씨라고, 그냥 그렇게만."

"다케미야——인가, 그 사람? 으음. 그래서 마쓰 씨는 본청에 조회해서 기바 슈타로를 찾아내고, 저한테 온 거로군요——아아, 여기에서 꺾어야 합니다. 와아, 더러운 골목이네요. 항상 해가 완전히 지고 나서 와서——뭐, 가 봅시다. 의외로 선배님은 거기에 틀어박혀 있을지도 모릅니다. 그렇다면 얘기는 빠르지요."

입으로만 그렇게 말하고 있을 뿐이다. 그렇게 쉽게 기바를 찾을 수 있을 리는 없다고 아오키의 심층은 아오키의 표층에 말하고 있다. 낙관과 비관의 균형이 잡혀 있는 것은 분명 지금뿐일 것이다.

아오키는 황폐한 기분이 들었다.

불에 타고 남은 빌딩 지하.

낙서와 불에 그을린 자국과 기름과 때가 벽이고 천장이고 할 것 없이 구불구불한 무늬를 형성하고 있는, 어둑어둑하고 좁은 계단을 몸을 구부리고 내려간다. 원래 검은 것인지, 더러워져서 검어진 것인지, 아니면 검게 보일 뿐인 것인지 판별이 가지 않는 문에는 녹슨 동판이 붙어 있고, 거기에는 '네코메도[猫目洞]'라는 글씨가 이상한 서체로 새겨져 있다. 그 옆에는 '낮잠 중'이라고 적힌 나무 팻말이 걸려 있었다.

아오키는 문을 두드린다. 퉁퉁하고 둔한 소리가 났다.

"오준 씨."

대답은 없다. 아오키는 등 뒤에 공손히 서 있는 가와라자키를 한 번 보고, 그러고 나서 문손잡이를 잡았다.

문은 잠겨 있지 않았다.

망설인다. 열자고 결심했을 때, 달칵 소리가 나고 문은 반쯤 열렸다. 졸린 듯한 눈을 비비면서, 오준이 얼굴을 내밀었다.

도불의연회

"오, 오준 씨. 저는——."

오준은 눈부신 듯이 눈을 가늘게 떴다. 충분히 어둑어둑한데도 불구하고 그녀는 눈부신 것 같다. 문 안은 더욱 광량이 적다. 가늘게 웨이브가 들어간 머리카락을 쓸어 올린다. 외국 향수의 향기가 아오키의 코를 간질였다.

"아아—— 당신들 경찰인가?"

뭐야, 이런 시간에—— 오준은 하얀 어깨를 살짝 내비친다. 어깨가 노출된 드레스를 입고 있다.

"좀 여쭙고 싶은 게 있어서요."

"나한테? 뭔데. 사건?"

"경시청의 기바 형사와—— 그리고 미쓰키 하루코 씨에 대해서 여쭙고 싶어서."

가와라자키가 등 뒤에서 그렇게 말했다. 오준은 커다란 눈의 커다란 눈동자를 갑자기 휘둥그렇게 뜨며 말했다.

"거기 혈기 왕성한 오빠. 가게 앞에서 관헌 티를 내면 영업 방해란 말이야, 우리 가게의 경우. 안으로 들어와요."

문에서 하얀 손가락이 나와 두 사람을 불렀다.

길게 기른 손톱이 예뻤다.

가게 안은 거의 캄캄했다.

오준이 전등을 켰지만, 그래도 아직 어두웠다. 마치 동굴 속 같다. 따뜻한 어둠 속에 카운터가 떠오른다. 거기 적당히 앉아—— 하고 아양 섞인 목소리로 말하고, 오준은 카운터 안으로 들어갔다.

"뭐 좀 마실래?"

"아니—— 그."

아오키는 가와라자키를 훔쳐본다. 가와라자키는 수건으로 땀을 닦으면서, 저는 됐습니다 —— 하고 말했다.

"저는 아직 그."

"일하는 중? 재미없는 사람들이네. 나는 마시는 게 일인데. 일이 끝나도 마시지만. 그보다 그 —— 나막신이 어쨌다고?"

"저어 —— 실례지만 다케미야 준코 씨가 ——."

뭐야, 이 촌놈 —— 오준은 아오키를 노려보았다.

"당신 친구?"

"친구라고 할까 ——."

흥 —— 하고 여주인은 코웃음을 쳤다.

"여자한테 이름과 나이를 묻는 바보는, 형사나 관리로 정해져 있지 —— 아앙, 당신은 형사였던가? 뭐 좋아. 그래서 뭐야. 하루코한테 —— 무슨 일 있었어?"

"역시 하루코 씨를 아시는군요."

"우에노에서 지갑을 도둑맞고 곤란해하던 걸 도와준 적이 있어. 몇 년 전이었는지 잊어버렸지만. 이즈의 산에서 막 도쿄로 올라온 참이었지. 전철비를 내 줬더니, 성실하게 갚으러 왔더라고. 착한 애지만 좀 멍한 데가 있어서, 어찌나 걱정이 되던지."

"이즈 —— 미쓰키 씨는 이즈 출신입니까?"

아오키는 그렇게 말하고 나서 가와라자키를 보았다.

어슴푸레해서 가와라자키의 표정을 읽을 수가 없다.

"마쓰 씨. 아까 제가 한 얘기 —— 기바 씨의 매제가 했던 말을 이야기해 드렸지요. 기바 씨가 —— 이즈의 돌을 계속 보고 있었다고. 그 후 여동생의 연수 장소도 이즈라는 말을 듣고, 또 쳐다보았다고 ——."

도불의연회

"상관이 있을까요?"

없을까.

견강부회(牽强附會)일까.

"그보다 아오키 씨. 하루코 씨가 도둑맞을 거라며 걱정하고 있는 땅──그녀가 도둑맞을 거라고 하는 것을 보면 어딘가에 땅을 갖고 있는 거겠지요. 이분의 말씀대로 그녀가 이즈 출신이라면, 그 땅도 이즈의 땅이라는 겁니까?"

"니라야마래──."

오준은 뭔가를 마시면서 그렇게 말했다.

"그 아이, 이즈의 니라야마에 땅을 좀 갖고 있어. 할아버지의 유산인 것 같던데. 세제(稅制)가 바뀌어서 고정자산세를 내야 하게 되었다면서, 팔았다나 말았다나──."

오준은 카운터에 팔꿈치를 짚었다. 등이 구부러져서 마치 고양이가 등을 쭉 편 것 같은 자세다.

"──아아, 맞다맞다 생각났어. 부모님이 살던 집은 팔고, 옛날에 할아버지가 살았던 산 쪽 토지는 안 팔았다고 했나? 팔릴 것 같지도 않은 곳이라나 하면서."

"팔릴 것 같지도 않은?"

"시골 깡촌 아닐까? 산속이라고 하고. 평가액도 낮고 살 사람도 없고. 그보다 뭐야. 오빠들, 하루코랑 무슨 사이인데?"

"아, 예에──그──."

가와라자키는 부채로 바쁘게 얼굴 주변을 부치고 있다. 오준이 내뿜는 달콤한 향기를 날려 보내고 있는 것일까. 아오키는 쓴웃음을 지으며 말했다.

"마쓰 씨——어떨까요. 그런 살 사람도 나서지 않을 것 같은 땅을 조잔보와 한류기도회가 서로 빼앗으려고 다투고 있다는 건——구도로서 어떨지. 저한테는 좀 현실감이 없는 것 같은 기분이 드는군요."

예, 하지만——하고 가와라자키가 뭔가 말하려고 했을 때, 오준이 아오키를 가리켰다.

"조잔보라니——그거 한방 약국?"

"그렇습니다만."

"장수연명모임이지?"

"자, 잠깐 뭐라고요?"

장수연명모임이라고, 아오키 군——하고 오준은 말했다.

"오, 오준 씨 제 이름——."

"그런 건 됐고. 그것보다, 그렇다면 하루코가 그 조잔보에 속아서 약값이 필요해 나머지 땅을 팔려고 했던 건 사실이야. 그 아이는 현명했기 때문에 안 팔기로 했지만. 하지만 잘 생각해 보면 살 사람이 없는 땅은, 아무리 팔려고 해도 쉽게 돈으로는 바꿀 수 없지. 즉—— 조잔보가 사겠다고 한 건지도 몰라."

과연——하고 말하며, 가와라자키는 부채를 멈추었다.

오준은 곁눈질로 가와라자키의 까까머리를 값이라도 매기듯이 바라본 후, 그런데 한류 어쩌고 회라는 건 무슨 모임이야——하고 물었다.

"예에. 수상쩍은 도장 놈들인데——."

"그 전에 당신은 누구?"

"넷. 저는 메구로 서 형사과 수사 2계의 가와라자키 마쓰조라고 합니다. 계급은 순사고, 통칭은 마쓰입니다."

도불의연회

그런 것까지 묻지는 않았어——라고 말하고, 오준은 몸에서 힘을 빼며 웃었다.

아오키는 한류기도회에 의한 미쓰키 하루코의 유괴 감금과 가와라자키에 의한 구출극의 전말을 짧게 이야기했다. 오준은 고개를 갸웃거리며 가와라자키를 보고는, 헤에, 쳐들어갔단 말이지, 이 사람——하고 어이없는 것 같기도 하고 감탄한 것 같기도 한 감상을 말했다. 아오키는 가와라자키를 가리키며 익살스러운 말투로, 꼭 기바 2호 같다니까요——라고 말했다.

오준은, 경찰이라는 곳도 참 웃기네——라고 말하며 또 웃었다.

"그래서, 1호가 어쨌다고? 분명히 그 바보한테 하루코를 소개한 건 나지만 말이야, 뭔가 이상한 남자가 따라다녀서 곤란해하고 있었거든, 그 애."

역시 당신이, 하고 가와라자키는 짧게 외쳤다.

"소개한 건 3월의——하루코가 반휴인 날이었으니까 20일인가? 금요일. 경기가 나쁜 날이었어. 그 며칠 후에, 하루코는 뭔가 기바 씨한테 감사 인사를 하고 싶으니까 어디 사는지 가르쳐 달라고 하던데, 그 녀석 도움이 되긴 했나 보네——."

여주인은 검지를 뺨에 댔다.

그리고 갑자기 심각한 얼굴이 되었다.

표정이 바뀌는 것만으로도 전혀 다른 사람 같아진다.

공중에 떠 있는 요괴라도 본 것 같은 얼굴이다.

"그 바보——어떻게 된 거야?"

죽었어?——하고, 대답을 기다리지도 않고 오준은 물었다.

아오키는 몹시 당황한다. 타인의 입에서 들으니 몹시 생생하다.

가와라자키가 아니아니 하며 고개를 저었다.

"그, 그게 —— 행방불명입니다."

"그런 대단한 게 됐단 말이야? 그 변소 나막신이? 행방불명이라니, 언제부터?"

"일주일쯤 전부터입니다. 그래서 이쪽에 —— 기바 씨가 마지막으로 얼굴을 내민 건 언제일까, 그런 생각이 들어서."

"실종 —— 그게 뭐야."

오준은 손에 든 액체를 흔들흔들 흔들었다.

뭔가 짐작 가는 데라도 —— 하고 가와라자키가 묻는다.

오준은 잠시 침묵하고 있었다.

"왔었어. 그렇지 —— 열흘 전이었나?"

"열흘 전 ——."

가와라자키는 수첩을 넘긴다.

"5월 27일입니까? 수요일."

"그런 —— 가?"

"기바 씨가 마지막으로 목격된 건 그 이틀 후인 5월 29일입니다. 그렇지요, 아오키 씨."

아오키는 고개를 끄덕였다. 가와라자키가 그때 기바에게 뭔가 이상한 낌새가 없었는지 어떤지를, 약간 흥분한 말투로 물었다. 그러나 —— 오준은 왠지 검지를 입술에 대다시피 하고 입을 다물어 버렸다. 이상한 낌새 —— 였나 보다.

오준 씨, 하고 아오키는 여주인을 부른다.

가와라자키는 몹시 허둥거리며 물었다.

"기바 씨 —— 평소와 어딘가 달랐다거나."

도불의연회

"평소랑 똑같았어 ──."

오준은 눈 깜박임을 멈추었다.

"──그 바보는 늘 그래."

"그럼 ── 뭔가 ── 그렇지, 뭔가 말씀하시지 않았습니까? 평소
와 다른 말 ──."

"했지."

"뭐라고요?"

"오래 사는 건 좋은 일인지 ──."

"네?"

"죽는 걸 뒤로 미루는 것뿐인지 ──."

"죽는다?"

"죽는 건 ── 무서운지."

그것은.

그 말은.

"오준 씨, 선배님은 ── 기바 씨는 ──."

"몰라. 그 녀석은 언제나 그렇잖아. 뭐야 폼이나 잡고. 조금도 폼이
라고는 나지 않는 주제에. 그 커다란 덩치를 작게 움츠리고 말이지.
유아퇴행을 지나서 마치 태아 같은 자세로. 그러더니, 나는 무서워
── 라나. 바보 아니야?"

오준은 왠지 감정을 드러내며 그렇게 말했다.

아오키는 그리고 자신을 덮고 있는 불안의 정체를 알았다.

그것은 ── 상실감이었다.

아오키 씨 ── 하고 가와라자키가 얼굴을 향한 그때.

스윽, 하고 어둠 속에 빛이 비쳤다.

고개를 숙이고 있던 오준이 기민하게 얼굴을 든다. 아오키도 그 시선을 따라 돌아본다. 열려있는 문 사이로 남자의 그림자가 보였다. 그림자는 낮잠 중이라는 나무 팻말을 떼고는, 그 팻말로 문을 탕탕 두드렸다. 오준은 원래의 졸린 듯한 얼굴로 돌아가,

　"이봐요——대절 중이야. 미안하지만 돌아가."

　하고 개라도 쫓아내는 듯한 몸짓과 나른한 목소리로 말했다. 남자는 체중을 문 쪽에 기대고 몸을 약간 기울이며,

　"다케미야 씨——맞나?"

　하고 물었다.

　오준은 심술궂게 눈을 가늘게 뜨며, 아니야——하고 대답했다.

　"술집 여자한테는 성이 없어. 몰랐어?"

　"그럼——준코 씨인가?"

　그렇게 말하며 남자는 그림자인 채로 들어왔다. 아오키는 카운터의 높은 의자에서 허리를 약간 띄운다.

　흐릿한 빛 속에 침입자의 윤곽이 어렴풋이 떠오른다.

　남자는 나무 팻말을 던졌다. 덜그럭하고 소리가 났다.

　"좀 묻고 싶은 게——있어서 말이야."

　가와라자키가 빙글 몸을 돌려 의자에서 내려섰다. 그리고 젊은 형사는 그때까지의 안절부절못하던 모습과는 딴판인, 날래고 사나운 표정이 되었다.

　"당신——."

　가와라자키는 고함쳤다.

　"한류기도회의 이와이인가!"

　"뭐?"

　　　　　　　　　　　　도불의연회

아오키는 놀랐다.

가와라자키는 공격 자세를 취했다.

남자는 어깨를 흔들며 웃었다.

"너——과연, 그런가. 너로군. 도둑 흉내를 낸 건. 그렇군, 그렇군. 이제 이걸로 결정되었군그래. 딱 들어맞았어. 좋아, 내놔. 훔쳐간 것 말이야. 순순히 내놓으면 사정을 봐 주마. 부러질 갈빗대 수도 줄여 주지 못할 건 없지."

남자는 완만한 동작으로 오른손을 들었다.

가와라자키는 자세를 낮게 잡으며, 아오키 씨, 하고 큰 소리로 아오키를 불렀다. 어안이 벙벙해서 굳어 있던 아오키는 반사적으로 바닥에 내려섰다.

"눈치챘다시피 도장의 비밀방에 숨어 들어가 하루코 씨를 데리고 나온 건 나다. 하지만 이와이, 유감스럽지만 이 두 분은 상관없어. 그리고 여기에 하루코 씨는 없어——아오키 씨!"

아오키는 허둥지둥 오준을 감싸다시피 하며 선다.

여주인은 의연하게 침입자를 바라보고 있다.

남자는 쳐든 오른팔의 손바닥을 천천히 든다.

"포기를 모르는 놈이로군. 너——그런 옷차림을 한 걸 보면 조잔보 쪽의 놈은 아닌 것 같은데. 그런가——이와타 영감한테 고용된 건가?"

남자의 등 뒤에서 차분하지 못한 기척이 밀어닥친다. 문 앞에 몇 명의 그림자가 나타났다. 출구는 막혔다. 계단에는 더 많이 있는 것 같다. 퇴로는——끊겼다.

"나는 누구의 부하도 아니야. 메구로 서의 가와라자키다!"

가와라자키는 수첩을 꺼내 쳐들었다.

남자——이와이는 더욱 크게 몸을 흔들었다.

"메구로 서. 그런가, 너 형사냐. 형사가 불법 침입을 한 건가? 웃기는군. 과연——그 란 동자의 사주인가. 질리지도 않나 보군——."

이와이는 소리 내어 웃고,

"멍청한 놈, 빨리 여자를 내놓으라잖아."

하고 고함치자마자 의자를 걷어찼다.

허술한 의자는 산산이 부서졌다.

무슨 짓이야——오준이 카운터를 빠져나온다.

아오키는 어깨를 붙잡아 막는다. 오준이 당해낼 수 있을 리가 없다.

가와라자키는 양손의 손가락을 꺾으며 임전 태세에 들어가 있다.

오준은 눈썹을 찌푸리며, 잠깐 그만둬——하고 말해서 덤벼들기 직전의 형사를 막았다.

"이런 좁은 곳에서 대체 무슨 생각이야. 정말이지 어째서 형사라는 놈들은 이렇게 바보밖에 없는지 모르겠네. 당신도 당신이야. 한류인지 관장인지 모르겠지만. 그 의자 어쩔 거야? 여기는 내 가게야. 싸울 거면 밖에서 해!"

시끄러워——하고 고함치며 이와이는 주먹으로 장식 선반을 내리쳤다.

주먹은 엄청난 소리를 내며 선반을 바스러뜨리고, 잔이며 병이 깨져서 바닥에 흩어졌다. 오준은 아앗 하더니 다시 카운터 안으로 들어가 안쪽 선반에서 양주병을 하나 꺼내 들었다.

"또 부쉈겠다. 두고 봐. 내놔라, 내놔라 해도 없는 건 없어. 안에도 방 한 칸밖에 없으니까. 자 뒤져 보라고."

도불의연회

이와이가 턱짓을 한다. 등 뒤에서 세 명의 그림자가 침입해 와서 안쪽에 있는 오준의 방——아무래도 다다미방으로 되어 있는 모양이다——으로 들어갔다.

오준은 술병을 안은 채 다시 나와, 아오키 옆에 서서 물어뜯을 것 같은 얼굴로 그 모습을 노려보았다. 오준 씨——하고 아오키가 작은 목소리로 말하자, 이 술은 엄청 비싼 거야——하고 묻지도 않은 것을 오준은 대답했다.

곧, 없습니다, 사범 대리님——하는 목소리가 났다.

"어디에 숨겼나."

가와라자키는 대답하지 않고 천천히 뒤로 물러났다.

아오키는 오준의 손을 잡고, 가와라자키의 움직임에 맞추어 좁은 방 안에서 조금씩 문 쪽을 향해 이동한다.

방울뱀이 적을 위협하는 듯한 소리를 내며, 이와이도 역시 조금씩 가와라자키와의 거리를 좁혀 간다.

"마, 마쓰 씨——."

"제 걱정은 하지 않으셔도 됩니다. 아오키 씨는 한시라도 빨리 준코 씨를 무사히——."

"무사하지 않잖아. 가게는 어쩔 거야."

"지금 그런 말을 하고 있을 때가 아닙니다——."

아오키는 눈으로만 상황을 살핀다. 문에 두 명. 그들을 돌파한다고 해도 좁은 계단에는 몇 명이 더 있을지 알 수 없다. 포위의 한쪽을 깨는 것은 가능할지도 모르지만, 계속해서 쓰러뜨리며 지상으로 나가기는 쉽지 않다.

"경찰을——부르고 싶은 기분이네요, 마쓰 씨."

"아오키 씨── 무도(無道) 실력은 아마."

"경관의 소양 정도── 입니다."

"그거 안심이군요."

라고 말하자마자.

가와라자키는 이와이에게 돌진했다.

아오키는 오준의 손을 빠질 정도로 힘껏 잡아당기며 맹렬한 기세로 문을 향해 뛰었다. 뛴다고 해도 겨우 몇 걸음이다. 아파 멍청아, 하고 오준이 말한다. 쿵, 하고 큰 소리가 나고 가게 안이 엉망진창이 된다. 아오키는 문에 있는 한 사람을 머리로 들이받는다. 뒤에서 방을 뒤지러 들어온 남자들이 손을 뻗어 오준의 옷을 움켜쥔다. 오준은 비장의 비싼 술로 그 남자의 머리를 힘껏 때렸다. 당연히── 병은 깨지고 호박색 물보라가 흩어졌다.

"아까워라!"

오오, 하고 짧은 포효를 지르며 남자가 팔을 휘두른다. 아오키는 오준을 안다시피 하고 몸을 숙여, 가까스로 문을 빠져나갔다.

아니나 다를까 계단에는 몇 명의 남자가 더 대기하고 있었다.

── 젠장.

아오키는 눈을 감고 큰 소리를 지르며, 오준을 안은 채 돌진했다. 계단을 뛰어 올라간다.

그냥 무턱대고 돌진했다.

놓치지 마라, 하고 이와이의 목소리가 들렸다.

살기등등한 검은 권법복 차림의 남자들이 몰려든다.

팔 안에 오준이 있어서 아오키는 반격할 수가 없다.

── 무섭다.

도불의연회

죽는 것은 무섭다.

아오키는 지금──공포심 덩어리다. 공포는 생물이 갖는 가장 원시적인 감정일 것이다. 방어 본능은 극한에 달하면 흉포한 공격성으로 변화한다. 저항하면서 아오키는, 작년에 아오키를 때려눕힌 그 범죄자를 떠올리고 있었다. 그 남자도 마구잡이로 공격해 왔다. 그 남자도 무서웠던 것이다. 그 남자도 살고 싶었던 것이다. 궁지에 몰린 쥐가 고양이를 물듯이, 사람은 궁지에 몰리면 어디에선가 이렇게 망가져 가는 것일까.

"비켜어!"

고함친다.

위에서 내려오는 남자를 어깨로 튕겨낸다.

아래에서 올라오는 남자를 뒤꿈치로 걷어찬다.

──안 되나!

어깨에 둔한 충격.

비명을 삼킨다.

이어서 옆통수에 날카로운 아픔.

목덜미에. 허리에 등에. 둔통. 격통. 날통(辣痛).

아오키는 계단 중간에서 전진이 막혀, 오준을 벽에 밀어붙이고 자기 몸으로 덮다시피 했다. 아오키의 등에 적의 시선이 집중된다. 목덜미를 누른다. 이 자식, 하고 야비한 목소리가 난다. 기척이 밀려온다. 그리고──.

──기바 씨.

──이건 기바 씨의 역할이잖아요!

우웃──하고 고함 소리가 들렸다. 가와라자키일까?

연회의 시말

——아니다.

뭐야, 네놈은—— 하는 새된 고함 소리를 신호로, 공격의 화살은 분명히 아오키에게서 빗나갔다.

살기가 아오키의 등을 스쳐 지나간다. 아오키는 그 틈을 뚫고 몸을 돌려, 오준을 안은 채 계단 구석에 웅크렸다.

겨우——.

겨우 몇 초 사이의 일이다.

신음과 헐떡이는 소리. 아오키는 얼굴을 들었다. 오준이 팔 안에서, 아파, 언제까지 이러고 있을 거야, 하고 말했다. 그리고 아오키를 밀어내고 일어섰다.

"뭐야! 살았잖아."

아오키는 주위를 둘러보았다. 무뢰한들이 겹겹이 뻗어 있다.

"이건——."

이상한 남자가 서 있었다. 노인이라기에는 피부에 탄력이 있다. 그러나 어떻게 보아도 젊지는 않다. 인민복 같은 낯선 옷을 걸치고, 턱수염을 길게 길렀다. 외꺼풀의 가느다란 눈은 웃고 있었다.

"괜찮으십니까? 빨리 위로 올라가십시오. 저의 제자가 있으니 치료를——."

"제자? 위라니——."

아오키는 일단 계단 위를 보고, 곧 가게 쪽을 보았다.

"안에 누가 더 계시는군요."

노인은 그렇게 말하며 계단을 한 단 내려갔다.

문 부근에 납작 엎드려 있던 남자가 겁먹은 목소리로 사범 대리님, 사범 대리님—— 하고 외쳤다.

이윽고 얼굴이 부은 가와라자키의 멱살을 잡고 질질 끌다시피 하며 이와이가 가게에서 나왔다. 이와이는 남자를 올려다보자마자 분노의 형상이 되었다.

"네놈——장(張)이로군. 방해할 셈이냐!"

이와이가 고함쳤다. 남자는 타이르듯이 대꾸한다.

"사나운 자여. 조용히 해라. 기가 흐트러진다."

뭣이——이와이는 남자를 노려본다. 장이라고 불린 남자는, 한 단 더 계단을 내려갔다.

"자네는 아마 한(韓) 밑에 있는 이와이 군이라고 했던가. 자네가 이곳에 있는 것을 보면 역시 내 환자는——자네들에게서 도망친 게로군."

"유감스럽지만 여기에 여자는 없어, 다른 데 가 봐."

그렇게 말하며, 이와이는 가와라자키를 가게 안으로 떠밀었다. 와장창 하고 뭔가가 부서지는 소리가 났다.

"잠깐, 내 가게——."

오준이 계단을 내려가려고 하는 것을 아오키는 필사적으로 말렸다. 그리고 마쓰 씨——하고 소리쳤다.

"가와라자키 씨!"

장은 휙 돌아보더니, 당신들은 빨리 위로——하고 말했다.

"하지만——."

——이런 자그마한 남자가.

아니——.

아오키는 발밑에서 배를 누르며 신음하고 있는 폭한의 모습을 확인한다. 이 거친 행동은 전부 이 연령 미상의 남자가 한 짓이다.

연회의 시말

아오키는 다시 한 번 쓰러져 있는 놈들 전부를 둘러보며 모든 것이 현실이라는 것을 재확인하고 나서, 아직도 가게 쪽으로 가려고 하는 오준의 팔을 끌고 터널 같은 계단을 올라갔다. 뒤는 일절 돌아보지 않았다.

네모난, 하얀 하늘이 보였다.

출구에는 걱정스러운 듯이 안을 들여다보는 둥근 안경의 남자가 있었다. 남자는 손을 내밀어 우선 오준을 돌봐 주려고 했지만, 오준은 그 손을 뿌리치며, 난 괜찮아 그것보다 가게가 큰일이라고 —— 라고 말했다.

사람 좋아 보이는 안경 쓴 남자는 다음으로 아오키를 부축해 주었다. 그리고 목 언저리를 들여다보며, 아아, 이건 아프겠군요 ——하고 말했다. 순간 온몸이 아파 왔다.

"저는 세타가야에서 한방 약국을 운영하는 조잔보의 미야타, 라고 합니다. 당장 치료를 ——."

"조, 조잔보?"

아오키는 남자의 손에서 팔을 빼고 몸을 뗀다.

—— 이놈들도 —— 적인가.

격통이 등을 스쳤다. 아아, 그렇게 움직이면 근육을 다칩니다, 하고 말하며 미야타가 다시 손을 잡는다. 아오키는 당혹스러운 시선을 향한다. 미야타는 미소를 짓고 있다.

그 어깨 너머.

멀리, 엇비스듬히 마주 보고 있는 빌딩의 옥상에서 아오키는 이 세상의 것이 아닌 것을 환시했다.

이국의 풍채를 한 무리가 아오키 일행을 내려다보고 있다.

도불의연회

한가운데의 인물은 금색으로 빛나는 이상하게 커다란 머리를 갖고 있었다. 가면일까. 거대한 귀. 뾰족한 코. 뭉개진 턱. 그리고 크게 뜨인 두 눈에서는——.

눈이 튀어나와 있었다.

이와이의 비명이 들렸다.

塗仏の宴 ◎ 宴の始末

3

 나카노는 무사시노 평야 위에 늘어서 있는 몇 군데 대지에 올라서 있는 평탄한 동네다. 그래도 외곽 쪽으로 가면 엄청나게 언덕이 많은 토지가 나타난다. 언덕밖에 없다고 해도 토지 전체가 경사져 있는 것은 아니고, 경사의 방향은 제각각이다. 골목길도 인공적으로 낸 것뿐이라, 오히려 고지대와 저지대를 억지로 이어 붙였다는 인상이다. 그 탓인지, 많은 가느다란 언덕길이 종횡무진으로 동네를 난도질하고 그 결과 지면이 낮아져 버린 듯한, 묘한 모양새를 한 곳도 있다.

 그래서——매우 전망이 좋은 곳과 엄청나게 전망이 나쁜 곳이 모두 있다.

 예를 들어 통칭 현기증 언덕이라고 불리는 언덕이 있다.

 좁고, 적당히 경사가 진 언덕길이다. 그 현기증 언덕 아래에 서면, 마치 그곳에서 동네가 끝나 버린 듯한 기분이 든다.

 결코 급경사가 아닌데도 언덕길 이외에는 아무것도 보이지 않는다. 좌우에는 끝도 없이 흙담이 이어진다. 언덕은 끝도 없이 완만하게 이어지고, 한순간 언덕 끝에는 아무것도 없을 것 같은 기분이 들기도 한다. 언덕길이 영원히 이어질 것처럼 여겨지는 것이다.

물론 그렇지는 않다.

실제로는 현기증 언덕의 거리는 짧다. 조금만 올라가면 언덕은 끝나 버린다. 그래도 왠지 끝까지 올라갔을 때 그런 피로감만은 뒤에 남는다. 언덕 도중의 풍경은 처음부터 끝까지 거의 다르지 않기 때문에, 올라가는 사람에게 같은 장소를 계속 걷고 있는 듯한, 같은 자리를 뱅뱅 도는 듯한 착각이 생겨나는 것이리라.

도중에 현기증이 느껴질 정도다.

그 때문에 현기증 언덕이라고 부르는 것이라고도 들었다.

하지만 무한은 유한에 둘러싸여 있고, 결계를 빠져나간 언덕 위는 요컨대 평범한 동네다.

도리구치 모리히코는 그 전망 나쁜 완만한 언덕 아래에 서서, 거기에서는 보이지 않는 언덕 위의 거리 풍경을 떠올렸다.

특별한 풍경은 아니다.

평범한──동네다.

그래도 도리구치는, 현기증 언덕을 올라갈 때는 반드시 그렇게 한다. 그러지 않으면 자신이 지금부터 어디로 갈 것인지 알 수 없게 될 것 같은 기분이 들기 때문이다. 이상한 일이라고 도리구치는 생각한다. 의식만 하지 않으면 어디가 어떻다고 할 것도 없는, 지극히 평범한 언덕일 뿐인데, 한 번 의식해 버리면 더 이상은 안 된다. 도리구치에게 이 언덕은──특별한 언덕이다.

한 발짝 내디딘다.

그 후에는 기세로 끝까지 올라간다. 도중에 숨을 내쉬거나 하면 정말로 현기증이 일어날 것 같은 예감이 들기 때문이다.

끝까지 올라가 버리면 그런 예감은 완전히 사라진다.

도불의연회

겨우 몇 분뿐인, 좁고 긴 이계(異界)다.

현기증 언덕 위의 풍경은 정말로, 쌀쌀맞을 정도로 아무런 특징도 없다. 잡목림이나 대나무 숲 사이로 오래된 단층짜리 민가가 늘어서 있고, 그 맞은편에 철물점이며 잡화점이 보인다. 그것들도 쇠 대야를 처마 밑에 늘어놓거나 한데 묶은 빗자루를 처마에 매달아 놓았기 때문에 가까스로 점포라는 것을 알 수 있을 뿐이고, 가게를 닫아 버리면 민가와 구별되지 않는 집들이다.

그보다 조금 앞.

대나무 덤불 사이에 끼어 있는 국수가게가 있다. 그리고 그 옆에 고서점이 있다. 엄벙덤벙 걷다 보면 놓치고 말아버릴, 수수한 모양새의 고서점이다. 가게 이름이 적혀 있는 편액도 비바람에 색깔이 바래 있다.

가게 이름은 '교고쿠도'라고 한다.

도리구치는 유리문 너머로 안의 모습을 살폈다.

햇볕에 그을린 검은 서가. 희부옇게 바랜 등표지들이 늘어서 있는 모습. 책. 책, 책. 책과 책 사이. 책 맞은편에 쌓여 있는 책. 책의 틈새로 보이는 계산대에는 마치 북반구가 괴멸되기라도 한 듯 시무룩한 얼굴을 한 기모노 차림의 남자가 혼자서 우두커니 앉아, 이 또한 책을 읽고 있었다.

가게 주인, 추젠지 아키히코다.

손님은 한 명도 없었다. 하지만 그는 손님이 있든 없든, 언제나 이렇게 책을 읽고 있다. 매일매일, 날이 밝아도 저물어도, 자나 깨나 책만 읽고 있는 것이다.

도리구치의 생각에는, 이 남자는 참으로 희대의 괴짜다.

이전에는 고등학교에서 교사를 하고 있었다고 하고, 그것도 꽤 유능했던 모양인지 장래가 촉망되고도 있었던 것 같지만, 몇 년인가 전에 그만두고 어느 날 갑자기 고서점 주인으로 변신했다고 한다. 그것도 아무래도 책만 읽으며 살 수 있겠다고 생각했기 때문인 듯하다. 그런 이유로 이 가게의 주인은 아침부터 밤까지 계산대에 앉아, 쉴 새 없이 책을 읽고 있다.

책을 읽고 있지 않을 때 이 괴짜가 무엇을 하느냐 하면, 놀랍게도 신관 일을 하고 있다. 집안이 대대로 뒤쪽에 있는 신사의 지킴이라고 한다. 직업이 다른 아버지를 대신해 할아버지의 뒤를 물려받은 거라지만, 그의 신주(神主) 차림을 도리구치는 본 적이 없다.

고서점 겸 신주라면, 이것은 아무리 욕심의 눈으로 보아도 돈벌이가 될 것 같지 않다. 그런데도 장사를 할 마음도 전혀 없다.

그런데 매우 훌륭한 아내가 있다.

그 점을 도리구치는 잘 이해할 수가 없다.

표정은 험악하고 말에는 가시가 있다. 실수로도 사람 좋은 부류에는 들어가지 않는다. 분명히 약간 강마른 것과 클래식한 스타일을 관대하게 봐 준다면 호남의 부류라고 말하지 못할 것도 없고, 또한 지나칠 정도의 청산유수로 말도 잘하니 인기가 없는 것도 아닐 테지만, 그래도 도리구치는 납득이 가지 않는다. 도리구치로서는 반했다느니 어쨌다느니 하는 말을 지껄이는 추젠지의 모습을, 아무래도 상상할 수가 없다. 아무리 생각해도 교고쿠도 주인의 입은 여성을 유혹하는 말을 할 입이 아니다.

도리구치는 다시 한 번 안의 모습을 살폈다.

유리문에 손을 댄다. 그리고 도리구치는 망설였다.

도불의연회

들어가기 어려웠던 것은 아니다. 처음으로 교고쿠도를 방문한 날의 일을—— 떠올렸기 때문이다.

무더운 날이었다.

도리구치 모리히코가 추젠지 아키히코와 만난 것은, 작년 여름이 지나서의 일이다. 그 무렵 도리구치는, 뜻밖의 일로 어느 엽기 사건에 깊이 관련되어 있었다.

도리구치는 소위 말하는 사건기자를 생업으로 삼고 있다.

그렇게 단언해 버리면 듣기에는 좋지만, 도리구치가 편집을 맡고 있는 잡지는 부정기 발행밖에 못하는 조악한 것—— 속된 말로 가스토리 잡지라고 하는 것이고, 게다가 다루는 기사는 모두 범죄 관련, 그것도 엽기 계열의 비중이 몹시 높은 잡지다. 그런 이유로 도리구치는 민간인임에도 불구하고 그런 끔찍한 사건에 관여하는 일이 대단히 많다. 그러나 작년의 사건은 특별했다.

그 사건에 관여함으로써, 도리구치는 그때까지의 인생관이 일변하고 말 듯 한 선명한 체험을 하게 된 것이다.

그 엽기 사건이란—— 작년 여름에서 가을에 걸쳐 세간을 떠들썩하게 했던, 그 악명 높은 '무사시노 연속 토막 살인사건'을 말한다.

후에 사상 최악이라는 평까지 받게 되는 이 연속 엽기 살인사건은, 그런 악명에 어긋나지 않게, 마치 접촉한 사람 모두에게 감염되는 전염병처럼 관련자들의 마음을 암흑으로 채우면서 확대를 계속했다. 도리구치는 저도 모르는 사이에 사건에 휘말리고, 마음의 상자가 비틀어 열려 어두운, 바닥없는 밑바닥을 들여다보는 처지가 되었다. 사건을 감싸고 있는 어둠은 사건기자인 도리구치가 단순한 방관자가 되는 것을 허락해 주지는 않았던 것이다.

그런 가운데──도리구치는 사건의 복잡기괴한 양상을 쫓는 과정에서, 지인인 세키구치라는 작가를 매개로 하여 이 괴짜 고서점 주인과 알게 되었다. 그리고 전혀 수습될 기미를 보이지 않는, 그 악마적이라고도 할 수 있는 어려운 사건의 막을 내린 사람은 형사도 탐정도 아니라 바로 이 고서점 주인──추젠지 아키히코였다.

그날의 일을 도리구치는 평생 잊지 못할 것이다.

지금도 똑똑히 떠올릴 수 있다.

그리고──.

올해 봄──도리구치는 다시 성가시고도 기괴한 사건에 휘말리는 처지가 되었다.

도리구치는 인간의 지혜를 뛰어넘은 불문율에 지배되는 이계(異界)로 길을 잃고 들어가, 두 번 다시 나올 수 없는 우리에 갇혀 발버둥 치고, 몸부림치고, 결국 다치기까지 했다. 그, 정체를 알 수 없는 속수무책의 사건──'하코네 산 연속 승려 살해사건'을 수습으로 이끈 사람도 역시 추젠지였다.

겨우──몇 달 전의 일이다.

둘 다 도리구치에게는 잊기 어려운 일이다.

──그 때문일까.

그런 특이한 상황에서 몇 번인가 행동을 함께한 탓인지, 도리구치는 추젠지와 꽤 긴 시간을 보낸 것처럼 착각할 때가 있다. 그렇게 오래 알고 지낸 것은 아닌데도 불구하고, 불쾌한 듯한 얼굴을 볼 때마다 왠지 안도감을 느끼기도 한다. 지우(知遇)를 얻은 지 일 년도 되지 않았는데, 아무래도 그런 기분이 들지 않는 것이다. 겨우 일 년 전에는 모르는 사이였다고는, 도리구치로서는 도저히 생각되지 않는다.

도불의 연회

그것은 어쩌면 처참한 사건의 전말을 함께 지켜보았다는, 일상에서는 얻기 힘든 체험이 가져다주는 착각일지도 모른다. 그렇다면 그것은 어떤 의미로 전우의 감각에 가까울지도 모른다. 비일상적인 기억을 공유하는 사이라는 일종의 연대감이다. 그것은 도리구치가 일방적으로 느끼고 있을 뿐인 감정이고, 추젠지 쪽이 어떻게 생각하고 있는지 도리구치는 모른다.

도리구치 자신도 아직 추젠지라는 남자를 잘 이해할 수 있는 것은 아니다. 냉정하게 생각하면 추젠지라는 사람은 허투루 볼 수 없는 부류의 남자일 것이다.

도리구치 나부랭이가 마주 앉아 상대할 수 있을 만한 사람이 아니라고도 생각한다. 편하게 대할 수 있는 상대는 결코 아니다. 그래도 도리구치는 무슨 일이 있을 때마다 이렇게 추젠지를 찾아온다. 찾아오는 이유는 늘 나름대로 여러 가지가 있지만, 무엇보다도 우선 도리구치는 그 이상한 연대감을 찾아 이곳을 방문하고 있는 것 같기도 하다.

호흡을 가다듬는다.

도리구치는 유리문을 열었다.

주인은 얼굴을 들지도 않는다.

독서에 빠져 있어서 알아차리지 못하는——것처럼도 보이지만 그것은 아마 아닐 것이다. 추젠지는 알아차리지 못하는 게 아니라 들어온 것이 손님인지 그렇지 않은지 한 번 흘깃 보기도 전에 꿰뚫어 보는 것이다.

감이 좋다.

늘 있는 일이다. 그런데도 도리구치는 약간 당황한다.

"스승님 ——."

최근 도리구치는 추젠지를 그렇게 부르고 있다.

부르면서 도리구치는 몸을 옆으로 돌리고, 책의 벽 사이에 끼어 있는 좁은 통로를 나아간다. 고서 특유의 곰팡이와 잉크와 먼지가 섞인 향기가 코를 간질였다. 발밑도 양쪽도 앞도 뒤도 책투성이다. 묶여 있는 잡지를 타고 넘는다.

"스승님, 저기."

"제자를 들인 기억은 없네."

얼굴을 들지도 않고 추젠지는 그렇게 말했다.

도리구치는 아무래도 차분하지 못한 기분이었기 때문에, 아무 말도 하지 않고 계산대 옆의 의자를 끌어다 앉았다.

"잠깐 괜찮을까요?"

"괜찮지 않다고 하면 자네는 돌아갈 텐가?"

붙임성이라고는 조금도 없다.

"차가우시네요, 여전히. 상대 좀 해 주셔도 되잖아요. 보아하니 손님도 없고. 한가하시지요?"

주인은 아연실색한다. 아연실색은 하지만 그래도 도리구치의 얼굴은 보지도 않는다. 그렇다기보다 일단 대화는 하고 있지만, 지금의 그의 안중에는 도리구치의 '도' 자도 없다. 그 눈은 아직도 집요하게 활자를 쫓고 있다.

교고쿠도는 말했다.

"자네는 나의 이 모습을 보고도 모르겠다는 겐가? 전혀 한가해 보이지 않을 텐데."

나는 아주 바쁘다네 —— 하고 주인은 말을 맺었다.

그 말을 건성으로 흘려듣고, 그렇게는 보이지 않는데요 —— 하고 말하며 도리구치는 가게 안을 둘러본다.

조금도 달라진 것은 없다. 굳이 말하자면 책이 더 늘었다. 분명히 팔리지 않을 것이다. 팔리지 않는 것이다.

"안 팔렸네요."

"쓸데없는 참견이로군."

교고쿠도는 그렇게 말하더니 그제야 곁눈질로 도리구치의 모습을 보며, 소중한 장서를 그렇게 쉽게 팔 수 있겠느냐고 허세를 부렸다. 그리고 그제야 얼굴을 들고,

"나는 별로 좋아서 이런 책을 읽고 있는 것이 아닐세. 친구와 어려운 조사를 하기로 약속했기 때문에 이렇게 읽고 싶지도 않은 책을 읽고 있는 걸세. 그런데 막상 가경(佳境)에 접어들면, 자네나 기바나 세키구치가 나타나서 이래저래 방해를 하지. 약속한 건 1월 4일일세. 오늘은 벌써 5월 29일이 아닌가. 전혀 진척이 없어."

라고 말했다.

도리구치는 쓴웃음을 짓는다. 이 남자에게만은 읽고 싶지 않은 책이라고는 없을 것이다.

애초에 이 남자는 부탁받지 않아도 항상 책을 읽고 있다. 약속이든 조사든, 책을 읽을 대의명분이 생긴다면 오히려 신이 나서 읽고 있었을 것이 틀림없다.

도리구치가 그렇게 말하자, 추젠지는 실로 불유쾌한 듯한 얼굴을 했다. 그러고 나서 자세를 바로 하며 설교라도 하는 듯한 말투로, 의무감과 행복감의 관계와 인간의 자유의사와의 문제에 대해서 비아냥과 빈정거림을 듬뿍 섞어 가며 막힘없이 말하기 시작했다.

이렇게 되면—— 이제 도리구치는 대꾸를 하기는커녕 추임새도 넣을 수 없다. 듣는 사람은 그저 공손하게, 입을 반쯤 벌리고 삼가 고견을 들을 수밖에 없다. 아무리 귀중한 강론을 늘어놓아도, 아무리 수준 높은 논리가 전개되어도, 고작해야 이야기를 마쳤을 무렵에 한 마디 우헤에—— 라고 중얼거릴 뿐이다.

추젠지는 이렇게나 말이 많은 남자다.

게다가 이런 일상 회화 속, 그의 입에서 끝없이 넘쳐나는 말은, 그 대부분이 비아냥과 억지와 말꼬리 잡기와 궤변으로 이루어져 있다. 그리고 그 말들은 모두 문외한으로서는 당해낼 수 없는 방대한 정보에 뒷받침되고 있는 것이기 때문에 대처하기가 나쁘다. 이론으로 무장한 욕설만큼 대처하기 나쁜 것은 없지 않은가.

하기야 추젠지라는 남자는 이렇게 책만 읽고 있고, 그것도 어려운 전문서는 물론이거니와 저속한 책, 만화도 읽고 고문서도 보고, 신경 쓰이면 해외에서 과학 논문을 구해다가 읽기도 할 정도이니 약간 무언가를 알고 있어도 그것은 당연하다면 당연한 일이기는 하다. 하지만—— 그렇다고 해도 추젠지가 쌓은, 소위 일반적으로는 도움이 되지 않을 지식의 양은 그야말로 막대한 것이다.

도리구치도 그 지혜를 자주 빌린다. 따라서 이렇게 비아냥이나 빈 정거림이 아로새겨진 장광설을 참고 듣는 것은, 필요한 지식을 얻기 위한 절차 같은 것이라고도 할 수 있다. 참을 만한 가치는 있고, 그 쓸데없는 장광설 속에 중요한 정보가 숨겨져 있는 경우도 많이 있다.

실컷 쥐어짜이고 겨우 연설이 끝난 것 같아서, 도리구치는 그런데 말입니다—— 하고 말을 꺼냈다. 오늘은 지혜를 빌리러 온 것이 아니다.

도불의연회

"실은 그끄저께——."

"가센코를 붙잡았다——는 거로군."

추젠지는 즉시 그렇게 말했다.

"자, 잘 아시는군요."

"그런 건 족제비도 알겠네. 요즘 자네는 나한테 올 때마다 입만 열면 가센코였으니까. 그쯤 되면 짐작이 갈 만도 하지. 말이 난 김에 말하자면——자네는 나한테 말할 수 없는 게 있지 않나?"

"하?"

"숨기는 것 말일세. 뭐 짐작은 가네만. 아츠코 녀석이 바보 같은 짓을 저질렀겠지. 아닌가?"

"뭐——."

바로 그렇다. 바보 같은 짓인지 아닌지는 제쳐 두고, 추젠지의 친동생인 아츠코가 도리구치가 안고 있는 사건에 관련된 것은 확실하고, 그것에 대해서 도리구치가 입막음을 당하고 있는 것도 진실이었다.

"——또, 어떻게 그."

마치 점쟁이 같다. 말없이 앉아 있으면 딱 알아맞힌다.

내게 뭘 숨기기에는 50년은 일러——하고 말하며 추젠지는 책을 옆으로 치웠다.

"50년인가요?"

"아츠코가 뭔가 바보 같은 짓을 했다면——아마 닷새 전이겠지. 그 바보는 대체 무슨 짓을 한 겐가? 거리에서 가센코라도 주웠나?"

"어, 어떻게——그, 그렇습니다."

"정말로——가센코를 주웠단 말인가?"

추젠지는 자기가 말해 놓고 실로 의외라는 듯한 얼굴을 했다.

"스승님도 너무하시네요. 전부 다 알고 있는 듯한 얼굴을 하시고. 떠보신 거군요?"

"떠보긴 뭘. 가장 있을 것 같은 일을 말해 보았을 뿐일세. 뭐, '희담월보' 편집장 나카무라 씨가 어제 전화를 주었거든. 동생분은 괜찮습니까, 라면서. 나한테는 아닌 밤중에 홍두깨 아닌가. 듣자 하니 악성 감기로 사흘이나 쉬었다는 걸세. 그 말괄량이가 감기 같은 것으로 일을 쉰다는 건 아무래도 이해가 가지 않으니 말이야. 원래 같으면 여기에도 연락을 했을 테고, 이건 뭔가 꾸미고 있는 거라고 짐작했네."

하아 —— 도리구치는 황송해한다.

추젠지가 알아챈 대로, 아츠코는 감기에 걸리지 않았다. 다친 것이다. 이것은 생각하기에 따라서는 감기보다 성질이 나쁘다.

도리구치는 왠지 거북해져서, 목을 움츠리며 눈치를 살피듯이 추젠지를 보았다.

입으로는 나쁘게 말하지만, 추젠지는 누이동생의 몸을 걱정하고 있는 것이 틀림없다.

"그렇게 생각해서 말일세. 뭐, 그 녀석도 어린아이는 아니고, 내버려둬도 상관없을 것 같긴 했지만 —— 우선 연락해 보았네. 그런데 아무래도 집을 비운 것 같더군. 그래서 나는 자네에게 연락했네."

"예? 저한테?"

"그래."

"어째서 또 저한테?"

"흥. 아츠코가 나한테 숨기고 뭔가 나쁜 짓을 한다면 사건기자나 탐정 조수나, 누군가 그런 놈들을 끌어들일 게 뻔하기 때문이지."

도불의 연회

하코네 사건 이후, 아무래도 도리구치는 추젠지에게 누이동생을 부추기는 나쁜 친구 중 한 명으로 여겨지고 있는 모양이다. 하코네 사건 때, 도리구치는 아츠코와 함께 큰 실수를 저질러 주위에 큰 폐를 끼쳤던 것이다.

추젠지는 한쪽 눈썹을 치켜세우며 도리구치를 보았다.

"나는 어제 아카이 서방(書房)에 전화를 넣었네."

"세상에."

아카이 서방이라는 것은 도리구치가 근무하는 출판사의 이름이다.

다만 아카이 서방은 출판사라고 해도 이름뿐인 회사로, 발행하고 있는 것은 도리구치가 편집하는 '월간 실록범죄' 하나뿐이고, 그것도 휴간 중이라는 꼴이다. 사원은 사장을 포함해 세 명밖에 없다.

"그랬더니 아무도 안 받지 않겠나. 몇 번인가 걸었더니 사장이 직접 받더군."

"아, 아카이 씨가 받았습니까?"

"받았네. 나는 면식은 없지만, 사장은 나를 알고 있더군. 어차피 자네가 있는 얘기 없는 얘기 다 불어넣었겠지만——."

"세, 세노는요?"

"세노 씨는 회사 일로 세키구치 군한테 보냈다고 하던데. 그리고 도리구치는 전날 저녁, 큰 기삿거리다, 특종이다, 아츠코 씨가 큰일 났다——고 엄청나게 허둥거리며 뛰어나갔다고, 사장은 증언했네."

"우헤에."

도리구치는 만약을 위해 데스크인 세노에게만은 입막음을 해 두었다. 세노는 데스크인 만큼 좀처럼 편집실을 비우지 않는다. 따라서 전화를 받는 사람은 주로 세노다.

연회의 시말

한편 사장인 아카이는 본업을 따로 갖고 있고, 그 본업 쪽은 번성하고 있는지 꽤 바쁘다. 아카이에게 있어서 출판사는 도락의 부류에 들어간다. 따라서 편집실에 상주하고 있는 것도 아니고, 전화를 받는 경우는 우선 생각할 수 없었다.

설마 괜찮겠지 하고, 도리구치는 아카이에게는 아무 말도 하지 않았다. 그런 예측하지 못한 사태가 일어날 거라고는 생각하지 않았기 때문에 아무런 손도 쓰지 않았던 것이다.

세 명밖에 없으니 말 정도는 맞춰 두었어야지 —— 하고 추젠지는 심드렁한 말투로 말했다.

"자네는 벌써 두 달 이상 가센코의 정체를 폭로하는 데 전념해 왔고, 그 경과는 나도 자세히 들었네. 있는 곳까지 알아내고, 잠입하고, 그렇게 육박해 놓고, 놓쳤다는 연락이 들어온 건 아마 닷새 전이지? 그런데 이제 와서 특종이라고 한다면 본인을 붙잡은 것 이외에는 없을 거라고 생각했네. 게다가 자네는 아츠코의 이름을 말했지. 그 녀석이 수상한 행동을 취하기 시작한 것도 닷새 전이 아닌가."

이것을 연관 짓지 못한다면 둔한 거겠지, 하고 추젠지는 말했다. 도리구치는 체념하고, 그 말씀이 옳습니다, 하고 말하고 나서 일어서서 머리를 숙였다.

변명의 여지는 없다.

"걱정을 끼치고 싶지 않으니 말하지 말아 달라고 아츠코 씨한테 부탁을 받았습니다. 하지만 아무리 그래도 스승님께 아무 말도 하지 않는 건 너무했지요. 아츠코 씨의 마음도 알지만, 뭐랄까 —— 하지만 잘 생각해 보면 아츠코 씨, 스승님의 하나뿐인 동생이니까요. 퍽 걱정을 —— 저어, 어라."

도불의연회

숙였던 머리를 들자 추젠지는 책을 읽고 있었다.

"스, 스승님."

"제자를 들인 기억은 없네."

"걱정되지 않으십니까? 가족일 텐데요."

"가족이 아닐세. 남매지. 게다가 내가 걱정할 정도의 큰일이라면, 처음부터 자네도 숨기는데 찬동하지 않았을 게 아닌가."

"그건 그렇습니다만."

왠지 사과해서 손해를 본 기분이 들었다.

이런 상황을 표현하는 적당한 말이 있었던 것 같지만, 도리구치는 순간적으로 떠올릴 수가 없었다. 생각한다.

그러나 생각난 말은 어차피 틀렸을 것 같은 기분이 들었기에, 도리구치는 말없이 책을 읽는 비뚤어진 고서점 주인의 옆얼굴을 보았다.

"그래서 —— 예상은 어땠나?"

고서점 주인은 읽으면서 묻는다.

"예상이요?"

그러니까 가센코 말일세, 하고 추젠지는 무뚝뚝하게 말했다.

"아아."

적중했습니다 —— 하고 말하며 도리구치는 다시 의자에 앉았다.

"가센코는 꼭두각시입니다. 후최면에 걸려 있었어요."

"역시 그렇군. 그럼 흑막은 —— 약장수인가?"

"예. 그녀에게 후최면을 건 사람은 약장수 오구니 세이이치입니다. 오구니가 조종하고 있었다고밖에 생각할 수 없지요. 어쨌거나 가센코는 오구니를 죽은 사람이라고 믿고 있었습니다. 실제로는 매일같이 만나고 있는데도 —— 말입니다."

"오구니는."

"모습을 보이지 않습니다. 가센코 실종도, 어느 정치결사에 납치될 뻔했다가 도망쳤다는 게 진상이고요. 아무래도 뭔가 나쁜 일에 이용당할 뻔한 모양이더군요."

"정치결사라──."

추젠지는 짧게 말하고, 무서운 얼굴로 도리구치를 노려보았다.

그렇습니다──하고 도리구치는 대답한다.

"──한류기도회라는, 표면적으로는 무도 도장인데요, 모르십니까?"

"알고 있네."

추젠지는 책을 덮었다.

"기공(氣功)의 자의적인 확대 해석을 선전하고 있는 유쾌한 단체지. '희담월보'의 이번 호에서 아츠코가 기사를 쓴──아아. 거기가 접점인가."

"짐작하신 대로입니다. 아츠코 씨도 표적이 되어서."

정말 바보로군──하고 추젠지는 말했다.

"그런 것을 진지하게 다루는 게 바보짓일세. 아픈 데를 문지르면 아픔이 누그러지는 것처럼 착각하는 것과 마찬가지 아닌가. 아픈 것아 아픈 것아 날아가라, 하고 말하면 날아가니 효과가 없다고는 하지 않겠지만, 자세히 검증하고 따질 만큼 대단한 것도 아닐 텐데."

아츠코도 잡지 기자다. 그러나 아츠코가 일하는 희담사는 아카이 서방과는 비교도 되지 않는 일류 출판사고, 아츠코가 편집을 맡고 있는 것은 그곳의 간판 잡지다.

아츠코는 다쳤나──하고 추젠지는 물었다.

도불의연회

"하아, 꽤 가엾은 모습이 되었습니다. 하지만 아츠코 씨는 역시 스승님의 친동생답더군요. 꽤 운이 좋아요. 그녀는 조잔보인가 하는 한방 약국에——."

"조잔보?"

추젠지는 도리구치 쪽으로 얼굴을 향했다.

"그건 세타가야에 있는 한방 약국인가?"

"그, 그렇다는 얘기를 분명히 하시긴 했는데요, 아츠코 씨는. 그게 왜요? 스승님은 아십니까?"

추젠지는 가타부타하지 않고 그저 묵묵히 턱을 문질렀다. 그러고 나서 약간 고개를 갸웃거렸다.

"뭘까——이 결락감은."

"결락? 뭡니까?"

"아니——잘 모르겠네. 하지만——설마."

추젠지는 그러고 나서 다시 옆에 쌓여 있던 책을 팔랑팔랑 넘겼다. 뭘 조사하고 계시는 겁니까, 스승님, 하고 묻자 추젠지는 까다로운 표정으로 그저 한 마디,

"누리보토케일세——."

하고 말했다.

＊

간다[神田]는, 원래는 니혼바시의 상인 마을에 인접해 있는 직인 마을로 번성한 장소다. 옛날에는 가마쿠라가시[鎌倉河岸]에서 쓰루가 다이에 걸친 좁은 지역을 가리키는 지명이었다고 하지만, 에도의 역사와 함께 점차 그 이름이 가리키는 범위가 넓어지고, 메이지 시대에 들어서자 서쪽 저지대 부분이 시가지화되어 그 경계는 더욱 확대되었다.

그 후 그 주변──니시칸다[西神田] 일대에는 관청들과 가깝다는 좋은 조건도 있어서인지 대학이 많이 지어졌다. 그리고 진학률의 전국적인 향상에 따라 지방에서 젊은이들이 대거 이주해 오고, 결과적으로 학생들을 위한 하숙집이 집중적으로 만들어져서 학생가가 성립된 것이라고 한다.

작금에는 어떤지 잘 모르겠지만, 당시의 학생은 열심히 공부하고 책도 많이 읽었던 모양이다.

세상은 수요가 있는 곳에는 공급하는 자가 자연스럽게 생겨나는 구조로 되어 있다. 진보초를 중심으로 가난한 학생을 손님으로 둔 고서점들이 줄줄이 가게를 내고, 거기에 이끌리듯이 신간 서점도 개점했다.

이윽고 그 서점들은 직접 출판 활동을 시작하고, 그에 따라 쓰키지[築地]에서 시작된 서양식 활판 인쇄소나 양장본 제본업자가 이주해

도불의 연회

와, 현재에 이르는 니시칸다 특유의 거리가 형성되게 된 것이라고
한다.

그러나 전쟁 전에는 많이 있었다는 하숙집도 세계대전을 경계로
하나둘씩 줄고, 서서히 모습을 감추어 갔다. 학교 자체는 남아 있어서
학생은 많이 보이지만 그들이 이 동네에 살고 있는 것은 아니다. 북적
거리는 것은 낮 동안뿐이다. 또 약소 인쇄제본업자 등은 서서히 도태
되어 가고, 그 대부분이 거리에서 모습을 감추었다. 공동화(空洞化)된
거리에는 사무소나 회사가 많이 생기고, 마치 무언가가 지나간 것처
럼 거리의 모습은 바뀌었다고 한다.

고서점만이 남았다.

그것도 조만간 사라지겠지 —— 라고 마스다 류이치는 생각한다.
동네의 경기가 나쁜 것은 한눈에도 알 수 있다.

상경한 것이 3월이니, 이 곰팡내 나는 동네에 다니게 된 지 아직
3개월밖에 지나지 않았다.

그래도 처음에 찾아왔을 때는 아직 활기가 있었던 것 같다. 듣자
하니 분위기가 수상해지기 시작한 시기는 지난 2년 정도 전의 일이라
고 하니, 그것은 마스다의 기분 탓일지도 모르지만 봄에서 여름으로
계절이 바뀌는 그 짧은 동안에도 날마다 거리는 활기를 잃어 가는
듯한, 그런 기분이 들어서 견딜 수가 없다.

기운 없는 표정의 한 아저씨가 먼지떨이로 가게 앞에 나와 있는
책의 먼지를 떨고 있다. 손님 상대라고는 생각할 수 없다. 호객 행위
라도 한 번쯤 하면 어떠냐고 마스다는 자주 생각한다.

골목을 꺾는다.

그런 것은 아무래도 상관없는 일이다.

마스다는 고서점 주인이 아니다. 탐정이다. 탐정이라고 해도 견습이고, 견습 탐정은 무직이나 다를 바가 없다. 무직에게 경기고 불경기고 없다. 남의 일이다.

불경기의 거리에 어울리지 않는 튼튼한 3층짜리 빌딩. 그곳이 마스다의 근무지——장미십자탐정사다. 1층은 양복점으로 되어 있다. 입구에는 뭔가 심각해 보이는 글씨로 '에노키즈 빌딩'이라고 적혀 있다. 건물주는 일본에서 유일한——아니 세계에서 유일한 천연 탐정이라고 자칭하는, 장미십자탐정사 대표 에노키즈 레이지로다.

돌로 만들어진 계단을 올라간다.

마스다는 초봄까지 가나가와 현에서 형사로 일하고 있었다. 민간인에게 사랑받는 경찰관이 목표였던 마스다는 관할 내에서 일어난 '하코네 산 연속 승려 살해사건'을 담당했고, 그 결과 자신이 믿는 것을 조금 의심하게 되었다. 천 길 제방도 개미구멍 하나에서부터 무너진다는 속담처럼 그 작은 의심은 마스다가 가진 경관으로서의 신조를 크게 흔들었고, 그 결과 마스다는 공복(公僕)의 신분을 버리고, 사건을 휘저어 놓은 탐정 밑에 제자로 들어가게 된 것이다.

마스다는 계단 층계참에서 멈추어 섰다.

길에서 낯선 소리가 났기 때문이다.

소리는 곧 그쳤다. 층계참의 작은 창으로 내다보았지만, 경기 나쁜 거리의 수선거리는 모습만이 보였을 뿐이었다.

2층은 사람 좋아 보이는 세무회계사와 붙임성 없는 잡화 도매업자가 빌리고 있다. 회계사는 어떨지 몰라도, 잡화점은 돈을 많이 벌고 있지는 않은 것 같았다.

더 올라간다.

도불의연회

3층이 에노키즈의 사무소 겸 집이다. 한 층을 통으로 쓰고 있으니 꽤 넓다. 간유리가 끼워져 있는 문에는 금박 문자로 장미십자탐정사라고 적혀 있다. 무엇이 장미고 어디가 십자인지, 마스다는 전혀 모른다. 일단 사원이니까 조만간 알아야 할 거라고는 생각하고 있지만 에노키즈 본인에게 물어도 소용없다는 것을 일하기 시작하고 나서 금방 알았다. 에노키즈는 설명을 할 수 있는 남자가 아니다. 애초에 잊어버렸을 가능성도 있다. 따라서 에노키즈의 친구인 소설가나 고서점 주인에게 묻는 게 좋을 거라고도 생각하지만, 좀처럼 물어볼 기회가 없다.

문을 열었다.

딸랑, 하고 종이 울린다.

입구 바로 앞에는 칸막이가 있다. 그 옆에 응접 소파가 보이고, 팔걸이에 다리가 올라와 있었다.

다리가 들어가고, 무언가가 벌떡 일어난다.

일어난 사람은 야스카즈 도라키치였다.

도라키치는 무서운 것을 모르는 데다 게으르기까지 한 탐정을 보살피며 함께 살고 있는 기특한 청년이다. 자칭은 탐정 비서지만, 그냥 급사라는 소문도 있다.

도라키치는 마치 호랑이가 으르렁거리는 듯한 얼굴로 하품을 했다.

"뭘 하고 있는 겁니까? 카즈도라 씨."

마스다는 칸막이를 돌아들어 가서 소파에 앉았다.

"뭐야, 마스다 군인가요? 나는 또 하타 제철 사람이 불평하러 온 건가 했지."

"하타? 아아, 그 약속을 파투낸?"

하타 제철이라면 일류 제철회사, 대기업이다. 사흘쯤 전, 그곳의 고문(顧問)인지 회장인지가 직접 사람 찾는 일을 의뢰해 왔는데, 변덕스러운 탐정은 지정한 시간에 외출해서 약속을 어기고 만 것이다.

"불평이고 뭐고 없겠지요. 노발대발했을 테니까요. 두 번 다시 안 올 겁니다."

"하지만 아버님의 체면이 서지 않잖아요."

"뭐, 그렇지요."

에노키즈의 아버지라는 사람은 옛 화족이자 재벌의 수장이다.

이런 어설픈 탐정사무소에 하타 같은 거물로부터 의뢰가 들어오는 것은 거의 전부 탐정 아버지의 소개라고 해도 좋을 것이다. 도라키치는 다시 크게 하품을 한 후, 정말이지 뒤처리는 전부 제가 한다니까요, 하고 불평을 했다. 사무실을 지키고 있던 탐정 비서는 찾아온 하타의 심부름꾼을 응대하느라 혼이 난 모양이다.

"그보다 뭡니까? 이런 곳에서 자고 있다니."

"자고 있는 게 왜요, 어제도 그저께도 나는 여기서 잤는데. 어쨌든 이곳에 침대는 선생님 것 하나밖에 없어요. 이불은 몇 개 있지만 깔 수 있는 건 다다미가 깔려 있는 내 방뿐이니까요. 방을 같이 쓸 수는 없어요. 설마 저기 돌바닥에 이불을 깔 수도 없잖아요."

"아아——."

마스다는 알아챘다. 손님이 있는 것이다.

게다가 여성 손님이다. 그것도 평범한 여성이 아니다. 모두가 어디에 있는지 알고 싶어 하는 수수께끼의 심령 점술사——가센코 오토메가 바로 그 손님이다.

도불의연회

사흘 전, 한류기도회라는 불량배 같은 놈들에게 습격을 받은 가센코를 구한 사람이, 다름 아닌 에노키즈 레이지로였던 것이다. 에노키즈는 얼핏 보면 호리호리하지만 싸움을 하면 엄청나게 세다. 그 자리에 있던 마스다도 조금 놀랐다. 그 후 마스다는 그들의 표적이 되고 있는 가센코를 이 사무소로 안내해 오기는 했지만——.

"숙소는 잡지 않았습니까? 이 사무소는 놈들에게 알려져 있을 텐데요?"

숨겨 주어야 하는 상황이었던 것은 마스다도 알고 있었지만, 설마 줄곧 이곳에 묵고 있을 거라고는 생각하지 않았다. 도라키치는 굵은 눈썹을 미묘하게 일그러뜨렸다.

"그놈들한테서 지키기에는 이곳에 있는 게 편리해서요. 어쨌든 여기에는 선생님이 있으니까."

그것은 분명히 그럴지도 모른다. 어디에 숨든 그쪽에서 냄새를 맡으면 끝이다.

"그렇습니까. 이곳에 묵고 있군요 —— 그럼 —— 그럼 아츠코 씨도 아직 여기에?"

그렇게 말하며 마스다가 뒤를 보니, 거기에 쟁반을 든 추젠지 아츠코 본인이 태연하게 서 있었다. 쟁반 위에는 김이 피어오르는 커피잔이 놓여 있다.

아츠코는 웃으면서, 안녕하세요, 마스다 씨, 하고 말했다.

마스다는 매우 당황했다.

"아, 아츠코 씨, 다, 다친 데는."

목이 경련할 것 같았다.

아츠코는 그 한류기도회의 습격을 받고 부상을 입었다.

닷새 전, 우연히 가센코와 알게 된 아츠코는 위험한 줄 알면서도 행동을 함께하고 있었다.

어딘가 소년 같은 풍모의 여성 기자는, 괜찮아요, 하고 밝게 말하며 다시 웃었다. 그러나 그 웃는 얼굴 곳곳에 아직 애처로운 멍과 상처 자국이 남아 있다. 감이 좋은 아츠코는 마스다의 시선이 그 상처를 향하고 있는 것을 알아챘는지, 변명하듯이 이렇게 말했다.

"아——도라키치 씨한테 부탁해서, 그 한방 약국에 가서 약을 받아다 달라고 했어요. 효과가 좋더라고요. 도라키치 씨, 안녕하세요."

아츠코는 커피를 테이블에 늘어놓는다.

"이런 곳에서 주무셔도 괜찮아요? 몸이 아프지 않으세요?"

아츠코는 고개를 갸웃거린다. 도라키치는 자느라 뻗친 머리를 매만지고 부은 눈을 비비더니 조금 주춤대는 말투로, 전혀 아무렇지도 않습니다요오——하고 말했다.

"저는 이래 봬도 튼튼한 체질이라서요. 노숙도 아무렇지도 않고 끄떡없습니다. 그보다 아츠코 씨, 급사는 제 역할이고——."

"괜찮아요. 신세를 지고 있으니까 당연하죠. 이 정도는 하게 해 주세요. 게다가 도라키치 씨는 급사가 아니라 비서잖아요?"

비서 겸 급사입니다, 하고 도라키치가 가슴을 펴며 말하자, 아츠코는 또 웃었다.

"지금 후유 씨가 아침밥을 짓고 있으니까——아, 맞다. 마스다 씨는 식사는 하셨어요?"

"덕분에 안 먹었습니다."

마스다가 공손하게 그렇게 대답하자 도라키치가, 당신은 뻔뻔스러운 남자로군요오——하고 말했다.

도불의연회

확실히 이상한 대답이었다고는 생각하지만, 다른 사람한테 그런 말을 듣는다면 모를까 속물인 도라키치 따위에게 듣고 싶지는 않다.

아츠코는, 그럼 같이 드세요——라고 말했다.

"에노키즈 씨는 아침이 들쭉날쭉해서 식사 시간이 정해져 있지 않거든요. 오늘은——."

"오후입지요. 주인님은 늦잠을 주무시는 게 사는 보람이라서."

도라키치는 그렇게 말했다. 에노키즈는 정말로 잠에서 막 깨었을 때면 기분이 저조한 남자다. 그러나 잘 생각해 보면 그 도라키치부터가 지금 일어난 것이니, 탐정이 어쩌고저쩌고 말할 수는 없다고 마스다는 생각한다. 이미 열 시는 훨씬 넘었다. 마스다가 그렇게 말하자 아츠코는 매우 즐거운 듯이, 도라키치 씨는 잠꼬대도 하셨어요—— 라고 말했다.

도라키치는 매우 당황했다.

"제, 제가 무슨 말을 했습니까?"

"네? 아마 튀김이라느니 게라느니, 어디로 간 것일까——라느니 ——."

뜻을 알 수가 없다.

그게 뭡니까요, 하고 도라키치는 낙담한 듯한 목소리로 말했다. 마스다도 그것이 자신의 잠꼬대였다면 낙담했을 것이 틀림없다. 마스다는 머리를 긁적거리며 부끄러워하는 도라키치를 안주 삼아 한바탕 웃은 후, 아츠코가 끓인 향기롭고 뜨거운 액체를 목구멍에 흘려 넣었다.

"그런데——."

마스다는 정신이 좀 들자 말문을 연다.

"뭔가——알아냈나요? 마스다 씨."

아츠코가 야무진 표정을 되찾았다.

마스다는 어제와 그저께 이틀간, 사건기자 도리구치 모리히코와 분담하여 어떤 남자를 조사하고 있었던 것이다.

"그——죽었다고 여겨지고 있던 사람."

"오구니 세이이치 말이로군요."

그 남자——.

오구니 세이이치는 여러 지방을 돌아다니는 상비약 방문판매원, 소위 말하는 에치고 도야마의 약장수다.

정재계에까지 영향을 미친다는 백발백중의 점술사, 가센코 오토메를 뒤에서 조종하는 남자——그자가 오구니인 것 같다는 사실을 알아낸 사람은 도리구치였다. 그리고 가센코의 점이 들어맞는 것은 오로지 오구니의 악랄하고도 교묘한 간계 때문이라는 것을 간파한 사람은, 에노키즈의 친구이자 아츠코의 오빠인 추젠지 아키히코였다.

"오구니라는 남자는 대체 무슨 속셈인지 모르겠지만, 특별히 몸을 숨기고 있었던 건 아닙니다. 딱히 가명을 쓰지도 않았고——오구니라는 게 본명인지 아닌지는 모르겠지만——뭐, 활개를 치며 살고 있는 셈입니다. 도리구치 군이 조사한 그 장소에 틀림없이 살고 있고, 오구니라는 문패도 걸려 있어요. 이웃 사람들도 알고 있습니다. 다만 장사가 장사이니만큼 거의 집에는 없지요. 도리구치 군이 오구니라는 이름의 남자를 찾아낸 건 훨씬 전——4월의 일이니까요. 벌써 두 달 동안, 제대로 집에 들어오지 않았어요."

"하지만 후유 씨한테는 드나들고 있었잖아요?"

도불의연회

"그래요——."

가센코 오토메라는 이름은 세상 사람들이 멋대로 그렇게 부를 뿐이고, 본인은 그런 이름을 댄 기억이 없다고 한다. 지금 취사장에서 아침 식사를 준비하고 있는 여성의 본명은 사에키 후유라고 한다.

쇼와 시대의 달기, 가센코 오토메——.

도리구치 모리히코가 가센코 취재를 시작한 시기는 3월 초순의 일이었다고 한다.

처음에는 뜬구름을 잡는 듯한 취재였던 모양이다.

그야 그럴 것이다. 가스토리 잡지에 맞는 기삿거리긴 하지만, 상대가 약간 지나치게 거물이라는 감은 부정할 수 없다. 이야기를 들었을 때는 마스다도 그렇게 생각했다.

그러나 도리구치는 집요했다. 검은 소문이 끊이지 않는 거물 점술사의 정체를 폭로하려는 사건기자의 혼이 그렇게 만든 것인지, 큰 잡지에서는 다루기 어려운 터부——거물의 스캔들도 폭로해 실어서 일약 증쇄를 노린 것인지, 그 부분의 진상은 마스다로서는 알 수 없지만, 어쨌든 도리구치는 열심이었다.

"아시다시피 도리구치 군은 3월부터 가센코의 손님들을 상세히 조사했고, 그중 손님으로 생각되는 복수(複數)의 인물에게 주목하고 끈기 있게 잠복을 계속하고 있었습니다. 그리고 한 남자가 떠오른 겁니다. 그 후에 그는 외출하는 손님의 뒤를 밟아 유라쿠초에 있는 사에키 씨의 집을 알아냈어요. 보름 전의 일입니다. 그리고 이번에는 그곳에 잠복했지요. 그랬더니 그 남자가 자주 찾아왔어요. 그래서 도리구치 군은 그 녀석의 정체를 조사하려고, 시치미를 뚝 떼고 사에키 씨를 만난 겁니다."

연회의 시말

도리구치는 우선 남자의 얼굴 사진을 도촬했다. 그리고 남자가 돌아간 직후에 나일론 칫솔 잡상인으로 가장해 사에키의 집을 방문하고, 입에서 나오는 대로 거짓말을 늘어놓으며 남자의 사진을 보여 주었다고 한다.

　가센코——사에키 후유는 방금 나간 그 남자를 모른다고 말했다.

　거짓말을 하고 있는 게 아니라고——도리구치는 순간적으로 알아챘다고 한다. 왜냐하면, 도리구치는 가센코 주변에 최면술을 사용하는 수상한 남자가 있다는 것을 이미 알고 있었기 때문이다.

　"그게——오구니 씨."

　"그렇습니다. 가센코가 얽혀 있는 사건을 쫓던 과정에서 오구니라는 이름은 이미 떠올라 있었어요. 따라서 그 시점에서 오구니에 대해서는 주소, 이름, 직업, 출신지까지 이미 조사가 되어 있었다고 합니다. 하지만 도리구치 군은 얼굴만은 몰랐던 거지요. 모습을 나타내지 않았으니까요. 그래서 사진을 들고 오구니의 집으로 가서, 이웃 사람들에게 물어본 겁니다. 틀림없었습니다. 그렇게 되면——."

　"가센코는——그 오구니에게 조종되고 있는 게 아닌가 하고."

　"그래요. 도리구치 군은 그렇게 생각하기 시작했어요. 실제로 사에키 씨는 오구니 씨가 꽤 옛날에 죽었다고, 그렇게 믿고 있었지요?"

　"네. 지금도 믿을 수 없다고, 후유 씨는 그렇게 말했어요. 도리구치 씨가 사진을 보여 주었을 때도, 나중에 누군가를 닮았다고는 생각했다고 하지만 죽었다고 믿고 있었기 때문에 연관 지어서 생각하지도 않았대요. 하지만——."

　아츠코는 어딘가 안쓰러운 얼굴을 했다.

　마스다는 시선을 피한다. 왠지 보고 있을 수가 없다.

도불의 연회

가센코가 모습을 감추었다, 그러니 찾는 것을 도와 달라——.

도리구치에게서 그런 타진이 장미십자탐정사에 들어온 것은, 닷새 전의 일이다.

그러나 탐정이 나설 것까지도 없이, 앞에서 말한 것 같은 사정으로 가센코는 마스다 일행 앞에 모습을 나타냈다.

그리고——사태는 급변했다.

"한류기도회가 무엇을 꾸미고 있었는지, 그건 아직 모릅니다. 오구니와 기도회의 연관도 잘 알 수 없어요. 하지만 사에키 씨 본인을 만나 보고, 그녀에게 아무런 악의가 없는 것만은 알았습니다. 그리고 그 오구니 말인데요, 출신은 사가[佐賀], 직업은 도야마의 약장수, 주소는 이 근처——오가와마치입니다. 아까도 말했듯이 아무것도 숨기고 있지 않아요. 사가까지는 가 보지 않았지만, 나이라도 알면 뒷받침은 당장 할 수 있어요. 하지만."

하지만 뭔가요——아츠코는 불안한 듯한 목소리를 낸다.

마스다는 한순간 숨을 삼킨다.

계단에서 들은 그 묘한 소리가 다시 들린 것 같은 기분이 들었기 때문이다.

창밖을 본다.

창틀로 네모나게 잘려져 있는 하얗고 흐린 하늘이 보일 뿐이다.

"하지만, 하지만 말이지요, 주위 사람들에게 무엇이든 다 솔직하게 이야기한 것치고, 오구니라는 남자는 불투명합니다. 예를 들어 도야마의 무슨 약방에서 일하고 있는지——오구니의 약을 사는 손님도 물론 있습니다. 저와 도리구치 군이 따로따로 만나 보았어요. 그랬더니."

연회의 시말

"그랬더니?"

"상자에 적혀 있는 약방의 이름이 제각각이었습니다. 그 왜, 이런 나무로 만들어진 약상자를 두고 가잖아요, 약장수는. 그 상자에 적혀 있지 않습니까, 고마쓰 약품이라든가 미야타 약국이라든가, 가와이도[河合堂]라든가──."

팽이를 주지, 하고 도라키치가 말했다.

"맞아요. 장난감을 두고 가기도 하지요. 그 장난감에 적혀 있는 이름도 달라요. 그러니까 오구니는 분명히 상비약을 파는 판매원이기는 하지만 어디에 소속되어 있는지는 알 수 없어요. 애매합니다."

"그건──묘하군요. 그 약방에는?"

"물론 전부 연락을 취해 보았습니다. 복수와 계약하고 있는 경우인가 싶어서요. 다들 모른다고 했지만──딱 한군데 들어맞은 데가 있었습니다."

마스다는 자신의 가방을 끌어당긴다.

"고용하지는 않았지만 알고는 있다는 약국이 있었습니다. 그게 아츠코 씨──아주 흥미로운 결과인데요. 사실은 소설보다 더 소설 같다는 말입니다."

마스다는 종이를 몇 장 꺼냈다.

"아츠코 씨는 아마 작년 말의 '금색 해골 사건'에 관련되어 있었지요? 이시이가 담당했던."

그것은 겨울의 즈시 일대를 혼란에 빠뜨린 악몽 같은 사건이다. 마스다 자신은 직접 관여하지 않았지만, 마스다의 경찰 시절의 상사인 이시이가 수사 주임을 담당했다. 아츠코와 그 오빠, 에노키즈도 깊이 관련되어 있었을 것이다.

도불의연회

마스다가 확인하듯 얼굴을 보자 아츠코는 작게 고개를 끄덕였다.

"으음 —— 아츠코 씨도 아십니까? 이치야나기 시로 씨라는 남성
은 그 사건의 관계자지요."

"맞아요. 아마 —— 범인을 감싸는 진술을 해서."

"그는 불기소되었습니다. 저는 그 무렵 아직 형사였지요. 그리고
말입니다 ——."

아, 하고 아츠코가 소리를 질렀다.

"그 사람은 —— 약장수 ——."

"그렇습니다. 도야마의 이치야나기 약품 —— 시로 씨의 본가지요.
그 약방이 오구니 세이이치를 알고 있었어요. 아들과 아는 사이 ——
라고."

"이치야나기 씨의 —— 지인?"

"그렇습니다. 동업자고, 딱 한 번 만난 적도 있다나요. 으음, 자료
에 따르면 이치야나기 씨의 부인도 그 사건의 관계자지요? 부인 쪽은
아직 공판 중이기 때문에 소재지는 금방 알 수 있어요. 저는 이치야나
기 씨를 찾아가 보려고 하는데, 그 전에 ——."

우리 선생님한테 물어도 소용없어요, 마스다 군 —— 도라키치는
그렇게 말했다. 아직도 마스다를 동료라고 생각하고 있지 않다.

"그런 건 알고 있습니다. 저는 가센코 —— 아니, 사에키 씨한테
묻고 싶은 게 있습니다."

"후유 씨한테?"

"15년 전에 무슨 일이 있었는지 —— 저는 그것을 알고 싶습니다.
그녀는 아츠코 씨에게 자신이 가족 전원을 모두 죽였다는 말을 했지
요. 그녀가 아는 오구니 세이이치도 15년 전에 죽었다고 하고 ——."

연회의 시말

거기에서 아츠코의 커다란 눈동자가 움직였다.

그 시선이 향한 곳에——.

사에키 후유가 서 있었다.

도불의연회

          *

누리보토케에게 저주받았다는 느낌이군요 —— 다타라 가쓰고로
는 그렇게 말한 후, 매우 높은 목소리로 웃었다.

체격이 좋은 남자다. 거무스름한 적갈색 조끼가 좌우로 늘어나 단
추가 떨어져 나갈 것 같다. 머리카락은 뻣뻣하고, 자그마한 둥근 안경
을 코 위에 올려놓고 있다. 기쿠치 간[菊地寬]을 닮은 남자였다.

"하아——."

도리구치는 무슨 이야기를 해야 좋을지 전혀 알 수가 없다.

"—— 요괴를 연구하고 계시는 겁니까?"

추젠지는 요괴연구가라고 소개했다.

다타라는 다시 한 번 히히, 하고 웃었다.

"그런 직함을 가진 인간은 없지요. 저 말고는."

"없겠지요오."

"그러니까 좋지 않나 싶어서요."

"으음."

도리구치는 역시 뭐라고 해야 할지 알 수 없다.

"저는 저속한 가스토리 잡지의 편집을 하고 있는 사람인데, 그런
것에 대해서는 잘 모르지만요. 뭐, 교고쿠 스승님한테 여러 가지 배웠
으니까 조금이나마 알게 되기는 했지만 —— 아니, 모르겠네요. 가스
토리에는 괴담물도 많이 있지만요. 고작해야 나베시마의 요괴 고양

이 소동이나 우시와카마루에게 검술을 지도한 까마귀 덴구나, 그런 것뿐이니까요 ──."

도리구치가 그렇게 말하자 다타라는 진지한 얼굴로, 고양이가 왜 둔감하게 되었는지가 문제입니다, 라고 말했다.

"예를 들어 구라마야마 산의 마왕 신앙의 배경에는 기독교가 관련되어 있어요. 고양이의 경우는 중국이지요. 하지만 중국의 고양이는 일본에서는 너구리로 치환되고 말았어요. 그 이유라는 게 ──."

"자, 잠깐만요."

추젠지보다 벅찰지도 모른다.

"그런 연구를 하십니까?"

"그렇습니다. 괴이 연구는 중요합니다. 예를 들어 왜 가위표는 금기를 나타내는 것인가. 가위가 붙어 있으면 사람은 발을 멈추지요. 가위가 붙은 것은 선택되지 않아요. 동그라미 쪽이 항상 정답이고 가위는 오답입니다. 그것은 왜일까요?"

"글쎄요."

"이유는 분명히 있을 겁니다. 전혀 다른 문화권에서는 흡사한 상징이 사용되기도 하지요. 저는 그 이유를 알고 싶어요."

"이유를."

이유입니다, 하고 다타라는 다시 말했다.

"형식적인 설명으로는 불완전합니다. 어쩌면 문화를 더듬는 것만으로는 안 될지도 몰라요. 생리적인 문제일 가능성도 있지요. 뇌과학이나 정신신경의학의 성과가 민속학을 보완할 때도 있고, 고고학이 역사를 바꾸어 쓸 때도 있습니다. 저는 원래 이과 계열이지만, 그런 걸 이것저것 생각하다 보니 ── 요괴에 다다르게 되고 만 것입니다."

도불의연회

"괴짜시군요. 그, 민속학이라든가, 그쪽 방면에서 시작한 게 아니라요?"

아닙니다──다타라는 눈썹을 일그러뜨렸다.

"야나기타[27] 선생님을 중심으로 한 연구는 지금도 활발하고 재야의 학자는 많이 있지만, 그중에서도 저 같은 연구자는 이단입니다. 특히 아카데미즘과는 친하지 않아요. 저는 훌륭한 선생님을 사사한 것도 아니고, 파벌도 없지요. 게다가 제가 하고 있는 학문은 민속학인지도 문헌학인지도 알 수 없는 겁니다. 경우에 따라서는 고고학이나 심리학도 논거로 사용하고, 말하자면 요괴학이라고밖에 부를 수가 없어요. 동호 인사는 추젠지 군을 포함해서 몇 사람밖에 없습니다. 그래서 연구하고 연구해도, 발표할 곳이 없지요. 실어 주는 매체가 없거든요."

없을 거라고, 도리구치도 생각한다.

"그게 말이지요, 실은 '희담월보'라는 잡지에 연재가 결정되었습니다. 다음 호부터 실리는데요."

"희담월보? 그건 또 특이하군요."

"추젠지 군의 동생이 힘을 써 주었습니다."

"아츠코 씨의──."

"네. 뭐 저는 타고난 게으름뱅이라, 언제 폐를 끼치게 될지 모르겠습니다만."

다타라는 유쾌한 듯이 몸을 흔든다.

"그 연재의 계기가, 누리보토케였어요."

---

27) 야나기타 구니오[柳田國男, 1875~1962]. 일본의 민속학자이자 관료. '일본인이란 무엇인가'에 대한 답을 찾아 일본 각지를 조사, 여행하고 많은 저작을 남겼다. 일본 민속학의 개척자로 꼽힌다.

추젠지가 말했던 이름이다.

"그래서 그 노도보토케라는 건 뭡니까?"

"누리, 누리입니다. 색칠 그림의 누리[塗り]. 벽을 칠할 때의 누리[塗り]. 옻칠의 누리[塗り]. 거기에 부처(仏)."

"부처님이 요괴입니까?"

그게 말이지요——하고 다타라는 고개를 기울였다.

"실은——보세요, 저기 도코노마에 책이 쌓여 있지요."

곳곳에 책은 쌓여 있다. 추젠지의 집에서 책에 침식되지 않은 방은 없다. 그것은 객실이라고 해도 예외가 아니다. 다타라가 가리키는 쪽을 보니, 판형별로 정돈된 재래식 장정의 책이 쌓여 있었다.

"저기에 〈화도백귀야행〉이 있어요."

"아아——."

그 책이라면 도리구치도 알고 있다. 이전에 추젠지가 보여 준 적이 있다. 추젠지를 소개해 준 세키구치에 따르면, 그것은 추젠지가 항상 주변에 두는 책이라는 것이다.

"작년 말에, 추젠지 군이 교토에서 〈회본백물어(繪本百物語)〉라는 책을 구해 왔어요. 그건 제가 몇 푼 되지도 않는 전 재산을 털어서 산 책인데요. 그것을 받으러 온 게 올해 초——아마 1월 4일이었나. 그때 추젠지 군은 그 〈백귀야행〉을 읽고 있었지요. 효스베가 어쨌다나 하면서."

"아아, 효스베."

효스베라는 것은 요괴의 이름이다. 도리구치가 가센코를 몰아넣는 계기가 된 어느 사건에, 효스베의 이름이 등장했다. 하기야 도리구치는 이름밖에 모른다.

도불의 연회

잠깐 좀 볼까나——라고 말하며 다타라는 다다미에 손을 짚고, 기다시피 손을 뻗어 그 책을 집었다.

"이거군요. 이건 파는 게 아닐 테니 봐도 되겠지요. 추젠지 군은 이걸 읽고 있었는데, 그는 이 책의 순서가 마음에 걸린다고 했어요."

"순서?"

"그러니까 순서 말입니다. 이건 요괴도감입니다. 요즘 식으로 말하자면. 그리고 그가 신경 쓰고 있었던 건 수록 순서. 저는 그때, 이 책의 그림풀이를 시도하고 있었어요."

"그림풀이?"

"그래요. 이거, 쉽게 말하자면 익살로 되어 있습니다. 그려 넣어져 있는 소품이나 정경 설정 같은 게 하나하나 비유나 말장난으로 되어 있고, 그림 전체가 교카[狂歌]²⁸⁾처럼 되어 있는 겁니다. 게다가 철저하게 반복해서 의미가 짜여 있어요. 철저합니다. 설명문도 지적이고, 매우 정교합니다. 에도적이기도 하고요."

"호오."

요괴를 좋아하는 사람은 세상에 그렇게 많지는 않을 거라고 생각하고 있던 도리구치가 안이했나 보다. 다타라의 깊은 지식은 추젠지의 것과는 분명히 다르지만, 다른 의미로 더욱 깊기도 하다.

다타라는 책을 몇 권 좌탁 위에 올려놓고 펼쳤다.

"으음——고다마[木魅], 덴구[天狗], 야마비코[幽谷響], 야마와라와[山童], 야마우바[山姥], 이누가미[犬神], 시라치고[白児], 네코마타[描また], 갓파[河童], 가와우소[獺], 아카나메[垢嘗], 너구리[狸], 가마이타치[窮奇], 아

---

28) 해학·골계를 읊은 비속적인 단가. 가마쿠라·무로마치 시대에 지어졌고, 특히 에도 초기 및 중기 무렵에 유행했다.

미키리[網剪], 여우불[狐火]. 이게 전편. 어떻습니까? 어렴풋이 알겠지요?"

"예? 뭐 너구리에 갓파에 덴구니까요. 뭐 알기는 하지만. 야마비코나 고다마도 알아요. 나머지 ── 와라와라나 아미아미 같은 건 좀."

아미아미라는 건 누굽니까, 하며 다타라는 웃는다.

"뭐, 거물이라고 할까, 친숙한 것들이 모여 있지요. 그리고 중편이 무당거미[絡新婦]니 철서(鉄鼠)니 화차(火車)니 우부메[姑獲鳥]니. 좀 지명도는 떨어지지만 아직은 알 수 있어요."

아, 철서는 압니다 ── 하고 도리구치는 말했다. 추젠지가 가르쳐 주었던 것이다.

"하지만 추젠지 군이 신경 쓰고 있었던 건 후편입니다. 미코시[見越], 쇼케라, 효스베, 와이라, 오토로시, 누리보토케[塗仏], 누레온나[濡女], 누라리횬, 가고제[元興寺], 오우니[苧うに], 아오보즈[青坊主], 아카시타[赤舌], 놋펫포, 우시오니[牛鬼], 우완."

"으음, 알 것 같기도 하고 모를 것 같기도 하고."

도리구치는 팔짱을 낀다. 무슨 말을 하고 있는 것인지, 중얼중얼로밖에 들리지 않는다.

"답은 몇 가지 있다 ── 고 추젠지 군은 말했어요."

다타라는 조금 내려와 있던 안경을 올렸다.

"우선 예를 들면 우완, 가고제, 라는 건 요괴의 고어(古語)입니다."

"고어, 라는 게 뭡니까?"

"오래된 이름. 옛날 이름. 지금은 요괴다, 하고 겁을 주지만, 옛날에는 모오라든가 가고오라든가 왕왕하면서 겁을 주었습니다. 결국이건 오래된 요괴가 아니겠느냐고 그는 말하고 있어요. 다만 중편

같은 걸 보면 아무래도 수상하다고 나는 생각하는데요. 중편에 등장하는 요괴는 제각각입니다. 중국의 서적에서 따 온 듯한 것도 있고, 민간전승 같은 것도 있어요. 사령(死靈), 생령(生靈) 같은 것도 있는가 하면 다카온나[高女]나 데노메[手の目] 같은 당시의 유행을 채용한 말장난 같은 것도 있으니까요."

"농담이요?"

"반쯤 농담이지요. 뭐 추젠지 군도 그건 잘 알고 있어요. 그래서 다음 해답은, 출처가 된 책이었습니다."

"출처가 된 책이 있습니까?"

"있어요. 〈희유소람(嬉遊笑覽)〉이라는 에도의 수필에 괴물 그림이라는 부분이 있습니다. 거기에 실려 있는 이름이 아카쿠치[赤口], 누라리횬, 우시오니, 야마비코[山彦], 오토론, 우완, 눗페라보, 누리호토케, 누레온나, 효스베에 쇼케라―― 거의 중복되어 있어요. 실려 있는 건 이름뿐이고 어떤 그림인지는 알 수 없지만, 비슷한 인선(人選)의 ―― 요괴니까 인선은 아니지만, 같은 요괴가 나와 있는 에마키[29]는 여러 개 존재합니다. 〈괴물 에마키〉나 〈백귀야행 에마키〉 등 이름은 제각각이지만요. 일설에는 가노 파에 전해지는 요괴 그림의 그림본이라고도 해요. 도리야마 세키엔―― 이 책의 작자인데요, 세키엔은 그것에 실려 있는 요괴를 그대로 이 후편에 실었지요."

"그렇군요. 그렇다면 그렇겠네요."

"그러니까."

다타라는 왠지 강한 말투로 말했다.

---

29) 이야기나 전설 등을 그림으로 그린 두루마리를 가리킨다. 흔히 설명하는 글과 번갈아 그려져 있다.

"그래도 추젠지 군은 뭔가 납득하지 않는 겁니다."

"으음, 그렇다면 뭔가 더 있겠지요."

스스로 생각해도 무책임한 말이라고 도리구치는 생각한다.

"그는 왠지 외래인에 집착하고 있어요. 제가 중국의 요괴에 대해서 잘 아니까 지혜를 빌려달라고요."

"그 사람이 지혜를 빌리다니 놀랍군요. 대단하십니다."

도리구치가 머리를 숙이자 다타라는 의아한 얼굴을 했다.

그리고 잠시 생각하더니 이렇게 말했다.

"갓파도 너구리도 덴구도 여우도, 더듬어 가다 보면 모두 중국으로 이어집니다. 물론 그냥 건너온 건 아니에요. 그건 복잡한 진화나 퇴화나 융합이나 분열을 되풀이했지요. 보통의 방법으로는 이해할 수 없습니다. 역전은 몇 번이나 있고, 본말전도만 되었지요. 저는 그 요소를 세세하게 더듬어서 체계화하고 싶어요. 그렇게 된 이유를 알고 싶은 겁니다. 추젠지 군은 저와는 좀 달라서, 그는 어떻게 된 건지 구조를 알고 싶다고 생각하지요. 그래서 그는 수식(數式)을 생각하고 있어요. 그의 경우, 먼저 구조가 있고 요소는 나중에 따라오는 모양이 더군요. 제가 현지 조사를 하는 데 비해서 그는 서재파이지 않습니까?"

엄청난 서재파일 것이다.

"제가 문헌을 섭렵하는 것과 그가 자료를 읽는 건 그러니까 좀 달라요. 뭐, 그건 그렇다 치고, 어쨌든 뭔가 조사하려고 해도 여기에 실려 있는 요괴를 잘 모르고서는 시작할 수 없다는 거지요. 그리고 꼼꼼하게 살펴보면 이게 쉽지 않은 요괴뿐이라서——."

다타라는 페이지를 넘겼다. 기묘한 괴물이 그려져 있다.

도불의연회

"미코시는 그나마 알 수 있어요. 구비전승도 많고, 〈화한삼재도회(和漢三才圖會)〉에도 실려 있습니다. 거기에서는 산도(山都)라고 하지만요. 그리고 쇼케라에 효스베──이 부분은 뭐, 알기 어렵지만 알 수 없는 건 아니지요. 하지만 와이라라든가, 오토로시가 되면 뭐가 뭔지 알 수가 없어요. 그리고 이게──누리보토케인데요──."

다타라는 몇 장인가 페이지를 넘기더니 책을 뒤집어 도리구치 쪽으로 내밀었다.

"도리구치 씨, 어떻게 생각하십니까?"

다타라는 웃으면서 물었다.

불상을 모신 방일 것이다.

커다란 불단이 그려져 있다. 맹장지문이 달려 있는 매우 훌륭한 불단이다. 붙박이로 설치된 불단인지도 모른다. 앞쪽에는 금동으로 만든 종과 그 종을 치기 위한 당목(撞木)이 떨어져 있다. 그 옆에는 옻을 칠한 쟁반에 올려놓은 나무통이 놓여 있다. 통에는 물이 채워져 있고, 붓순나무 가지가 꽂혀 있다. 불단 옆에는 이 또한 훌륭한 바둑판이 놓여 있다. 불단의 장지는 한 장만 활짝 열려 있고, 본존인 아미타불이 반쯤 엿보인다.

그 앞. 향로 옆. 본래 같으면 위패가 있어야 할 곳에, 허리에 천한 장을 두른 반라의 남자가 있다. 인간보다 훨씬 작은 남자가 무릎을 세우고, 불단에서 몸을 내밀고 있는 것이다. 머리카락은 듬성듬성 빠지고 정수리 부분은 아예 벗겨져 있다. 늘어진 귀는 어딘가 불상(佛像)을 연상시킨다. 몸의 색깔도 어쩐지 변색된 것 같다. 혀까지 내밀고 있다.

무엇보다도 기이한 것은 남자의 두 눈이다.

눈알이 마치 게처럼 튀어나와 있다.

남자는 양손으로 그 튀어나온 눈알을 가리키고 있다.

무서운 그림은 아니다. 웃기다.

하지만 무서워하게 만들려는 그림보다도 ──.

정말로 있다면, 훨씬 무서울 것이다.

도리구치는 형용하기 어려운 감정을 느꼈다. 그리고 이것저것 생각한 끝에,

"이건 어수룩하다 ── 는 익살입니까?"

하고 말했다.

시시한 소리라고 물릴 줄 알았는데, 다타라는 진지한 얼굴로, 그래요, 그럴지도 모릅니다 ── 하고 말했다.

"세키엔은 그런 걸 좋아하거든요! 찌그러져 있다거나, 눈이 튀어나올 정도로 비싼 불단이라거나 ── 아아, 이건 좋은데."

다타라는 중얼중얼 말하면서 잠시 생각하고 있었지만, 그러다가 다시 원래의 진지한 얼굴로 돌아갔다.

"음. 그래서, 뭐 이 누리보토케가 특히 알 수 없다, 는 이야기가 나왔습니다. 그때. 이름만 보면 그렇게 오래된 것 같지도 않은데. 그리고 이름도 형태도 남아 있지만, 의미가 사라진 요괴도 많지 ── 하고."

"그렇군요."

"그리고 이건 어쩌면 중대한 일 일지도 모른다는 이야기가 나왔지요. 그래서 서로 좀 조사해 보지 않겠느냐는 얘기가 나왔었는데, 거기에 그의 동생이 우연히 있었던 겁니다. 그 아가씨는 올해 몇 살입니까?"

도불의 연회

스물셋이나 넷일까요 —— 하고 도리구치는 대답했다. 사실은 생일까지 알고 있지만, 지나치게 잘 아는 것도 이상하게 여겨질 것이다. 억측을 당하는 것도 곤란하다.

다타라는, 하아, 어리군요, 하고 말했다.

"그녀가 재미있다고 말하더군요. 그리고 만일 가능하다면 잡지에 싣고 싶다, 편집장과 의논해 볼 테니 써 보지 않겠느냐고."

"그럴 것 같군요."

아츠코는, 어쨌거나 지적 호기심을 자극하는 소재를 매우 좋아한다. 그것만 채워 주면, 소재 자체의 경향은 아무래도 좋은 모양이다. 실제로 저속한 소재든 끔찍한 소재든, 그녀의 손에 걸리면 학술적인 향기가 떠도는 기사로 변용하고 만다.

"결국 반년 준비 기간을 두고, 다음 달부터니까 7월호인가요, 6월 발행분부터 시작하게 되었어요. 처음에는 가장 알 수 없는 놈부터 갈까 하는 얘기가 나와서, 우선 와이라로 했습니다."

"와——?"

"와이라. 와이라라는 건 전혀 알 수 없었어요. 저는 이름의 분석부터 들어갔지만, 어느 것도 결정적인 증거가 부족했지요. 와이 · 라도, 와 · 이라도 억지로 갖다 붙일 수는 있지만 말입니다. 추젠지 군이 집착하는 외래인 계열에 갖다 붙인다면, 예를 들어 고대 중국의 퉁구스계 민족 중에 예맥(穢貊)[30]이라는 종족이 있지만—— 아무래도 어려울 것 같은 기분이 들었어요. 오토로시도 마찬가지입니다. 그래도 단서는 많이 있지요. 하지만 이 누리보토케는——."

"알 수 없다?"

---

30) 일본어로는 '와이바쿠'라고 읽는다.

"계속 생각하고 있습니다. 누리보토케는. 이제는 썩어 버린 것만 같다니까요."

과연——그런 것도 썩은 것에 들어갈 것이다. 다타라는 거기에서 고개를 갸웃거리며, 추젠지 군은 늦는군요——하고 말했다.

도리구치는 장지문 맞은편에 신경을 썼다.

"뭘 하고 계신 걸까요, 스승님은. 다타라 씨까지 기다리게 하고."

"저는 예고 없이 온 거라."

다타라는 그렇게 말했다. 그렇게 따지자면 도리구치도 그렇다. 손님이 둘이나 왔기 때문에 주인은 가게를 닫아 버렸다. 매번 있는 일이니 폐를 끼치고 있다고도 생각하지 않았지만, 생각해 보면 큰 폐일 것이다.

"그래서 그 누리보토케 말인데요——."

도리구치는 화제를 돌렸다.

"이건 어떤 요괴입니까? 뭔가 칠하는 겁니까?"

"칠하지 않을걸요, 아마."

"그럼——알았다. 가짜 부처님이지요? 사람들이 이렇게 정성껏 모시고 있으면, 메롱메롱 하면서."

"그, 그런 구비전승이 있습니까——어디에서 채취하셨습니까?."

다타라는 진지하게 받아들인 모양이다.

"새, 생각난 대로 말한 것뿐입니다, 생각난 대로."

다타라가 수첩을 펴고 연필까지 핥자, 도리구치는 당황하며 부정했다. 입에서 나오는 대로 지껄인 말을 논문으로라도 썼다간 큰일이다. 다타라는, 좋은 이야기였는데요, 하며 유감스러운 듯이 수첩을 덮었다.

도불의 연회

"여우나 너구리가 신불(神佛)로 둔갑하는 이야기는 있기는 있어요. 오래 묵은 너구리가 아미타불로 둔갑해서 많은 사람이 예배한다는 민화도 있습니다. 대개 사냥꾼이 꿰뚫어보지만요. 다만 그 경우는 산을 넘어서 부처님을 맞이하러 온다거나, 배경도 야외고 커요. 불단에 있지는 않습니다. 없지요."

"뭔가 있을 것 같은데요, 불단."

"예. 있을 것 같지요. 그래서 저는 우선 이건 기물(器物)의 요괴 —— 쓰쿠모가미가 아닐까 하고 의심했습니다. 기물이 백 년이 지나면 요괴가 된다는 것 말입니다."

"우산 요괴라든가?"

"맞아요, 맞아요. 우산 요괴. 세키엔은 불구(佛具)의 요괴를 많이 기록했어요. 쇼고로[鉦五郎]라든가 홋스모리[拂子守]라든가 목어달마(木魚達磨)라든가. 교린린[經凜々] 같은 건 교전(敎典)의 요괴니까요."

"교전이라니, 요괴는 보통 경을 싫어하잖아요."

"싫어한다!"

다타라는 기쁜 듯이 한 마디 외쳤다.

"분명히 그렇습니다. 거룩한 교전은 요괴의 적이겠지요."

"그게 둔갑하나요?"

"뭐 그렇지요. 경전 책이 둔갑한다면, 불상도 오래되면 둔갑하지 않을까 하고요."

"그렇군요. 뭐 생각해 보면 불상이라고 해도 사람이 만든 것, 인형 같은 거니까요. 그럼 부처님이 둔갑한 겁니까?"

그게 아니에요 —— 다타라는 즉시 자신의 설을 굽혔다.

"아니에요?"

"아니지요. 이것을 보십시오. 이 그림. 틀림없이 불상이 따로 그려져 있지요."

다타라는 가리킨다. 그림에는 불상이 그려져 있었다.

"불상은 아닙니다. 여기는 본래 위패가 있어야 하는 곳이잖아요. 위패가 둔갑했다는 건 아무래도 이상하고. 그래서 저는 말입니다, 다음으로 누리[塗り]라는 말에 주목했어요."

"누리요?"

"누리입니다. 이름에 누리가 붙는 요괴는 꽤 많습니다. 누리카베[塗壁], 누리보[塗坊], 누리보즈[塗坊主]. 누리카베와 누리보는 앞길을 가로막는 존재니까, 노부스마[野襖]라든가 칸막이 너구리의 부류지요. 노부스마라는 건 날다람쥐의 별명이고 날다람쥐는 모몬가[31]와도 통해요. 모몬가아 하면 아까 말씀드린 요괴의 고어입니다. 모몬지[百々爺]라는 요괴도 있어요. 한편, 누리보즈가 되면 놋페라보의 종류이기도 하고, 미코시나 노비아가리에 가까운 느낌도 듭니다."

"누리[32]가 지나가면 스야키[33]는 물러난다는 말이 있지요."

"뭐라고요?"

도리구치의 농담은 아무래도 통하지 않는 것 같았다.

"누레온나라는 게 옆 페이지에 있어요. 그리고 누라리횬이나 눗펫포도 나와 있고요. 하지만 이것 놋페라 종류는 아니지요. 그리고 누리라는 말에서 생각나는 건 우선 칠기(漆器) 아니겠습니까. 도자기는 차이나라고 하지만, 저팬 하면 칠기니까요. 위패는 칠기잖아요. 말이 난 김에 말인데 불단도 칠기인 게 있어요. 값이 비싸지만──특정

---

31) 하늘다람쥐.
32) 칠그릇.
33) 질그릇. 유약을 바르지 않고 낮은 온도에서 가볍게 구워 굳히는 그릇.

도불의 연회

종파에서, 칠기 불단을 쓰는 곳이 있지 않습니까."

"아하. 칠기 불단(塗仏壇)에서 단을 빼면 그대로 누리보토케."

음음, 하고 다타라는 고개를 끄덕였다.

"그 부분에서 좁혀 갈 수는 없을까 하고 불구(佛具)를 조사한 지 두 달이 되었는데 아무것도 없습니다. 없다고 할까, 결정적 증거가 부족해요. 그래서 ——."

다타라가 뭔가를 설명하기 위해 손을 든 그때, 장지문 맞은편에서 기척이 났다.

*

　들어가서는 안 되는 방에 있던 것에게 저주를 받은 건지도 몰라요
——그렇게 말한 후, 사에키 후유는 희미하게 웃었다.

　나이를 먹는 것을 잊어버린 듯한 여자다.

　어딘가 인간 냄새가 느껴지지 않는 것은, 그 얼굴이 아름다운 좌우
대칭으로 되어 있기 때문일까. 굴절률이 낮은, 유리알 같은 눈동자가
인상적이다. 인형 같다는 형용이 이렇게 어울리는 인간을 마스다는
달리 알지 못한다. 인형처럼 단정한 얼굴——이라는 뜻으로는 예를
들자면 에노키즈도 동류지만, 탐정 쪽은 형편없는 예의범절이 인간
미를 보증하고 있는 듯한 구석이 있다. 후유는 매우 예의 바른 성격인
것 같고, 그 점이 한층 더 인형 같은 분위기를 자아내고 있었다.

　생물로서의 주장이 없는 것이다.

　"들어가서는 안 되는 방——이라고요?"

　마스다는 되풀이했다. 후유는 예, 하고 대답했다.

　"저희 집——사에키 가는, 조상 대대로 들어가서는 안 되는 방에
계시는 분을 지키는 역할을 맡고 있다고, 그렇게 배워 왔습니다."

　"대대로?"

　조상 대대로 무언가를 지키는 일족——이라는 것은 알겠다. 그러
나 지키는 것을 분이라고 부르는 것은 잘 모르겠다. 세월을 뛰어넘어
보호하는 대상에 인격이 주어졌다. 그것은 신불(神佛) 같은 것일까.

284　　　　　　　　　　　　　　　　　도불의연회

"이즈의 니라야마에서 산중 깊은 곳으로 헤치고 들어간, 작은 산촌
—— 산촌이라고 할까 집촌이지요. 거기가 제가 태어나고 자란 곳이
에요. 지명은 뭐라고 하는지 모릅니다. 저는 그곳을 나올 때까지 바깥
세계를 몰랐기 때문에, 굳이 차별화해서 부르는 일도 없었거든요.
다만 —— 집촌 전체를 가리켜서, 우린 헤비토, 라고 불렸던 것 같아
요."

"헤비토?"

후유는 고개를 끄덕인다. 도라키치가 뱀일까요 —— 하고 중얼거
린다.[34] 아츠코가 아니겠지요 —— 하고 말했다.

"—— 근거는 없지만요."

후유는 말을 이었다.

"마을은 사에키 가를 중심으로 몇 집인가 —— 십여 채였던 것 같
은데 —— 작은 집이 있고, 모두 가족처럼 서로를 부르면서 살고 있었
는데 —— 실제로 가족이었겠지요, 성(姓)은 몇 개 없었던 것 같으니까
요. 다만 사에키 가의 사람만은 격이 달라서, 나리라든가 도련님이라
든가 아가씨라고 불렸어요. 아마 그 마을은 원래 사에키 가와 그 고용
인으로 구성되어 있었던 것 같아요. 신분제도가 바뀐 탓인지 ——
하지만 무사는 아니고요, 어쩌면 오랜 세월이 지나면서 조금씩 주종
관계가 해소되어 간 건지도 모르지요."

"아하. 숨겨진 마을 —— 이랄까, 다이라(平) 씨[35]의 패잔병이 모여

---

34) 일본어로 '헤비'는 '뱀'이라는 뜻이다.
35) 헤이안 시대의 귀족 가문. 황족이 조정 신하로 내려가게 되었을 때 사용하는 성씨 중
하나로, 미나모토, 후지와라, 다치바나와 함께 4대 성씨이다. 여기에서는 1180년부터
1185년까지 6년간, 겐페이(源平) 전쟁에서 미나모토노 요리토모(源賴朝)가 이끄는 미나모
토 씨와 싸웠다가 패하여 멸망한 다이라노 기요모리 세력을 말하며, 이 전쟁의 결과로
가마쿠라 막부가 열리게 되었다.

사는 마을이라든가 그런 게 있지요. 패주한 무장이 정착했다거나. 그런 것과는 다릅니까?"

"다른 것 같아요. 계보 같은 게 전해지는 것 같지는 않았는데요 —— 그냥 제가 보지 못했을 뿐인지도 모르겠지만, 사에키 가는 좀 더, 훨씬 오래된 것 같다는 이야기를 할아버지가 여러 번 하셨으니까요."

"더 오래되었다고요? 겐페이[源平]보다 오래되었습니까? 저는 역사는 잘 모르지만——."

마스다는 도라키치를 본다. 도라키치는 기세 좋게 고개를 저었다. 아츠코가 이야기를 이었다.

"니라야마——라고 하셨지요. 이즈의 다이칸쇼[代官所]³⁶⁾가 있었던 —— 에도 시대에는 이즈노쿠니[伊豆国]의 중심지였던 장소일 거예요. 막부 말에는 에가와 다로자에몬[江川太郎左衛門]³⁷⁾이 니라야마 학사를 열고 반사로(反射爐)³⁸⁾가 만들어지기도 했고요 —— 그렇지 않아도 이즈는 사적(史蹟)이나 유적이 많은 곳이니까요. 다이라 가는 모르겠지만, 미나모토노 요리토모가 유배된 히루가코지마 섬도 아마 니라야마에 있을 거예요. 니라야마라는 이름의 유래는 호조 소운[北条早雲]³⁹⁾이 축성한 성이 아니었던가요? 호조 가문의 발상지지요. 그 이전이라면——."

아츠코의 오빠의 영역일까.

---

36) 다이칸[代官]이 사무를 보는 관청. 다이칸은 에도 막부의 관리로, 막부 직할지를 다스리면서 연공수납 및 민정을 담당하던 사람이다.
37) 이즈 니라야마를 본거지로 하던 에도 막부의 세습 다이칸. 다로자에몬이란 에가와 가의 당주를 이르는 통칭. 그중 36대 당주인 에가와 히데타쓰[江川英龍]가 유명하다.
38) 광석이나 제련이나 금속을 녹이는 데에 쓰는 용과로의 하나.
39) 무로마치 시대 중후기(전국시대 초기)의 무장.

도불의 연회

아츠코의 말이 끊긴 것을 계기로 후유가 말을 이었다.

"더——훨씬 오래되었다고 할아버지는 말씀하셨던 것 같아요. 이즈가 이즈라고 불리기 시작하기 전부터 우리는 이곳에서 살고 있었다나요."

"그러면 오래되었군요. 이즈는 언제부터 이즈라고 불리게 되었지요?"

마스다는 이번에는 직접 아츠코에게 물었다.

"네? 글쎄요. 〈즈슈지고[豆州志稿]〉[40]에, 이즈는 남해로 튀어나와 있어서[41] 이즈라고 한다, 고 나와 있었던 것 같은데요. 〈왜훈간(倭訓栞)〉이었나? 그리고 〈제국명의고(諸國名義考)〉일까요. 이데유[出湯]의 줄임 말이라고도 해요. 음——아니, 어설프게 말하면 오빠한테 혼나겠지요. 모르겠어요."

"어느 쪽이든 겐페이보다 오래되었다면 할 말이 없군요. 유서 있는 집안이라고 부르기에도 너무 오래되었어요."

"그래요, 너무 오래되었던 거예요."

후유는 강한 말투로 그렇게 말했다. 그 어투에서 주장을 헤아리고 마스다는 눈길을 보낸다. 하지만 인형 같은 여자는 변함없이 무표정했다.

"장남은 가문을 잇지요. 차남과 삼남은 장남을 받들어 모시고요. 여자는 예의범절을 익히고, 가장이 정한 적당한 집안으로 시집을 가요——."

"예에."

---

40) 에도 시대에 편찬된 이즈 지방의 대표적인 지리서.
41) '나오다'는 일본어로 '이즈루'라고 한다.

"그게 관례였어요."

"그——그건 무가(武家)의 방식입니다. 메이지 이후의 풍습이라고
하던데요. 오래된 게 아니에요."

마스다는 지난번에 관련되었던 사건으로 학습했다.

예로부터 전해 내려오는 방식이라고 여겨지고 있던 사물 기원의
많은 부분을 근세에서 찾을 수 있다는 것——상식적으로 믿고 있는
개념의 많은 부분이 위정자 등에 의해 편리하게 날조된 것일 가능성
——.

주부(主婦)는 여자(婦)의 주인(主)이고, 남편(夫)이라는 것은 요컨대 인
부(人夫)의 부(夫)일 뿐이다. 장자상속이나 가부장제나 남존여비 등,
세상에 당연한 것처럼 통용되고 있는 사항의 많은 부분은, 그렇게
당연한 일이 아닌 것이다.

"——저는 그렇게 들었는데요."

"그런가요——."

후유는 고개를 저으며 말했다.

"——하지만 저희, 사에키 가에서는 먼 옛날부터 줄곧 그게 관례
였다고 해요."

마스다는 잘 알지 못한 채 물었다.

"그렇습니까——혹시, 댁은 역시 원래 무가 가계였던 것이 아닐
까요?"

후유는 조용히 얼굴을 기울였다.

"제게는 그렇게는 생각되지 않는데요. 게다가——무엇보다 그 관
례에는 이유가 있었어요. 안방의——."

"들어가서는 안 되는——방?"

도불의연회

"네. 들어가서는 안 되는 방 안의 것을 보살피는 방법이라는 게 —— 한 자식에게만 전수되었던 거예요. 장남에게만 전해졌지요. 장남이 죽으면 차남, 삼남으로 계승되지만 —— 여자는 계산에 들어가지 않아요."

"예에 ——."

그것이란 무엇인지, 마스다는 좀처럼 물을 수가 없다.

"그런 케케묵은 제도에 당신은 싫증이 났던 건가요?"

어디에선가 들은 듯한 말이다.

마스다는 지난번에 관여했던 사건에서, 낡은 제도에 짓눌리고, 일그러지고, 그래도 발버둥 치는 많은 여성들을 보았다.

그러나 후유는 고개를 가로저었다.

"저는 그런 제도 같은 것 안에서만 살아왔어요. 그러니까 솔직히 말해 불만 같은 건 가질 수도 없었지요. 물고기는 물을 의식하지 않잖아요. 그리고 물에서 건져 올려져야 비로소 물의 존재를 알지요."

"그건 그렇지요."

도라키치가 멍청한 말을 했다.

"하지만 그럼 ——."

대체 뭘까.

"제도라든지 규칙이라든지, 그런 사람을 묶는 것이란 —— 실제로 참을 수 없는 사람한테는 참을 수 없는 것이겠지만, 잃는다고 어떻게 된다는 것도 아닐 테고요 —— 그렇지 않은 사람한테는 있으나 없으나 다를 바가 없는 거라고 생각해요."

"당신한테는 —— 있으나 없으나 상관없는 것이었다, 이런 말씀이십니까?"

예——하고 쓸쓸한 듯이, 그리고 어딘가 미안한 듯이 후유는 대답했다.

"집이나 가문이나 관례나, 그런 것에서 역사의 무게 같은 것을 느끼는 분은 많이 계시겠지요. 저한테 상담하러 오신 분 중에도 그런 제도에서 빠져나가고 싶다거나, 부수고 싶다고 말씀하시는 분이 많이 계셨어요."

——상담자라.

그렇다——.

이 여자는 그 가센코라는 것을, 그 말을 듣고 마스다는 처음으로 실감했다. 눈앞에서 이야기하고 있는 여자는 악한에게 쫓기는 평범한, 박복한 미녀가 아닌 것이다.

가센코는 말을 이었다.

"글쎄요——요전에 저한테 상담하러 오셨던 젊은 여성은 이렇게 말씀하셨어요. 자신에게는 좋아하는 남자가 있다, 하지만 부모님은 결혼을 인정해 주지 않는다, 왜 부모가 정한 상대와 맺어져야 하는 것일까, 자신의 인생이니 스스로 결정하고 싶다——고요."

그런 분은 요즘 아주 많습니다——하고 마스다는 말했다.

가센코는, 그렇다고 하더군요——하고 다른 나라 사람처럼 말했다.

"저는 그때도, 늘 그렇듯이 저 자신의 기분은 조금도 들어가지 않은 신탁을 건성으로 내렸는데, 그 누구의 말인지도 알 수 없는 말을 하면서 저는 이렇게 생각하고 있었어요. 이 여자의 마음은——나는 조금도 이해할 수 없다고."

"이해할 수 없다?"

도불의 연회

"네. 그 여성은 자신이 좋아한다, 자신이 선택하겠다, 자신의 인생이다, 라고 몇 번이나 말하는 거예요. 내가, 내가, 하고요. 그럼 그자신이라는 건 대체 뭔가요? 자신의 생각대로 되면 좋은 걸까요? 강하게 자기주장을 하는 게 훌륭한 인간의 조건일까요?"

"아니, 그건 그, 자립한 인생을 걷기 위해서라고 할까, 으음, 개인의 존엄을 지킨다고 할까——."

"제게는 자신이라는 게 없어요. 그게 훌륭한 거라면, 저는 하등한인간이에요."

가센코는 맑은 목소리로 그렇게 말했다.

마스다는 당황한다. 매우—— 당황한다.

"아니, 그건 훌륭하다고 할까—— 뭐, 훌륭하다 하등하다는 문제가 아니라 말이지요."

아니. 훌륭하다 하등하다는 문제다. 자립한 사람은 자립하지 못하는 사람보다 훌륭하다고, 모두가 의심 없이 말하지 않는가.

"그러니까 그, 근대적 자아의 확립이라고 할까요—— 현대인으로서 말입니다——."

"옛날 사람은 지금 사람보다 열등했던 걸까요?"

"아니——."

"물론—— 제도는 여러 가지로 바뀌었겠지만, 인간은 먼 옛날과 달라지지 않았다고 생각해요. 그런 사고방식은 틀린 걸까요?"

"아니——그건."

아무런 반론도 할 수 없었다. 마스다는 어차피 그런 획일적인 언설(言說)에 의문을 품고 형사를 그만둔 남자다.

가센코는 눈을 내리깔았다.

각도가 바뀌면 표정도 달라져 보인다.

"나는 이런 인간이다, 이게 내 인생이라고, 저는 그렇게 딱 잘라 말할 수가 없어요. 누구에게도 폐를 끼치지 않고, 누구에게도 기대지 않고 살아갈 수는 없다고 생각해요. 나는, 나는, 하는 그 자신이라는 건, 부모가 키워 주고 사회가 지켜 주어서 살아온 결과인 셈일 테니까, 자신이라는 존재를 만들고 있는 요소의 대부분은 다른 사람들한테 받은 게 아닐까요? 그렇다면 자신이란 세상을 비추는 거울 같은 거라고 —— 저한테는 그렇게 생각되어서 견딜 수가 없어요."

"거울이라고요?"

거울이에요 —— 가센코는 마치 신탁이라도 내리듯이 그렇게 말했다.

"거울에는 여러 가지 것이 비치잖아요. 꽃도, 누군가의 얼굴도, 거울 앞에 서 있는 건 전부 비쳐요. 거울을 볼 때 아무도, 누구 한 사람 거울 자체는 보지 않아요. 그런데 모두가 거울을 본다고 아무렇지도 않게 말하지요."

마스다는 깜짝 놀랐다.

가센코의 말이 옳다. 거울은 결코 볼 수 없다. 거울 표면에 비치는 것을 보고, 사람은 거울을 보았다고 말할 뿐이다.

"보이는 건 허상이에요. 표면에 비치는 모습이야말로 자신이라고, 모두 생각하고 있지요. 하지만 그런 자신은 눈앞에 서는 것이 바뀌면 바뀌고 마는 거예요. 그러니까 자신이라는 건 찾아봐야 소용없어요."

"그럼."

"그러니까——."

가센코는 신탁을 계속한다.

도불의연회

"——눈앞에 누가 서 있는지가 문제라고 생각해요. 아까 말씀드린 상담자 여성은 분명히 부모에게 반발심을 갖고 계셨어요. 그건 흔히 있는 일이잖아요. 하지만 예를 들어 사과와 귤이 있는데, 부모가 사과를 먹으라고 말했다고 쳐요. 그녀는 사실은 사과를 먹어도 상관없다고 생각하고 있는데, 반발해서 귤을 고르지요. 이 경우도, 그건 그 개인의 존엄일까요?"

"그건 그, 반발을 갖고 있는 자신이라는 것도 분명히 있고, 그것도 자신임에는 틀림없고, 그런 자신에게 솔직해진다면——."

자신 자신 자신. 앵무새처럼 되풀이한다. 바보 같다고 마스다는 생각했다.

가센코는 말한다.

"그 경우 진정한 자신에게 솔직해진다면, 어느 쪽이든 상관없다고 말해야 하지 않을까요? 진정한 자신이라는 게 있다면——말이지만요."

"저, 정말로 귤을 좋아하는지도 몰라요."

"그럴지도 모르지요. 하지만 설령 그 뜻에 반하더라도, 강하게 사과를 먹어 달라고 원하고 있는 사람이 옆에 있고——게다가 그건 악의에서 나온 발언이 아니라는 걸 알고도 있는데, 그래도 여전히 그 마음을 비틀어 누르면서까지 다른 선택을 할 만큼 좋아하는 것이라는 게, 그렇게 많이 있을까요?"

으음——하고 마스다는 팔짱을 낀다.

"반대로, 정말 귤이 먹고 싶었지만 권해 주는 사람의 마음을 배려하고, 그래서 사과를 골랐다고 해서——그건 강요된, 자신을 굽혔다는 게 될까요?"

"글쎄요오."

마스다는 아츠코를 본다. 아츠코는 침묵한 채 아래를 보고 있다. 아츠코답지 않은 태도라고, 마스다는 생각했다.

"여러 가지 상황이 있을 테고, 결혼 이야기와 먹을 것을 똑같이 취급해서는 안 되겠지만, 어차피 —— 절대라는 건 없는 게 아닐까요?"

"그건 그렇습니다만."

절대라는 것은 개념 속에만 존재한다.

"하지만 —— 특히 그 근대인인지 뭔지에 대해서 말하자면, 자신이라는 존재만은 절대다, 그런 걸까요? 저도 —— 다른 사람이 시키는 대로 사는 건 싫어요. 하지만 다른 사람이 싫어하는 걸 알면서까지 관철하고 싶은 강한 주장도 —— 가질 수 없어요."

가센코는 똑같은 얼굴을 한 채, 후, 하고 후유로 돌아간다. 물론 그것은 보고 있는 마스다가 멋대로 그렇게 생각할 뿐이다. 가센코는 유창하게 신탁을 내리지만, 후유는 자신의 이야기를 하는 데 익숙하지 않다.

말씀하시는 뜻은 대충 알겠습니다 —— 하고 마스다는 말했다.

"개인이나 자아가 훌륭한 것처럼 말하지만, 분명히 그런 건 애매하고 엉성하고 상대적인 거겠지요. 그럼 개인이나 자신에 집착하지 않으면, 제도란 있든 없든 어느 쪽이든 상관없는 것이다 ——그런 뜻일까요?"

"아닐까요?"

"글쎄요 ——."

마스다는 알 수 없었다.

도불의연회

마스다는 사회의 절대성을 의심하고 경찰관을 그만두었다. 그러나 자기 자신에 대한 절대성도 의심해야 한다면 ―― 그것은 ――.

"제도 ―― 예를 들어 법률이라는 것도 제도일까요?"

후유는 머뭇머뭇 물었다.

마치 시류에 거스르는 것은 주장하는 것이고, 주장하는 것은 나쁜 일이라고, 그렇게 생각하고 있기라도 한 것 같다.

"그래요 ――."

후유는 연지를 바른 것도 아닌데 붉은, 모양 좋은 입술을 열어 마치 유리컵을 두드리는 듯한 맑은 음색의 목소리를 냈다.

"그래요 ―― 사람을."

"네?"

"사람을 죽여서는 안 된다 ―― 라는 법률이 있지요?"

"그야 있지요."

"사람을 죽이고 싶다고 생각하는 사람한테는, 그 법률은 분명히 방해가 되겠지요. 벌을 받고 마니까요. 하지만 사람을 죽이고 싶다고 생각한 적이 없는 사람 입장에서 보면 방해고 뭐고 아무것도 아니잖아요. 그건 있으나 없으나 별로 다를 게 없는 법률이에요. 아닌가요?"

"그렇겠지요. 분명히 세상에는 사람을 죽이는 인간은 그렇게 많지 않아요. 사람은 쉽게는 다른 사람을 죽이지 않고, 또 많은 사람들은 살인이 나쁜 짓이라고 생각하고 있으니까요. 그러니까 살인자를 벌하는 것을 그만두라거나, 법률을 개정하라는 목소리는 전혀 들리지 않는 거지요. 하지만 말이지요, 세상에 살인 충동을 가진 사람이 정말로 한 명도 없다면, 규제하는 법률도 생기지 않았을 겁니다. 조금이라도 있으니 ――."

"하지만 법률이 있어도 살인자는 없어지지 않아요."

그건 그렇지만.

"그러니까——사람이 그런 무서운 행위를 하는 것도 하지 않는 것도, 법률이 있고 없고와는 크게 상관이 없는 일이 아닐까, 하고 ——저는 생각해요."

후유는 그렇게 말했다. 무서운 행위——그것은 법률이 있기 때문에 범죄행위라고 불린다. 사회가 있기 때문에 반사회적 행위라고도 불린다. 하지만 법률도 사회도 없다고 해서 그때 사람은 무차별적으로 다른 사람을 죽이기 시작할 것인가 하면, 당연히 그런 일도 없을 것이다.

"그러니까——집안이라든가 관례 같은 것도 마찬가지라고 생각해요. 그런 개인을 묶는 제도는, 역시 그게 깨지면 집단이 곤란하니까 생기는 것일 테고, 깨고 싶은 개인이 있으니까 생기는 거겠지요. 하지만 지키는 사람은 제도가 있어서 지키는 건 아닐 테니, 깨는 사람은 아무리 규제해도 깨지 않을까요——."

제도는 있으나 없으나 상관없다——는 것은 그런 뜻일까.

"그래요——금지되어 있어도——사람을 죽이고 말 때가 있는 것처럼——."

가센코는, 후유는 그렇게 말을 맺었다.

——죽이고.

마스다는 그 말을 들은 순간 냉수를 온몸에 뒤집어쓴 것처럼 오싹해졌다.

후유는 어디까지나 무표정하다. 단정하고 꾸밈없는 얼굴이란 무서운 것이다. 읽을 수가 없다.

도불의연회

"사람이 사람을 죽이지 않는 게 —— 법률이나 제도로 금지되어 있어서가 아니라면 ——."

그건 무엇에 의해 규제되고 있는 걸까요, 하고 후유는 물었다.

"그건 —— 윤리관이라든가, 도덕관이라든가."

아닐까.

그것은 아닌 걸까.

"그런 ——."

아츠코가 갑자기 말했다.

"—— 그런 어중간한 논리는 상관없어요."

"네?"

"사람이 사람을 죽이지 않는 건, 사람이기 때문이에요."

"뭐라고요?"

아츠코는 그대로 입을 다물어 버렸다.

가센코는 그런 아츠코의 옆얼굴을 바라보고, 무표정한 얼굴을 한 채 다시 마스다 쪽을 향했다. 변함없을 터인 그 얼굴이 마스다의 눈에는 몹시 슬퍼 보였다.

마스다 씨 —— 가센코가 마스다를 부른다.

"집은 제도지요. 하지만 —— 가족은 제도가 아니에요."

"네에."

"어떤 제도 속에서 살고 있어도, 인간은 그렇게 다른 삶을 사는 건 아니라고 생각해요. 저는 지난 십 년 동안 여러 사람들의 상담을 받았어요. 신분이 높은 사람도, 돈이 많은 자산가도 저를 찾아왔어요. 궁핍한 삶을 살고 있는 사람도, 편하게 살고 있는 사람도 있었지요. 불행한 사람도 행복한 사람도 왔어요. 하지만 모두 하나같이, 아침에 일어나서 식사하고 자는 건 똑같아요. 돈이 있다고 밥을 열 배 먹을 수 있는 것도 아니고, 행복한 사람이라도 배는 고프지요. 많은 사람과 접하면서 제가 알게 된 건, 아무리 가혹한 환경에 있는 사람도 생물로서 제대로 살아갈 수만 있으면 그렇게 불행을 느끼지는 않는다——는 거예요."

"생물로서——라니요?"

"인간이라는 종류의 생물이 살기 위해 필요한 양육 방법, 삶의 방법——이라고 할까요. 아이를 낳는 것, 낳은 아이에게 젖을 주는 게 싫어졌을 때, 역시 그건 망가진 거예요. 사람으로서는 망가지지 않았어도, 적어도 생물로서는 망가진——."

인간은 동물과는 다르다. 사정이니 주장이니 주의니 신념이니, 그런 거창한 것 아래, 사람은 사람으로서 성립하고 있다. 여자라든가 남자라든가 개인이라든가 자아라는 말을 해 본들, 그것도 그런 거창한 것——비경험적인 개념임에는 틀림없다. 그러나 그래도 사람이 동물이라는 점에서는 변함이 없다. 가센코가 말하는 대로 생물로서의 존재 방식이 그런 비경험적인 것에 깔려 버린다면, 역시 그것은 생물로서 망가졌다고 생각할 수밖에 없을지도 모른다.

가센코는 말을 잇는다.

"그런 생활을 보증해 주는 건, 제도 같은 게 아니라고 생각해요. 도덕도 윤리도 아니에요. 고매한 이치는 아무것도 보증해 주지 않아요. 그걸 보증해 주는 건 아마, 지루한 일상뿐일 거예요."

"일상——이요?"

"네. 제가 잃어버린 것이지요."

아츠코가 갑자기 얼굴을 들었다.

도불의연회

"잘은 모르겠지만——애정이라는 건 뭔가, 숭고하고 성스러운 인상의 말이지만, 제 생각에——그건 시시한 일상을 공유하는 것, 이라는 뜻이 아닐까요——."

마스다는 생각한다.

사랑은 맹목이라고 한다. 사랑은 무엇과도 바꾸기 힘들다고도 한다. 숭고한 사랑을 성취하기 위해 몹시 힘들고 어렵고 고생스러움을 뛰어넘는 종류의 그런 연애담은 별의 수만큼이나 많다. 그러나 그런 이야기는 왠지 반드시 성취된 데서 끝나버리고 만다. 어떤 사랑이든 맺어진 후에 기다리고 있는 것은 반드시 지루한 일상일 테지만, 연애담은 거기까지는 그리지 않는다. 그리지 않기 때문에 모두 착각을 한다.

지루한 일상에 진저리가 나서 비일상을 추구한 끝에 동반자살을 하는, 생각해 보면 수상쩍은 이야기가 환대를 받는 것은 착각의 결과라는 뜻일까.

물론——계기는 대체로 착각이라고도 생각한다.

마스다는 흔들다리 이야기를 떠올린다. 흔들리는 다리 위에서 만난 남녀는 반드시 사랑을 하게 된다는 이야기다. 그것은 위험에 노출되어 높아진 심장박동과 연애 감정에서 오는 심장의 두근거림을 뇌가 잘못 이해한 결과라고 한다. 하지만——설령 다리 위가 아니더라도 사랑의 시작은 대개 착각일 거라고, 마스다도 그렇게 생각하지 않는 것도 아니다.

문제는 그 후다. 착각을 계속하는 쪽이 대단한 거라는 풍조는, 혹시 잘못된 것일까. 그렇다면 마스다 자신도 줄곧 잘못 생각해 온 것인지도 모른다.

연회의 시말

마스다가 망설이고 있는 것을 알아챈 것일까. 가센코는 잠시 말을
멈추고, 그러고 나서 조용히 이렇게 말했다.

　　"일상을 공유하는 사람——그 사람을 가족이라고 부르는 거라고
저는 생각해요. 가족은 제도와도 법률과도 무관하지요."

　　"가족——이라고요?"

　　"저는——그 가족을 죽이고 말았어요."

　　그리고 제게서 일상은 박탈되었습니다——가센코 오토메는 표정
을 바꾸지 않고 의연하게 말했다.

　　마스다는 오싹해졌다.

도불의연회

＊

처마에 매달린 계절과 맞지 않는 풍경을 바라보면서, 도리구치는 추젠지 부인이 내준 수양갱(水羊羹)[42]을 게걸스럽게 먹고 있었다.

잠깐 기다리고 있으라는 말을 들은 지, 이미 한 시간 가까이 지났다. 그사이 부인은 차니 과자니 하는 것들을 챙겨 주며 손님을 대접하느라 고생인 것 같다. 듣자 하니 의리 없는 남편은 손님을 두 명이나 기다리게 해 놓고 전화를 하고 있다고 한다.

다타라는 부인이 올 때마다 황송해하며 손수건으로 이마의 땀을 닦았다.

도리구치는 양갱을 다 먹어 버리고 나서, 역시 다 먹은 듯한 다타라에게 말을 걸었다. 먹고 있는 동안에는 서로 말이 없어서 묘하게 거북한 듯한, 그런 기분이 들었기 때문이다.

"다타라 씨."

"네?"

"스승님 —— 추젠지 씨와는 어떤?"

"네에. 저는 2년쯤 전에, 데와(出羽)[43]의 즉신불(即身仏)[44]에 얽힌 기묘

---

42) 양갱은 한천의 첨가량에 따라 연양갱과 수양갱으로 나뉘는데, 한천이 많이 들어가서 단단한 것이 연양갱(煉羊羹), 한천이 적고 부드러운 것을 수양갱(水羊羹)이다.
43) 현재의 야마가타 현과 아키타 현 대부분을 가리키는 옛 지명.
44) 수행자가 명상을 계속하다가 절명해 그대로 미라가 되는 것. 주로 진언밀교의 교의에 따른 것으로 진언종에서 설법된다.

한 사건에 휘말렸지요. 그때 즉신불의 해부라는 벌 받을 짓을 하는 처지가 되었어요. 그 해부를 해 준 외과의가 소개해 주었습니다. 요괴를 좋아하는 녀석이 있다네, 라면서."

"아하. 그 사람은 사토무라인가 하는 의사지요?"

사토무라라는 사람은 역시 추젠지의 친구인 기바 형사가 친하게 지내는 감찰의다. 괴짜라고 한다. 다타라는, 그래요, 그 머리숱이 적은 사람――하고 말했다. 머리숱이 적은지 어떤지까지는 도리구치도 모른다.

"재미있는 의사 선생님이었지만―― 저는 그 무렵, 누마가미라는 남자와 함께 전국을 순회하며 요괴 연구를 하고 있었는데요, 두 사람 다 묘한 일에 금세 머리를 들이미는지라 몇 번이나 곤란한 상황을 당했지요."

"있을 법―― 하군요."

남의 일이 아니다.

"그때는 추젠지 군 덕분에 살았어요. 살인사건이었거든요. 저는 학문은 알지만, 범죄는 모르니까요."

"아하. 저는 범죄는 알지만, 학문은 전혀 몰라서요. 뭐, 떡은 떡집에서―― 맞지요, 이 속담?"

"맞습니다. 그래요, 그는 뭐 실천가니까요. 주술의. 효과가 있지 않습니까, 제령."

"효과 있지요――."

제령―― 그것이 바로 추젠지 아키히코의 세 번째 일이다. 추젠지 아키히코의 세 번째 얼굴은 악한 것을 떼어내는, 제령 기도사의 얼굴이다.

도불의 연회

기도사 ——.

이 얼마나 전 시대적인 부업인가.

그러나 기도사라고 해도 추젠지는 평범한 기도사가 아니다. 소위 말하는 주문이나 가지기도(加持祈禱)를 잘하는 것이냐 하면 —— 그는 네기[禰宜]⁴⁵⁾이기도 한 셈이니 그런 일도 하는 것 같지만 —— 아무래도 그건 아니다. 애초에 썬 것이 무엇인지 도리구치는 잘 모른다.

여우에게 홀렸다느니 뱀이 씌었다느니, 도리구치는 추젠지와 만나기 전까지 그런 것은 전부 미신이나 허망(虛妄)이라고 전면적으로 멀리하거나, 또 한편으로는 세상에는 사람의 지혜가 미치지 않는 불가사의한 일이 있는 거라고 있는 그대로 신용하거나, 그 둘 중 하나밖에 길은 없다고 생각하고 있었다. 근대 이후와 그 이전 사이에는 결코 건널 수 없는 깊은 단절의 구렁이 놓여 있는 거라고, 그렇게 생각하고 있었기 때문이다.

그러나 아무래도 그 생각은 틀렸던 것 같다고 —— 도리구치는 최근에 생각하게 되었다.

유령이다, 요괴다, 하고 말하는 것은 간단하지만 설명할 수 있느냐고 하면 도리구치는 아무것도 할 수 없고, 따라서 단정적인 말은 아무것도 할 수 없지만, 그가 떼어내는 것은 그런 종류의 것이기도 하고 —— 그런 것이 아니 —— 라고도 할 수 있다.

"그 사람의 그건 —— 무엇일까요."

추젠지는 불가사의한 일은 아무것도 일으키지 않는다.

다만 말할 뿐이다. 말함으로써 사람은 흔들리고, 사람에게 씌은 것은 해체되어 간다.

---

45) 신직(神職) · 신관의 총칭.

추젠지가 가진 일견 무관하게밖에 생각되지 않는, 커다란 쓸데없는 지식은, 조합되고 쌓아 올려져서 방대한 양의 말로 바뀌고, 그 말은 반쯤 주문이 되고 축언이 되고, 또 때로는 저주가 되어 사람을 현혹하고, 떠밀고, 분기시키고, 치유하고——.

사람에게 씐 악한 것을 떼어내는 것이다.

그것이 그의 기도사로서의 방식이다. 그가 자아내는 말의 소용돌이에 많은 사람은 환혹되고, 희롱당하고, 재미있을 정도로 농락당하고 만다. 그리고——제령된다.

——그때도.

무사시노 사건 때도.

그는 칠흑의 기나가시를 입고 있었다.

그것은 그가 제령을 할 때의 복장이다.

추젠지는 혼미한 사건의 막을 내릴 때 제령을 하는 것이다. 사건의 관계자에게 씐 범죄라는 악령을 떼어낸다.

해결하는 것은 아니다.

그의 방식은, 예를 들어 은폐된 진상이 밝혀지고 범인이 특정된다는, 소위 말하는 범죄의 해결에는 공헌하지 않는다. 그러나 아무래도 사건 자체의 특이성을 무효화하는 효력은 갖고 있는 것 같았다. 자리 잡을 것은 자리 잡아야 하는 곳에 자리 잡고, 사건에 의해 일그러진 세계는 우선 교정되어, 글자 그대로 이상한 것이라곤 없다는 형태로 세계는 정돈되는 것이다.

그리고 사건도 해체된다.

"——그건—— 뭐 저는 뭐라고도 말할 수 없지만, 일종의 정보 조작일까요?"

도불의 연회

도리구치가 묻자 다타라는 으음, 하고 신음했다. 그리고,

"저는 신비의 영역이라는 건 있다고 생각합니다."

하고 말했다.

"추젠지 군은 그런 것은 조금도 생각하지 않는 것 같잖아요. 하지만 자세히 이야기해 보니, 저와 그는 입장이 다를 뿐이라는 것을 알았어요. 저는 연구자고, 그는 지금 말했다시피 실천자입니다."

"그게 무슨?"

"저는 괴이를, 이렇게, 이것저것 연구하지 않습니까. 괴이라는 건알 수 없는 거지만, 그건 복잡할 뿐이지 반드시 이유가 있는 겁니다. 몰아넣고, 풀어내고, 자세한 것을 명확하게 해 나가면 대부분의 괴이는 언설(言說)로 해체되고 마는 법입니다. 뭔가, 요괴라는 건 없다, 저주 같은 효과가 없다는 기분이 들지요. 하지만 그래도 제게는, 그 언설의 바깥쪽이라는 게 아직 남아 있습니다. 경계 바깥쪽이라는 놈을 남겨둘 수 있는 거지요. 하지만——그의 경우는 그 경계에 서 있는 겁니다. 그는, 이상하다고 말해서는 안 되는 입장이지요."

"아아, 그렇군요——."

추젠지는 자주 말한다.

이 세상에 이상한 일이라고는 아무것도 없다——고.

그것을 도리구치는 처음에는 과학 신봉자의 말처럼 받아들였다. 그러나 그것은 근대 합리주의적 입장에 입각한 발언이 아닌 것 같았다. 물론 중세의 암흑에 그 뿌리를 두고 있는 것도 아닌 것 같았다.

이상한 것이라고는 아무것도 없다.

도리구치는——물론 그 말의 진의를 이해하고 있는 건 아니지만, 그 말을 들을 때마다 으스스한 불안과 편안한 안도를 동시에 느낀다.

그렇다——왠지 안심하는 것이다.

한편 오싹할 때도 있다.

이상하든 그렇지 않든, 어차피 이 세상에는 일어날 수 있는 일밖에 일어나지 않고, 일어날 수 없는 일은 일어나지 않는다고, 추젠지는 말한다. 그것은 분명히 그렇다. 일어나 버린 이상 그것을 일어날 수 없는 일이라고 부르는 것은 논리적으로 모순되어 있고, 일어나서는 안 되는 일이라고 불러 버리면 이미 단순히 자의적인 해석에 지나지 않는다.

그렇다면 분명히——이상한 일이라고는 없다고 받아들일 수밖에 없을 것이다.

도리구치는 잘 표현할 수는 없지만 그런 말을 했다. 제대로 전해졌는지 어떤지는 알 수 없었지만 다타라는 고개를 끄덕였다.

"우리는 그쪽을 의심하잖아요. 그는 오히려 이쪽을 의심하는 듯한 구석이 있지요."

그렇게 말하며 다타라는 높은 목소리로 웃었다.

도리구치는 생각한다. 이 세상에 이상한 일이 없다면.

바꾸어 말하면 그것은, 이 세상에는 당연한 일까지 포함해서 전부 이상한 것이다——라는 의미도 되지 않을까. 전부 이상하다면 특별히 이상해할 것은 없지 않은가.

어느 쪽이든 과학도 마술도 상관없다. 현상을 인식하는 주체를 의심하고 현상 자체를 모두 긍정한다면, 수수께끼도 이상한 일도 모든 것은 개인의 인식 문제일 뿐이게 된다. 수수께끼를 만들어내는 것은 항상 사람이다. 어차피 사람이 만든 것이라면 지우는 것 또한 쉬울 것이다.

도불의연회

그렇게 생각하면 추젠지라는 남자는 터무니없는 남자다. 만일 그 남자가 악의를 갖고 사람을 함정에 빠뜨리고자 한다면, 그 간계를 막는 것은 누구에게도 불가능할 거라고 도리구치는 생각한다. 그의 손에 걸리면 사람 하나를 불행하게 만드는 정도는 어린아이의 손을 비트는 것보다도 쉬운 일일 것이다. 그러면 유일한 구원은 그가 악인이 아니라는 그 한 가지 점뿐이라는 것이 되지 않는가.

추젠지라는 남자는 만만하게 볼 수 없는 남자이기는 하지만 악인은 아니라고, 도리구치는 그렇게 생각한다. 다만 그렇게 생각하는 것도, 그의 일류의 궤변에 도리구치가 희롱당한 결과일지도 모르지만──.

그래도 도리구치는 그렇게 생각한다.

작년의 사건을 도리구치는 평생 잊지 못할 것이다.

설령 그 모든 것이 추젠지의 사술(詐術)이었다고 해도, 그래도 상관없다고 도리구치는 생각한다. 범인이 붙잡히든 수수께끼가 해명되든, 살아남아 버린 사람에게 사건이라는 것은 좀처럼 끝나지 않는 법이다. 그 사건을 추젠지는 끝내주었다. 그것만은 확실하다. 혹시 무사시노 사건에서 도리구치가 느낀 것을, 아마 다타라도 그 데와의 사건인지 무엇인지에서 느낀 것일까──하고 도리구치는 멋대로 납득했다.

그래요, 그래요, 즉신불 하니까──하고 다타라는 말했다. 데와의 사건에 관해서 이야기하는 건가 했는데, 그것은 아니었다.

"누리보토케 말인데요, 그건 즉신불과 관련이 있지 않은가 하는 생각도 했지요, 저는──."

"하아. 부처라는 점에서요?"

"뭐 그렇습니다. 일반적인 것은 아닌 것 같지만, 미라에 옻칠하는 경우가 있지요. 이건 정말 누리보토케[塗り仏]이지 않습니까? 즉신불(即身仏)이라는 건 즉신성불(即身成仏)한 것이고, 다시 말해서 정말로 부처님이니까요."

"아하. 역시 굳히기 위해서?"

"그래요. 보존을 위해서지요. 옻칠을 하면 윤기도 생기니까. 부처라고 해도 시체임에는 틀림없는 셈이고, 벌레가 먹거나 썩기도 합니다. 애초에 일본의 풍토는 이집트와 달리 미라를 만들기에 적합한 건 아니니까요. 생전에 오곡(五穀), 십곡(十穀)을 끊는 것이 완전하지 않으면 썩어요. 게다가 뭐라 해도 일본의 그것은 사후에 방부 처치를 하지 않습니다. 연기로 그슬리거나 하는 정도지요."

"아하. 정말 처절한 기분이 드는군요. 그래서 그것이 정답입니까?"

"아니——."

다타라는 웃으면서 양손을 무릎 위에 놓았다.

"확실하지 않습니다. 지방의 즉신불 신앙과 이 그림이 연결되지 않아요."

"그 미라는 이런 게 아닙니까?"

"그렇다고 할까, 에도의 불단과 연결되지 않는 겁니다. 이 불단, 밀교계의 전승과는 아무래도 맞지 않는 듯한 기분이 들어요. 게다가 이 그림에 그려져 있는 건 아미타불이잖아요. 종파가 달라요. 그렇다면 그나마 칠기 불단(塗佛壇) 쪽이 가까운 듯한 기분이 듭니다. 뭐, 즉신불의 괴이 전승도 없는 건 아니지만——환생한다거나. 하지만 보세요——."

도불의 연회

다타라는 탁상의 그림을 가리킨다.

"——눈이 튀어나와 있지 않습니까, 이 그림——."

다섯 치는 튀어나와 있다.

"나와 있네요. 으음. 저어, 즉신불이라는 건 땅에 묻혀서 괴로워하는 거잖아요. 그래서 힘을 주느라, 그래서 눈이——하지만 이렇게는 나오지 않나?"

마치 달팽이처럼 튀어나와 있다.

"게다가 도리구치 씨, 이 그림은 이렇게, 양손으로 가리키고 있지 않습니까. 튀어나온 눈알을——."

어떠냐, 는 듯이 과시하고 있다.

"그러니까 반드시 의미가 있을 겁니다. 안 그래도 세키엔의 작풍은 무의미한 것은 그려 넣지 않습니다. 그런데 이러니까요. 이 그림에서 추측해 보건대, 칠했다거나 부처라거나 하기 이전에 눈알이 튀어나온 요괴라는 공통 인식이 있었다고밖에 생각할 수 없는 겁니다. 즉신불은 눈알이 튀어나오지 않으니까요."

"분명히 그렇군요——."

도리구치는 그림을 들여다본다.

"——위협하고 있다기보다 자랑하는 것 같네요. 튀어나온 눈을 자랑하는 거로군요. 그렇다고 해도 이렇게 나오나요, 보통? 병에 걸린 건 아니겠지요, 이렇게까지 나오면. 저는 눈이 튀어나온 시체를 본 적이 있지만, 이렇게 쑥 나오지는 않았어요. 뒤통수를 망치로 친다고 해도 이렇게까지는 나오지 않을 겁니다."

그렇지요——하고 말하며 다타라는, 이번에는 자신의 작은 눈을 가리킨다.

연회의 시말

"어떤 병이든 그렇게 엄청난 증상은 나타나지 않을 거라고, 보통은 그렇게 생각합니다. 생각하지요. 그런데, 이게 기록에는 남아 있습니다. 게다가 시체가 아니에요. 살아 있는 인간이고, 그것도 한두 명이 아니랍니다."

"이런 눈인 사람이 말입니까?"

"구경거리가 되었어요."

"구경거리? 그 축제날 같은 때에 극장에서 공연되는, 로쿠로쿠비나 사녀(蛇女)나, 고후(甲府)에서 잡힌 큰 족제비, 라든가, 부모의 업보가 어떻다는 둥 하는 그런 것 말입니까?"

"그렇습니다. 뭐 구경거리를 보여 주는 극장이라는 건, 지금의 윤리에 비추어 보자면 문제는 있겠지요. 인도적인. 하지만 예로부터 민중은 그런 것을 즐겨 보았습니다. 수상쩍다, 바람직하지 않다는 이유만으로 학문의 대상에서는 벗어나 있지만, 그것도 문화이기는 한 겁니다."

"잘 알 것 같네요."

도리구치처럼 언더그라운드에 한쪽 발을 집어넣고 있는 인간에게는, 그것은 그렇게 먼 존재가 아니다.

"그렇습니까? 과잉 결손 변형과 신체의 이상을 구경거리로 삼는 건 차별적이라고 하면 그렇지만, 구경거리를 보여 주는 극장의 경우에는 말입니다, 보여주는 쪽은 그 이상(異常)을 열등한 것이라고는 생각하지 않았고 오히려 자신의 특성으로서 자랑스럽게 여기고 있었던 구석이 있어요. 재주로서 돈을 받고 보여주는 거지요. 프라이드도 있었던 것 같습니다. 뭐 굴절되기도 했을 테고, 여러 가지 경우가 있었겠지만요. 당당하게 보여주기는 했어요. 하지만 보는 쪽도 감탄

도불의연회

하면서 보고는 하지요. 모두가 똑같다고 거짓말을 하면서 음습하게 차별하는 현대보다 대등했을지도 모르겠네요."

엇차, 문제 발언이군요, 하고 말하며 다타라는 웃었다.

"그리고 옛날에, 메지카라[目力]라는 예능이 있었어요."

"메지카라?"

"그래요. 눈의 힘. 가령 1842년, 료고쿠 가로에서 흥행했던 메데타 [目出度] 남자 간리키타로[眼力太郎]라는 사람이 있었지요. 이 사람이 힘을 주면 눈알이 이렇게, 나오는 겁니다."

"우헤에. 거짓말이죠?"

그것은 믿을 수 없다.

"아니, 문헌에 남아 있어요. 게다가 꺼냈다 넣었다를 자유자재로 할 수 있을 뿐만 아니라, 꺼낸 눈에 끈을 걸어서 물건을 들어 올린다고 해요. 잔이나 작은 돌 등, 5관[貫]⁴⁶⁾ 정도까지는 들 수 있었다고 합니다. 평판이 매우 좋았어요."

사실일까.

"아플 것 같은 예능이군요."

"아플까요? 〈갑자야화(甲子夜話)〉에도 같은 예능인의 기록이 실려 있는데, 이 책에서는 메다시코조[目出し小僧]라고 해요. 작자인 마쓰라 세이잔은 일부러 의원을 보내서 보고 듣게 했을 정도이니까요. 이 사람은 부채 자루로 눈두덩을 누르면 눈알이 쑥 나와요. 그 외에도 〈구경거리 잡지〉의 하나야마 나루유키, 〈에도견문도회[江戸見聞圖繪]〉의 와카마쓰 메데타로 등 많이 있었어요. 삽화 같은 것을 보면 그게 이렇게——."

---

46) 1관은 3.75kg.

누리보토케의 그림과 아주 비슷해요 —— 하고 다타라는 말했다.
이 그림대로라면 기분 나쁜 예능이기는 하다. 도리구치가 다시 한
번 우헤에, 하고 괴성을 질렀을 때, 장지문이 슥 열렸다.

추젠지가 서 있었다.

도불의연회

　　　　　　　　　　＊

　오구니 씨는 저를 도와주셨어요——.

　사에키 후유는 그렇게 말했다.

　에노키즈가 기상할 기미는 전혀 없다.

　마스다는 당시의 상황을 상세히 물었다.

　후유가 자란 집——사에키 가는 꽤 큰 저택을 갖고 있었던 모양이었다. 마스다가 후유의 말을 들으며 쌓아 올린 건물의 전체상은 규모도 구조도 대단한 것으로, 민가라기보다 오히려 무가의 저택이라고나 하는 편이 좋을 것 같은 집이었다. 실제로 보지는 못했으니 단언할 수는 없지만, 그것은 마스다가 상정하고 있던 한적한 마을의 농가와는 느낌이 꽤 달랐다. 사에키 가는 글자 그대로 유서 깊은 집안이라고 불리는 것이 어울릴 만한 가문이었던 것 같다.

　유리 악기를 연주하듯이 후유는 말했다.

　"아버지는——좀처럼 웃지 않는, 아주 무서운 분이었던 것 같지만, 저한테만은 다정했어요. 교육은 엄격해서 야단을 맞기도 했지만 싫지는 않았어요. 자주 놀아 준 기억은 없지만, 횟수가 적은 만큼 인상도 짙어서——그래요, 툇마루에서 데마리[47]를 치면서 놀아 주셨어요. 어린 제 양손으로 다 쥘 수 없을 만큼 큰 데마리가, 커다란 아버지가 치면 아주 작아 보여서, 그게 웃기고 재미있었어요——."

———————————

47) 색실을 감아서 만든 공.

공동주택[48]에서 문화주택[49]으로 옮겨 살며 자란 마스다에게는, 툇마루가 있는 풍경이 그려지지 않는다.

"어머니는 청초하고 아름다운 분이었어요. 저는 어머니처럼 되고 싶다고, 줄곧 생각하고 있었지요. 그래서 예의범절을 엄하게 가르치시는 것도 힘들지는 않았고, 언젠가 부모님이 정한 집으로 시집을 가는 것도 싫다고 생각한 적도 없었고요. 어머니는 태도가 조심스럽고, 부지런하고, 어떤 때에도 결코 거친 목소리를 내는 적은 없었어요. 늘 부엌에 있고, 부뚜막 앞에서 밥을 짓거나 채소를 썰고 있었지요——."

부뚜막이 있는 생활이라는 것도——마스다와는 인연이 없는 것이다.

"제게는——."

후유는 유리알 같은 눈을 공허하게 뜨고 눈에 보이지 않는 원고를 읽듯이 담담하게 말한다.

"——제게는 오빠가 하나 있었어요. 그리고——할아버지의 동생의 손자니까, 저한테는 육촌 오빠에 해당할까요, 오빠와 한 살 차이인 진파치 씨라는 사람이 같이 살고 있었는데——자라고 나서는 고용인이 되었지만——우리는 삼 남매처럼 자랐어요."

마스다에게는 형제도 없다.

"——오빠는 저를 글자 그대로 사랑하고 귀여워해 주었어요. 무엇

48) 일본의 전통적인 집합주택의 한 형태로, 서민들이 모여 사는 동네의 좁은 골목길에 지어져 있는 목조 주택을 가리키는 경우가 많다. 에도 시대에는 독립된 가게를 가진 중층 이상의 상가(商家) 외의 사람들은 대개 이 공동주택을 빌려 사는 경우가 많았다.

49) 다이쇼[大正] 후반기에서 쇼와[昭和] 전반기에 걸쳐 대도시 근교에 많이 건축된 생활에 간편한 설비를 갖춘 새로운 형식의 주택을 가리킴. 서양 문물을 받아들인 시기였기 때문에 일본식과 서양식을 절충한 형태의 것이 많았다.

도불의연회

이든 돌봐 주었지요. 울고 있으면 안아 주었어요. 제가 잡은 나비가 도망쳤을 때는, 들판을 끝도 없이 쫓아다녀 주었고요. 후유를 다른 집으로 시집보내지는 않을 거라고, 그렇게 말하고는 했어요——어릴 때의 일이지만요."

"나비——라고요?"

마스다는 가나가와의 너저분한 동네에서 자랐다.

어릴 때는 가난했고, 자라고 나서도 특별히 유복한 생활을 한 기억도 없지만, 아버지라는 사람이 도시를 좋아했기 때문에 마스다는 같은 세대의 사람들보다는 약간 모던한 생활을 했던 것 같다. 그래서 후유가 말하는 산촌의 풍경에는, 동경은 있지만 향수를 느낄 수가 없다.

마스다는 상상해 본다.

산의 풍경. 초원의 풍경. 커다랗고 오래된 일본 가옥. 마스다에게는 몽상일 뿐인 정경이 후유에게는 현실일 것이다.

"할아버지는——아버지보다 더 엄격하시고 아주 조용한 분이었는데, 나이는 많으셨지만 그래도 정정하셨고, 마을 사람들은 모두 할아버지를 진심으로 존경하는 것 같았어요. 그래서 저도 자랑스러웠지요. 마을에서 제일 높은 사람이 우리 할아버지라고, 그렇게 생각하면 왠지 기뻐서. 물론 쉰 명 정도밖에 없는 작은 집촌 안에서의 이야기지만——말만 나누어도 긴장했던 것 같아요——."

마스다는 조부모의 얼굴도 모른다.

후유가 할아버지를 진심으로 존경하는 마음이라는 것도, 따라서 잘은 모른다. 예를 들어 마스다는 자신의 아버지를 대단하다고 생각할 때도 있지만, 반면 곤란한 아버지라고 생각할 때도 있다.

나름대로 높이 평가하고는 있지만, 그 평가도 두려움이나 깊이 존경하는 마음과는 거리가 먼 것이다. 경멸도 존경도 하지 않는다. 후유가 토로하는 진정(眞情)은 마스다에게는 모두 신선한 것이었다.

"그리고——."

후유의 이야기는 이어진다.

"——그리고, 집에는 아버지의 동생인 오토마쓰 숙부님도 같이 살고 있었어요."

"숙부님——이라고요."

"네. 숙부님은 도쿄의 무슨 어려운 학교를 나왔고, 학문을 하고 계셨던 것 같지만, 몸이 약해서 집에 돌아와 있었던 것 같아요. 숙부님은 늘 별채의 방에서 책을 읽고 있었어요. 그리고 오빠와 제게 재미있는 옛날이야기를 들려주셨어요——."

마스다는 후유의 옛날이야기를 찬찬히 듣는 동안, 본 적도 없는 정경을 떠올리고 있었다. 그것은 체험하지도 않았는데—— 왠지 그리운 풍경이었다.

잘게 갈라진 나무 창틀. 장지 종이 너머로 들어오는 부드러운 광선. 다다미 위의 데마리. 도코노마에 장식된 복을 부르는 물건. 검게 빛나는 대흑천(大黑天)[50]. 이로리[51]. 주전자 걸이. 상자계단. 부엌 구석의 선반에 모셔져 있는, 그을린 에비스[戎] 대흑——.

---

50) 힌두교에서 시바 신의 화신인 마하가라를 말한다. '마하'는 크다, 위대하다는 뜻이고 '가라'는 시간 또는 흑(黑), 암흑을 의미하기 때문에 대흑천이라는 이름이 되었다. 그 이름대로 검푸른 몸에 분노한 얼굴을 한 호법신이다. 밀교의 전래와 함께 일본에도 전해졌는데, 일본에서 대흑천이라고 하면 일반적으로 간다묘진의 대흑천상으로 대표되는 일본 신도의 독자적인 신을 가리키는 경우가 많다. 칠복신 중 하나로 오른손의 주먹을 허리에 대고 있고 왼손으로 커다란 자루를 왼쪽 어깨에 짊어진 주방의 신, 재물의 신으로 그려지는데, 이 자루 속에는 칠보(七宝)가 들어 있다고 한다.
51) 방바닥을 네모나게 파내고 난방, 취사용으로 불을 피우게 한 일본 고유의 난방장치.

도불의연회

어느 것이나 마스다 주위에는 없었던 것이다.

그리울 리가 없다. 그런데도──.

마스다는 작게 고개를 저었다.

이것은 아름다운 옛날이야기가 아니다. 후유는 끔찍한 사건에 이르는 단순한 과정을 이야기하고 있는 것에 지나지 않는다.

아무리 아름다워도, 아무리 그리워도──망가져 버린 것일 뿐이다.

그렇다──그것은 망가진 것이다.

마스다는──형사라는 특수한 직종에 있었던 인간이다. 피해자, 가해자, 관계자 등 일을 통해 여러 인종과 만났고, 여러 인생을 알았다.

밑바닥까지 불행한 사람은 분명히 있다. 그러나 어떤 불행에도 약간의 구원은 반드시 있다. 마찬가지로 행복 속에도 재앙의 싹은 있다. 아무리 본인이 행복을 느끼고 있어도, 불행의 싹은 항상 어딘가에 얼굴을 내밀고 있는 법이다. 그러나──후유가 이야기하는 과거의 정경에 어두운 그림자가 비칠 기미는 없다. 뿐만 아니라 그것은 모두가 어딘가에 조금이라도 가지고 있을, 그런 풍경 그 자체인 감미로운 향수에 휩싸여 있기까지 하다. 그것이 사실이라면 그대로 있어 주었으면 좋겠다──그다음은 듣고 싶지 않다고──마스다는 반쯤 생각하기 시작했다.

그래서. 마스다는 굳이 사무적인 말을 했다.

"으음, 그럼 당신의 집, 당시 사에키 가의 가족 구성은──부모님에 할아버지, 오빠와 육촌 오빠, 그리고 숙부님에 당신──인 7인 가족이라는 뜻이 되는군요──."

마스다는 자신을 사로잡고 있는, 체험하지 않았는데도 그리운 기억에서 빠져나가려고 한 것이다.

후유는 네 —— 하고 대답했다.

"—— 같이 사는 사람은 일곱 명이었어요. 다만 진파치 씨의 아버지인 겐조 씨라는 사람이, 마을 변두리에 오두막을 짓고 따로 살고 있었어요. 겐조 아저씨는 양자로 간 작은할아버지 —— 할아버지의 동생 –—— 의 아들로, 사정이 있어서 작은할아버지와 인연을 끊고 사에키 성을 쓰지 않았지요. 마을 사람들은 분가(分家)라고 부르고 있었어요. 진파치 씨가 태어나자마자 아주머니가 돌아가셨고, 그래서 진파치 씨만은 본가에서 자라게 되었다고 ——."

"본가와 —— 분가라고요?"

화근이 있다면 그것일까.

"그, 부모 자식의 연을 끊은 이유라는 건 뭡니까?"

잘 모르겠지만 —— 그렇게 말하며 후유는 고개를 약간 기울였다. 후유가 잘 모른다고 한다면, 그것은 나중의 붕괴와는 상관없는 일인 걸까.

"—— 작은할아버지라는 분은 —— 의절당하고 양자로 보내진 모양이에요. 자세한 건 저도 몰라요. 메이지 시대의 이야기니까요."

"메이지 —— 하아, 할아버지의 동생이라면 —— 그 정도 계산이 되려나요."

"할아버지가 —— 1871년에 태어나셨다고 들었어요."

"1871년이라. 살아 계신다면 —— 82세입니까."

"네. 제가 죽이지 않았으면."

"아."

도불의연회

암전된다——는 것은 이런 것일 것이다. 후유는 동요한 기색도 없고, 그 가면 같은 무표정이 마스다의 간담을 한층 더 서늘하게 했다. 무언가가.

무언가가 잘못되어 있다. 아까부터 마스다가 줄곧 대화하고 있는 이 여성은, 교양은 없을지도 모르지만 지극히 지적이기는 하고, 게다가 상식을 아는 총명한 사람이다. 정서도 지나칠 정도로 안정되어 있다. 격앙도 하지 않거니와 비탄에 잠기는 일도 없다. 그런데도.

마치 당연한 일인 것처럼.

——그게 오히려.

아니. 그것은 마스다의 믿음이다. 이런 인간은 그렇게 하지는 않을 거라든가, 그런 사람은 그런 말은 하지 않을 거라든가, 보통은 그렇지 않을 거라든가——모두 일방적인, 강요하는 듯한 믿음이다. 상대를 이런 사람이라고 단정하고, 사회는 이런 것이라고 단정하고, 있지도 않은 보통이라는 경계선을 긋고, 멋대로 틀에 끼워 넣으면서 들어가지 않는다고 말하고 있을 뿐이다.

그러니까. 그래도.

마스다는 메우기 어려운 결락감을 금할 수가 없었다.

"작은할아버지는 양자로 간 집과도 물의를 일으켜서 방랑하고 있었다고 하는데, 겐조 아저씨는 그런 생활이 싫어서 본가에 의지했다나요——어쨌거나 제가 태어나기 전의 일이에요. 제가 철이 들었을 때 겐조 아저씨는 이미 마을 변두리에서 가정을 꾸리고 개업한 상태였고, 진파치 오빠도 태어난 후였으니까요——그런 건 나중에 들은 이야기예요."

"개업——이라니."

"아아, 마을에서 하나뿐인 의사 선생님이에요."

"의사?"

"의사라고 해도 —— 한방이라고 할까요. 약초를 달이거나 하는."

"그, 뭐더라, 조잔보 같은 겁니까?"

"예에 —— 뭐 그렇지요. 제가 진파치 오빠에게서 들은 바에 따르면, 겐조 아저씨는 작은할아버지와 부모 자식의 연을 끊은 후, 마을에 머물면서 사에키 성을 쓰는 것을 허락받고 할아버지에게 매우 감사해했고, 어떻게든 마을에 도움이 되고 싶다고 말했다고 하는데 —— 뭐, 할아버지 입장에서 보자면 겐조 아저씨는 불초 동생의 피해자일 뿐이었던 모양이니까, 두말없이 승낙했던 모양이에요 —— 마을에는 의사가 없었으니까요."

"그래서?"

"예에 —— 겐조 아저씨는 —— 이라고 할까, 작은할아버지, 라고 하는 게 정확하겠지만 —— 한때 도야마에 살았다나 해서, 겐조 아저씨는 어린 시절에 약방의 사환 같은 일을 하고 있었대요. 그때 신세를 졌던 가게에서 몇 년인가 공부하고 마을로 돌아왔다나 ——."

"도야마 —— 라고요?"

오구니는 도야마의 약장수다. 접점은 거기일까.

그러나 그래도 아직 붕괴의 징후는 보이지 않는다.

"—— 그럼 작은할아버지라는 사람은 어떨지 몰라도, 그 겐조 씨와 당신네 가족의 관계는 —— 좋았던 거로군요?"

"네에. 체면 때문인지 표면적으로는 그렇게 친밀하게 지내지는 않았지만, 할아버지는 겐조 아저씨를 매우 높이 평가하고 있었던 것 같아요. 마을 사람들도 아저씨에게 의지하고 있었던 것 같고요 ——."

도불의연회

진파치의 어머니는 마을 처녀였다고 후유는 말했다. 그렇다면 겐조와 마을 사람들은 서로 신뢰하는 관계에 있었다고 보아야 할 것이다. 공동체에 들어갈 때 혼인 관계를 맺는 것은 몹시 유효한 일일 거라고, 마스다는 생각한다. 예를 들어 공동체 내부에——표면적으로는 무효해졌다고 해도——주종 관계가 남아 있었다면, 겐조는 그곳에서 주인의 혈통에서 벗어나 일개 구성원이 되는 선택을 한 것이 되기 때문이다.

"작은할아버지라는 사람은 그 후에 어떻게 되었습니까?"

참극의 불씨——파란을 공동체 내부에 가져온다면, 오히려 그 남자가 아닐까.

"작은할아버지는——그래도 1년에 한두 번은 돌아오고는 했어요. 그때마다 아버지나 할아버지와 싸우곤 했던 모양이에요. 실제로 마을에는 작은할아버지가 찾아올 때마다 큰 소란이 일어났지요. 하지만——."

"하지만?"

"의절했네, 인연을 끊었네, 라고는 하지만 돌아와도 쫓아내지는 않았어요. 곤란한 사람이라고 모두들 말하기는 했지만, 싫어하는 느낌은 아니었지요. 저한테는 선물을 가져다주는 떠들썩한 사람이라는 인상밖에 없어요."

"예에——."

참으로 느긋한 소리다.

"그——싸움의 원인은요?"

"그건——잘 모르겠어요. 다만 할아버지의 이야기로는, 작은할아버지라는 사람은 투기꾼이라고."

"투기꾼?"

"그 무렵의 저는 그게 어떤 사람을 가리키는 건지 몰랐지만——지금 생각해보면, 뭔가 수상쩍은 사업 같은 것을 해서 큰돈을 벌려고 한다거나, 그런 생각을 하는 사람이었던 게 아닐까요?"

"그렇군요——."

그런 남자라면, 도시에는 쓸어버릴 정도로 많이 있다.

일확천금을 꿈꾸는 놈들은 넘쳐난다. 후유의 할아버지의 평가가 사실이라면, 그 작은할아버지라는 사람도 특별히 보기 드문 인종은 아니다. 단순히 산촌에는 어울리지 않는다는 것뿐이고, 그런 인간은 도시라면 많이 있다.

아니——경제의 구조나 신분제도가 바뀌어 버린 근대 이후에는, 어떤 계층의 어떤 지역의 어떤 인간도 꿈을 꾸는 것만은 허용되게 되었다. 그렇다면 오히려 가난한 농촌에야말로 야망이나 대망을 품는 사람들이 많지 않았을까. 지나치게 많아서 눈에 띄지 않았을 뿐인지도 모른다.

그렇게 생각하면——그 작은할아버지라는 사람이 마을의 질서를 흐트러뜨린 장본인이라고 생각하는 것도 경솔한 것인지도 모른다. 어쨌거나 단순히 투기적인 데가 있는 인간이라는 점만으로는, 전무후무한 대살육의 계기가 될 용량을 가진 인물이라고는 말할 수 없다. 그 사람이 그렇게 눈에 띄었던 것은 후유가 있었던 마을이 필요 이상으로 평온무사했다는 증거일 뿐이다.

"마을은 평화로웠어요."

후유는 정말로 그렇게 말했다.

"——그 무렵, 닛카 사변[52] 등이 있어서 세상은 불안했던 모양이지

도불의 연회

만, 산은 평화로웠어요. 저는 아직 열네다섯 살이었으니까 아무것도, 정말 아무것도 모르는 계집아이였고, 그저 매일이 즐거웠지요——."

그런데. 그런데 대체.

마스다는 고동이 빨라지는 것을 느낀다.

"오구니 씨가 처음으로 마을을 찾아온 건, 그래요, 16년 전의 가을 이었을 거예요."

"역시 상비약을?"

"아뇨. 아니, 그, 마을 사람들은 가난하니까 한 집에 한 상자씩 약을 살 수는 없었어요. 다만 상비약은 필요하니까——겐조 아저씨 는 본인이 수업한 도야마의 약국에서 약을 사고는 했어요. 아저씨는 스스로 약을 짓기도 했지만, 재료도 부족했을 거예요. 1년에 두 번, 봄과 가을에 약장수가 찾아오고는 했어요."

"아아, 약을 도매로 팔고 있었던 겁니까?"

"제 기억으로는, 그때까지 줄곧 다니던 친숙한 약장수는 할아버지 였는데, 제 착각이 아니라면 그해 가을부터 오구니 씨로 바뀌었던 거 같아요——."

"아하. 그럼 오구니는 처음에 겐조 씨에게 간 거군요."

"맞아요. 그때——그래요, 그 무렵 마을에는 순경이 파견되어 와 있었어요. 순경 아저씨가 있었던 건 1년뿐이었으니까——그러니까 그렇지, 1937년 가을에 오구니 씨는 처음으로 마을에 왔어요."

"순경——이라고요."

---

52) 1937년부터 시작된 일본과 중국 간의 대규모 전투. 양국 모두 선전포고를 하지 않았 기 때문에 사변이라고 칭하지만, 태평양전쟁 발발 후도 포함하면 중일전쟁이라고도 부 른다. 다만 중일전쟁은 1937년부터 1945년까지의 전쟁을 가리키는 경우가 일반적이지 만 닛카 사변은 1937년부터 1941년까지로 보는 것이 대표적 견해이다.

마스다는 수첩에 적는다.

"어? 그럼 주재소가 있었습니까?"

"네. 1년 동안뿐이지만요."

"그럼——."

순경이 떠난 후에 참극은 일어난 것일까.

"처음에—— 오구니 씨는, 마을에 들어왔을 때 오빠한테 무례한 짓을 했다나 해서, 겐조 아저씨에게 이끌려 본가에 사과하러 왔었어요. 꾸벅꾸벅 머리를 숙이던 게 기억나요. 오빠도 처음에는 딱딱하게 굴었지만, 오구니 씨의 인품 때문인지 금세 친해져서——."

그것은 인품 때문이 아니다.

마스다는 그렇게 생각했다.

도리구치의 조사가 사실이라면, 오구니라는 남자는 최면 기술을 쓴다. 그것도 보통 실력이 아닌 모양이다. 오구니는 상대의 의지도 기억도 행동도, 생각대로 조종할 수 있는 것이다.

마스다는 당혹스러워졌다. 후유는 그런 마스다의 미적지근한 표정을 잠시 바라보고, 그러고 나서 이렇게 말했다.

"저는—— 오구니 씨에게 나쁜 인상은 갖고 있지 않아요. 오구니 씨가 살아 있었던 것도—— 그——."

괜찮습니다, 계속하십시오, 하고 마스다는 말했다.

"장소가—— 장소다 보니, 대개 약장수는 겐조 아저씨 댁에서 1박이나 2박을 하고 돌아가고는 했어요. 오구니 씨도 그랬지요. 다만 어떻게 된 일인지 물론 저는 모르지만, 오구니 씨는 이듬해 정월에도 왔어요."

"그때까지는 봄과 가을, 1년에 두 번이었군요?"

도불의연회

"네. 대엿새 정도 머무르셨을까요. 오구니 씨는 그 후에도 초봄에 또 오셨고, 그때는 이미 세 번째니까 마을에 얼굴도 알려져 있었어요. 선물을 많이 가져와 주셨지요. 그때는 일주일이나 머무르셨어요. 제 게도 소탈하게 말을 걸어 주시고, 세상의 신기한 이야기도 많이 해 주시고——."

"오구니는 그때—— 몇 살 정도였습니까?"

"스물두세 살 정도였던 것 같은데요."

계산은 맞다.

"당신은——그."

오구니에게.

마스다는 묻다 말았다. 뭐라고 물어야 할까. 열네다섯 살의 소녀에 스물두세 살의 남자—— 연애 관계에 빠져도 부자연스럽지는 않다. 후유는 스윽 얼굴의 방향을 바꾸었다.

마스다의 눈에는 웃고 있는 것처럼 보였다. 하지만 그것은 분명히 기분 탓이다. 후유의 표정은 전혀 달라지지 않았다.

아마 15년 전에도——.

——그런가.

15년 전에도 똑같은 얼굴이었을 것이다.

"저는——오구니 씨에게 나쁜 인상을 갖고 있지 않다는 것뿐이 지, 그—— 특별한 감정을 품은 적은 없어요."

후유는 그렇게 말했다. 마스다는 당황한다.

"예, 예를 들어 손에 손을 잡고 함께 도망치자거나, 그런 일은."

없어요, 라고 말하고 후유는 정말로 웃었다.

분명히 그럴 것이다.

연회의 시말

아까 한 이야기에 따르면, 후유는 부모가 정한 상대와 맺어지는 데에 아무런 의문도 품지 않는 소녀였던 것이다.

창밖에서 ──그 이상한 소리가 났다.

마스다는 귀를 기울인다.

줄곧 침묵하고 있던 아츠코가 창밖을 보았다.

후유도 창밖에 신경을 쓰고 있다.

소리는 곧 그쳤다.

오한이 났다.

이상해진 건 ──후유는 말한다.

"마을 전체가 이상해진 건 봄이 지나서 ──오구니 씨가 돌아간 후의 일이었어요."

"이상해 ──졌다니요?"

"달리 말할 수가 없어요. 마침 그 무렵, 임기가 끝난 건지 어떤 건지, 주재소 순경도 마을에서 없어지고 ──그래서 왠지 차분하지 못하다고 할까, 땅에 발이 붙어 있지 않은 것 같다고 할까, 마을 전체가 소란스러워져서."

"소란스러워졌다?"

"네. 그래요, 사소한 일이지만 부부 싸움이나 작은 다툼이 여기저기에서."

"그런 일은 ──."

흔히 있는 일이 아닐까. 그전에는 없었다는 걸까.

"네. 그 정도의 일은, 물론 그전에도 있었던 일이에요. 하지만 ──그래요, 왠지 기분이 뒤틀린 듯한 ──."

"뒤틀린? 살벌한, 것 같은?"

도불의연회

"네. 건조했다고 할까요── 저 자신도 그 무렵에는 왠지 초조해하고 있었어요. 찰싹 달라붙어서 저를 돌봐 주는 오빠가 귀찮게 여겨지거나, 오빠의 안색을 살피며 비굴하게 구는 진파치 씨가 치사하게 생각되거나 해서."

"그건 당연합니다──."

마스다는 말했다.

"제가 들은 범위에서 판단하자면──아시겠습니까, 이건 제 견해입니다. 어쩌면 당신의 오빠는──화내지 마십시오. 오빠라는 분은 당신에게, 남매 이상의 감정을 갖고 있었던 게 아닐까요. 욕정이라고 할까, 연애 감정이라고 할까──그런 건 입 밖에 내지 않아도 민감하게 느껴지는 법이잖아요, 직감적으로. 그러니까──."

그건── 하고 후유는 약간 큰 목소리를 냈다.

"그건 그래요."

"그렇다── 니."

"그 무렵의 저도 그 정도는 알고 있었어요. 말씀하신 대로, 그런 건 느낌으로 아는 법이에요. 하지만 오빠는 분별 있는 사람이었어요. 그것도 저는 알고 있었어요. 그런 것을 다 알면서도 평온하게 지낼 수 있는 게 가족이 아닐까요. 그런 결점이나 오점을 따지고 나무라고, 그리고 서로 헐뜯거나 강요하면서 사는 건──그건 아니라고 생각해요."

"아닙니까?"

"아닌 것 같은데요──아까, 개인이 어쨌다는 둥 하는 이야기를 했잖아요."

"네."

"진정한 의미로 개인을 존중한다면——자신의 개성을 주장하기 전에 우선 상대의 개성을 인정하는 데서부터 시작하지 않으면, 적어도 매일의 생활은 성립하지 않을 거라고 생각해요."

"하지만."

"네. 알아요. 어떤 사회에서나 통용되는 이야기가 아니라고는 생각하지만, 예를 들어, 가족 안에서만이라도 그러지 않으면——그래요, 자신을 바꿀 수 있는 건 자신뿐일 테고, 그 자신이라는 건——."

"거울——이었던가요."

"네. 그러니까."

"자성(自省)을 촉구하는 데 강제나 계몽은 무효하다, 그런 뜻입니까? 가족의 신뢰야말로 가장 중요한 것이라고?"

"네. 하지만——신뢰라고 말해 버리면, 그것도 좀 아닌 것 같기도 해요. 신뢰라는 말의 뒤에는 기대가 있잖아요. 기대라는 건 무언의 협박이니까요."

"그렇군요——."

신뢰하지 못해서 떨어져 나가는 사람도 있지만, 신뢰에 짓눌리는 사람도 많이 있다.

"그러니까 설령 무슨 일이 있더라도, 모든 것을 알면서도 일상생활을 보낼 수 있는——그게."

"그게 가족입니까?"

그렇게 생각해요——하고 후유는 말했다.

"당신의 말씀은 뭐, 잘 알겠습니다. 그건 그럴지도 모르지요. 하지만 인간은, 물론 어릴 때는 괜찮지만 점점 자라게 되면서 여러 가지를 생각하게 되잖아요. 잘못 생각할 때도 있고——그야말로 당신의 말

도불의 연회

처럼, 자신이라는 건 매일같이 바뀌니까요. 그러니까 부모 형제가 귀찮아지는 시기라는 것도, 인생 속에서는 있는 법입니다. 그게 없다면 없는 대로 문제일 테고요. 부모를 떠나지 못하고 자식을 놓지 못한다는 것도——."

그 말씀이 옳아요——후유는 마스다의 말을 가로막았다.

"저도 그랬으니까요. 저도 부모님께 반발심을 품은 적도 있어요. 반대로 부모님한테 무시를 당한 적도 있고요. 그건 있지요. 부모든 자식이든, 그런 시기는 있을 거예요. 그래도 그것을 통째로 삼켜 버리는 게 일상이라는 것이 아닐까요."

"하아. 뭐——."

잘 생각해 보면——그것은 진실이다. 부모다, 자식이다, 하고 입장을 주장하기 전에, 한데 모이지 않으면 사람은 살아갈 수는 없는 것이다. 밥을 먹고 똥을 싸고 자는 데에는 대의고 명분이고 없다. 대의명분이 없는 것을 서로 보증하는 것이 가족일지도 모른다.

그러나.

그때까지는 그랬어요——하고 후유는 말했다.

"화가 나든 싸움을 하든, 그건 그거. 싫어도 싸워도, 설령 미워해도——우리는 잘 지내고 있었어요."

"그렇지 않게 되었다——는 거로군요——."

후유는 입을 다문 채 마스다를 바라보았다.

"하지만 후유 씨. 어떤 가족도——아이는 이윽고 독립하고, 부모도 늙어 가는 셈이고, 언젠가는 그."

"네. 하지만."

"하지만?"

"서로 죽이지는 않잖아요."

후유는 그렇게 말했다. 마스다는 얼굴을 숙였다.

"다툼이 늘어난 건 아니에요. 다툼이 커진 것도 아니에요. 다툼을 덮는 일상성이 희박해지고, 갈등이 드러났다고 할까요——."

겉으로 보기에는 아름다운 물을 담은 호수도, 수량이 줄면 더러운 호수 바닥이 보이게 된다. 그런 것일까.

그런 거예요, 하고 후유는 말했다.

"오빠와 진파치 씨는 사소한 일로 서로 다투기 시작했어요. 아버지는 고함치게 되었고요. 어머니는 자리에 눕고 말았지요. 숙부님은 밥벌레라는 험담을 듣고 방에 틀어박히고, 할아버지는 마을 사람들을 야단치고—— 거기에."

"또—— 오구니입니까."

"네. 오구니 씨와 그리고 작은할아버지가 돌아왔어요. 6월—— 말쯤일까요."

돌아오자마자 큰 싸움이 났다고 후유는 말했다.

마을 전체가 한창 히스테릭하게 흔들리고 있던 중이다.

투기꾼 작은할아버지—— 선대 당주의 괘씸한 동생은 현관 앞에서 우선 후유의 오빠와 자신의 손자인 진파치를 때려눕히고는 큰소리로 고함쳤다고 한다.

오늘이야말로 보여 주셔야겠소, 형님——.

그것이—— 막을 여는 말이었다고 한다.

작은할아버지는 현관에 있던 도끼를 손에 들고는 흙발로 집 안으로 들어와, 복도 안쪽으로 나아갔다. 후유의 오빠가 달려들고, 이어서 진파치가 끼어들었다.

도불의연회

진파치는, 보여 드려, 너도 보라고——라고 말했다고 한다. 거기에 연을 끊은 아버지의 만행 소식을 들은 겐조와 마을 사람들이 몇명 달려오고, 한꺼번에 밀려들듯이 안쪽으로 향했다. 복도 중앙에는 선대 당주가 진을 치고 있고, 그 뒤에는 당주가 우뚝 서 있었다고 한다. 그렇다. 남자들은 무언가를 지키고 있었던 것이다.

"그——작은할아버지는, 그럼 그, 안의."

"네. 안의——그분을 보고 싶었던 거겠지요."

"안의——."

안에 무엇이 있을까.

"격투라고 할까요, 수라장이라고 할까요. 남자들이 방 앞에서 뒤얽혀서 큰 소리를 지르며 고함치고, 욕하고, 때리고——."

수라장——이라는 말은 자주 듣는다.

가족의 다툼이 상식을 벗어나고 마는 경우는 있다. 말하자면 마누라에게 폭력을 휘두르는 남편, 부모를 때리는 비행소년, 유산을 두고 다투는 형제——예를 들자면 일일이 셀 수도 없다. 이것이 타인끼리의 다툼이라면, 폭력을 휘두르면 경찰 사태가 된다. 망가진 관계는 평생 수복되지 않는다.

그러나——아까 후유가 말했듯이 아무리 심한 말로 욕해도, 설령 상해 사건이 되어도, 가족 안의 다툼이라는 것은 질리지 않고 일상의 반복 속에서 확산되고, 이윽고 마법처럼 수복되고 마는 법이다. 그것은——익숙해지는 것이다, 좋지 않은 일이라고 마스다는 생각하고 있었다. 예를 들어 가정 내의 폭력을 그냥 참으며 지내도 그것은 어떤 해결로도 이어지지 않는다. 따라서 주장해야 할 것은 주장하고, 바꾸어야 할 것은 바꾸는 게 좋다고 줄곧 생각하고 있었다.

연회의 시말

하지만——.

분명히 결혼은 개인과 개인의 계약이다.

집이라는 것은 구태의연한 사회제도다.

그러나 아무래도 가족은 계약도 제도도 아니다.

가족이 가족으로서 기능하고 있는 동안에는, 어쩌면 사람이라는 것은 붕괴하지 않는 것인지도 모른다.

그런 기분도 든다.

사람이 망가져 가는 원인을 개인이나 사회에서 찾는 것은 쓸데없는 짓인 걸까, 하고 마스다는 조금쯤 생각하기 시작했다. 개인주의나 사회과학으로 딱 잘라 구분할 수 없는 것이 거기에 있다면, 피상적일 뿐인 근대주의는 뭔가 큰 오류를 놓치고 있을 가능성이 있지는 않을까. 아이를 꾸짖는 아버지가 아동학대로, 부부 싸움이 성차별로, 직접적으로 바꿔치기 되고 마는 것은——그것 자체보다 바꿔치기 되고 마는 것 쪽이 오히려 문제일지도 모른다.

후유의 말을 빌리자면, 생물로서 제대로 사는 것——일상을 일상으로서 살아가는 방법을, 사람들은 잃어 가고 있는 것이 아닐까.

그것이 사라졌을 때——.

"어머니가——갑자기 뭔가 큰 소리를 지르면서, 그 안에 끼어들었어요. 장지문이 찢어져서 쓰러지고, 작은할아버지는 구르듯이 안쪽 방으로 들어가서 도코노마 뒤에 있는 들어가서는 안 되는 방의 입구로 돌진했어요. 오빠가 작은할아버지에게 달려들고, 그 오빠에게 진파치 씨가 덤벼들었어요. 저는 무서워서 다리가 움츠러들었지만——왜일까요. 갑자기 슬퍼져서, 견딜 수 없어져서 비틀거리며 말리려고 했어요. 진파치 씨는 위험하니까 비키라면서——."

도불의연회

후유를 떠밀었다.

"오빠는, 내 동생한테 무슨 짓이냐고 소리치면서——."

작은할아버지의 손에서 도끼를 빼앗아.

"진파치 씨의 얼굴에, 휘둘렀어요."

피보라가 튀었다.

"한순간, 갑자기 그곳에 있던 전원의 움직임이 멈추었어요. 어머니가——비명을 질렀어요. 저는——뭔가 말했을까요? 잘 기억나지 않아요. 피를 뒤집어쓰고, 배 아래쪽에서 무언가가 치밀어 올라와서."

후유는 멍하니 있는 오빠의 손에서 도끼를 빼앗았다.

그리고.

"저는——멍하니 있는 오빠의 이마에 도끼를 휘둘렀어요."

그러고 나서.

"시시한 걸 그냥 지키고만 있는 아버지의 목을."

가르고.

"위엄만 있지 아무것도 막지 못하는 할아버지의 머리를."

자르고.

"질서를 엉망진창으로 부순 작은할아버지의 뒤통수에."

도끼를 박아 넣었다.

싱거웠다.

"그때 어머니가 일어나서, 억지로 제게서 도끼를 빼앗으려고 했어요. 저는 저항했고, 그 결과 저는 어머니의 어깨를 베었어요."

후유의 어머니는 태어나서 처음으로 내는 듯한 큰 소리를 지르고, 선혈을 흩뿌리며 쓰러졌다.

연회의 시말

"어머니가 쓰러지고 나서 겨우, 거기에 있던 사람들은 무슨 일이 일어나고 있는지를 이해했어요."

겐조가 큰 소리를 지르며 다가왔다고 한다.

"저는 이상하게 무섭지 않았어요. 오히려 무서워하고 있었던 건 아저씨 쪽이었지요. 저는 무감동하게 도끼를 휘둘렀어요. 그 무렵이 되어서 겨우 별채에서 오토마쓰 숙부님이 나왔어요. 무관심에도 정도가 있지 하고, 저는 몹시 화가 나서——."

후유는 석학인 숙부도 살해했다.

"숙부님은 비명도 지르지 않았어요."

이어서 후유는 다가오는 사람 모두를 차례차례 살해했다.

이제 뭐가 뭔지 알 수 없었다고 한다.

——그러나.

아무리 흉기를 들고 있다고 해도——고작해야 열대여섯 살의 여자아이에게 그런 참혹하고 흉악한 행위가 가능할까——.

——아니.

가능——할 것이다. 후유의 공포심은 마비되어 있다. 한편 주위 사람들은 공포심 덩어리로 변해 있다. 어떤 승부든 먼저 무서워하는 쪽이 진다.

안쪽 방은 피바다가 되었다. 후유에게 다가오는 사람은 모두 그 질척질척한 액체에 발이 잡혀, 간단히 소녀의 흉악한 칼날의 먹이가 되었다.

살아 있는지 죽었는지조차 알 수 없는 피투성이 인체가 겹겹이 저택을 메웠다.

지옥의 풍경이다.

도불의연회

다만 몸부림치며 뒹구는 망자들 한가운데에는 귀신 대신에 인형 같은 소녀가 서 있는 것이다. 그리고 그 소녀는——무표정하다.

"눈에——피가 들어가잖아요. 흔히들 눈앞이 새빨개진다고 하지요. 그건 눈 속에 붉은 피가 들어가서, 그게 보이기 때문이에요. 얼마나 그런 짓을 하고 있었을까요. 제정신으로 돌아왔을 때는, 넓은 방에——저만이 서 있었어요."

마스다는 감상을 말할 수가 없다.

"저는 가족 전원을 죽였어요."

온몸의 털구멍이 열리자, 마스다는 잠자코 있을 수가 없게 되었다.

"다, 당신은——."

"저는——아무것도 생각하고 있지 않았어요. 아뇨, 오늘 저녁 식사는 뭘까, 어머니는 무엇을 만들어 주실까 하는 생각을 하고 있었어요. 그 어머니는 발밑에서 피투성이로 죽어 있는데——."

마스다는 입에 손을 댔다.

후유가 만든 아침 식사를 먹은 것은 겨우 두 시간 전의 일이다.

"오——."

오구니는.

"그래요, 시간은——어느 정도인지, 잘 모르겠지만, 문득 돌아보니 오구니 씨가 있었어요. 오구니 씨는 들어가서는 안 되는 방의 입구에 멍하니 서서, 물끄러미 저를 바라보고 있었어요——."

"드, 들어가서는 안 되는 방의, 아, 안에서?"

"네. 말리러 들어왔지만, 무서워서 몸이 움츠러드는 바람에 도망쳐 들어갔대요. 작은할아버지는 제가 머리를 깨기 직전에 그 문을 열었으니까요——."

오구니는 이렇게 말했다고 한다.

후유 씨. 아까 한 명이 도망쳐서 마을에 알리러 갔어——.

지금쯤 마을 사람들이 달려와 이 저택을 에워싸고 있겠지——.

이대로 있으면 네가 위험해. 그들은 분명히 너를 가만두지 않을 거야——.

넌 이 마을에 있어서 둘도 없이 중요한 사람들을 죽였어——.

그렇지 않아도 요즘 마을 사람들은 살기가 등등해——.

만일 무사하더라도 이만한 일을 저질렀으니——.

너는 붙잡힐 거야. 붙잡히면 사형이겠지——.

"——저는 그래도 아직, 꿈꾸는 듯한 기분으로 그 말을 흘려듣고 있었어요——."

오구니는 후유의 손을 억지로 벌리고 도끼를 빼앗았다.

후유 씨——.

얼굴과 손을 씻어——.

옷을 갈아입고, 그리고 도망치는 거야——.

길은 그것밖에 없어. 여기는 내게 맡기고 도망쳐——.

곧장 니라야마의 주재소로 가——.

아니, 자수가 아니라——.

주재소에 가면, 알겠니, 여기에서 일어난 일은 아무것도 말하지 말고——.

알겠지, 한 마디도 하지 말고, 어쨌든 야마베라는 사람을 불러 달라고 해——.

야마베라고 하면 알 테니까——.

"야마베?"

도불의연회

"네. 저는 시키는 대로 했어요. 서둘러 얼굴을 씻고 옷을 갈아입고 나니, 그제야 제 자신이 무슨 짓을 했는지 알았지요. 손이 덜덜 떨려서 단추를 채울 수 없었던 게 기억나요. 마치 장난을 치는 것처럼 떨리더군요. 그러다가 뭔가 소란스러운 목소리가 들렸어요──."

마을 사람들이 대거 집으로 들어온 것이었다.

"저는 무서워져서, 뒷문을 통해서 일단 뒤쪽에 있는 묘지로 도망쳤어요. 묘석 뒤에 몸을 숨기고."

"숨었다고요?"

"네, 아뇨, 숨었다기보다 무서워서 움직일 수 없게 된 거예요. 보니 손에 괭이며 가래를 든 마을 사람들이, 미친 듯한 고함을 지르면서 ──아마 미쳤던 거겠지요. 모두 저랑 똑같이 되어 있었던 걸 거예요. 그래서 제가 무슨 짓을 했는지, 거기에서 무슨 일이 일어났는지 아무도 모르는 것 같았어요. 이윽고──피범벅이 된 오구니 씨가 굴러 나왔어요. 그리고 비명이 들렸어요. 오구니 씨의."

그리고, 후유는 겨우 깨달았다.

"오구니 씨는 그때, 절 대신해 주었던 거예요──그래서──."

"대신?"

──왜일까.

오구니는 단순히 참극의 자리에 우연히 있었을 뿐인, 떠돌이 행상인이 아닌가.

오구니가 아무리 친절한 남자라고 해도, 그렇게 깊은 연고도 없는 여자 대신 살인죄를 짊어지는 듯한 행동을 할까. 아니, 죄를 뒤집어쓰는 것만이 아니다. 후유가 말한 대로라면, 오구니는 목숨을 던져 후유를 도망치게 해 주었다.

외지인인 오구니에게 자신의 죽음으로 후유를 감쌀 필연성은 없다. 전혀 없다.

후유의 이야기가 사실이라면.

그것은——.

"저는 그때, 진심으로 무서워졌어요. 그런 무서운 기분은——그후로 한 번도 느낀 적이 없어요. 무섭다기보다 아픈 거예요. 슬프고, 안타깝고, 어떻게 할 수도 없이, 가슴이라고 할까, 마음이라고 할까, 아파서——."

아픔의 재촉을 받으며 후유는 도망쳤다.

험한 산길을 몇 번이나 넘어지면서 달려가고, 그리고 후유는 오구니의 말대로 산기슭의 주재소로 갔다고 한다.

주재소 순경은 후유를 보고 의아한 얼굴을 했다고 한다.

"몇 번이나 사실을 말하려고 했는지 몰라요. 하지만 자백하기는커녕, 말이 나오지 않는 거예요. 입을 열어도 그저 뻐끔거릴 뿐이고, 간신히, 겨우 야마베라는 이름을 말했어요."

주재소 순경은 상당히 당혹스러웠던 모양이지만, 야마베의 이름을 듣자 무언가를 이해하고 어딘가에 전화를 걸었다고 한다. 잠시 이야기한 후에 주재소 순경은 왠지 납득하고, 후유에게 돈을 건네주었다고 한다.

이해할 수 없는 전개라고 마스다는 생각한다.

그리고 주재소 순경은 이렇게 말했다.

도쿄로 가렴——.

"도쿄로?"

묘한——이야기다.

도불의 연회

"네에——뒷일은 그쪽에서 어떻게든 해 줄 거라고——주재소 순경은 그렇게 말하고, 저를 도중까지 데려다주었어요. 저는 뭐가 뭔지 알 수 없어서."

후유는 미칠 듯이 번민하면서 혼자서 도쿄로 향했다. 그 흉중이 어떤 것이었는지 마스다는 상상도 할 수 없다.

하지만——이윽고 두근거림은 멈추고, 차창을 지나가는 낯선 풍경에 휩쓸려 일상성은 순식간에 사라지고, 모든 것은 꿈속의 기억처럼 되었다고 한다.

그래도——후유는 자신이 저지른 일을 잊은 것은 아니었다. 후유는 미쳐 버린 것이 아닌 것이다. 도쿄에 도착했을 때, 누가 어떻게든 해 주기는커녕 마중을 나온 사람도 없었다고 한다. 불안 속에서 후유는 감정을 되찾았다. 판단력이 회복되고, 그리고 후유는 저지른 죄의 무게에 두려워 떨었다. 당연할 것이다. 희생자는 적어도 십여 명, 많으면 오십여 명——.

그러나.

아무리 시간이 지나도 쫓아오는 사람은 없고, 참극이 보도되지도 않았다. 그렇다——. 그런 사건은 아무도 모른다. 물론 마스다도 모른다.

"후유 씨——그건."

거짓말이 아닐까.

마스다는 아츠코를 보았다.

아츠코는 뺨에 손을 대고 침묵하고 있다.

도라키치는, 처음에는 후유 가까이에 앉아 있었는데 어느새 창가의 탐정 전용 의자로 옮겨 있었다.

"생각할 수 있는 건——."

생각할 수 있는 건——하고 후유는 되풀이해서 말했다.

"단 하나——라고 저는 생각했어요. 한 명이라도 마을 사람이 살아남았다면, 그런 끔찍한 사건이 탄로 나지 않았을 리가 없어요. 그러니까——."

"마을 사람은 한 명도 남김없이 죽었다——고요?"

"네. 그렇다면——우리 마을은, 다른 마을과의 교류가 거의 없었으니까 발각도 늦어질 테고, 그 사이에 여러 가지로 뒤처리도 가능하지 않을까 하고——."

"은폐 공작입니까——마을 사람 전원을 살해하고?"

——그런 일이.

"오구니가 죽였나?"

후유는 고개를 저었다.

"오구니 씨는——죽었어요. 왜냐하면, 그 상황에서 살아날 수 있을 리는 없으니까요. 그러니까——그."

"야마베——입니까?"

"뒷일은 그쪽에서 어떻게든 할 거다——라는 건, 처리를 하겠다——는 뜻이었던 게 아닐까 하고——."

"그럴——까요."

야마베란 누구일까? 그런, 쉰 명 이상의 인간을 살해해 놓고 어둠에서 어둠으로 장사지내는 일이 가능하다는 것일까. 가능하다고 해도 무엇 때문에 그렇게 한단 말인가? 후유를 돕기 위해서일까? 그런 바보 같은 구제가 있을까. 게다가——.

무엇보다 오구니는 살아 있다.

도불의연회

마스다는 생각한다.

수상한 점은 몇 가지나 있다.

도끼 한 자루가 그 정도의 살상 능력을 갖는 것일까, 열다섯 소녀의 완력으로 어른 남자를 몇 명이나 죽일 수 있는 것일까, 그런 것이 아니다. 그것은 있을 것 같지도 않은 일이기는 하지만 있을 수 없는 일도 아니기 때문이다.

예를 들어——후유가 얼굴을 씻고 옷을 갈아입은 것이다.

그 상황에서 그런 여유가 있었을 거라고는 생각되지 않는다.

후유의 말이 사실이라면, 참극에 이르기 이전에 이미 마을은 이상을 일으키고 있었다고 한다. 그것이 진실이라면 후유를 포함한 마을 사람들 전원이 일종의 집단 히스테리 상태에 빠져 있었다고도 생각할 수 있을 것이다. 그렇다면 그것은 참극이 계기가 된 일종의 폭동이다. 그런데 참극에서 후유의 도주까지, 몹시 장황하고 시간적인 간격이 벌어져 있다. 폭동이란 그렇게 느릿한 것이 아닐 것이다.

애초에 그 집단 히스테리의 원인은 무엇일까.

오구니의 행동도 석연치 않은 것뿐이다.

후유의 살인은 오빠의 흉악한 행위에 유발된 돌발적인 행동일 테고, 그 오빠의 살인도 작은할아버지의 난입에 의한 혼란이 방아쇠가 되어 일어난, 말하자면 충동적인 살인이다. 모든 것은 우발적으로 발생한 일이다. 그런데 오구니는——그 야마베라는 인물과의 사이에, 무언가 사전에 약속되어 있던 사항이 있었던 모양이다. 내용은 뭔지 몰라도 주재소 순경을 통해 이야기는 되어 있었으니까.

어차피 오구니가——.

오구니가 무언가를 꾸민 것이 틀림없다.

이것은 처음부터 계획된 일일 것이다.

――무엇 때문에?

그때였다.

특히 큰 그 소리가, 마스다의 사고를 흐트러뜨렸다.

소리는――그치지 않았다.

"뭐야? 무슨 소리람."

도라키치가 의자를 돌려 일어서더니 창밖을 보고 오오, 하고 소리를 질렀다. 마스다도 자리에서 일어선다. 엄청나게 싫은 음색이다. 그렇다――기분이 뒤틀리는 듯한 소리다.

창밖을 보고, 마스다도 오오, 하고 소리를 질렀다.

큰길을 이상한 집단이 누비고 다니고 있었다.

화려한 색깔의 이국 의상을 몸에 걸치고, 가슴에 금속으로 만들어진 둥근 장식을 걸고, 긴 장대에 깃발을 달고 있다. 어떤 사람은 기묘한 것을 머리에 쓰고, 또 어떤 사람은 춤을 추고, 어떤 사람은 본 적도 없는 갖가지 악기를 들고 있다. 이상――하다고밖에 말할 수 없다.

이상한 소리는 그 악기가 일제히 연주될 때의 음색이다.

"무――무슨 행진일까요."

도라키치는 입을 반쯤 벌리고 말했다.

"가장행렬일까요? 중식 국숫집의 신장개업?"

뭔가의 항의 행동인 것 같지는 않았다. 깃발의 글씨도 읽을 수 없다. 모조리 한자뿐이다. 행렬은 완만하게 이동해, 소리를 남기며 시야에서 사라졌다. 소리는 언제까지나 귀에 남았다.

몹시 싫은 기분이 들었다.

도불의연회

마스다는──큰 소리로 말했다.

"후유 씨!"

후유는 조용히 마스다를 보았다.

"당신은──어쨌든, 분명히 오구니의 함정에 빠진 게 틀림없습니다. 지난 15년 동안 당신은 줄곧 속아 온 겁니다. 당신이 뭐라고 말하고 생각하든, 오구니 세이이치라는 남자는 살아 있어요──."

마스다는 성미에 맞지 않게 흥분하고 있었다.

흥분하는 것은 꼴사납다고 생각했다.

"놈은 대체 누굽니까. 목적은 뭡니까. 무엇이──."

안의 것.

──그런가.

그렇다. 그게 틀림없다. 그게 목적인가.

"후, 후유 씨. 들어가서는 안 되는 방이에요. 그──."

마스다는 물었다.

"들어가서는 안 되는 방 안에는 뭐가 들어 있었습니까!"

후유는 한순간 당황한 빛을 보였다.

"그게──무슨."

"그게 목적이었다는 건."

"네?"

"안에는 무엇이."

"해파리일세!"

갑자기 머리 뒤에서 괴성이 들려오자, 마스다는 앞으로 고꾸라졌다. 돌아보니 침실 문이 활짝 열려 있었다. 이어서 목소리는 명랑한 어투로 이렇게 말했다.

"그 해파리는 재미있을 것 같군!"

햇빛에 비치면 갈색으로 보이는 머리카락. 놀랄 만큼 커다란 눈. 긴 속눈썹. 다갈색 눈동자. 도자기 인형처럼 단정한 얼굴. 질 좋은 하얀 셔츠의 팔을 걷어 올렸고, 넉넉한 검은 바지를 입고, 멜빵은 한쪽 어깨에서 떨어져 있다.

세상에서 제일 탐정답지 않은, 탐정 중의 탐정.

에노키즈 레이지로의 —— 기상이다.

"해파리가 아니면 냉동 건조 두부인가? 그렇군, 거기 있는 여자. 다음에는 꼭 나를 소개해 주게, 그 해파리에게."

"해파리?"

에노키즈의 말은 대개 이해할 수 없지만, 이번에는 특히 더 이해할 수 없다. 마스다는 왠지 다리가 풀리고 말았다. 다만 —— 에노키즈는 일전에 후유를 구출했을 때도 비슷한 말을 했던 것 같다.

"에, 에노키즈 씨 ——그 해파리라는 건."

"뭐가 에노키즈 씨야."

에노키즈는 매우 불쾌한 듯이 대답했다.

"어이, 바보 멍청이."

"네?"

"바보 멍청이라고 하면 마스야마, 자네를 말하는 걸세. 이 바보 멍청이. 자네는 이런 이른 아침부터 참으로 성가시군. 큰 소리나 지르고. 그러니까 바보만으로는 끝나지 않는 바보 멍청이일세. 게다가 대체 저 소리는 뭔가. 부우부우 미야미야 시끄러워 죽겠어! 아침 댓바람부터 이상한 소리를 울리며 돌아다니니, 전혀 잘 수가 없지 않은가! 대체 누구야, 저 ——."

도불의연회

"아침이라니 —— 이제 낮인데요."

"내가 일어났을 때가 아침 아닌가, 멍청이. 내가 자면 밤일세. 옛날부터 줄곧 그랬어."

참으로 분위기에 어울리지 않는 남자다.

에노키즈는 성큼성큼 문으로 향했다.

"저어 ——."

"불평하러 가야겠네! 이 내가 직접 가는 거라고. 보통은 자네들이 가야 할 텐데. 주인님이 자지 못할 때는 자장가를 부르고, 주인님이 자고 있으면 편안한 잠을 방해하는 자를 퇴치하는 게 종자 된 자의 역할 아닌가. 카즈도라도 마스야마도 잘 기억해 두게!"

에노키즈는 영문을 알 수 없는 말로 고함치며, 밖으로 나갔다. 딸랑, 하고 종이 울렸다.

거북하고 공허한 침묵이 흘렀다.

차 —— 차라도 끓일까요, 하고 말하며 도라키치가 취사장으로 향하려고 한 그때.

후유가 입을 열었다.

"안채의 들어가서는 안 되는 방에는 —— 죽지 않는 분이, 군호 님이 ——."

"군호?"

—— 죽지 않는?

딸랑, 하고 종이 울렸다.

에노키즈가 돌아온 건가 싶어 바라보니 ——.

칸막이 뒤로 안경을 쓴 낯선 얼굴이 보였다.

어라, 약이라도 잘못 주셨습니까, 하고 도라키치가 말했다.

"아무래도 좋지 못한 것이 노상을 어슬렁거리고 있기에——부욕
원약치시호고(鬼浴猿躍鴟視虎顧)가——좋을까 하여."

그 남자는 웃으며 그렇게 말했다.

아츠코가 스윽 일어섰다.

도불의 연회

*

　뒤늦게 온 주인은 왠지 무서운 얼굴을 하고 있었지만, 그것은 늘 있는 일이었기 때문에 도리구치는 늦으셨습니다, 스승님, 하고 적당한 말을 던졌다.

　추젠지는 도리구치에게는 눈길도 주지 않고 다타라만을 향해 기다리시게 했군요, 죄송합니다, 하고 말했다.

　주인은 정위치 —— 도코노마 앞에 앉는다. 교고쿠도의 방에 한해서는 윗자리와 아랫자리라는 개념은 없고, 소설가 세키구치의 이야기에 따르면 그가 거기에 앉는 이유는 단순히 도코노마에 책이 쌓여 있기 때문 —— 이라고 한다. 손님이 있을 때도 곧 책을 손에 들 수 있어서 그는 거기에 앉는 모양이다. 이 책바보는 접객 중에도 틈만 나면 독서를 하려고 하는 것이다. 그러나 방문자의 대부분은 그 사실을 알고 있다.

　"그래서 —— 뭔가 찾았습니까?"

　서론도 없이 추젠지는 물었다.

　"일단은. 그보다 추젠지 군. 그저께의 ——."

　다타라는 작은 눈썹을 찌푸리며 그렇게 말했다. 추젠지는 희미하게 한쪽 눈썹을 치켜세우더니, 아아 —— 하고 말했다.

　"—— 수고를 끼쳤습니다."

　다타라는 무슨 무슨, 하며 손을 젓는다.

"듣던 것과는 꽤 인상이 다른 여성이더군요. 도회적인 분이었습니다, 오리사쿠 씨라는 사람은."

"오, 오리사쿠우——."

도리구치는 괴상한 목소리를 냈다.

"——오. 오리사쿠라니, 그 오리사쿠 아카네?"

다타라가 의아한 듯이 쳐다본다. 추젠지는 여전히 도리구치를 무시하고, 그래서 무엇을 물으시던가요, 하고 말했다.

"네. 저택신을 봉납하기에 어울리는 신사를."

"저택신——이라. 그래서, 어디를?"

시모다나 구모미를, 하고 다타라는 대답했다. 과연 그렇군요, 하고 추젠지는 고개를 끄덕인다. 무슨 소리인지 알 수 없었다.

"그래서, 발견했다는 것은요?"

물을 새도 없이 화제는 끝났다. 다타라는, 아 맞다, 그래서——하고 이야기하기 시작했다.

"어제 갑자기 생각났습니다. 으음, 그 왜, 분고(豊後)[53] 지방의 무슨 마누라 시체를 옻으로 칠한 사건——이라는 이야기. 추젠지 군, 기억에 없습니까?"

다타라가 그렇게 말하자 추젠지는 손뼉을 탁 치며, 아아 〈제국백물어(諸國百物語)〉인가——하고 말했다.

"그건 알아채지 못했군요. 확실히, 그건 시체에 옻칠을 하는 이야기지요."

"그렇지요. 저도 잊고 있었어요. 기본으로 돌아가 볼까 하고 생각했던 겁니다."

---

53) 현재의 오이타 현 대부분을 가리키는 옛 지명.

도불의연회

"그건 아마, 젊은 나이에 죽은 미인 아내의 시체를 옻으로 칠해서 굳혀, 지불당(持佛堂)에 모시는 이야기 —— 였던가요."

"그래요, 그래요."

다타라는 고개를 끄덕이며 말했다.

"뭡니까? 그건 어떤 이야기입니까?"

시체를 칠해서 굳힌다는 이야기를 들으면, 아무래도 가스토리 기자의 피가 술렁거린다. 완전히 엽기 사건이다.

추젠지가 대답했다.

"분고라고 하니 오이타지. 그곳의 이야기라고 하는데, 아무개가 나이 열일곱의 아름다운 처녀를 아내로 맞이하네."

"열일곱. 부럽네요."

"그래? 부부 사이가 매우 좋았어."

"뭐, 열일곱이라면."

"거기에 집착하는군, 자네는. 그렇게 어린 게 좋나?"

"예? 아니, 좀 더 연상이라도 —— 다섯 살이나 여섯 살 더."

"그건 뭔가. 그래서 이 남편이 정담을 나누면서, 당신이 먼저 죽는다고 해도 나는 평생 후처를 들이지 않겠다, 는 말을 한다네."

"달콤한 말이군요. 뭐, 보통은 결혼 전에 하는 거지만요. 낚은 후의 물고기에게 먹이를 주는 거나 마찬가지인가요."

"잘 알 수 없는 비유로군. 그런데 이 아내라는 사람이 감기가 더치는 바람에 덜컥 죽고 마네 —— 감기였지요, 아니었나?"

"고뿔이 심해지는 바람에 그 여인은 그만 허무하게 세상을 뜨고 말았더라."

다타라는 그렇게 대답했다.

"그래서 임종 때에 이렇게 유언을 하네. 나를 불쌍하게 생각한다면 토장이나 화장은 할 필요가 없다, 내 배를 가르고 내장을 꺼내 안에 쌀을 채우고, 겉을 옻으로 열네 번 칠해 굳히고 바깥에 지불당을 지어 나를 그 안에 넣고, 소라(小鑼)를 들려주고 아침저녁으로 내 앞에 와서 염불을 외어 달라고."

"배를 가른다고요? 엽기네요. 지불당이라는 건 뭡니까?"

"위패나 불상을 넣어 두는 사당일세."

"소라라면, 그 쇠로 된?"

"염불을 욀 때 손에 들고 치는 둥근 청동 징이지."

"아하. 그래서 그 남편은 —— 했나요?"

"그대로 했네. 거기서부터가 괴담이지."

"이미 충분히 괴담인데요. 나왔나요?"

"나왔네. 그 남자는 한동안은 혼자 있었지만, 친구가 강하게 권해서 후처를 들였네. 그런데 후처는 곧 이혼을 청해 왔네. 그래서 다른 처를 들이지. 이 여자도 곧 친정으로 돌아가 버리네. 몇 명을 들여도 오래 가지 않았어."

"아하. 나왔군요, 유령."

도리구치가 양손을 늘어뜨리며 그렇게 말하자, 아닙니다, 하고 다타라가 말했다.

"귀신이 나온 게 아니에요?"

"아니에요. 그건 —— 유령이 아니지요, 추젠지 군."

"아니겠지요. 하지만 지금 유행하는 그 바보 같은 심령과학으로 분류한다면, 뭐 유령의 일종이라는 것이 되려나요. 다만, 이 이야기에 나오는 건 유령과는 전혀 다른 것일세. 하지만 그 남자도 처음에는

도불의 연회

사령이나 저주다, 그렇게 생각했겠지. 사령 굿이며 기도 같은 것을 했으니까."

"굿을 했다고요?"

"했네. 그랬더니 조금 효과가 있었어. 한동안 아무 일도 없어서, 그 남자는 안심하고 밤놀이를 하러 나갔네. 새 아내는 하녀들을 모아 놓고 잡담을 하고 있었지. 그런데 사시(四時)—라고 하니 밤 열 시경이지. 밖에서 징을 치는 소리가 들려왔네."

"징이라니, 시체에 들려준, 그?"

"그 소리일세. 그러다가 징을 울리면서, 누군가가 문을 열고 들어왔네. 장지문을 차례차례 열지. 징 소리는 점점 커지네. 마침내 옆방까지 와서—."

"우—."

"우헤에는 아직 이르네. 소리는 다가오고, 문 한 장을 사이에 두고 딱 멈추지. 그리고 젊은 여자의 목소리로, 이 문을 열라고 하는 걸세. 모두 겁을 먹어서 열 수가 없네. 그러자 여자의 목소리는, 열지 않겠다면 어쩔 수 없지, 오늘은 이대로 돌아가겠지만 이 일을 남편에게 말하면 목숨은 없는 줄 알아라, 라고 하네."

"우헤에. 그대로 돌아가 버리는 겁니까. 왜 열지 않습니까? 오히려 무섭잖아요."

"그래. 오히려 무섭지. 그래서 아내는 머뭇머뭇 문틈으로 내다보네. 그러자 소라를 든 열여덟아홉 살의, 새까만 여자가—."

"새까맣습니까? 무, 무섭잖아요."

새까만 것은 무섭다.

마스다가 그렇게 말했었다.

"뭐 자세한 건 생략하겠지만, 아내는 무서워져서 또 이혼을 청하지. 남편이 의아하게 여기고 캐물으니 아내는 무심코 그날 밤의 일을 이야기해 버리는데, 남편은 그건 여우일 거라고 말하며 믿지 않네. 그리고 사오일이 지나 남편이 밤에 외출하자, 또 ——."

"왔나요?"

"왔네. 그리고 또 문 맞은편에서 이 문을 열라고 하네. 그런데 그 말에 아내는 퍼뜩 깨달았네. 자신 이외의 사람은 전부 자고 있는 것이지. 이건 곤란하다고 생각한 순간, 이번에는 문이 드르륵 열리네."

"이번에는 엽니까?"

"여네. 키만큼 머리카락이 긴 새까만 여자가 들어와서, 말했구나, 라고 말하자마자 덤벼들어 아내의 목을 비틀어 뜯고 말지. 돌아온 남편은 놀라네. 지금으로 따지면 머리 없는 시체가 있는 셈이니까. 그래서 지불당에 가서 문을 열어 보니, 옻칠을 한 검은 부처 앞에 아내의 머리가 놓여 있었네. 남편은 격정에 사로잡혀, 참으로 근성이 천한 여자라고 욕을 하며 옻칠을 한 부처를 끌어내네 ——."

거기에서 다타라가 탁상의 그림을 가리켰다.

"그것에 관한 기술(記述). 불단에서 끌어내리자 그 검은색의 아내는 눈을 부릅뜨고 남편의 목을 물어뜯어, 남편도 드디어 허무하게 세상을 뜨고 말았더라 —— 가, 이 그림으로 생각한 내용입니다. 다를까요?"

분명히 소라가 내던져지고, 불단에서 나와 있는 것은 불상이 아니라 색깔을 칠한 시체고, 그것도 튀어나온 눈을 ——.

"이것, 이 튀어나온 눈은, 눈을 부릅뜨고 —— 라는 표현이 아닐까 하고요."

도불의 연회

다타라가 묻자 추젠지는 팔짱을 끼고 말했다.

"으음——눈을 부릅뜬 그림은 아닌 것 같군요. 게다가 이 그림은 검지는 않습니다. 검다면 검게 칠했겠지요. 쇼케라도 검게 칠해져 있고."

다타라는 그렇군요, 라고 말하며 조금 풀이 죽었다.

"붉은 옷이라든가——."

말한 것은 좋았지만 도리구치의 명안(名案)은 완전히 무시되었다.

좋은 생각이라고 생각했는데.

아무래도 딱 들어맞지 않는군요, 하고 통통한 연구자는 말했다. 그러게 말입니다, 하고 비쩍 마른 고서점 주인은 대답했다.

도리구치는 잠시 멍하니 있다가 물었다.

"그, 지금 하신 이야기의 어디가 유령이 아닙니까? 죽은 사람이 원한을 갖고——괜한 원한일지도 모르지만요. 뭐 원한을 품고 나타나는 거잖습니까? 그건 유령이 아닙니까?"

추젠지는 약간 얼굴을 비스듬히 기울였다. 도리구치는 생각한다. 같은 질문을 자신이 아니라 소설가 세키구치가 했다면 어땠을까. 아마 추젠지는 질문자가 세상에서 제일 어리석은 자인 것처럼 사정없는 온갖 욕설을 퍼붓고 있었을 것이 틀림없다.

추젠지는 으음, 하고 말한 후,

"그렇군——도리구치 군. 이것을 보게."

하며 그 〈백귀야행〉의 다른 페이지를 펴서 보여 주었다.

"이것——이쪽이 생령(生靈)일세. 그리고 옆이 사령(死靈). 그다음이 유령(幽靈)이지."

"그렇군요."

"세키엔은 세 종류의 모습을 각각 다르게 그리고 있네. 다르게 그릴 이유가 있었던 것이지. 물론 이런 것에 명확한 선을 그을 수는 없고, 시대에 따라 기준은 달라지니까 단정하기는 어렵네만. 이 외에도 유사어로는 악령이나 원령이나, 정령 같은 것도 있네."

"있지요."

"악령은 악한 재앙을 일으키는 영혼. 원령은 원한을 갖고 있는 영혼. 정령의 정(精)은 정미(精米)의 정이지. 필요 없는 곳을 버린 에센스 —— 본질이라는 뜻으로, 다시 말해서 영혼이라든가 하는 의미이기도 하네. 여럿 가운데 뽑은 영혼, 잘 닦은 영혼일까. 그리고 생령은 살아 있는 사람의 영혼이고 사령은 죽은 사람의 영혼일세."

"그건 알겠습니다."

"그래? 다시 말해서 —— 생령이라도 나쁜 놈은 악령이고, 악령이 아닌 사령도 있다는 뜻일세. 살아 있든 죽었든, 원한을 갖고 있으면 원령이지. 정령이 되면 인격이 없고, 오히려 예로부터의 신(神)의 개념에 가까워지네. 돌의 정(精)이라든가 꽃의 정(精)이라든가 하는 것 말일세 ——."

"헤에."

"다시 말해서 영혼이라는 것은 형태가 없는 주체이고, 원(怨)이라든가 사(死)라든가 생(生)이라든가는 상태나 종류를 설명한다는 뜻이 되겠지. 형상을 설명하고 있는 게 아니니, 귀신같은 얼굴을 한 원령도 있는가 하면 눈에 보이지 않는 사령도 있고, 저주를 할 뿐, 현상만 있는 생령도 있는 셈이라네. 그리고 유령 말인데. 이건 글자로 말하자면 희미한(幽) 영혼이라는 것이 되네."

"희미? 엷고 흐릿하다고요?"

도불의연회

"그래. 어렴풋해야 하는 걸세. 하지만 원한을 갖고 있는 것 자체는 절대조건이 아닐세. 그러니까 원망스럽구나, 라고 말하는 유령은 있어도 되지만, 말하지 않아도 되는 걸세. 원한을 품고 있지 않은 유령이라는 것도 있어도 된다, 는 논리가 되지."

"그렇군요. 그 논리로 따지자면, 살아 있는 인간의 유령이라는 것도 있을 수 있습니까?"

그건 없지 —— 하고 추젠지는 말했다.

"없습니까?"

"살아 있으면 희미해지지 않네. 조금쯤 모자라지 않으면 유령이라고는 말할 수 없어."

"모자라다니."

"글쎄. 흔히 강담 같은 데서 강담사가, 혼백(魂魄)이 이 세상에 머물러 ——라고 하지 않나. 혼백이란 뭐 영혼을 말하는 것인데, 혼과 백은 각각 다른 것일세. 삼혼칠백(三魂七魄)이라고 해서 혼이 세 개에 백이 일곱 개 있지. 죽으면 삼혼은 사라져 육도(六道)[54]로 윤회하고, 칠백은 시체와 함께 이 세상에 남네. 다시 말해서 시체에는 혼이 남아 있는 것이지."

"그럼 유령은 그 칠백인가요?"

"그렇지 않다네. 몸에서 빠져나가 윤회하지 못하고 헤매고 있기 때문에 둔갑해서 나타나는 것이겠지. 그렇다면 삼혼 쪽일세. 다시 말해서 열 개 중에서 일곱이나 모자라지."

"예에."

---

54) 중생이 선악의 원인에 의하여 윤회하는 여섯 가지의 세계를 가리킨다. 선인이 죽어서 가는 세 가지의 세계(천도, 인도, 아수라도)인 삼선도(三善道)와 악인이 죽어서 가는 세 가지의 세계(지옥도, 축생도, 아귀도)인 삼악도(三惡道)를 통틀어 이르는 말이다.

"그런데. 이 〈제국백물어〉의 옻칠을 한 여자는, 시체 자체가 움직인단 말일세. 방부 처치가 되어 버렸으니 칠백도 떠나지 않았네. 이 세상에 남은 칠백이 귀신이 되어 시체를 움직이고 있는 것이지. 실체가 있으니, 이건 희미하지 않지 않겠나."

"물어뜯어 버리니까요."

"이까지 있으니 말일세. 이것이, 시체 자체는 움직이지 않은 채 살아있을 때의 여자의 모습으로 흐릿하게 나타나 저주한다면, 뭐 유령이라고 해도 되겠지만. 뭐, 이 경우도 그럴 가능성은 있지만, 검게 칠해진 채 나타나니 분명히 사후의 모습일 테고, 분명히 보이고 말일세."

"아하. 오히려 그 뭡니까. 그건——아이티였던가요? 부두의 살아 있는 시체 같은 것에 가까운 것인가요? 그건 시체가 움직이지 않습니까?"

가스토리 기사에서 읽은 적이 있다.

"그건 시체가 움직이는 게 아닐세. 독약이 효과를 발휘하는 거지. 신경독으로 일단 가사 상태가 되고, 그런 가사 상태에서 깨어났을 때는 기억이나 감정이나, 자유의사 일체를 빼앗기고 마는 것이지. 사역마가 되는 걸세. 살아 있는 죽은 사람이라는 건 노예라는 의미일세."

독으로 그렇게 됩니까, 하고 도리구치는 물었다. 그런 편리한 독물은 도리구치도 모른다. 그러나 추젠지는 간단히, 되니까 신기한 게 아니겠나, 하고 말했다. 아무래도 진실인 모양이다.

"하지만 도리구치 군. 이 이야기는 좀비와는 다르네. 정말로 죽은 거니까. 이건 오히려 중국의——."

도불의연회

"강시지요."

다타라가 말을 이었다.

"가, 강시?"

"올바른 발음으로는 지앙시[僵尸]일까요. 그대로 번역하면 길을 가다 쓰러져 죽은 시체라는 뜻이지요. 이건――그래요, 시체 자체가 요괴화하는 겁니다. 제대로 장사를 지내 주지 않은 시체가, 이렇게 벌떡 일어나서, 사후경직한 놈이 이렇게 폴짝폴짝 덮쳐 와요. 물어뜯고요. 무섭습니다. 하지만 이 강시는 그 사람이 살아있었을 때의 경험적 기억이 없을 뿐만 아니라, 인격 같은 것도 전혀 그 사람과 상관이 없어져요. 그렇다고 할까, 모습 이외에는 인간이 아니지요. 그러니까 이 케이스와는 역시 다릅니다만――."

"시체 자체가 요괴화한다――."

추젠지는 무언가에 감탄한 모양이었다. 적절한 표현이라는 둥 그런 말을 하고 있다.

"그럼 강시는 쓰쿠모가미에 가까운 위치가 되는 걸까요."

"가깝습니까?"

다타라는 기묘한 표정을 지었다.

"시체를――물체로 생각하는 겁니까?"

다타라는 등을 펴고 목을 움츠리더니 가슴 위에서 팔짱을 끼고, 음음, 쓰쿠모가미라――하고 말하며 신음했다.

"하지만 쓰쿠모가미는 역시 기물이잖아요, 추젠지 군. 시체는 백 년이나 가지 않으니까요. 그거야말로 미라나 뭐 그런 게 아니고서는."

그건 그렇지요, 하고 추젠지는 말했다.

다타라는 다시 한 번 신음한다.

"하지만——하지만 시체라는 건 좋을지도 모르겠군요, 추젠지 군. 도리구치 씨와 이야기하다가 생각난 건데, 죽는다는 말을 하기를 꺼려서 경사스러워진다고 바꾸어 말하지 않습니까.[55] 그리고 죽는 것을 그대로 눈알이 떨어진다고도 하잖아요. 눈알[目玉]의 알[玉]과 영혼의 혼(魂)을 동일시하고 있지요[56]."

"즉, 이 눈알이 나와 있는 그림은 영혼이 빠져나가는 도중을 나타내고 있다——라는 뜻입니까? 과연 그렇군요. 나는 유령이 아니다, 그냥 시체일 뿐이다, 라고."

"그것도 49일 이내의."

"음, 과연. 그래서 성불도 하지 않고 불단에 머물러 있다는 거군요——확실히 매장하기 전에 시체를 잠시 안치할 때, 시체를 넣은 관을 옻으로 칠하는 주금(呪禁)[57]의 법을 도빈(塗殯)이라고 부르지요."

"칠하는 주술이 있습니까?"

"있습니다. 안에 물건을 넣고 둘레를 바르는 것은 주법(呪法) 중 하나입니다. 꽤 좋은 생각이에요. 하지만——다타라 군. 이래서는 도불(塗仏)이라는 건 요괴가 아니다, 라는 뜻이 되고 마는군요."

그렇군요, 하며 다타라는 웃었다.

"실은 다타라 군. 저도 꽤 찾아보기는 했습니다만——수확은 별로 없어요. 왜, 에도 말에서 메이지에 걸쳐 많이 만들어진 요괴 카르타. 그건 문헌에 남아 있지 않은 도시의 구비전승이 꽤 반영되어 있잖

---

55) 일본어로 '죽다'는 동사는 '시누[死ぬ]'지만, 죽는다는 말을 불길하게 여겨 꺼리는 말로 '메데타쿠나루[目出たくなる]'라는 말을 쓴다. '메데타이'는 본래 '경사스럽다, 축하할 만하다'라는 뜻의 형용사인데, 한자로 표기할 때는 目出たい가 된다.
56) 玉와 魂는 일본어로 읽으면 모두 '다마'로 발음이 같다.
57) 재앙이나 원귀를 물리치기 위한 주술.

도불의연회

아요. 덜컹덜컹 다리의 당목(撞木) 아가씨라든가. 그것을 몇 종류 구해 보았는데요."[58]

어땠습니까 —— 다타라는 갑자기 밝은 얼굴이 된다.

"해당되는 건 —— 한 종류. 나스노가하라[那須野が原][59]의 구로호토케[黑佛]."

"구로호토케? 어떤 그림입니까?"

다타라는 몸을 내민다. 작은 눈이 빛나고 있다.

"들판에 새까만 불상이 있고, 이렇게 눈알이 ——."

"튀 —— 튀어나왔나요?"

추젠지는 입을 다물고 고개를 십 도 정도 기울였다.

"분명히 눈알은 이상하게 크지만 —— 튀어나왔다기보다, 그야말로 눈을 부릅뜨고 있다는 느낌이려나요. 게다가 나스노가하라이지 않습니까."

"아 —— 살생석(殺生石)[60]인가."

---

58) 카르타는 카드놀이에 사용하는 도구. 주로 정월에 가지고 논다. 글씨패와 그림패, 각 46장의 카드가 있으며, 그림패는 잘 보이도록 늘어놓고 글씨패는 글씨를 읽을 사람이 가지고 있다가, 이 사람이 글씨패를 읽으면 해당하는 그림을 누가 더 빨리 찾아내는지 겨루는 놀이이다. 에도 시대 후기에 요괴의 그림으로 만든 카르타가 크게 유행했는데, 이 카르타에 자주 등장했던 요괴로 당목 아가씨가 있다. 당목은 절에서 종이나 징을 칠 때 사용하는 T자형 막대를 말한다. 덜컹덜컹 다리는 현재의 기후 현 게로 시[下呂市]에 있었다고 하는 다리인데, 이 다리를 지나 고개를 넘으면 여러 지옥들이 있어서 지옥으로 떨어질 망자들이 밤이면 덜컹거리며 이 다리를 지났다는 전설이 있다.
59) 도치기 현 북부의 나스 지역에 있는 광대한 복합 선상지. 해발 150~500m 정도의 완만하게 경사진 대지이다.
60) 도치기 현 나스마치[那須町]의 나스 유모토 온천 부근에 있는 용암. 이 부근에는 유독 가스가 끊임없이 분출되고 있어 '새나 짐승이 가까이 다가가면 그 목숨을 빼앗는 살생의 돌'로 유명하다. 현재는 관광명소로서 관광객이 많이 찾지만, 가스 분출량이 많을 때는 출입이 규제된다. 헤이안 시대 말기의 도바 천황[鳥羽上皇]이 총애했던 전설의 여자 다마모노마에[玉藻前]는 꼬리가 둘 또는 아홉 달린 여우가 둔갑한 절세 미녀였는데,이 다마모노마에가 정체를 드러내어 수만 군사에 의해 살해된 후 이 돌이 되었다는 일화가 있다.

"그래요. '다마모 이야기[玉藻譚]'를 기억하십니까?"

"오카다 교쿠잔[岡田玉山][61]."

"맞습니다. 그것의 '살생석 요괴'와 똑같은 그림입니다. 그러니까 요괴 지장(地藏)[62] 계열이지요, 이건."

"하아── 그럼 아닌가. 하지만 요괴 지장도, 하필이면 왜 그런 부리부리한 눈이냐는 문제는 있지만 말입니다──."

무슨 소리인지 전혀 알 수가 없다. 도리구치는 살생석이라는 것을 들은 기억이 있는 정도다.

도리구치는 진심으로 기가 막혀서, 두 분 다 뼛속까지 요괴를 좋아하시는군요── 하고 한탄하듯이 말했다.

"요괴라는 건 말일세, 도리구치 군. 만만하게 보면 호된 꼴을 당하는 법일세."

"호된 꼴이요?"

"그래."

그렇지요── 하고 추젠지는 다타라에게 동의를 구했다.

"아하. 하지만 스승님, 만만하게 본다는 건 어떤 겁니까? 요괴 따위는 없다, 무섭지 않다, 는 둥, 그렇게 젠체하면 이렇게 불쑥 나온다거나."

도리구치는 혀를 내밀었다.

"뭐, 그런 것일세. 자네들이 마치 마스코트처럼 생각하고 있는 요괴도, 기원을 더듬어 가면 대개 엄청난 것이니까. 갓파가 나오는 만화

---

61) 에도 시대 중기에서 후기에 걸쳐 활동했던 오사카의 풍속화가. 그림책 삽화의 일인자로 불렸다. '월하미인도(月下美人図)', '아방궁도(阿房宮図)' 등의 미인화로도 유명하며, 그림책 '다마모 이야기[絵本玉藻譚]'의 저자이기도 하다.

62) 지방보살. 부처가 세상에 존재하지 않는 세계에서 육도 중생을 교화하는 대비보살.

도불의연회

를 읽으면서 웃는 건, 수령 천 년의 거목을 깎아 만든 이쑤시개로
이를 청소하는 거나 마찬가지일세. 뭐 이쑤시개가 되어 버리면 원재
료가 무엇이든 용도는 정해져 있는 셈이고, 구별하라고 해도 무리일
테니, 이를 쑤시든 어묵을 찍어 먹든 그게 나쁜 일이라고는 하지 않겠
네만."

"하아, 그렇습니까."

추젠지는, 그래 —— 하고 말했다.

다타라는 그동안 내내 팔짱을 끼고 있었지만, 역시 기물계(器物系)라
는 선은 버리기 어렵군요, 누리보토케 —— 하고 중얼거렸다.

"추젠지 군, 어떻게 생각하십니까?"

"으음. 하지만 출전(出典)이 말이지요. 소위 말하는 도사[土佐] 파의
〈백귀야행 에마키〉에는 이런 건 그려져 있지 않지 않습니까. 이 모습
은."

"쓰쿠모가미의 출신은 꼭 그 에마키로만 정해져 있는 건 아니지
않습니까. 에마키에 없어도 전승이 있으면."

"전승도 없지 않습니까. 그렇다기보다 전승은 에마키에 따라서 생
겼다, 는 견해도 있을 수 있어요."

"전승된 괴이를 기록한 게 아니라, 그려진 그림에서 괴이 전승이
생겨났다는 겁니까? 있을 수 없는 일은 아니지만, 그래도 —— 으음
역시, 그건 본말전도겠지요."

"그래요. 본말전도입니다. 하지만 소쿠리가 둔갑한다, 짚신이 둔
갑한다는 괴이는 중세 이후, 아니, 한없이 근세의 것이 아닐까 하고
저는 생각합니다."

"예?"

다타라는 의아한 얼굴을 했다. 그리고 이렇게 말했다.

"뭐, 쓰쿠모가미가 무로마치 시대에 와서야 요괴로서의 형태를 갖춘 거라는 사실은 저도 이해합니다. 직인——기술직이 세상에 대두한 건 그 시기일 테고, 사회의 생산력이 향상된 것도 뭐 그 무렵일 테니까요. 도구를 사용하는 것, 또는 도구를 버리는 게 일반적인 일이 되었기 때문에 더더욱, 오래된 도구의 요괴도 설득력을 갖는 겁니다. 그런 의미로는 틀림없겠지만, 다만 물건이 둔갑하는——물건의 정(精)이 나오는 이야기는 동서고금에 풍부하게 있고, 쓰쿠모가미라는 호칭도 더 이전부터 있었잖습니까?"

"있기는 있었겠지만, 기물의 요괴를 가리키는 말은 아니었을 겁니다. 쓰쿠모가미라는 건 틀림없이 차자(借字)[63]니까요. 쓰쿠모는 본래는 쓰쿠모(九十九), 가미는——신(神)이라기보다 머리카락의 가미(髮) 아닙니까?"

"백 년에서 일 년이 모자라는 쓰쿠모가미——였던가요. 〈이세모노가타리〉에 나오는 노래지요."

"쓰쿠모라니요?"

도리구치는 이야기를 끊는다.

구십구라고 쓰네——하고 추젠지는 무뚝뚝하게 대답했다.

"호오. 그래서 백에서 하나 모자란다?"

"그래. 구십구는 구십구리(九十九里)와 마찬가지로 큰 수——이 경우는 단순히 매우 오래되었다는 의미일 뿐입니다. 게다가 원래가 머리카락이라면, 이건 노인——그것도 늙은 여자를 가리키는 말이었을 가능성이 있지요."

---

63) 자기 나라 말을 적는 데 남의 나라 글자를 빌려 씀. 또는 그 글자.

도불의연회

"확실히 그건 그렇습니다. 〈이세 모노가타리〉의 주석서(注釋書)인 〈레이제이 가류 이세초[冷泉家流伊勢抄]〉는 쓰쿠모가미[神]란 야행신(夜行神)이라고 하고, 나이를 먹은 너구리와 여우를 쓰쿠모가미라고 한다고 말하고 있어요. 뭐 오래된 것은 둔갑한다는 것뿐, 기물에 한정되어 있지는 않았던 모양이더군요. 하지만 —— 저는 중국이 전문이니까 그것만으로는 납득은 할 수 없습니다. 〈수신기(搜神記)〉에도 기물의 정(精)은 많이 실려 있습니다. 지괴소설(志怪小說)[64]에는 무생물의 요괴가 산더미처럼 나오고, 중국에는 예로부터 기물의 요괴는 있었던 셈이니 그게 일본에 유입되지 않았을 리가 없습니다."

도리구치는 아연해졌다.

다른 화제라면 몰라도 —— 하필이면 추젠지의 십팔번인 요괴 요물의 화제로 이만큼 이 능변가에게 되받아칠 수 있는 인간을, 도리구치는 처음으로 보았던 것이다.

다타라는 이어서 말했다.

"예를 들어 〈금석물어집(今昔物語集)〉 권27 본조(本朝), 부령귀(附靈鬼)에는 요괴가 기름병으로 둔갑해 사람을 죽인다는 이야기나 사람의 모습을 한 청동의 정이 나오는 이야기가 실려 있지요. 기물의 정이 요괴가 된다는 이야기는 〈백귀야행 에마키〉가 성립하기 이전에도 많이 있습니다. 그렇지 않습니까?"

추젠지는 품에서 손을 꺼내 턱을 긁적였다. 그리고,

"그건 사물의 정이지요. 물건 자체가 아니에요."

라고 말했다.

---

64) 중국 위(魏) · 진(晋) · 육조(六朝) 시대의 괴이에 관해 쓴 소설. 간보의 '수신기' 등이 대표적이다.

무슨 뜻입니까, 하고 다타라는 물었다.

"예를 들어——그렇지, 아까 말했다시피 정(精)이라는 건 쓸데없는 부분이나 여분의 부분을 버린, 본질 부분이지요. 생각하기에 따라서는——추상입니다."

"추상——?"

"그래요——정이란 무엇인가. 사물이나 표상에서 고체(固體)의 우연적 속성을 사상(捨象)한 본질적 속성을——정이라고 부르는 것이 아닐까요. 예를 들어 꽃의 정의 경우는 꽃이라는 것의 보편적인 개념에 인격을 준 것이라고 생각하면 대개 틀림없어요. 다만 그 경우, 꽃은 개체가 아니라 종(種)으로 파악되지요."

어렵습니다, 하고 도리구치는 말했다.

"아니, 간단하네. 동백나무의 정이라는 것은 동백이라는 종의 정——본질이지, 이 동백나무가 둔갑한 것은 아니야. 정은 본래 갖추어져 있는 종으로서의 본질인 걸세. 그러니까 우연히 나이를 먹어 그 본질이 드러난 경우에는 오래된 동백나무의 정, 이라는 것이 되는 셈이지만 딱히 오래되지 않아도 정은 있는 것이고, 경우에 따라서는 모습을 나타내네."

"어린 동백나무의 정이라는 것도 있다?"

"그건 듣지 못했지만, 있을 수 있는 걸세."

"그러고 보니 꽃의 정 같은 것은 대개 젊은 여성이지요."

물론 잘 모르지만, 도리구치는 그런 인상을 갖고 있다.

"애초에 오래된 꽃이라는 것은 있을 수 없지 않나. 꽃이라는 건 금방 시드는 법이니, 꽃의 본질은 항상 젊은 걸세. 수목에 본질을 추구하는 경우에는 뭐 대개 노인의 모습이 되겠지."

도불의연회

"하아, 그런 기분이 드네요. 벚나무는 젊을 것 같지만, 소나무는 할머니 같아요."

매화나무는 미묘하군요, 하고 다타라가 말했다. 추젠지는 쓴웃음을 지었다.

"뭐 그런 인상은 있을 테지요. 그러니까 무엇무엇의 정이라고 하는 경우, 무엇무엇이라는 부분에 개체명은 들어가지 않을 겁니다. 개별적인 속성은 사라지고, 더 넓은 범위로 커버되고 말아요. 소위 나무의 정, 풀의 정, 동물의 정, 무엇이든지 있는 셈이지만, 강의 정이나 산의 정이 되면 ―― 지나치게 막연해서 신과 같은 뜻이 되지요."

추젠지가 말하자 다타라는 잠시 생각하고 나서 그렇군요, 하고 말했다.

"확실히 신에 가깝군요. 하지만 추젠지 군. 중국에서는 무생물의 영이 요괴가 되는 경우 그것을 정괴(精怪)라고 부르고, 귀(鬼) ―― 이건 사람의 영이지요. 귀신이나 신선과는 명확하게 구별하고 있어요. 일본에서도, 예를 들어 지금의 〈금석물어집〉 등에서는 정(精)이라는 것은 분명히 비생물적인 것의 영을 가리키고 있다는 것을 알 수 있지요. 원한을 가진 사람의 정이라고는 결코 말하지 않으니까요."

"그건 사람의 정이라는 것이 있을 수 없기 때문입니다. 제가 아까 말한 구분으로 생각한다면, 사람에게서 개체적인 요소를 없앤 보편적인 인간의 개념이, 사람의 정이라는 것이 되는 셈인데요 ――그런 것을 추출하는 건 불가능하고, 해 봐야 무의미합니다. 이게 금수라면 이건 종으로 한데 묶는 게 가능합니다. 늑대의 정이라든가 토끼의 정이라는 건 있지 않습니까?"

"있지요."

"하지만 사람이 사람이기 위한 근거라는 건, 실은 사상(捨象)되어야 할 개별적인 요소 쪽이기도 합니다. 원망한다거나 슬퍼한다거나 하는 건 개인적인 감정인 셈이고, 그런 건 종을 대표하는 보편적 요소일 수 없어요. 따라서 사람의 정이라는 건 없지요. 개체로서의 주장이 있는 경우에는 영이 됩니다. 동물도 개체를 존중하는 경우에는 정이 아니라 영이라고 하잖아요. 너구리의 영이니 여우의 영이니 하는 것은 있는 셈이고, 그 경우에는 단자부로 다누키[団三郎狸]⁶⁵⁾라든가 오토라기쓰네[おとら狐]⁶⁶⁾라든가, 고유명사가 붙어 있어요."

"과연 —— 이치에 맞는군요. 그렇군요. 말씀하시는 대로, 적어도 일본에서는 정괴 이쿼 기물의 요괴는 아니겠네요."

"뭐 —— 처음에 말한 대로, 말은 다의적이고 시대에 따라 변화하니까 수식만큼 깔끔하게 떨어지지는 않습니다만. 다만 일본에서도

---

65) 니가타 현 사도 군 아이카와마치(현재의 사도 시)에 전해지는 요괴 너구리. 일본어로 '다누키'는 '너구리'라는 뜻인데, 사도에서는 너구리를 '무지나'라고 불렀기 때문에 단자부로 무지나라고도 한다. 아와지시마의 시바에몬 다누키, 가가와 현의 다사부로 다누키와 함께 일본의 3대 요괴 너구리로 꼽힌다. 사도 너구리의 총대장으로, 사람이 밤길을 걷고 있을 때 벽 같은 것을 만들어 내거나, 신기루를 보여 주어 사람을 홀리거나, 나뭇잎을 돈으로 보이게 하여 물건을 사거나 한다. 나쁜 짓만 하는 것은 아니고 곤란에 처한 사람에게는 돈을 빌려주기도 했는데, 그 돈은 사람으로 둔갑해 금광에서 일을 하거나, 훔쳐서 번 것이었다고 한다. 차용증에 금액, 돈을 갚을 날짜, 자신의 이름을 써서 도장을 찍어 놓아두면, 다음 날에는 그 차용증이 사라지고 대신 돈이 놓여 있었다고 한다. 단자부로 다누키가 살았다고 하는 아이카와마치에서는 사람들의 두터운 신앙의 대상이 되고 있다.

66) 아이치 현에 전해지는 요괴 여우. 일본어로 '기쓰네'는 '여우'라는 뜻이다. 인간에게 씌어 여러 가지 장난을 치는 요괴로, '오토라기쓰네'의 어원은 오토라라는 처녀에게 여우가 씌인 것에서 온 것. 씌인 사람은 왼쪽 눈에서 기름을 흘리고 왼쪽 다리가 병든다고 한다. 이는 오토라기쓰네가 나가시노 전투에서 대포의 유탄을 맞았기 때문이라고 전해지는데, 씌인 사람의 대부분은 병자이고 씌이면 나가시노 전투 이야기나 신상 이야기를 늘어놓게 된다고도 한다. 오토라기쓰네가 사람에게 씌인 것은 본래 나가시노 성에 있는 이나리 신사의 사자(使者)였던 오토라기쓰네가 나가시노 전투 후에 신사가 방치된 것에 원한을 품고 있기 때문이라고 하며, 후에 이를 달래기 위해 나가시노 성의 이나리 신사에 오토라기쓰네가 모셔졌다고 전해진다. 현재 이 신사는 아이치 현 신시로 시[新城市]의 대통사(大通寺)로 옮겨졌다.

도불의연회

정, 또는 정령이라는 이름이 그 외의 영과는 다르게 사용되고 있다는
건 사실이겠지요."

"그건——이해했습니다. 하지만 추젠지 군. 당신이 아까 한 말의
문맥에서는, 쓰쿠모가미는 기물의 정이 아니다——라는 뉘앙스가
느껴졌는데요?"

눈치채신 그대로입니다——하고 추젠지는 말했다.

"헤에. 그럼 그 이유를 가르쳐 주십시오. 정괴가 기물에 한한 요괴
가 아니라는 건 이해했습니다. 그건 그렇다고 하더라도, 기물의 정이
쓰쿠모가미라고 생각한다 해서 곤란할 건 없을 것 같은데요. 그렇다
기보다 그 이외의 사고방식이라는 게 있다면 듣고 싶습니다."

다타라는 이마를 긁적인다. 추젠지는 턱을 긁적였다.

"지적하신 대로 기물의 정은 많이 있어요. 베개의 정, 붓의 정,
바둑판의 정, 벼루의 정이라든지——뭐 다타라 군의 말처럼 옛날부
터, 게다가 많이 있지요. 하지만 예를 들어 벼루의 정은 벼루의 모습
을 하고 있지 않지 않습니까."

"하고 있지 않지요."

"정은, 기물의 정이든 동식물의 정이든, 대개 인간의 모습을 하고
나타나지요. 예를 들어——그렇지, 연못의 주인도 사람 앞에 나타날
때는 인간의 모습으로 나와요. 죽임을 당해야만 비로소 붕어나 곤들
매기 등 그 정체를 알 수 있지요. 기물의 경우에도 퇴치된 후에 바둑판
이 쪼개어져 바둑판의 정이었다는 것을 알 수 있다거나, 그런 구조
아닙니까. 아까 예로 들었던 〈금석〉의 히가시산조의 청동의 정, 사람
의 모습이 되어 파내어지는 이야기에 나오지요. 물건의 정은 이처럼
사람이 되어 나타나고 말았으매, 모두 그제야 알게 되었으니——."

갑자기 고문(古文)으로 이야기하면, 도리구치 같은 경우는 당황하고 만다.

다타라는 작은 눈썹을 찌푸리며,

"이러한 요괴는 갖가지 물건의 모습으로 나타났으니, 라는 식으로도 쓰여 있지 않습니까."

하고 대꾸했다. 대답도 고문(古文)이었다.

"귀신, 기름병의 모습으로 나타나 사람을 죽이는 이야기 ——로군요. 하지만 그 모노노케[物の怪]라는 것은 여러 가지 기물의 형태를 취하여 모습을 나타내는 법이다 —— 라는 뜻이겠지요. 기물이 둔갑하는 것과는 다릅니다."

"응?"

다타라는 지금까지와 반대쪽으로 고개를 갸웃거렸다.

"반대인가."

"반대입니다. 기물이 둔갑하는 게 아니라, 정체를 알 수 없는 것이 기물로 둔갑하는 것이지요. 모노노케라는 말이 나오니까 어느 모로 보나 기물의 요괴를 가리키는 것처럼 받아들여지지만, 그건 아닙니다. 애초에 모노노케라는 말의 해석은 모두 제각각이고, 어떻게든 받아들일 수 있기 때문에 혼란에 빠지기 쉽고, 사물의 수상한 모습[物の怪しき樣] —— 이라는 식으로 해석하면, 어느 모로 보나 쓰쿠모가미를 가리키는 말처럼도 생각되지만 —— 하지만 무로마치 이전에는 모노노케라고 하면 원령이 일으키는 재앙으로 정해져 있었습니다."

"아아 —— 모노노케라는 말이 기물의 요괴를 가리키는 경우가 많아진 건 중세 이후지요."

"그렇지요. 괴이의 해체와 재구축의 결과입니다."

도불의연회

"해체와 재구축?"

"그렇습니다. 사람의 지혜가 미치지 않는 자연현상——천재지변을 포함한 세상의 이치를 그저 받아들이는 동안에는, 괴이는 괴이가 될 수 없는 겁니다. 그저 머리를 숙이고 두려워하며 받들 뿐이라면, 그건 신앙이기는 할 테지만 위협도 괴이도 아니에요. 그런 사람의 지혜가 미치지 않는 것을 인위적으로 조작하려는 시도——세계의 재편집 작업이 이루어져야만 비로소 영혼, 신앙 같은 것이 생겨나는 것이지요."

"원령이——세계 인식의 방법이라고요."

"가뭄이 일어난 것은 누구누구의 저주다, 비가 내린 것은 그 성인의 법력이다——그런 이해의 방법이라는 건, 그냥 있을 뿐이었던 세계에 의미를 주고, 그 존재 방식에 이유를 붙이는 행위에 불과하지요."

"아하——그런 뜻입니까."

"예를 들어——벼락은 무섭다. 그건 우르르릉 하늘이 울기 때문에 무서운 것이고, 번개가 빛나니까 무서운 것이고, 거목이 쓰러지고 화재가 일어나니까 무서운 겁니다. 저항하기 어려운 실질적인 피해도 있어요. 벼락은 옛날에는 신의 울음이었어요. 하지만 그냥 신이라고 해서는 막연하고 불안하지요. 그래서 사람은, 자연현상에 뇌신이라는 인격을 주고, 그것에게 기원하게 됩니다. 하지만 어차피 사람은 신의 의지를 헤아릴 수는 없어요. 그래서 예를 들어, 그건 스가와라노 미치자네가 분노했기 때문이라고——더욱 알기 쉬운 이유를 붙인 겁니다."

"예? 그럼 원령이 무서우니까 받들어 모시고 달랜다는 건——."

"그건 실은, 본말전도의 사고방식입니다."

추젠지는 그렇게 말했다.

"원령이 무서운 건, 원령이 해를 가져오기 때문이잖습니까. 실질적인 해가 없으면 무섭지는 않아요. 해라는 건 천재지변을 포함한 여러 가지 재액을 말하지요. 사람이 무서워하는 건 재앙 쪽이고, 원령이라는 건 재앙의 원인으로서 거슬러 올라가 나중에 덧붙여진 이유에 지나지 않아요."

다타라는 으음, 하고 신음했다.

"우선 —— 재앙이 있었다는 겁니까?"

"그건 그렇습니다, 다타라 군. 비는 멋대로 내려요. 원망해도 울어도 비는 그치지 않지요. 신앙상으로는 어떻든, 인간의 의지가 비를 그치게 할 방법은 없어요. 우선 비가 내립니다. 모두 곤란해하지요. 이유는 알 수 없으니 멈출 수 없어요. 그래서, 누구나 알 수 있는 이유를 나중에 갖다 붙입니다. 그리고 그 이유에 따라 원인을 제거하는 노력 —— 우러러 받들지요. 비는 이윽고 그쳐요 —— 이건 제령의 시스템과 똑같습니다."

"그, 그칩니까?"

도리구치는 물었다. 추젠지의 이야기를 듣고 있으면 정말로 그칠 것 같은 기분이 든다. 추젠지는, 그치지 않는 경우에는 저주가 강하다며 또 기도하는 걸세 —— 하고 대답했다.

다타라는 그 점에 관해서는 납득한 것 같았다.

"과연 그렇군요. 이상이 일어난다, 이유는 알 수 없다, 그래서 주술자가 이유를 붙인다. 그리고 그 원인을 제거한다 —— 는 제령의 스타일이기는 하네요."

도불의연회

"그래요——더 말하자면, 이 재앙은 저 남자가 원한을 품고 있기 때문이다——라는 본말전도가 공통 인식이 되기에 이르는 과정에는, 인간의 의지는 자연도 지배할 수 있는 것이다——라는 일종의 교만한 사고방식이 숨어 있어요. 영혼을 두려워하는 마음은 자연을 지배하고 싶다는 마음을 뒤집은 겁니다."

"과연. 하지만 추젠지 군. 그, 괴이의 해체와 재편집이라는 건—— 아직 잘 모르겠는데요."

이해하기 어렵겠지요——하고 추젠지는 말했다.

"그러니까——그 본말전도의, 전도가 일어난 부분이 말이지요."

"전도가 일어난 부분?"

"그래요——옛날 사람들은 천재지변으로 사람이 죽는다는 구도를, 사람 때문에 천재지변이 일어난다는 구도로 뒤집은 겁니다. 이것이 최초의 역전입니다. 그리고 그 후, 다시 한 번 역전이 있었던 건데요——."

"역전은 한 번이 아니라고요?"

다타라는 작은 눈을 휘둥그렇게 떴다.

마치 탐정소설 같군요——하고 도리구치는 말했다.

그렇군——하고 웬일로 추젠지는 동의했다.

"사람이 자연에 거스를 수 없었던 시대에는 그것만으로 충분했겠지요. 영혼 신앙은 매우 유효했을 겁니다. 하지만 시대가 흐름에 따라, 인간은 정말로 자연을 조종할 수 있게 된 겁니다."

"아아."

"관개 토목, 산철 제련, 양잠 방직——기술의 향상은 정말로 자연을 능가하기 시작했어요. 기술을 갖지 못한 사람에게 있어서 기술은,

천연 자연의 위협과 비슷할 만큼 위협이었을 겁니다. 따라서 그 불가
사의한 기술을 이해하기 위해, 다시 같은 시스템이 도입되게 되지
요."

"기술에서 신성(神性)을 찾았다고요?"

"신성이라고── 할까── 멸시입니다──."

추젠지는 짧게 그렇게 말했다.

"예를 들어, 음양사의 대두와 쇠퇴에, 그건 잘 나타나 있지요."

음양사──그것이 어떤 일을 하는 인종인지 도리구치는 자세히
는 모른다. 그러나 추젠지의 세 번째 얼굴을 아는 사람은──그 자체
를 음양사라고 부른다.

쇼와 시대의 음양사는 말했다.

"음양사는── 음양박사, 천문박사라고 불리던, 당시의 최신 과
학 기술자입니다. 한때는 궁중에서도 권세를 휘둘렀어요. 그것도 모
두 최초의 역전의 파도를 탔기 때문입니다. 기술자 집단을 통솔하고,
외래의 최신 지식으로 세계를 해독하고, 세계를 조종하는 사람으로
서 음양사는 존경을 받고 귀하게 여겨졌어요. 하지만──음양도는
금지되고, 음양사는 영락의 일로를 걷게 되지요."

"귀신을 쫓는 음양사가── 귀신이 되었다."

"그래요. 그 이유는 몇 가지가 있습니다만──."

추젠지는 거기에서 입을 다물고 잠시 생각하다가,

"우선 아까 다타라 군이 예로 들었던 〈금석물어집〉의 일설──
모노노케가 기물의 형태를 취해 나타난다는 이야기. 그것을 어떻게
읽느냐── 입니다."

하고 말했다.

"그건 아까 추젠지 군이 말한 대로겠지요. 기물이 둔갑하는 게 아니라 귀신 같은 존재가 기물로 둔갑하는——."

"그건 다시 말해서, 알 수 없는 힘이야말로 도구—— 기술이라는 뜻이지요."

"그게 왜요?"

그러니까—— 추젠지는 말한다.

"자연을 통제하고 싶다는 바람이 뒤집혀서 영혼 신앙이 되고, 한편 마찬가지로 자연을 통제하기 위해 기술이 연마되었다—— 즉 원령과 기술은 자연을 상대하기 위한 양 축이었습니다. 그런데. 기술의 진보와 보급에 따라 영혼 신앙은 서서히 효력을 잃고, 자연에 대해서 품고 있던 경외심이 그대로 슬라이드되어, 본래 자연을 통제하기 위해 쌓였을 기술로 향하게 된 겁니다. 그래서——."

"그래서?"

"자연현상인 공중방전이 뇌신 님이 된 것처럼—— 기술 자체에도 인격이 주어졌어요."

다타라는 무릎을 탁 쳤다.

"아아. 그게—— 기물의 정인가."

"그렇습니다. 그게 기물의 정이라고 나는 생각해요."

"그건 뭐, 알기 쉽군요. 하지만, 그렇지만, 그러면—— 추젠지 군. 잠깐만요. 으음—— 그럼, 쓰쿠모가미는 어떻게 됩니까? 그것과는 다른 건가——."

다른 건가—— 하고 다타라는 다시 한 번 의문 부호를 내뱉고, 경련하는 듯한 동작으로 다시 고개를 갸웃거렸다. 그러자 추젠지는 대답한다.

"저는 아니라고 생각한——다기보다, 아니라고 생각하지 않으면 이치에 맞지 않아요."

"이치요? 하지만 기술에 대한 경외심, 기술을 통제하려는 마음이 기술이라는 개념에 인격을 준 거라면, 그건 다시 말해서, 도구인 쓰쿠모가미에 응용할 수 있을 것 같은데요."

아니——그건 관계가 없는 것도 아니지만 역시 아니라고 생각한다고, 추젠지는 말했다.

"어떻게 다릅니까?"

"그래요——그런 기물의 정이라는 건, 그 기물의 본질로서 처음부터 갖추어져 있는 것이지 않습니까."

"그렇——지요."

"대빗자루는, 빗자루로 만들어진 순간——대나무에서 빗자루가 된 순간에, 빗자루의 정이라는 보편적인 개념을 깃들이는 것입니다. 하지만 쓰쿠모가미라는 건 도구 자체가 세월이 지나 변화하지요. 빗자루의 정의 경우는 빗자루 한 자루 한 자루의 개별적인 속성은 어느 정도 지워져 있어요. 하지만 빗자루의 쓰쿠모가미가 되면, 이 오래된 빗자루가 둔갑했다——고 특정할 수 있지요. 다시 말해서——아까의 유령의 예에 비유하자면, 기물의 정이라는 건 삼혼 쪽이고, 쓰쿠모가미라는 건 칠백 쪽이 아닌가 하고 나는 생각합니다."

"사물의 개념과 사물 자체."

"그렇습니다——."

추젠지는 고개를 끄덕였다.

"——영(靈)과 물(物)이지요."

"그렇다면 나이를 먹어서——라는 부분이 문제라고요?"

도불의연회

"그렇지요. 아까 다타라 군이 꼽은 〈수신기〉 같은 건 오래된 책이 지만, 시간이 경과하면 사물은 괴이를 일으킨다 —— 라는 사고방식이 싹튼 것은 엿볼 수 있어요. 하지만 〈수신기〉는 시간적 경과는 만물에 똑같이 변화를 가져온다고 말하고 있는 것에 지나지 않아요. 이건 당연한 일입니다. 〈수신기〉에서는 경과하는 것보다 오히려 기가 흐트러지면 괴이를 일으킨다고 설명하지요."

다타라는 고개를 작게 끄덕였다.

"아아 그런가. 하늘에서 기를 받으면 형태가 갖추어진다, 형태가 있으면 성질이 갖추어진다, 모두 시간의 변화에 의해 자신의 성질에 따라 변화한다 —— 는."

"그래요. 춘분날 매가 비둘기로 모습을 바꾸고 추분날에 비둘기가 매가 되는 것도 시간의 변화이다 ——."

"만일 그 길을 벗어나면 괴이가 난다 ——."

"그건 기가 역으로 통했기 때문이다 —— 입니다. 춘분이나 추분 —— 절기마다 기가 흐트러지는 거지요. 이건 나중에 절분이나 경신이 되는 건데요 ——."

"기와 기의 날과 바탕의 경계 —— 백귀야행이군요."

"그렇습니다. 기물의 요괴가 왜 나중에 백귀야행의 대표선수로 생각되게 되었는지 —— 그 점은 요괴의 진화를 생각하는 데 있어서 큰 포인트입니다만 ——."

그건 일단 옆으로 치워 둡시다 —— 하고 추젠지는 그렇게 말했다.

"어쨌든 —— 기물의 정은, 오래되든 그렇지 않든 상관없이 깃들어 있고, 게다가 인간의 모습을 하고 나타나요. 한편 쓰쿠모가미는 오래된 도구 자체가 둔갑하는 것이고, 이건 도구의 형태 그대로입니다."

"겨우 이야기가 이어졌군요."

다타라는 기쁜 듯이 말했다.

"이, 이어진 겁니까?"

어디와 어디가 이어진 건지, 애초에 무슨 이야기였는지도 도리구치는 잊고 있었다.

"기술이라는 새로운 위협을 받아들이는 데 있어서 단계라는 것이 몇 가지 있고, 쓰쿠모가미는 그 마지막 쪽에 위치하고 있다고, 추젠지 군은 말하는 거지요?"

"그렇──지요. 우선 귀신이 기물로 변하는 이야기, 그리고 기물에 깃든 정이 사람의 형태를 하고 나타나는 이야기, 그리고 기물 자체가 요괴가 되는 이야기──이렇게 늘어놓아 보면 알기 쉽겠지요."

"경외심을 동반한 신성은 서서히 사라지고, 사람의 통제하에 놓이고, 이윽고 더러운 것으로 경시된다──과연, 당신이 아까 음양사와 똑같다고 말한 이유를 알겠습니다. 그리고 쓰쿠모가미의 전승이 〈백귀야행 에마키〉보다 거슬러 올라갈 수 없다고 말한 것도 대충 이해했습니다. 그 이전의 전승은 모두 기물의 정의 영역을 벗어나는 것이 아니다──라는 뜻이군요."

"제가 모르는 것뿐일지도 모르지만요. 다만 〈백귀야행 에마키〉와 전후해서 그려진 것으로 생각되는 〈쓰쿠모가미 에마키〉나 오토기조시[お伽草子][67]인 〈쓰쿠모가미기[付喪神記]〉 등을 보면 조형으로서는 분명히 혼란이 있어요."

---

67) 무로마치 시대에 유행한 그림을 곁들인 단편소설의 통칭. 좁은 뜻으로는 교호[享保] 시대(1716~1736)에 오사카의 서점 주인인 시부카와 기요에몬[渋川淸右衛門]이 간행한 '분쇼조시[文正草子]', '하치카즈키[鉢かづき]' 이하 23편을 칭한다. 작자는 대부분 미상이며 공상적, 교훈적, 동화적인 내용이 많다.

도불의연회

"아아, 그거 —— 어느 쪽이 먼저입니까?"

"불명이라고 말할 수밖에는 없지만. 제 생각으로는 〈쓰쿠모가미기〉가 오래되었을 겁니다."

"그건 역시, 지금 이야기에 나온 대로 기물 자체가 둔갑하는 —— 요괴가 기물의 형태를 하고 있는 —— 쪽이 사람의 모습인 것보다도 나중의 것이라고 생각하기 때문입니까?"

"그래요. 〈쓰쿠모가미기〉의 요괴는 그 이름대로 기물 자체가 둔갑하는 거니까 쓰쿠모가미이기는 하지만, 둔갑하면 기물이 아니게 되고 말아요."

"형태가, 라는 뜻입니까?"

"그렇습니다. 처음에는 완전한 옛 도구지만, 서서히 짐승이나 사람과 비슷해져서 도구 같지 않게 되어 가잖습니까. 뭉뚱그려서 사물의 정이 되고 말아요. 다만 유사한 형태의 요괴가 〈백귀야행 에마키〉에도 등장하고, 양쪽은 확실히 어떤 인과관계에 있기는 합니다. 어느 쪽이 어느 쪽인가를 흉내 낸 거겠지요. 그렇다면 기물 자체의 요괴화가 철저해진 〈백귀야행 에마키〉가 후발이라고 저는 생각해요."

"과연."

"게다가 과장 변형을 한계까지 추구한 듯한 〈백귀야행 에마키〉의 그림에 유발되어, 고작해야 가면을 쓴 것 같은 평탄한 〈쓰쿠모가미기〉의 그림이 생겨나지는 않겠지요. 반대는 있을 것 같지만."

"아아, 당신은 수묵화를 그리셨지요. 저도 취미로 유화를 그리는데, 그 마음은 알 것 같은 기분이 드는군요."

다타라는 그렇게 말했다. 추젠지가 그림을 그린다는 것을 도리구치는 몰랐다. 의외로 다재다능한 것 같은 고서점 주인은 말을 이었다.

"그리고 물건 자체가 둔갑하는——기물의 모습을 한 이형(異形), 쓰쿠모가미라는 발상은 아무래도 시각적 충격이 먼저라고 저는 생각합니다."

"우선 그림이라고요?"

"그렇게 생각해요. 예를 들어——비파는 보기에 따라서는 사람의 얼굴로 보이지요. 하지만 그렇다고 해서 거기에 일부러 팔다리를 덧붙여 그리거나, 덧붙여 보거나 하는 바보는, 보통은 없을 겁니다. 그런 엉뚱한 사람은 세상에는 적어요. 하지만——〈백귀야행 에마키〉는 그것을 제대로 그리고 말았어요. 여기에 이르러서, 착상이 착상이 아니게 되는 순간이라는 것이 찾아옵니다. 유사가 동일로 바뀌는 겁니다. 이후, 같은 법칙에 따라 모든 기물이 요괴화하기 쉬워진 게 아닐까요."

"같은 법칙이라니."

"우선은 비유입니다. 무언가로 비유한다, 거문고를 네발짐승에 비유한다. 와니구치[68]를 파충류에 비유한다. 그리고 의미를 옮겨 베끼지요. 바곳은 새가 돼요.[69] 수레를 끄는 것은 히키——두꺼비지요.[70] 그 외에는 지나친 추가. 어떤 것이라도 얼굴을 그리거나 팔다리를 돋아나게 하면 대개는 요괴가 돼요. 이 수법은 그대로 세키엔까지 물려 내려집니다."

"기물 요괴의 문법이 생겼다."

---

68) 신전·불당 정면의 처마 밑에 달아매는 금속제의 음향 도구. 납작한 원형으로 속은 비어 있고 아래쪽으로 가로로 긴 구멍이 있다. 참배자는 천으로 꼬아 엮은 줄을 흔들어서 울린다. '와니'는 악어, '구치'는 '입'이라는 뜻.

69) 바곳은 일본어로는 '도리카부토', 새는 일본어로 '도리'다.

70) '끌다'라는 동사는 일본어로 '히쿠', 이의 명사형이 '히키'이다. 두꺼비는 일본어로 '히키가에루'.

도불의연회

"그렇습니다. 도사 미쓰노부[土佐光信][71]가 그렸다고 전해지는 〈백귀야행 에마키〉는 그런 생각을 환기시키는 데 충분한 것입니다. 물론 ——그게 미쓰노부의 작품인지 아닌지는 알 수 없고, 유사한 많은 모사 작품 중 대체 어느 것이 처음으로 그려진 것인지 —— 지금으로서는 아무도 검증하지 않았으니, 어느 것이 오리지널이라고는 말할 수 없겠습니다만 ——."

도리구치는 그 에마키도, 어느 에마키도 본 적이 없다.

다타라는 입을 삐죽거리며,

"당신이 누리보토케가 쓰쿠모가미가 아니라고 하는 건 ——."

하고 말하며 탁상의 그림을 가리켰다.

"——이 그림이, 그 쓰쿠모가미의 문법에 따라 그린 그림이 아니기 —— 때문이로군요?"

"그렇습니다. 그건 다른 계통이겠지요."

"맞아요. 지방 화가나 가노 파의 일부에 전해지는 〈요괴 에마키〉나 〈바케모노즈쿠시〉, 〈백귀야행도〉 등의 계통이지요. 문법이 다른가요?"

"그래요 —— 행렬을 이루지 않는 요괴들입니다."

추젠지는 그렇게 말했다.

"이 —— 누리보토케를 비롯해 눗펫포니 우완이니 효스베니, 와이라, 쇼케라, 오토로시 —— 이것들은 한 마리씩 이름을 붙여서 그려져 온, 특별한 놈들입니다."

"특별 ——."

---

71) 무로마치 시대 중기에서 전국 시대에 걸쳐 활동했던 일본화 화가(1434?~1525?). 도사 파의 3대 화가 중 한 명으로, 도사 파를 중흥시킨 인물이기도 하다.

"특별하지요. 그들은 본래 행렬하던 자들일 거라고 저는 생각해요. 하지만 제례는 백귀야행이 되고, 그들은 도구를 놓고 행렬에서 이탈한 겁니다."

"네? 그럼 〈쓰쿠모가미 에마키〉에는 그들이?"

"그렇지는 않겠지요. 하지만 〈쓰쿠모가미 에마키〉의 쓰쿠모가미는, 쓰쿠모가미이면서 일부 쓰쿠모가미가 아니에요. 그림의 혼란은 거기에 기인하는 것일 거라고 생각합니다."

다타라는 생각에 잠겨 있다.

"모르겠군요, 그 부분은 ──."

다타라는 잠시 천장 쪽을 올려다보더니 말을 이었다.

"── 다만, 추젠지 군. 그 혼란스러운 〈쓰쿠모가미 에마키〉에서, 혼란이 싹 가신 〈백귀야행 에마키〉로 이행하는 과정의 작품이라는 것은 없지 않습니까. 그 요괴의 문법이 비약적으로 진화한다는 것도, 음 ──."

잠깐 ── 하고 다타라는 말했다.

그리고 오른손을 펴서 내밀었다.

"잠깐만요. 미쓰노부가 그렸다고 전해지는 〈백귀야행 에마키〉 이전에도 기물의 요괴를 그린 그림은 있지 않습니까. 〈쓰치구모조시[土蜘蛛草子]〉나 〈융통염불연기(融通念佛緣起) 에마키〉 등에, 지금 당신이 말한 듯한 문법으로 그려진 요괴가 이미 그려져 있잖아요. 그건 남북조시대예요."

"그래요. 그려져 있지요. 하지만 미쓰노부 이전의 그것은, 제 생각에는 기물의 요괴라기보다 ── 오히려 식신(式神)이에요."

"식신?"

도불의 연회

"식신이지요. 〈부동이익연기(不動利益緣起)〉에 그려진 역병신도 같은 흐름을 따른 것일 겁니다. 그건 세이메이가 퇴치하는 것이고—— 저는요, 다타라 씨. 식신이라는 건 기물의 정과 대치를 이루는 거라고 생각하고 있어요."

"그건 또 괴상한 의견이군요."

다타라는 다시 곤란한 얼굴을 했다.

도리구치는 아무래도 따라갈 수가 없다.

"스승님, 식신이라는 건 아마 편리하게 말을 들어 주는 신이 아니었습니까? 차, 하면 차를 끓여 주고, 코가 가렵다고 하면 코를 긁어 주는."

아닐세——하고 추젠지는 뭔가 싫은 듯이 말했다.

"식이란 일정한 규범에 따라 행위를 하는 걸세. 결혼식 장례식 방식 수식 구조식의 식이지. 그 식에 인격을 주었을 때, 그것이 식신이라고 불리는 거야."

"모르겠습니다."

추젠지는 품에서 손을 꺼내며 더욱더 싫은 듯한 얼굴을 했다.

"이보게 도리구치 군. 여기에 종이가 있다고 치세. 그리고 이쪽에 가위가 있네."

"네. 있다고 치지요."

"자네는 가위를 모르는 미개한 땅의 남자일세."

"우헤에. 미개라니. 뭐 좋아요."

"자, 자네는 이 종이를 싹둑 자르고 싶네."

"뭐——자르고 싶겠지요. 그래서, 아아, 저는 가위를 모르는 사람입니까. 손으로 찢을 뿐?"

"그렇지. 그런데 나는 가위가 무엇인지 알고 있네. 용도도 사용법도 알고 있지. 이렇게, 엄지와 검지와 중지를 고리에 넣고, 관절 부분을 기점으로 싹둑싹둑——이게 주술이지."

"자르기만 하는 것일 텐데요."

"가위를 모르는 자네에게는 마법이잖나."

"오오."

그럴지도 모른다.

길거리 텔레비전에 사람이 모여드는 세상에 라디오를 듣고 놀라는 사람도 없겠지만, 이것이 백 년 전이라면 라디오는 어엿한 마술이다. 인간의 머리 구조는 백 년 전이나 지금이나 다를 바가 없다고 생각하지만, 기술은 머리의 구조를 추월해 진보하고 있다. 현대인도 라디오는 마법이 아니라는 것을 알고는 있지만, 그것도 기계가 들어 있으니 아니라는 것을 알고 있는 정도다. 그럼 만들어 보라고 해도 만들 수 있는 것은 아니다.

"으음——그러고 보니 가위라는 것도 일종의 장치니까요. 간단한 구조이기는 해도, 뭐 우습게 볼 수는 없으려요. 예비지식 하나도 없이 만들어 보라고 해도 만들 수는 없을 테니까요."

만들 수 없다는 의미로는 가위나 라디오나 마찬가지다.

"종이를 똑바로 자르는 것도 마법——입니까."

그러고 보니——.

도리구치는 이전에, 추젠지에게서 들은 적이 있다. 수법을 밝히는 기술을 사이언스, 즉 과학, 수법을 밝히지 않는 기술을 오컬트, 즉 신비학이라고 부르는 거라고——.

추젠지는 말했다.

도불의연회

"가위라는 건, 그러니까 주구(呪具)인 걸세. 그리고 가위의 사용법
——방법이라는 게 식. 종이를 자르는 행위가 식을 치는 것——주
술일세. 이 도식은 가위가 아니어도 도구 전체에 들어맞는다네. 도구
라는 건 대개 사용하기 위해서 있는 거지. 다시 말해서 반드시 사용법
이 있네. 사용법에 인격을 준 게 식신이고, 도구 자체에 인격이 주어
지면 쓰쿠모가미가 되지. 비슷하지만 달라."

"아하. 뭐 식탁을 모르는 사람한테는 밥상도 신비겠네요——."

하지만 말일세, 도리구치 군——추젠지는 도리구치를 본다.

"가위를 모르는 사람한테는 아무리 이상하게 보여도——가위는
자연의 이치에 반하는 일은 무엇 하나 하지 않았네. 가위의 원리라는
건 지극히 이치에 맞는 것일세."

"그야 뭐 그렇겠지요. 단순합니다."

"말은 그렇게 하지만, 가위처럼 이렇게 단순한 기술도 모르는 사람
의 눈에는 마법으로 비치는 걸세. 도구를 사용하는 사람——기술자
라는 건 즉 주술자이기도 했던 셈이지."

"기술자가 저주하는 겁니까?"

저주하거나 축복하거나 하는 걸세, 하고 고서점 주인은 말했다.

"자연을 인위적으로 응용해서 본래 사람은 할 수 없는 일을 하는
거니까."

"사람이 할 수 없는 일——일까요."

"본래는 할 수 없는 일일세. 알겠나, 도리구치 군. 기술이라는 건
마치 사람이 만든 것, 사람의 위업(偉業)처럼 생각되고 있네. 하지만
천연 자연의 이치에 반하는 기술이라는 건 세상에 하나도 없네. 어떤
일도 모두 자연과학이 보증하는 범위 안에 있는 것이고, 물리법칙을

거스르는 기계도 기술도 없어. 우리는 석가의 손바닥 안에서 희롱당하는 손오공 같은 존재일세. 사람은 자연의 틀을 벗어나는 일은 할 수 없는 거지. 그래서 사람은 자연을 응용하는 식을 만들어 냈네. 그게 기술일세. 기술이 제2의 자연으로서 두려움의 대상이 되는 것도 당연한 일이지."

"하아."

"그래서 말인데, 다타라 군——."

추젠지는 화제를 다타라에게 돌렸다.

"식을 칠 때는 매개물을 쓰지 않습니까."

"식과 도구는 떼어놓을 수 없다——고요?"

"그리고 도구와 동물도 떼어놓을 수 없어요."

"동물?"

다타라는 물었지만 추젠지는 대답하지 않았다.

"뭐—— 어쨌든 저는 〈쓰치구모조시〉 등에 나오는 괴물은 식신이라고 생각해요. 어용 화가였던 미쓰노부가—— 이건 사실은 누가 원조인지 알 수 없지만, 편의상 미쓰노부라고 해 둡시다. 미쓰노부가, 그런 선행하는 작품군에서 요물의 문법을 배운 것은 사실일 겁니다. 이건 상상에 지나지 않지만 미쓰노부는 선행하는 작품들에서 방법을 배우고, 그것을 응용해서 〈쓰쿠모가미 에마키〉를 바꾸어 읽은 게 아닐까—— 하고 저는 생각하고 있어요."

"바꾸어 읽는다고요?"

"그래요. 그러니까 괴이의 해체와 재구축입니다."

추젠지는 다시 그렇게 말했다.

"으음."

도불의연회

도리구치는 신음했다. 가면 되돌아온다.

복잡하게 얽힌 길을 풀면서 더듬어 가면, 이윽고 출발점으로 돌아온다. 결론은 의문을 만들기 위해 도출되고, 본말은 전도되고, 역전도 몇 번이나 있다. 천지를 뒤집어도 반대로 또 뒤집어도, 다시 뒤집으면 원래대로 돌아오는 것이다.

"어떻게——해체해서 무엇을 만든 겁니까?"

"기술과 도구와 직인을 분리시켜 막연한 괴이를 해체한 거예요. 그리고 그것들을 다시 짜서 다른 의미를 준 거지요."

"하?"

"다타라 군이 아까 말했듯이, 무로마치 시대란 생산력이 향상된 시대이기도 해요. 거리에는 도구나 기술이나 직인이 넘쳐나고 있었지요. 그래서 쓰쿠모가미라는 게 대두하게 된 것인데, 이건 갑자기 툭 튀어나온 게 아니에요. 쓰쿠모가미라는 요괴가 정착했다는 건 기술——기물이라는 것에 부대되는 불가사의 영역——환상성이나 신비성에 종지부가 찍혔다, 는 뜻이기도 하지요."

"종지부?"

다타라가 묘한 목소리를 냈다.

"출발이 아니라?"

"종지부입니다. 다타라 군, 나는 요괴라는 건 괴이의 최종 형태라고 생각해요."

"그——마음은."

"알 수 없는 것, 이해 불가능한 것을 읽어내고, 통제할 수 없는 것을 통제하려는 지(知)의 체계, 그 끝자락에 요괴는 있는 겁니다. 종잡을 수 없는 불안이나 공포나 혐오나 초조함이나——그런 정체를 알 수 없는 것에 이치를 붙여 체계화하고, 치환 압축 변환을 되풀이해서 의미의 레벨까지 끌어내리고 —— 기호화에 성공했을 때, 비로소 우리가 알고 있는, 소위 요괴가 완성되는 겁니다."

"그건 ——."

"물론 제 정의(定義)입니다. 요괴라는 건 일단 민속학의 술어(術語)적으로 생각되고 있기도 하지만, 일반적으로는 좀 더 애매하고 범용성이 있는 것으로 사용되어야 하는 말이겠지요. 하지만 최근의 경향을 보자면 속세에서도 서서히 요괴라는 말이 가리키는 대상이 좁아지고 있는 것 같고, 앞으로는 더욱 의미가 한정되어 갈 겁니다. 그렇기 때문에 더더욱 저는 굳이 한정적으로 사용하고 싶어요. 그렇게 하지 않으면 놓쳐 버리는 부분이 많이 나옵니다."

"그럼 추젠지 군—— 당신의 정의에 따르자면, 쓰쿠모가미는 요괴지만—— 그 이전은 좁은 뜻의 요괴 범주에는 들어가지 않는다는 건가요?"

"그래요 —— 사물의 정은 요괴가 아니에요. 정령과 요괴는 구별해야 합니다. 식신도 그렇습니다. 마땅한 형태와 마땅한 명칭이 주어지고, 그게 어느 괴이의 한정적인 설명으로서 일반적으로 인지되어야만 비로소, 그건 요괴라고 부를 수 있는 거라고 —— 저는 생각해요. 무엇무엇의 정이라는 당연한 이름이고, 게다가 인간의 형태를 하고 있거나 식신이라는 종합 일반 명칭으로밖에 불리지 않는 동안에는 요괴가 아니지요. 요괴는 —— 좀 더 비속하고 안정된 존재입니다."

"갓파라든가."

도리구치는 적당히 말했지만 추젠지는, 그래 그렇다네 —— 하고 대답했다.

도불의 연회

"기물의 정도 식신도, 기술이라는 제2의 자연을 통제하기 위해서 생겨난 괴이의 형태입니다. 그 기원은 무로마치 정도가 아니라, 훨씬 상고(上古)까지 거슬러 올라갈 수 있어요."

다타라는 다시 무릎을 쳤다.

"당신이 여러 번 신경 썼던——기술계 외래인 말입니까?"

"그렇습니다. 일본에 많은 기술을 가져다준 건 외래인, 그리고 그 후예인 사역민, 기술자계 피차별 집단입니다."

"피차별?"

차별당하고 있었습니까——하고 도리구치는 물었다. 뛰어난 기술을 가져다준 사람들이 왜 경시받아야 하는 것인지 알 수 없다. 그러나 추젠지는 아까 설명했지 않은가, 하고 무뚝뚝하게 대답했다.

"기술은 제2의 자연일세. 자연은——화복(禍福)을 동시에 주지. 멋진 생명의 은총과 무서운 살육의 포효는 모두 자연의 얼굴일세. 기술도 양날의 검이야. 하지만 제1의 자연과 달리——그건 원래 인위적인 것일세. 습득할 수 있고——사역도 할 수 있지."

"사역——아아, 기술자를 고용하는 거군요."

"사역하는 걸세."

추젠지는 오싹해질 것 같은 눈으로 도리구치를 보았다.

"갓파——자네가 말한 요괴일세. 갓파는 정체를 다 헤아릴 수 없을 정도로 많이 갖고 있네. 하지만 모체가 되는 건 역시——사역민이야."

"그렇습니까? 개구리 같은 게 아니라?"

"개구리도 있네만. 갓파는 다타라 군이 잘 알지. 갓파 도래설을 말해 달라고 하면 이야기가 꽤 길어질 거야."

다타라는 헛기침을 했다.

"언제든지 이야기할 수 있습니다."

"우혜에, 사양하겠습니다 —— 하지만 갓파는 외국에서 건너온 겁니까? 어디에서?"

"중국입니다. 갓파 도래 전설이 있는 건 규슈 구마모토의 구마가와 유역입니다. 그곳에서는 황하에서 왔다고 전해지지만, 이건 정말로 요괴가 바다를 건너 그곳으로 온 건 아니니까 그렇게 신경 쓸 필요는 없습니다. 하지만 그 지방에서는, 아이가 강에 뛰어들 때 오레오레디라이타라는 주문을 외지요."

"예에? 플라멩코 같네요."

"뭐 일본어는 아니지. 외국어 —— 중국어로 해독하려고 하는 사람도 있는 모양이더군요."

추젠지는 다타라에게 그렇게 물었다.

"뭐, 저도 몇 번인가 시도해 보았습니다만. 명확하게는 결정할 수 없어요. 다만 오레오레는 우리들 오인(吳人)이라는 뜻으로도 볼 수 있어요. 오(吳)라면 소주(蘇州), 양자강이지요."

"양자강."

"그 부근에는 지금도 수상생활을 하는 사람들이 있습니다. 그들은 중국의 수신(水神)인 하백(河伯)의 이름을 받들고 있어요. 하백은 수신이지만 —— 그들은 과거에 피차별민이기도 했지요."

수상의 피차별민.

"그 사람들이 갓파인가요?"

"그렇지는 않습니다. 그렇지도 않겠지만 어쨌든 중국의 수신 하백은 갓파의 정체 중 하나이기는 해요. 그리고 그건 피차별민의 명칭이

도불의연회

기도 했지요. 더 말하자면, 오인(奧人)은 머리카락이 짧고 문신이 있으며, 수영에 능하고 관개 토목 공사를 잘했다고 합니다. 물의 백성이지요."

"공사 —— 기술자군요."

그렇다네, 갓파는 직인이야 —— 하고 추젠지는 말했다.

"먼 옛날, 이름난 목수가 목각 인형에 생명을 주어 공사에 사역하게 되었네. 그리고 완성된 후에 그 인형을 강에 던져 버렸는데, 그것이 갓파가 되었다 —— 고 하는, 소위 말하는 갓파 기원 인형 화생설이라는 것이 전국에 수없이 많이 전해지지. 갓파는 치수 토목 목공 등에 종사하는 공인(工人)이기도 했던 걸세. 〈진첨애낭초(塵添壒囊抄)〉 등에서 목수의 항목을 찾아보면, 이것들과 완전히 똑같은 이야기가 나와 있는데 —— 다만 그 경우는 궁녀가 그 목각 인형과 교합하여 아이를 낳았다는 것으로 되어 있네만 —— 그 자손이 자신전(紫宸殿)[72]의 목수라고 되어 있네."

"다들 목수군요."

뿐만 아니라 —— 추젠지는 말을 잇는다.

"그 유명한 음양사 아베노 세이메이는 식신을 잘 부렸는데, 세이메이는 교토 이치조모도리바시 다리 밑에 그 식신을 두고 있었다고 하네. 일설에 따르면 이 식신은 인형이고, 게다가 궁녀와의 사이에 아이를 낳았다고 하지. 이 아이는 강에 버려져서 다리 밑에 사는 천민 —— 후의 피차별민의 선조가 되었다고도 하네."

"우햐아. 그런 심한."

---

72) 천황이 사는 궁전에서 천황의 관례나 태자 책봉식, 공식적인 연회 등의 의식이 개최되었던 정전(正殿). 천황이 평소에 거주하는 청량전(淸凉殿)에 비해 자신전은 공적인 장소의 의미가 강했다.

"심하지. 현대에서는 생각할 수 없는 차별적인 전승일세. 하지만 이 식신(式神) 말인데 —— 이건 직신(織神)이라고도 표기하네. 이건 시키진이라고 읽는데 —— 그대로 직인(職人)이라는 글자를 쓸 때도 있지."[73]

"다들 직인입니까."

"그래. 갓파 —— 공인(工人) —— 피차별민 —— 식신 —— 직인, 이것들은 같은 것 —— 사역민의 다른 측면을 나타내는 말일세."

"하지만 —— 아무리 뭐라 해도 인간이잖아요. 요괴 취급을 하는 건 너무합니다. 가스토리도 그런 차별 발언은 쓰지 않아요."

그렇지 않다네, 도리구치 군 —— 하고 말하며, 추젠지는 턱을 긁적였다.

"분명히 원래는 인간이지만 —— 하지만 —— 그렇군. 차별받고 있는 인간이 있다고 치세. 그건 공동체 밖에 있네. 이건 외부 사람이니까, 곧 이인(異人)이라는 뜻이 되네."

"요괴."

"요괴가 아니야. 이인일세. 밖에서 찾아와 부(富)를 가져다주고 화(禍)를 가져다주는 이인은 —— 신이고 귀신이기도 하지만, 아직 요괴는 아니라네."

오리쿠치 선생 식으로 말하자면 마레비토[74]지요 —— 하고 다타라가 말했다.

"뭐 그렇지. 이 이인이 말일세, 사회 구조의 변화에 따라 사회에

---

73) '식신'은 일본어로 '시키가미' 또는 '시키진'이라고 읽는다.
74) 마레비토는 '손님'이라는 뜻으로, 때를 정해 다른 세계에서 내방하는 영적인 존재 또는 신의 본질적 존재를 정의하는 용어. 민속학자인 오리쿠치 시노부의 사상 체계에서 가장 중요한 개념 중 하나이며, 일본인의 신앙·타계 관념(他界觀念)을 찾기 위한 단서로서 민속학에서 중시된다.

도불의연회

편입되어 공동체 내부로 들어오네. 거기에서 사람들은, 살아 있는 이인을 받아들이게 되지. 알겠나? 여기가 중요하네."

"중요합니까?"

"중요하네. 인간은 바보가 아니야. 눈앞에 살아 있는 인간이 있는데, 그것을 요괴라고 생각하겠나?"

"하아. 저는 생각하지 않지만, 옛날 사람들은 생각했나요?"

"생각할 리가 없지 않은가. 사람의 머리 구조는 수천 년이나 바뀌지 않았네. 옛날 사람들도 사람을 보면 사람이라고 생각했네. 사람이라는 걸 알 수 있으니 더더욱 곤란한 게 아닌가."

"모르겠습니다."

추젠지는 한쪽 눈썹을 치켜세웠다.

"옛날 사람들은——예를 들어 정복자는 피정복민을 경시하고 요괴처럼 대했다거나, 또는 그런 말을 아무렇지도 않게 하니까 묘한 오해가 생기는 걸세. 사람은 사람이야. 알겠나, 이인이었을 무렵에 그들은 신비를 두르고 있었네. 그건 경외이고 신앙이기도 했지. 그런데 불쑥 민얼굴을 드러내는 걸세. 거기에서 당혹스러워지는 거지. 공동체 내부는 일시적으로 혼란스러워지네. 그리고 무슨 일이 이루어지느냐——."

"아아——."

다타라가 세 번째로 무릎을 쳤다.

"——이제야 알겠습니다. 그게 괴이의 해체와 재구축."

"그렇습니다. 환상은 일단 해체돼요. 불가사의한 기술은 단순한 기술이고, 누구나 할 수 있는 일이라는 것을 알게 되지요. 기술을 사용하는 사람도 귀신도 무엇도 아니고, 평범한 인간이라는 것을 알 수 있고요. 그리고 그것들이 두르고 있던 신비가, 그것들에게서 분리되어 허공에 매달리게 되고, 이윽고 어떤 형태로 결실을 맺지요. 그것이 —— 요괴입니다."

"그래서 —— 괴이의 최종 형태."

"그렇다네. 그러니까 목수야말로 갓파였는데, 목수가 시민권을 얻은 후에는 목수 자신이 갓파와 만나거나 하게 되는 걸세. 대상에게서 신성(神性)이 분리되지. 그리고 그 신성은 다른 여러 가지 요인과 융합해, 납득이 가는 형태로 재구성되는 걸세. 요괴는 그러니까 일종의 구제 장치로 기능하고 있지. 다만 ——."

"다만?"

"예를 들어 목수는 시민권을 얻었지만, 동물의 시체를 해부하거나 가죽을 만드는 일을 생업으로 삼고 있던 사람들은 시민권을 얻지 못한다는 형태로 사회에 편입되고 만 셈이고, 그 경우는 그들은 인간으로서 차별을 받게 되네. 이 경우, 신성이 박탈되고 만 만큼 더욱 나쁜 일이 벌어지는 셈이지. 사민평등이라고 하지만, 막부 시대에는 사민의 아래라는 계층이 시스템으로서 마련되어 있었거든. 신분과 직업이 같은 뜻이었던 시대가 끝났는데도 아직도 꼬리를 끌고 있으니, 이건 어떻게 생각해도 부조리하지."

정말 그렇군요, 하고 다타라가 말한다.

"하지만 추젠지 군의 말대로, 요괴와 차별은 떼어낼 수 없지요. 사람에게 썬 요괴든 뭐든, 결국 거기에 도달하고 말아요."

요괴가 죽어 없어지고 나서 그건 더욱 두드러지게 되었지만 ——
추젠지는 조금 쓸쓸한 듯한 말투로 그렇게 말한 후, 다시 정리하듯이 말을 이었다.

도불의 연회

"뭐—— 사회에 편입된 사역민 이외에도, 예를 들어 산카라는 멸시의 호칭으로 불리는 산의 백성이나 일부 물의 백성 등, 메이지 시대까지 계속 이인이었던 사람들도 있다네. 그들은 메이지 이후에 차별받기 시작한 셈이니까. 그런데 도리구치 군—— 예를 들어 아까 그 가위 말인데."

"예? 네 가위."

"가위는 단순한 도구이니 일찌감치 생활에 도입되었지만—— 다만 자세히 생각해 보면, 이게 간단한 것도 아니라는 걸 알 수 있네. 가위라는 주술의 도구를 만들기 위해서는 쇠를 가공하는 기술이 필요하고, 쇠를 가공하려면 정련이나 철을 파내는 기술이 필요하지."

"맞습니다."

"손잡이에 가죽을 감으려면 무두질이 필요하지 않나. 백귀야행에 나오는 도구들은 반드시 나무 세공, 금 세공, 그리고 가죽 세공에 방직으로 이루어져 있네. 그 배후에는 단순히 그 도구를 사용하는 기술자뿐만 아니라 나무를 깎아서 그릇을 만드는 사람이라든가 철을 생산하는 사람의 모습이 숨어 있지. 그 너머에는 그런 기술을 수입한, 가령 하타 씨 등의 도래민의 그림자가 드리워져 있네——."

으음—— 다타라가 신음한다.

"백귀야행은 중국에도 있어요. 〈금석물어집〉에도 나와 있지요. 하지만 아무래도 문헌에 보이는 그것은 〈백귀야행 에마키〉의 그림과 맞지 않지 않습니까. 뿐만 아니라 아까의 〈쓰쿠모가미 에마키〉와도 맞지 않아요. 기물이 행렬을 지어 걷는다는 이야기는 어디에도 씌어 있지 않지요. 하지만—— 예를 들어 그게 외래인과 관련된 무언가였다면."

다타라는 머리를 끌어안았다.

추젠지는 그렇게 고민할 일은 아닙니다, 하고 말했다.

"목각 인형이나 식신을 강에 흘려보낸다는 건 인형에 더러움을 실어서 물에 흘려보낸다는 음양도의 불제 주술——훗날의 히나 인형——과 통하는 셈이고, 이건."

"역병신 불제——어령회(御靈会)[75]입니까."

"그렇지요. 그렇다면 기온."

"우두천왕(牛頭天王)[76]."

"우두천왕은 갓파의 아버지라는 전승이 오슈[奧州][77]에 있지요."

"으음——기온 축제——역병신 불제의 행렬이라."

"어쨌거나 도래신이지 않습니까. 도래신이라면, 예를 들어 신라묘진[新羅明神][78], 적산묘진[赤山明神][79], 그리고——."

"아, 마다라신(摩多羅神)[80]이로군요. 그러고 보니 그건 분명 우두천왕——스사노오노미코토와 동체(同體)라고 되어 있는 신이었지요."

---

75) 역귀나 사자의 원령을 안치하기 위해 행하는 제(祭). 헤이안 시대 이후 행해졌으며, 특히 교토의 기온[祇園] 어령회가 유명하다.

76) 원래 인도의 기원정사(祇園精舍)의 수호신으로 약사여래의 수적(垂迹)으로 되어 있다. 액을 없애는 신으로 교토의 기온사[祇園社] 등에서 모신다. 두상에 쇠머리를 갖고 있는 분노상(忿怒相)으로 나타난다.

77) 후쿠시마, 미야기, 이와테, 아오모리 4현과 아키타 현 일부를 가리키는 옛 지명.

78) 시가 현 원성사(園城寺)의 수호신 중 하나. 지증대사 엔친[円珍]이 당에서 일본으로 돌아올 때 뱃머리에 나타난 노인이 스스로를 신라묘진이라 칭하며, 일본에 불법을 수적(垂迹)해야 한다고 명한 것이 기원이라고 한다.

79) 교토 시 사쿄 구 수학원(修学院)에 있는 적산선원(赤山禅院)에 모셔져 있는 천태종의 수호신. 당에 건너간 엔닌[円仁]이 등주(登州)에서 맞이한 신으로 도교의 태산부군(泰山府君)이다. 연명부귀(延命富貴)의 신으로 여겨, 상인들이 신앙함.

80) 천태종에서 상행(常行) 삼매당(三昧堂)의 수호신. 현지귀명단(玄旨帰命壇)의 본존으로, 머리에 복두(幞頭)를 쓰고 사냥복을 입고 북을 치는 모습을 하고 있다. 좌우로 조릿대잎·양하(茗荷)를 가지고 춤추는 동자를 동반하고 있다. 엔닌이 당에서 귀국할 때 이 신이 공중에서 그의 이름을 불렀다고 하며, 또한 우에스기 겐신이 염불의 수호신으로서 권청(勧請)했다고도 한다.

도불의연회

"그래요. 천태종의 이단이 된 현지단(玄旨壇), 그리고 귀명단(帰命壇)의 비밀 본존이자, 한때는 뒷문의 호법신으로 전국의 상행삼매당(常行三昧堂)의 비불(秘佛)이 되었던——수수께끼의 도래신입니다. 그 축제가 있지 않습니까. 예를 들어——교토의 진기한 축제로 하타 씨의 본거지인 우즈마사(太秦) 광륭사(廣隆寺)의 우시마쓰리[牛祭][81]."

"네네. 그건 특이한 축제입니다. 춤도 묘하지만 제문은 더 이상한 것이, 누가 지은 것인지도 전해지지 않을 텐데, 으음, 나무망치 머리에 목관을 썼으니——."

"오로지 백귀야행과 다를 바가 없어라——입니다. 스스로 이 축제는 백귀야행 같다고 말하고 있는 겁니다. 덧붙여 말하자면, 다타라군은 경신모임의 본존인 청면금강을 나타 태자로 보고 있지요?"

"논거는 산더미처럼 많습니다. 하지만 그것만은 아니에요. 경신신앙은 복잡하니까요——아, 마다라신도."

"그래요. 이전에 당신이 말했지요. 마다라신도 청면금강이 아니겠느냐고. 이건 뭐 확증은 없지만, 저는 맞을 거라고 생각합니다. 그렇다면 이, 쇼케라는——마다라신과 관련되어 있겠지요."

추젠지는 탁상의 책을 넘겼다.

"그렇게——됩니까. 그래요, 쇼케라라면 추젠지 군이 아마 천태종의 간산[元三] 대사와 관련되어 있을 거라고 말했었지요. 그것도 맞을지도 모릅니다. 료겐[良源] 승도(僧都)의 제자, 지닌[慈忍]이 화신(化身)한 외눈 외다리의 요괴가, 게으름을 부리는 승려의 죄를 다스리고 밀고한다는 전승이 있습니다."

---

81) 교토 시 우즈마사 광륭사에서 음력 9월 12일 밤에 치르는 마다라신에 대한 제사. 절 안의 모든 행자가 가면을 쓰고 이상한 복장을 하고 소를 타고 사당을 돌며 국가안은·오곡풍양·악병퇴치의 제문을 읽는다.

"그럼 —— 고자질을 하는 것, 쇼케라[精螻蛄]와 같다는 거로군요."

"그렇습니다. 외눈에 외다리 법사라고 하지요. 히에이잔 산의 요물입니다만. 하지만, 그렇지, 아마 마다라신에게도 비슷한 전승이 있을 겁니다."

그렇습니다 —— 하고 추젠지는 손뼉을 친다.

"게다가 이 마다라신은 대흑천과 다키니천이 융합한 것이라고도 합니다. 아시다시피 대흑천도 청면금강의 후보 중 하나이지 않습니까. 게다가 다키니의 조합 —— 이건."

"아하. 다키니를 조복하는 건 대흑천의 일이지만 —— 이 조합은, 보통은 대흑천이 다키니를 손에 쳐들고 ——."

"그렇지요. 그건 원래는 성교를 하고 있는 형태일 겁니다. 이건 티베트 밀교의 샤크티를 연상시키지만, 마다라신의 경우는 조복하는 쪽과 당하는 쪽이 습합한 겁니다. 게다가 양쪽 다 시체를 먹거나 하는 흉포한 신이지 않습니까. 대흑천은 야차고, 다키니는 장기를 먹는 죽음의 신이니까요."

"모두 무서운 신이지요. 다키니는 사람의 죽음을 반년 전에 알고, 그 사람의 내장을 먹는 거잖습니까. 하지만 다른 걸 주입하기 때문에 그 사람은 죽지 않는다고 하지요."

"그렇지요. 그런 이유로 이 마다라신은 사람의 정(精)을 먹는 것 —— 탈정귀(奪精鬼)이기도 하다고 설명됩니다."

"탈 —— 정귀?"

"그리고 —— 마다라신을 모시는 현지단의 관정(灌頂)에서 춤추고 노래하는 삼존무악(三尊舞樂). 마다라신이 큰북을 치고, 정령다(丁令多) 동자가 작은북을 치고 이자다(爾子多) 동자가 춤을 추는 ——."

도불의 연회

"그건 모르겠지만——."

"여기에서 불러지는 결코 입에 담아서는 안 되는 노래 중에, 시시리니, 소소로니——라는 뜻을 알 수 없는 가사가 있습니다. 이 가사가 훗날 현지귀명단을 사교(邪教)라고 업신여기는 근거가 되기도 하는데—— 엉덩이니 여음(女陰)이니[82]—— 요컨대 여색 남색을 장려하는 가르침이 된 것입니다만. 이건 단순한 누명이라고 저는 생각하는데——문제가 되는 건 이 시시리니입니다. 시시."

"시시무시—— 쇼케라의 별명."

"그래요. 또 이 마다라신은 역병신이기도 해요. 산노 신도의 주신과도 습합하고, 나아가서는 아까 다타라 군이 말했듯이 우두천왕과도 동체로 여겨지지요. 게다가 아까 그 우시마쓰리——."

"광륭사의."

"그래요. 우즈마사의 광륭사입니다. 우즈마사라면."

"으음——하타 씨지요."

"그래요. 우즈마사는 하타 씨와 인연이 있는 땅, 광륭사는 하타 씨와 인연이 있는 절입니다. 그런데 다타라 군, 하타(秦) 씨 하면 여러 가지 생각나는 것도 있을 텐데요."

하치만 님 말입니까——하고 다타라는 말했다.

"그래요. 하타 씨와 하치만 신앙의 관련은 깊지요. 하치만 신이라는 것도 간단하게는 정의할 수 없는 성가신 신이지만, 하치만 님을 진(秦)나라의 신——그것도 대장장이의 신이라고 보는 설이나, 한국의 태자신(太子神)으로 보는 설도 있지 않습니까. 그리고 하치만 님이라고 하면 신경 쓰이는 게——."

---

82) 일본어로 엉덩이는 '시리', 여음은 '소소'이다.

추젠지는 또 책장을 넘겼다.

"——오토로시."

"과연 그렇군요——."

다타라도 장을 넘긴다.

"——그리고—— 도래계 갓파 족의 영웅이며 역시 도래신인 효즈[兵主] 신의 권속이기도 한, 효스베일까요. 효즈 신을 모신 것도 하타 씨라는 전승도 있고 말입니다. 그래서 당신은 외래인에 집착하고 있었던 겁니까——."

다타라는 땀을 닦으며 커다란 한숨을 내쉬었다.

추젠지는 담배를 물었다.

"기술계 외래인은 원래는 이인(異人)입니다. 공동체에 있어서는 복종하지 않는 백성이었을지도 몰라요. 그게 서서히 공동체에 들어옵니다. 음양사도 그 후예임에는 틀림없어요. 그렇다면 그들은 역병신을 불제하는 자이고, 이윽고 더러움 자체로도 여겨지지요. 〈쓰쿠모가미 에마키〉는, 반란을 일으킨 오래된 도구가 귀신이 되어 행렬을 지으며 세상에 해를 가져오고, 결국 교화되어 성불한다는 줄거리인데, 이건 그 모습을 투영하고 있는 것 같다는 생각도 드는군요."

"하지만 그것으로는 불충분했던 셈이로군요. 그들의 신비성은 생산력의 향상과 기술의 보급으로 도구에 맡겨지고, 쓰쿠모가미가 되었다고요."

그것으로도 끝나지 않았을 겁니다—— 하고 추젠지는 말했다.

"끝나지 않았다?"

"이 〈화도백귀야행 하권〉의 근거가 되는 〈바케모노즈쿠시〉나 〈요괴 에마키〉의 요괴들은, 기술이라는 측면에서가 아니라 외래인——

도불의연회

이문화라는 측면에서 그들을 파악해 요괴화된 것이 아닐까 하고 저는 상상하고 있습니다. 세키엔은 그 두 흐름을 통합한 건데요――이 책의 요괴들 배후에는 반드시 이국의 신――불교가 아닌 신앙의 잔재가 엿보이거든요. 그건 음양도――라기보다 중국의 신앙, 확실하게 말하자면 넓은 뜻의 도교가 아닌가――하고 저는 짐작하고 있어요."

다타라는 몸을 앞으로 내밀었다.

"추젠지 군. 그럼 누리보토케도?"

추젠지는 고개를 끄덕였다.

"다타라 군, 당신이 이전에 재미있다고 하면서 빌려주었던 중국의 고문서가 있었지요."

"아아――〈화양국지(華陽國志)〉 말입니까?"

"그래요. 황당무계한 역사서지만――그것을 일전에 읽었는데, 좀 신경 쓰인 게 있어서요. 아까 그 갓파는 아니지만, 이 누리보토케라는 이해하기 어려운 요괴는 양자강 출신이 아닐까 싶습니다."

"세상에――."

그저 입을 벌리고 멍하니 있던 도리구치는, 마침내 다시 엉뚱한 목소리를 내고 말았다. 이야기가 크네요, 이번에는――하고 말하자, 추젠지는 담배에 불을 붙이면서, 그렇군――하고 말했다.

"나는 말일세, 도리구치 군. 그 부근에 상당히 오래된 문명이 있다고 생각하네. 뭐 나는 연구자가 아니니까 분명하게 말하지 않겠지만. 청동 정련에 양잠에 치수에 토목――그런 기술의 발상을 그 부근에서 찾을 수 있다면, 아주 모양새가 좋을 거라고 생각하거든."

"그건 다시 말해서――촉(蜀)나라로군요."

다타라가 몸을 내민다.

"촉이지요. 세계 4대 문명은 모두 큰 강 부근에서 발생했지 않습니까. 황하에 지지 않는 양자강에도 있었으면 좋겠다는 생각이 —— 이건 몽상이지만요. 확증은 아무것도 없어서 잠자코 있었습니다. 설마 양자강까지 갈 수는 없으니 확인할 수도 없는 일이고."

"그렇다면 스승님 ——."

도리구치는 큰 소리로 말했다. 어느 엉뚱한 남자를 떠올린 것이다. 추젠지는 의아한 얼굴로 왜 그러나, 하고 물었다.

"아니, 안성맞춤인 남자가 있습니다. 우리 회사 사장, 아카이 로쿠로의 친구 중에 닛카 사변 이후 수십 년 동안 중국을 방랑해 온 실내장식 업자가 있습니다."

"그건 뭔가?"

"글쎄요. 이상한 사람이라니까요. 요전에 소개받는데, 이름은 미쓰야스 고헤이라고 합니다. 제 기억으로는, 그는 양자강 유역에 꽤 오래 살았어요. 축제니 뭐니 아주 자세히 보고 들었다고 하더군요."

"축제라고요!"

다타라가 큰 소리로 말한다.

"실제로 보고 들었다고요?"

"살았으니까요. 정말이지 호사가에게 옷을 입힌 듯한 사람인데."

그분을 소개해 주셨으면 좋겠군요, 하고 다타라가 말했다.

"저는 아직 그 부근의 실지 조사를 하지 않았습니다."

"그런가요? 소개해 드리겠습니다. 아마 센주(千住)에 살고 있을 겁니다. 그렇지, 어제 세노가 세키구치 씨 댁에 가지 않았습니까?"

　　　　　　　　　　　　도불의연회

"갔다고 하더군."

"그건 그 미쓰야스 씨의 용무입니다. 무슨——사라진 마을을 찾는다나, 뭐였더라. 환상의 대량 살인이 어쨌다는 둥——저는 중간에 아츠코 씨와 가센코 건으로 진보초에 가는 바람에."

"사라진 마을의 대량 살인? 그건 뭔가. 수상하군."

"수상하지요."

도리구치도 그렇게 생각했다. 그런 사건은 들은 적이 없다.

"뭐, 뭔지는 모르겠지만——그 미쓰야스 씨의 의뢰입니다. 아니, 의뢰랄까요, 우리 회사는 탐정업이 아니니까 뭐, 조사해 보고 기삿거리가 되면 좋겠다고 해서요."

"사라진 마을도 대량 살인도, 뭐 가스토리에 어울리는 시시한 소리이긴 하군. 뭐, 그건 알겠네만 그런데 어째서 세키구치 따위에게 간건가?"

"기사를 써 달라고 하려고요."

핫——하고 추젠지는 바보 취급하는 듯한 목소리를 냈다.

"뭐 그 친구한테는 딱 알맞군. 아주 훌륭하게 난잡한 기사를 쓸테지. 하지만 게재할 수 있을 만한 완성도가 될지 어떨지는 의심스러운데."

아니, 그렇지는——하고 도리구치가 말하려고 했을 때.

쿵쾅쿵쾅하고 야만스러운 소리가 났다.

뭐야 소란스럽군, 하고 추젠지가 말한다.

소리는 그치기는커녕 점점 커진다.

툇마루로 검은 덩어리가 굴러 나왔다.

덩어리는 큰 소리를 지르고 있었다.

"시——실례합니다. 저어."

"마스다——마스다 군 아닌가."

도리구치는 엉덩이를 들었다. 덩어리는 탐정 조수인 마스다 류이치였다. 그러나 항상 기운이 넘치는 이 남자치고는 분위기가 현저히 달랐다.

마스다는 허둥거리고 있다.

마스다는 기다시피 추젠지 옆으로 다가와 그대로 다다미에 이마를 대며,

"죄송합니다."

하고 말했다.

추젠지는 그저 내려다보고 있다.

"왜 그러나, 마스다 군——무슨 일 있었나?"

"아, 아, 아츠코 씨와 가센코가, 나, 납치되어서."

"뭐?"

도리구치는 다타라를 뛰어넘다시피 하여 마스다의 멱살을 잡았다.

"이봐, 뭘 하고 있었나! 에노키즈 씨는!"

"에, 에노키즈 씨가 자리를 비운, 자, 잠깐 사이에——에노키즈 씨는 지금, 그 뒤를 쫓아——그대로."

"한류기도회인가! 아니면——."

"아, 아니——그렇지 않아요. 하지만."

"뭐가 하지만이야! 자네가 붙어 있었으면서."

추젠지는 움직이지 않은 채, 소란 떨지 말게——하고 말했다.

"소, 소란 떨지 말라니."

"마스다 군. 에노키즈는 뒤를 쫓아갔나?"

도불의연회

"예, 뭐."

"그래? 그렇다면 소란 떨지 말게."

추젠지는 다시 한 번 그렇게 말했다.

塗仏の宴 ◎ 宴の始末

4

나는——형편없는 인간입니다.

왜? 왜냐고 물으셔도 말이지요.

글쎄요——그래요. 뭘 해도 신통치 않습니다. 신통치 않은 정도
가 아니에요. 하는 일마다 전부 엉뚱한 결과가 나오지요. 내리막길이
란 이런 겁니다.

웃기십니까.

장난치는 게 아니에요.

네? 희망?

그런 건 없습니다. 희망. 희망이라. 귀에 거슬리는 좋은 말이지요.
나하고는 상관없는 말이에요.

나는 인간쓰레기입니다. 쓰레기예요. 쓰레기에게 꿈을 꿀 자격은
없겠지요. 그렇습니다. 충분히 잘 알고 있습니다. 굳이 말하자면——
그래요, 남들처럼 살 수만 있다면 그것으로 충분합니다. 딱히 큰 바람
은 없어요.

없었습니다. 처음부터.

아아. 그래도요, 착각하고 있던 시기도 있었습니다.

연회의 시말

나는 평범하다──아니, 평범 이상이 될 수 있다고, 그렇게 생각
하던 시절도 있기는 있었어요. 어울리지도 않게. 착각입니다. 착각.
낯짝도 좋지 말입니다. 그 결과가 이 꼴이니까요. 정말 웃기는 노릇이
지요. 웃겨요. 웃어 주십시오.

지금? 지금이요?

지금은 아무래도 좋다고 생각하니까요.

아무래도 상관없습니다. 그렇게 생각합니다. 그렇게 생각하니까
이런, 어떻게 할 수도 없는 인생인 거겠지요. 예? 내 인생은 땅을
기어 다니는 이끼 같은 인생입니다. 하수구 물을 마시고 음식물 쓰레
기를 먹는 게 어울려요. 어울립니다, 이 취급.

네? 아아, 딱히 비하를 하고 있는 건 아니에요. 사실입니다. 누구의
탓도 아니에요. 제 탓이지요. 알고 있어요. 태어날 때부터 짊어진,
이게 제 운명입니다.

네. 그렇겠지요. 그러니까 괜찮습니다. 이제. 예? 그렇다면 그걸로
됐습니다.

내버려 둬 주시지 않겠습니까.

뭐지요? 아아, 이런 모습을 하고 있지만──일단 학교도──최
고 학부? 뭐, 그렇습니다. 나왔지요. 도움은 되지 않았습니다, 학력
따위. 중요한 건 인간이지요. 사람이 형편없으면 뭘 배워도 쥐뿔 도움
도 안 되는 겁니다. 좋은 본보기지요.

보세요, 이렇게 아무 도움도 안 돼요.

이제 취조 같은 건 되지 않았습니까.

내가 뭔가 했다고 한다면 그렇겠지요.

아무래도 상관없습니다. 나는.

도불의연회

별로 무섭지는 않습니다. 이런 건 익숙하거든요. 나는 살인사건의 용의자가 된 적도 있어요. 아니 용의자는 아닌가. 뭐라고 하는지 모르겠습니다. 의심을 받거나 호되게 경을 치기도 했습니다.

하지만 별로 상관없습니다.

체포되어도.

감옥에 들어가는 것뿐이잖아요. 쉽게 사형이 되지 않는다는 것 정도는 알고 있습니다.

이래 봬도 학력만은 있으니까요.

목숨을 빼앗기지 않는다면 별로 상관없지 않습니까. 교도소에 들어가도 고문당하는 건 아닐 테고. 세끼 밥도 주고 침상도 준다면 감지덕지입니다.

예? 자유?

웃기지 말아 주십시오. 자유가 없다는 둥 그런 말씀이십니까? 그런 건 감옥 바깥도 마찬가지잖아요. 어디나 우리 안과 같은 법입니다.

아무것도 할 수 없는 건 마찬가지예요.

아침에 깨워 주고, 일을 시켜 주고.

좋지 않습니까. 외출도 못 한다고요? 어디에 간다는 겁니까. 갈 곳도 없어요. 하루 종일 묶여서 꼼짝할 수 없다면 불편하겠지만요. 밥을 먹을 수 있고 똥을 눌 수 있으면 죽지는 않습니다.

죽는 것?

죽는 건 무섭습니다.

나도 죽은 사람은 많이 봤지만요. 참혹하답니다. 시체는. 잊을 수가 없어요. 원통한 죽은 얼굴은. 그 얼굴이, 그래요——.

예?

아니, 아무것도 아닙니다. 말해 봐야 믿어 주지 않으실 테니까요. 됐습니다. 하지만 시체는 싫었어요. 싫어요. 그러니까——.

무섭습니다. 죽는 건요.

뭐, 미련이 있는 건 아니지만요, 이런 구더기 같은 인생에는. 즐겁지도 않고. 괴로울 뿐이고. 무섭고. 무섭습니다. 무서워서, 그래서 싫습니다, 살아 있는 것도. 두려워하며 사는 건 괴롭습니다, 물론. 두려워하며 밥을 먹고 두려워하며 똥을 누고 두려워하며 자는—— 그렇게까지 하면서 사는 게 무슨 소용이 있습니까? 그럼 죽으면 되지 않느냐는 얼굴을 하고 있군요. 예. 죽으나 사나 마찬가지입니다.

하지만 죽는 건요——무섭긴 무섭습니다, 역시.

죽어 버리는 건요.

왜냐고요?

왜일까요.

죽어 본 적이 없어서 무서운 거겠지요.

죽어 본 적이 있는 사람은 없다고요? 아아, 그건 맞는 말이군요. 맞아요. 뭐 그야말로 죽어 보지 않고서는 모를 테니까, 아무래도 상관없는 일이지만요. 하지만——.

저 세상이라는 건 있겠지요. 있습니다. 물론 가 본 적은 없어요. 하지만 사령(死靈)이 있으니까, 저 세상도 있겠지요.

지옥이라는 건 그, 무서운 거지요? 알고 있다면 가르쳐 주십시오. 이 세상의 감옥과 달리, 지옥에서는 매일 괴롭힘을 당하는 거잖아요? 그건 사실일까요. 생가죽을 벗기거나——무쇠솥에 고아서 흐물흐물 녹인다거나——도마에서 다지거나 하는 걸까요. 아프겠네요.

그건 싫습니다. 그래서 죽는 게 무서운 겁니다.

도불의연회

나는 지옥에 떨어질 테니까요.

뭐——살아 있어도 지옥 같지만 말입니다. 가죽은 벗겨지지 않지만, 산지옥이라는 건 이걸 말하는 겁니다. 그러니까 극락에 갈 수 있다면 지금 여기에서 죽을 겁니다, 나는.

미련? 없습니다, 전혀.

가족이요? 가족이라고 할 정도의 가족은 없지요. 마누라——같이 사는 여자는——뭐 있기는 있지만요. 슬퍼한다고요? 슬퍼하지 않겠지요. 이런 돼먹지 못한 놈이 죽든 살든.

괜찮습니다.

벌이가 너무 시원찮아서 쫓겨났거든요. 집에서. 낮부터 꾸물거리고 있으니 화가 났겠지요. 요즘은 꼭 기둥서방 같았으니까요. 싫어질 만도 하겠지요. 그러니까 지금쯤은 정나미고 뭐고 다 떨어졌을 거예요. 없어져서 시원하겠지요. 이런, 머리가 썩은 놈이랑 붙어 있어 봐야 좋은 일은 없어요. 그편이 그 사람을 위한 겁니다.

내 쪽에도 미련은 없습니다.

뭐 내게 미련이 있다면——그건 지금의 배우자가 아닙니다. 옛날 여자? 그런 대단한 게 아니지요. 상대방은 거들떠봐 주지도 않았으니까. 비참한 노릇입니다.

예? 뭐 반해 있었어요. 반해 있었겠지요.

그 여자 말입니까? 죽었습니다. 작년에.

네. 죽었습니다. 죽고 말았어요.

여름의, 엄청나게 비가 오는 날이었습니다.

하늘이 뚫려 버린 것 같은 비였어요.

왜 그런 것을 물으십니까?

연회의 시말

조시가야 사건이냐고요?

어——어떻게 그것을 아십니까?

아아——당신 형사인가요. 형사라면 알고 있는 게 당연한가요.
관할이 달라도 아는 겁니까, 그런 건.

그렇습니다. 나는 그 사건의 관계자입니다.

그래요. 알아보신 대로입니다. 나는——조시가야 연속 영아 유괴
살인사건의 관계자입니다.

그 얼굴은 처음부터 알고 있었다는 얼굴이군요. 심술궂으시네요.
놀리고 있었던 거지요. 모쪼록 놀리십시오. 상관없습니다. 웃으십시
오.

그건——싫은 사건이었지요.

사실을 말하자면 그 사건이 계기였습니다. 내 인생이——굴러떨
어지기 시작한 건.

예? 네. 그때까지도 결코 오름세는 아니었지만요. 그래도 그나마,
나는 제대로 살 수 있지 않을까 하고, 조금은 생각하고 있었으니까요.
분수도 모르고 말입니다.

하지만 그 사건 이후로는——그냥 암담했습니다. 나락의 밑바닥
이라는 건 이런 거겠지요.

나는 물론 범인은 아니에요.

하지만——.

됐습니다.

왜 그런 걸 묻는 겁니까.

뭐 됐습니다. 그래요. 말씀하시는 대로, 나 때문에 그 사건은 그렇
게 된 거예요. 전부 내가 잘못한 겁니다. 어쨌든 인간쓰레기니까요.

도불의연회

나 같은 인간이 끼어들었기 때문에 그 가족은 붕괴한 겁니다. 그래요, 가족이 망가지고 말았어요.

몇 사람이나 죽었으니까요.

이제 됐지요.

뭐라고요?

씌었냐고요?

당신 형사 아닌가요? 왜 그런 말을 하지요?

예? 하지 마십시오.

하지 말라고 했잖아!

그래. 그 말이 맞아.

지금도 저기 있어.

그래 사령이다. 사령이 감시하고 있어. 나한테는 죽은 놈들이 가득 씌어 있어. 그 사건 이후 줄곧 감시하고 있다고. 믿지 않는군요? 사실이야. 우습나? 웃어. 있습니다. 언제나 있어요. 보세요, 저기 기둥 그늘에.

봐도 소용없습니다. 금세 숨으니까.

저주받고 있는 겁니다. 그러니까 뭘 해도 안 되는 거지. 시끄럽군. 그렇습니다. 그 사건으로 죽은 놈들이 따라다니고 있어요. 저주하고 있어요. 당신 말대로 씐 거예요, 빽빽이. 무서워.

목욕을 하면 등이 무서워. 변소에 들어가면 등골이 오싹해. 그 좁은 변소에서, 이렇게 뒤에 바싹 달라붙어서 목 뒤에서 보고 있단 말입니다. 이렇게 가까이에서. 뺨이나 목덜미나. 무서워요. 한 번 당해 봐요. 혼자 있게 되는 건 무섭다고. 그러니까 이런 곳에 있는 거요. 그러니까——.

어떻게 할 수도 없는 거지.

제령?

예, 알고 있습니다. 실력 좋은 기도사를요. 왜 부탁하지 않냐고요? 부탁했어요. 울면서 부탁했습니다. 무섭다, 나를 도와줘, 불제를 해줘――하고요.

하지만 들어주지 않았습니다.

자업자득이니까요. 어쩔 수 없어요.

무섭습니다, 그 남자는.

대체 뭡니까.

예? 뭡니까? 절도 혐의 아닙니까.

아니라고?

흐음. 물건을 슬쩍하다가 현장에서 잡힌 게 아니었나? 괜히 따라왔군.

그럼 대체 뭐요.

잠깐.

무슨 혐의요?

설마――그 사건을 다시 파헤치고 있는 건 아니겠지. 싫소. 그런 건 싫어. 그만해. 범인이 아니라니까. 아니라고. 예? 뭐라고요? 란 동자? 누구야 그건. 어린아이? 그 어린아이를 만나라는 건가? 어째서? 왜? 대체 여기는 어딥니까. 경찰이 아닌 거요? 아니로군. 취조실은 아니겠지. 당신도――그 옷차림은――형사라고는 생각되지 않는군. 뭐요. 무슨 소릴 하는 거야. 당신 정말 형사 맞나?

당신――누구야?

도불의연회

*

일그러진 구조물은 약한 데서부터 무너지기 시작한다.

그것이 튼튼하면 튼튼할수록, 또 견고하게 만들면 만들수록, 접합부에 가는 부담은 커진다.

우에노라는 동네는 접합부였을 것이다.

부랑아와 창부와 외국인——패전 후, 우에노의 거리를 가득 메운 것은 그런 사회라는 틀의 틈새에서 흘러 떨어진 사람들이었다.

물론, 계기는 전쟁이다.

그러나 지하도를 잠자리로 삼는 부랑아들의 대부분은, 실은 전쟁 고아가 아니라 가출한 사람들이었다. 그들은 집단을 형성하고, 공갈이나 외식권[83] 발매 등을 하며 당차게 살았다. 단속해도 단속해도, 몇 명을 수용해도 그 수는 좀처럼 줄지 않았다.

우에노의 여자——길거리 창부도 물론 전후(戰後)의 제도 개혁이 끄집어낸 여자들이기는 했지만, 우에노는 전쟁 전부터 그런, 가격이 한층 싼 창부들이 자리 잡고 있던 장소이기도 했다. 이케부쿠로나 유라쿠초의 요란하게 꾸민 화려한 길거리 창부들과 달리 우에노의 여자들은 생계파라고 불렸다. 실제로 그녀들은 매춘뿐만 아니라 공갈이나 금품 강탈 같은 짓도 태연하게 했다.

---

83) 제2차 세계대전 당시 또는 전후 주식(主食)이 통제되면서, 외식자를 위해 발행되었던 식권.

소위 제삼국인이라는 부당한 멸칭(蔑称)으로 불렸던 피식민지국 사람들도, 왠지 전후 우에노로 집결했다. 그들은 연합국민으로 대우해 줄 것을 주장하며, 무장을 하고 도내 각지의 암시장에서 반쯤 당당하게 금지된 물품을 판매했다. 패전 후 한동안 권총 휴대가 허가되지 않았던 경찰은 지역 폭력조직 등과 손을 잡는 것 외에는 그들과 대항할 수단이 없었고, 전후 한때 우에노에서는 피로 피를 씻는 싸움이 끊이지 않았다.

확실히 나라 전체가 가난하고 황폐해져 있었다.

하지만 아주 조금 질서가 회복되기 시작하자 대중은 곧 자신의 어둠을 그런 사람들, 그런 험한 곳에 억지로 밀어 넣는 데 부심하기 시작했다.

세상은 자신들의 더러움을 일방적으로 지하도나 육교 밑의 사람들에게 밀어붙였다. 그리고 권력자는 그것을 일소함으로써 더러움은 씻을 수 있는 것——이라고 착각했다.

추잡한 것, 무질서한 것, 비도덕적인 것, 반사회적인 것——그런 낙인을 찍고 그저 배제함으로써 어둠은 몰아낼 수 있을 것이라고 믿었을 것이다. 어둠은 관리할 수 있는 것이라고도 생각했을 것이다.

그러나 그런 것은 본래 디테일의 문제가 아니라 구조의 문제다.

전쟁이 끝난 지도 8년이 되니, 나름대로 거리는 깔끔해졌다. 수상한 노점은 모습을 감추었고, 부랑아도 창부도 없어졌다.

그래도——.

우에노의 어둠은 사라지지는 않았다. 여전히 지하도에는 쉰 공기가 고여서 소용돌이를 치고, 여전히 갈 곳 없는 놈들은 두더지처럼 굴속에 둥지를 틀고 있었다.

도불의연회

어둠은 표면상 균일화되었을 뿐이다. 콘트라스트가 없어졌을 뿐, 그 어둑어둑한 어둠은 생각하기에 따라서는 한층 더 깊어졌다고도 할 수 있다.

그곳은——역시 일그러져 있었다.

그 여자가 그 지하도 안을 달리고 있었던 것은, 6월 6일의 일이었다.

왜 달리는 것인지, 무엇을 서두르는 것인지, 그것은 여자도 몰랐던 것이 틀림없다.

나이는 스물대여섯일까. 장사하는 여자는 아니다. 여자는 달리면서 바쁘게 둘러보고 있었다. 여자는 무언가를, 아니, 누군가를 찾고 있는 것 같았다.

여자는 누워 있는 부랑자를 발견하자 달려가 무언가를 물었다. 그리고 그때마다 본의 아닌 취급을 받고, 반쯤 얼굴을 찌푸리고 눈물까지 글썽이며 그 손을 뿌리치고, 또 발견하고는 달려가 같은 일을 되풀이했다.

열 명을 넘겨도 스무 명을 넘겨도 수확은 없는 것 같았다. 수확이 없는 정도가 아니라, 우선 제대로 된 대화를 나눌 수가 없다. 손을 잡고 끌어당겨 음탕한 짓을 하려고 하는 사람, 옷에 매달려 금품을 달라고 조르는 사람, 대답도 하지 않고 노려보는 사람, 반응조차 하지 않는 사람——.

터널을 나올 무렵, 여자의 뺨에는 눈물이 흐르고 있었다.

여자는 약간 비틀거리며 가로등에 기댔다.

그리고 눈물을 닦는다. 뺨에 검은 먼지 자국이 생겼다. 하얀 셔츠는 진흙과 땀으로 새까맣게 더러워져 있었다.

연회의 시말

가로등이 깜박깜박 깜박인다. 여자의 그림자가 길어졌다 짧아졌다 한다. 축축하고 어둑어둑한 뒷골목이다.

"저어——."

어둠 속에서 갑자기 목소리가 들렸다.

여자는 깜짝 놀라 긴장한다.

"아가씨——사람을 찾고 있나요?"

허물없는 말투다. 둥근 실루엣이 떠오른다.

그 사람은 화려한 무늬의 알로하셔츠를 입은, 똘마니풍의 수상쩍 은 남자였다. 머리를 바싹 짧게 깎고, 굴곡이 적은 볕에 그을린 얼굴 에 금테 안경을 쓰고 있다.

남자는 만면에 웃음을 띠고 있었다. 여자는 불신이 가득 담긴 시선 을 보낸다. 당연할 것이다. 어떻게 봐도 건실한 분위기는 아니다. 그런데도 남자는 한층 더 허물없이, 별로 수상한 사람은 아닙니다, 하고 뻔뻔스럽게 지껄였다.

"나는 쓰카사라고 합니다. 쓰카사 기쿠오. 잘 부탁해요."

정체는 알 수 없지만, 붙임성 있는 얼굴이기는 하다.

"아니, 아니, 안 돼요, 이런 곳에 서 있으면. 위험하거든. 조심성이 없군요."

여자는 남자——쓰카사가 뭔가 말할 때마다 몸을 뒤로 물렸다.

"왜 그래요? 아. 아, 아, 수상하게 생각하는 건가? 수상하게 생각하 지 말라고 말해도 무리겠지. 하지만 수상한 사람 아닙니다. 그저 이런 곳에서 말발이 서는 편리한 남자지요. 그건 그렇고——아아, 더럽 네. 이런 곳에 더러운 옷을 입고 있으면 안 돼요. 왜 그렇게 더러운 거예요."

　　　　　　　　　도불의연회

쓰카사는 장난스러운 말투로 되풀이해서 말했다.

여자는 더욱더 몸을 멀리 떼어놓는다.

"아앙——그렇군. 아가씨, 나한테 흑심이 있다고 생각하는 건가요? 뭐, 전혀 없는 건 아니지만 걱정하지 말아요. 여자는 부족하지 않으니까. 오늘은 거래가 잘 돼서 기분이 좋거든. 이야기해 보세요. 누군가 찾고 있는 거지요?"

"네——저어."

"저놈들한테 그냥 물어봐도 아무것도 가르쳐줄 리 없다니까. 돈만 있으면 지옥의 귀신도 부린다고——해도 돈이 없겠지. 아니. 돈이 없으면 없는 대로 방법은 있지요. 일단, 어떤 곳에나 역학 관계라는 건 있으니까. 어때요, 잠깐 올래요?"

쓰카사는 검지를 세우더니 몇 번인가 구부렸다. 질릴 정도로 스스럼없는 태도다.

여자는 몹시 망설이고 있다. 실제로 이 상황에서 이 남자를 믿는 게 더 이상할 것이다. 그러나 여자는 꽤 고민한 끝에 이렇게 말했다.

"정말——힘을 빌려주실 수 있나요?"

쓰카사는 활짝 웃으며 고개를 끄덕였다.

"빌려줄게요, 빌려줄게. 두목을 소개해 줄 테니까. 다만 성과가 있을지 없을지는 보장할 수 없지만——하지만 사람을 찾는다면서요? 그걸로 안 된다 해도 아는 탐정이 있으니까 소개해 줄게요. 실력은 확실하지만, 그 사람은 바보니까 돈은 필요 없을 것 같고."

"네에——."

"어쨌든 이 근처를 통솔하고 있는 남자한테 가 볼래요? 바로——저기인데."

쓰카사는 턱짓을 했다. 여자는 고개를 끄덕였다. 쓰카사는 그 전에 이름만 좀 물어볼까요 ── 하고 말했다.

"구로카와 다마에예요."

여자는 그렇게 대답했다.

"다마에 씨로군. 구로카와 씨가 더 좋아요?"

다마에라고 부르셔도 돼요, 하고 여자는 말했다.

"그럼 다마에 씨. 으음 ── 낙타 선생님. 들으신 대로인데요."

쓰카사는 돌아보더니 등 뒤의 덤불 뒤로 말을 걸었다.

오오, 하고 구역질하는 듯한 목소리가 났다. 다마에는 비명을 삼키며 가로등 그늘에 숨었다.

덤불이 부스럭거리며 갈라졌다. 어둠 속에 맥이 풀린 얼굴이 보였다. 가느다란 눈, 긴 코, 어깨 부근까지 자란 머리카락. 다마에는 끝내 작은 비명을 질렀다.

"누구를 찾고 있소?"

굵직한 목소리였다.

"하 ──."

놀랄 것 없소, 하고 굵직한 목소리는 말했다.

"뭐, 대낮부터 이 근처에서 안색이 변해서 사람을 찾는 아가씨가 있다고 들어서 말이오. 어떻게 해야 할지 고민하고 있던 참이라오. 보통 같으면 내버려 두지만, 최근에는 이 근처도 위험해서. 소란이 일어나기라도 하면 곤란하거든. 그래서 때마침 찾아온 이 기쿠 씨한테 부탁했지. 나 같은 얼굴을 한 사람이면 나서도 당신이 겁을 먹고 도망칠 거라고 생각해서 말이오."

쓰카사는 실실 웃고 있다.

도불의 연회

"놀랐어요? 놀라겠지. 바로 뒤에 이런 사람이 있으니. 이 선생님은 전쟁 전부터—— 벌써 30년 정도인가. 줄곧 이 근처에 눌러살고 있는 분인데, 깡패도 창부도 한 수 접어주고 있는 낙타 후쿠 씨라는 분입니다. 부랑자나 소매치기한테는 존경받고 있는 사람이에요. 얼굴은 이렇지만 이래 봬도 꽤 인텔리겐치아라서, 원래는 프랑스로 유학까지 간 적이 있는 화가였다는데 지금은——."

옛날 일은 됐어—— 하고 낙타는 말했다.

"지금은 보시다시피 자유인—— 소위 거지니까. 구걸은 비천한 행위가 아니라오. 주는 것과 받는 것이라는 건 행위로서는 등가(等價)지. 무상으로 나눠 주는 건 고귀하고, 무상으로 나눠 받는 건 비천하다는 것은 근대의 사고방식이오. 공덕(功德)이라는 건 베푸는 쪽에만 덕이 있는 게 아니거든. 나는 이 일을 한 지 오래되었지만 괴롭다고도, 비열하고 천하다고도 생각하지 않는다오. 냄새는 좀 나지만. 사흘만 해 보면 그만둘 수 없다더니[84], 맞는 말이지 뭐요."

낙타는 굵직한 목소리로 웃었다.

쓰카사가 거의 표정을 바꾸지 않고, 또 그런 어려운 말을—— 하고 말했다.

"뭐가 어렵나? 진리라네. 알겠나, 출가한 중은 탁발을 하고, 그리스도도 무일푼이기 때문에 고귀했던 거야. 불교도 예수교도, 부(富)를 버리는 건 성스러운 일이라고 입을 모아 말하고 있지 않은가. 남아도는 부는 사회의 해독(害毒)일세. 그걸 먹어치우는 우리는 공동체에 필요불가결한 존재지."

---

84) '의사와 거지는 사흘만 해 보면 그만둘 수 없다'는 속담. 의사는 돈을 잘 벌기 때문이고 거지는 편하기 때문이라고 한다.

"어째서 거지가 필요불가결해요?"

"바보로군. 알겠나, 기쿠 씨. 사회라는 건 기업이 아닐세. 말하자면 커다란 가족이지. 사람은 이윤이나 편리성을 추구하기 위해서만 집단을 형성하는 게 아니야. 우리들 거지도, 일가를 이루는 건 돈을 벌기 위해서가 아니라네. 돈을 벌고 싶으면 일을 하겠지. 이건 논리가 아닐세. 그런 부분을 이해하지 못하는 바보가 늘어나면 나라는 망하는 거지. 우리가 있을 수 없는 사회는 더 이상 가족이 아니니까. 꼬챙이에 꿰지 않은 경단은 한데 모이지 않고, 꼬리가 끊어진 연은 떨어지는 법이거든."

모르겠다고 쓰카사는 말했다.

"후쿠 씨, 그런 해석을 늘어놓으려고 이 사람을 부른 건 아니잖아요."

오오, 그랬지, 그랬지, 하고 낙타는 몇 번인가 고개를 끄덕였다.

"얘기해 보시오. 나는 이래 봬도 신사니까, 곤란에 처한 아가씨를 보고만 있을 수는 없지. 그렇지, 기쿠 씨."

낙타는 이를 드러내며 웃었다.

"당신, 직업은?"

"간호사예요."

"간호사라. 그거 힘들겠군. 나이는?"

"스물아홉."

"찾는 사람은 남자요?"

다마에는 고개를 끄덕인다.

"남자가 도망친 거요?"

"아뇨——그——."

도불의 연회

"남편이오? 아니면―― 좋아하는 사람인가?"

다마에는 침착하지 못하게 이리저리 시선을 보낸다.

기둥서방인가―― 하고 낙타는 말했다.

다마에는 얼굴을 슬쩍 돌렸다.

뭐야 기둥서방이 있었어요? 하며 쓰카사가 입을 삐죽거렸다.

"이봐, 이봐 기쿠 씨. 이상한 생각을 하고 있는 건 아니겠지. 어이, 아가씨, 이 남자는 덩치는 이래도 적으로 돌리면 무섭다오. 버마로든 자바로든 팔려가고 말 거야. 뭐든지 팔아 버리니까."

그러지 마세요, 후쿠 씨, 하고 쓰카사는 말한다.

"나는 포주 노릇은 안 해요. 듣기 안 좋네. 하지만 다마에 씨, 어째서 기둥서방을 그렇게 필사적으로 찾는 거예요? 기둥서방이잖아요? 엄청 잘생긴 남자인가? 아니면 돈이 많나?"

돈이 많은 기둥서방은 없다니까―― 하고 낙타는 말했다. 그렇군요, 하고 말하며 쓰카사는 웃었다.

"그럼 다정하다거나?"

"다정하지―― 않아요."

"그럼 뭐지요? 그, 거시기가 거시기한가."

"그 사람은―― 난폭하고, 겁쟁이에, 패기 없고, 저한테 다정한 말을 해 준 적이라고는 한 번도 없어요."

"그럼 어째서."

꼬치꼬치 묻지 말라니까, 하고 낙타가 하품이라도 하듯이 말했다.

"그런 법이라네. 남자와 여자라는 건. 찾는 건 그냥 같이 살고 있었기 때문―― 이겠지."

다마에는 말없이 시선을 아래를 향했다.

연회의 시말   421

그것 보라고, 하고 낙타는 말한다.

"얼굴을 마주하고 있으면 싫은 일뿐이고 하나부터 열까지 마음에 안 드는 상대라도, 없어지면 구멍이 뻥 뚫리는 법이야. 아까도 말하지 않았나. 논리가 아니란 말이야. 그래서. 그 남자의 직업은?"

"취직을 해도 사흘도 못 가서."

"어째서 이 우에노에 있을 거라고 생각했소?"

"그 사람은 혼자 있는 걸 무서워하는 사람이에요. 그래서 이전에 집을 나갔을 때도 그—— 저기 지하도에—— 제 아파트는 야나카에 있는데, 그 사람은 옛날에 오카치마치에 살았대요. 그래서——."

"호오. 꽤 담이 작은 남자로군. 이름은?"

"나이토—— 나이토 다케오예요."

나이토라아—— 그렇게 말하며 낙타는 기름과 먼지로 착 가라앉은 긴 머리카락을 쥐어뜯었다.

"나이토라—— 오음? 나이토라면."

"아세요?"

낙타는 부은 듯한 눈꺼풀을 내리깔며 생각에 잠긴다.

"오오——."

낙타는 역시 구역질하는 듯한 목소리로 말했다.

"—— 오오, 아가씨, 그건—— 포주 니조네 아들 아니오?"

"포주라니—— 그 사람 부모님은 태어나자마자 곧."

"죽었다고 했겠지? 그래. 그 나이토가 맞아. 돈줄을 잡아서 건방지게 의사 학교에 갔던, 도시마 부근에서 견습 의사를 했었다나 하는 그 애송이 맞지요?"

"마——."

도불의연회

맞아요 —— 하고 다마에는 말했다.

그자라면 알고 있지, 하고 굵고 탁한 목소리로 말하며, 낙타는 무거운 눈을 떴다.

"그렇군, 그렇군. 아가씨 그 녀석의 여자요? 아니 그렇다면 누구한테 물어볼 것까지도 없소. 내가 알고 있거든. 그 녀석이라면 저 앞의, 왜 저쪽의 육교 밑에 삼사일 전부터 빈둥거리고 있었소."

"그래요 ——?"

다마에의 얼굴이 밝아진다.

"마침 지난달 말에 크게 싸워서 —— 그러더니 제가 숙직인 날 밤에 없어졌어요. 그렇다면 ——."

다마에는 낙타가 가리킨 방향을 향했다.

하지만 이제 없는데 —— 하고 낙타는 말했다.

"없다니 —— 어딘가로 옮겼나요?"

"어제 형사인가 하는 남자가 와서 데려갔소."

"형사 ——."

"하기야 ——."

형사로는 도저히 안 보이는 풍채였지만 —— 하고 낙타는 말했다.

"그 —— 렇다면?"

"기모노를 입고 있었거든. 기모노라고 해도 기나가시가 아니었소. 이렇게, 가느다란 칼사웅 하카마[85]를 입고, 하이쿠 선생 같은 옷차림이었소. 커다란 트렁크를 들고 있었지. 나한테도 물어보러 왔으니까, 이래이래 이런 남자는 없느냐고."

---

85) 일본 전통 복식의 바지인 하카마의 일종. 위는 낙낙하고 아래는 좁게 만든 바지로, 눈이 많은 지방에서 방한복이나 작업복으로 남녀가 모두 입는다.

그거 형사로는 안 보이는데요——하고 쓰카사가 말했다.

"그런 옷차림의 형사는 없어요."

그러고 보니 그렇군, 하고 낙타는 말했다.

"하지만 아무도 수상하게 생각하지 않았다네. 나도 그때는 별로——아무렇게도 생각하지 않았지. 지금에 와서 생각해 보니 이상하군. 그때는 잠복 중의 변장이라도 되나 보다고 생각했는데, 위화감은 없었네."

"그래서——."

그래서 어떻게 되었나요, 하고 다마에는 물었다.

"음——도둑질——아아, 당신이 찾는 기둥서방은 이렇게 말했다오, 최근에는 떨어질 데까지 떨어져서, 물건을 훔치는 일이니 날치기니 하는 일을 하고 있었다고. 그래서 그것 때문에 끌려간 줄 알았는데."

"아닌가요?"

"아무래도 아닌 것 같더군. 두 시간 정도 만에 금방 돌아왔거든."

"돌아——왔나요?"

돌아왔소——낙타는 너덜너덜한 상의 속에서 담배꽁초를 풀어 다시 마른 담배를 꺼내더니 입에 물었다.

"그리고 그래서 곧——그렇지——어디로 간다고 말했었는데. 으음——아아."

입을 벌리다가 담배는 땅바닥에 떨어졌다.

"맞다, 맞다. 그 란——란 동자인가 하는."

"란 동자? 그게 뭔가요?"

다마에의 의문에는 쓰카사가 대답했다.

도불의 연회

"무엇이든 꿰뚫어보는 신동이에요. 일부에서는 ── 뭐 범죄자나 경찰들 얘기지만, 평판이 좋지요. 열서너 살의 미소년인데, 거짓말을 꿰뚫어보거나 마음을 읽는다더군요. 하지만 후쿠 씨, 그런데 어째서 란 동자가 나오는 건가요? 그 나이토 씨인가 하는 사람이 거짓말을 했나?"

"그게 아닐세. 그런 이야기는 안 하던데."

"그럼 뭐지."

"분명히 ── 그렇지 불제가 어쨌다는 둥."

불제 ── 하고 다마에가 말했다.

"그러고 보니 그 사람, 그런 말을 했었어요."

"뭐라고 하던가?"

"작은 선생님이랑 아가씨들이 ──."

"뭐라고?"

"아, 아뇨 ── 전에 일하던 병원의 아가씨가 돌아가셔서, 아마도, 그게 ── 그."

음후우 ── 하고 낙타는 코로 숨을 내쉬었다.

"어쨌든 뭔지 모르겠지만 나이토는 기뻐하고 있었다오. 이제는 운세의 형세가 바뀔 거라는 둥, 꼴좋게 됐다는 둥 하면서 들떠 있었거든. 그리고 그대로 사라졌소. 어제 밤중의 일이지."

"그럼 ── 그 란 동자라는 사람한테 갔을까요?"

그렇겠지 ── 하고 낙타는 자신의 얼굴처럼 맥 풀린 대답을 했다. 다마에는 한순간 숨을 삼키고, 그러고 나서 쓰카사 쪽을 보며,

"그 ── 란 동자라는 사람은 어디에 있나요?"

하고 물었다. 쓰카사는 편편한 얼굴을 흔들었다.

"그건 몰라요. 어디 있는지는 아무도 모르거든요. 그렇지요, 후쿠 씨."

낙타는 고개를 끄덕인다.

"내가 아는 건 그것뿐이오."

"고맙습니다, 저어——."

뭔가 말하고 싶은 듯한 다마에를 향해, 낙타는 코 밑을 길게 늘이며 사례는 필요 없소, 하고 말하더니 쓰카사를 향해 자네가 힘이 되어 주게, 하고 말을 이었다.

"아는 탐정이 있다고 했잖나."

쓰카사가 건성으로 대답하자 낙타는, 됐으니 빨리 가게 —— 하며 그의 엉덩이를 때렸다.

다마에와 쓰카사는 발소리를 울리며 밤거리로 사라졌다.

그 모습을 지켜보고 나서, 낙타는 천천히 이쪽을 보았다. 그리고, 아마 —— 나를 향해서 말했다.

"거기 —— 간판 뒤에 계시는 분. 형사인가 하는 양반. 당신이 어디 사는 누구고 뭘 하려는 건지는 모르겠소. 또 상관도 없는 일이지만 —— 우리 거지들도 동료는 소중하다오. 당신이 꾸미고 있는 일에 이용당하는 건 사양이고, 피해를 당할 것 같으면 우리는 언제든 적으로 돌아설 거요. 거지한테는 횡적 관계가 있지. 알아 두시오."

그리고 낙타는 웅크린 등을 돌렸다.

나는 —— 유쾌한 기분이 되어 발길을 돌렸다.

도불의연회

*

　나는 등이 심하게 아파서요.

　아침에 일어날 때는 정말 힘들었답니다.

　위도 꽤 옛날에 —— 젊은 시절인데요. 병이 났는데, 그게 벌써 50
년이 되었으니까요. 음식도 많이 못 먹지요. 참새 모이보다도 적었으
니까요. 먹을 수 있는 것은. 그러다 보니까요. 시집도 못 가고, 벌써
이런 할머니가 되어서 ——.

　그런데 이것 보세요, 요즘은 밥을 한 공기씩 먹을 수 있다오. 요즘
은 등도 그렇게 아프지 않아요.

　전부 성선도 덕분입니다.

　종교? 종교가 아니에요. 우리 집은 대대로 천태종이랍니다. 그것
을 그만 믿으라는 말을 들은 적은 없어요. 부모님의 위패도 불단에
있지요.

　보세요, 여기예요.

　웃기지요. 이런 작은 불단이라니.

　나는 이 집에 시집을 온 지 벌써 50년이나 되었는데. 아직도 이런
취급을 받고 있다니까요. 이 방도 꼭 고용인의 방 같지 않나요? 부끄
럽기 그지없습니다.

　네? 그런 말을 했나요?

　남편은 치매랍니다. 이상해요. 요즘.

연회의 시말

네. 나는 가정부가 아니에요. 그건 전부 그 이와타인가 하는 사기꾼이 불어넣은 거짓말이에요. 그 왜, 오늘 아침에 왔던 그 할아버지 말이에요. 얄밉다니까. 얼굴 마주하는 건 싫으니까 이렇게 방에 틀어박혀 있는 거예요.

미안하군요, 모처럼 묵어가시는데 대접도 못하고. 그렇답니다. 얼굴을 마주하면 어떤 일을 당할지 알 수가 없다고요.

손님도 조심하세요.

딸의 이야기라면——네, 도쿄에 있어요, 딸이. 마미코라고 하지요. 그 아이도 걱정이 되는지 여러 가지로 조사해 보았는데, 무슨 중소기업의 사장인지 뭔지를 모아 놓고 있는 얘기 없는 얘기 불어넣어서 돈을 뜯어내는 악질 사기꾼이라고 하더군요.

으음 '길의 가르침'인가 그렇대요. 모르시나요? 잡지 같은 데도 실리나 봐요, 가끔. 나는 읽지 않지만요. 뭐가 길이라는 건지. 남편은 손님이 요전에 오시고 나서 그 직후에 입회했어요.

요전에 오신 건 언제였지요?

처음 오셨을 때 말이에요.

재작년인가요. 그렇다면 그 후에 들어갔어요.

묘한 것에 걸려들었지요, 네. 그게 회장인 이와타랑 남편이랑, 평범한 동창이었다는 거예요. 그만두라고 그렇게 말했는데. 내 말 같은 건 듣지도 않아요.

네.

남편도 처음에는 반쯤 장난이었어요. 하지만 그러는 게 아니었어요. 그런 것에 손을 대기 시작하면 금방 넘어가고 말거든요. 그러다가 진심이 되었지요.

도불의 연회

이제 다 틀렸어요.

어쨌거나 매달 엄청난 액수의 돈을 낸다니까요. 공부니 연수니 하면서. 뭐, 보시다시피 이런 굉장한 집에 살고 있잖아요. 그렇게 가난하지는 않지만, 돈은 무진장으로 있는 건 아니니까요. 점점 힘들어지지 않겠어요? 그러더니 세상에, 자기가 임원을 맡고 있는 회사를 접고, 네, 벌써 60년이나 이어 온 회사예요. 그걸 팔고, 고용인도 전부 해고하고, 그 돈을 기부하겠다는 거예요. 니라야마에 갖고 있는 산림도 통째로 기부하겠다고 하고요.

그럴 수가 있나요?

분명히, 우리 부부가 살기에는 그렇게 많은 돈은 필요하지 않지요. 하지만 딸이 있잖아요. 아무리 살 날이 얼마 안 남았다고 해도 하나뿐인 딸에게 갖고 있는 재산을 물려주지 않으면 어쩌겠다는 건가요?

그 애는 작년에 아이가 죽고 이혼까지 했다고요. 의지할 사람이 없어요. 정말이지, 제정신이 아니라니까요. 미쳐 버렸어요.

너무 심하게 말하면 나가라고 한답니다, 나한테.

딸도 그건 사기라고 몇 번이나 찾아와서 설득했지만, 아무래도 소용이 없어요.

손님도 말 좀 해 주세요.

딸이요?

올해 스물여섯이에요.

우리 남편이요? 남편은 올해 일흔여덟이에요. 꽤 늦게 아이를 낳았다고요? 그렇지요. 부끄러운 일이지만요. 그 사람이 쉰이 넘어서 생긴 아이랍니다. 나도 낳았을 때는 마흔이 넘었으니까요. 망신스러운 아이지요. 네. 첫 아이랑은 스무 살도 넘게 차이가 나요.

연회의 시말   429

그 아이는 죽었답니다. 20년 전의 일이에요. 그래서 그 딸은 귀여워하면서 길렀지요.

그런데 말이지요.

네?

물론 내 아이예요. 내 배가 아파서 낳은 아이지요.

무슨 말씀을 하시는 건가요.

그건, 그러니까, 남편이 이와타한테 속아서 하는 말이라니까요.

기무라? 그건 내 옛날 성이에요. 시게요 씨? 시게요 씨는 친척인데요. 그 사람은 그렇지, 10년쯤 전에 돌아가셨답니다. 어디에서? 네? 으음, 어디였을까요. 그때는 저도 죽을 뻔했거든요. 아아, 맞다 맞다. 이 집이에요.

그 사람은 여기 들어와 살면서 가정부 일을 하고 있었으니까요.

분명히 그럴 거예요.

아마 그럴 거예요. 그래요. 잘 기억나지 않네요.

나도 이제 늙었으니까요.

차 드실래요?

이건 맛있는 차랍니다.

네. 몸이 건강해지면 차 맛도 달라지지요. 차는 뭐든지 다 똑같다고 생각하고 있었는데 말이에요.

자, 향이 좋지요.

잠깐 실례하겠습니다. 약을 좀. 네? 네, 이건 젊어지는 약이에요. 어머나 세상에, 그런 게 아니랍니다. 네, 위가 약한 데 좋다고 나눠주셨는데요, 네. 잘 들어요. 오석호명산(五石護命散)이라고 하지요.

네? 네, 이건 성선도의.

네. 종교 같은 게 아니에요.

건강법을 가르쳐 주신답니다. 섭생이라고 하나요.

우선 이렇게, 숨을 쉬는 방법이에요. 심호흡이라고 하나요? 이렇게, 천천히 들이쉬는 거지요. 깊게, 길게——그래요, 보세요, 이렇게, 들이마신 기가 몸에 가득 차는 듯한 기분이 들지요. 그게 점점 이렇게 아래로 내려와요. 내려오지요. 네, 기가 이렇게, 배 아래쪽에, 단전인가요? 쌓여서 뭔가 뭉친 것처럼——이걸 이렇게, 후우, 하고 토해내는 거랍니다.

왠지 상쾌해져요. 어려운 건 모르겠지만, 이것만으로도 말이에요.

그 외에는 식사라든가, 운동이지요.

효과가 있냐고요?

효과 있어요. 지금의 의학은 틀렸다고 하시더군요, 그분들은. 지금 걸려 있는 병을 고치는 것으로는 안 된다고요. 앞으로 걸릴 병을 고치는——고친다고 할까, 걸리지 않게 하는 걸까요. 예방? 뭐 예방이겠지만요, 글쎄요. 병에 걸리는 몸이라는 게 있대요. 그것을 고치는 거예요, 걸리지 않는 몸으로.

원기(元氣)라고 하잖아요.

그 원기는 기의 원천이지요. 이게 심기(心氣)나 간기(肝氣)나 위기(胃氣)로 나뉘는 거래요. 네. 그게 피를 타고 몸을 돈다고요. 기가 도는 거예요. 그게 막히면 안 되지요. 거기가 나빠지거든요. 경혈이 있는 거지요.

잘 모르겠지만요.

네. 건강해졌으니까 감사하게 생각해요. 이 정도면 백 살까지 살 수 있겠다 싶네요. 어머나, 싫어요. 그런 건. 하지만 젊어졌답니다.

하아. 맞아요. 그래서 남편한테도 권하고 있는데, 이제 내 말 따위는 듣지 않으니까요. 그 이와타가 말이지요.

최근에는 이와타의 일을 돕고 있어요, 그 사람은. 사기의 앞잡이 노릇을 하고 있는 거예요. 정말 싫어진다니까요. 50년이나 부부로 함께 산 나를 보고 가정부라니 ——.

그런 법이 있나요?

뭐가?

그러니까 가족에 대해서 잊어버리는 것 말이에요. 오랫동안 부부로 함께 산, 그 기억을 잊어버릴 수가 있는 걸까요.

뭔가 수상한 술법이라도 쓰고 있는 거예요, 그 이와타는.

네. 있는 힘을 다했어요. 참았어요. 그 사람은 일밖에 모르는 사람이었으니까요. 매일매일 부엌일을 하고. 집을 지키고. 마치 가정부처럼.

옷 한 벌 사 준 적도 없고, 산천 유람을 떠난 적도 없어요.

정말 고용인 취급이었답니다.

하지만요. 가족이니까요. 계속 같이 살았으니까요. 할 수만 있다면 원래대로 돌아가 주었으면 좋겠어요. 그런 나쁜 놈들과 인연을 끊고 말이에요.

미안해요. 불평만 해서.

손님이 오랜만에 와 주셨는데.

요전에는 언제 오셨지요? 아아, 재작년이었지요. 맞아요, 재작년. 그래서 —— 뭐였지요? 그렇지, 이 지방의 뭐지요, 전설을 조사하러. 향토 —— 사가. 네, 향토사가셨지요.

네? 이상한 소문이요?

도불의연회

글쎄요. 요전에도 말씀드렸나요? 네? 요전에는 말하지 않았다고 요?

내가 상대해 드리지 않았던가요? 하아, 줄곧 취사장에 있었나요? 하아. 뭐 가정부처럼 부려지고 있었으니까요, 그때부터. 죄송해요.

글쎄요.

네. 시시한 소문인데 괜찮을까요? 아는 사람한테 들었어요.

그게, 영전(零戰)[86]의 유령 소문이거든요.

이 근처에는 기지 같은 건 없잖아요.

네. 누마즈까지 가야 하지요.

네, 그러니까 영전 같은 게 날아올 리 없잖아요.

나는 본 적이 없는데 말이에요. 네? 아뇨, 패전 때의 일이에요. 열 대나 날아가더래요.

네, 맞아요. 그 시기에 이런 곳에 있을 리가 없잖아요. 모두 바다 위에 있었지요.

보급이나 정비일 리도 없고요.

네, 그게 이 나라야마 위를 날아갔다는 거예요.

편대예요, 열 대니까.

적의 폭격기가 아니겠느냐고도 하지만, 아니라고 하더군요. 일장 기가 보였대요.

그게 저, 뒷산 맞은편으로 —— 저쪽에는 아무것도 없어요. 산밖에 없는데. 산을 넘어 봐야 기지 같은 건 없어요. 그러니까 유령이 아닐 까 하고요.

---

86) 제로기. 제로 식 함상전투기에 대한 통칭. 태평양전쟁 당시, 일본 해군의 주력전투기 로서 호리코시 지로[堀越二郞]가 설계했다. 1940년(일본 기원 2600년)에 제식화된 것에 연 유하여 제로기, 영전이라고 불렀다.

잘못 본 걸 거라고 생각하지만요.

본 건 한 사람이 아니에요.

네, 세 명한테 들었답니다.

믿느냐고요? 안 믿어요. 그런, 비행기의 유령이라니 믿지 않아요.

하지만 영전에 탄 사람은 모두 죽었잖아요? 아아, 그중에는 살아서 돌아오신 분도 계시나요. 하지만——많이 죽었잖아요. 그럼 그런 환각도 보이지 않을까 싶은데요. 젊은 사람이 타고 있었잖아요. 원통하겠지요, 그런 외국에서 돌진해서 죽는 거잖아요? 고향에 돌아가고 싶다고 생각할 테니까요.

본 사람이 누구냐고요? 두 명은 작년에 죽었어요. 영양실조랍니다.

나이가 많았으니까요. 전쟁 후의 마을에 있는 건 여자나 어린아이나 노인이에요. 나머지 한 사람은 어디로 갔을까요——.

네. 죽고 싶지 않아요. 죽는 건 싫어요. 이런 나이가 되어도 살고 싶답니다. 그래서 성선도에 들어간 거예요. 네. 축제가 있어요. 이제 곧 이 니라야마로 오실 거랍니다.

방사님이——.

도불의연회

*

　정원 가득 파랗게 잡초가 우거져 있다. 건물 주인의 이야기로는 벌써 1년 이상 손질을 게을리했다는 것이다. 소철이 심겨 있는 것으로 미루어 보자면 원래는 약간 남국 취향이 들어간 서양식 정원이었던 모양이지만, 잡다한 식물들이 원형에 그치지 않은 채 한없이 번성하고 있어 이제는 정원이라기보다 남방의 덤불이라고밖에 말할 수 없는 모습이다.

　허리 높이까지 올 것 같은 그 수풀 한가운데에는 야윈 노인이 서 있다. 목면 속옷 위에 가쓰리[87] 기모노라는 신통치 않은 풍채에, 높은 광대뼈와 검버섯이 핀 건조한 피부를 가진 그 노인은, 질리고 지쳐 있다는 것 외에는 표현할 수가 없는 모습을 하고 있었다.

　이 집의 주인, 가토 다다지로다.

　덤불 속의 다다지로는 화난 것인지 슬퍼하고 있는 것인지 겉으로 보아서는 판단할 수가 없다. 다만, 만일 부드러운 표정이라는 것이 그의 표정의 레퍼토리 안에 있다면, 그때 그가 그것을 선택하지 않았던 것은 확실했다.

　다다지로는 중심을 기울여 버석거리며 앞으로 나왔다.

　지팡이를 사용하고 있다. 왼쪽 다리가 마음대로 움직이지 않는 모양이다.

---

87) 긁힌 듯한 자잘한 무늬를 짜 넣은 직물.

세 발짝쯤 걷고 다다지로는 멈추더니, 지팡이로 잡초를 치웠다. 그러자 그 등 뒤에 또 하나의 그림자가 보였다.

그것도 노인이었다.

자그마한 남자다. 치수가 맞지 않는 헐렁헐렁한 양복을 입고, 폭이 좁은 세로줄무늬 넥타이를 매고 있다. 머리는 붉게 벗겨져, 살쩍 부분을 제외하고는 완전히 대머리다. 그 얼굴에는 주름이 종횡무진으로 새겨져 있고, 세 꺼풀 네 꺼풀이 진 위아래의 눈꺼풀 사이에 있는 커다란 눈은 노랗게 탁해져 있어 보는 사람에게 교활해 보이는 인상을 주고 있었다.

그 노인은 이와타 준요라고 자신을 소개했다.

이 자그마한 노인은——사람들을 계발(啓發)하고, 잠들어 있는 자기를 각성시키고 분기시킨다는 '길의 가르침 수신회'라는 수상쩍은 계몽 단체를 주재하고 있다. 그 탁한 눈에서 뿜어져 나오는 교활한 듯한 인상도, 그렇게 법망을 피해 사회의 일그러짐에서 흘러 떨어지는 물방울을 떠 마시며 오랫동안 살아온 그의 굴절된 인생 경험이 가져오는 것이라는 사실은 말할 것까지도 없다.

"참으로——."

다다지로는 정원을 둘러보며 말했다.

"——잡초의 생명력이라는 건 보통이 아니로군. 돌바닥의 작은 틈에서 약하게 비어져 나오는 한 그루의 풀잎도, 일 년이나 방치해 두면 돌을 쪼갤 정도의 씩씩한 기세가 될 수 있지. 사람은 자연에는 이길 수가 없소."

그렇지요, 회장님——하고 다다지로는 불렀다.

"아니, 이와타——라고 불러도 될까요."

　　　　　　　　　　　도불의연회

이와타는, 단둘이 있을 때는 상관없네 —— 하고 대답했다.

"그래? 그럼 이와타 ——."

다다지로는 몸을 흔들어 또 한 발짝 앞으로 나섰다.

"손녀딸 일인가."

"뭐 그렇지."

"그만두었지 않았나."

이와타는 부스럭 덤불 소리를 내며 다다지로 옆으로 나왔다.

"그 —— 가짜 점쟁이한테 다니는 건."

그만두었다고 하더군 —— 다다지로는 그렇게 말하며, 흐린 하늘을 올려다보았다.

"당신이 말한 그대로였어."

"그래? 그럼 이제, 영문을 알 수 없는 이상한 넋두리는 하지 않게 되었나?"

"자신이 틀렸다 —— 고 인정하는 편지를 보내 왔더군. 가센코인가 하는 자의 요사스러운 술법에 걸려 있었다고 하네. 돈도 상당히 뜯긴 모양이야. 당신이 가르쳐 주지 않았다면 어떻게 되었을지 알 수 없지. 우선은 —— 고맙다는 말을 해야겠군."

다다지로는 지팡이에 중심을 싣고 몸의 방향을 바꾸더니, 이와타를 향해 머리를 숙였다.

"—— 고맙습니다."

"고개를 들게 가토. 우리가 그런 사이도 아니지 않나."

"아니 —— 나는 지금, 수신회의 동지 가토 지도원으로서 이와타 준요 회장에게 말하고 있는 게 아니오. 가토 다다지로 개인으로서, 평범한 동창인 이와타 진베에에게 머리를 숙이고 있는 거요."

연회의 시말

다다지로는 한층 더 깊이 머리를 숙였다.

그렇다면 더더욱 머리를 숙일 만한 사이가 아니라고, 이와타는 그렇게 말하며 다다지로의 어깨에 손을 올려놓았다.

"그렇다면 가토 —— 이제 자네 손녀딸에 대한 우리 모임의 계발 활동은 하지 않아도 되겠군?"

아아 —— 다다지로는 신음하는 듯한 목소리를 냈다. 그리고 다시 한 번 헐떡이는 듯한 목소리를 내면서, 힘들게 몸을 일으켰다.

"조금 더 빨리 당신에게 —— 손녀의 계발을 부탁할 걸 그랬소. 아니, 내가 좀 더 빨리 당신을 신용했다면 —— 아니, 아니, 어차피 —— 막을 수 없는 일이기는 했을지도 모르지만."

다다지로는 고개를 이완시켜 몇 번인가 머리를 흔들었다.

"왜 그러나, 가토."

이와타는 비칠비칠 다다지로 앞으로 나섰다. 다다지로는 입을 시옷자로 구부리고, 썩은 바지랑대 쪽을 바라보고 있었다. 오랫동안 아무것도 널지 않은 바지랑대.

"손녀가 아이를 —— 잃은 건 이야기했던가요?"

"들었네. 작년 봄이었나."

"마침 당신이 —— 아니, 회장님이 폭한의 습격을 받아 힘들었던 무렵의 일이오. 손녀의 이야기로는 —— 아기가 죽은 것도, 남편과 이혼한 것도, 직장을 잃은 것도 그 점쟁이 때문이라고 하더군. 증손자는 —— 증손자는 말이오 ——."

다다지로는 거기에서 말이 막히더니, 시선을 황폐한 정원으로 보냈다.

"이 손으로 안은 건 한 번뿐이었소."

도불의연회

이와타는 순간 취급하기 곤란하다는 듯한 표정을 보이고, 그러고 나서 다다지로를 돌아보며 이렇게 말했다.

"후회해도 죽은 사람은 돌아오지 않네."

"알고 있소."

알고 있어요, 회장님 —— 다다지로는 지팡이에 체중을 싣고, 이와타에게 등을 돌렸다.

"긍정적으로, 정정당당하게 생각하라고 —— 그러면 재앙 쪽에서 멀어지는 법이라고 —— 나도 회원들에게는 그렇게 가르치고 있소. 미래가 바뀌면 과거의 의미도 달라진다. 미래에 불행이 있다면 어떤 즐거움도 기쁨도 불행의 씨앗일 뿐이지만, 미래에 행복이 있다면 어떤 슬픔도 괴로움도 행복의 씨앗이 될 것이다. 나도 그렇게 말하며 사람들을 이끌고 있으니 말이오. 다만."

"다만, 뭔가."

지금은 잠시 이렇게 있고 싶소, 하고 다다지로는 그렇게 말하고, 다리를 끌면서 툇마루 쪽으로 걷기 시작했다.

이와타는 그 야윈 등을 보고 있다.

"회장님 ——."

등 뒤를 향해 다다지로는 말한다.

"손녀는 —— 아직도 내게 탈회를 권하고 있다오."

"아직도 그런 말을 하고 있나? 그, 내가 술법을 걸어서 자네 머리를 이상하게 만들었다는 둥 ——."

"말하고 있소. 세뇌라고 하는군."

"의심은 풀리지 않았나. 손녀딸에게 있는 얘기 없는 얘기 불어넣은 건 점쟁이 가센코 오토메가 아닌가."

다다지로는 천천히 돌아본다.

"그것과 —— 이것과는 다른 이야기라고 하더군."

"다른 ——."

"가센코는 확실히 악질적인 사기꾼이요. 하지만 손녀의 말에 따르면 —— 당신도 똑같이 사기라는 거요."

"무슨? 가토, 자네 ——."

이와타는 잔걸음으로 다다지로를 쫓아갔다. 이와타가 따라잡음과 동시에, 다다지로는 툇마루에 도착했다. 노인은 힘들게 몸의 방향을 바꾸어 걸터앉는다.

"괜찮소."

"괜찮다니 뭐가 괜찮나. 하나도 괜찮을 것은 없네."

"당신이 ——."

다다지로는 조금 큰 목소리를 냈다.

"—— 당신이 사기라도 괜찮단 말이오. 나는."

"자 ——."

이와타는 빙글 몸을 돌려 다다지로 옆에 앉았다.

"—— 자네까지 나를 사기꾼이라고 부르는 건가."

"그렇지 않소. 당신은 사기꾼이 아니겠지. 나는 —— 당신을 믿고 있소."

"그렇다면 가토."

"이와타."

다다지로는 움푹 팬 안구 속의 옴팡눈으로 교활해 보이는 노인을 응시했다. 이와타는 주름에 둘러싸인 커다란 눈으로, 바싹 야윈 노인을 마주 보았다.

도불의연회

다다지로는 희로애락이 없는 건조한 얼굴로,

"이와타. 아니, 회장님. 당신은——대단한 남자요."

하고 말했다. 평소에는 노회하고 대담한 선동자일——길의 가르침 수신회 회장의 커다란 눈에 희미하게 낭패의 빛이 떠올랐다.

"가토——자네는."

다다지로는 다시 얼굴을 정원으로 향했다.

"이와타. 나는 당신을 잘 알고 있소. 당신은 젊은 시절부터 요행심이 있는 남자였소. 보자기를 펼치면 완전히 접지 못해 실패하고는 했지. 마을 사람들은 당신을 과대망상증이라고 했지만."

"예——."

아마. 옛날 일일세, 라고 말하고 싶었을 것이다. 그러나 이와타의 말은 삼켜지고, 그 진의가 밝혀지기 전에 다다지로는 말을 이었다.

"하지만——결과적으로 당신은 많은 인간을 구했소. 평범한 뜻을 가진 범인(凡人)이 그렇게 수많은 인간을 구할 수 있을 리는 없지. 당신의 말이 사실이든 거짓이든, 당신의 격려를 받고 세상을 다시 보게 된 사람은 많이 있소. 많이 있으니, 가령 열 명에 한 명은 완전히 구하지 못한다고 해도, 구한 사람이 백 명 천 명을 넘는다면 떨려나는 사람도 열 명 백 명으로 늘어나겠지. 그러니 괜한 원망을 사는 것도 어쩔 수 없는 일일 테지. 하지만 감사하게 생각하는 사람은——나를 포함해서 수없이 많이 있소. 그러니까."

"가토——."

"미안하오. 나는 당신을 보면서, 나도 뭔가 할 수 있지 않을까 하고 생각했소. 그래서 당신을 신용했소. 믿은 이상, 이런 말을 하는 건 안 될 일일 테지. 아니."

연회의 시말

안 될 일이지, 하고 다다지로는 스스로를 꾸짖듯이 말했다.

"손녀는 그런 점을 이해하지 못하는 거요. 아마 당신을 괜히 원망하는 사람의 이야기라도 들었을 테지. 그래서 사기니 뭐니 끈질기게 말하는 거요. 나한테도 사기에 가담할 셈이냐——고 한다오. 재산을 통째로 빼앗길 거라고. 그——산의 토지도 속아서 빼앗겼다고 생각하고 있소."

"속여서 빼앗다니 듣기 안 좋군. 이전부터 정식 매매 계약을 제기했는데."

"물론 그걸 거절한 건 나요. 그 토지는 모임에 기부할 생각이오."

"그러니까 이상하게 마음 쓰지 말라고——."

당신에게서 돈은 받을 수 없다고 다다지로는 말했다.

"하지만——그러면 쓸데없는 오해를 낳네. 나는 자네 재산이 목적이 아니야. 그건 알고 있을 테지."

이와타는 눈을 부릅떴다.

"뭐 기다려 주시오."

다다지로는 손을 쳐든다.

"내가 매매를 거부하는 건 마음을 써서 그러는 것만은 아니오. 돈이 들어오면 세금이 나올 테고. 게다가 무엇보다도 그——."

다다지로는 거기에서 말을 멈추고 등 뒤에 신경을 쓴다. 이와타도 뒤를 훔쳐보았다.

"——요네코가."

"그 가정부 말인가?"

이와타는 다시 돌아보았다.

"자네 손녀딸은 그 가정부가 이상해진 것을 모르나?"

도불의연회

"모른다──기보다 내 이야기를 듣지 않소. 나는 이제 당신한테 조종되고 있는 사람이라고, 그렇게 믿고 있으니까──."

다다지로는 큰 한숨을 쉬었다.

"──손녀가 내게 집요하게 탈회를 권하는 건, 물론 수신회의 나쁜 소문도 들었겠지만──아마 그, 요네코 탓도 있을 거요. 손녀는 요네코를 믿고 있으니까. 설마 그런──이상한 종교에 물들어 있을 거라고는 생각하지 않는 거요."

흠──이와타는 심드렁하게 콧김을 내뿜었다. 단상에 서서 열변을 토하고 있으면 그래도 거물로 보이지 않는 것도 아니지만, 이렇게 툇마루에 앉아 있는 모습만 보면 위엄이라고는 조금도 없다. 평범하고 교활한 영감 같다.

시시하군──하고 이와타는 말했다.

"애초에 자네의 재산을 노리고 있었던 건 그 할멈──아니, 성선도 놈들이 아닌가. 세뇌된 건 그 가정부 쪽이지."

"그렇소. 나는 처음에 그것에 대해서 당신에게 상의하러 갔던 거니까. 그 결과 당신이 의심을 받았으니 본말전도지요."

다다지로는 그렇게 말하고 살짝 기침을 했다.

"왜 당장 해고하지 않는 겐가."

"해고했다간 손녀가 가만히 있지 않을 거요. 아내가 죽은 후── 손녀는 그이를 할머니처럼, 아니, 어머니처럼 생각하고 있으니까. 그것도 어쩔 수 없소. 아들도 며느리도 일찍 죽고, 이 집은 아내와 그 요네코가 유지하고 있었던 거나 마찬가지요. 손녀에게는 참으로 부모나 마찬가지지. 실제로 그이는──열심히 해 주었소."

그런 것 같더군──이와타는 하늘 쪽을 본다.

연회의 시말

"하지만——그 가정부가 아무리 헌신적으로 자네에게 봉사했다는 과거를 갖고 있다고 해도, 지금의 상태로는 어떻게도 되지 않네. 그이는 손을 쓸 방도가 없어. 이미 현실과 허구를 구별하지 못하네. 몇 번이나 말하지만, 그이야말로 술법에 걸려 있단 말일세. 최근에는 자네의 본처라고까지 말하기 시작했지 않았나?"

"아아. 손녀는——자신이 낳은 아이라고까지 하더군요."

다다지로는 머리를 끌어안았다.

"요네코는 죽은 아내의 먼 친척이라오. 젊은 시절에 병을 앓아서 아이를 낳을 수 없는 몸이 되고 말았소. 그래서 이혼을 당하고 친정으로 돌아온 것을 고용한 거요. 우리 집은 일손이 부족했고, 그이의 친정은 가난해서 어떻게 할 수가 없었으니까."

"그 친절이 화근이 되었군."

"아니, 아들이 죽었을 때도, 며느리가 죽었을 때도, 그 요네코가 있어 주었기 때문에 어떻게든 버텼다고, 나는 지금도 감사하게는 생각하고 있소. 그런데——그런 사기 종교에 빠지는 바람에 완전히 이상해지고 말았지. 지금의 요네코의 기억은, 그건 절반은 죽은 아내의 기억이오. 요네코는 죽은 아내의 인생을 자신의 것이라고 믿고 있소. 최근에는 거기에 며느리의 기억까지 섞였다오. 나는——어떻게 해야 할지 모르겠소. 그래서 나는 당신에게 의지했소. 그런데 손녀는——그런 요네코의 편을 들고 있소. 내 쪽이 미쳤다는 거요. 요네코를 부당하게 취급한다고. 당신이 부추기고 있다고, 이렇게 말하는 거요."

미안하오, 이와타——다다지로는 다시 머리를 숙였다.

이와타는 얼굴을 찌푸렸다.

도불의연회

"이보게 가토."

다다지로는 머리를 숙인 채 이와타를 올려다보았다.

"이제 되지 않았나. 그 가정부——요네코 씨인가. 그이를 나한테 맡기게. 자네는 거부하지만, 놈들도 하고 싶은 대로 하고 있단 말일세. 이참에 속여도, 약간 거친 짓을 해도 상관없을 테지. 붙잡아서, 다시 세뇌해 주겠네. 일주일, 아니, 열흘만 있으면 원래의 인격으로 돌려줄 수 있어."

다다지로는 매우 복잡한 표정을 보였다.

"회장님——하지만 그건——아무래도."

"다행히 '기업가를 위한 자기 계발 연수'도 순조롭네. 2주째가 지났으니 앞으로 일주일이면 끝나. 그러면 그 산막도 비네. 내 손도 비고. 내가 직접——."

"회장님——아니, 이와타. 그——당신의 방식을 비판하는 건 아니지만——그, 기억을 손대는 것은."

"이미 손대어져 있네. 원래대로 돌려놓을 뿐이야."

이와타가 엄한 말투로 말했다.

"뭘 새삼스럽게 망설이는 겐가, 가토. 자네는 아까 말하지 않았는가. 사기라도 좋다——고."

"회장——무슨."

그래, 내가 하고 있는 일은 반쯤 사기일세, 하고 이와타는 갑자기 태도를 바꾼 듯 뻔뻔스러운 말투로 말했다. 표정도 갑자기 야비해진다.

"그래. 세상에서 격려하고, 똑같은 말을 몇 번이나 되풀이하면 누구나 그런가 하게 된다네. 성공할 거다, 성공할 것이다, 하고 다이모쿠[題目][88]를 외면 성공할 것 같은 기분이 드는 거지. 별로 뭔가가 변하는 건 아닐세. 하지만 가토. 실패할 거다, 이제 틀렸다고 생각하면서 사는 것과 반드시 성공할 거라고 생각하면서 사는 것, 대체 어느 쪽이 행복하겠나? 그런 건 생각하지 않아도 알 수 있는 일이잖나. 어떻게 생각하고 무엇을 하든 세상은 달라지지 않네. 사람은 세상을 바꿀 수는 없어. 하지만 세상을 다르게 볼 수는 있네. 세상이라는 건 자신의 바깥에 있는 게 아닐세. 자신의 안에 있는 거야. 과거도 미래도, 알고 있는 것은 자신뿐일세."

"그건 그렇소. 그렇지만——."

"무서워하지 말게, 가토. 자네가 무서워하면 어떻게 하나. 자네는 '길의 가르침 수신회'의 지도원이 아닌가. 알겠나, 그러니까 내 방식은 사기이면서 동시에 사기가 아닐세. 자네가 말한 대로, 그것으로 구원받는 사람도 많아. 아니, 그것으로 구원받지 못하는 사람은 없네. 나를 원망하는 놈은 모두 도중에 도망친 놈들일세. 믿으면 되는 거야, 믿으면. 믿는 사람은 구원되네."

어느새 이와타는 왜소한 영감에서 웅변적인 선동가의 얼굴이 되었다. 다다지로는 지친 얼굴에 고뇌의 표정을 띠고 있다.

"나는 말일세, 가토. 자네의 기억을 건드리는 것도, 자네의 인격을 바꾸는 것도 하려고 마음만 먹으면 쉽게 할 수 있었네. 하지만 어떤가? 자네는 내게 조종당하고 있나? 어떤가, 가토. 자네는 자네의 의지로 지도원을 하겠다고 나서지 않았나?"

"그건——그렇소. 나는——."

---

88) 일련종(日蓮宗)·법화경 계열의 종교 단체에서 선법(善法)을 행할 때 사용되는 나무묘법연화경(南無妙法蓮華経)이라는 문구를 가리킨다.

도불의연회

"내게 속고 있나? 세뇌되어서 조종당하고 있나? 그 산의 토지를 모임에 기부하겠다고, 자네가 그렇게 생각한 것도 내가 그렇게 만들 었기 때문이라도 된다는 건가? 대답해 보게 가토."

"나——나는——."

다다지로는 일어섰다.

"——내 의지로 행동하고 있소."

그렇겠지, 하고 이와타는 말했다.

"나는 팔아 달라고 말했네. 입회도 지도원도, 나는 자네에게 무엇 하나 강요하지는 않았네. 다만 세상은 이렇게 견해를 바꾸면 이렇게 달라지는 거라고 가르쳐 준 것에 지나지 않아. 자네는 달라졌네. 달라 졌지?"

다다지로는 고개를 끄덕였다.

"그럴 테지. 그건 세뇌인가? 내가 사기 행위를 했다는 게 되나? 아닐 테지. 아닐세. 다른 사람한테도 같은 일을 하고 있네. 하지만 성선도는 어떤가. 요네코 씨는 어떻게 되었나?"

"그건——."

"그럴 테지. 그러니까 원래대로 돌려주겠다고, 나는 이렇게 말하 는 걸세. 자네는 꽤 저항했지만, 처음부터 내 말대로 했으면 그렇게까 지 심해지지는 않았을 걸세. 가센코도 그래. 불행하게도 증손자는 죽고 만 모양이지만, 만일 좀 더 빨리 내가 알았다면 다소 거친 짓을 해서라도——자네의 손녀딸을 가센코에게서 되찾았을 걸세. 그랬 다면 어떻게 되었겠나? 손녀의 불행은 제거되었을 걸세. 자네도 아까 좀 더 빨리 믿었으면 좋았을 거라고, 그런 말을 하지 않나. 마찬가 지일세."

연회의 시말

"그렇소——."

그 말이 맞군——하고 다다지로는 말했다.

내가 잘못 생각했소, 당신한테 맡기지, 그렇게 말하면서 노인은 굽은 등을 펴고 시선을 들었다.

눈이 마주칠 뻔했기 때문에——.

나는 2층 창을 닫았다.

도불의연회

*

멍청이, 비켜.

뭐야.

뭐? 시끄러워. 여기는 어디야?

니라야마인가 하는 곳인가? 아니야? 시모다라고? 시모다는 또 어디야. 뭐 어디든 상관없어. 됐어, 상관없어. 어디든 좋아.

헤헤헤.

나?

나는 의학박사님이다.

바보 취급하지 마. 너 같은 것하고는 달라. 다르다고. 닥쳐. 됐으니까 술을 가져와. 마시고 싶다고, 술이.

오늘은 좋은 날이야.

더럽다고? 뭐가 더러워. 진흙? 진흙 정도는 묻을 수도 있지. 보통 일을 한 게 아니라고. 너희들 따위하고는 달라. 이해 못 하겠지. 으음. 그래. 잠자코 따르면 돼. 오오.

맛있군.

맛있는 술이야. 창자에 스며드는군. 술을 마신 건 일 년 만이거든. 금주냐고? 시시한 소리. 나는 그런 건 하지 않아, 멍청이. 마시고 싶지 않아서 안 마셨을 뿐이지. 뭐? 그야 당연히 마시고 싶어졌으니까 그렇지. 그래서 마시는 거야.

연회의 시말

449

홧술? 아니야. 차원이 낮구먼, 너희들.

너, 사람이 죽은 걸 본 적 있나?

아니야. 전쟁이라든가 그런 게 아니야. 나도 전선에는 갔지. 다른 나라 사람이 몇 명 죽든 나는 슬프지 않았어. 일본인도 죽었다고? 그야 죽었겠지. 하지만 알지도 못하는 사람이 몇 명 죽든 나와는 상관 없잖아.

상관없겠지. 가엾다고는 생각해도, 그런 건 동정이잖아. 남의 일이지. 그러니까 조금 전까지 살아 있던 가족이나 마찬가지인 사람이 눈앞에서 죽는 거 말이야. 싫다고? 그래 싫어.

싫었어.

흥. 자 더 따라. 마시고 싶단 말이다.

닥쳐 이 자식.

해 볼 테냐?

무섭지 않아. 무서운 것 따원 없거든.

무섭지 않아, 아무것도.

불량배? 경찰? 그런 거 알 게 뭐야. 뭐야. 뭐야아. 그런 게 무섭나? 총을 갖고 있는 것뿐이잖아. 알았다. 헤헹, 너희들 목숨이 아까운 거지? 그러니까 그런 걸 무서워하는 거겠지. 겁먹지 마. 죽게 될 거라는 둥 죽고 싶지 않다는 둥 그런 생각을 하니까 그 정도에 무서워하는 거라고.

하하하. 겁쟁이로군, 너희들.

너희들 말이야, 잘 들어.

너희들, 정말로 무서운 기분을 맛본 적은 없겠지. 그러니까 그런 말을 하는 거야. 이 겁쟁이. 알겠나, 정말로 무서운 건 말이야——.

도불의연회

됐어. 너희들은 이해 못 해.

닥쳐. 잠자코 따라. 죽는 것보다 사는 게 더 무서워. 그 무서움을 알아야지. 좀 알라고 바보들아.

아아, 맛있어.

맛있군.

경찰이든 뭐든 불러.

무서운 게 없어. 지금의 나는.

헤헤헤.

난 말이지, 이겼다고.

누구한테? 그런 걸 어떻게 말하나. 말할 수 없어.

그러니까 기쁜 거잖아. 일 년 동안 줄곧 따라다니던 과거와 나는 결별했단 말이다. 나는 이겼어. 기쁘잖아.

자. 너도 마셔.

축배다 축배.

아아, 맛있어. 맛있는 술이야.

몇 잔이든 마실 수 있겠어, 이 술은.

뭐야 이거. 이 자식.

켁.

너희들, 유령을 본 적 있나? 없겠지.

건방진 소리 하지 마. 나는 배운 사람이야. 바보 취급하지 말라고. 유령 따위는 없다고 생각하고 있겠지. 농담이 아니야. 그러니까 경찰이 무섭다는 둥 풋내기 같은 소리를 하는 거야.

있어.

사령 말이야.

이상하지는 않아.

너한테도 씌어 있을지도 모르지.

켁. 알 수 없어. 알아차리지 못할 뿐인지도 모른다고. 조심해. 본 적이 없다고? 무슨 개소리야. 당연하지. 놈들은 대개 뒤에 있는 법이 니까. 앞에는 없어. 없다고.

뒤에서 이렇게, 들여다보는 거야. 말없이.

싫지. 상상 좀 해 봐.

그러니까 씌어 버리면 끝장이야.

무섭다고? 무섭지. 그래서 말했잖아.

무서워. 조심해.

뭐. 뭐야.

어떻게 하냐고? 가르쳐 줄까?

좀처럼 할 수 있는 일이 아닌데.

뭐?

나는 했지.

했어. 그러니까 기뻐하는 거 아니겠나. 그래. 맞아. 해냈다고.

나는 사령을 퇴치했어.

사령이라는 건 말이지, 얼굴을 보면 안 돼. 안 된다고 멍청아.

알겠나? 놈들은 뒤에서 이렇게 붙잡아야 해. 이렇게 말이야. 이렇게.

못 하겠다고? 못 하지. 말했잖아. 놈들은 뒤에 있다니까.

방법이 있어.

나도 배운 거야.

누구한테? 말할 수 없지.

도불의연회

사령의 마을이 있거든. 산속이야. 우선 거기에 가야 해.

있다고. 그 마을에는 말이지, 죽은 사람밖에 살고 있지 않아. 망자의 마을이지. 겉으로 보기에는 알 수 없지만 모두 죽은 사람이야. 안색은 파랗고, 내쉬는 숨에서는 시체 냄새가 나서 살아 있지 않다는 건 금방 알 수 있어. 장소? 가르쳐줄 수 없어. 그렇게 멀지는 않아. 갔거든, 나는.

그 마을에 연못이 있지.

그 연못을 찾는 게 힘들어.

찾았지. 그 비슷한 연못은 있지만, 알아보기가 힘들단 말이야. 잘못 찾았다간 이야기가 안 되니까.

난 찾아냈어.

낮에는 아무것도 없어. 그러니까 가만히 있어야지.

밤을 기다려야 해.

그냥 밤이 아니야. 달밤이지.

달이 뜬 밤에 가만히 연못의 수면에 자신을 비추는 거야.

그러면 말이지──

등 뒤의 놈들도 수면에 비치지 않겠나. 그러면 놈들은 그 순간 물에 붙잡혀 버려. 등에서 스윽 떨어져서, 물로 들어가 버린다고.

몇 명이 씌어 있어도 한 명이 되지.

굳어 버리는 거야. 아아. 이제 똑똑히 보여. 실체가 있으니까. 그 여자였어.

내가 반해서 심한 짓을 했고, 그래서 죽은 여자였어. 얼굴? 안 돼 안 돼. 절대로 얼굴을 보면 안 돼. 그것만은 안 돼. 사령의 얼굴을 봐서는 안 돼. 생명이 빨려 들어가 버리거든. 그러니까──

그래서 말했잖아. 뒤에서밖에 안 된다고. 그게 중요해. 놈들은 물에서는 나올 수 없으니까, 이렇게 슥 빠져나간 순간에 눈을 감고, 천천히 돌아가는 거야. 사령의 뒤로. 자리를 바꾸는 거지. 신중하게. 소리를 내면 안 돼.

그럼 사령의 등이 보이겠지.

거기를 노려야 해. 상황을 봐서, 즉시 등 뒤에서 이렇게 꽉, 줄로 말이야.

보통 줄로는 안 되지.

신역(神域)의 결계를 치는 금줄이야. 이 줄은 마을 안에 있는 신사 보물창고에 봉납되어 있어. 그걸 훔쳐내는 거지. 그게 아니면 사령은 붙잡을 수 없거든.

목에 걸고.

단단히.

붙잡으면 매달아서 연못에서 끌어내.

그때도 절대로 얼굴을 봐서는 안 돼. 눈을 마주치면 끝장이야. 이쪽의 목숨이 없어진다고. 상대는 사령이니까 아무리 조여도 죽지 않아. 사령이니까 말이야. 죽일 수 있는 게 아니거든. 그러니까 얼굴을 보지 않도록, 신중하게 해야 해.

그리고 산에 있는 신목(神木)까지 가져가는 거야. 바로 가까이에 있거든. 연못 근처지. 하지만 가까울 텐데 도착하질 못해. 아무리 걸어도.

사령을 짊어지고 있기 때문이지.

무간지옥이나 마찬가지야. 가도 가도 도착하지 못하거든. 하지만 포기하면 안 돼.

도불의연회

착각이야 전부. 아아, 그 마을 자체가 착각일지도 모르지. 그건 그럴지도 몰라. 비틀려 있는 거야. 시간이나, 그 공간이 말이야.

일그러져 있어.

겨우 몇 자 나아가는 건데 몇 리나 걷는 것 같거든. 하지만 거기에서 포기하고 만일 사령을 내려놓아 버리면 도로아미타불이야. 그대로 씌워서 사령이 등에 달라붙고, 이전으로 돌아간다고.

아니, 전보다 더 나쁘지. 최악이야.

그러니까 그냥 계속 걸어야 해.

그럼 도착하게 되거든. 신역에 들어가. 신목의.

줄로 결계를 쳐. 잡아매는 거야. 그렇게 하면 사령은 더 이상 거기에서 움직일 수 없게 돼. 그 신목에 봉인되고 마는 거야. 그 후에는 한시라도 빨리 그곳을 떠나야 해.

뛰었지.

그때도, 절대로 뒤를 봐서는 안 돼.

봐 버리면 그것으로 끝이야.

어떻게 되냐고?

뒤바뀌어 버리지. 뭐? 그러니까 봉하고 있는 나와 봉해져 있는 사령이 뒤바뀐단 말이야. 돌아보았다가 만일 사령과 눈이 마주치면, 그 순간에 뒤바뀌어. 도망치고 있는 내가 나무에 묶이고 말지. 그리고 사령이 내 몸으로 달려가는 거야.

그러니까 절대로 뒤를 봐서는 안 돼.

할 수 있겠어, 너?

어지간하면 못 할걸.

나? 그러니까 해냈다니까. 잡아매서.

이제 나는 자유야. 그 여자한테서도, 그 남자한테서도 자유. 사령 놈, 그 여자——헤헤헤. 꼴좋게 됐다. 뭐야 그 눈은. 뭘 보고 있는 거야. 뭐야 너. 어이. 뭐라고! 미쳤다고? 누가 미쳤다는 거야, 어이 이봐, 이 자식!

저리 가. 귀찮아. 기분 좋게 마시고 있는데. 너 같은 게 보고 있으면 기분이 나빠진다고. 닥쳐. 저리 비켜.

뭐하는 거야, 이 자식.

어이.

아——방금 그 남자.

어이, 너 저 남자 알고 있나?

시끄러워. 저 남자 말이야. 저 이상한 옷차림의 저 트렁크를 든 남자 말이야. 그만둬. 어이! 당신! 잠깐 기다려. 놔, 비키라니까. 방해 돼, 이 자식. 어이! 안 들리나! 방해된다니까. 뭐야. 돈? 뭐야 돈 같은 거 없어. 됐으니까 비켜. 나는 저 녀석한테 할 얘기가 있다고. 경찰을 부르겠다고? 불러라, 이 자식아. 됐어. 저 녀석 형사야. 형사라고. 뭐야 놔. 놓으라니까.

아——너희들 사령이냐?

뭐야 어이.

어이.

도불의연회

＊

안개 속에 서서, 노인은 몇 번인가 고개를 끄덕였다.

그러고 나서 쓸쓸한 듯한 말투로, 잡초는 강하군, 그렇게 생각하지 않소, 손님 —— 하고 말했다.

그리고 천천히, 가토 다다지로는 이쪽을 향했다.

"이 정원은 —— 이렇지 않았는데. 이전보다도 살아 있소. 풀은 뽑아도 뽑아도 돋아나지. 굉장하다고 생각하오."

"그렇게 생각하십니까."

"생각하오. 그렇다기보다 그런 건 이미 옛날에 알고 있었던 일이지. 나는 산의 나무를 베어서 먹고살았으니까. 뭐, 베어도 베어도 나무는 자라난다고 —— 젊은 시절에는 그렇게 믿고 있었소. 지금은 그렇게는 생각하지 않지만."

다다지로는 임업으로 큰 재산을 쌓은 남자다.

"아직 믿고 있지 않습니까, 가토 씨. 베어도 베어도 줄지 않을 거라고 생각하기에, 당신은, 아니, 당신들은 채벌을 계속하는 게 아닙니까? 실제로 지금도 베고 있지 않습니까."

흐흥 —— 하고 다다지로는 코웃음을 쳤다.

"하지만 말이오, 손님. 최근에 나는 생각한다오. 과연 이렇게 나무를 베어도 될까 하고. 잡초와 달리 나무는 줄어드오. 베는 건 한순간이지만 자라는 데는 수년 수백 년이 걸리지."

연회의 시말

"그 말씀이 옳겠지요. 이대로 계속 베면. 몇 년 되지 않아 저 산은 민둥산이 될 테니까요——."

그렇지, 하고 다다지로는 불쾌한 듯한 얼굴을 한다.

"——나는 자연을 거덜 내 온 건가."

"그렇지요."

"잘못한 걸까."

"잘못하지는 않았습니다."

"하지만 산은—— 죽소. 아니, 사람이 죽이는—— 건가."

"그렇지요. 민둥산은 죽은 산이겠지요. 산에 나무가 없으면 기의 흐름도 변합니다. 짐승은 산을 떠나고, 물도 산에 머무르지 않고, 따라서 강은 흐름을 서두르고 물은 차가워져 물고기도 죽겠지요. 목화토금수의 상승 상극이 흐트러지면 기맥은 끊기고, 나쁜 일도 일어나는 법입니다."

"그건—— 내가, 사람이 자연을 죽였다는 게 되지 않겠소?"

"그렇지 않습니다."

그렇지 않나—— 다다지로는 의외라는 얼굴을 한다.

"그런 생각을 교만이라고 하는 겁니다."

교만이라—— 하고 말하며 다다지로는 미간에 당혹의 빛을 띤다.

"그건—— 반대 아닌가?"

"아니오. 그렇지 않습니다. 아시겠습니까, 가토 씨. 사람은 하늘이 만든 것. 사람이 하는 일 또한 하늘의 의지입니다. 사람이 자신의 의지로 자연을 파괴했다고 생각하는 건 자신을 하늘과 대등하게 생각한다는, 지극히 불손한 교만에서 나온 마음이 있기 때문이 아닙니까. 그렇지 않고서는 그런 말은 하지 않습니다."

도불의연회

"그——그런가."

"그렇습니다. 아무리 기술을 다 해 인공의 도시를 만들어도, 내버려 두면——이렇게, 기는 통하고 풀이 자라지요. 사람의 수명은 고작해야 백 년. 하늘의 수명은 몇 억 년인지 알 수 없으니까요. 아무리 발버둥 쳐도, 되어야 하도록 될 뿐이겠지요."

"그럴——까."

"그렇습니다. 가령——가토 씨. 산의 금수가 줄어들어도 강의 물고기가 멸종해도, 짐승이나 물고기 자체는 당신을 원망하지는 않습니다."

"하지 않소?"

"하지 않습니다."

다다지로는 풀을 뜯었다.

"원한을 갖는 건 사람뿐이니까요. 생(生)에 집착하는 것도 사람뿐입니다. 아시겠습니까, 가토 씨. 짐승은 새끼를 낳으면 죽습니다. 그렇게 되어 있어요."

"새끼를 낳아도 죽지 않는 짐승도 있소."

다다지로는 뜯은 풀을 흩뿌렸다.

"그건 그냥 살아 있다는 것뿐이겠지요. 생물이라는 건 애초에 개체로서 존재하는 게 아닙니다. 종으로서 존재하는 거지요. 종이 끊기지 않으면 된다는, 오직 그것뿐입니다. 거기에 의미라고는 없어요. 게다가——가령 살아남기에 어울리지 않는 종은, 어울리는 종에 뒤를 맡기고 끊기는 법입니다. 천지 사이에 이렇게 많은 종류의 생물이 있는 데에 이유라는 게 만일 있다면——그건 어떤 환경이 되든 어느 것인가가 살아남으면 된다는, 하늘의 배분이겠지요——."

다다지로는 건조한 입술을 깨물었다.

"──가토 씨. 생물은, 사람도 포함해서 그저 통 같은 것입니다."

"통이라니."

"부모에게서 자식으로, 생(生)이라는 기를 통하게 하는 통입니다. 다 통하고 나면 역할은 끝나지요."

"역할──이라."

"그러니까 말입니다, 가토 씨──지금은 사람의 세상이지만, 만일 이 세계에 사람이 살 수 없게 된다면 사람은 멸망하면 될 뿐입니다. 그때는 남을 것이 남게 되겠지요."

"멸망하면 된다──고."

"그렇습니다. 멸망하면 됩니다. 하지만──사람은 생에 집착하고 미련을 갖지요. 그리고 또한 사람에게는 시시한 지혜가 있어요. 그래서 이 방법 저 방법을 생각해서 연명을 꾀하지요. 하지만 그렇게 해서 살아남을 수 있는 동안에는, 그것 또한 하늘의 의지입니다."

"하늘의 의지──."

노인은 불안에 찬 얼굴을 더욱 흐린다.

"사람의 의지가 아니란 말이오?"

"물론 하늘의 의지입니다. 이 세상에서 이루어지는 일은 대개 하늘이 허락하신 것. 즉 사람이 살아가기 위해 나무를 베어야 한다면, 그리고 벨 나무가 있다면, 그건 역시 베어야 합니다. 그게 자연의 이치입니다. 그러니 나무를 베어서 자연이 망가졌다고 소란을 피우는 것은 잘못이에요. 대지가 곤란해지는 건 아니에요. 하늘이 우는 것도 아니에요. 너무 많이 베어서 나무가 없어지면 곤란한 건 사람입니다. 자연 쪽은 아프지도 않고 가렵지도 않아요."

도불의연회

으음——다다지로는 신음했다.

"그것을 자연을 위해서라느니 지구를 위해서라느니 하고 말하는 건 큰 기만이라고 생각하지는 않으십니까, 가토 씨. 환경보전이니 자연보호니 하는 건 환경이나 자연을 위해서 있는 게 아닙니다. 모든 건 사람의 에고이즘을 위해 마련된 것입니다."

"그럴까."

"그렇습니다. 종이 멸종하는 건 환경에 적응하지 못하기 때문입니다. 사람 때문이 아니에요. 자연은 사람도 포함해서 자연입니다. 사람은 지구의 일부예요. 그것을 마치 자신이 신이 된 듯 착각하고, 멸종하는 짐승은 보호해야 한다고 큰소리를 치거나, 사람이 지구를 지켜야 한다고 엄청난 헛소리를 하는 건 대체 뭘까요. 진심으로 걱정한다면 우선 자신이 멸종하면 될 텐데, 그러지는 않지요. 그러니까 이대로는 우리 인류가 곤란하다, 일 분 일 초라도 오래 살고 싶고 사치를 부리고 싶으니 나무를 베는 걸 멈춰라——라고 솔직하게 말한다면 알겠지만 말입니다. 본말전도란 이런 것을 말하는 거겠지요."

"그건——그럴지도 모르오——."

다다지로는 불안한 발걸음으로 세 발짝쯤 걸었다.

"——손님."

그리고 조용히 이렇게 말했다.

"당신, 향토사가인지 학자인지 모르겠지만——매우 학식이 깊은 모양이군요. 그 점을 믿고 묻고 싶은 게 있는데."

"무엇이든지요."

"당신 어떻게 생각하시오. 자신이 알고 있는 것과는 다른 자신의 과거나 현재를——자——잘 말할 수가 없군."

무슨 말씀이신지 —— 하고 물었다.

노인은 무언가 번민한다.

"당신 —— 당신이 처음에 불쑥 나를 찾아온 건, 그건 재작년이었던가. 당신이 두고 간 잡지를 보고 —— 나는 길의 가르침 수신회를 알았으니까, 역시 1951년이로군."

"그렇군요. 제가 니라야마의 전설을 수집하러 온 건 재작년의 일입니다. 그때 처음으로 이곳에 묵었지요."

"그때 —— 요네코는 —— 그 가정부는, 과연 가정부였소 ——?"

다다지로는 무언가가 망가진 것처럼 물었다.

그 표정도 역시 망가져 있었다.

"—— 아니면."

아니면 내 아내였소 —— 다다지로는 그렇게 말하고, 말하자마자 자신의 말에 덜커덩거리며 흐트러져서 뭘까, 뭘까, 나는 뭘 묻고 있는 걸까요, 하고 말하면서 몸의 균형을 무너뜨리고, 나는 미친 걸까, 미친 거겠지, 하고 큰 소리로 말하며 잡초 속으로 털썩 쓰러졌다.

"참 이상한 걸 물으시는군요."

자 일어나십시오, 하며 손을 내민다. 그러나 노인은 손에 든 지팡이로 몇 번이나 땅바닥을 두드리며 잡초를 헤쳤다.

"나는 ——."

그리고 다다지로는 등을 돌린 채 어깨를 가늘게 떨었다.

"내 머리는 —— 완전히 망가져 버린 걸까. 나는 누구요? 가토 다다지로가 아닌가? 내 인생은, 내가 알고 있는 내 역사는 —— 이보시오, 손님. 당신이 재작년에 이곳에 왔을 때, 그때는 어땠소? 그때 그, 저 요네코는 내 아내였소? 아니면 가정부였소?"

도불의 연회

"글쎄요——저는 그저 여행하는 사람에 불과합니다. 하룻밤의 잠자리를 빌렸을 뿐이니까요. 가정의 내부 사정까지는——."

알 수 없지요——그렇게 말했다. 다다지로는 어깨를 늘어뜨렸다.

"요——요네코는 내 아내요? 마미코는 나와 요네코의 딸이오? 그런 역사는 내 인생에는 없소. 그이는, 그 여자는 내 재산을 노리고 있는 건가 하고, 처음에는 그렇게 생각했지만——아니야. 미쳤소. 아니——미친 건 내 쪽인가. 마미코는 내 손녀요. 내 아내는 십 년 전에 죽은 시게코요. 그건——내가 만들어낸 망상인가?"

"가토 씨——."

이름을 부르자 다다지로는 겁에 질려 돌아보았다.

"왜, 왜 그러시오."

"왜 허둥거리십니까."

"뭐——."

"아시겠습니까, 가토 씨. 이 세상에는——이상하지 않은 일이라고는 없습니다. 세상은 불가사의로 가득 차 있어요. 여기에 제가 있는 것도, 거기에 당신이 있는 것도, 불가사의라면 전부 불가사의예요. 그러니까 당신이 기억하고 있는 당신의 인생과 요네코 씨가 기억하고 있는 그것이 전혀 다르다는 것 정도는——특별히 소란을 떨 만한 일이 아니에요."

"그건——."

"당신은 무엇을 갖고 당신이 기억하고 있는 당신의 역사를 믿는 겁니까?"

"예?"

"당신은 정말로 당신일까요."

연회의 시말   463

"무——무슨 소리요——."

나는 나요, 하고 다다지로는 등을 돌린 채 말했다.

"——내, 내가 만약 내가 아니라면——나는 누구라는 거요? 그야 ——조금 미쳤을지도 모르지만——나는 나요."

"그럴까요——."

단순한 의문부호가 다다지로를 순식간에 불안에 빠뜨린다.

"아, 아닌가? 나는 뭔가 잘못 알고 있는 거요? 나는 78년 동안 나로 살아왔소. 그건."

"그런 개체적인 경험은 아무런 보증도 되지 않습니다, 가토 씨. 소용없습니다."

"그, 그런가."

"당신에게 있어서의 당신. 그리고 내게 있어서의 당신. 요네코 씨에게 있어서의 당신. 마미코 씨에게 있어서의 당신——그것들은 전부 다른 겁니다. 당신 회사의 사원 입장에서 보자면 당신은 존경할 만한 임원일지도 몰라요. 하지만 길에서 스쳐 지나갔을 뿐인 인간의 입장에서 보면 당신은 그저 늙은 남자에 지나지 않지요. 이건——양쪽 다 진실입니다. 틀리지는 않았지요."

"그건 그렇지만——."

"그렇다면 당신이란 뭡니까. 당신이라는 확고한 존재는 없지 않습니까. 당신은, 가토 다다지로라는 존재는, 그런 많은 당신 중에서 그때그때 편리한 당신을 골라내서 성립하고 있는 것에 지나지 않습니다. 당신이 아무리 자기를 주장해도, 그건 당신에게만 의미가 있는 것. 아무리 당신이 주장해 봐야, 타인이 보자면 당신은 평범한 노인이거나 가게 손님이거나 회사 상사거나 할 뿐이에요."

도불의 연회

"그러니까——."

"그러니까 당신이라는 존재에게 실체는 없어요."

"그, 그럴 수가."

다다지로는 아마 공포를 느꼈다.

"아니 맞습니다. 당신에게 있어서 요네코 씨는 가정부예요. 수십 년 전부터 가정부였지요. 하지만 요네코 씨에게 있어서 당신은 배우자예요. 그저 그것뿐입니다. 무슨 곤란할 게 있습니까?"

"고, 곤란한 건 있소."

"그럴——까요."

다다지로는 부들부들 떨었다.

"재, 재산은 어떻게 되지? 요네코가 정말 내 아내라면, 법률상 그이에게는 상속의 권리가 발생하오. 물론 그게 사실이라면——말이지만."

"사실 따위는 아무래도 상관없지 않습니까. 당신은 길의 가르침 수신회에 전 재산을 기부할 의지를 갖고 계시잖아요. 그건 요네코 씨가 당신의 배우자라고 해도 변하지 않는 의지일 텐데요."

"하, 하지만."

"하지만 뭡니까? 마음대로 하시면 되지 않습니까. 요네코 씨에게 감사하는 마음이 있다, 그러니 얼마쯤이라도 재산을 나누어주고 싶다고——그렇게 생각하신다면 그렇게 하면 됩니다. 기부 따위 하지 않으면 돼요. 설령 그녀가 가정부라고 해도, 그래도 그녀는 오랜 세월에 걸쳐 당신을 지탱해 준 사람이지 않습니까? 그 사실에는 변함이 없지 않습니까."

노인의, 지팡이를 쥔 손에는 힘이 들어가 있다.

"누가 어떻게 생각하든, 당신이 당신이 생각하는 것 같은 인간이 아니더라도, 당신의 인생이 전부 거짓이라고 해도 —— 당신이라는 존재가 가짜의 허구에 지나지 않았다고 해도 —— 별로 당황하거나 곤란할 일은 없습니다. 당신은, 그래도 거기에 있어요. 이 정원의 —— 잡초를 보십시오."

그 말에 다다지로는 움푹 팬 눈 속의 눈동자를 차분하지 못하게 움직였다.

"기세 좋게 무럭무럭 자라고 있어요. 자연의 힘은 대단하지요. 이 풀은 그냥 여기에 있어요. 그냥 살아 있는 겁니다. 그것만으로 아무런 과부족도 없어요. 풀은 고민하거나 하지 않습니다. 자신이 잡초로서 뭉뚱그려 경멸을 받아도, 개체를 주장하거나 하지 않습니다. 자연은 항상 있는 그대로 충분히 가득 차 있어요 ——."

대단한가 —— 그렇게 말하더니, 다다지로는 무너지듯이 웅크려 앉았다. 그리고 더욱더 파랗게 우거진 풀을 바라보며 잠시 그대로 있었지만, 이윽고 힘없이, 그렇군 —— 하고 중얼거렸다.

"—— 사람은 자연에는 이길 수 없다는 말씀이시오?"

"사람도 자연의 일부라는 말씀입니다."

"다, 당신의 이야기를 듣자 하니 —— 분명히 아무래도 상관없는 일 같다는 생각이 드는구려. 그런 건 천지 안에서는 사소한 일이고, 요네코가 아내든 하녀든, 내가 누구든, 매일의 생활에 큰 차이는 —— 없다는 건가 ——."

없 —— 군 —— 하고, 다다지로는 되풀이했다.

"하지만 —— 내가 누구든, 내 인생이 어떤 인생이든 그건 상관없겠지. 하지만 그것도 말하자면 마음가짐이잖소. 예를 들면 그렇다는

도불의연회

것이지. 내가 어떻게 생각하든 진실은 굽힐 수 없을 거요."

"그렇지는 않아요. 어떤 때에도 진실을 결정하는 건 당신이니까요."

웃기는 소리를——하고 말하며, 노인은 가느다란 목에 핏대를 세우고 서툴게 이쪽을 보았다.

"소——손님, 진실은 결정하는 게 아니오. 진실은 항상 하나지요. 아니오?"

진실은 하나——이 얼마나 경박한 말인가

다다지로는 무언가에 쫓기듯이 또다시 쓸데없는 말을 계속 내뱉는다.

"——서, 설령 모든 게 내 착각이더라도, 모든 게 요네코의 망상이더라도, 그래도 진실이라는 건 어딘가에 의연하게 존재하는 게 아니겠소? 어떻소, 손님. 내 바깥쪽에는 진짜라는 게 있겠지요? 그렇다면, 진실이 어딘가에 있다면, 어느 쪽이 진실이오?"

"어느 쪽——이라니요?"

"요네코가 고용인이었다는 과거와 요네코가 내 아내였다는 과거 말이오."

제삼자에게는 어느 쪽이 진실이오——하고 노인은 쥐어짜내듯이 물었다.

"어느 쪽이오, 손님."

"그러니까 그건 어느 쪽이든 상관없는 일이지 않습니까."

밀쳐낸다.

어리석기 때문이다.

매달린다. 더욱 어리석다.

"부, 분명히 어느 쪽이든 상관없는 일 일지도 모르지. 아니, 그건 어느 쪽이든 상관없소. 다, 당신의 말대로, 그래도 나는 이렇게 여기에 있으니까. 좋소. 그건 좋아요. 하지만——그래도 진실은, 진실이라는 것은——."

이가 딱딱 부딪힌다.

그래도 진실은, 진실은, 하고 나이 든 남자는 다이모쿠처럼 외고 있다.

"가토 씨."

노인은 이가 빠진 입을 벌렸다.

"진실. 진리. 그게 무엇입니까? 가령 그런 게 있다고 치더라도, 그것을 아는 게 대체 무슨 의미가 있을까요. 아시겠습니까, 가토 씨. 이 세상은 어차피 화서(華胥) 씨의 나라입니다."

"화서 씨——그, 그건 분명 중국의, 그렇지, 황제(黃帝)가 오수(午睡) 때에 꾸었다는——꿈의 이상 국가를 말하는 거요?"

"그래요——이 세상은 낮잠의 꿈속에 있는 이상향입니다. 가토 씨, 왜 화서 씨의 나라가 이상향인지 아십니까?"

"그——그런 건."

"그건 말이지요, 가토 씨——."

어리석은 대답 따위는 듣고 싶지 않다.

"——꿈이기 때문입니다."

"꿈?"

"꿈은 공유할 수 없는 것입니다. 꿈은 개인이, 오직 혼자서 꾸는 것이니까요. 욕구도 기호도 기피도 공포도 모두——확실하게 반영하고 있어요. 꿈은 다른 사람이 출입할 수 없는 자신 안에만 있는

도불의연회

세계입니다. 제삼자의 간섭도 받지 않고, 객관적인 평가도 되지 않지요. 이게 이상향이 되지 않을 리가 없어요. 하지만 가토 씨."

"무——."

"이 세상은 이상향이 아니에요. 왜냐. 그건 바깥쪽을 만들기 때문입니다. 어차피 당신은 당신의 눈을 통해서밖에 세상을 알 수 없어요. 그런데도 당신들은 안에서 이상을 추구하지 않고 바깥에서 이상을 추구하지요. 바깥쪽을 받아들일 수 있을 정도로 당신들은 크지도 않고, 또 바깥쪽에는 진실 따윈 없습니다. 그러니까 당신들이 보고 있는 이 세상의 모습은 모조리 낮잠의 꿈 같은 겁니다."

"낮잠의——꿈."

"화서지몽(華胥之夢)은 순식간에 깨는 법이지요."

손가락을 내민다. 노인은 기분 탓인지 몸을 뒤로 젖혔다.

"꿈과 현실에 큰 차이는 없어요. 거짓과 진실, 허구와 사실에 차이 따위는 없습니다, 가토 씨. 그러니까 어떤 때에도 당신은 당신일 뿐이고, 당신은 당신 이상의 존재를 받아들일 수는 없어요. 당신이 존재하는 것에 의미는 없고, 의미가 없다고 해서 사라져 버리는 건 아니지요. 만일 당신이——허용할 수 없는 두 줄기의 과거를 안고 있다면, 그때는 이제 길은 하나밖에 없습니다."

"하——하나?"

"그러니까——아까 말씀드렸지 않습니까."

"무, 무슨."

"저는 이렇게 말씀드렸어요. 생각할 것 없다——고. 생각할 것 없습니다, 가토 씨. 당신에게 있어서의 진실을 결정하는 건 당신밖에 없습니다. 당신은——그러니까 결단을 해야 합니다."

연회의 시말   469

"겨──."

결단이라니, 뭐요──하고 노인은 묻는다.

"그러니까 어느 쪽의 과거가 진짜인지 고른다──는 결단 말입니다, 가토 씨."

"지, 진실을 내가 결정한다는 거요?"

"몇 번이나──그렇게 말씀드렸습니다."

"그, 그런 바보 같은 일이 어디 있소."

"바보 같은 일이라니, 이상한 말씀을 하시는군요, 가토 씨. 당연합니다. 당신의 미래는 당신이 정해요. 그것이 당신들 근대인이 늘 중얼거리는 말 아닙니까. 마찬가지로 당신의 과거도 당신 자신이 정하는 겁니다. 그것이 당신의──유일한, 당신 개인으로서의 존엄이 아닙니까?"

"하──하지만──그──."

노인은 빈껍데기 같은 몸을 굳힌다.

"──그런 말씀을 하셔도, 나──나는──."

"곤란하시겠지요."

"노──놀리지 마시오. 나는──노망은 났어도, 이, 이해력은 있소──."

그렇다──그 이해력이 치명상이 되는 것이다.

이해할 필요는 없다고, 아까부터 이렇게 설명하고 있는데.

존재는 존재하는 것만으로 충분하다. 존재하고 있는 것을 자각할 필요도 존재 이유를 찾거나 이해할 필요도 없다.

그냥 있으면 된다는 것을 이해하지 못하겠는가.

그──그렇지, 하고 노인은 생각난 듯이 말한다.

도불의연회

"예를 들어 뭔가를 판단한다고 해도, 그러면 그, 아무런 준비도 없다는 것이 되어 버리지 않소, 손님. 사람이 기대어 설 수 있는 건 자신의 경험적 지식뿐이지 않소?"

"그렇습니까?"

"그, 그야 그렇겠지. 자신도 타인도, 주관적 사실은 전혀 신용할 수 없다, 그건 좋소. 하지만 객관적 사실마저 믿을 수 없다면——모든 사상(事象)을 믿을 수 없다는 뜻이 되오. 그렇다면 무엇으로 판단한단 말이오? 결정할 수가 없지 않소!"

"왜 할 수 없습니까?"

"그러니까."

"그러니까?"

"그러니까——그러면 아무것도 결정할 수 없지 않소. 내게는 무엇 하나 근거가 없는 게 되는데. 그런데 뭘 어떻게 결정하라는 거요? 당신은 마음대로 하면 된다고 하지만——."

"그러니까 마음대로 하시면 돼요."

"하지만."

"뭡니까. 뭘 망설이는 겁니까. 그런——경험적 지식 따위에 의존하지 않으면 보증할 수 없는 존재라니, 유령 같은 것 아닙니까. 만일 당신이 그걸로 아무것도 결정할 수 없다고 한다면 당신이라는 존재는 존재하지 않고, 당신이 당신이라고 생각하고 있는 존재는 당신의 경험적 과거 그 자체라는 뜻이 되고 말지 않습니까?"

"어——."

"지금 거기에 있는 당신은 뭡니까!"

노인은 비틀비틀 뒤로 물러났다.

연회의 시말   471

"나, 나는."

"아니면 당신은, 그런, 진위도 판별할 수 없는 애매한——아니, 정말로 있었는지 없었는지도 확실하지 않은, 그야말로 아무래도 좋은 과거라는 환영이 보증해 주지 않으면, 존재조차 불안한 겁니까. 그렇다면 당신은 과거의 그림자예요. 가토 다다지로라는 인간은 없는 거나 마찬가지지요. 그럼 내 눈앞에 서 있는 건 누굽니까! 당신은 누구입니까!"

"아니, 나, 나는."

나는 나요, 하고 다다지로는 작은 목소리로 말했다.

"자신이 없습니까?"

"아니, 그, 그건."

"당신은 지금 여기에 존재하고 있어요. 그리고 그 당신은 가토 다다지로 씨가 틀림없어요. 그렇지요?"

"그, 그렇소만."

"그럼 간단하지요, 가토 씨. 고르는 겁니다. 당신 마음에 드는 쪽을."

"고, 고른다——."

"당신이 당신이라면, 당신의 과거는 당신이 정하면 그것으로 되는 겁니다. 그게 당신의 진실입니다. 자, 고르십시오, 당신——마음에 드는 쪽을."

다시 말해서.

——길의 가르침 수신회인지.

——성선도인지.

그때.

도불의연회

큰길에서 떠들썩한 악기 소리가 울렸다. 이어서, 아아 고마우신 방사님 ── 하는 요네코의 목소리가 들렸다.

다다지로는 머뭇머뭇 나를 보며,

"도, 도지마 씨 ──."

하고 ── 불렀다.

신경을 거스르는 음색이 울려 퍼진다.

많은 사람이 몰려오는 기척이 난다.

다다지로는 학처럼 고개를 길게 빼고, 두리번두리번 차분하지 못하게 주위를 둘러본다. 그리고 다시, 알아들을 수 없을 정도의 갈라진 목소리로 다시, 도지마 씨 ── 하고 불렀다.

"저, 저건, 뭐, 뭘까요 ──."

저건 뭐요, 대체 뭐요, 뭐란 말이오, 하고 노인은 당황하며 허둥거린다.

우습다. 나사가 하나 풀린 양철 꼭두각시 인형 같다.

노인은 이어서 요네코, 요네코 하고 불렀다. 그러나 대답은 고사하고 물건 소리 하나 나지 않는다. 심상치 않은 이상한 위압감만이 저택 주위에 피어오르고 있다. 노인은 민감하게 그것을 알아채고 과잉 반응을 하고 있는 것이다.

"저 소리는 ── 무슨 ── 무슨 소리요."

"글쎄요. 아무래도 성선도가 ── 본격적으로 이 니라야마에 쳐들어온 모양이군요."

"서 ── 성선도가?"

다다지로의 움푹 팬 눈에 불안의 불이 켜진다.

"놈들은 오늘 아침까지 시모다에 있었습니다."

연회의 시말

"시, 시모다에서──?"

다다지로는 겁먹은 들개 같은 얼굴로 나를 본다.

"──도, 도지마 씨, 다, 당신 그러고 보니── 사흘 전에, 시모다
에 간다고, 그렇게 말하면서 나가시지 않았소──."

"네──."

시시하다. 이 노인은 이런 일로 흔들리는 것인가.

"저는 말이지요, 가토 씨. 지난 사흘 동안 줄곧 시모다에 있었습니
다만── 놈들은 그사이 내내 시모다 안에서 포교를 하고 있었습니
다. 그런데 오늘 아침에 대거 역에 모여서, 시모다의 신자를 이끌고
아까 이 니라야마로 들어온 참입니다."

"어── 어째서."

"글쎄요──."

등을 돌린다.

주인을 놓친 늙은 개는 매달려 온다.

오래 산 주제에 불안한 것이다.

"다만 저는 우연히 놈들과 같은 열차에 탔지요. 그랬더니 가토 씨,
그 열차에."

"열차에?"

"아무래도 교주도 타고 있었던 모양이에요."

"교주── 방사님인가 하는?"

"글쎄요, 뭐라고 부르는 걸까요. 다만 분명히 다른 신자와는 다른
풍채의, 높아 보이는 인물이 타고는 있었습니다. 그러니까── 이건
제 추측이지만 말이지요. 어쩌면 놈들은 이 니라야마에 새로운 본거
지를 둘 생각인 게 아닐까요──."

"보, 본거지?"

"그러니까 당신의 토지에 말입니다, 가토 씨——."

하아, 하고 숨을 내쉬며 노인은 비틀거렸다.

"하——하지만, 그, 그 토지는."

"그래서 결단을 내리시라고 말씀드린 겁니다."

"무——무엇을."

"수신회에 기부하려면 기부하겠다고——확실하게 정하는 게 좋을 것 같은데요. 저놈들은——만만치 않습니다."

"나, 나는——."

"어떻게 하실 생각입니까?"

"하, 하지만."

"하지만 뭡니까? 당신은 그, 길의 가르침 수신회 회장에게 매우 집착하시지 않았습니까."

"그——그."

망설이고 있다.

결국 이와타 준요는 이런 남자 하나 농락하지 못하고 있는 것이다. 그렇다면 무능하다는 판정이 내려져도 어쩔 수 없을 것이다.

다다지로는 수척해진 이마에 야윈 손가락을 대고, 무엇인지도 알 수 없는 것에 두려워 떨었다.

"도지마 씨——."

늙은이는 외쳤다.

"나, 나는——나는, 모르겠소. 아무것도 판단할 수 없소. 나를 도와주시오. 가르쳐 주시오, 도지마 씨."

"유감스럽지만 그럴 수는 없습니다, 가토 씨."

연회의 시말

부탁이오, 부탁이오, 제발——나는 어떻게 되어 버릴 것만 같소, 하며 가토 다다지로는 붕괴 직전의 자아를 가까스로 감싼 버석버석한 피부를 떤다.

"판정자는 어디에도 가담해서는 안 됩니다. 판정은 항상 공정하지 않으면 게임이라는 건 재미가 없거든요. 그러니까——."

그러니까 그건 당신이 정해야 합니다, 라고 말하고 나는 정원을 빠져나가 소란스러운 길로 향했다.

도불의연회

　　　　　　　　　*

예.

시, 시모다 서의——.

수고 많으십니다.

네. 먼 길 오시느라 고생하셨습니다.

후치와키, 후치와키 순사입니다.

예.

아뇨. 저는 이곳에 배속된 지 딱 2년이 되었습니다. 예?

아뇨. 저는 규슈 출신이지만 작은아버지가 시즈오카 현의——네.
그렇습니다. 본부의——아니오, 경라부(警邏部)입니다. 네. 그 연고로
경관이.

네.

아——.

전임?

그렇습니까. 15년 전의. 하아. 아니오. 여기는 좋은 곳입니다. 예.
아니오. 저, 절대로 그런 뜻은——.

예.

수고 많으십니다. 들었습니다.

나흘 전의 일 말씀이지요. 예.

하지만 함구령이.

예. 시즈오카 본부 쪽에서.

예. 어제 오셨습니다. 그때 전부 이야기하셨습니다.

네.

분명히 이곳에 묘한 풍채의 남자는 왔습니다.

예. 왔습니다. 그건 틀림없는 사실입니다. 네? 세키구치? 세키구치요? 아아, 그 사진의 남자——봤습니다. 예. 기억이——없습니다. 네. 뭐, 그렇게 특징이 있는 얼굴은 아닌 것 같은데요——본 적이 있는 듯한——.

하지만 역시 없습니다.

네. 제 증언이 중요하다는 건 충분히 잘 알고 있습니다. 네. 그러니까 그, 더욱 신중하게——으음. 뭐, 본 것 같기도 하고 못 본 것 같기도 하고——넷. 이건 그, 봤느냐 못 봤느냐 하는 문제이고——예. 이 남자가 이 주재소를 찾아온 사실은 없습니닷.

네. 그건 단언할 수 있습니닷.

네. 나흘 전은 고사하고 한 번도.

예? 나흘 전에 온 건 이런 남자가 아닙니다. 네. 전혀 다른 남자입니다.

그렇습니다.

6월 10일입니다. 틀림없습니다.

일지에도 적혀 있습니다. 보시겠습니까. 네. 잠시만 기다려 주십시오. 으음. 네. 아아, 앉으십시오. 아, 의자가——아아, 제가 일어서겠습니다. 아니오, 괜찮습니다.

잠깐, 예. 아, 그러시지요.

아아, 여기 있다.

도불의연회

으음――오후에 향토사가가 어쩌고――보세요 여깁니다. 거기에 있는 대로, 찾아온 남자는 한 명이고, 그건 그 사진 속의 남자가 아닙니다. 네. 기모노 차림이라고 적혀 있지요. 네. 최근에는 볼 수 없는 풍채라――.

예? 그런 건 보통 일지에 쓰지 않는다고요? 쓰는 건 사건? 예에, 사건이 없어서요. 안 적혀 있습니까? 어쨌든 그, 아무것도 쓸 게 없어서――예. 그럼 쓰지 말라고요?

그 말씀이 옳습니다.

앞으로 시정하겠습니다.

예에.

하지만――예, 우선 거기에 있는 대로입니다.

이름? 하아, 이름까지는――적지 않았네요.

예? 이름을 말하지 않았느냐고요? 아니――.

으음, 이름은 말했습니다.

하지만 쓰지는 않아서――기억나지 않느냐고요?

기억나지――않습니다.

생각해 내라고요?

예에, 뭐 당연한 말씀입니다. 시즈오카 본부에서 오신 분도 똑같은 말씀을 하셨는데요.

으음. 생각나지 않습니다.

예. 아무래도 안개가 낀 것처럼.

하아, 좀 문제입니다. 겨우 며칠 전의 일이고요. 스스로도 문제라고 생각합니다. 하지만 이렇게 큰일이 될 거라고는 꿈에도 생각하지 않아서――.

연회의 시말   479

아니, 생각나지 않습니다. 어제부터 내내 생각했는데요——이름은——뭐라고 했더라. 뭐였는지——.

목소리 같은 건 똑똑히 기억하는데, 이름은——네? 무슨 이야기를 하였냐고요?

예, 그건 말이지요, 예, 이 근처의 풍토 신앙에 대해서——네. 그런 건 저는 잘 모르니까요. 아무것도 대답해 드리지 못했습니다.

네.

측간신의 해석을 들었습니다.

측간이요. 변소. 네.

이 근처에는 눈에 띄는 측간신 신앙이 없다나요——예, 시즈오카에서는 변소의 신을 오후도 님이라고 부른다고 합니다. 예? 아아 그렇습니까. 저는 규슈라서 그런 건 잘. 그게, 이 위의——예, 아시겠군요, 여기에 오셨다면. 그 말이지요, 요 앞의 산에 있는 집촌에서는 변소의 신을 오히나 님이라고 부른다고 합니다. 예. 그러니까 저 산의 집촌에 사는 사람들은 어딘가——어디였더라. 잊어버렸지만, 도호쿠 분들입니다. 거기에서 이주해 온 사람들이 아닐까, 하는 이야기였는데요.

네. 그렇습니다.

예? 그럴 리는 없다고요?

예. 저는 잘 모르니까요, 그냥 그러냐고 대답했는데요.

예. 그렇게 오래되었습니까, 저 마을. 예? 헤비 뭐라고요? 헤비토? 헤, 비토입니까? 헤비토 마을? 예에, 그런 이름이었습니까, 저 마을.

지금은 그렇게 부르지 않는데.

명칭이 바뀐 게 아닐까요. 전쟁 후에는 여러 가지로 바뀌었잖아요.

도불의연회

음? 하지만——아닌데. 들은 적이 있어요. 언젠가 어디에선가 들어본 듯한 기분이 드네요.

헤비토 마을이라고요——.

어디에서 들었지.

기억나지 않지만——하지만 여기 온 지 얼마 안 된 제가 들었으니까, 그건 그렇겠지요.

사에키?

모릅니다. 그런 주민은 없는데요.

없습니다.

아니, 경부보님의 말씀이 거짓이라니 그런.

네. 제가 부임해 온 건 겨우 2년 전이니까 그, 경부보님이 계셨을 때와는 십여 년 차이가 나지 않습니까? 그사이에 이사하셨나——예? 아니, 하지만 이게 주민대장이고 이게 주민구분지도인데요, 보시면 아시겠지만 그런 주민은——.

보세요. 여기는 구마다 씨지요. 그리고 다야마 씨와 무라카미 씨. 여기가 빈집. 여기도 빈집. 이게 스도 씨예요. 사에키라는 집은 없습니다.

전혀 다르다고요? 그렇습니까. 15년 전과? 한 집도 같은 이름인 집이 없다고요? 그렇습니까.

사이에 전쟁이 있었으니까요.

예, 야반도주라든가.

음——.

어라?

아뇨, 아무것도 아닙니다. 다만——.

다만, 지금 하신 이야기 —— 비슷한 이야기를 저는 어디에선가 한 것 같은 —— 아니. 아니, 아무것도 아닙니다. 기분 탓입니다.

음 —— 왜 그러십니까? 예? 대장(臺帳)이요? 예. 괜찮습니다, 보십시오. 왜 그러십니까. 얼굴색이 파란데요. 예? 이건 거짓이라고요? 거짓이 아닙니다. 이 사람들은 여기 살고 있어요. 네. 우연? 우연이라는 건 뭡니까? 무슨 말씀이십니까?

괜찮으십니까?

우연치고는 지나치게 잘 만들어져 있다고요?

무슨 뜻인지 모르겠는데요. 예? 형사님의 친척이랑 똑같다고요? 이름이? 아아, 무라카미 씨라는 노인은 계시지요. 부모님과 같은 이름인가요? 그것만이 아니에요? 대장에 실려 있는 건 전부 친척과 같은 이름이라고요? 하아, 그건 대체 —— 어떻게 된 일일까요. 예? 아아, 긴급 연락처로 아드님의 주소와 이름은 —— 이건?

이건 나라고요? 그건 ——.

무라카미 간이치 —— 어라. 같은 이름이군요.

예? 아니 —— 모르겠습니다.

대체 뭘까요?

아 —— 괜찮으십니까.

주소도 똑같습니까? 주소는 달라요? 같은 시모다인데 —— 예? 가정을 꾸리기 전의 주소? 그렇습니까. 그럼 —— 그럼 부모님이 이사를 오신 건가. 고향은 시모다이십니까?

구마노? 기슈의 구마노 말입니까?

15년 전까지는 거기에? 다들?

그럴 리는 없습니다.

도불의연회

그건 그러니까, 만일 이주해 왔다고 해도——도호쿠의——그래요, 그렇지, 미야기예요. 미야기의 어딘가에서——네. 그, 나흘 전에 이곳을 찾아온 이상한 남자가 그렇게 말했습니다.

그러니까 거짓이 아니에요!

저는 거짓말은 하지 않았습니다.

이 위의 마을은 헤비토 마을이라고는 불리지 않고, 사에키인가 하는 집은 없고, 그렇게 오래된 마을도 아니고, 미야기 부근에서 이주해 온 흔적이 있고, 나흘 전에는 그 향토사가라는——이름은 생각나지 않지만, 그 남자 한 명밖에 오지 않았고, 사진 속의 피의자와 저는——면식이 없습니다. 함께 윗마을에도 가지 않았습니다.

정말입니다.

저, 정말입니다.

제 기억을 믿지 못하면 뭘 믿으라는 말씀이십니까. 틀림없어요. 틀——.

예?

뭐라고요?

아아, 그——.

뭐든 좋으니까 말하라는 말씀이십니까.

예에. 그, 나흘 전——.

자전거가 말이지요, 묘하게 더러워져서——.

아니요. 아무것도 아닙니다! 제 증언에 저는 자신을 갖고 있습니닷.

아아, 괜찮으십니까, 무라카미 형사님. 지금 뭐, 차라도 끓일 테니——응? 뭐야. 소란스럽군.

연회의 시말

하. 네, 어제 시즈오카 본부의 수사원이 돌아오신 후로 뭔가 수상쩍은 놈들이 말이지요. 어, 어라.

어이!

예. 아마 시즈오카나 미시마의 불량배가 아닐까 하고요.

무슨 짓이야!

예. 이 부근을 어슬렁거리고 있습니다.

어이, 이봐——.

응? 뭘까요, 저 소리.

악기일까요. 예? 성선? 그건 뭡니까. 아아? 뭐——.

뭡니까 저건!

뭔가 굉장한 해, 행렬이, 이, 이쪽으로——와아, 엄청난 수가. 뭡니까. 이건 단속을 해야. 와아——예? 성선도? 종교? 저건 종교입니까. 햐아, 어째서 이쪽을 향해서 오는 겁니까? 어, 어떡하지. 저, 저어, 수사하러 오신 관할 외의 형사님께 이런 걸 묻는 건 참으로 실례지만, 이 경우 저는, 본관(本官)은 어떤 행동을, 아아, 정말 시끄러운 소리로군.

저 말이지요, 이——아아, 가시는 겁니까. 잠깐 기다려 주십시오. 그, 저도 같이——.

아아, 짜증나는 소리야.

무, 무라카미 형사님! 아리마 경부보님! 그.

아아——참을 수가 없어.

도불의 연회

*

그날, 마을 전체가 크게 울리고 흔들렸다.

아마 한적한 시골 마을 구석구석까지, 그 귀에 익지 않은 소리와 고동이 전해졌을 것이 틀림없다.

특별히 소리가 컸던 것은 아니다. 이 마을이 지나치게 조용한 것이다. 경험학습된 기분 좋은 음계(音階)와는 미묘하게 파장이 어긋난 음역에서 연주되는 그 소리는 사람의 신경을 거스르고, 역시 경험학습된 편안한 율동과는 약간 다른 그 고동은 사람의 불안을 부추겼을 것이 틀림없다.

이 마을도, 그리고 일그러지기 시작한 것이다.

성선도의 지도자, 조 진인(曹眞人)이 니라야마를 찾아올 거라는 정보는, 일주일쯤 전부터 퍼져 있었던 모양이다. 그 무렵에는 이미 인근은 물론이고 멀리 야마나시나 간토의 신자들까지 소문을 듣고 니라야마에 집결해 있었다.

니라야마에서의 성선도 포교 활동은 수면 아래에서는 이미 몇 년 전부터 이루어져 왔고, 잠재적인 신자도 포함하면 상당수를 확보하고 있었기 때문에, 큰 알력은 없었다. 획일적인 신앙 스타일을 강요하지 않는 성선도의 교활한 방식이 효과를 거둔 것이리라.

기도하는 것보다 우선 생활환경이나 체질 개선을.

주술보다 복약과 건강법을.

연회의 시말

토해 내는 금품은 희사, 기부가 아니라 처방료, 지도료다.

믿는 것은 신불이 아니라 자신의 영원한 행복, 그리고 그것을 얻기 위한 방법 자체 ——.

따라서 —— 열심인 신자가 아니더라도 그들을 수상한 종교라고 생각하는 사람은 없었다. 조 방사는 병을 고쳐 준 은인이고, 장수를 보장해 주는 지도자였다. 우민은 결국 전혀 강요당하지 않은 채 조의 가르침을 배우고 믿으며, 조 개인을 우러르고 공경했다.

믿고 공경하는 것을 신앙(信仰)이라고 부르는 것이다.

우러러 받드는 것을 숭배라고 부르는 것이다.

신앙은 종교 활동의 의식적 측면이고, 숭배란 종교적 대상물에 대한 심적 태도의 한 형태다.

의례가 동반되면 그것은 어엿한 종교다. 그리고 그 의례는 생활 습관이라는 이름으로 이미 전해져 있다.

나아가서는 —— 약값이나 지도료 이외에도 감사의 마음이니 보은의 표시니 하며, 명목을 바꾼 금품은 속속 흘러든다. 다시 말해서 그 무렵 성선도는, 틀림없는 신흥종교 단체의 양상을 띠고 있었지만, 그 사실을 깨닫는 사람은 누구 하나 없었다. 노회한 교주 조 방사가 세운 방책은 다른 사람들의 것보다도 머리 하나쯤 뛰어났다는 뜻이 될까.

정보 공개도 수완이 좋았다.

그날 —— 6월 14일 오후.

시골 역 주변은 이미 입교한 니라야마에 사는 신자들과 조 방사를 우러러 마을을 찾아온 지방 신자들로 가득 메워졌다. 그리고 그들은 양손을 들고 교성을 지르며 방사 일행의 도착을 환영했다.

도불의 연회

화려한 도착이었다.

눈에 선명한 노란색 중국옷을 걸친 측근들이 기며 깃발을 쳐들고, 보라색 의상을 입은 악대들이 소리 높여 도착 신호를 연주했다.

선두는 녹색 테두리가 쳐져 있는 검은 옷을 입은 단키[童妓], 오사카베다. 그 뒤에 물새 모양을 본뜬 번쩍이는 장식을 달고 춤추는 여자들, 갈대 피리를 부는 신자, 붉은 두건을 쓴 검은 옷의 도사들이 뒤따른다. 그리고 반라의 남자들이 떠멘, 엄청나게 화려한 장식의 가마가 조용히 나아간다. 타고 있는 것은 조다. 가마에는 햇빛을 가리기 위한 천이 걸려 있어 얼굴까지는 보이지 않는다. 목에 태극의 목걸이를 건 많은 신자들이, 먹이를 뿌려 놓은 데에 몰려드는 잉어처럼 가마 주위를 에워싸고 있다. 사람의 수가 많다.

야마나시를 시작으로 하여 누마즈, 미시마, 그리고 도쿄, 시모다로 도는 사이, 행렬을 추종하는 신자는 서서히 늘어서 니라야마에 다다른 그때에는 일행의 수는 백 명을 넘는 대인원이 되어 있었던 것이다.

어떤 사람은 부처를 배례하듯이 합장하고, 또 어떤 사람은 현자를 맞이하는 것처럼 감격했다. 다이모쿠를 외는 사람도 염불을 외는 사람도 있었다. 개중에는 신의 이름을 입에 담는 사람까지 있었다. 갑자기 신자들은 무비판적으로 방사를 신격화하고 있다. 그것에 대해서 의문을 품는 기색도 없다.

성선도 일행은 역 앞의 신자들을 끌어들여 더욱 그 규모를 확대하고, 이윽고 엄숙하게 행진을 시작했다. 푸른색이며 붉은색이며 노란색이며, 화려한 색깔의 천이 팔랑팔랑 춤추고, 선향의 향기가 길가에까지 떠돌았다.

일행은 마을의 길이란 길은 모두 크게 줄을 지어 걸어 다녔다.

문 앞을 지날 때마다 악기가 울리고, 그때마다 신자들이 행렬에 더해졌다. 신자가 아닌 사람도 어떤 사람은 일손을 멈추고, 또 어떤 사람은 아이를 업은 채 길가에 나와 이상한 행진을 속수무책으로 바라보았다.

행렬의 중간에는 시모다에서부터 동행한 무라카미 간이치의 아내, 미요코의 모습이 보였다. 다른 신자들과 마찬가지로 뺨을 상기시킨 채 기쁜 듯 웃음까지 띠고 있다. 이윽고 가토 가의 가정부, 기무라 요네코도 그 행진에 가담했다.

그리고──행렬의 맨 뒤로 시선을 던지면, 거기에서는 넋이 나간 듯 일행의 뒤를 쫓는, 빈껍데기 같은 가토 다다지로의 모습을 볼 수도 있었을 것이다.

마을 전체가 삐걱거리고 있었다.

주목을 받으면서, 행진은 엄숙하게 이어졌다.

마을 외곽의 주재소에서 대열의 선두를 확인할 수 있었던 것은 해가 서쪽으로 기울기 시작했을 무렵의 일이다.

역을 나온 지 네 시간 이상이 지나 있었다.

사람의 수는 도착했을 때의 두 배 이상으로 부풀어 올라 있었다.

일체의 사정을 모르는 단순한 구경꾼도 있었을 것이다. 의아하게 생각하고 상황을 살피는 사람도 있었을 것이다. 축제로 착각한 사람도 다수 섞여 있었을지도 모른다. ──기보다 이것은 일종의 축제다. 가마 안에 신이 아닌 사람이 있다는 것뿐이다. 귀에 익지 않은 악기가 울린다.

그때.

이변이 일어났다.

도불의연회

길에 몇 명의 남자가 버티고 서서 앞길을 막은 것이다. 폭력배——
라고 부르는 것이 가장 어울릴 것 같은, 그런 풍채의 놈들이었다.
열 명은 될까. 손에는 각목이며 쇠파이프를 들고 있는 사람도 있었다.
남자들은 야비한 소리를 지르며 양손을 벌리고 행진을 방해했다.

행렬은 멈추었다.

어디 가는 거냐——난폭한 말투로 한 사람이 물었다.

대답한 사람은 선두의 남자——오사카베였다.

"우리는 성선도라고 합니다. 우리를 올바른 길로 이끌어 주시는
위대한 진인, 조 방사님의 도착을 이 땅에 알리고, 또한 이 땅에 축복
이 찾아오게 하도록, 지금 기를 통하게 하는 행진을 하고 있습니다."

정중한 태도다.

하아, 그러십니까요——하고 뺨에 상처가 있는 무식해 보이는 남
자가 말했다.

"그럼 여기까지다. 되돌아가."

"그럴 수는 없습니다. 여기에 길이 있는 이상, 이 길이 끝날 때까지
우리는 갈 것입니다. 무엇보다 이리로 나아가기를 조 방사님은 바라
고 계십니다."

"바라든 말든 알 바 아니고. 못 간다면 못 가는 줄 알아, 이 자식.
여기는 지나갈 수 없어. 통행금지야."

"흠. 어째서——."

"어째서고 자시고 간에."

남자는 오른손을 든다. 몇 명의 인부 같은 남자들이 길 좌우에서
속속 나타나 잡동사니를 실어 내더니 길 한가운데에 바리케이드를
쌓기 시작했다.

뭘 하시는 겁니까, 하고 오사카베가 묻자, 그러니까 돌아가라고 했잖아, 하고 남자들은 저마다 말했다.

"그 설명으로는 납득이 가지 않는데요."

"안 된다면 안 되는 거야."

뺨에 상처가 있는 남자는 얼굴을 추하게 일그러뜨리고 야만적인 얼굴을 바싹 들이댔다. 하지만 오사카베 쪽은 여전히 철면피다.

버드나무 가지에 부는 바람처럼, 전혀 동요하는 기색이 없다.

뺨에 상처가 있는 남자는 약간 기가 죽어서 몸을 빼더니, 형님, 이 녀석들 이해를 못 하는 모양입니다, 하고 말했다. 갓길에서 조금은 옷차림이 나은, 그래도 천박한 남자가 나왔다.

"오오오오. 요란스러운 영주님의 행렬이군. 음. 다툼은 안 돼. 이봐, 여기서부터는 사유지야. 멋대로 들어갈 수 없다고. 돌아가. 아저씨."

"흠── 사유지라니. 어느 분의?"

"끈질기군. 여기는 천하의 하타 제철 본사 사옥 건설 예정지야. 알겠나?"

"그렇습니까. 그럼 이 길은 사도(私道)라는 말씀이시지요? 글쎄요── 그랬던가요."

"이, 이건 공도(公道)야. 이 앞이 건설 예정지고."

"거기가 그, 하타 제철의 소유지라고요?"

"예, 예정지야 예정지. 지금 매수 중이지."

"매수. 어느 분한테서── 말입니까?"

"시끄럽군. 더 이상 네놈들에게 설명할 의무는 없잖아. 말귀를 못 알아듣는 놈일세. 사람이 좋게 나가니까 우쭐해서는──."

도불의 연회

남자가 배에 힘을 주자 양옆에서 두 명의 깡패가 튀어나와 오사카베의 멱살을 잡았다. 갑자기 공기가 긴장하고, 몇 명의 신자들이 앞으로 나왔다.

폭도들도 일제히 싸울 태세를 취한다.

그때. 어이, 무슨 짓이야——하는 한심한 목소리가 들렸다.

어이, 이봐——목소리는 이어진다. 주재소에서 무라카미 형사와 아리마 형사가 나온다. 폭한(暴寒)은 그런 것에는 눈길도 주지 않고 오사카베를 잡아당겨 쓰러뜨리려고 했다. 많은 신자들이 단키를 구하려고 달려온다. 인부들이 막으려고 한다.

막 난투——가 벌어지기 직전, 소용돌이의 중심에 안색이 달라진 젊은 순경이 뛰어들었다.

"무, 무슨 짓이야! 그, 그만둬, 그만둬!"

후치와키 순사다. 하지만 필사적인 중재도 허무하게, 꺼져 있어 하는 욕설이 날아오고, 순경 자체도 허공을 날아 땅바닥에 굴렀다.

"무——무슨 짓——이야. 고, 공무 집행 바."

닥쳐 애송이——하고, 각반을 감은 인부 같은 남자가 후치와키를 걸어찼다. 이어서 몇 명의 인부가 에워싸고 폭행을 가한다. 이상하게 흥분하고 있다.

그들은 자신이 왜 흥분하고 있는 것인지 전혀 모른다. 어리석은 사람은 이해할 수 없는 불안이나 초조를 눈앞의 대상에게만 투영하고, 그 대상을 파괴함으로써 해소하려고 하는 것이다. 즉흥적이다. 그런 행동을 하는 사람을 바로 바보라고 부르는 것이다.

그만해, 그만두지 못해, 하고 큰 소리를 지르며 아리마와 무라카미가 끼어든다. 뭐야 너희들은, 하고 한층 더 폭한은 흥분했다.

연회의 시말

"시모다 서에서 나왔다."

아리마가 경찰수첩을 쳐들었다.

"시모다? 그런 곳의 형사가 왜 이런 곳에 있는 건데! 상관없는 놈은 꺼져 있어!"

혈기왕성한 데다 머리에 피가 올라서 흥분해 있으니 손을 댈 수가 없다. 뺨에 상처가 있는 남자에게 떠밀려, 아리마는 에워싸고 있는 군중 속으로 쓰러졌다. 웅성웅성 목소리가 일어난다. 아리마를 피하듯이 사람들의 담은 갈라진다.

여자 한 명이 노형사의 어깨를 부축해 앉히더니 슥 일어섰다.

"적당히 좀 해. 오빠들, 관헌을 튕겨내면 대체 어쩌자는 거야!"

짧은 머리카락을 뒤로 묶고 메이센[銘仙][89] 옷을 입은 젊은 여자다. 관헌이 무서우면 토건업 일을 어떻게 하겠냐고 남자는 고함친다.

"큰소리 땅땅 치는군, 누님. 신자인가?"

"난 상관없어. 그냥 지나가던 길이야."

"그럼 얌전히 지나가시지. 이건 주정뱅이의 싸움이 아니니까. 거친 짓은 하고 싶지 않지만, 손이 미끄러질 때도 있거든. 다칠 수도 있어."

여자는 기죽지 않았다.

"웃기는 말을 하는군. 여자라고 해서 우습게 보지 마. 나도 폼으로 구정물을 마시면서 살아오진 않았거든. 소리 좀 지른다고 해서 물러설 정도로 어리지는 않다고."

이 자식——하고 후치와키를 괴롭히고 있던 두세 명의 남자가 여자에게 향했다.

---

89) 꼬지 않은 실로 거칠게 짠 비단.

도불의연회

잔챙이는 찌그러져 있으시지 —— 하고 여자가 말한다.

"거기 당신. 당신 말이야. 싸움을 하는 건 자유지만 중재하러 끼어든 사람까지 괴롭힌다는 건 무슨 생각이냐고 묻고 있는 거야. 경찰이든 헌병이든 상관없어. 당신 뭐야!"

형님뻘인 남자는 몹시 증오스러운 얼굴로 여자를 노려보았다.

여자의 뒤로 묶은 짧은 머리카락이 바람에 나부꼈다.

그때 ——.

쟁, 하고 징이 울리고 갈대 피리 소리가 울렸다.

남자는 혼비백산한 듯이 고개를 돌려 오사카베를 보았다.

바보들이 경관과 여자에게 묶여 있는 사이, 오사카베의 주위는 몇 명의 도사복 차림의 남자들로 단단히 에워싸여 있었다. 그 주위에는 수많은, 눈의 초점이 맞지 않는, 다른 의미로 어리석은 자 —— 광신자들이 둘러싸고 있다.

광신자와 파락호들은 잠시 대치했다.

이 경우는 아마, 이성이 있는 쪽이 질 것이다.

"네 ——."

네놈들 다치고 싶지 않으면 비켜 —— 하고, 젊은 불량배가 히스테릭하게 외쳤다. 그런 목소리가 들린다면 이런 행렬에 참여하지는 않았을 것이다. 그것을 바보는 모른다. 그러나 몰라도 모르는 대로 놈들은 경험만은 많아서, 승산이 있는지 없는지만은 알고 있다.

파락호들의 대부분은 동요하기 시작했다.

놈들의 무기는 완력이 아니다. 폭력 행위를 예상하게 해서 공포심을 부추기는 것이야말로, 그들의 유일한 무기다. 다시 말해서 두려워하지 않는 상대에게는 효력이 없는 것이다.

연회의 시말   493

위협이 효과가 없다면 정말로 때릴 수밖에 없다. 그러나 이 경우 때릴 상대는 한두 명이 아니다.

어차피 돈으로 고용된 놈들에게는 신념이 없다. 이래서는 짊어질 리스크가 너무 크다. 수하들의 변화를 민감하게 알아챘는지 형님뻘인 남자가 어깨에 힘을 주며, 이놈들 당장 흙부대를 옮겨 오지 못하겠느냐고 고함쳤다.

그 말을 듣고 인부 같은 놈들은 펄쩍 뛰어오르다시피 좌우로 갈라져, 에워싸고 있는 군중을 뿌리치고 갓길에 쌓여 있던 흙부대를 길로 옮기기 시작했다.

오사카베가 조금도 변함없는 기색으로 말했다.

"공도를 막다니 법에 저촉되는 일이 아닙니까."

"네놈들이야말로 그런 옷차림으로 공도를 돌아다니는 건 위법 아니야? 시골이라고 생각하고 멋대로 굴지 말라고."

"실례지만——당신들의 신분을 알려 주시면 안 되겠습니까. 겉으로 보기에는, 하타 제철의 사원이신 것 같지는 않은데요."

"신분이라고? 나, 나는 하타의 심부름꾼이다."

"심부름꾼? 하타 제철과 관련된 회사 분이십니까?"

"이봐. 나는 시미즈의 구와타구미[桑田組] 소속이야."

"구미[組]?"

오사카베가 눈썹을 찌푸렸다. 모멸의 표정으로도 보였다.

형님뻘인 듯한 남자의 이마에 혈관이 불거졌다. 그리고 변명이라도 하듯이 탁한 목소리로 말했다.

"어이. 뭐야 그 눈은. 우리는 조폭이 아니라고. 부동산업자야. 유한회사 구와타구미.[90] 우리는 하타 제철의 경영을 지도하고 있는 다이

도불의연회

토 풍수학원 원장한테 이 일대의 재개발을 의뢰받았다."

"흠——과연, 나구모 세이요에게 돈으로 고용된 거군요. 그렇다고 해도 쓸데없는 발악으로 무뢰배들을 보내다니, 나구모도 이제 방책이 떨어졌나 보군——."

어리석은 놈——오사카베는 혼잣말처럼 그렇게 말했다.

"뭐——뭐야. 우리는 정식으로 청부를 받고 일하고 있는 거라고. 나는 구와타구미의 전무 오자와다. 어때, 알겠나? 이제 불만 없겠지!"

있습니다——하고 오사카베는 말했다.

"뭐라고?"

"당신들은 토지의 주인과 정식으로 계약한 건 아니지 않습니까. 이 앞에 있는 토지의 주인이 괜찮다고 하면——여기를 지나가도 되겠지요?"

"뭐야. 어떻게 그런 걸——."

오사카베는 오자와의 말이 끝나기 전에 가볍게 돌아보았다. 옆에 대기하고 있던 푸른 옷을 입은 남자가 줄 뒤쪽으로 달려간다. 몇 명의 방사에게 이끌려 여자가 앞으로 끌려 나왔다.

서른이 안 된, 평범한 얼굴을 한 여자였다. 수수한 복장에 태극 장식이 되어 있다. 눈은 공허하다.

"이분은——이 공도 위의 토지를 소유하고 계시는 미쓰키 하루코 씨입니다. 그렇지요."

여자는 고개를 끄덕였다.

오자와는 당황했다.

90) 일본 야쿠자 조직 이름에는 보통 '~구미[組]'라는 말이 붙는다. 한국의 '~파'와 비슷.

"다——당신, 정말로——."

"여기 계시는 미쓰키 님은 성선도의 가르침을 믿는 분. 조 방사님이 마음먹으신 일을 방해하는 말씀을 하실 리 없습니다. 그렇지요."

하루코는 또 고개를 끄덕였다.

"자, 잠깐. 이 위의——그래, 더 위는."

"아아, 산 반대쪽——가토 님의 토지 말씀이십니까. 그거라면."

오사카베가 돌아보기 전에, 필사적인 형상의 기무라 요네코가 인파를 헤치고 기어 나왔다.

"그, 그, 그 토지라면 제 남편 거예요. 다, 당신들에게 이러쿵저러쿵 말을 들을 이유는, 어, 없을 텐데요."

"가토의——아내?"

오자와는 뺨에 상처가 있는 남자 쪽을 본다.

"그, 그럴 수가——."

뺨에 상처가 있는 남자는 울 것 같은 얼굴을 하고 오자와를 마주보았다.

"어이. 어떻게 된 거야."

오자와가 낮은 목소리로 묻는다.

뺨에 상처가 있는 남자의 얼굴에서는 핏기가 가셨다.

"저——저 토지는 이미, 수신회의 것이 되어 있을 텐데요. 아니, 틀림없습니다, 형님. 실제로 놈들은 저쪽에서 들어와서, 벌써 20일 가까이나 연수인지 뭔지를 하고 있습니다. 형님, 사실입니다. 제 조사는 틀림없어요. 게, 게다가, 무엇보다, 가, 가토의 아내는——10년 전에."

"다——당신! 당신들은 이와타의 부하지!"

도불의 연회

요네코가 쉿소리를 질렀다.

"그렇지! 그러니까 그런 되지도 않는 말을 하는 거야. 단키 님, 이놈들은 그 사기꾼, 길의 가르침 수신회에서 보낸 놈들이에요."

아니야, 아니야 하고 구와타구미의 남자들은 뒤로 물러나면서, 만들다 만 바리케이드의 좌우로 갈라졌다.

오자와까지 약간 허둥거리고 있다.

"우, 우리는 그런 것과는 관련이 없어. 부, 분명히 가토의 토지를 손에 넣으면 팔아 달라고, 수신회에는 타진은 했지만."

단키는 싸늘하게 웃었다.

"어쨌든 당신들에게 이곳을 막을 권리는 없다──는 뜻이군요. 그렇다면 비키시는 게 좋겠습니다. 중앙 토지의 소유자도, 우리 중에 있으니까요. 여기서부터의 땅은 전부 성선도의 것입니다."

오사카베는 여전히 정중한 태도로, 위압적으로 말했다.

똘마니들은 어차피 똘마니다. 처음의 기세는 안개처럼 흩어져 사라지고, 그저 압도되고 있다.

"자. 기가 통해야만 길. 길을 막는 존재는 기를 막는 악한 존재입니다. 어떻게 해도 물러나지 않겠다면 없앨 수밖에 없겠지요."

오사카베의 희미한 신호를 받고, 건장한 체구의 몇 명의 신자들이 나왔다. 복장은 제각각이지만 모두 태극 장식을 가슴에 걸고 있다. 한 사람은 군복을 입고 있다.

구와타구미는 구경꾼들에게 등을 돌린 채 천천히 후퇴했다. 구경꾼들은 접촉을 두려워하며 멀찍이 서 있다. 마침내는 쓰러져 있는 후치와키와 그를 보살피고 있던 무라카미 형사가 남겨지게 되었다.

스윽, 하고 무라카미가 일어섰다.

"오——오사카베 씨."

오사카베는 가면 같은 무표정한 얼굴로 무라카미를 응시했다.

"이런! 이거, 이거 시모다 서의 무라카미 님이셨습니까. 공무를 보시느라 고생 많으십니다. 무라카미 님, 그 무뢰한의, 그분에 대한 폭력 행위를 보셨지요? 즉시 체포하시는 게 어떻습니까? 폭행 상해, 공무 집행 방해, 현행범이지 않습니까."

땀투성이가 된 아리마가 인파를 헤치며 나온다.

아까 그 여자가 그 옆에 서 있었다.

구와타구미 사람들은 각각 더욱 뒤로 물러나고, 이윽고 저마다 험한 말을 남기며 한 명 두 명 달리기 시작했다.

오자와가 고함친다.

"머, 멍청한 놈들. 도망치는 놈은 어떻게 되는지 알고 있겠지!"

"나구모한테 전하시오. 어차피 근처에서 보고 있겠지만—— 모든 건 이미 늦었다——고."

오사카베는 도망치는 똘마니들을 향해 그렇게 말했다.

오자와는 이마에 혈관이 불거진 채 오사카베를 노려보았지만 결국 그대로 행렬 뒤쪽을 향해 달려갔다. 부하들이 안색을 바꾸며 그 뒤를 따른다. 마치 싸움에 진 개처럼, 흙먼지를 일으키며 폭한은 물러갔다. 그것을 완전히 끝까지 지켜보고 나서 무라카미는 초췌한 얼굴을 단키에게 향하며, 오사카베 씨——하고 다시 그 이름을 불렀다.

"이런——쫓지 않아도 괜찮으시겠습니까?"

무라카미는 희미하게 웃었다.

"신원은 알고 있으니까요. 그보다 오사카베 씨. 열차 안에서는 묻지 못했는데."

도불의연회

"네. 아까는 놀랐습니다. 차 안에서 무라카미 님이 갑자기 정신을 잃으셔서요. 아무래도 —— 피곤하신 모양이군요."

"흠. 정신을 잃은 건지 술법에 걸린 건지 저는 모르겠습니다만. 그런 건 아무래도 좋아요. 오사카베 씨. 당신 어제 그렇게 호언장담했는데. 아들은 —— 다카유키가 있는 곳은 알아냈겠지요."

호오 —— 하고 오사카베는 악기 같은 목소리를 냈다.

"유감스럽지만 당신의 아드님에 대해서는 모릅니다."

뭐 —— 하고 무라카미는 격노한다. 오사카베는 양서류 같은 질감의 뺨을 편다.

"—— 하지만 —— 우리 성선도의 일원인 무라카미 미요코 씨의 아드님, 다카유키 군에 대해서라면 —— 보십시오, 저기에 ——."

단키는 손톱이 길게 자란 가늘고 긴 손가락을 뒤쪽으로 향했다.

"다 ——."

다카유키 —— 하고 무라카미가 소리친다.

아리마도 몸을 쭉 펴고 그 손가락이 가리키는 쪽을 주시한다.

다카유키 —— 그렇게 말하면서 인파 속으로 들어가려고 하는 무라카미를 건장한 남자들이 막았다.

"놔, 저 아이는 내 ——."

무라카미의 말을 오사카베가 가로막는다.

"저자는 당신 아드님이 아닙니다."

"무슨 —— 그런."

"당신은 어제 —— 사이좋은 부자 관계라는 행복한 선택을 포기하지 않으셨습니까."

"그, 그건 ——."

"아시겠습니까. 미요코 씨의 남편인 간이치 씨는 전사했습니다. 저 다카유키 군은 전사한 간이치 씨가 출정 전에 남긴 유복자입니다. 미요코 씨는 여자 혼자 힘으로 12년 동안 저 아이를 키웠어요. 무라카미 씨. 미요코 씨와 다카유키 군의 역사에는――이미 당신은 없는 겁니다. 당신이라는 인간은 과거째 저 두 사람에게서 잘려나갔습니다. 이제 와서 나서 봐야――."

악대가 소리를 냈다.

"――당신은 유령에 지나지 않아요."

"아아――."

무라카미는 두세 발짝 뒤로 비틀거리며, 그대로 납작 엎드려 있는 후치와키 옆에 주저앉았다.

눈을 부릅뜨고 처음부터 끝까지 지켜보고 있던 아리마가 한 발짝 나서서, 심지가 빠져 버린 부하 대신 말했다.

"다――당신들은――당신들은 대체 뭐가 목적이오. 대체 당신은 무슨 말을 하고 있는 거요! 무라카미는 전사하지 않았소. 여기 있지 않소! 다카유키 군은 이 녀석과 미요코 씨가 키운 아이요. 미요코 씨가 잊을 리가 없어!"

"이런, 이런 집요한 사람이군요. 그럼 물어보십시오. 미요코 씨는 그런 남자는 모른다고 말할 겁니다. 그녀는 이 뒤에 있습니다. 뭣하면 불러 드릴까요."

안 불러도 된다고 아리마는 고함쳤다.

"정말로 그렇다면 네놈들이 수상한 술법을 쓴 거겠지. 그, 그런 건, 버, 범죄잖아."

노병도 혼란스러워하고 있었다.

도불의연회

"범죄라니 듣기 안 좋은 말씀을 하시는 분이군요. 우리 성선도는 여기 계시는 분들의 행복과 건강, 그리고 장수를 기원할 뿐——."

환성이 일었다.

마음을 쥐어뜯는 악기 소리.

"——고맙다는 감사의 말은 들을지언정, 범죄자라고 불린 적은 단 한 번도 없습니다. 그것에 대해서는——여기 모여 주신 분들이 산 증인이 되어 주시겠지요——."

다시 환성이 일었다.

아리마는 괴물이라도 보는 듯한 얼굴을 했다.

"——자, 더 이상 기를 정체시키면 이 땅을 위해서 좋지 않습니다. 거기서 비켜 주십시오. 그 급조된 바리케이드를 철거해야 합니다. 우리는 이 앞에——."

"남의——."

남의 인생을 갖고 놀지 마, 하고 무라카미가 소리쳤다.

"나, 나는 누구라는 거냐. 이, 이 앞에 뭐가 있는데! 왜, 왜 우리 부모님이, 친척이 이 앞에 있는 마을에 있지? 내가 아는 내 과거는 전부 거짓인가? 아내와 아이와 지낸 시간까지 거짓으로 만들다니! 네, 네놈들은 누구냐! 무슨 권리가 있어서 이런——."

"무, 무슨 소리야——."

"다, 닥쳐——!"

눈이 충혈되어 있다.

마침내——참을성 강하고 온후한 형사의 울적한 충동이, 갈 곳을 잃고 분출한 것이다. 무라카미는 구부러뜨린 어린 대나무가 튕기듯 이 민첩하게, 오사카베를 향해 돌진했다.

어지간한 오사카베도 그 심상치 않은 모습에 약간 안색이 창백해져, 평상시의 기색을 무너뜨리고 몸을 피했다.

그때——이상한 괴성을 지르면서 옆에 뻗어 있는 논두렁길을 두 대의 트럭이 돌진해 왔다. 짐칸에는 아마 구와타구미의 조직원들인 듯한 사람들이 가득 타고 있다.

"이봐, 이봐 비키지 않으면 치어 죽인다!"

조수석에서 몸을 내민 오자와가 고함쳤다.

순간 통제가 무너졌다.

인파가 흐트러지고, 두세 개의 깃발이 옆으로 쓰러지고, 신자와 도사와 구경꾼이 어지러이 뒤섞였다. 여기저기에서 비명이 일고, 혼란의 파문은 순식간에 그 범위를 넓혀 그 자리에 있던 전원이 혼란에 빠졌다. 후치와키도 아리마도, 눈 깜짝할 사이에 인파에 삼켜졌다. 도망쳐 다니는 사람, 큰 소리를 지르는 사람, 작은 마을 외곽의, 보통 같으면 사람 그림자도 드문 작은 길이 그때만은 마치 외국의 사육제 같은 양상을 드러내고 있었다.

그것은——실로, 어딘가 연회, 잔치 같기는 했다.

어쨌거나 우왕좌왕하고 있는 사람들의 대부분은 가슴에 반짝이는 장식을 걸고 있었고, 요란한 색깔의 천이나 옷이 흐트러져 날아다니고, 게다가 뜻을 알 수 없는 소리며 주문이 오가고 있었으니까.

트럭은 혼잡의 틈을 누비듯이 이리저리 달리고, 몇 명이나 되는 조직원이 흔들려 떨어졌다.

여기저기에서 싸움이 일어나고, 행렬은 대혼란에 빠졌다. 최종적으로 트럭은 바리케이드를 들이받듯이 멈추고, 한 대는 옆으로 쓰러져 완전히 길을 막았다.

도불의연회

구와타구미 사람들이 우르르 내린다.

신자들이 응전한다. 구경꾼이 기겁하며 도망쳐 다닌다. 무라카미는 으르렁댄다. 아리마가 후치와키를 안고 혼란을 헤치며 주재소로 향한다. 적과 아군이 뒤섞여, 소용돌이치며 무라카미를 에워싼다. 무라카미는 닥치는 대로 몸을 부딪치며 와아와아 고함쳤다.

군복을 입은 남자가 그 어깨를 붙잡는다. 무라카미는 놔, 놔 하며 날뛴다.

가슴팍이 두꺼운 그 남자는 무라카미의 귀에 입을 가까이 대며 한 마디,

"그만해 ——."

하고 말했다.

그때 ——.

사람들 뒤쪽에서 웅성거림이 일었다.

뒤쪽에서 방사가 탄 가마가 크게 흔들렸다.

오사카베가, 이번에는 정말로 허둥거렸다.

무슨 일이 일어난 건지는 확인할 수 없었다.

"방사님! 방사님이!"

오사카베가 뒤집어진 목소리로 소리친다. 방사의 가마는 인파를 타고 희롱당하며, 소용돌이에 휘말려 더욱 크게 흔들렸다. 무라카미가 더욱 소리를 지르고, 오사카베가 한층 높은 목소리로 고함쳤다.

군복 차림의 남자가 무라카미를 떠밀었다.

그리고 새된 소리로 외쳤다.

"멍청한 놈! 방어가 제대로 안 되고 있어! 행렬을 덮칠 때는 당연히 몸통을 노려야지. 사쿠라다몬가이의 변[桜田門外の変][91]을 모르나? 머리

를 제압해 봐야 아무 소용없어!"

그 목소리를 듣고 짧은 머리의 여자가 얼굴을 돌렸다.

군복 차림의 남자는 비키라고 고함치며 두세 명을 밀쳐 내고, 인파를 헤치며 소동의 중심으로 향했다.

"기바 씨—— 기바 형사님——."

짧은 머리의 여자가 손을 뻗으며 그렇게 불렀지만, 군복 차림의 남자에게는 들리지 않았다.

오사카베가 몇 명의 도사를 이끌고 뒤를 쫓는다.

여자도 뒤를 쫓았다.

가마가 크게 위아래로 흔들렸다. 노호(怒號)가 울린다. 멋대로 굴다니——가마에서 끌어내——.

짐승의 포효 같은 괴성에 이어 몇 번인가 둔한 소리가 들리고, 곧 남자 하나가 길가로 굴러 나왔다. 그 남자의 몸에 세게 부딪히고, 큰 소리를 지르며 몇 사람이 좌우로 흩어졌다. 그 틈으로 두 명째 남자가 날아왔다.

이어서 몇 사람이 피하고, 빈 곳에 날아온 두 번째 남자가 낙하했다. 사람이 사방으로 물러나고 시야가 트인다. 또 한 사람, 남자가 얼굴을 누르고 먼저 쓰러져 있던 남자 위로 몸을 굽혔다.

"네놈들은 누구냐! 무슨 짓이야!"

가마 앞에, 허리를 낮추어 자세를 잡으며 군복 차림의 남자가 서 있었다.

그것을 에워싸듯이 검은 도복을 입은 몇 명의 남자들이 있었다.

---

91) 1860년에 에도 성 사쿠라다몬가이[桜田門外]에서 미토 번을 탈번한 17명과 사쓰마 번사 1명이 히코네 번의 행렬을 습격, 쇼군의 보좌역이자 막부 직제의 최고직인 다이로[大老] 이이 나오스케[井伊直弼]를 암살한 사건.

도불의 연회

"우리는 조국을 지키는 우국지사, 한류기도회다! 도둑고양이 역적 조 방사에게 천벌을 내리러 왔다!"

"한류라고?"

군복 차림의 남자는 턱이 튀어나온 네모난 얼굴 속의, 그렇지 않아도 가느다란 눈을 더욱 가늘게 뜨며 말했다.

"한류인지 한량인지 모르겠지만, 조국을 지킨다며 으스대는 것치고는 하는 짓이 더럽잖아. 덮치려면 정정당당하게 해, 이 천치야. 소란에 편승하는 교활한 짓 하지 말고."

"역적을 치는 데 방법은 가리지 않는다!"

한류기도회는 구와타구미와의 분쟁으로 생긴 혼잡을 틈타 옆에서 가마에 접근해, 경호가 느슨해진 틈을 노리고 방사를 습격하려고 했을 것이다.

기도회의 한 사람이 큰 소리로 비켜——하고 말했다.

기분 탓인지 창백해진 오사카베가 혼잡을 빠져나와 가마 옆에 붙어 섰다.

가마는 천천히 아래로 내려졌다.

도사들이 가마를 에워싼다.

"무, 무슨 무례한 짓을! 위대한 방사님을 역적이라고 부르다니 무슨 소리냐! 한 대인의 지시냐!"

그렇다——라고 말하는 목소리와 함께, 목발을 짚은 장신의 남자가 나타났다. 왼팔에는 부목을 감고, 이마에도 붕대를 감고 있다.

"이 습격은 한류기도회 회장 한 대인의 뜻에 기반을 둔 항의 행동이다."

"항의라고?"

"항의지. 현재, 회장님도 이 니라야마에 들어와 계시다. 회장님은 이번 너희들 성선도의 발칙한 행동에 대해 참을 수 없다는 말씀을 하셨다."

"바, 발칙하다니 무슨 소리냐!"

흥——하고 대담하게 웃으며, 남자는 오른손으로 이마의 붕대를 풀어 내던졌다.

"시치미떼지 마! 웃기고 있군. 당신 오사카베인가 그랬지. 꽤 잘 해냈더군. 대체 어디의 누가 납치한 건지, 찾아내느라 고생했어."

"납치——라니 듣기 안 좋군. 당신은 아마 사범 대리인 이와이 군이었지. 우리한테 뭔가 하고 싶은 말이 있다면, 한이 직접 나서라고 전하시오. 조폭도 아닐 텐데 이런 난폭한——."

뭐가 난폭해——이와이는 이번에는 목발을 땅바닥에 내던졌다.

"네놈들 여드레 전, 오토와에 있는 사케조의 저택에서 미쓰키 하루코를 유괴했잖아. 저기 있지 않나? 미쓰키 하루코는. 그게 무엇보다 확실한 증거지!"

"하아. 당신들은 뭘 착각하고 있는 거요. 하루코 씨는 자신의 의지로 우리의 동지가 된 겁니다. 유괴 납치라니——그렇게 따지자면 당신들 기도회야말로 그녀를 일주일이나 납치 감금했다면서요."

오사카베는 완전히 원래대로 돌아왔다.

그러나 이와이도 물러나지 않는다.

완전히 뻔뻔스러워졌다.

"아아. 당신 말이 맞아. 우리는 미쓰키 하루코를 강제적으로 연행해서 격리했지. 하지만 그건 어디까지나 미쓰키 하루코 개인의 의지를 존중했기 때문에 한 일이다."

도불의연회

"감금이 개인의 의지를 존중하는 것이 되는 겁니까?"

"그래. 네놈들처럼 술법을 걸어서 인격을 바꾸거나 조종하거나 하는 무도한 짓은 하지 않거든. 우리는 대화를 바랐지만 거절당했기 때문에 연행했을 뿐이야. 대화를 갖지 못하면 상호 이해도 할 수 없잖나. 그래서 우리는 어디까지나 대화의 자리를 갖기 위해 그녀를, 도장으로 데려갔을 뿐이다."

"말은 번지르르하군요——."

하고 오사카베는 대꾸한다.

"——감금되었을 때 고문을 당했다고 하루코 씨는 이야기했습니다. 만행을 저질러 놓고 뭐가 존중입니까."

"술법을 걸어서 자기들에게 편리하게 의사 결정을 하게 하는 방식보다는 나을 텐데. 이쪽은 제대로 사정을 설명하고 이해해 달라고 부탁했어. 다소 거친 부탁이 되었을 뿐이다."

"닥쳐——."

하고 군복 차림의 남자가 말한다.

"——저 여자는 자신의 의지로 그 흥행사의 집을 나온 거다. 그건 사실이야."

"너——."

이와이가 당혹스러운 표정을 보였다.

"너, 그런 옷차림을 하고 있어서 몰랐지만, 분명히 도쿄 경시청의 ——그래. 틀림없어. 하루코가 몇 번이나 만났던——그 형사로군? 기——."

"기바 슈타로다."

군복 차림의 남자——기바는 그렇게 말했다.

연회의 시말

"헤에! 대단하군, 오사카베. 경찰을 끌어들이는 건 란 동자 정도인
가 했는데. 조잔보의 장(張)도 그렇고 성선도도 그렇고, 어떻게 된 거
야 이건. 어이, 기바 씨. 당신도 어쩔 수 없는 바보로군. 공복(公僕)을
그만두고 사기 종교의 호위인가!"

기바는 콧등에 주름을 지었다.

"시끄러워. 뭘 섬기든 내 마음이야."

하아──이와이는 양손을 벌렸다.

어느새 대부분의 혼란은 수습되어 있었다.

구와타구미 일당은 바리케이드 앞에 집결하고 성선도는 가마 주위
에, 일반 신자는 그 바깥쪽을 에워싸고 있었다. 구경꾼은 상당히 멀찍
이 떨어져서 상황을 살피고 있다.

이와이는 한층 더 큰 소리를 질렀다.

"자네들! 거기 있는 자네들 말이야. 알겠나, 잘 들어. 자네들이
믿고 있는 성선도라는 건 말도 안 되는 엉터리다. 이놈들은 수상쩍은
최면술을 써서 당신들을 속이고 있어! 당신들은 속고 있는 줄은 모르
겠지만. 착각하고 있을 뿐이야! 알겠나, 이놈들이 노리는 건, 저기다,
저기──."

이와이는 바리케이드 너머를 가리켰다.

"──저기에 뭐가 있는지──이것만은 말할 수 없지만, 알겠나,
잘 들어. 이놈들은 국가 전복을 꾀하고 있다! 모처럼 패전에서 이만큼
회복된 이 나라를, 다시 뒤집으려는 거야."

"되는대로 헛소리를 늘어놓는 건 그만두시오!"

오사카베가 날카롭게 말했다.

이와이는 묵묵히 쳐다본다.

도불의 연회

"우리 기도회는 애국지사다."

이와이가 마치 선언이라도 하듯이 큰 소리로 말했다.

"이 나라는 이대로는 안 돼. 아니, 안 되게 될 거다. 형식뿐인 강화 조약에 속아선 안 돼. 표면적인 부흥에 취해서도 안 된다. 우리는 이 나라가 열강의 속국으로 떨어지면서까지 살아남는 굴욕을 결코 허락할 수 없어. 우리는 이 나라의 진정한 독립을 위해 이 몸을 바쳐 활동하고 있다. 하지만!"

연설 같은 말투다. 이와이는 오사카베를 가리켰다.

"적은 밖에만 있는 건 아니지! 만민을 속여 금품을 빼앗고, 게다가 나라까지 가로채려는 이 성선도야말로——."

사자 몸속의 벌레다——하고 이와이는 고함쳤다.

그 순간, 천벌——하고 외치며 몇 명의 남자들이 가마를 향해 돌진했다.

기바가 반사적으로 몸을 돌려, 돌진해 온 한 사람에게 몸을 부딪쳐 튕겨 내고, 나머지 두 명의 옷깃과 멱살을 양손으로 잡더니 음, 하고 신음하며 한 사람을 마주 밀고, 놓은 팔로 나머지 한 사람의 뺨을 쳤다. 밀려난 남자의 반격을 피하고, 몸을 굽혀 남자의 배에 주먹을 질러 넣는다. 이어서 몇 사람이 기바에게 직접 덮쳐든다. 이대로는 형세가 불리하다고 본 것이리라.

하지만 단단해 보이는 남자는 전혀 동요하지 않고, 덤벼드는 남자의 손을 잡아 비틀고, 그대로 또 한 사람에게 부딪쳐 한 사람을 더 던져 버렸다. 강하다.

"이봐. 너희 애송이들과는 쌓아 온 세월이 달라, 이 천치야!"

기바가 고함쳤다.

징소리와 함께 검은 도사복을 입고 붉은 두건을 쓴 남자들이 참전해, 즉시 기바에게 가세했다. 구와타구미와는 달리 상대는 권법을 쓰는 자다. 그러나 아무래도 붉은 두건을 쓴 남자들도 권법을 쓰는 것 같았다.

그 무렵이 되어서야 겨우, 멀리에서 사이렌이 울렸다.

경찰관이 탄 지프가 가까이 오고 있는 것이리라.

그 자리에 있던 수많은 사람들은 갑자기 연회의 막이 내려 버린 듯한 얼굴을 하고 멈추었다.

가마의 천이 쑥 올라갔다.

황금의, 눈이 튀어나온 이형(異形)의 얼굴이 보였다.

나는 혼자──크게 웃었다.

〈하권에 계속〉

도불의 연회

옮긴이 | 김소연

한국외국어대학교에서 프랑스어를 전공하고, 일본어를 부전공하였다. 현재 출판기획
자 겸 번역자로 활동하고 있으며 옮긴 책으로 다카무라 가오루의 〈리오우〉, 교고쿠
나쓰히코의 〈백귀야행 음, 양〉, 〈우부메의 여름〉, 〈망량의 상자〉, 〈광골의 꿈〉, 〈철서
의 우리〉, 〈무당거미의 이치〉, 〈도불의 연회〉 등 백귀야행 시리즈와 〈서루조당 파
효〉, 〈웃는 이에몬〉, 〈싫은 소설〉, 유메마쿠라 바쿠의 〈음양사〉 시리즈와 하타케나카
메구미의 〈샤바케〉 시리즈, 미야베 미유키의 〈드림 버스터〉, 〈사라진 왕국의 성〉,
〈십자가와 반지의 초상〉, 〈마술은 속삭인다〉, 〈외딴집〉, 〈혼조 후카가와의 기이한 이
야기〉, 〈괴이〉, 〈흔들리는 바위〉, 덴도 아라타의 〈영원의 아이〉 등이 있으며, 독특한
색깔의 일본 문학을 꾸준히 소개, 번역할 계획이다

도불의연회

연회의 시말 (上)

1판 1쇄 발행   2017년 1월 10일

지은이 교고쿠 나쓰히코
옮긴이 김소연

발행인 박광운
편집인 박재은

발행처 손안의책
출판등록 2002년 10월 7일 (제307-2015-69호)
주소 서울 성북구 화랑로 214, 102동 601호
전화 02-325-2375 팩스 02-6499-2375
카페 http://cafe.naver.com/bookinhand
이메일 bookinhand@hanmail.net

ISBN 979-11-86572-18-4 04830

* 이 도서의 국립중앙도서관 출판예정도서목록(CIP)은 서지정보유통지원시스템 홈페이지
(http://seoji.nl.go.kr)와 국가자료공동목록시스템(http://www.nl.go.kr/kolisnet)에서 이용하실 수
있습니다.(CIP제어번호: CIP2016029160)